IoT 실습으로 배우는

센서공학

Sensor Engineering

정보권 지음

생능출판

저자 소개

정보권

에이치에스글로벌㈜ 대표이사
서울과학기술대학교 공학박사

개발 · 교육 경력

마이크로컨트롤러 ATmega128 기반 실습 보드 개발
IoT 스마트 툴 카운터 개발
LG전자: C 언어를 이용한 MCU 제어, H/W 개발자를 위한 S/W의 이해
현대자동차: 아두이노를 활용한 제어
삼성전자: C 활용 H/W 제어, H/W 개발자를 위한 S/W의 이해
한국전자통신연구원: 오픈 플랫폼을 활용한 프로토타이핑

저서

《사물인터넷 세대를 위한 아두이노 프로그래밍》
《(새로운 세대를 위한 코딩) 엔트리와 아두이노》
《ATmega128 마이크로 컨트롤러 정복하기》
《마이크로컨트롤러 ATmega128(시뮬레이터로 쉽게 배우고 아두이노로 정리하기)》

IoT 실습으로 배우는 센서공학

초판발행 2022년 7월 18일
제1판2쇄 2023년 7월 27일

지은이 정보권
펴낸이 김승기, 김민수
펴낸곳 (주)생능출판사 / **주소** 경기도 파주시 광인사길 143
출판사 등록일 2005년 1월 21일 / **신고번호** 제406-2005-000002호
대표전화 (031)955-0761 / **팩스** (031)955-0768
홈페이지 www.booksr.co.kr

책임편집 이종무 / **편집** 신성민, 유제훈 / **디자인** 유준범
마케팅 최복락, 심수경, 차종필, 백수정, 송성환, 최태웅, 명하나, 김민정
인쇄 교보P&B / **제본** 일진제책사

ISBN 978-89-7050-533-6 93560
정가 32,000원

본 교재는 2021년도 정부(산업통상자원부)의 재원으로 한국산업기술진흥원의 지원을 받아 개발되었음(P0017123, 2021년 산업혁신인재성장지원사업)

머리말

오늘날 센서에 대한 전반적인 지식이나 활용은 공학 분야에 관심을 가진 모든 사람에게 기본적인 소양이나 다름없다. 공학 분야에 연관된 경우가 아니더라도 일상생활에서 흔하게 사용하는 스마트폰, 가전제품, 자동차 등에 설치된 센서의 동작은 우리가 인지하지 못하고 있을 뿐 마치 공기처럼 우리의 삶에 필수적인 요소로 자리 잡았다.

센서에 사용되는 기술을 살펴보면 기본 동작 원리를 응용하여 여러 분야에 적용되는 것이 많다. 따라서 기본 동작 원리를 이해하기 위해서 물리학, 수학, 화학, 전자 등의 다양한 지식이 필요한데 그동안은 복잡한 수학과 물리학에 기반을 두고 센서를 익히는 과정을 당연한 순리처럼 접근하는 것이 일반적이었다. 어쩌면 너무나 당연한 말이지만, 모든 사람이 센서 전문가가 될 필요는 없으며, 과거와 달리 지금은 천재적이고 특별한 한 사람의 능력으로 센서를 만들 수 있는 것도 아니다. 미디어를 통해서 간혹 볼 수 있는 것처럼 특정 영역의 학위를 가지고 있거나 천재적인 사람이 아니더라도 무언가를 좋아하게 되고 그 분야에 관심을 가지다가 자연스럽게 좀 더 구체적인 것을 스스로 탐구하여 훌륭한 결과물을 만들어내는 사람들이 있다. 센서공학이라는 영역도 그렇게 접근하면 더 괜찮지 않겠냐는 생각을 했다.

공학이라는 틀에 갇혀서 물리학이나 수학 등의 기반 지식으로 센서공학을 배우다 보니 어렵다고 포기하는 사례를 수없이 봐왔다. 센서공학에 흥미와 관심을 갖기 위해서는 먼저 각 분야에서 쉽게 구할 수 있는 대표적인 센서 모듈들을 제어해보는 것이 중요하다. 이후 응용 동작을 만들어보면서 센서를 어떻게 현장에 적용하고 개선해야 할지 고민하다 보면 자연스럽게 해당 센서는 어떤 소재와 원리로 동작하는 것인가를 스스로 탐구하고 접근하게 될 것이다.

사실 아두이노 플랫폼이 없었다면 이런 방식의 접근은 어려웠을 것이다. 마이크로컨트롤러를 배우는 것 자체가 또 다른 어려운 과정이기 때문이다. 이러한 측면에서 보면 아두이노 플랫폼은 처음부터 테크놀로지(technology) 기반 없이도 마이크로컨트롤러를 쉽게 사용할 수 있도록 만들어졌으므로 매우 훌륭한 도구가 되어 센서공학을 배우고자 하는 여러분을 도와줄 수 있다. 그리고 센서에 아두이노와 같은 마이크로컨트롤러 기술을 접목하여 데이터를 처리하고 자가 진단, 의사 결정, 통신 기능 등을 갖춘 지능화된 스마트 센서 기술을 이해하기 위해서라도 아두이노를 기반으로 다양한 센서를 직접 다뤄보는 것은 매우 바람직한 활동이다.

우리가 공학을 배우는 이유는 기발하고 혁신적인 사고를 통해 수많은 종류의 문제를 능동적으로 대처할 수 있는 기술과 자신감을 배양하고, 나아가 세상을 좀 더 좋은 방향으로 개선하기 위함일 것이다. 전자기파를 설명하는 것은 과학이지만, 라디오나 TV를 만드는 것은 공학이다. 센서의 원리를 설명할 수 있는 근본적인 물리학과 수학 등의 지식이 선행되면 좋겠지만, 그 과정에서 배우기를 포기하지 않고 다양한 센서를 활용하여 세상에 이로운 시스템을 만들 수 있는 사람을 배출하는 것도 필요하다.

본서는 센서의 기본적인 원리와 특징을 이해한 뒤에 실제 활용 가능한 센서를 제어하는 데 초점을 두고 실제 센서가 어떤 식으로 동작하고 어떤 특성을 가졌는지 동작하는 결과를 보고 이해하도록 한 부분이 다른 센서공학 책들과의 차이점이라 할 수 있으며, 일상생활이나 산업현장에 적용할 가능성을 보고 어떻게 활용할지 스스로 탐구할 수 있는 생각을 가지게 하는 데 목적을 두고 있다.

이론적인 부분은 잘 알려진 분류 기준으로 장을 구분했고, 일부 센서들은 임의로 묶어 설명한 부분이 있다. 대부분 센서는 설명해야 하는 내용이 너무 방대하여 오히려 그 내용을 줄이는 데 어려움이 있었다. 국내·외 센서 제조사의 웹 페이지 또는 논문 등을 참고하여 꼭 필요하다고 생각되는 부분으로 개념을 전달하고자 했다. 각 장 마지막 부분의 센서 모듈을 이용한 실습 부분은 아두이노를 이용하여 비교적 쉽게 구할 수 있는 센서를 가장 기초적인 코딩으로 제어했을 때 어떤 동작이 출력되는지를 실습하는 데 초점을 두었다. 욕심을 내어 본서에 실제 산업현장에서 사용되고 있는 센서 모듈과 각종 제어 모듈을 소개하고 이를 다양하게 응용하는 내용 등을 포함한다면 센서공학 학습을 시작하는 데 또 다른 장애 요인이 될 수 있어서 실습에 사용되는 모듈은 기본적으로 디스플레이 소자 중 가장 기본적인 C-LCD 모듈을 제외하고는 부담 없는 가격으로 쉽게 구할 수 있는 센서만 사용하려고 했으며, 누구나 쉽게 이해할 수 있는 프로그램 코드로 설명하고자 했다.

만약 프로그래밍 언어를 한 번도 배우지 않아 어렵다고 느껴진다면 코드를 읽고 왜 그렇게 코딩해야 하는지 정도만 이해하면 된다. 센서 모듈의 하드웨어적인 부분과 코드 내용에 대해 좀 더 상세한 정보가 필요하다면 인터넷에서 관련된 정보를 찾는 방식으로 부족한 부분을 채워나가는 것도 필요한 과정이다. 그리고 마지막 프로젝트에서는 온·습도 센서를 이용하여 사물인터넷 시스템을 구현해 보는 과정이 포함되어 있으며, 이 과정을 통해 하나의 프로젝트를 처음부터 최종 동작까지 만들어 보면 스스로 뭔가 만들 수 있다는 자신감이 생길 것이다. 마지막에 제시된 프로젝트를 이해한 뒤에 본인이 적용해 보고 싶은 다른 센서를 이용하여 더 나은 응용 프로젝트로 발전시켜 나갈 수 있으면 된다.

국내에서 출간된 센서공학 도서 중에 특정 분야에 국한된 센서나 마이크로컨트롤러 실습 보드를 함께 엮는 사례가 일부 있었지만, 범용적인 실습 도구를 이용하여 제어 중심으로 센서

공학을 설명하고자 한 책은 국내에서 본서가 처음이며, 독자가 직접 다뤄볼 수 있는 센서 모듈을 이렇게 많이 소개한 책으로도 처음이다. 따라서 목적으로 한 부분이 센서공학 이론이 아닐 때는 아두이노를 이용하여 장마다 소개된 센서 모듈이나 유사한 센서 모듈을 이용하여 실습해 보는 것도 좋고, 제시된 마지막 프로젝트를 좀 더 발전시켜 보는 것도 의미가 있다.

우선 잘못된 부분이나 보완해야 하는 부분에 대해서 의견을 받으면 최대한 반영할 수 있도록 노력할 것이다. 아울러 이미지 센서를 실습으로 사용할만한 모듈이 없어 이미지 센서를 분류하여 설명하지 못한 점이 아쉬운 데 이후에 독자의 의견을 수렴하고 이미지 센서 외에 필요한 부분과 수정, 보완해야 하는 부분을 모두 해결할 방법을 찾으려고 한다.

본서를 집필하는 과정에 도움을 주신 서울과학기술대학교의 조남욱 교수님과 이학연 지도교수님께 감사드리며, 집필 방향에 대한 아이디어를 주시고 언제나 적극적으로 지지해 주신 생능출판사의 차종필 부장님, 편집 과정에서 애써 주신 이종무 부장님께 감사드린다. 마지막으로 지친 일상 속에서도 언제나 마음의 안정을 주고 행복하게 살아가야 하는 이유가 되어준 나의 가족 현진, 아희, 아윤에게 감사한다.

2022년 6월

정보권

차례

CHAPTER 06 거리 센서

CHAPTER 07 압력 센서

부록

CHAPTER 01
센서의 개요

contents

01 센서의 개요

1.1 센서의 정의와 종류

센서(sensor)는 환경에 대한 변화나 특정 이벤트를 감지(perceive)하여 그것을 관측하는 사람이 읽거나 판단할 수 있도록 변환된 출력 결과를 보여준다. 인간이 어떤 행동을 할 때 시각, 청각과 같은 감각 기관을 통해 정보를 받아서 반응하는 것처럼 기계 장치도 센서로부터 얻은 정보를 이용하여 원하는 동작을 처리한다.

센서는 사물 인터넷(Internet of Things, IoT), 클라우드 컴퓨팅 등과 같은 통신 기술의 핵심 구성 요소다. 스마트 가전, 스마트 기기, 웨어러블 및 모바일 장치 등 다양한 하드웨어를 언제 어디서나 연결하는 기술 속에서 센서는 필요한 대상을 측정하고 모니터링하는데 필수적인 요소다. 우리 주변을 살펴보면 센서를 매우 쉽게 찾을 수 있다. 현시대 인간과 가장 밀접한 전자기기 중 하나는 스마트폰일 것이다. 스마트폰을 항상 들고 있는 사람 대부분은 다양한 종류의 센서를 매일같이 사용하고 있다. 나날이 발전하는 스마트폰의 고성능 카메라는 사람의 시각을 대신하는 센서로, 내장 마이크는 청각을, 디스플레이의 터치스크린 기능은 촉각을 대신한다. 그 외에도 스마트폰에 내장된 동작 센서, 위치 센서, 환경 센서 등을 통해서 일상에서의 움직임과 위치 정보를 모니터링하거나 주변 환경의 변화, 신체의 변화 등을 감지하고 분석해서 사용자에게 알려준다.

센서는 자극의 변화에 따라 비례하는 전압이나 신호를 출력한다. 출력 신호의 유형 또는 양은 사용 중인 센서 유형에 따라 다르다. 센서는 용도, 응용 분야, 사용된 재료, 생산 방법과 기술에 따라 분류된다. 때로는 정밀도, 반응도 등과 같은 특성에 따라 분류되기도 한다. 일반적으로 모든 유형의 센서는 [그림 1-1]처럼 수동 센서(passive sensor)와 능동 센서(active sensor) 두 가지 유형으로 분류할 수 있다. 수동 센서는 별도의 에너지원이 필요하지 않으며, 대상 자체로부터 발생하는 에너지를 출력 신호로 얻는 것이다. 수동 센서의 예로는 열,

전기장 감지, 화학, 적외선 및 지진 감지 등이 있다. 능동 센서는 반응하기 위해 여기 신호(excitation signal)라고 하는 외부 에너지원이 필요하다. 출력 신호를 생성하기 위해서 센서는 측정하고자 하는 대상에 외부에서 에너지를 가하여 그 대상으로부터 가해진 에너지의 반사(reflection), 굴절(refraction), 산란(scattering), 흡수(absorption) 등에 의해 변형된 에너지를 받아 신호를 검출한다. 능동 센서는 외부 효과에 따라 수정될 수 있는 고유한 속성 때문에 파라메트릭 센서(parametric sensors)라고도 불린다. 능동 센서의 예로는 레이더(radar), 라이다(LiDAR), 레이저 고도계 등이 있다.

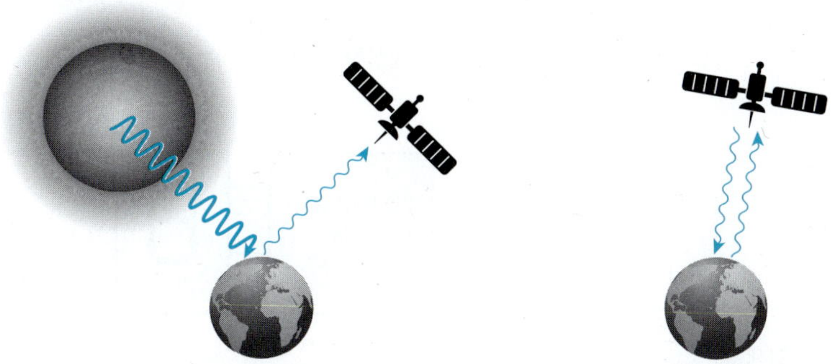

(a) 수동 센서 (b) 능동 센서

[그림 1-1] 수동 센서와 능동 센서의 동작 방식

변형 원리(variation mechanism), 아날로그, 디지털과 같은 감지 특성을 기반으로 분류하기도 한다. 센서의 감지 특성에는 전기, 자기, 물리, 화학 등이 포함되며, 변형 원리에는 입력 신호를 광전(photoelectric), 열전(thermoelectric), 전기화학(electrochemical), 전자기(electromagnetic) 등의 출력 신호로 변환하는 것이 포함된다. [그림 1-2]처럼 아날로그 센서는 온도, 속도, 압력, 변위, 전류, 전압 등 시간의 변화에 따라 연속적으로 변화하는 신호나 전압을 생성한다. 아날로그 센서는 시간이 지남에 따라 지속해서 변화하는 출력 신호를 생성하며, 보통 수 마이크로볼트(μV)에서 수 밀리볼트(mV)로 매우 낮으므로 어떤 형태로든 신호를 증폭하는 과정이 필요하다. 아날로그 신호를 측정하는 회로는 일반적으로 응답이 느리거나 정확도가 낮다. 특히 전자 시스템에서 아날로그 신호는 디지털 신호로 변환해서 사용하므로 아날로그 디지털 변환기(Analog to Digital Converter, ADC)가 포함되는 경우가 많다. 디지털 센서는 논리 '1' 또는 '0'의 바이너리 출력 신호를 생성한다. 디지털 신호는 비트(bit) 또는 바이트(byte) 형태의 데이터를 비연속적으로 생성한다.

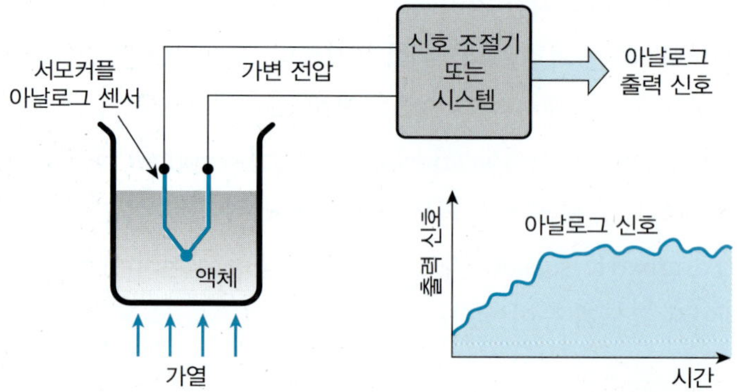

[그림 1-2] 아날로그 신호를 생성하는 데 사용되는 열전대

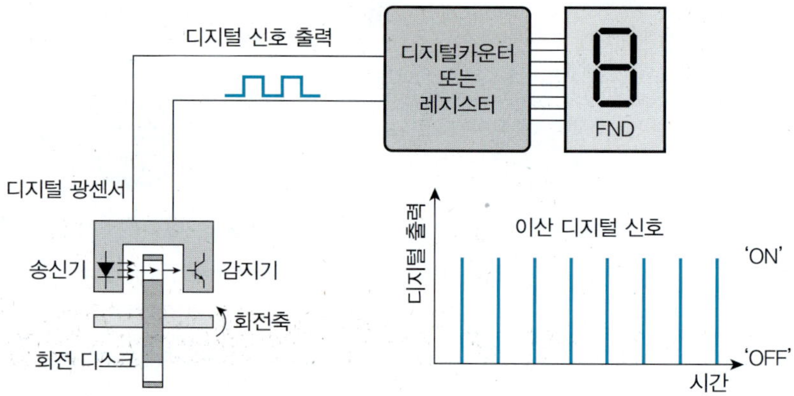

[그림 1-3] 디지털 신호를 생성하는 데 사용되는 광센서

[그림 1-3]의 예에서 회전축의 속도는 포토인터럽터(photointerrupter)와 같은 광센서를 사용하여 측정한다. 회전축에 고정된 디스크가 회전축의 동작 속도로 회전함에 따라 디스크 내의 투명 슬롯이 차례로 광센서를 통과하며 '1' 또는 '0'을 나타내는 출력 펄스를 생성한다. 디지털 펄스는 카운터 레지스터로 보내지고 최종적으로 회전 속도나 슬롯이 감지된 수를 출력 디스플레이 장치로 보내 시각적으로 값을 볼 수 있도록 처리한다.

아날로그 신호와 비교할 때 디지털 신호는 매우 높은 정확도를 가지며, 처리 속도와 비례하는 높은 클록 속도로 측정 표본을 빠르게 처리할 수 있다. 디지털 신호의 정확도는 측정된 양을 나타내는 데 사용되는 비트 수에 비례한다. 예를 들어, 8비트 프로세서를 사용하면 0.390 %(1/256), 16비트 프로세서를 사용하면 0.0015 %(1/65,536) 분해능 또는 260배 더 정확하다.

이 정확도는 디지털 신호가 아날로그 신호보다 수백만 배 더 빠르게 조작되고 처리되므로 유지될 수 있다. 대부분 센서, 특히 아날로그 센서는 일반적으로 측정 가능한 적절한 크기의 전기 신호를 생성하기 위해 외부 전원 공급 장치와 신호를 추가 증폭하거나 필터링할 수 있는 회로가 필요하다. 단일 회로 내에서 증폭과 필터링을 모두 처리하는 가장 좋은 방법의 하나는 연산 증폭기(operational amplifier)를 사용하는 것이다.

센서는 감지 대상, 동작 방식, 재료, 구현기술, 집적도 등에 따라 다양하게 분류되며, 목적에 맞는 기준으로 혼용하여 사용되고 있다. 따라서 센서를 종류에 따라 세부적으로 명확하게 구분하는 것은 어렵고 모호할 수 있다. 〈표 1-1〉은 다양한 센서 구분 방법 중의 한 가지이다.

〈표 1-1〉 감지 특성을 기반으로 하는 센서

유형	특성
열 센서	온도, 열, 열의 흐름 등
전기 센서	저항, 전류, 전압, 인덕턴스(inductance) 등
자기 센서	자속 밀도(magnetic flux density), 자기 모멘트(magnetic moment) 등
광센서	빛의 세기, 파장(wavelength), 편광(polarization) 등
화학 센서	조성, pH, 농도 등
압력 센서	압력, 힘 등
진동 센서	변위(displacement), 가속도(acceleration), 속도 등
수분 센서	물, 수분 등
기울기 센서	경사각(angle of inclination) 등
속도 센서	속도, 거리 등

전자 회로나 시스템이 특정 작업이나 기능을 수행하기 위해서는 센서와 변환기(transducer)가 필요하다. 변환기는 움직임, 전기 신호, 복사 에너지(radiant energy), 열 또는 자기 에너지(magnetic energy) 등과 같은 다양한 에너지 형태를 감지하는 데 사용할 수 있는 센서와 주로 전압, 전류와 같은 전기적인 신호를 받아 회전운동이나 직선운동 등의 물리적인 운동으로 전환하는 액추에이터(actuator) 모두에 사용되는 총칭이다.

아날로그와 디지털, 입력과 출력 방식을 선택할 수 있는 다양한 유형의 센서와 변환기가 있다. 입력 기능을 수행하는 장치들은 열이나 힘과 같은 일부 여기(excitation)에 반응하여 변화하는 어떤 특성의 물리적 변화를 감지하고 이것을 전기 신호로 변환하므로 센서라고 하며, 출력 기능을 수행하는 장치들은 일반적으로 액추에이터라고 한다. [그림 1-4]는 변환기의 이론적인 개념으로 실제 센서, 프로세서, 액추에이터 사이에는 다른 기술적 요소들이 있다.

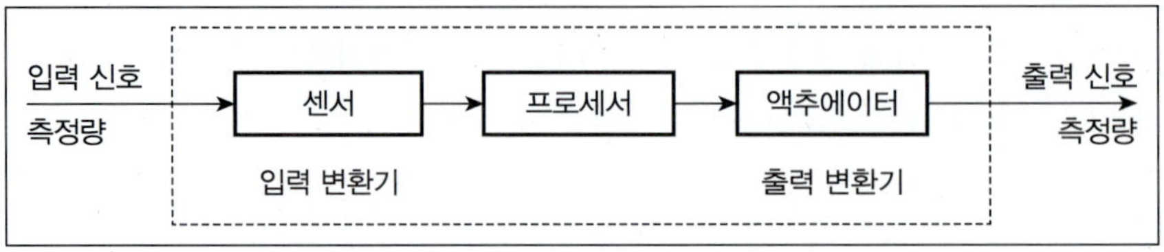

[그림 1-4] 변환기 개념

일반적으로 센서에 기대하는 것은 측정하고자 하는 대상에 직접 접촉하고, 전기 신호 형태가 아닌 신호를 전기 신호로 빠르고 정확하게 변환하며 반복적으로 데이터를 얻을 수 있어야 한다. 이런 기술적인 부분들은 기본으로 하면서 더 작고 저렴하게 사용할 수 있기를 기대한다. 따라서 센서는 기존의 단일 소자형(device)이나 모듈형(module)에서 벗어나 대량생산이 가능한 형태로 점차 여러 가지 센서와 제어 장치 등을 하나의 시스템 형태로 집적시키거나 소형화시키고 있다. 많은 영역의 센서가 멤스(Micro Electro-Mechanical Systems, MEMS) 기술, 구조체 기술, 나노 센서 기술 등이 포함된 나노 센서(nano sensor) 형태로 더 소형화하고, 온칩(on-chip) 형태의 다기능 복합 센서 형태나 지능형 센서로 진화하고 있다. 측정 대상의 물리적, 화학적, 생물학적 변화를 한꺼번에 처리하고 정보통신 기술과 인공지능, 빅데이터와 같은 진보된 소프트웨어 기술들이 융합하여 센서 시스템이 스스로 자료를 수집하고 처리하도록 하는 센서의 스마트화에 관한 연구 개발도 센서 기술 발전을 위해서 매우 중요하다.

1.2 센서의 특성

외부 입력 자극을 받은 센서는 전기 신호를 출력하기 전에 몇 가지 에너지 변환 단계를 거친다. 측정 과정에서 센서는 측정값을 감지하고 출력 신호에 대한 왜곡이나 손실 없이 전기적 신호로 변환할 수 있어야 한다. 센서의 성능은 입력 신호와 출력 신호 간의 관계로 설명할 수 있으며, 센서를 측정하기 위한 지표는 정적 특성(static characteristic)과 동적 특성(dynamic characteristic)이 있다.

센서의 정적 특성은 입력이 시간에 따라 변하지 않을 때의 특성을 말한다. 입력과 출력은 모두 시간에 독립적이기 때문에 센서의 정적 특성은 시간 변수가 없는 대수 방정식(algebraic equation)으로 설명하거나 입력을 가로 좌표로 사용하고 그에 상응하는 출력을 세로 좌표에 특성 곡선이 그려진다. 이는 단순히 검출 시스템의 입력이 시간에 따라 변하지 않는 일정한 신호일 때 시스템의 출력과 입력 사이의 관계를 의미한다. 센서의 정적 특성을 특성화하는 주요 매개변수는 선형성(linearity), 감도(sensitivity), 히스테리시스(hysteresis), 반복성(repeatability), 드리프트(drift), 측정 범위(measurement range), 정확도(accuracy), 분해능(resolution), 임계값(threshold), 안정성(stability) 등이다. 동적 특성은 입력이 시간에 따라 변할 때의 특성을 말한다. 실제 작업에서 센서의 동적 특성은 종종 특정 표준 입력 신호에 대한 응답으로 표현되는 경우가 많다. 이는 표준 입력 신호에 대한 센서의 응답은 실험적인 방법으로 쉽게 얻을 수 있고 표준 입력 신호에 대한 센서의 응답과 모든 입력 신호에 대한 응답 사이에는 일정한 관계가 있기 때문이다. 가장 일반적으로 사용되는 표준 입력 신호는 계단 신호와 정현파 신호(sinusoidal signal)이므로 센서의 동적 특성은 계단 응답(step response)과 주파수 응답(frequency response)으로 표현되는 경우가 많다.

1.2.1 전달 함수

전달 함수(transfer function)는 센서의 물리적 입력 신호와 전기적 출력 사이에 발생하는 관계를 수학 함수 등의 형식으로 표현한 것으로 물리적 입력 신호 또는 자극(s)과 전기적 출력 신호(S) 사이의 함수 관계를 $S=a+b(s)$로 나타낸다. 여기서 S는 자극(stimulus)에 대한 응답이다. 이 함수는 입력과 출력 사이의 관계에 따라 선형 또는 비선형일 수 있으며, 비선형성은 로그, 지수 또는 멱함수와 같은 다양한 형태가 될 수 있다. 대부분의 경우 관계는 1차원 함수로 정의되며, 이는 출력과 입력 간의 관계가 하나의 자극과 연관됨을 의미한다. 이 선형 관계는 다음과 같이 설명할 수 있다.

$$S=a+b(s) \tag{1.1}$$

여기서 a는 입력 신호가 0일 때 출력 신호가 사용하는 절편이고, b는 감도라고도 하는 기울기이다. 그리고 장치에서 데이터를 수집하는 데 사용하는 센서의 출력이라고도 하며, 센서의 특성에 따라 진폭, 주파수 또는 위상이 될 수 있다. 다른 비선형 함수는 다음과 같이 설명할 수 있다.

$$\text{로그함수: } S=a+b\ln s \tag{1.2}$$

$$\text{지수함수: } S=ae^{ks} \tag{1.3}$$

$$S = \frac{1}{k}\ln\frac{s}{a} \tag{1.4}$$

$$\text{멱함수: } S = a_0 + a_1 s^k \tag{1.5}$$

$$S = \sqrt[k]{\frac{s-a}{b}} \tag{1.6}$$

여기서 상수는 k로 지정된다. 위 속성을 충족하지 못하는 일부 센서가 있으며, 이런 경우에는 고차 다항식 근사가 필요하다.

1.2.2 스팬

센서에 의해 변환될 수 있는 자극의 동적 범위를 스팬(span) 또는 총 입력 범위(Full Scale Input, FSI)라고 한다. 오차를 허용할 수 있는 범위 내에서 외부에서 센서에 적용할 수 있는 가능한 가장 높은 입력값을 나타낸다. 매우 광범위하고 비선형 응답 특성을 가진 센서의 경우 입력 자극의 동적 범위는 종종 데시벨로 표현되며, 데시벨은 절댓값을 측정하는 것이 아니고 값의 비율만 측정한다. 데시벨 크기는 훨씬 더 작은 숫자로 신호 크기를 나타낸다. 비선형 크기이므로 높은 수준의 숫자를 압축하면서 고해상도의 저수준 신호를 나타낼 수 있다.

$$1\ \text{dB} = 20\log\frac{s_2}{s_1} \tag{1.7}$$

여기서 s_2와 s_1은 각각 입력의 최댓값과 최솟값이다. 힘에 대한 데시벨의 정의는 로그 비율에 10을 곱한 형태이며, 힘, 전류, 전압에 대해서는 로그의 20배와 같다.

총 출력 범위(Full Scale Output, FSO)는 최대 입력 자극과 최소 입력 자극이 적용된 상태에서 측정된 전기 출력 신호의 최댓값과 최솟값 사이의 대수적 차이를 의미한다. 총 출력 범위는 이상적인 전달 함수의 모든 편차를 포함한다.

1.2.3 정확도

정확도는 측정 오차로 계산되고 측정값과 실제 값의 차이를 말한다. 전체 범위의 % 또는 판독 값의 %로 표시한다.

$$\text{절대 오차} = |\text{측정값} - \text{실제값}|,\ A_e = |M_v - T_v| \tag{1.8}$$

여기서 T_v는 무한한 측정 횟수의 평균을 취하여 계산되며, 상대 오차(relative error)는 다음과 같이 계산할 수도 있다.

$$\text{상대 오차} = \frac{\text{절대 오차}}{\text{실제값}}, \quad R_e = \frac{|M_v - T_v|}{T_v} \tag{1.9}$$

히스테리시스와 비반복성과 같은 영점 오차, 스팬 오차, 비선형성 및 기타 오차의 상호작용을 정확도라 할 수 있으며, 정확도 등급은 센서에 사용되는 측정에서 변동(variation), 선형성, 교정(calibration), 반복성 오차(repeatability error), 불감대(dead band) 등의 통합적인 영향을 나타낸다.

1.2.4 교정

높은 정확도를 가진 가능한 최상의 센서를 사용하기 위해 사용할 장치에서 적절하게 바로잡는 것을 교정이라 한다. 센서 또는 장치에서 조정하여 장치가 정확하게 동작하고 오류가 없도록 할 수 있다. 예를 들어, 어떤 장치에서 압력을 ±5 pa의 정확도로 측정해야 하는데 실제 사용할 센서는 ±10 pa의 정확도를 제공한다면 이 센서는 교정해서 사용해야 할 것이다.

센서 교정은 선택한 교정 포인트에 맞게 전달 함수 또는 그 근사의 계산, 측정된 데이터를 정규화 또는 이상적인 전달 함수에 맞도록 수정하여 데이터 수집 시스템 조정, 미리 결정된 전달 함수에 맞게 센서의 속성 수정, 특정 보정 지점에서 속성이 일치하는 센서별 기준 장치 생성 등과 같이 여러 가지 가능한 방법으로 수행할 수 있다.

상기 압력 센서의 예시에 대해 교정 상황을 가정해보면, 방정식에서 정확한 상숫값을 얻기 위해 선형 전달 함수는 $v = a + b(p)$로 계산한다. 변수 a와 b를 찾기 위해 센서는 해당 출력 전압 (v_1, v_2)에 대해 두 개의 압력 값 (p_1, p_2)로 나타낼 수 있다. 그러면 $v_1 = a + b(p_1)$, $v_2 = a + b(p_2)$이고, a와 b는 다음과 같이 계산된다.

$$b = \frac{v_1 - v_2}{p_1 - p_2}, \quad a = v_1 - bp_1 \tag{1.10}$$

교정 압력은 다음과 같이 계산할 수 있다.

$$p = \frac{v - a}{b} \tag{1.11}$$

교정 오류 또는 교정 오차는 실제로 장치 또는 센서를 제조공정 중에 교정되는 동안 발생하는 오차를 말하며, 제조업체에서 허용하는 일종의 부정확성(inaccuracy)이다. 이렇게 얻은 오류는 일정하지 않으며, 교정 과정에서 변경될 수 있다.

1.2.5 히스테리시스

히스테리시스는 마찰과 구조적 변화와 같은 재료의 특성 변화로 인해 발생하는 일반적인 현상 또는 특성을 말한다. 즉, 어떤 물리량이 외부의 물리적인 조건에 의해 상태가 결정되지 않고 그 이전부터 지나온 물리적 상태의 변화 과정에 의존하는 현상이다. 쉬운 예를 들면, 자성이 없는 금속에 자석을 문지르면 일시적으로 자성을 띠게 되는데, 이 과정을 몇 번 반복하면 결국 자성이 없었던 금속이 자성을 가지게 되는 것으로 설명할 수 있다.

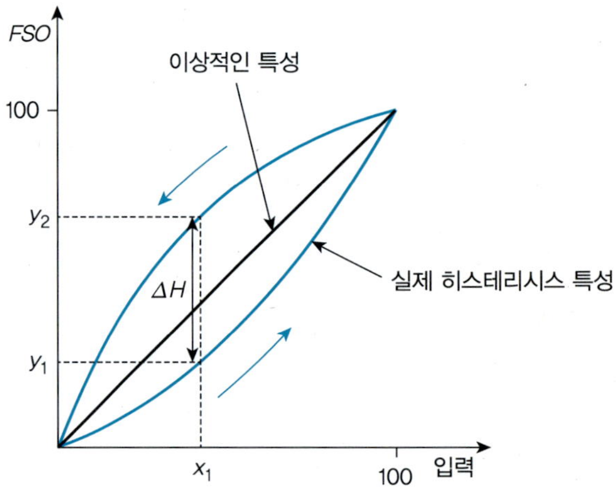

[그림 1–5] 히스테리시스 오차

히스테리시스 오차는 [그림 1–5]처럼 지정된 입력 범위에서 입력 신호의 임의 지점에 대한 출력값의 편차를 말하고, 일반적으로 측정 시스템에 대해 총 출력 범위의 백분율로 지정한다.

$$\Delta H = \frac{y_2 - y_1}{\text{FSO}} \times 100\%\text{FSO} \tag{1.12}$$

1.2.6 비선형성

센서를 사용할 때 이상적인 직선의 선형성을 기대하지만, 실제로는 선형적인 특성값을 얻는 것은 어렵다. 센서의 특성 곡선이 실제의 출력값과 이상적인 출력값 사이의 최대 편차를 비선형성(non-linearity)이라 하며, 센서의 전달 함수를 선형 함수로 가정할 때 생길 수 있는 오차를 비선형 오차라 한다.

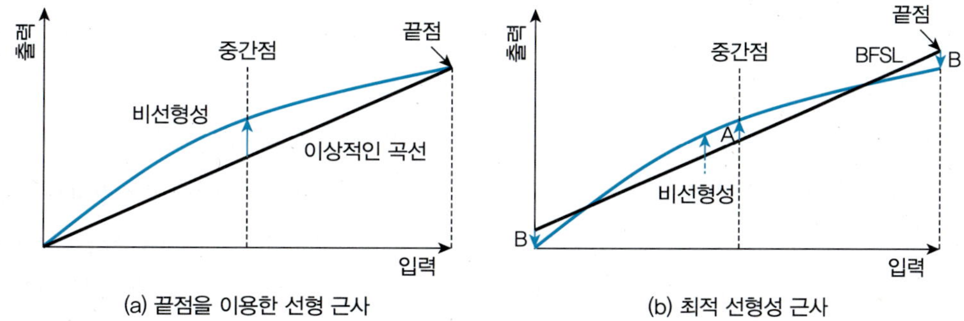

[그림 1-6] 비선형 전달 함수의 선형 근사법

센서의 비선형성은 기울기가 같은 두 선의 Y축 차이를 측정하여 계산한다. X축의 중간점에서 최대 편차를 구하여 총 비선형성을 근사화하고, 실제 값과 계산된 값 사이에서 가장 큰 오차가 관측된다. 중간 점 X_m은 다음과 같이 계산할 수 있다.

$$X_m = \left(\frac{X_{\max} - X_{\min}}{2}\right) + X_{\min} \tag{1.13}$$

끝점을 연결하는 선은 비선형성의 총량을 나타내며, 선형성의 %로 다음과 같이 계산된다.

$$\%\text{선형성} = \left|\frac{\left[\left(\frac{Y_{\max} - Y_{\min}}{2}\right) + Y_{\min}\right] - Y_s}{\left[\left(\frac{Y_{\max} - Y_{\min}}{2}\right) + Y_{\min}\right]}\right| \times 100\% \tag{1.14}$$

여기서 Y_s는 이 X 값에서 실제 Y 값이고, 실제 측정된 Y 값이 0을 통과하면 다음과 같이 단순화된다.

$$\%\text{선형성} = \left|\frac{\left(\frac{Y_{\max}}{2}\right) - Y_s}{\left(\frac{Y_{\max}}{2}\right)}\right| \times 100\% \tag{1.15}$$

센서 대부분은 비선형성을 보이므로 특성값의 직선화는 중요하며, 직선화를 결정하는 방법에는 여러 가지가 있으나 가장 일반적인 방법은 [그림 1-6]에서 (a) 터미널 방법과 (b) 최적 직선(Best Fit Straight Line, BFSL) 방법이 있다. 끝점 방법이라고도 하는 터미널 방법은 실제 영점에서 전체 범위의 끝점까지 직선을 그린다. 이 방법은 특성 곡선의 끝점을 기반으로 하므로 비선형성을 좀 더 정확하게 표현한다. 최적 직선 방법은 특성 곡선 또는 실제 응답에서 일정 비율 편차 내에 머무르는 직선이다. 최적 직선 방법 값은 일반적으로 터미널 방법 값의 절반 정도이다. 즉, ±0.25 % BFSL 비선형성을 갖는 트랜스미터는 ±0.50 %의 오차를 허용한다.

1.2.7 분해능

센서의 분해능은 적절한 센서를 사용하여 일부 양을 읽거나 측정하는 동안 감지할 수 있는 최소 신호 변동을 말하며, 식별할 수 있는 측정값에서 가장 작은 증분을 나타낸다. 일반적으로 분해능은 작을수록 좋으며, 각종 센서가 장착된 기기 또는 시스템에서는 분해능으로 센서값 출력의 정밀함을 나타내는 경우도 많다.

1.2.8 포화

모든 센서는 일정한 동작 한계가 있는데 센서의 입력값이 증가함에도 센서의 출력 신호가 일정 수준에서 응답하지 않는 상태를 센서의 포화(saturation)라고 한다. 센서의 입력 자극이 증가함에도 요구되는 대로 센서가 응답하지 않는 지점이 있으며, 그 특정 지점을 포화점(saturation point) 또는 임계점(threshold point)이라고 한다.

1.2.9 반복성

반복성은 출력 신호의 범위를 측정하기 위해 같은 방법으로 같은 측정 대상을 같은 조건에서 짧은 시간 내에 반복 측정한 경우 각각의 측정치가 일치 또는 변화하는 정도를 의미한다. 센서가 같은 조건에서 출력이 조금씩 다를 때 발생하는 오차를 반복성 오차라 한다. 반복성 오차는 최대 오차를 고려하여 다음과 같은 식으로 표현할 수 있다.

$$\delta_r = \frac{\Delta}{\text{FullScale}} \times 100\% \tag{1.16}$$

1.2.10 불감대

불감대(dead band 또는 dead zone)는 센서의 감도가 영향을 미치지 않는 영역으로 출력이 나오지 않는 입력값 범위를 말한다. 해당 범위에서 출력은 전체 불감대 영역에서 거의 0으로 유지될 수 있다. 불감대가 필요한 예를 들면, 낮과 밤의 기온 차이가 큰 계절이거나, 태양의 노출 방향이 달라 온도 변화가 큰 실내 시설 등에서 온도 조절기(thermostat)를 통해 온도 조절을 해야 하는 경우를 생각해보면 된다. 불감대가 적용되지 않으면 특정 기온에서 냉난방 시스템이 반복적으로 켜졌다 꺼지기를 빈번하게 반복할 수 있다. 불감대는 냉난방 시스템이 켜지지 않는 온도 범위로 온도 조절 장치가 열과 냉각을 빠르게 연속적으로 활성화하는 것을 방지한다.

1.2.11 신뢰성

센서의 신뢰성(reliability)은 주어진 환경에서 정해진 기간 원하는 기능을 수행할 수 있는 능력이며, 지정된 시간 동안 센서가 고장 없이 동작할 확률로 통계적으로 나타낼 수 있다. 가혹하며 극한의 환경에 센서가 배치되었을 때, 다양한 센서와 전자 장치를 매우 작은 공간에 통합 설계했을 때 등 상황과 조건에 상관없이 센서는 언제나 정확하고 일관성 있는 데이터를 출력할 수 있어야 한다. 따라서 센서를 제조하거나 설계하기 전에 다양한 최악의 상황과 조건을 고려해야 한다.

1.2.12 출력 특성

센서의 출력 특성(output characteristics)은 센서에서 생성되는 전기 출력 유형에 따라 달라진다. 센서의 출력은 전압, 전류, 임피던스일 수 있으며, 다른 양의 함수일 수 있다. 측정 또는 계측 시스템에서는 센서뿐만 아니라 다른 구성요소도 다양하게 존재하므로 센서의 출력 유형은 측정 시스템의 구성요소와 호환되어 사용할 수 있어야 한다.

출력 특성의 또 다른 중요한 요소는 잡음(noise)과 노이즈 마진(noise margin)이 있다. 잡음 또는 노이즈는 입력 물리량 이외의 원인으로 인해 장치의 출력에 나타나는 불필요한 모든 신호를 의미하며, 노이즈 마진은 출력 신호에 큰 영향을 미치기 전에 장치가 허용할 수 있는 잡음의 최대 크기를 의미한다.

1.2.13 임피던스

회로의 임피던스(impedance, Z)는 직류회로에서 저항(resistance, R)의 역할처럼 교류회로

(alternating current circuit)에서 전류의 흐름을 방해하는 저항과 같은 것이다. 교류에서는 코일(coil, L)과 커패시터(Capacitor, C)는 각각 유도 리액턴스(inductive reactance), 용량 리액턴스(capacitive reactance)로 전류의 흐름을 방해하며 저항을 합쳐서 임피던스라 총칭한다. 임피던스는 복소수(complex number)로 표시되는데 허수부는 리액턴스이고 실수부는 저항값이며, 둘 사이의 각도는 위상각 데이터가 된다. 단위는 SI 단위계로 옴(Ω)을 사용하며, 보통 기호 Z로 표시한다. 임피던스 Z는 교류에서 전류의 흐름을 방해하고 지연시키는 R, L, C의 상관관계로 표시되며, 임피던스의 역수는 어드미턴스(admittance)라 한다.

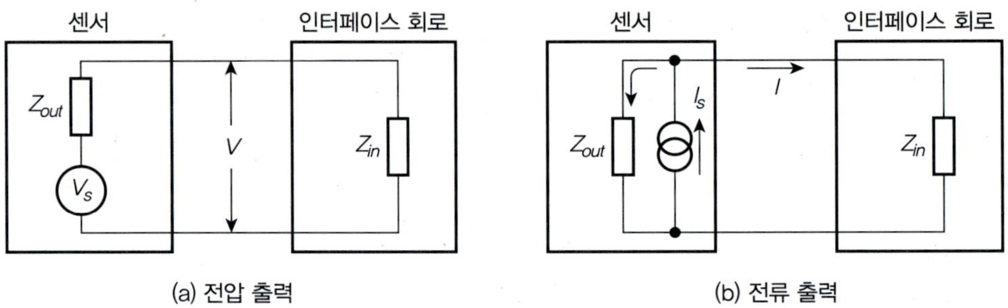

[그림 1-7] 인터페이스 회로와 센서 연결

회로의 입력 단자로 들어가는 전류의 흐름을 방해하는 정도를 입력 임피던스라 한다. 따라서 입력 임피던스가 작으면 입력단에 연결된 회로로 전류가 흘러 들어간다는 의미이고 입력 임피던스가 크면 입력단에 연결된 회로로 전류의 흐름이 제한된다. 입력 임피던스가 작은 센서나 기기에 낮은 전류가 공급되면 신호 처리에 문제가 생길 수 있다. 반면 출력 임피던스는 회로의 출력단으로 빠져나가는 전류 흐름을 방해하는 정도를 말한다. 따라서 출력 임피던스가 클수록 많은 전류를 흘려보낼 수 없으므로 신호를 손실 없이 보내기 위해서는 출력 임피던스는 작을수록 좋다. 만약 출력 임피던스가 크면 신호 손실을 줄이기 위해 입력 임피던스는 큰 장치에 연결한다. [그림 1-7]은 전압 출력 센서와 전류 출력 센서에 대한 회로로 전류 출력 센서의 출력 임피던스 Z_{out}은 신호의 손실을 줄이기 위해 크게 하고, 입력 임피던스 Z_{in}은 낮춰야 한다. 전압 출력 센서의 경우 이와 반대이다.

1.2.14 여기

여기는 원자(atom)나 분자(molecule)의 가장 바깥쪽에 있는 전자는 외부로부터 적당한 에너지 또는 자극을 받으면 에너지 준위가 높은 상태로 이동하는 것을 의미하며, 이 상태가 된 원자나 분자를 여기 상태(excitation state)에 있다고 한다. 때로는 물리적인 자극이나 외부의 원천적인 입력 자극을 의미하기도 한다.

열전대(thermocouple)나 포토다이오드(photodiode)와 같은 수동 센서는 물리적 에너지를 전기 에너지로 직접 변환하므로 여기 소스 없이도 출력 신호를 생성하지만, 서미스터(thermistor), 저항 온도 감지기(Resistance Temperature Detector, RTD), 스트레인 게이지(strain gage)와 같은 능동 회로나 능동 센서는 외부 여기 소스가 필요하다. 여기 신호의 안정성과 정밀도는 센서의 정확도와 안정성과 직접 연관되어 있다.

출력 생성을 위해 여기를 위한 전류나 전압이 필요하다. 변환기는 교류 또는 직류 전류 또는 전압으로 여기될 수 있다. 직류 여기를 사용하는 시스템은 구현과 문제 해결이 더 쉬우므로 교류 여기보다 더 널리 사용된다. 센서의 여기 크기는 측정할 미세한 변화가 시스템의 잡음, 오프셋(offset) 및 드리프트를 초과하는 전압 변화를 생성하도록 충분해야 한다.

1.2.15 동적 특성

센서의 정적 특성은 어떤 입력에 대한 출력값이 시간에 따라 천천히 변하거나 시간에 따른 변화가 없을 때 나타나는 특성을 말하고, 동적 특성은 입력이 인가된 이후에 출력이 안정될 때까지 시간에 대한 동작 특성을 말한다. 센서는 입력 매개변수가 변경되자마자 출력 상태를 변경하지 않는다. 센서에 입력되는 물리적인 신호가 시간에 따라 변할 때 다음 출력 신호는 어느 정도 시간이 지연된 이후 새로운 출력 신호를 생성한다. 이렇게 센서의 입력과 출력 사이에는 일정한 시간 지연이 있으며, 이것을 응답 시간(response time)이라 한다.

동적 특성에서는 주파수 응답 특성과 계단 응답 특성이 중요하다. 주파수 응답은 진폭이 일정한 다양한 주파수의 입력 신호에 따른 출력의 변화를 말한다. 출력은 일반적으로 출력 진폭을 측정 진폭으로 나눈 비율로 백분율로 표시한다. 계단 응답은 입력 측정값의 계단 변화가 주어졌을 때 출력값의 변화로 정의할 수 있다.

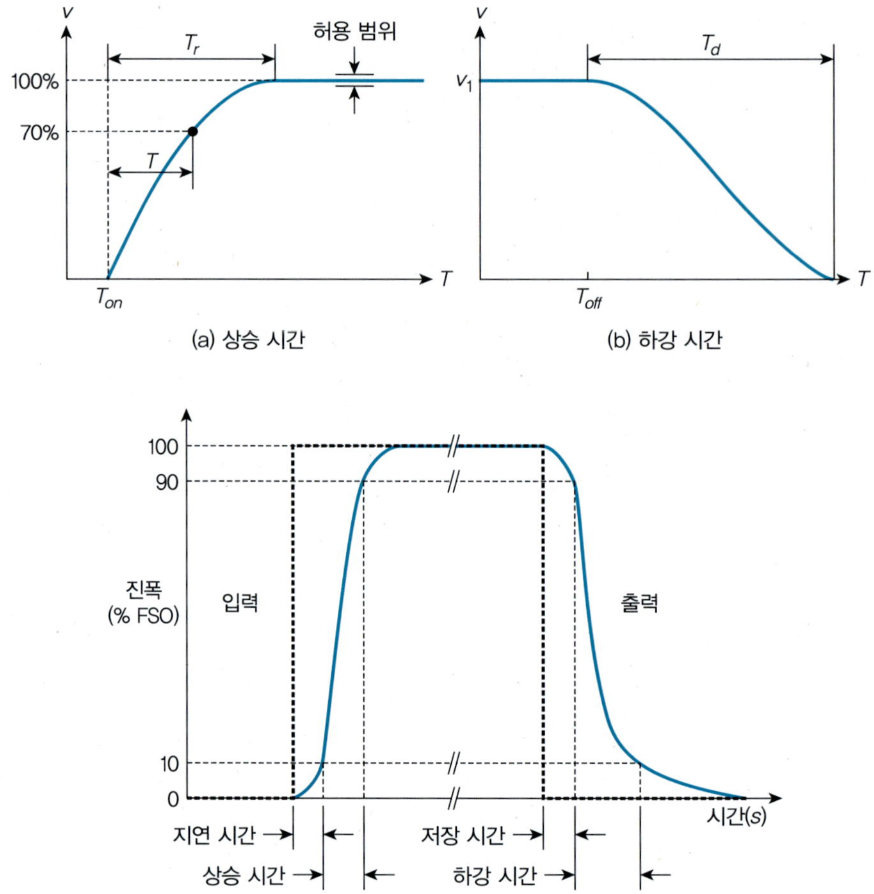

[그림 1-8] 응답 시간 유형

응답 시간에는 지연 시간(delay time), 상승 시간(rise time), 저장 시간(storage time), 하강 시간(fall time)과 같은 주요 유형이 있다. 지연 시간은 입력 단계가 적용되면 출력이 최종값의 10 %까지 상승하는 데 걸리는 시간이고, 상승 시간은 출력이 최종값의 10 %에서 90 %까지 상승하는 데 걸리는 시간이다. 저장 시간은 입력 단계가 제거된 후 출력이 최종값의 90 %로 떨어지는 데 걸리는 시간이고, 하강 시간은 출력이 최종값의 90 %에서 10 %로 떨어지는 데 걸리는 시간이다. [그림 1-8] (a)의 T_r은 상승 시간, T는 시정수(time constant)이고, [그림 1-8] (b)의 T_d는 하강 시간 또는 감쇠 시간(decay time)을 의미한다.

1.2.16 정밀도

정밀도(precision)는 같은 조건과 환경에서 여러 번 반복 측정하였을 때 측정 결괏값이 얼마나 가깝게 나오는지에 대한 척도로 측정의 재현성(reproducibility) 정도를 나타낸다. 측정 결괏값의 편차가 작을수록 정밀하다 할 수 있다. 실제 센서의 측정 결괏값은 어떤 방식으로든 분산된 값을 출력한다. [그림 1-9]를 통해 더 정밀한 센서는 결괏값이 좀 더 좁은 분포를 하고, 더 정확한 센서는 실제값에 더 가깝다는 것을 알 수 있다.

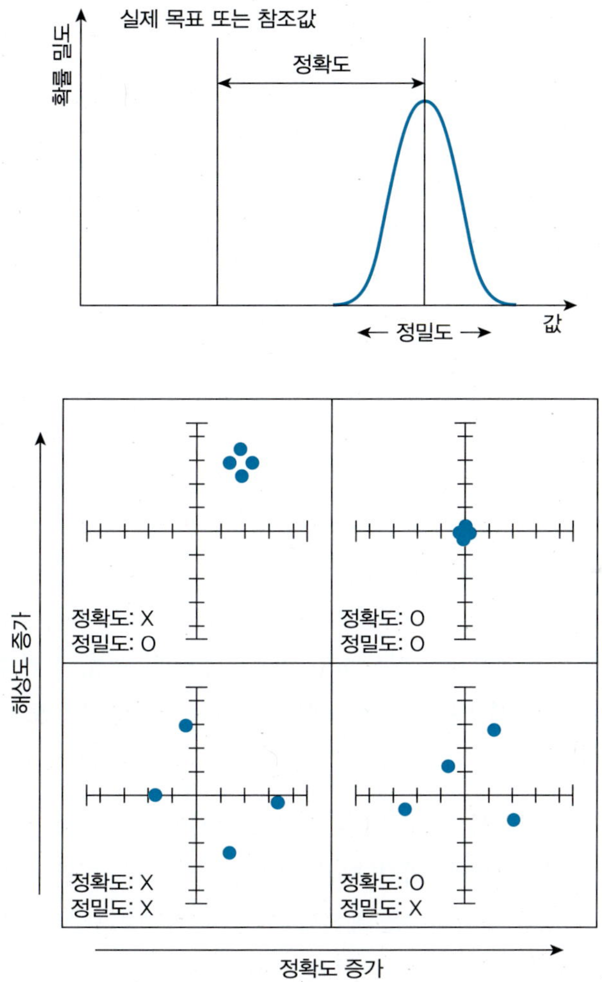

[그림 1-9] 정확도와 정밀도 사이의 관계

1.2.17 환경 요인

환경 요인(environmental factor)은 환경 조건이라고도 하며, 센서의 입력 및 출력에 직·간접적인 영향을 미치는 요인들을 의미한다. 환경은 일반적으로 기후적 조건, 토양적 조건, 생물적 조건으로 구분하고 기후적 조건과 토양적 조건을 무기적 환경(inorganic habitat) 또는 비생물적 환경이라 한다. 가장 보편적으로 센서에 영향을 미치는 무기적 환경 요인 중 기상 환경과 관련된 인자로는 온도, 습도, 소음, 날씨, 먼지 농도, 강수량, 적설량, 주간/야간 등이 있다. 이런 인자들이 상황에 따라 특정 기능과 성능을 가진 센서에 나쁜 영향을 미칠 수도 있지만, 감지 대상이 될 수도 있다.

센서의 성능에 영향을 미칠 수 있는 고전압, 잡음, 주파수, 화학, 고압, 열, 진동 등과 같은 요소들도 있다. 센서를 사용할 때 고온이나 저온에 노출되는지, 액체에 침수되는지, 지속적인 진동이 있는지, 큰 충격이 있는지, 전기적인 잡음이 있는지, 화학적으로 오염될 수 있는지, 고압의 영향이 있는지 등 극한의 환경에 노출되었을 때도 센서의 성능과 장기적인 안정성 등을 기대할 수 있는지 고려해야 한다.

1.2.18 불확실성

모든 센서 정보에는 필연적으로 내포된 불확실성(uncertainty)이 있다. 센서 자체가 하나의 오류의 원인이 될 수 있으며, 센서 정보에 의존하여 동작하는 시스템의 신뢰성을 낮추는 결과로 이어진다. 센서의 불확실성 요인 중 대표적인 것으로는 센서의 계측 실패, 전기적 요인이나 진동, 잡음, 오차 등으로 인해 제공되는 정보의 낮은 정확도, 센서 자체에 내재한 불확실성 등이 있다. 센서 내부 특성에 의한 불확실성 요인 외에도 잘못된 보정, 작업 환경의 가변성 등은 오차를 늘린다. 불확실성을 줄이는 전통적인 대처 방법은 센서를 정확도와 정밀도가 높은 것으로 대체하는 것이다.

일련의 결과와 관련된 불확실성을 측정하는 가장 효과적인 방법은 측정을 반복하는 것이다. 샘플을 반복적으로 측정할 때마다 약간 다른 결과가 산출되며, 이런 측정 결괏값의 변동을 기반으로 해당 결과의 평균 불확실성을 계산할 수 있다. 반복 측정을 사용하여 불확실성을 계산하는 방법의 하나는 표준편차(standard deviation)를 사용하는 것이다. 표준편차는 데이터의 산포도(dispersion)를 나타내는 척도이며, 측정되는 자료와 같은 단위를 가진다. 표준편차를 사용하는 방법은 제한적으로 사용되는데 가장 확실한 불확실성 척도는 일반적으로 표준편차의 신뢰구간이다. 두 번째 방법은 상대표준편차(Relative Standard Deviation, RSD)

로 계산하기 쉽고 해석하기 쉬우므로 불확실성을 표현하는 데 유용한 방법이다. 하지만 RSD는 신뢰구간보다 덜 직관적이며, 평균이 매우 작은 데이터에는 유용하지 않다는 단점이 있다. 평균이 작아질수록 RSD가 커지고 평균이 0에 가까워지면 무한대에 가까워지므로 바람직한 결과가 아니다. RSD는 측정의 0이 길이, 무게, 곡선 아래 면적과 같은 실제 물리적 의미가 있는 경우에만 사용해야 한다. RSD를 사용하려면 표본 크기, 평균, 표준편차도 표시해야 한다.

센서를 이용한 측정의 관점에서 불확실성과 대응 방안의 예를 들면, 샘플 불확실성은 샘플 변동으로 인한 불확실성으로 샘플의 균일화를 통해 줄일 수 있을 것이고, 실험적 불확실성은 실험 방법의 작은 변화도 신중하게 함으로써 줄일 수 있을 것이다. 그리고 측정 불확실성은 분석 기술의 올바른 선택과 신중한 분석법 개발을 통해 줄일 수 있을 것이다.

1.3 아날로그 디지털 변환기

현실에 존재하는 거의 모든 측정 매개변수는 아날로그 형태이다. 빛, 소리, 온도, 습도 등의 아날로그 신호를 제어 시스템의 마이크로프로세서(microprocessor)나 디지털 논리 회로 등이 이해하고 처리하도록 하려면 이진 데이터(binary data) 형식으로 신호를 변경해야 하는데 [그림 1-10]처럼 아날로그 데이터를 디지털 데이터로 변환해주는 역할을 아날로그 디지털 변환기가 하는 것이다. 아날로그 디지털 변환기를 A/D 컨버터, A/D 변환기, ADC 등으로 줄여서 부르기도 한다.

센서 모듈이 감지한 데이터를 관찰하고 제어 시스템을 통해 다양한 동작들을 처리하는 과정에서 가장 먼저 센서가 생성한 신호를 ADC가 받아서 이진 데이터로 변환한 뒤 중앙처리장치(Central Processing Unit, CPU) 또는 마이크로프로세서로 전달되어 처리된다. 제어 시스템에는 ADC처럼 특정 역할을 하도록 만들어진 집적회로(Integrated Circuit, IC)가 단독으로 구성되거나 시스템온칩(System on Chip, SoC) 형태로 모여 있고, 특정 역할을 하는 IC가 보내는 모든 데이터를 중앙처리장치 또는 마이크로프로세서가 최종적으로 목적에 맞는 동작으로 처리한다.

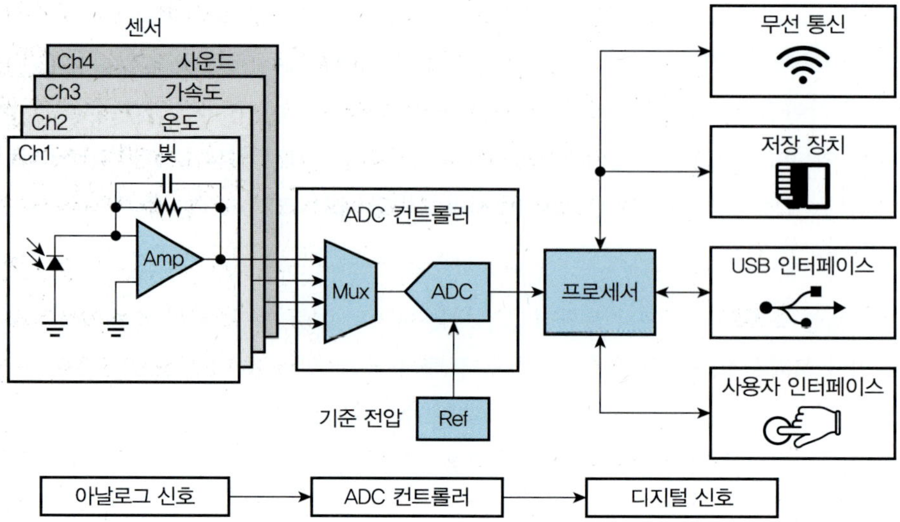

[그림 1-10] ADC의 역할

ADC의 주요 성능 요소로는 샘플링(sampling) 속도와 분해능이 있고, ADC 변환은 샘플(sample) & 홀드(holder), 양자화(quantization) & 부호화(encoding) 과정으로 처리된다.

각종 제어 용도로 최적화된 마이크로컨트롤러(MicroController Unit, MCU)는 대부분 ADC 컨트롤러를 포함하고 있으며, 일반적으로 8비트, 10비트, 12비트 분해능을 가진 ADC가 장착되어 있다. 만약 10비트 ADC라고 하면 아날로그 신호 또는 전압을 10비트의 디지털 값으로 표현한다는 것이다. 10비트를 사용하여 나타낼 수 있는 수의 개수는 $2^{10} = 1,024$이고, ADC는 기준 전압을 1,023 등분하여 1,024개의 디지털 값으로 아날로그 신호를 표현한다. 12비트 ADC는 $2^{12} = 4,096$으로 ADC 기준 전압을 4,095 등분할 수 있으므로 ADC 분해능이 높을수록 아날로그 신호를 더 세밀하게 디지털 신호로 변환할 수 있다는 것을 알 수 있다.

〈표 1-2〉는 입력 전압이 0 V ~ 5 V 기준일 때 10비트 분해능을 가진 ADC 컨트롤러의 구간별 전압 범위와 디지털 값을 정리한 것이다. 5 V 기준일 때 변환 구간별 전압 차이는 약 4.882 mV이다. 〈표 1-2〉를 통해 특정 센서가 생성한 전압이 ADC로 입력되면 표본화, 양자화되어 각 전압 구간에 해당하는 이진 데이터형으로 신호가 변환된다는 것을 알 수 있다. 실제로 ADC 컨트롤러에는 변환된 10비트 디지털 값을 저장하는 레지스터가 존재하고, 마이크로프로세서는 저장된 디지털 값을 읽어서 센서마다 정해진 방식대로 의미를 해석하고 처리한다.

〈표 1-2〉 10비트 ADC의 전압 범위와 디지털 변환값

아날로그 신호의 전압 범위	수	10비트 디지털 부호 표현
0 × 5 ÷ 1,024 V 이상 ~ 1 × 5 ÷ 1,024 V 미만	0	00 0000 0000
1 × 5 ÷ 1,024 V 이상 ~ 2 × 5 ÷ 1,024 V 미만	1	00 0000 0001
2 × 5 ÷ 1,024 V 이상 ~ 3 × 5 ÷ 1,024 V 미만	2	00 0000 0010
3 × 5 ÷ 1,024 V 이상 ~ 4 × 5 ÷ 1,024 V 미만	3	00 0000 0011
4 × 5 ÷ 1,024 V 이상 ~ 5 × 5 ÷ 1,024 V 미만	4	00 0000 0100
…	…	…
1,023 × 5 ÷ 1,024 V 이상 ~ 1,024 × 5 ÷ 1,024 V 미만	1,023	11 1111 1111

아날로그 신호는 안정되어 있지 않고 연속된 신호로 계속 변화하면서 입력되므로 샘플 & 홀드 회로를 통해 샘플 신호가 변환되는 동안 해당 샘플 신호를 일정하게 유지해준다. 아날로그 신호 주파수와 샘플링 주파수가 같을 때 디지털 파형이 아날로그 파형에 근접하는 것은 불가능하므로 샘플링 속도는 아날로그 신호 주파수의 최소 두 배 이상이어야 한다.

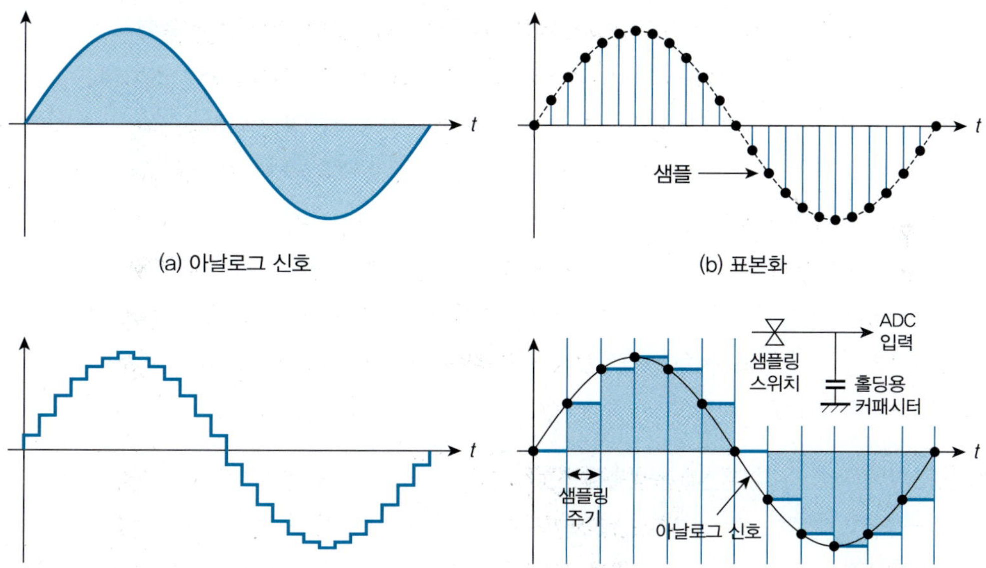

[그림 1-11] ADC 변환 과정과 샘플 & 홀드 회로

ADC는 먼저 연속적인 아날로그 입력 신호를 샘플 & 홀드 회로를 통해 샘플링, 즉 표본화하

고, ADC의 분해능 기준으로 신호를 근사화하는 양자화 과정 후 이진 데이터 형태로 부호화된다. 양자화는 샘플 값을 특정 수준으로 근사하거나 반올림하는 과정으로 아날로그 신호의 대략적인 값을 가지도록 하는 것으로 이해하면 된다.

이론적으로 샘플링 속도 또는 주파수를 매우 빠르게 하면 연속된 입력 신호를 정확하게 얻을 수 있지만, 신호 정보를 오차나 손실 없도록 하는 범위에서 가장 적합한 샘플링 속도를 선택해야 한다. [그림 1-11] (d)와 같이 샘플 & 홀드 회로는 신호 버퍼와 아날로그 스위치, 신호 저장용 커패시터로 구성된다.

ADC는 변환 방식에 따라 플래시형, 델타 시그마형, 이중 슬로프형(dual slope), 연속 근사형(successive approximation), 램프형(ramp), 추종형(tracking) 등이 있다. 그 외 디지털 신호 변환에 영향을 주는 각종 잡음에 대한 방지 대책이나 ADC 주변에 추가해야 하는 아날로그 회로 등 검토해야 할 요소들이 많다.

1.4 센서 모듈 실습 준비

모든 장마다 센서 모듈 실습이 포함되어 있다. 특정 센서 모듈을 연결하여 센서가 감지한 데이터를 받아 감지 결괏값을 시리얼 통신이나 LCD 디스플레이 모듈을 통해 확인해 보고, 원하는 제어 동작을 추가로 만들어 보기 위해서 구하기 쉽고 다루기도 쉬운 아두이노 플랫폼(platform)을 활용한다. 아두이노는 잘 알려진 바와 같이 이탈리아 이브레아 지역의 인터렉션(interaction) 디자인 전문학교에서 전자제품과 프로그래밍 분야에서 경력이 없는 학생들을 대상으로 빠른 시제품 제작을 위한 도구로 만들어졌다. 아두이노 플랫폼과 유사한 도구들은 많다. 그리고 필요하다면 오토데스크 팅커캐드(Autodesk Tinkercad)와 같은 무료 웹 앱(web app)을 이용하여 [그림 1-12]처럼 하드웨어 장치 준비 없이 시뮬레이션 형태로 실습해 보는 것도 가능하다.

아두이노 재단 홈페이지(www.arduino.cc)를 통해 확인할 수 있듯 아두이노라는 이름으로 시작되는 보드의 종류는 다양하다. 하지만 가장 대표적인 아두이노 우노(arduino UNO) 보드를 선택하면 된다. 만약 다른 마이크로컴퓨터(microcomputer) 보드를 보유하고 있거나 아두이노 플랫폼이 아닌 다른 유사한 제어용 마이크로컴퓨터 보드를 보유하고 있다면 새로 구매하지 말고 현재 가진 보드의 환경을 이용해서 실습하는 것도 괜찮다.

아두이노 재단 홈페이지를 통해 얻을 수 있는 정보는 방대하고 관심 있게 살펴볼 필요가 있다. 그중에서 우선 어떤 제어를 할 것인지 코딩(coding)이라는 작업을 통해 프로그램을 작성하고,

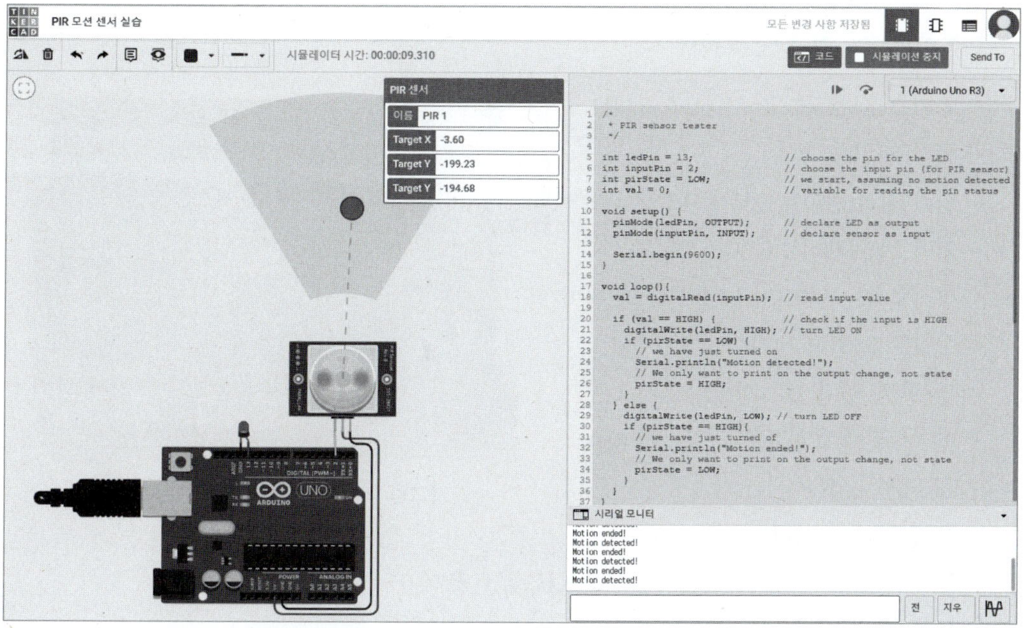

[그림 1-12] 팅커캐드의 적외선 모션 센서 시뮬레이션 모습

생성된 실행 파일(.hex)을 아두이노 보드에 업로드하는 것과 같은 일련의 작업을 도와주는 통합개발환경(Integrated Development Environment, IDE)을 무료로 내려받아 설치한다. 그 외 아두이노 프로그래밍 언어와 관련된 데이터 유형, 문법, 제어와 연산 수행용 기능 등이 정리된 언어 참조(language reference) 페이지와 공통으로 사용되는 프로그램들을 파일 형태로 모아 둔 라이브러리(library)를 설명하는 라이브러리 페이지 등에서 전달하는 정보들은 필요할 때마다 수시로 찾아보고 참고해야 한다. 아두이노 재단의 홈페이지를 통하지 않더라도 필요한 정보를 소개하는 관련 도서나 문서 그리고 웹 페이지 등을 이용하는 것도 괜찮다.

아두이노는 오픈소스(open source) 기반으로 하드웨어와 소프트웨어 모두 무상으로 공개되어 있고 재배포할 수 있다. 오픈소스 소프트웨어에 하드웨어도 크리에이티브 커먼즈 라이선스(Creative Commons License, CCL)에 따라 정해놓은 일정 조건을 지키면 누구든지 모듈을 추가하거나 회로를 확장 및 개선하거나 제작·배포할 수 있다. 아두이노 플랫폼은 오픈소스 생태계(ecosystem)에서 가장 발전된 플랫폼 중 하나이다. 전 세계 사용자들이 공유하는 수많은 종류의 일상적인 프로젝트에서 복잡하고 수준 높은 프로젝트에 이르기까지 광범위하고 다양한 사용자 경험을 공유받아 누구든지 새로운 형태의 프로그램을 자유롭게 만들고 확장할 수 있다.

[아두이노 우노의 주요 특징]

- 마이크로컨트롤러: ATmega328P
- 동작 전원: 5 V
- 입력 전압(권고): 7 V ~ 12 V
- 입력 전압(제한): 6 V ~ 20 V
- 디지털 입·출력 핀: 14개(PWM 핀 6
- 아날로그 입력 핀: 6개
- 입·출력 핀당 DC 전류: 20 mA
- 3.3 V 핀에 대한 DC 전류: 50 mA
- SRAM: 2 KB
- EEPROM: 1 KB
- 플래쉬 메모리(flash memory): 32 KB, 부트로더 0.5 KB 사용
- 클록 속도(clock speed): 16 MHz

[그림 1-13] 아두이노 우노 보드

제어에 최적화된 아두이노와 같은 마이크로컴퓨터에서는 실제 인간의 뇌와 같은 역할을 하는 마이크로컨트롤러의 성능을 우선 이해하는 것이 필요하다. 아두이노 보드 종류가 변경되면 대부분 마이크로컨트롤러가 변경되는 것이고 마이크로컨트롤러 내부에 있는 타이머/카운터, ADC와 같은 컨트롤러, 메모리 등의 성능과 구성이 변경된다. 아두이노 보드 대부분은 10비트 ADC가 장착되어 있다.

1.4.1 아두이노 IDE

아두이노 IDE는 윈도(Windows), 맥OS(Mac OS), 리눅스(Linux)를 지원한다. 아두이노 우노 보드가 준비된 상태에서 아두이노 IDE를 내려받아 설치하고, 아두이노 우노 보드를 작업용 컴퓨터에 USB로 연결한다. 이렇게 아두이노 우노 보드를 컴퓨터에 연결한 다음 가장 먼저 해야 하는 작업은 USB가 컴퓨터와 아두이노 보드 사이의 통로 역할을 제대로 하도록 하는 일이다. 작업용 컴퓨터에 저장된 프로그램 실행 파일을 아두이노 우노 보드의 플래시메모리로 전달하는 작업을 USB라는 통로를 통해 시리얼 통신 방식으로 전달한다.

아두이노 재단에서 공급하는 보드를 이용할 때는 사실 플러그 앤드 플레이(plug and play)로 필요한 장치 드라이버(device driver)가 자동으로 설정된다. 하지만 구매 비용 이슈로 주로 복

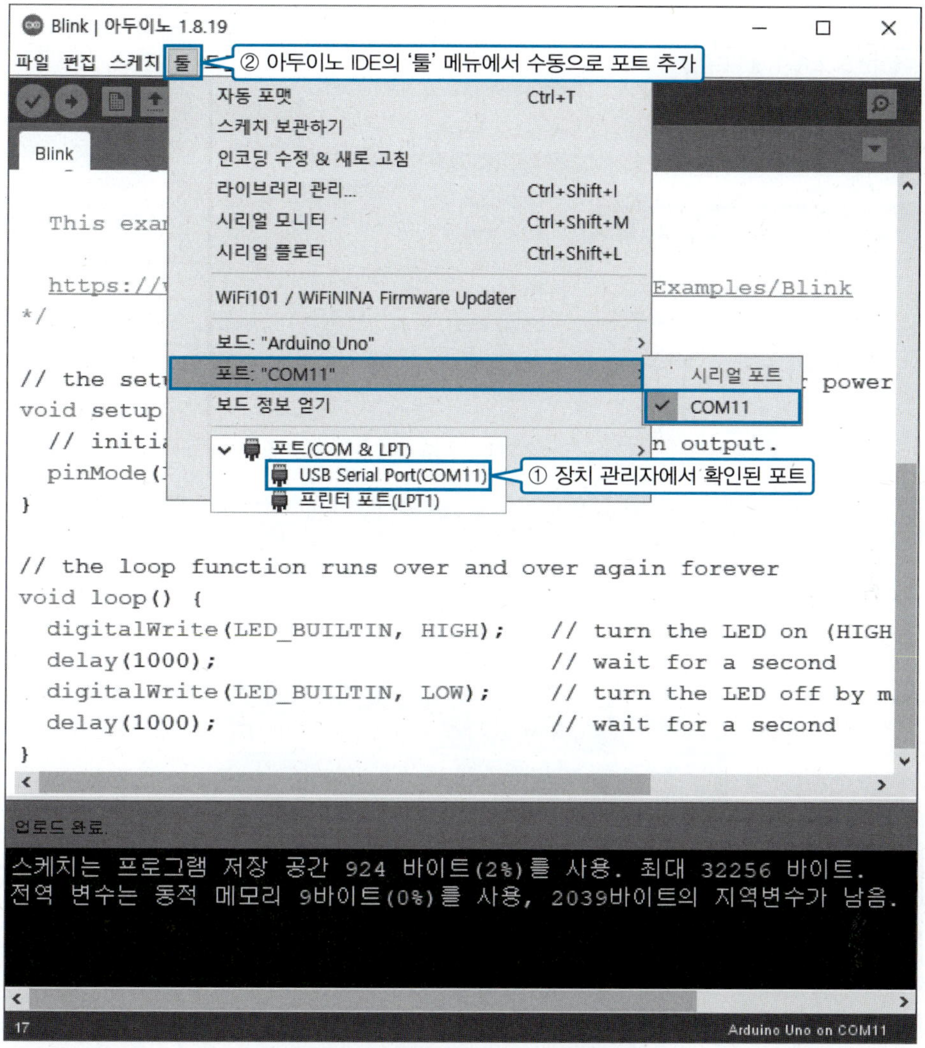

[그림 1-14] USB 시리얼 포트 확인과 설정

제(clone)된 보드를 사용하므로 사용자가 직접 USB 장치 드라이버를 설치하고 설정까지 해야 할 경우가 대부분이다.

[그림 1-14]처럼 장치 관리자에서 USB 시리얼 포트를 확인하고 아두이노 IDE의 툴 메뉴에서 해당 포트를 선택해 준다. 이 과정에서 문제가 있으면 실행 파일 업로드가 안 되므로 반드시 확인해야 한다. 아두이노 생태계를 잘 활용하면 장치 드라이버 문제뿐만 아니라 아두이노와 관련하여 뭔가 문제가 생겼을 때 웹 검색을 통해 관련된 정보들을 찾아보거나 도움을 받을 수 있어서 사실 걱정할 필요는 없다.

[그림 1-15] 실습을 위한 기본 환경 설정 절차

실습을 위한 기본적인 환경 구성이 완료된 것인지 확인하기 위해서 아두이노 IDE에서 기본적으로 제공되는 예제 코드인 'Blink 예제'를 불러와서 업로드한다. 이 과정을 통해서 컴파일(compile)이나 실행 파일 업로드 과정이 정상적인지, 하드웨어가 잘 동작하는지 확인할 수 있다. 업로드 완료 후에 아두이노 우노 보드의 13번 핀에 연결된 LED가 1초 간격으로 깜박이면 기본적인 실습 준비는 된 것이다. [그림 1-15]는 이 과정을 담았다.

아두이노 IDE에서 자주 사용하는 기본 도구의 기능은 다음과 같다.

- **확인**: 현재 작업 창에 작성된 프로그램을 컴파일하고, 실행 파일을 생성한다.

- **업로드**: 현재 작업 창에 작성된 프로그램을 컴파일하고, 생성된 실행 파일을 아두이노 보드의 플래시메모리로 업로드한다.

- **새 파일**: 비어있는 새로운 작업 창을 생성한다. 아두이노 IDE에서는 새 파일 또는 새 프로젝트를 스케치라 표현한다.

- **열기**: 이전에 작성된 스케치를 불러오거나, 아두이노에서 제공하는 예제를 불러온다.

- **저장**: 현재의 스케치를 저장한다.

- **시리얼 모니터**: 시리얼 통신 모니터링 프로그램이 실행된다. 시리얼 모니터를 통해 아두이노와 컴퓨터 간 송·수신되는 데이터를 확인할 수 있다.

1.4.2 라이브러리

아두이노에서 사용하는 프로그래밍 언어는 C 언어와 C++ 언어이다. 사용자가 숙련된 개발자가 아니라면 생각하고 원하는 모든 프로그램을 직접 작성하는 것은 매우 어려운 일이다. 특히 비전공자이거나 종류에 상관없이 프로그래밍 언어를 한 번도 다뤄보지 않은 사람들에게는 더욱더 힘든 일이다. 앞서 언급했지만, 기본적으로 아두이노 플랫폼은 전기, 전자, 프로그래밍에 대한 배경 지식이 없는 학생들을 대상으로 만들어졌다. 즉, 프로그래밍을 모르거나 잘하지 못하더라도 아두이노를 사용할 수 있도록 만들었다는 의미이다. 증명하듯 우선 아두이노 재단 홈페이지에는 누구나 쉽게 접근하여 사용할 수 있는 방대한 지식 자료들을 기본적으로 잘 제공하고 있다. 그리고 아두이노 IDE에서 불러와서 활용할 수 있는 기본적인 예제들도 많이 있다. 웹상에 공유된 방대하고 다양한 정보, 프로그램 소스, 프로젝트 등 아두이노 생태계를 활용해서 단계적으로 접근하거나 관심을 가지면 짧은 시간에 근사한 하드웨어 제어 동작을 스스로 만들 수 있다. 하지만 특히 아두이노는 각종 센서 모듈을 포함하여 특정 기능을 하도록 만들어진 다양한 IC, 즉 하드웨어를 제어하는 프로그램을 작성해야 하는데 고급 사용자에게도 이런 부분은 쉬운 일이 아니다. 하드웨어는 철저하게 약속된 신호로 동작하고, 모든 부분이 명령을 통해 움직이므로 사용자가 해당 제어 대상 요소들을 이해하고 프로그램을 작성해야 한다. 이런 어려운 문제를 해소할 방안이 라이브러리를 활용하는 것이다.

라이브러리는 사용자가 프로그래밍 작업을 최적화하는 데 사용할 수 있는 미리 작성된 코드 또는 함수 모음을 말한다. 아두이노에서 라이브러리는 센서, 디스플레이, 모터 등을 쉽게 연결하고 사용할 수 있도록 미리 만들어진 코드 모음을 말한다. 예를 들면, 어떤 정보가 정리된 책이 필요할 때 도서관에서 필요한 책을 빌리거나 참고하면 되는 것처럼, 프로그램을 작성하는 중에 필요한 코드가 있다면 적절한 라이브러리를 가져와서 사용하면 된다. 실제 도서관에 책이 모여 있는 것처럼 프로그래밍 언어의 라이브러리는 코드의 모음이라 생각하면 된다.

아두이노 환경과 관련된 모든 라이브러리는 자체 개발자들을 통해 아두이노 재단에서도 제공하지만, 전 세계의 숙련된 개발자들이나 서드 파티(third party), 즉 제품 제조사들이 라이브러리를 직접 만들어 웹 페이지에 공유하거나 깃허브(GitHub), 소스포지(SourceForge) 등을 통해 배포한다. 새로운 라이브러리를 배포하거나 기존의 라이브러리를 업데이트하는 등의 부분들은 모든 프로그래밍 언어 영역에서 잘 관리되어야 하는 중요한 요소이다. 파이썬(Python)처럼 많은 개발자에게 인기 있는 프로그래밍 언어들의 공통점은 쉽게 활용할 수 있는 유용한 라이브러리가 매우 풍부하게 제공된다는 것이다. 과거와 달리 자신 또는 다른 사람의 코드를 가능한 한 많이 재사용하여 목표 기간 내에 프로젝트를 완료하는 데 중점을 두는 것이 사용자 또는 개발자 관점에서 더 현명한 것이고 아두이노를 사용할 때 마찬가지로 실용적인 관점으로 접근하면 된다.

아두이노 IDE에서 라이브러리를 추가하는 방법은 라이브러리 매니저 메뉴를 활용하는 방법, .ZIP 라이브러리 추가 메뉴를 활용하는 방법, 라이브러리 폴더에 필요한 라이브러리 파일을 직접 갖다 놓는 방법이 있다. 필요한 라이브러리는 언제든지 스스로 추가할 수 있어야 한다.

1.4.2.1 라이브러리 매니저를 이용한 라이브러리 추가

DHT11이라는 온·습도 센서 라이브러리를 설치해야 한다고 가정하면, 다음과 같이 라이브러리를 추가한다.

① 스케치 메뉴에서 라이브러리 포함하기-라이브러리 관리...(Ctrl+Shift+I)
라이브러리 매니저를 이용하여 라이브러리를 추가하는 것이 가장 편하고 쉽다. 라이브러리 매니저 창의 오른쪽 위 입력 구간에 필요한 라이브러리 키워드를 입력하여 검색한 뒤 (Enter↵)에 목록 중에서 필요한 라이브러리를 선택하고 설치 버튼을 클릭한다. 만약 특정 버전을 선택해서 설치해야 한다면 버전을 먼저 선택한 뒤에 설치한다.

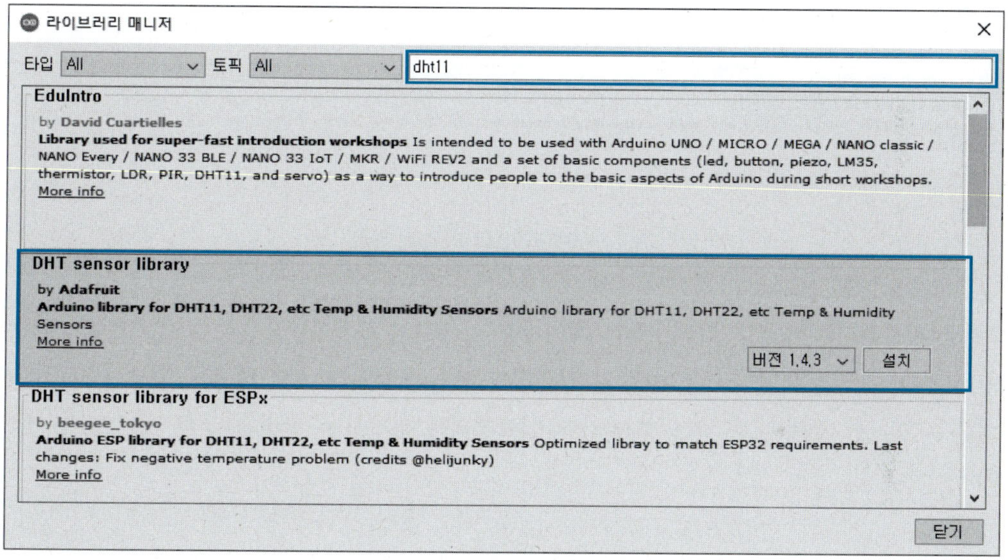

[그림 1-16] 라이브러리 매니저

② 해당 라이브러리에 종속된 추가 항목이 있으면 [그림 1-17]과 같은 창이 뜬다. 특별한 경우가 아니라면 'Install all' 버튼을 눌러 모든 라이브러리를 설치한다.

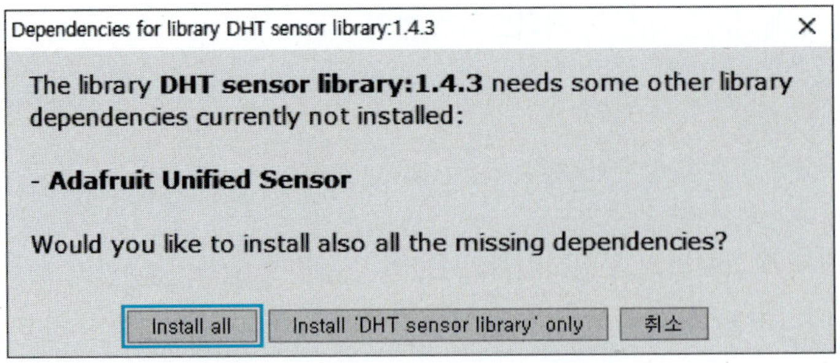

[그림 1-17] 추가 라이브러리 설치 안내 창

③ 설치가 완료되면 라이브러리 버전 정보와 'INSTALLED' 문구가 표시되어 라이브러리의 설치 상태를 확인할 수 있다.

[그림 1-18] 라이브러리 설치 완료

모든 라이브러리는 대부분 라이브러리 매니저를 이용하여 설치하면 된다. 하지만 간혹 라이브러리 매니저에서 검색되지 않거나 작업 컴퓨터와 연결된 보안 시스템 때문에 필요한 라이브러리를 추가할 수 없는 때도 있다. 따라서 라이브러리를 추가하는 방법을 두루 알고 있는 것이 좋다.

1.4.2.2 .ZIP 라이브러리 추가를 이용한 라이브러리 추가

① 필요한 라이브러리 웹 검색: 구글에서 'DHT11.zip' 또는 'DHT11 library' 키워드로 검색한 뒤 깃허브에 공유된 해당 라이브러리 페이지에서 [그림 1-19]처럼 'Download ZIP' 버튼을 눌러 압축 파일을 내려받는다. 이때 파일을 저장하는 경로는 쉽게 찾을 수 있는 경로를 선택한다.

간혹 특정 모듈의 제조사 홈페이지에서 직접 라이브러리 파일을 제공하는 때도 있다. 마찬가지로 ZIP 파일을 찾을 수 있는 경로에 저장하면 된다.

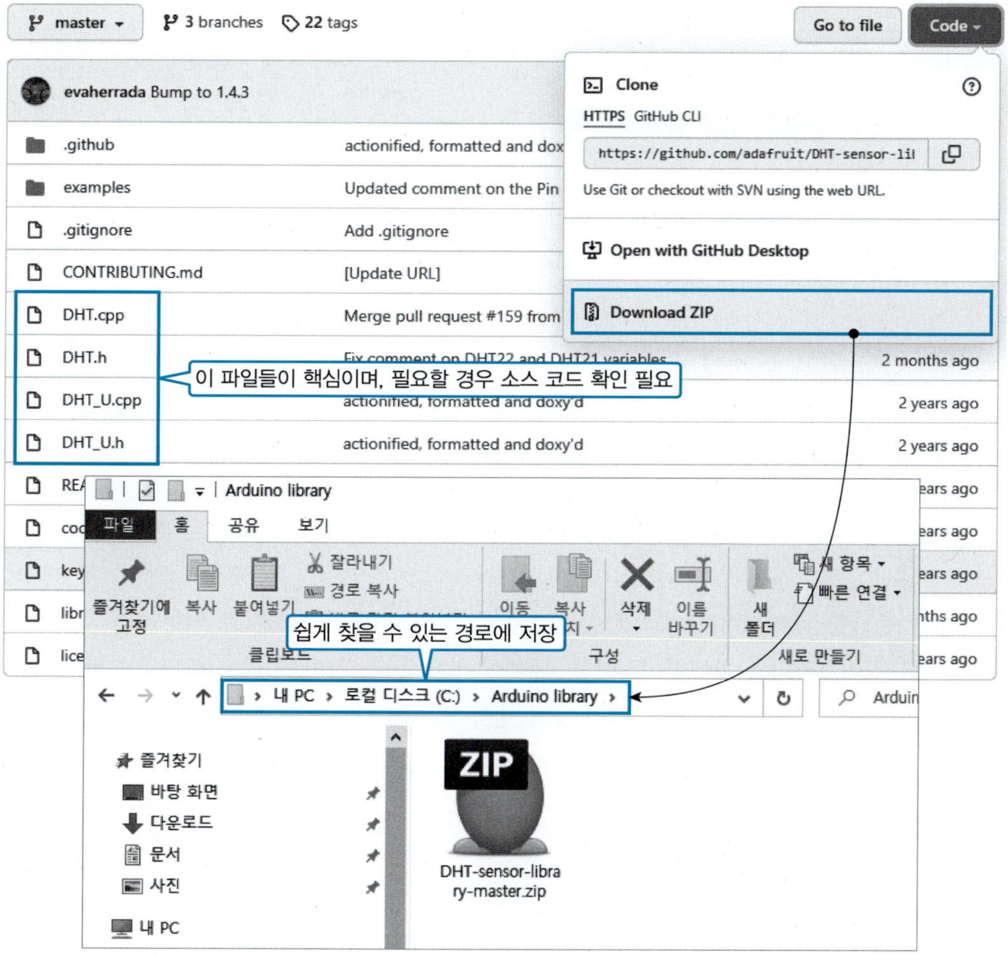

[그림 1-19] 깃허브에서 ZIP 파일 다운로드

② 스케치 메뉴에서 라이브러리 포함하기-.ZIP 라이브러리 추가...

ZIP 파일이 저장된 경로로 이동하여 해당 파일을 선택하고 '열기' 버튼을 클릭하면 된다.

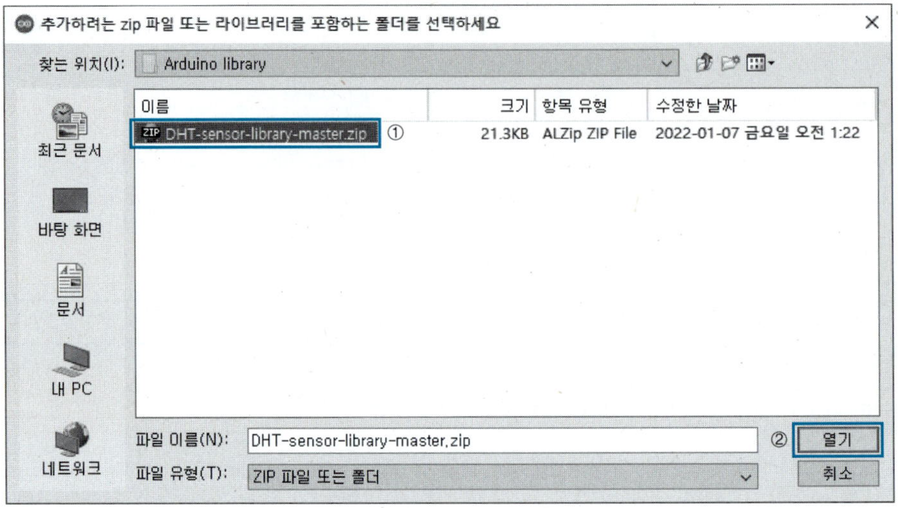

[그림 1-20] ZIP 파일 선택

사용자가 추가한 라이브러리는 스케치 메뉴에서 라이브러리 포함하기로 이동하면 제일 하단에 추가된 라이브러리를 확인할 수 있다. 목록에서 원하는 라이브러리를 클릭하면 해당 라이브러리를 호출하는 코드를 현재 스케치 창의 제일 위쪽에 자동으로 삽입한다.

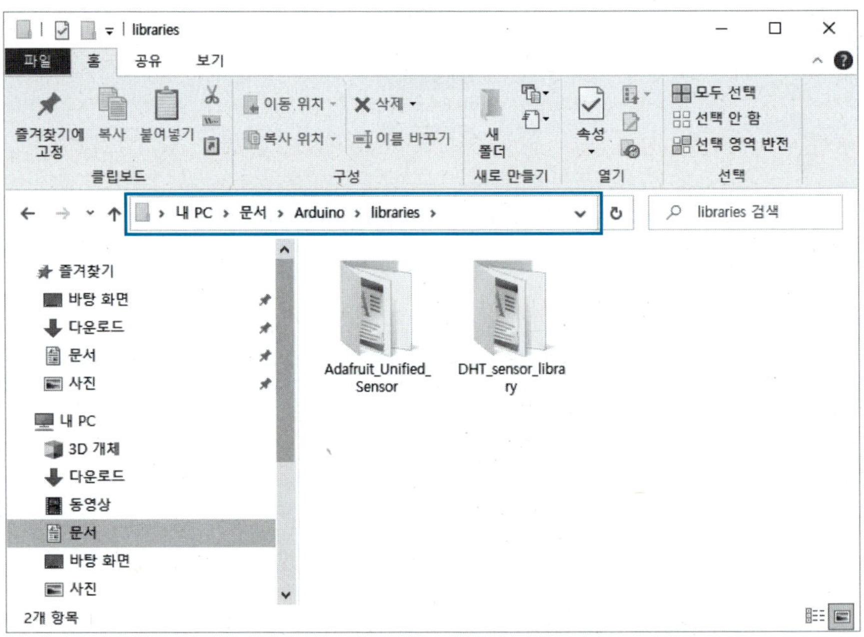

[그림 1-21] 추가된 라이브러리 저장 위치

라이브러리 매니저를 이용하여 라이브러리를 추가했거나, ZIP 라이브러리 추가를 이용하여 라이브러리를 추가했을 때 라이브러리 파일이 저장되는 위치는 [그림 1-21]처럼 C:₩Users₩계정명₩OneDrive₩문서₩Arduino₩libraries 경로이다. 또는 탐색기를 실행한 뒤에 탐색창의 문서►Arduino►libraries 경로에서 확인할 수 있다.

1.4.2.3 라이브러리가 저장되는 폴더에 라이브러리 파일 복사

아두이노 IDE의 메뉴를 이용하여 라이브러리 파일을 추가하면 [그림 1-21]의 경로에 라이브러리가 추가된다. 따라서 메뉴를 이용하여 라이브러리를 추가하지 않고, 필요한 라이브러리 압축 파일을 내려받은 뒤에 사용자가 직접 압축 파일을 풀어서 라이브러리 파일이 포함된 해당 폴더를 문서►Arduino►libraries 경로에 위치하도록 해주면 된다.

문서►Arduino►libraries 경로 외에 아두이노 IDE를 설치할 때 자동으로 생성되는 폴더에도 라이브러리 폴더가 있다. C:₩Program Files (x86)₩Arduino 경로에 [그림 1-22]와 같이 표준 라이브러리가 저장된 'libraries' 폴더가 있으며, 추가할 라이브러리를 이 경로에 갖다 놓고 사용할 수도 있다.

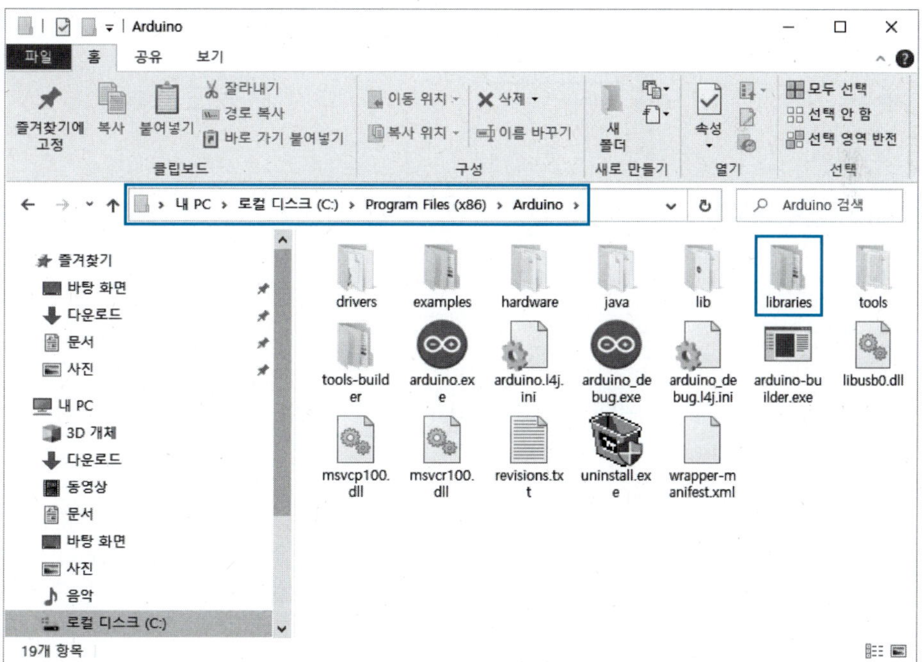

[그림 1-22] 표준 라이브러리 경로

표준 라이브러리는 아두이노 재단에서 제공하는 라이브러리로 아두이노 IDE를 설치할 때 자동으로 생성되는 폴더이다.

라이브러리 파일이 포함된 폴더를 직접 문서►Arduino►libraries 경로나 C:₩Program Files (x86)₩Arduino₩libraries 경로에 갖다 놓을 때 주의할 점은 [그림 1-23]처럼 폴더 내에 다시 폴더가 있는 문서►Arduino►libraries►Adafruit_Unified_Sensor►Adafruit_Unified_Sensor처럼 중첩된 경로에 라이브러리 파일이 위치하면 안 된다는 것이다.

마지막으로 라이브러리를 추가했음에도 목록에서 확인할 수 없을 때는 아두이노 IDE를 재시작하면 된다.

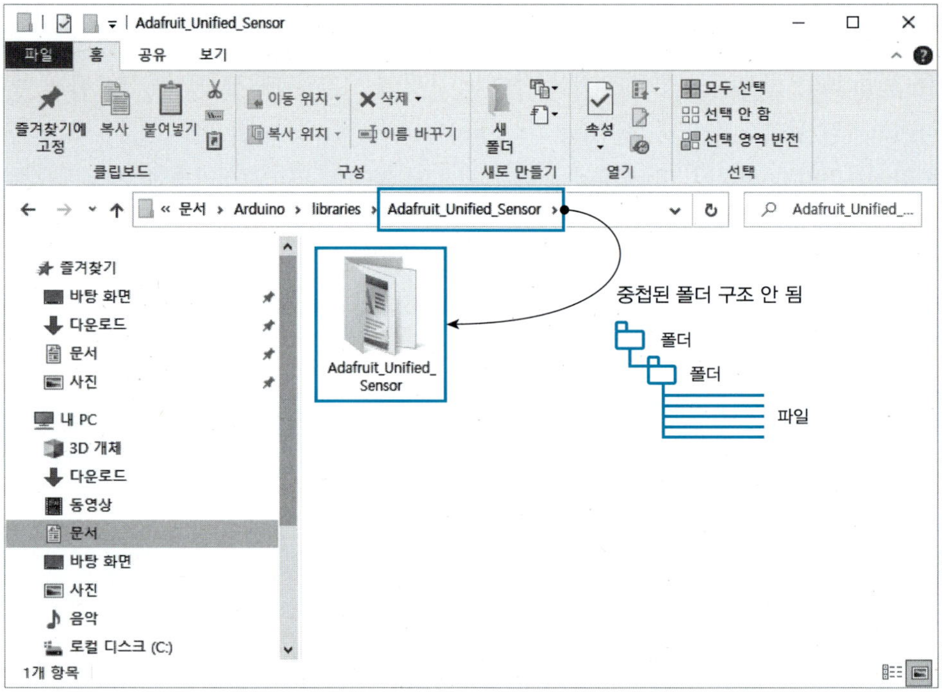

[그림 1-23] 추가 라이브러리가 인식되지 않는 경우

CHAPTER 02
레벨 센서

contents

02 레벨 센서

2.1 레벨 센서 개요

액체나 분체와 같은 물질들이 용기 내의 기준점에서 얼마만큼 차 있는지를 나타내는 것을 레벨이라 하며, 사전 설정된 기준점에 대한 액면(liquid surface)의 높이 또는 분체면(surface of powder solid)이나 입체면(surface of granular solids)의 높이를 측정하여 액체나 준액체(quasi-liquid)의 레벨을 검출하는 센서를 레벨 센서(level sensor)라 한다.

우리는 자동차의 연료가 얼마나 남아 있는지 계기판의 연료 게이지(fuel gauge)를 통해서 확인하는데 이것은 자동차 연료 탱크 속에 적합한 레벨 센서를 사용하여 연료량을 감지한 뒤 디지털이나 아날로그 방식으로 운전자에게 보여주는 것이다. 만약 연료 탱크가 확인할 수 있는 곳에 투명한 소재의 용기로 되어 있다면 우리는 눈으로 연료량을 확인하면서 어느 정도 대응할 수 있지만, 불투명한 소재의 용기를 사용할 경우 단순히 눈으로 관찰하면서 연료량을 파악하는 것이 어려워진다. 하지만 투명한 용기라도 접근하기 어려운 공간에 있거나 직접 노출되었을 때 위험한 물질이 보관된 경우 직접 관찰 가능한 소재인지 아닌지에 대한 부분은 중요하지 않게 되며, 이런 경우 레벨 센서를 통해 물질의 레벨을 확인하면 쉽고 안전하게 관리할 수 있다.

레벨 센서는 원자력, 화학, 석유화학, 천연가스, 해양플랜트, 운송, 가전, 방제, 환경 등의 다양한 산업 분야에서 활용되고 있으며, 각종 연료나 저장물 재고 관리, 상거래용 물질의 양 레벨 계측, 효율적 저장 공간 관리, 안정적인 입출력, 안전 등의 이유로 사용된다.

〈표 2-1〉 레벨 센서의 분류

측정 방식	종류	측정 방식	종류
포인트 레벨	정전용량(capacitance)	연속 레벨	압력(pressure)
	광학(optical)		초음파(ultrasonic)
	도전율(conductivity)		레이더
	진동(vibrating)		레이저(raser)
	플로트 스위치(float switch)		방사선(nuclear)

〈표 2-1〉과 같이 레벨 센서는 크게 포인트 레벨 측정(point level measurement) 방식과 연속 레벨 측정(continuous level measurement) 방식으로 분류할 수 있다.

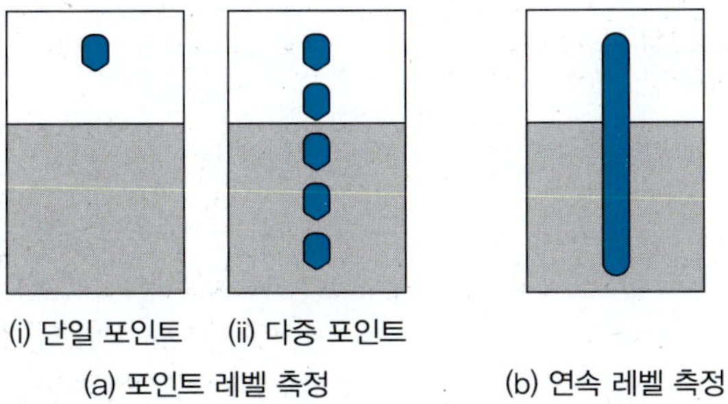

[그림 2-1] 포인트 레벨 측정 방식과 연속 레벨 측정 방식

[그림 2-1]처럼 포인트 레벨 측정 방식은 접촉식으로 센서가 특정 위치에 놓여 있다가 물질이 감지될 때 레벨 상태를 파악하며, 연속 레벨 측정 방식은 비접촉식으로 센서가 물질의 레벨을 연속으로 감시하여 레벨 상태를 파악할 수 있다. 〈표 2-1〉로 분류된 방식 외에도 다양한 원리를 적용하여 레벨 측정이 가능하며, 특정 레벨 센서를 응용하거나 다른 유형의 센서를 유사하게 적용할 경우 포인트 레벨 측정 또는 연속 레벨 측정이 가능하므로 특정 레벨 센서를 명확하게 구분 지을 필요는 없고 현장의 요구 사항에 맞는 적절한 유형의 센서를 선택하는 것이 더 중요하다.

2.2 정전용량식 레벨 센서

정전용량은 커패시터가 전하를 축적할 수 있는 능력을 나타낸 값으로 도체 사이의 중첩 영역, 거리, 유전 물질에 따라 달라진다. 정전용량식 레벨 센서는 액체 또는 분체가 들어있는 용기의 벽과 프로브 사이에 형성되는 커패시터의 정전용량 변화를 감지하며, [그림 2-2]처럼 용기에 액체가 많지 않을 때는 정전용량이 낮고, 액체가 많으면 정전용량이 높게 나타난다.

[그림 2-2] 탱크 내 액체량에 따른 정전용량 변화

정전용량식 레벨 센서는 측정 원리가 충분히 입증되었고, 액체나 벌크 고형물(bulk solids)의 레벨 측정 및 감지에 적합하다. 그리고 움직이는 부품이 없어 기계적으로 간단하고 저렴한 비용으로 정확한 솔루션을 구축할 수 있으며, 유지 관리 측면에서도 효율적이다.

2.3 광학식 레벨 센서

광학식 레벨 센서는 광신호를 전기 신호로 바꾸는 광트랜지스터(phototransistor)에 결합된 적외선 LED와 전면의 투명한 프리즘 팁으로 구성되어 있다. [그림 2-3]과 같이 센서 팁이 공기로 둘러싸여 있을 때 빛은 팁 내에서 반사되어 반응한 후 트랜지스터로 돌아가며, 센서 팁이 액체에 잠기면 빛이 전체로 분산되어 트랜지스터로 되돌아가는 빛의 양이 줄어들게 된다. 트랜지스터로 반환되는 빛의 양은 출력 레벨에 영향을 미치므로 포인트 레벨 감지가 가능한 것이다.

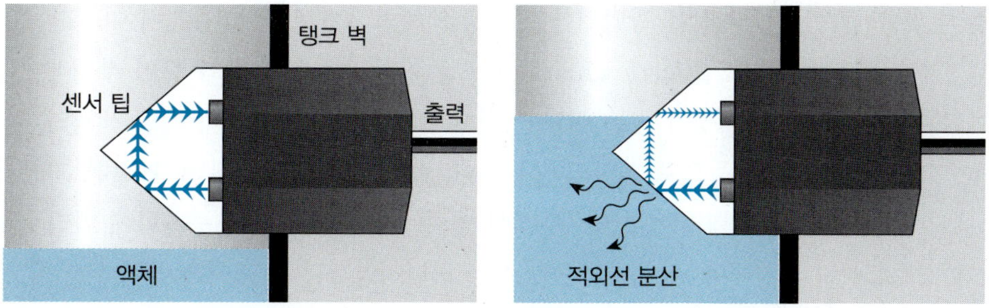

[그림 2-3] 탱크 내 액체량에 따른 빛의 분산과 반환

광학식 레벨 센서의 주요 장점은 크기가 작고 움직이는 부품이 없으며, 비용이 저렴하다는 것이다. 하지만 스트레스가 많은 환경에서는 포인트 레벨 감지는 매우 정확하지만, 연속 레벨 측정은 적합하지 않다. 또한, 물탱크 등의 상단에 광학식 레벨 센서를 장착하게 되면 센서 팁 부분에 습기 응축 등의 영향을 받을 수 있으므로 상단에 센서 장착이 필요한 용도에는 광학식 레벨 센서는 적합하지 않다.

2.4 도전율식 레벨 센서

전도성이란 물질에서 열이나 전기 등이 얼마나 잘 흐르는지를 나타내는 성질을 말한다. 따라서 물질에서 열이나 전기 등이 얼마나 잘 흐르는지를 나타낸 특성량을 도전율 또는 전도율이라 할 수 있다.

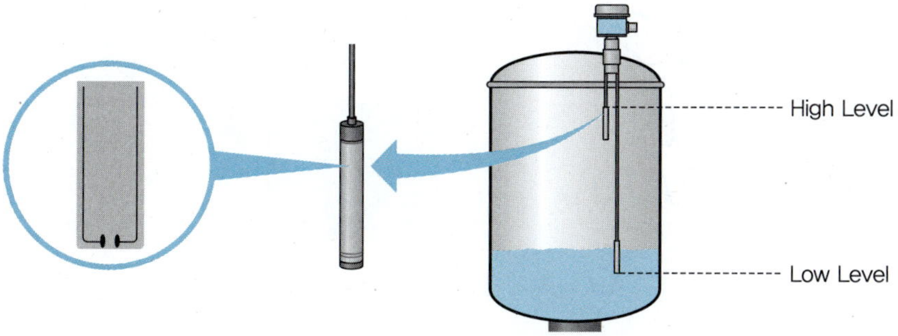

[그림 2-4] 탱크 내 액체의 도전율을 이용한 저 · 고 레벨 감지

도전율식 레벨 센서는 [그림 2-4]와 같이 프로브를 사용하여 도전율을 감지한다. 프로브에는 한 쌍의 전극이 있으며, 전극에는 교류 전류가 인가된다. 액체가 프로브를 덮을 때 전극은 전기 회로 일부를 형성하여 전류가 흐르며, 액체의 최고 또는 최저 레벨 신호를 보내는 방식이다.

도전율식 레벨 센서는 물과 같은 광범위한 전도성 액체의 포인트 레벨 감지에 이상적이며, 가성소다, 염산, 질산, 염화제2철(ferric chloride) 또는 이와 유사한 액체와 같이 부식성이 높은 액체에 특히 적합하다. 부식성이 있는 전도성 액체에 사용되는 도전율식 레벨 센서의 전극은 티타늄, 316 스테인리스강 등으로 제작되어야 하며, 세라믹, 폴리에틸렌 및 테플론 기반 재료의 스페이서(spacer)로 절연되어야 한다. 부식성 액체는 온도와 압력이 증가함에 따라 특성이 더 강해지므로 이런 환경에서 센서를 사용할 때는 극단적인 조건을 고려해야 한다.

도전율식 레벨 센서는 낮은 전압과 전류를 사용하기 때문에 매우 안전하다. 전도성 프로브는 움직이는 부분이 없는 고정 장치이며, 설치비용이 저렴하며 매우 사용하기 쉽다. 다만 프로브는 전도성을 계속 유지해야 하며, 장기 사용으로 인해 프로브가 저장물로부터 오염되거나 절연되면 제대로 동작하지 않을 수 있는 단점이 있다.

2.5 진동식 레벨 센서

진동식 레벨 센서는 튜닝 포크(tuning fork) 레벨 센서 또는 레벨 스위치라고 한다. 두 개의 갈래가 있는 포크 모양의 감지 요소를 사용하는 방식이며, 포크는 고유한 공진 주파수로 진동한다. [그림 2-5]와 같이 탱크 속 저장물이 튜닝 포크와 접촉하지 않았을 때와 튜닝 포크 부분과 가까워지거나 잠겼을 때 변화하는 주파수를 이용하는 것이다.

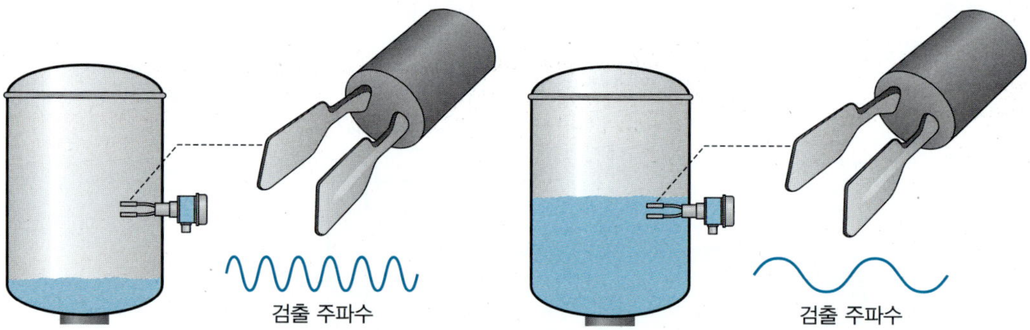

[그림 2-5] 탱크 내 액체의 공진 주파수를 이용한 레벨 감지

일반적으로 저장 탱크의 상단이나 측면에 수평으로 장착한다. 진동식 레벨 센서는 비용이 저렴하며, 작은 크기로 설계 및 설치가 쉽고 기본적으로 유지 보수가 필요 없는 장점이 있다. 단점으로는 점성이 매우 높은 저장물에 적합하지 않으며, 저장물과 직접 접촉하는 튜닝 포크 부분이 오염되거나 절연될 수 있으며, 이 때문에 튜닝 포크 부분에서 발생하는 공진 주파수가 왜곡되어 레벨을 정확하게 감지하지 못할 수 있다.

2.6 플로트 스위치

플로트 스위치는 부자식 스위치라고도 하며, 플로트를 사용하여 스위치를 동작시키는 일종의 접촉 액체 레벨 센서(contact liquid level sensor)이다. 플로트 스위치는 일반적으로 탱크 속의 저장물이 특정 지점까지 수위가 오르거나 내릴 때 어떤 경보 램프나 경보음을 동작시키고, 펌프 가동과 같은 다른 장치를 제어하는 용도로 사용한다. 실생활에서의 예로 화장실 양변기의 물탱크에 물이 가득 차면 물탱크로 들어오는 물을 차단하는데 이런 방식을 기계적 플로트 스위치라 한다. 이것은 실제 확인이 가능하므로 양변기가 어떻게 물을 차단하는지 양변기의 물탱크 덮개를 열어 직접 눈으로 관찰해보기 바란다.

[그림 2-6]과 같은 방식으로 사용되는 측면 장착 플로트 스위치(side mount level switch)는 비접촉 자기 플로트(non-contact magnetic float) 및 리드 스위치 기술(reed switch technology)을 기반으로 동작하며, 탱크 속 저장물의 상승과 하락으로 동작한다. 측정할 액체와 직접 접촉하는 부분은 재료의 적합성을 고려해야 하지만 일반적으로 광범위한 액체에 대한 호환성을 가지며, 탱크 내부에 노출되는 부분이 압력에 민감한 부품이 노출되지 않기 때문에 밀폐된 가압 탱크에도 장착할 수 있고 화학 물질이나 고온의 액체를 사용하는 작업에도 적합하다.

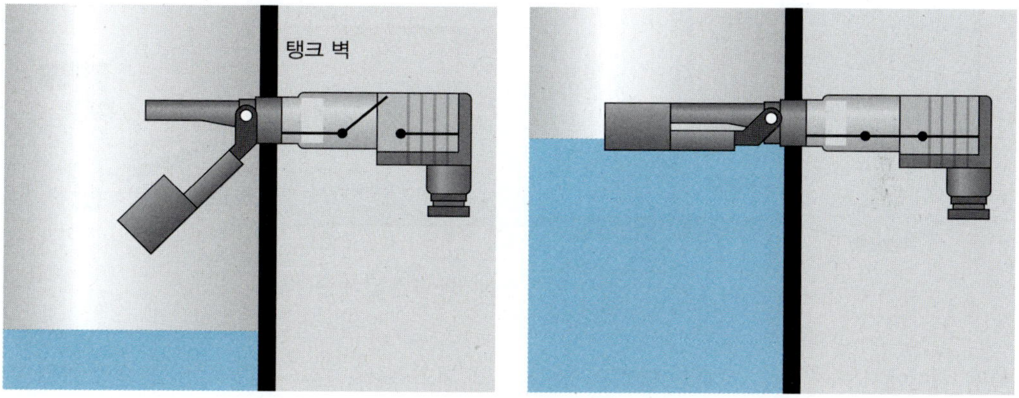

[그림 2-6] 측면 장착 플로트 스위치의 레벨 감지

측면 장착 플로트 스위치 외에도 물, 석유, 화학 물질 및 기타 액체 물질과 관련된 상업적 및 산업적 용도에 다양한 플로트 스위치가 사용되며, 응용 범위를 넓힌 프로그램이 가능한 레벨 센서(programmable level sensor), 흡입관 센서(suction pipe sensor), 소형 플로트 스위치(miniature float switch) 등의 다양한 방식을 선택하여 적용할 수 있다.

플로트 스위치는 상단, 하단, 측면 장착에 사용할 수 있는 다양한 유형이 있으며, 일부 유형은 동작하는 데 전원 공급이 필요 없어 간단한 설계와 구성으로 레벨을 측정할 수 있다. 유체의 유전 상수나 전도성은 플로트 스위치 동작에 영향을 미치지 않으며, 잔물결, 거품, 기포, 증기, 응결, 안개와 같은 요인에도 영향받지 않는다. 단점으로는 움직이는 부품이 마모 또는 손상되거나 오염되어 플로트 동작이 불안정하거나 멈출 수 있다. 여러 가지 오염으로부터 플로트의 움직임을 제한하는 요소가 없는지 확인하기 위해 정기적인 유지 관리가 필요할 수 있으며, 액체와 접촉하여 플로트 스위치가 동작하는데 이것이 오히려 장애물로 작용하여 오염이나 위생 문제 등을 유발하기도 한다.

2.7 압력식 레벨 센서

압력식 레벨 센서는 일반적으로 용기나 탱크 내에서 정지된 액체의 임의 기준점에서 압력이 액면 높이에 비례하는 원리를 이용하여 기준점의 압력을 측정한다. 유체의 에너지는 위치, 운동, 압력 형태의 세 가지 에너지를 가지고 있고, 이 세 가지 에너지를 높이 단위로 환산한 것을 수두(水頭, head)라고 하며, 이것을 측정하는 것이 가장 일반적이다.

[그림 2-7] 잠수식 압력 송신기와 표준 압력 송신기

특정 깊이에서 발생하는 액체의 압력은 측정 지점 위의 액체 또는 매체 자체 무게에 의해 발생하며, 압력은 액체의 밀도와 중력가속도에 비례한다. 정수압(hydrostatic pressure)은 정지하고 있는 유체의 압력을 뜻하며, 정수압 방정식 $P = \rho g h$ 는 이들 사이의 비례 관계를 반영한 것이다(P: 압력, ρ: 액체의 밀도, g: 중력 가속도, h: 압력이 측정되는 유체 기둥의 깊이).

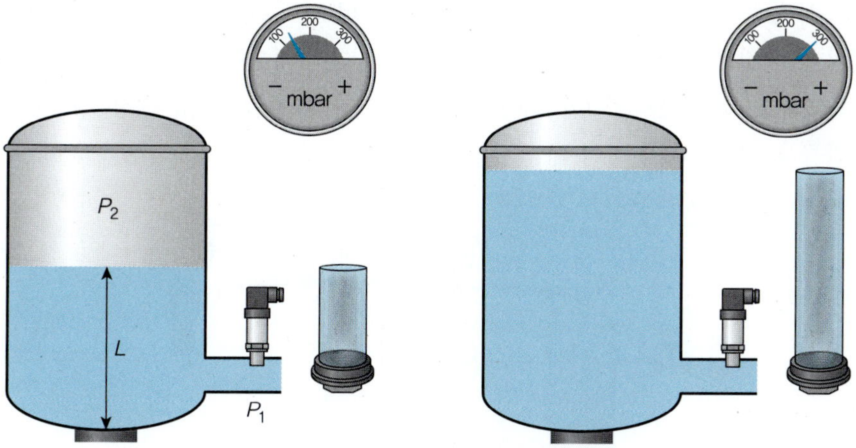

[그림 2-8] 탱크 수위에 따른 압력 변화

유체의 수직 기둥은 중량에 의해 아래쪽으로 압력이 가해진다. 유체 기둥의 바닥에서 높이와 압력의 관계는 탱크의 폭 또는 모양과 관계없이 유체가 같으면 일정하다. 따라서 [그림 2-8]과 같은 밀폐형 탱크의 아래쪽에서 차압(differential pressure)을 측정하면 다음과 같이 유체의 깊이 L을 측정할 수 있다. 여기서 P_2는 탱크 속 액면 위쪽의 비어있는 곳의 압력이며, P_1은 유체의 깊이 L의 압력이다.

$$P_1 = P_2 + \rho g L$$
$$L = \frac{P_1 - P_2}{\rho g} \tag{2.1}$$

밀폐형 탱크와 달리 개방형 탱크에서 차압을 측정할 경우에는 탱크 속 유체의 표면이 대기압의 영향을 받기 때문에 위 식에서 $P_2 = 0$으로 하고 P_1의 압력을 측정하여 탱크 속의 수위를 도출할 수 있다.

압력식 레벨 센서는 주로 염산, 과산화수소 등과 같은 부식성 액체 또는 화학 및 전기 도금 폐수와 같은 매체의 레벨 측정에 주로 사용된다. 강한 내식성으로 안정적인 성능을 구현해야 하는 시스템에 적합하다.

2.8 초음파 레벨 센서

인간이 들을 수 있는 가청주파수는 20 Hz ~ 20 kHz 범위이고, 이 이상의 음파는 인간이 청각을 이용해 들을 수 없는 초음파(ultrasonics wave)라고 한다. 초음파 레벨 센서는 이 초음파를 활용하는 것으로 탱크 상단에 초음파 센서를 장착하여 일정한 조건으로 초음파를 발생시키고 액면으로부터 초음파가 반사되어 돌아올 때까지의 왕복 시간을 측정하여 탱크에 액체가 얼마만큼 차 있는지 계산하여 레벨 값을 알 수 있다.

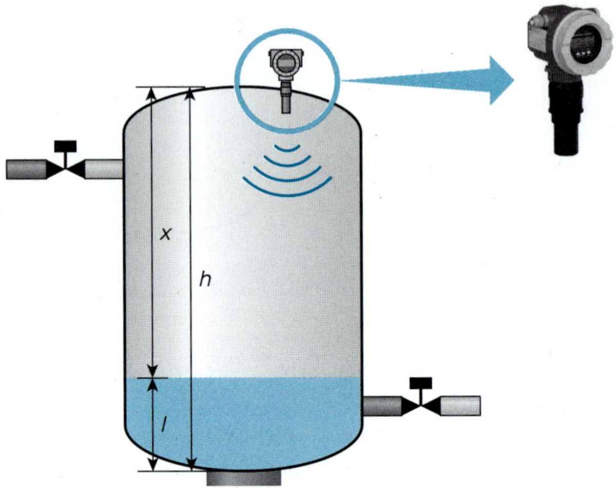

[그림 2-9] 초음파를 이용한 레벨 측정

탱크의 모양이나 초음파 센서가 장착되는 위치 등에 따라 사실 몇 가지 요소를 더 고려해야 하지만 [그림 2-9]처럼 원리를 이해하기 위해 단순화시켰고, 액체의 높이 l을 구하고자 할 때 다음과 같은 관계식을 도출할 수 있다.

$$l = h - x = \frac{tu}{2} \tag{2.2}$$

여기서 t는 공기 중에서 초음파 속도, u는 초음파의 왕복 시간이다. 보통 공기를 통한 음속은 온도에 영향을 받는다. 따라서 탱크 속의 정확한 액체 레벨을 결정하기 위해서 초음파가 발생하는 공간의 매질에 대한 보상을 고려해야 한다. 온도의 변화를 보상하는 방법으로는 온도 센서를 추가하여 온도 변화에 따른 적절한 보상 값이 액체 레벨 값을 구하는 공식에 포함되도록 하는 것이다. 온도 센서를 통해 온도 보상을 하지 않고 탱크 내의 온도를 일정하게 유지하도록 하여 온도 보상 값을 일정하게 적용하는 방법도 고려할 수 있다.

초음파 레벨 센서는 비접촉식으로 액체의 밀도, 유전체 또는 점도의 변화에 영향을 받지 않으며, 수용성 액체를 포함하여 다양한 화학 물질의 레벨 측정에 사용될 수 있다. 움직이는 장치가 없고 작은 시스템으로 구성할 수 있으며, 온도 변화에 대한 보상이 적용되면 높은 신뢰성으로 레벨 측정이 가능하다는 장점이 있다. 반면 탱크 속의 액체가 무거운 증기나 증기층, 거품 등을 형성하는 경우 초음파 이동에 영향을 주게 되고, 액체의 심한 흔들림이 있는 경우 측정값이 왜곡될 수 있다. 그리고 탱크 내부의 파이프나 교반기와 같은 장애물로 인해 잘못된 응답을 받을 수 있어서 시스템에는 이런 부분들을 무시하도록 하는 대책을 세워야 한다.

2.9 레이더 레벨 센서

빛과 같은 직진성을 가지는 마이크로파(microwave)를 이용하여 목표물을 탐지하고 거리, 방향, 고도 등을 알아내는 장치를 레이더라 하며, 레이더 레벨 센서는 레이더 센서의 안테나를 통해 마이크로파를 전송한 뒤 반사되어 수신되는 시간까지를 계산하여 액체 기반 물질의 레벨을 측정한다. 사용되는 주파수만 다를 뿐 기본적으로 초음파 레벨 센서와 매우 유사한 방식이다.

레이더 레벨 센서는 일반적으로 송신기, 수신기, 안테나를 결합한 장치로 구성되며, NCR(Non Contact Radar)과 GWR(Guided Wave Radar) 방식으로 구분할 수 있다.

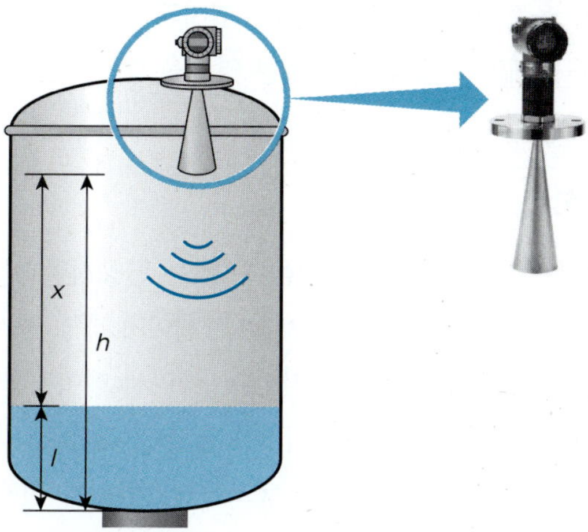

[그림 2-10] Through-Air 레이더를 이용한 레벨 측정

마이크로파가 탱크 최상단에서 송신되는 것이 아니라 [그림 2-10]과 같은 위치에 레이더 센서가 위치했을 때를 가정하고 l의 높이를 구하고자 할 때 먼저 레이더 레벨 센서와 액체 표면 사이의 거리(x)는 빛의 속도(c)와 마이크로파의 왕복 시간(t)를 곱한 뒤 2로 나누면 되며, 다음과 같은 식으로 계산된다.

$$x = \frac{ct}{2} \tag{2.3}$$

탱크 내 액체의 높이 l은 마이크로파가 송신되는 부분에서 바닥까지인 h에서 거리(x)를 빼서 결정할 수 있으며, 다음과 같은 식이 된다.

$$l = h - x = h - \frac{ct}{2} \tag{2.4}$$

초음파 센서와 달리 레이더 레벨 센서는 센서와 액면 사이의 온도 변화, 습도, 증기 등에 쉽게 영향을 받지 않는다. 이것은 공기 밀도의 변화가 전자파의 속도에 미치는 영향이 매우 적기 때문이다. 또한, 레이더 레벨 센서는 진공, 고압 및 고온의 영향을 거의 받지 않아 초음파 센서를 사용할 수 없는 환경에 적용할 수 있으며, 초음파보다 훨씬 긴 범위를 측정할 수 있다.

반면 고주파 전자기파를 사용하기 때문에 액면이 센서와 너무 가까우면 차단 거리(blocking distance, dead band, dead zone)가 초음파보다 더 길어서 거리 측정이 어렵다. 레이더나 정전 용량식 센서를 이용할 때는 매체의 유전체 값에 영향을 받는다. 그리고 레이더 센서는 반사되는 레이더 신호가 충분해야 한다. 보편적으로 매체의 유전 상수(dielectric constant)가 클수록 반사되는 신호가 강하고, 유전 상수가 낮은 유체는 반사되는 신호가 약한 특성이 있어 레이더 센서는 유전 상수가 낮은 유체의 레벨 측정에 나쁜 영향을 받는다는 것을 고려해야 한다.

2.10 레이저 레벨 센서

레이저는 공진기를 이용하여 빛을 증폭시켜 얻을 수 있는 인공적인 빛으로 지향성이 뛰어나고 파장을 일정하게 유지할 수 있는 특징을 가지고 있다. 레이저 레벨 센서는 액체 표면에 반사된 레이저 빛의 펄스를 사용하여 액체 레벨을 감지한다. 따라서 레이저 레벨 측정에서 가장 중요한 부분은 레이저 빛이 매질의 표면에서 반사되어야 한다는 것이다. 많은 종류의 액체들은 충분한 반사 반응을 하지 않을 수 있고, 액체와 탱크 공간 사이에 먼지나 무거운 증기는 빛을 분산시켜 광신호를 약화시키고 검출하기 어렵게 만든다.

레벨 측정에 사용되는 레이저 송신기는 [그림 2-11]과 같이 일반적으로 초음파 레벨 센서와 같은 원리로 동작한다. 차이점은 초음파 레벨 센서는 음파의 속도를 사용하며, 레이저 레벨 센서는 빛의 속도를 사용한다는 점이다.

초음파 센서와 마찬가지로 레이저 송신기도 탱크 상단에 장착하여 액체 표면을 향해 아래쪽으로 짧은 펄스의 빛을 보내고 그 빛은 센서로 반사된다. 측정 시스템에는 광신호가 되돌아오는 데 걸리는 시간을 결정하는 타이밍 회로가 포함되어 있어 센서와 매질 사이의 거리를 알아낸다.

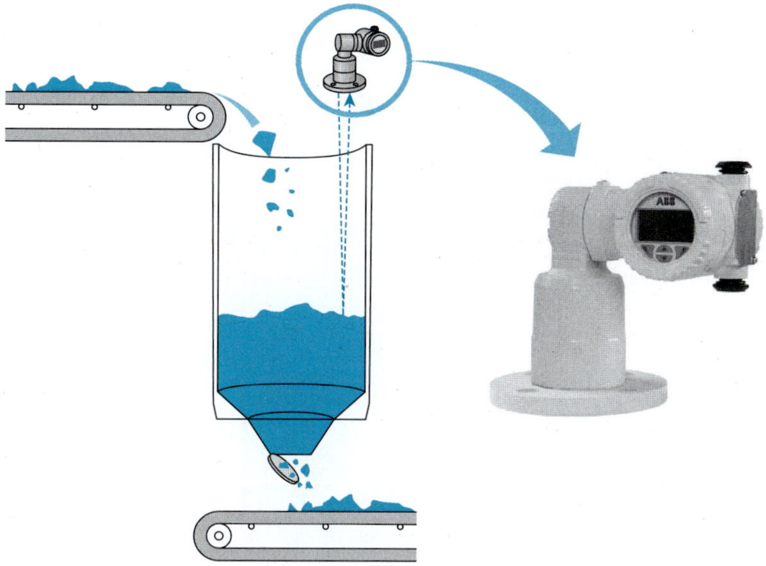

[그림 2-11] 레이저를 이용한 레벨 측정

초음파나 마이크로파와 비교할 때 광파의 파장은 매우 짧으며, 레이저 빔은 주변 개체의 간섭 없이 한 지점을 목표로 할 수 있다. 공정 재료의 유전 상수나 증기 공간의 전파 속도에 영향을 받지 않으며, 공기와 같은 매체의 압력, 온도 변화에 영향을 받지 않는다. 반면 레이저 빔의 강도가 저하되면 레벨 측정 시스템의 성능이 저하되므로 이를 방지하기 위해 레이저 레벨 트랜스미터에 먼지나 기타 유형의 오염을 잘 관리해야 한다. 반사되는 레이저 빔으로 레벨을 측정하기 때문에 레벨 측정 대상 매체의 표면에 영향을 받는다. 예를 들어, 거품이 있는 액체는 시간이 지나면서 거품 양의 변화로 레벨이 변하게 되고 결과적으로는 일관성 없는 레벨 측정값을 사용하게 될 수도 있다.

2.11 방사선 레벨 센서

원자핵이 다른 원자핵으로 바뀔 때 내놓는 알파선, 전자, 감마선, X선, 중성자를 방사선이라 하며, 이 중 투과성이 좋으면서 짧은 파장의 고에너지를 가진 감마선을 활용하여 레벨을 측정할 수 있다. 방사선 레벨 센서는 방사성 동위원소에서 방사되는 감마선이 탱크를 투과할 때 흡수되는 에너지를 이용하여 레벨을 측정한다. 방사성 동위원소는 차폐라고도 하는 용기에 설치되며, 한 방향으로만 방사선을 방출한다. 방출된 감마선은 탱크에 포함된 매체를 통과하면서 약해진다. 탱크 속 매체의 레벨이나 밀도가 높을수록 수신되는 방사선의 강도가 낮아지고 이것을 계산하여 레벨을 측정하는 것이다.

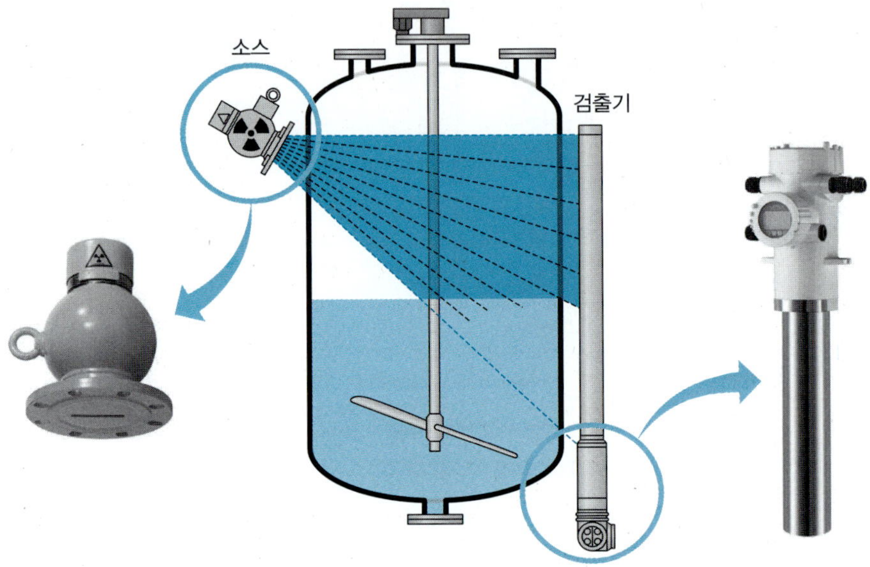

[그림 2-12] 감마선을 이용한 레벨 측정

[그림 2-12]처럼 감마선이 탱크 속의 매체에 의해 일부는 흡수되고, 흡수되지 않은 감마선이 검출기에 의해 수신된다. 즉 감지된 방사선의 양은 탱크 내부의 매체 수위가 올라갈수록 감소하므로 검출기에 도달하는 에너지는 매체 레벨에 반비례한다.

감마선은 탱크를 관통하므로 탱크 외부에 측정 시스템을 쉽게 구축할 수 있고, 탱크 변경이나 프로세스 중단 없이 유지·보수 작업이 가능하다. 이런 이유로 강한 압력과 높은 온도의 물질이나 위험한 부식성 물질이 담긴 특수한 목적으로 만들어진 용기의 레벨 측정에 유리하다. 반면 초기 설치비용이 많이 들고 인허가 및 정기 측량 절차 등에도 비용이 들며, 사용된 방사선 레벨 센서를 폐기할 때도 승인된 방식으로 수행해야 한다.

2.12 레벨 센서 실습

2.12.1 비접촉식 레벨 센서 모듈(XKC-Y25-PNP)

XKC-Y25-PNP는 비접촉 정전용량식 레벨 센서 모듈이다. [그림 2-13]과 같이 센서 헤드와 커넥터로 구성되어 있으며, 비금속 용기의 벽면에 부착하여 액체와 직접적인 접촉 없이 정전용량 변화로 레벨을 감지할 수 있고, 5 V ~ 24 V의 넓은 전압 범위에서 동작한다. 센서는 NPN, PNP, V 세 가지 유형이 있으며, 회로 구성 방법이 조금씩 다르다. 커넥터 부분은 전원(VCC), 그라운드(GND), 출력(OUT), 모드(MODE) 핀으로 구성되어 있으며, 외형은 같은 것 같아도 핀 구조가 다를 수가 있어서 해당 제품의 데이터시트(datasheet)나 제공되는 핀 정보를 반드시 확인하고 사용해야 한다. OUT 핀은 센서가 액체를 감지했을 때 신호 값을 출력하며, 모드 핀은 출력 핀의 출력값을 선택할 수 있는 옵션 핀으로 PNP 형일 때 해당 핀에 아무것도 연결하지 않거나 HIGH를 인가하면 NO(Normal Open) 상태가 되고, 액체를 감지했을 때 OUT 핀의 출력 신호는 높은 값(디지털 출력일 때는 HIGH, 아날로그 출력일 때는 1,023에 가까운 값), 감지하지 못했을 때는 낮은 값을 출력한다. MODE 핀을 그라운드에 연결하거나 LOW를 인가하면 NC(Normal Close) 상태가 되고 OUT 핀의 출력은 반대가 된다.

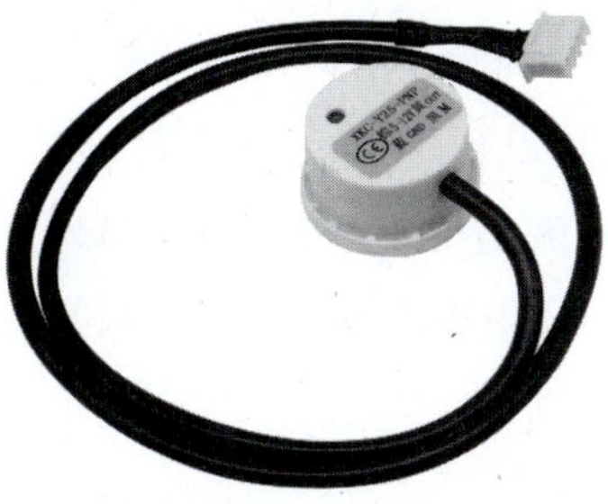
(a) XKC-Y25-PNP

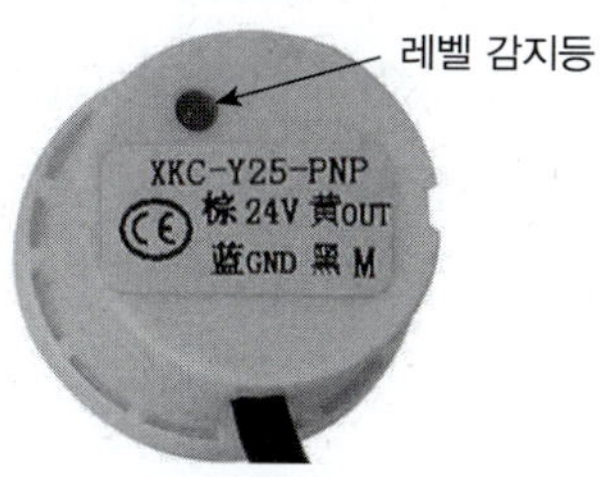

(b) 센서 헤드

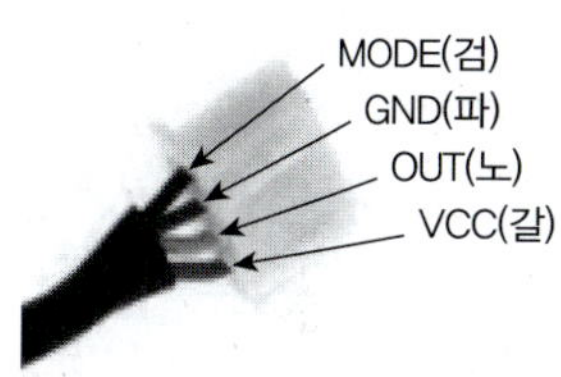

(c) 핀 정보

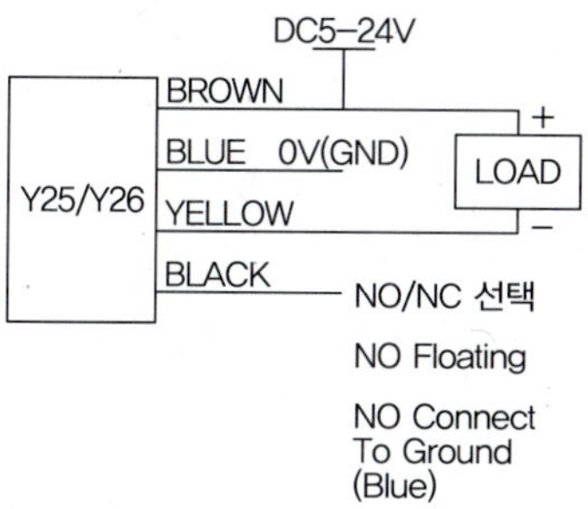

(d) NPN 형

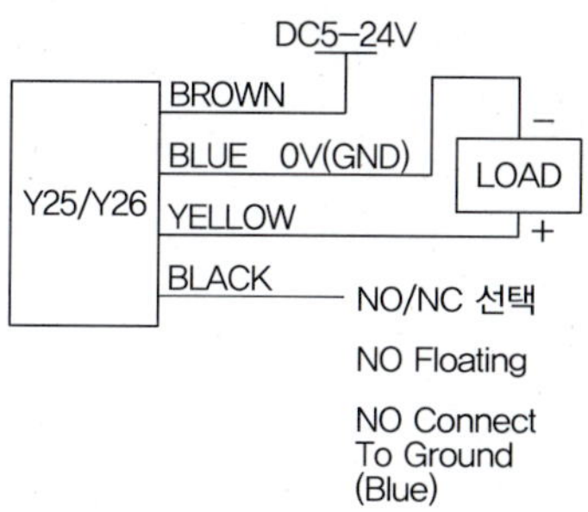

(e) PNP 형

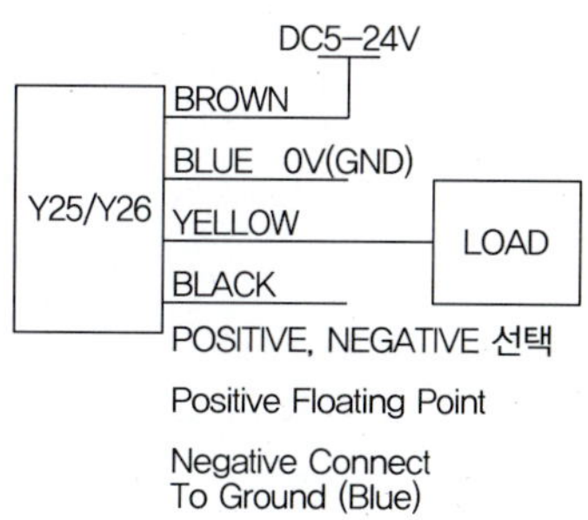

(f) V 형

[그림 2-13] 비접촉식 레벨 센서(PNP 형) 모듈과 세 가지 유형의 회로 구성 방법

비금속 용기의 외벽에 부착할 때 용기 두께의 허용 범위는 대략 2 cm 정도이다. 용액을 감지하지 못하면 용기의 두께를 확인해야 하고, 감도 때문일 수 있으므로 센서 헤드의 뒷면 커버를 제거하면 나오는 노브를 돌려서 센서의 감도를 조절한다. [그림 2-14]는 두 개의 비접촉식 레벨 센서를 활용하여 탱크 수위를 제어하는 간단한 레벨 제어 시스템이다. 두 개의 같은 센서를 통해 수위를 측정하고, 모터 펌프를 통해 용액의 양을 적절하게 유지할 수 있도록 할 수 있다.

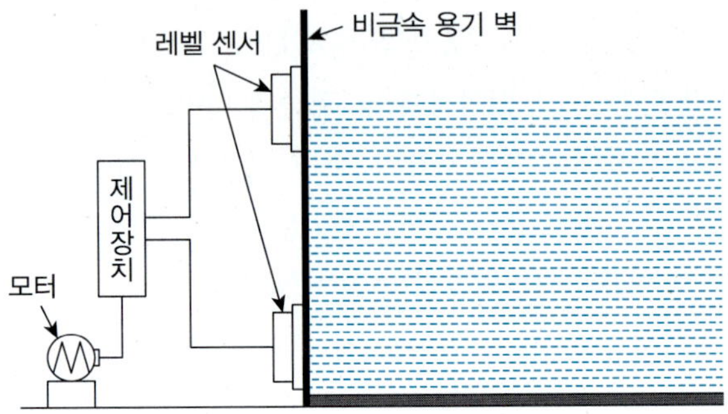

[그림 2-14] 비접촉식 레벨 센서 모듈 활용 예

비접촉식 레벨 센서를 이용하여 용기 속 액체의 유·무를 관찰하는 예제로 같은 회로에서 처음 코드는 용액을 감지했을 때 ADC에서 측정한 센서값만 시리얼 모니터로 출력하여 확인하고, 두 번째 코드는 용액을 감지했을 때 디지털 값을 시리얼 모니터로 출력하면서 버저와 보드에 빌트인(built-in) 되어 있는 LED를 통해 소리와 LED 빛으로 감지 결과에 따라 제어하는 실습이다.

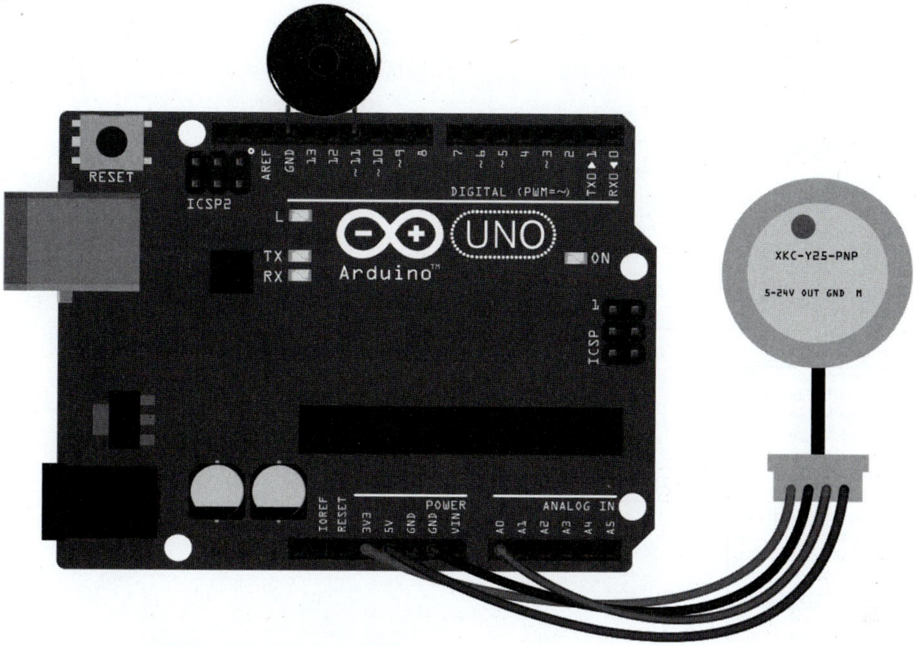

UNO 보드	XKC-Y25-PNP
3.3 V	검은색: MODE
GND	파란색: GND
A0	노란색: OUT
5 V	갈색: VCC

UNO 보드	버저
11	+
GND	−

[그림 2-15] 비접촉식 레벨 센서 모듈 연결 회로

```
const int levelSensorPin = A0;                    // 센서 OUT 핀 보드의 A0 핀에 연결

void setup()
{
  Serial.begin(9600);                             // 시리얼 통신 속도 9,600 bps로 설정
}

void loop()
{
  // ADC로부터 센서값을 읽어서 levelSensorValue 변수에 저장
  int levelSensorValue = analogRead(levelSensorPin);
```

```
    Serial.print("Level Sensor Value: ");        // 문자열 출력
    Serial.println(levelSensorValue);            // 센서값 출력

    delay(1000);                                 // 1초 간격으로 센서값 읽음
}
```

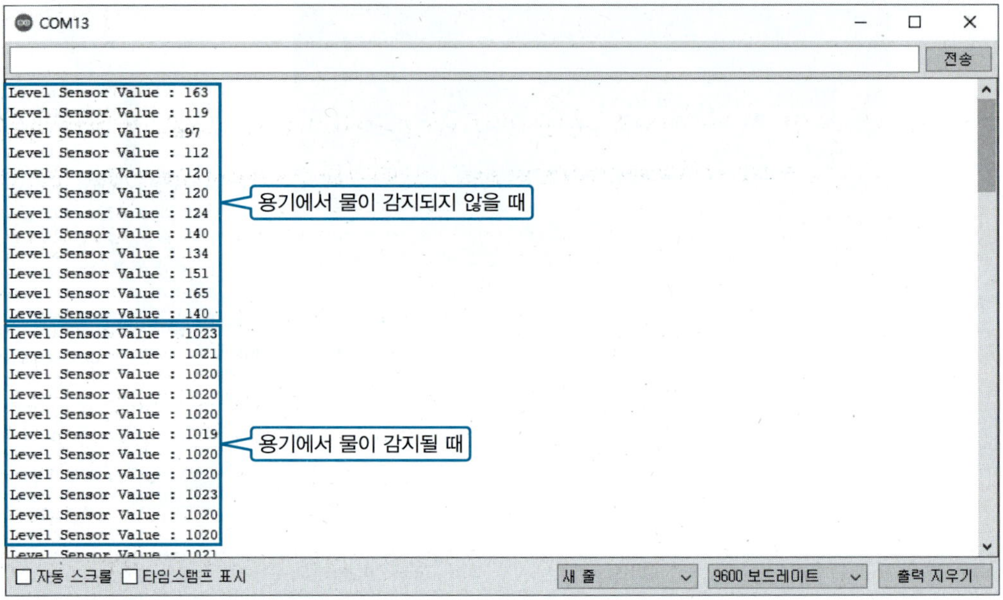

[그림 2-16] 시리얼 모니터 창에서 ADC 값 확인

☞ 시리얼 출력을 통해 용기 속의 액체 유·무에 따라 출력되는 값에 차이가 있음을 알 수 있다. 용기의 두께에 따라 출력되는 값은 다를 수 있고 원하는 수준의 출력값이 나오지 않을 수 있다. 이때는 센서의 감도를 직접 조절하면서 확인해야 한다.

☞ delay() 함수를 이용한 지연은 출력 결과를 쉽게 확인하기 위한 용도이다. 실제 응용 시스템을 만들 때 지연 코드는 불필요하므로 추가하지 않아도 된다.

☞ 이후 모든 센서 실습 시 공통적인 주의사항은 센서의 겉모양이 같더라도 핀의 위치가 변경될 수 있으므로 항상 핀 정보를 재확인한 뒤 연결하고, 실제로 해당 센서의 데이터시트나 웹 페이지 등으로 제공되는 핀 정보나 제품 정보를 확인해야 한다. 물론 제공되는 정보가 정확하지 않을 가능성도 있다. 잘못된 공급 전압으로 쉽게 망가지는 센서류도 있으므로 최소한 3.3 V 전원을 공급해야 하는지, 5 V 전원을 공급해야 하는지 등의 정보는 확인해야 한다.

회로는 그대로 유지하고 A0 핀을 디지털 입·출력 핀으로 사용하여 단순히 용액 감지 유·무에 따라 버저와 LED를 제어하도록 하는 예제이다. setup() 함수 내의 설정 방식도 달라지고 함수도 달라진다.

```
const int levelSensorPin = A0;              // 센서 OUT 핀을 보드의 A0 핀에 연결
const int ledPin = 13;                      // 13번 핀의 빌트인 LED 사용
const int buzzerPin = 11;                   // 버저 ⊕극을 보드의 11번 핀에 연결

void setup()
{
  Serial.begin(9600);                       // 시리얼 통신 속도 9,600 bps로 설정
  pinMode(levelSensorPin, INPUT);           // A0 핀을 입력 모드로 설정. ADC ×
  pinMode(ledPin, OUTPUT);                  // 13번 핀을 출력 모드로 설정
  pinMode(buzzerPin, OUTPUT);               // 11번 핀을 출력 모드로 설정
  digitalWrite(ledPin, LOW);                // 처음 시작 시, 13번 LED 끔
}

void loop()
{
  // OUT 핀으로부터 센서값을 읽어 levelSensorValue 변수에 저장
  int levelSensorValue = digitalRead(levelSensorPin);

  if(levelSensorValue == HIGH)              // 용액이 감지되면,
  {
    digitalWrite(buzzerPin, HIGH);          // 버저 동작
    digitalWrite(ledPin, HIGH);             // LED on
  }
  else                                      // 용액이 감지되지 않으면,
  {
    digitalWrite(buzzerPin, LOW);           // 버저 멈춤
    digitalWrite(ledPin, LOW);              // LED off
  }

  Serial.print("Level Sensor Value : ");
  Serial.println(levelSensorValue);

  delay(300);                               // 0.3초 간격으로 수위 확인
}
```

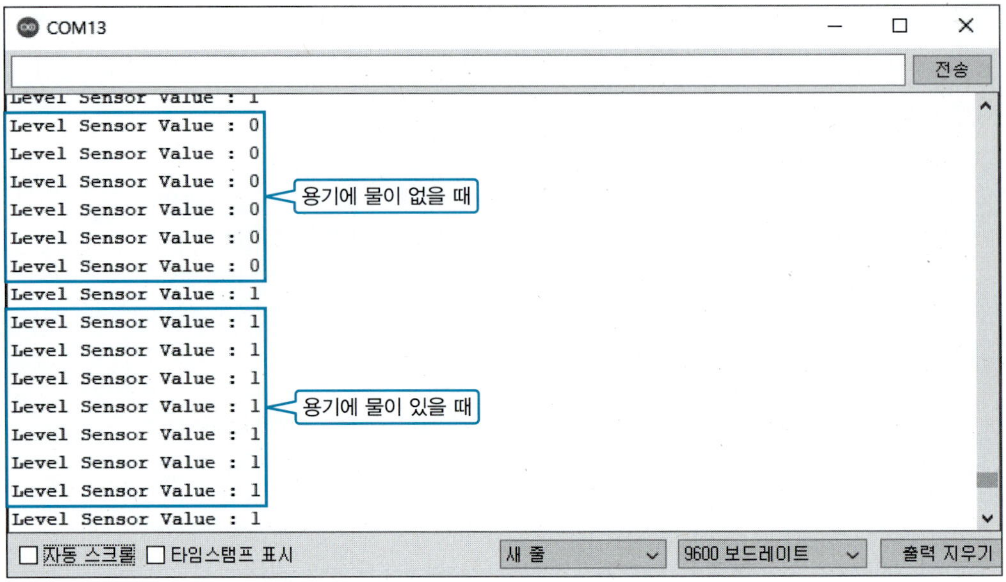

[그림 2-17] 시리얼 모니터 창에서 디지털 센서 값 확인

2.12.2 도전율식 레벨 센서 모듈

[그림 2-18] 도전율식 레벨 센서 모듈의 구조와 핀 정보

[그림 2-18]은 도전율식 레벨 센서 모듈로 전원, 그라운드, 신호 또는 출력(*S*), 프로브로 구성되어 있다. 전원 핀에 3.3 V ~ 5 V 전원을 공급할 수 있고, 신호 핀을 통해 ADC 측정값을 읽어올 수 있다. 프로브는 도체와 절연체가 패턴 형태로 구성되어 있다. [그림 2-19]와 같이 프로브가 액체에 잠기는 면적이 증가할수록 반비례하여 저항값은 감소하며, 전기 전도도는 높아진다. 이런 방식은 토양 수분 센서로 분류되어 판매되는 센서류와 형태만 다를 뿐 동작 원리가 같거나 매우 유사하다. 따라서 특정 센서 제품들의 경우 어떻게 응용해서 사용하

는지에 따라 분류 기준이 모호해지거나 달라질 수 있다.

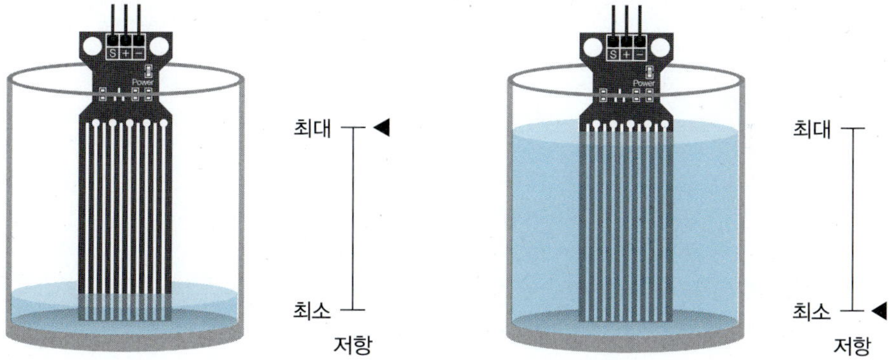

[그림 2-19] 물에 잠긴 면적에 따른 저항값 변동

레벨 센서의 프로브에 닿는 용액 양에 따라 ADC에서 측정한 도전율식 레벨 센서값을 관찰하는 예제이다.

[그림 2-20] 도전율식 레벨 센서 모듈 연결 회로

```
const int levelSensorPin = A0;                    // 센서의 SIG 핀을 A0 핀에 연결

void setup()
{
  Serial.begin(9600);
}

void loop()
{
  // ADC로부터 센서값을 읽어서 levelSensorValue 변수에 저장
  int levelSensorValue = analogRead(levelSensorPin);

  Serial.print("sensor value : ");
  Serial.println(levelSensorValue);

  delay(1000);                                    // 1초 간격으로 수위 확인
}
```

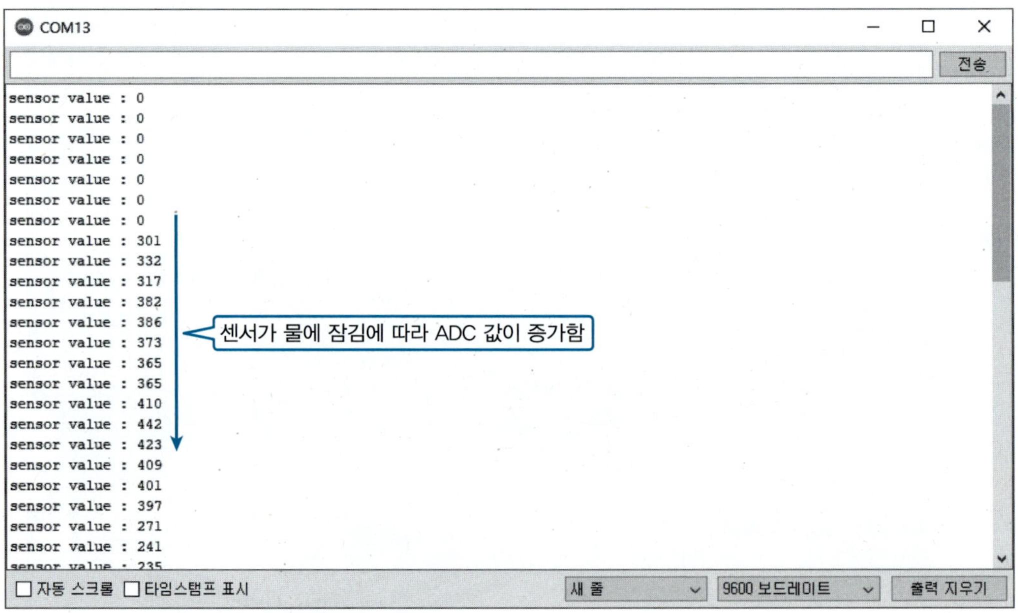

[그림 2-21] 도전율식 레벨 센서의 ADC 출력값

☞ 컵에 물을 담고 센서를 물에 서서히 담그면서 시리얼 창으로 출력되는 값을 관찰한다. 프로브 부분이 물에 잠기는 면적이 늘어남에 따라 센서의 출력값은 1,023에 가깝게 증가하는 것을 알 수 있다. 실습 시 사용한 물의 상태에 따라 전기 전도율에 차이가 있을 수 있으므로 앞의 실습 결과와는 값이 다를 수 있다.

같은 회로를 사용하여 아두이노 IDE의 시리얼 플로터 도구로 센서값을 출력해보는 예제이다. 시리얼 플로터(plotter)는 모든 종류의 센서 데이터를 그래프 형태로 시각화하는 도구로 빠르게 변하는 값을 시각적으로 관찰하고 싶을 때 유용하게 사용할 수 있다. *X*축은 시간이고, *Y*축은 아두이노로부터 받은 값을 나타내며, 두 축은 값에 따라 자동으로 조정된다. *X*축 사이의 시간은 두 개의 연속적인 Serial.println() 함수의 호출 시간 차이로 생성되고, 일반적으로 loop() 함수의 시간과 같다. 앞의 예제 코드에서 loop() 함수 부분만 다음과 같이 수정하여 업로드하고, 아두이노 IDE의 메뉴에서 [툴]–[시리얼 플로터]를 실행한다.

```
void loop()
{
  int levelSensorValue = analogRead(levelSensorPin);

  Serial.println(levelSensorValue);
}
```

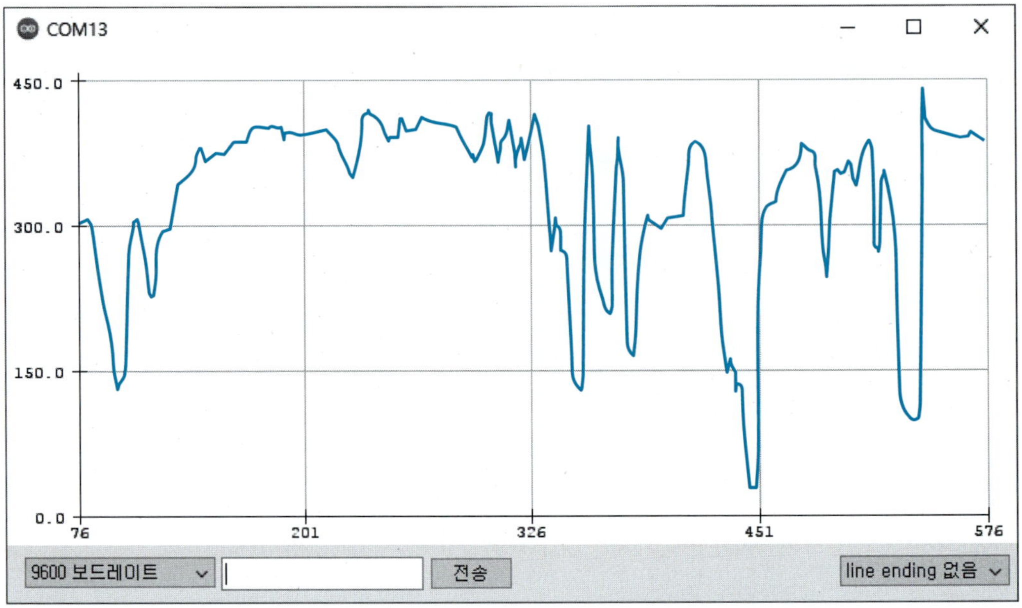

[그림 2-22] 도전율식 레벨 센서값 시리얼 플로터로 출력

☞ [그림 2-22]는 센서를 물에 담그고 빼는 과정을 반복하면서 출력되는 값을 관찰한 것이다. 시리얼 플로터를 사용할 때는 시리얼 모니터를 중복해서 사용할 수 없고, 시리얼 플로터를 이용하여 여러 데이터를 출력해야 할 때는 "₩t" 또는 " " 공백으로 변수를 구분해야 한다. 그리고 마지막 값은 반드시 "₩r₩n"이 포함된 println() 함수로 호출해야 한다.

시리얼 플로터를 이용하여 한 개 이상의 데이터를 출력하는 예제로 다음 코드를 업로드한 뒤에 시리얼 플로터를 재실행하여 확인해 보자. 이때 시리얼 모니터 창이나 시리얼 플로터 창이 열려있으면 모두 닫고 실행한다.

```
void setup()
{
  Serial.begin(9600);
}

void loop()
{
  for(int i = 0; i<= 360; i++)
```

```
  {
    Serial.print(sin(i * (PI / 180)));           // 사인값 출력
    Serial.print(" ");                           // 공백 또는 "\t" 명령 포함해야 함
    Serial.println(cos(i * (PI / 180)));         // 코사인값 출력. println() 함수 호출
  }
}
```

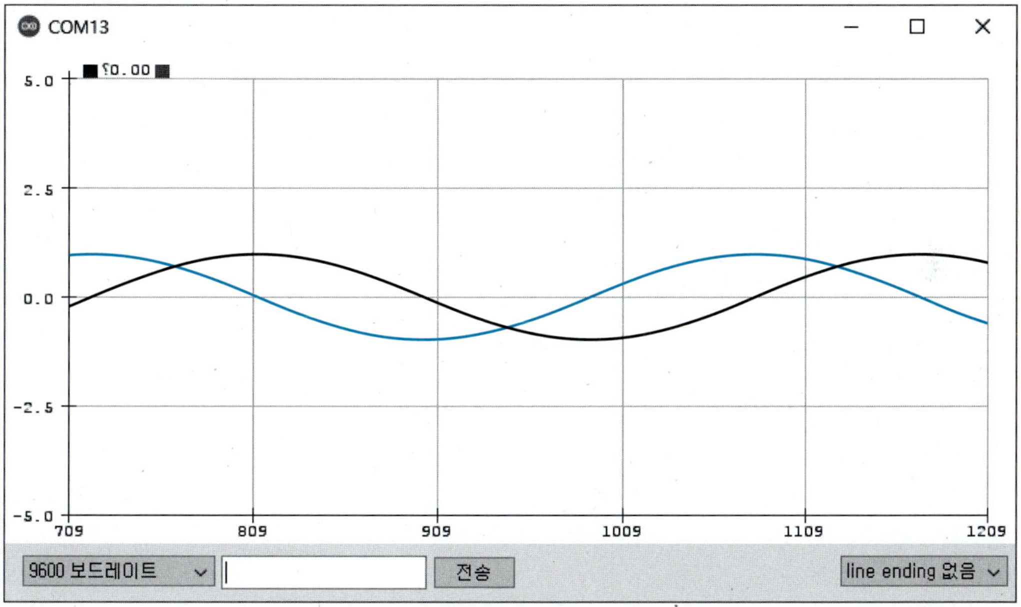

[그림 2-23] 한 개 이상의 데이터를 시리얼 플로터로 출력

[그림 2-20] 회로를 그대로 사용하여 특정 기준으로 설정한 수위를 감지하고 기준 수위가 되면 LED를 통해 시각적인 경고를 하도록 한 응용 예제이다.

```
const int levelSensorPin = A0;
const int waterFullLedPin = 13;                  // 경고등. 13번 핀의 빌트인 LED 사용
const int waterFullLimit = 400;                  // 수위 허용 기준값

void setup()
{
  Serial.begin(9600);                            // 시리얼 통신 속도 9,600 bps로 설정
```

```
  pinMode(waterFullLedPin, OUTPUT);                    // 13번 핀을 출력 모드로 설정
  digitalWrite(waterFullLedPin, LOW);                  // LED off 상태로 시작

  Serial.println("Start Water Overflow detecting system");
}

void loop()
{
  // ADC로부터 센서값을 읽어서 sensorValue 변수에 저장
  int sensorValue = analogRead(levelSensorPin);

  // sensorValue가 0보다 크고 400보다 작은 경우, 즉 수위 허용 기준 내로 판단
  if(sensorValue >= 0 && sensorValue < waterFullLimit)
  {
    Serial.println("Water not overflow.");
    digitalWrite(waterFullLedPin, LOW);                // LED off
  }
  // sensorValue가 400보다 큰 경우, 즉 수위 허용 기준을 넘긴 것으로 판단
  else if(sensorValue >= waterFullLimit)
  {
    Serial.println("Water overflow.");
    digitalWrite(waterFullLedPin, HIGH);               // LED on
  }

  delay(1000);                                         // 1,000 ms(1초 지연)
}
```

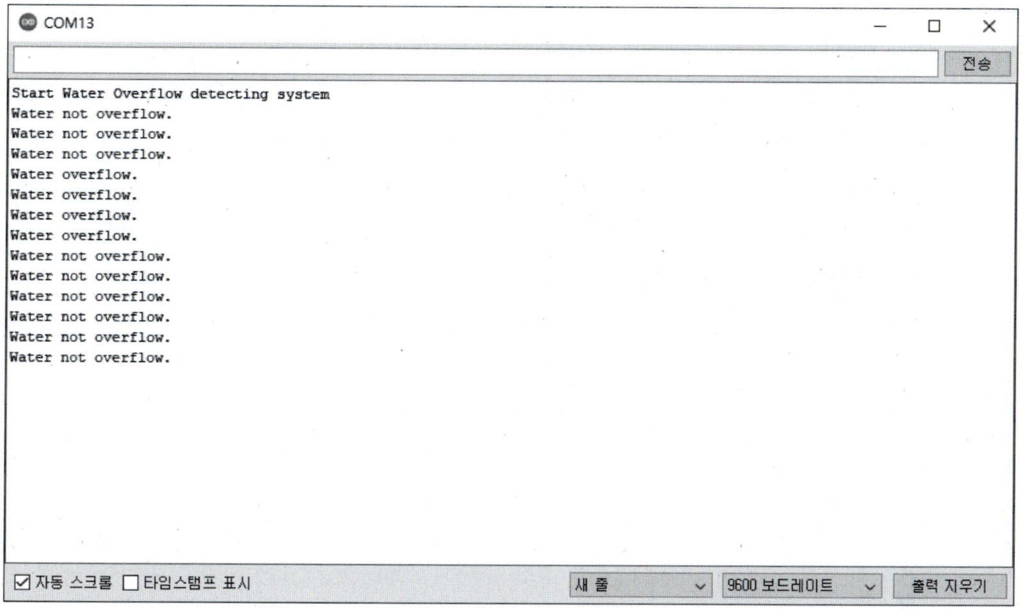

[그림 2-24] 수위 감지 확인

◇ 코드 추가 설명

```
const int waterFullLimit = 400;            // 물 넘침을 판단하는 기준값
```

실습환경과 센서의 상태에 따라 수위를 판단하는 기준값은 예제와 다를 수 있으므로 waterFullLimit 변숫값을 반복적으로 관찰하여 적당한 기준값을 임의로 설정하면 된다.

2.12.3 플로트 스위치

플로트 스위치는 부체(floating body), 내부의 리드 스위치(reed switch), 리드 스위치와 연결된 리드선(lead wire)으로 구성되어 있다. 내부 리드 스위치의 평상시 상태에 따라 NO형과 NC형으로 구분할 수 있고, 다양한 모양과 소재로 만들어진 수직·수평 플로트 스위치가 있다. 일반적으로 동작 전압 범위가 넓고 0.5 A 전류에 90도 정도의 온도에도 사용할 수 있다. 물에 잘 뜨는 부체는 수직 또는 수평 방향으로 움직이고 부체 내부의 자석이 리드 스위치 접점을 움직이는 방식이다. 자석을 사용하고 있으므로 자기장의 간섭이 없는 환경이어야 하고, 리드선은 극성이 없으므로 한쪽은 전원을 연결하고 다른 한쪽은 아두이노의 입·출력 핀에 연결하면 된다. 모델에 따라 별도의 신호선이 추가된 플로트 스위치도 있다.

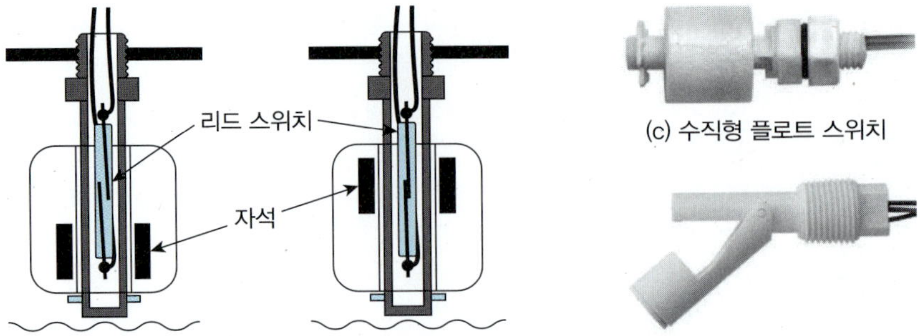

(a) NO 스위치 (b) NC 스위치 (c) 수직형 플로트 스위치 (d) 수평형 플로트 스위치

[그림 2-25] NO · NC형 구조와 수직 · 수평형 플로트 스위치

실습에 사용한 플로트 스위치는 내부 리드 스위치가 평상시 NC형이며, 수직형 플로트 스위치이다. 임의로 설정한 수위에 도달했을 때 경고 의미의 LED를 켜고 시리얼 모니터를 통해 상황을 확인하는 예제이다. 아두이노 보드의 입·출력 핀 내부 풀업(pull-up) 저항을 코드로 활

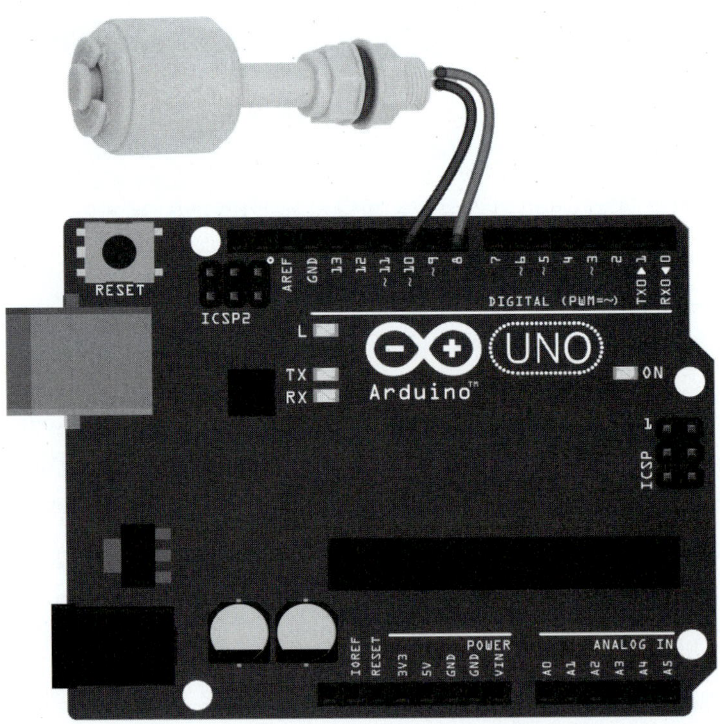

[그림 2-26] 수직형 NC 플로트 스위치 연결 회로

성화할 수 있고, 입·출력 핀에 신호를 사용하여 전원이나 그라운드를 인가한 것처럼 사용할 수 있다. 정상적인 방법은 아니지만 가능하다는 것을 보여주기 위해 플로트 스위치의 한 선을 [그림 2-26]처럼 입·출력 핀에 할당한 것이다.

```
const int floatSensorPin = 8;              // 센서의 한쪽 선을 8번 핀에 연결
const int groundPin = 10;                  // 나머지 한쪽 선을 10번 핀에 연결
const int ledPin = 13;                     // 경고등, 13번 핀의 빌트인 LED 사용

void setup()
{
  Serial.begin(9600);                      // 시리얼 통신 속도 9,600 bps로 설정

  pinMode(floatSensorPin, INPUT_PULLUP);   // 8번 핀 입력 모드, 내부 풀업 저항 사용
  pinMode(groundPin, OUTPUT);              // 10번 핀 출력 모드로 설정
  pinMode(ledPin, OUTPUT);                 // 13번 핀 출력 모드로 설정

  digitalWrite(groundPin, LOW);            // 10번 핀 LOW, 그라운드 연결 효과
  digitalWrite(ledPin, LOW);               // LED off
}

void loop()
{
  // 플로트 스위치값을 읽어서 floatSensorValue 변수에 저장
  int floatSensorValue = digitalRead(floatSensorPin);

  if(floatSensorValue == HIGH)             // 리드 접점이 떨어지면,
  {                                        // 즉, 부체가 액체에 닿아 올라가면,
    Serial.println("Level Limit Reached");
    digitalWrite(ledPin, HIGH);            // LED on
  }
  else                                     // 리드 접점이 붙으면,
  {                                        // 즉, 부체가 액체에 닿지 않으면,
    Serial.println("Low Level");
    digitalWrite(ledPin, LOW);             // LED off
  }
}
```

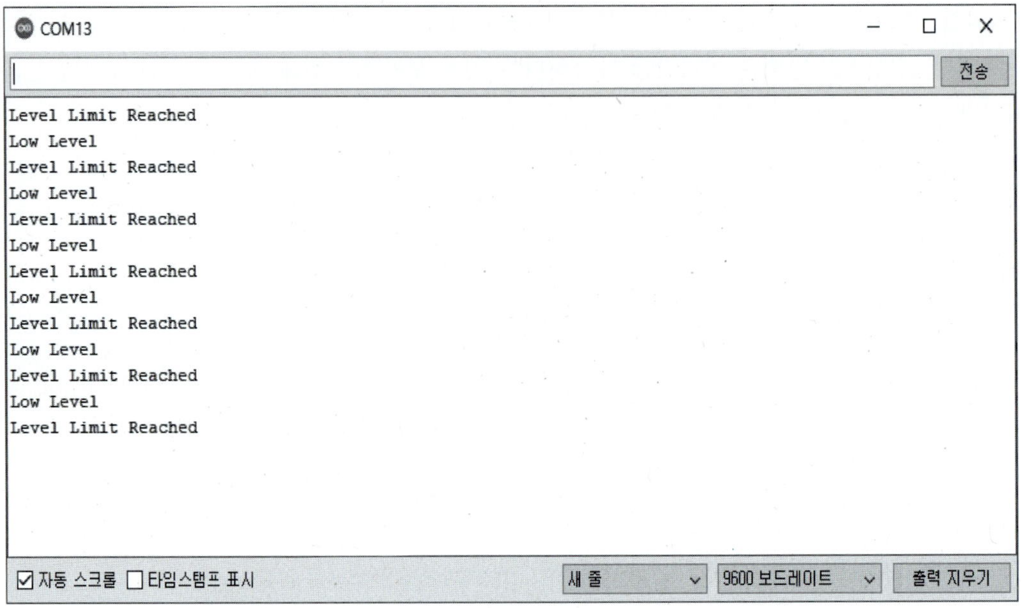

[그림 2-27] 플로트 스위치 동작

CHAPTER 03

유량 센서

contents

03 유량 센서

3.1 유량 센서 개요

외부의 힘으로 형태를 계속 변형시키는 성질을 가지고 있는 액체, 기체, 플라스마(plasma) 등을 유체(fluid)라 하며, 단위 시간에 흐르는 유체의 양을 유량(flow rate)이라 한다. 유량을 측정하는 방법은 측정 목적과 액체, 기체, 증기, 유체의 밀도, 점도, 온도, 압력 등과 같은 물성에 따라 매우 다양하다. 일반적으로는 다른 물리량을 측정한 뒤에 측정한 정보로부터 유량을 산출하는 방식이 대부분이다. 예를 들어, 물 유량 센서는 상수원이나 배관에 유량 센서를 설치하여 물의 유속을 측정하고 배관을 통해 흐르는 물의 양을 계산한다. 이때 물의 유속은 시간당 리터(L, liter) 또는 세제곱미터(m^3, cubic meter)로 측정한다. [그림 3–1]과 같은 물 유량 센서는 외형적으로 물이 통과할 수 있는 밸브 형태로 구성되어 있고 밸브를 통해 물이 흐를 때 로터가 회전하게 되고 유량 센서 내부의 워터 로터(water rotor)와 홀 효과 센서(hall effect sensor)로 물의 흐름과 속도 변화를 감지하고 측정한다. 물리적으로 홀 효과를 이용하는 것으로 물의 흐름에 따라 로터가 회전하면서 자성이 바뀌게 되고 홀 효과 센서를 통해 출력되는 펄스 신호로 유속을 산출한다.

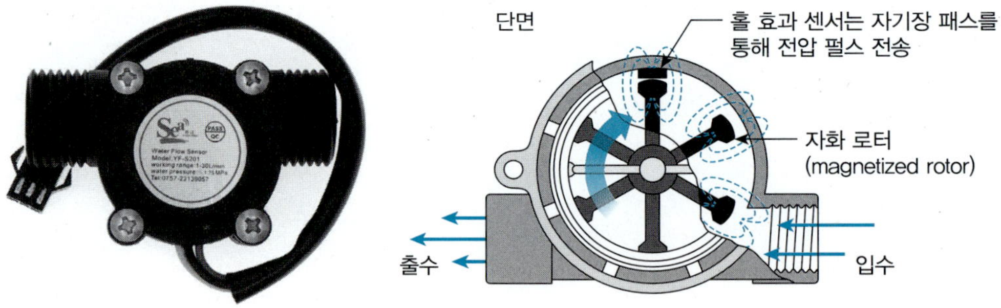

[그림 3–1] 회전 날개형 유량계와 동작 원리

유량을 측정하는 방법이 다양하므로 활용되는 유량 센서의 종류도 많다. 사용되는 유량 센서의 종류는 기계식, 차압식, 전자식 등이 있으며, 유량 산출을 위한 측정량으로는 차압(differential pressure), 동압(dynamic pressure), 온도, 회전수, 초음파 왕복 시간, 유도된 전기, 변이량, 와류 주파수(vortex frequency), 힘, 레벨 등이 있다.

대표적인 유량 측정 방법으로는 차압 유량계(differential pressure flow meter), 용적 유량계(positive displacement flow meter), 전자 유량계(electromagnetic flow meter), 초음파 유량계(ultrasonic flow meter), 와류 유량계(vortex shedding flow meter), 터빈 유량계(turbine flow meter), 질량 유량계(mass flow meter), 가변면적 유량계(variable area flow meter) 등이 있다.

3.2 차압 유량계

차압 유량계는 파이프 내의 흐름을 부분적으로 방해하는 원리로 동작한다. 즉, 장치의 상류 측과 하류 측 사이에 정압(static pressure)의 차이를 생성하고 이것을 측정하여 유량을 결정하는 데 사용한다. 차압 유량계는 다양한 유체를 측정하는 데 사용되며, 부분적으로 단순한 디자인과 저렴한 비용 때문에 산업용으로 매우 많이 사용되며, 그 중 오리피스 판(orifice plate)이 가장 널리 사용된다.

차압 유량계에 속하는 유량계로는 오리피스 판, 벤튜리관(venturi tube), 유동 노즐(flow nozzle), 층류 소자(laminar flow element), 원추형 차압 유량계(venturi-cone differential pressure flow meter), 쐐기형 차압 유량계(segmental wedge differential pressure flow meter), 엘보우 유량계(elbow flow meter) 등이 있으며, 원리상 차압 유량계와 차이가 있지만, 베르누이 원리(Bernoulli's principle)를 적용하여 유체의 속도를 측정하는 피토 튜브(pitot tube)와 정체압(stagnation pressure)과 정압의 차이를 구하는 마노미터(manometer)를 결합한 피토 튜브 등도 포함할 수 있다. 이처럼 각각의 차압 유량계 내에서 다시 종류를 구분할 수 있으므로 차압 유량계 분류만으로도 그 종류가 매우 많다는 것을 알 수 있다.

[그림 3-2]는 차압 유량계가 동작하는 기본 원리를 설명한 것이며, 마노미터 튜브는 제한 장치, 즉 관로와 유체가 흘러가는 단면적을 감소시킨 부분을 통해 상·하류의 정압 차이를 측정한다.

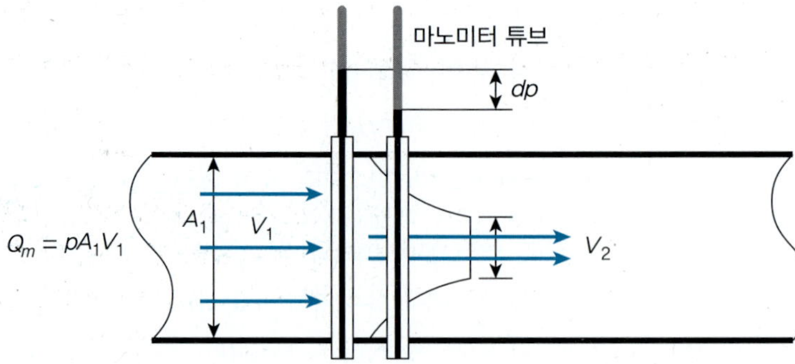

[그림 3-2] 차압 유량계 동작 기본 원리

유체가 관로 내 제한 장치를 흐를 때 질량 흐름을 보존하기 위해 더 높은 속도 즉 $V_2 > V_1$으로 가속되고 그 결과 정압이 떨어진다. 이 단면적이 감소된 부분을 차압 유량 센서라 부르며, 차압(Δp)을 통해 유량을 산출할 수 있다. 차압과 유량 사이의 관계는 베르누이 방정식(Bernoulli's equation)에서 도출된다. 베르누이 방정식과 질량 보존 법칙(conservation of mass)을 이용하면 생성된 차압은 질량 유량 Q_m(kg/s)의 제곱에 비례한다는 것을 알 수 있다.

$$\Delta p \propto Q_m^2 \tag{3.1}$$

3.3 용적 유량계

용적 유량계는 회전할 때마다 정확한 양의 유체를 통과시켜 유량을 측정하는 체적 유량 측정 기기이다. 유체 자체가 가지고 있는 힘으로 유량계 내부의 운동자가 운동하며, 운동자의 회전수를 측정하여 유체의 부피를 측정하는 것인데 회전수당 공간으로부터 배출되는 유체의 부피를 알고 있으면 부피 유량을 정확하게 측정할 수 있는 원리를 이용한 것이다.

용적 유량계는 간헐적 흐름을 가지거나 매우 낮은 유속과 점도를 가진 모든 액체를 측정할 수 있으며, 액체의 점도, 밀도, 파이프의 난류 등에 영향을 받지 않는다. 모든 비압축성 유체는 같은 부피를 차지하는데 이를 보완하기 위해 유량계 출력을 보정할 필요는 없다.

용적 유량계는 사용 목적과 유체의 종류에 따라 왕복 또는 진동 피스톤(reciprocating or oscillating piston), 타원형 기어(oval gear), 나선형 기어(helical gear), 디스크(nutating disc), 회전 날개(rotary vane) 등의 유형이 있다. 유형을 보면 주로 유량계에 내장된 기계 장치의 이름을 따서 지어졌음을 알 수 있다. 그리고 모든 유형은 공통 동작 원리를 기반으로 한다.

용적 유량계는 매우 정확하며, 높은 점성이나 더럽고 부식성 있는 유체에도 사용할 수 있다. 기본적으로 압력 강하가 문제될 수 있지만, 유체 흐름 조절을 위한 직선 파이프가 필요하지 않다. 정확도가 높으므로 오일 및 액체 유체의 상거래용으로 널리 사용되며, 가정용 천연 가스 및 수도 계량에도 많이 적용된다. 반면 슬러리, 이물질 등이 함유된 유체에는 적용이 어렵고 유량계 자체에서 이물질이 생성될 수도 있다. 그리고 운동자의 회전으로 인한 마모의 우려가 있으며, 비용적형 유형보다 상당히 무겁고 비용이 많이 들 수 있다.

3.4 전자 유량계

전자 유량계는 패러데이의 전자기 유도 법칙의 원리를 이용한 것이다. 패러데이 법칙(Faraday's law)은 "도체가 자장 내에서 운동할 때 그 도체 내의 자장의 방향 및 운동 방향에 서로 직각 방향으로 기전력이 발생하며, 그 크기는 자속밀도와 도체의 운동 속도에 비례한다."라고 정의되며, 자기 유량계에서 전류는 유량계 본체의 내부나 외부에 장착된 코일로 흘러 자기장을 생성하고 파이프를 통해 흐르는 액체는 도체 역할을 하여 평균 유속에 비례하는 전압을 유도한다. 이 전압은 전자 유량계 본체에 장착된 감지 전극에 의해 감지되어 파이프 치수를 기반으로 체적 유량을 계산한다.

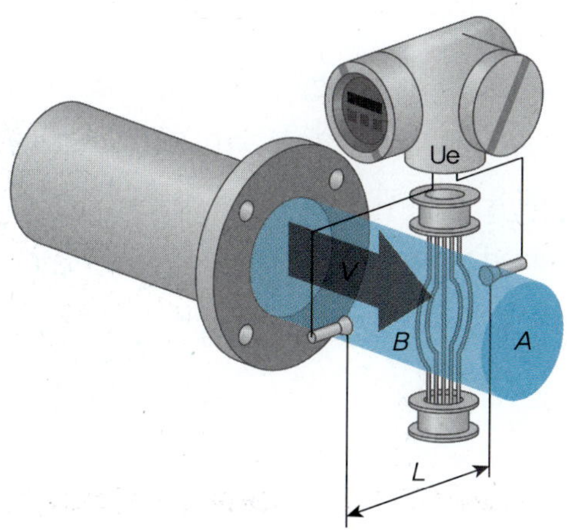

[그림 3-3] 전자 유량계의 패러데이 법칙 적용

전자 유량계의 동작 원리는 [그림 3-3]처럼 전도성 매체가 자기장(B)을 통과할 때 매체의 속도(V), 자기장 밀도 및 도체의 길이에 비례하는 전압 E가 생성된다.

수학적으로 도체에서 생성된 전압(E)은 도체의 속도(V) × 자기장 강도(B) × 도체의 길이(L)에 비례한다고 말할 수 있다. 기본적으로 전도성 액체가 자기장을 통해 흐를 때 전압이 유도되므로 측정할 액체는 전도성이 있어야 한다.

전자식 유량계를 이용하여 유량을 측정하는 공식은 다음과 같다.

$$e = Blv \tag{3.2}$$

체적 유량 Q는 다음과 같이 주어진다.

$$Q = \left(\frac{\pi d2}{4}\right)v \tag{3.3}$$

여기서 d는 파이프 직경, v는 평균 유속(도체의 속도)이다.

$$v = \frac{e}{Bl} \tag{3.4}$$

$$Q = \frac{\pi d2e}{4Bl} = Ke \tag{3.5}$$

여기서 K는 미터 상수이다. 따라서 체적 유량은 유도 기전력에 비례한다.

전자 유량계의 종류는 전자 코일의 여자 방법에 따라 교류(AC), 직류(DC), 펄스(pulse) 등으로 분류할 수 있다. 물, 산, 부식제 및 슬러리 등 파이프를 흐르는 전도성 유체의 경우 유체의 온도, 압력, 점도, 밀도, 전도율 등과 관계없이 부피 유량을 측정할 수 있으며, 정확도가 매우 높다. 다만 탈이온수(deionized water), 보일러 급수 또는 탄화수소와 같이 전도율이 낮은 유체에서는 유량이 0으로 측정될 수 있다.

3.5 초음파 유량계

초음파 유량계는 유체의 흐름 경로에 고주파 음파를 통과시켜 유속을 측정한다. 유체 운동은 음파의 전파에 영향을 미치며, 이를 이용하여 유속을 측정할 수 있다.

초음파 유량계의 두 가지 주요 유형으로 도플러(Doppler) 방식과 주행 시간(transit time) 방식이 있다. 이 두 가지 유형의 초음파 유량계는 고주파 음파를 유체 흐름으로 전송하고 수신된 펄스를 분석하는 방식으로 동작한다.

도플러 유량계는 움직이는 물체에 의해 방출되거나 반사된 파동으로 인한 주파수의 이동인 도플러 효과(Doppler effect)를 이용한다. 도플러 효과를 이해하기 쉬운 예로는 움직이는 차량으로부터의 경적음 주파수가 다르게 인식되는 현상을 생각해보면 되는데 차량이 경적을 울리면서 나에게 가까이 접근할 때 경적이 높은 음으로 느껴지고 나에게서 멀어지면서 경적이 낮은 주파수로 느껴지는 것이 도플러 효과이다. 실제로 경적의 주파수가 변하는 것은 아니고 정지하고 있는 나에게 다가오는 차량은 공기 중 음파의 진동을 압축하는 역할을 하고 차량이 멀어지면서 음파의 진동은 늘어나는 효과가 나타나는 것이다. 즉 차량이 나에게 다가오면서 파동의 파장이 작아지면 진동수가 증가한 것으로 점점 다가오는 차량의 경적이 높은 소리로 느껴지는 것이다.

움직이는 유체를 향해 초음파가 왕복할 때 송·수신 주파수를 비교해도 도플러 효과와 같은 효과가 발생한다. 초음파 변환기를 향해 전진하는 거품으로부터 초음파가 부딪혀 되돌아오는 반사(reflected) 주파수는 입사(incident) 주파수보다 클 것이다. 반대로 유체의 흐름이 바뀌었을 때 초음파 변환기에서 멀어지는 거품에서 돌아오는 반사 주파수는 입사 주파수보다 작을 것이다. 이렇게 도플러 유량계는 유체의 거품이나 미립자(particulate) 물질로부터 음파를 튕겨내 주파수 변화를 측정하고 그 변화의 크기로부터 유체의 속도를 도출한다.

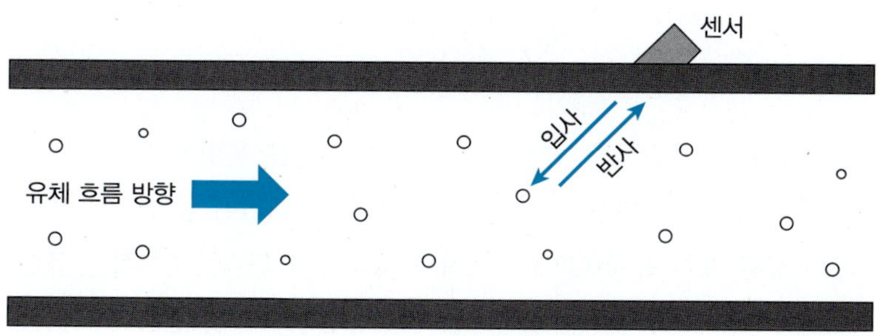

[그림 3-4] 도플러 유량계 원리

[그림 3-4]와 같이 도플러 유량계의 경우 유체에 음파를 반사할 만큼 충분히 큰 입자가 있어야 하고 슬러리 및 폐수와 같은 더러운 액체나 많은 거품을 포함하는 탄산음료와 같은 유체가

측정하기 좋은 대상이다. 가스와 같은 것은 초음파를 반사할 만큼 충분히 큰 액체 방울이나 고체를 운반하지 않기 때문에 도플러 유량계는 가스 흐름을 측정하는 데 사용할 수 없다.

유체의 속도(v)와 도플러 주파수 이동(Δf) 사이의 수학적 관계는 해당 유체를 통과하는 음속보다 훨씬 느린 유속에 대해 다음과 같다.

$$\Delta f = \frac{2vf\cos\theta}{c} \tag{3.6}$$

여기서 유속(v)은 실제로는 음파를 반사하는 입자의 속도이며, f는 입사 음파의 주파수, θ는 변환기와 파이프 중심선 사이의 각도, c는 유체 내의 음속이다.

초음파 레벨 센서에서는 초음파의 왕복 시간이 중요한 측정 기준이 되지만, 도플러 유량계에서는 초음파 왕복 시간은 의미가 없으며, 입사 신호와 반사 신호 사이의 주파수 이동이 중요하다. 또한, 주파수 이동은 유속에 정비례한다. 유속을 구하기 위해 도플러 주파수 이동 공식을 다시 수정하면 다음과 같다.

$$v = \frac{c\Delta f}{2f\cos\theta} \tag{3.7}$$

체적 유량이 파이프 면적과 유체의 평균 속도($Q = Av$)의 산출물과 같다는 것을 알면 계산된 유량(Q)을 구하기 위해 다음과 같이 공식을 작성할 수 있다.

$$Q = \frac{Ac\Delta f}{2f\cos\theta} \tag{3.8}$$

도플러 유량 측정을 위해 매우 중요하게 고려해야 할 부분은 유량계의 교정이 유체를 통과하는 음속의 변화에 따라 달라진다는 점이다. 유체 내의 음속(c)이 증가함에 따라 도플러 주파수 이동(Δf)은 고정된 체적 유량(Q)에 비례하여 감소해야 한다. 유량계는 유량을 Δf로 직접 해석할 수 있도록 설계되었으므로 Δf의 감소를 유발하는 c의 증가는 Q의 감소로 간주할 수 있다. 이는 도플러 유량계가 유량을 정확하게 측정하려면 유체의 음속을 정확하게 알아야 한다는 것을 의미한다. 모든 유체를 통과하는 음속(c)은 해당 매체의 밀도(ρ)와 부피 계수(B)의 함수이다.

$$c = \sqrt{\frac{B}{\rho}} \tag{3.9}$$

온도는 액체의 밀도에 영향을 미치고 액체의 화학적 성분은 부피 계수에 영향을 미친다. 따라서 온도와 성분은 도플러 유량계 교정에 영향을 미치는 요인이며, 압력은 기체의 밀도에만 영향을 미치기 때문에 문제 되지 않는다.

역전파(counterpropagation) 유량계라고도 하는 주행 시간 유량계는 도플러 유량계의 대안으로 [그림 3-5]처럼 한 쌍의 센서를 사용하여 유체 흐름과 함께 이동하는 음파와 유체 흐름에 반대되는 음파 사이의 시간 차이를 측정한다. 유체의 움직임은 음파를 따라가는 경향이 있으므로 하류(downstream)로 전송된 초음파 펄스는 상류(upstream)로 전송된 초음파 펄스보다 더 빠르게 이동한다.

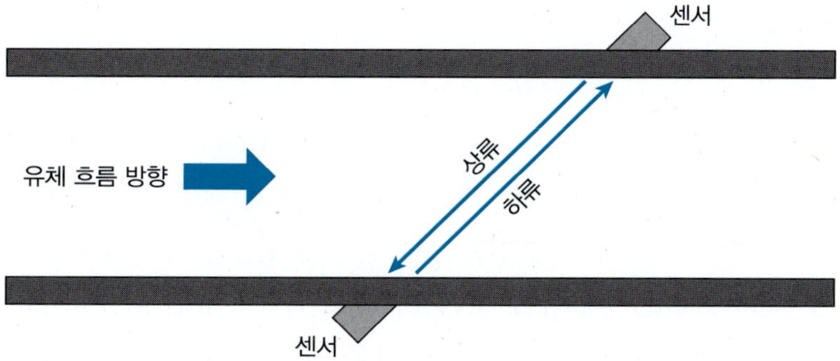

[그림 3-5] 주행 시간 유량계 원리

주행 시간 유량계를 통한 체적 유량 Q는 다음과 같다.

$$Q = k\frac{t_{up} - t_{down}}{(t_{up})(t_{down})} \tag{3.10}$$

여기서 k는 비례 상수, t_{up}은 초음파 펄스가 하류에서 상류로 이동하는 시간, t_{down}은 초음파 펄스가 상류에서 하류로 이동하는 시간을 말한다. 주행 시간 속도 측정의 흥미로운 특징은 주행 시간 곱에 대한 주행 시간 차이의 비율이 유체를 통과하는 음속의 변화에 따라 일정하게 유지된다는 것이다. 이를 증명하고 싶다면 흐름 공식의 시간에 경로 길이(L), 유체 속도(v), 음속(c)을 대입해보면 된다. $t_{up} = L/(c-v)$, $t_{down} = L/(c+v)$을 대입한 다음 모든 c항이 취소될 때까지 공식을 대수적으로 줄이면 최종적으로 $Q = 2kv/L$로 단순화되어 주행 시간 유량계는 유체의 음속 변화에 영향을 받지 않고, 도플러 유량계처럼 선형임을 알 수 있다. 그리고 유속과 무관하게 음속을 측정할 수도 있다.

상·하류 전파 시간을 기반으로 음속을 계산하는 공식은 다음과 같다.

$$c = \frac{L}{2}\left(\frac{t_{up} + t_{down}}{(t_{up})(t_{down})}\right) \tag{3.11}$$

주행 시간 유량계의 안정적인 동작을 위해 공정 내 유체에 초음파를 산란시키거나 방해할 수 있는 거품 또는 고체 입자가 없어야 한다. 이는 음파를 반사하기 위해 거품이나 입자가 필요한 도플러 유량계와 상반되는 요구 사항이므로 두 가지 방식에 적합한 용도를 명확하게 구분할 수 있다.

3.6 와류 유량계

유체가 고정된 물체(bluff body)를 지나 높은 레이놀즈 수(Reynolds number)로 이동할 때 유체가 물체의 양쪽에 소용돌이를 형성하는 경향이 있다. 각 와류는 형성된 다음 물체에서 분리되어 흐르는 가스 또는 액체와 함께 한 번에 한 면씩 번갈아 가며 계속 움직인다. 이것을 와류 방출(vortex shedding)이라 하며, 정지된 물체의 하류로 운반되는 움직이는 와류의 패턴을 와열(vortex street)이라 한다. 일반적으로 파장은 [그림 3-6]처럼 람다(λ)로 표현한다.

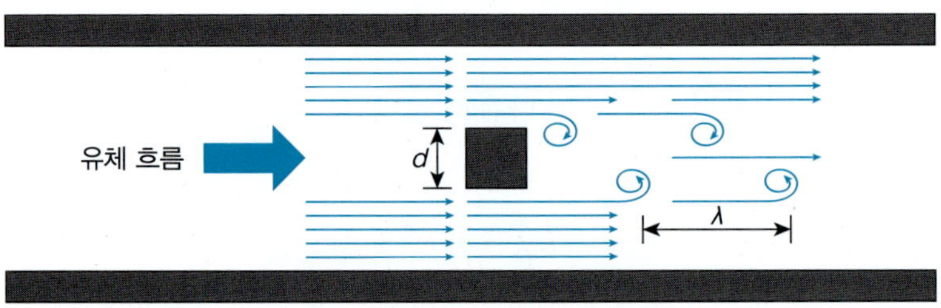

[그림 3-6] 물체와 와류의 파장

물체의 폭(d)과 와열 파장(λ) 사이의 비례를 스트로우홀 수(Strouhal number)라 하며, 대략 0.17이다.

$$\lambda S = d \qquad \lambda \approx \frac{d}{0.17} \tag{3.12}$$

고정된 물체의 바로 뒤에 차압 센서가 설치되어 지나가는 와류를 압력의 변화로 감지할 경우 [그림 3-7]처럼 교류 신호가 검출될 것이다.

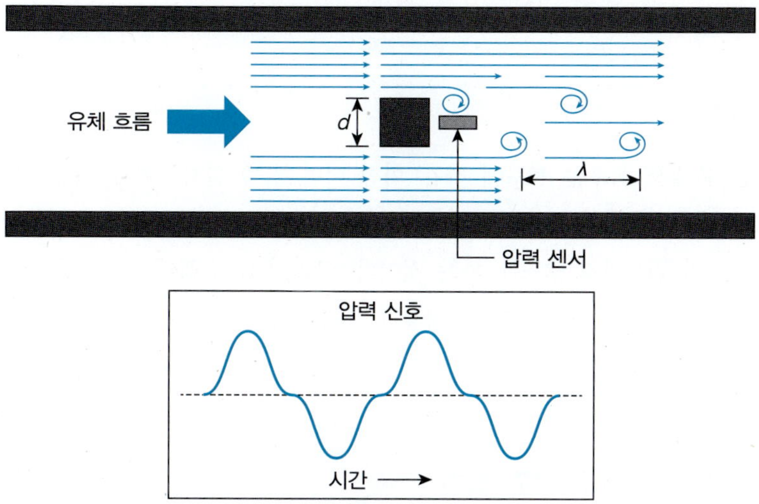

[그림 3-7] 압력 센서와 교류 신호

압력 신호의 주파수는 파장이 일정하므로 물체를 지나는 유체 속도에 정비례한다. 파장이 고정된 물체의 너비를 스트로우홀 수로 나눈 값과 같다는 것을 알고 있으므로 이를 주파수-속도-파장(frequency-velocity-wavelength) 공식으로 대체하여 신호 주파수(f)와 고정된 물체의 너비(d) 측면에서 유속(v)을 해결할 수 있다.

$$v = \lambda f = \frac{d}{0.17} f = \frac{df}{0.17} \tag{3.13}$$

와류 유량계에 사용되는 압력 센서로 표준 차압 송신기를 사용할 시 와류 주파수가 너무 높아 부피가 큰 기기에서 잘 감지되지 않으므로 일반적으로 표준 차압 송신기를 사용하지 않고 압전체(piezoelectric crystals)를 사용한다. 감지된 압력파의 진폭은 관련이 없고 파동 주파수만 유량 측정에서 중요하므로 응답 시간이 빠른 거의 모든 압력 센서 적용이 가능하다.

와류 유량계에는 움직이는 부품이 없으므로 터빈 유량계가 가지고 있는 마모 문제나 윤활 문제가 없다. 그리고 유체 흐름이 갑자기 멈추더라도 터빈 유량계처럼 관성으로 움직이는 요소가 없어 와류 유량계가 불규칙한 유량을 측정하는 데 더 적합하다. 반면 높은 유속에서는 와류를 생성하기에 충분하므로 와류 유량계에 문제가 없지만, 낮은 유속 즉 낮은 레이놀즈 수에서는 저류 차단(low flow cutoff)으로 알려진 유량계의 동작이 중단되는 단점을 가지고 있다. 이것은 낮은 유속에서 유체 점도의 영향은 유체 운동량을 압도하여 와류가 형성되는 것을 막기 때문이다.

3.7 터빈 유량계

터빈 유량계는 유체가 흐르는 통로에 자유 회전 터빈 휠을 설치하여 유속을 측정한다. 터빈 유량계의 기본 설계 목표는 터빈 요소가 가능한 한 자유롭게 회전하도록 해서 터빈의 회전을 유지하는데 토크가 필요하지 않도록 하는 것이다. 그러면 터빈 블레이드(turbine blade)는 측정 대상인 유체가 기체인지 액체인지 관계없이 유체의 선형 속도에 비례하는 회전 속도를 가질 수 있다.

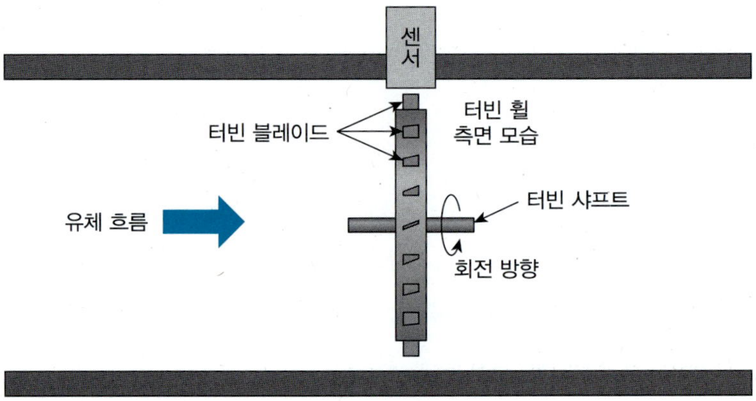

[그림 3-8] 터빈 유량계 구조

[그림 3-8]처럼 유체가 터빈 블레이드를 회전시키면 강자성 터빈 블레이드가 자기 센서(magnetic sensor)를 지나갈 때마다 전압 펄스를 생성하고 이 주파수를 이용하여 유속을 도출한다. 터빈 유량계에서 체적 유량은 픽업 코일 출력 주파수에 선형적으로 비례한다. 이 관계는 다음과 같이 나타낼 수 있다.

$$f = kQ \tag{3.14}$$

$$Q = \frac{f}{k} \tag{3.15}$$

여기서 f는 출력 신호의 주파수(초당 펄스), Q는 체적 유량(초당 갤런), k는 터빈 요소의 K 계수(갤런당 펄스)이다. 터빈 유량계의 체적 유량을 산출하려면 주파수와 K 계수를 알면 된다.

터빈 유량계의 고유한 선형성은 벤튜리관이나 오리피스 판과 같은 비선형 유동 요소보다 정확한 유량 측정에 매우 유리하다. 일반적인 오리피스 판 유형의 유량계가 4:1 정도의 턴·다운 비율(turndown ratio)이라면 터빈 유량계는 대부분 10:1의 턴·다운 비율을 초과한다.

터빈 블레이드가 센서에 감지되면서 생성되는 픽업 주파수가 체적 유량을 직접 나타내는 경우 주어진 시간 범위에 누적된 총 펄스 수는 같은 시간 동안 터빈 유량계를 통과한 유체의 체적 양(V)을 나타낸다. 이것을 평균 유속($\overline{Q}$), 평균 주파수($\overline{f}$), k 계수 및 시간의 곱으로 다음과 같이 표현할 수 있다.

$$V = \overline{Q}t = \frac{\overline{f}t}{k} \tag{3.16}$$

터빈 유량계는 낮은 유량에서 정확도가 떨어지며, 움직이는 부품들의 마모나 손상으로 인해 유량계가 부정확한 측정값을 도출할 수 있다. 그리고 가스에서 액체로 갑작스러운 유체 변경에 민감하며, 정확도에 영향을 준다.

3.8 질량 유량계

기존 전통적인 유량계 기술은 움직이는 유체의 체적 유량에 반응한다. 자기, 와류, 터빈, 초음파, 광학 장치와 같은 속도 기반의 유량계는 유체 분자의 속도에 비례하는 출력 신호를 생성한다. 이런 유량계 유형들은 분당 같은 부피 단위로 흐르는 동안 갑자기 유체의 밀도가 높아졌을 때 유량계에서 변화된 정보를 측정하지 못한다. 즉 체적 유량계가 제공하는 정보가 실제 공정에 가장 적합한 정보가 아닐 수도 있는 것이다. 예를 들어, 화학 반응기 용기로 유입되는 공급 물질의 유량을 측정하는 유량계라면 측정해야 할 정보는 물질이 몇 입방미터나 몇 갤런이 유입되었는지가 중요한 것이 아니라 화학 반응기로 시간당 얼마나 많은 분자가 공급되는지가 중요한 부분일 것이다. 다른 예로는 증기 보일러 시스템인데 보일러로 유입되는 물의 유량과 보일러에서 나오는 증기의 유량을 일치시켜야 보일러 배관과 보일러 물탱크 내 물의 양을 일정하게 유지할 수 있을 것이다. 물은 액체이고 증기는 기체인데 증기의 체적과 물의 체적은 같은 수의 분자를 포함하지 않기 때문에 부피를 기반으로 한 유량 측정은 의미가 없다. 이때 두 유량의 균형을 유지하기 위한 합리적인 방법은 질량 유량을 측정하는 것이다.

질량 유량계는 화학 반응이나 열전달 등과 같은 질량 관련 공정에서 주로 사용되며, 다양한 질량 유량계가 있으나 가장 널리 사용되는 것은 코리올리 질량 유량계(coriolis mass flow meter)와 열 질량 유량계(thermal mass flow meter)가 있다.

코리올리 유량계는 코리올리 효과(Coriolis effect)를 이용하여 유량을 측정하며, 구조는 [그림 3-9]와 같다. 튜브의 구부러진 부분 중앙에 있는 구동 코일에 주기적으로 전원이 공급되면 센서 튜브가 지지 축을 중심으로 진동한다. 튜브는 초당 40 ~ 200회 주기의 속도로 빠르게 진동한다.

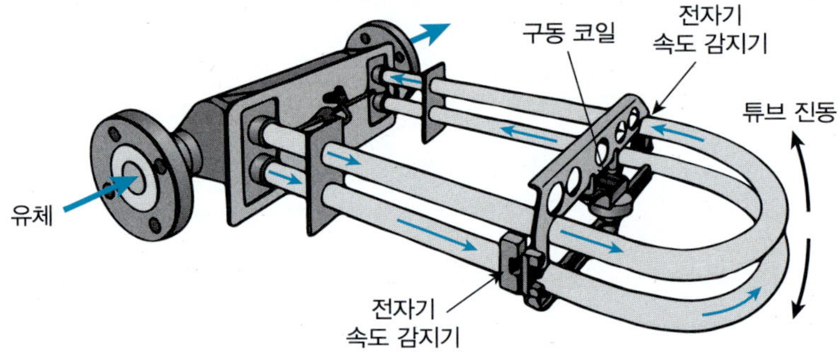

[그림 3-9] 코리올리 유량계의 구조

유체의 흐름이 없을 때 튜브가 지지 축을 중심으로 동시에 위아래 쪽으로 같은 위상으로 진동하고, 튜브를 통해 유체가 흐르기 시작하면 코리올리 효과로 인해 지지 축에 수직인 비틀림 축(twist axis)을 중심으로 미세한 비틀림이 생성된다. [그림 3-10]처럼 파동 사이의 시차(time difference)가 측정되며, 이것은 질량 유량에 정비례한다.

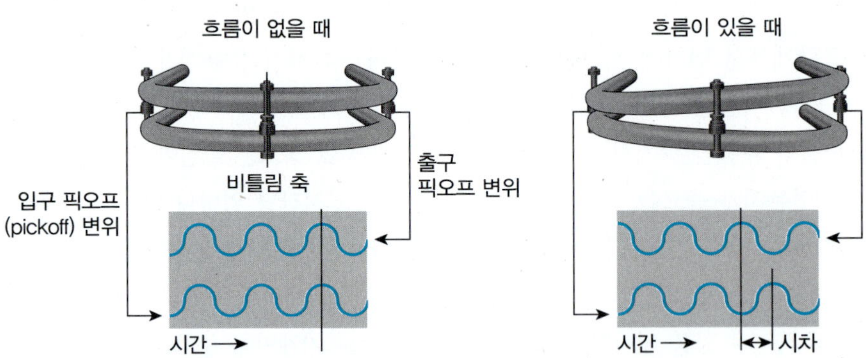

[그림 3-10] 유체의 흐름이 없을 때와 있을 때 출력 파형

코리올리 유량계는 유체의 온도, 압력, 점도, 밀도 등에 영향 받지 않으며, 정확도가 매우 높다. 그리고 질량 유량을 직접 측정하며, 밀도 측정도 가능하며, 제한된 온도와 압력 범위에서 거의 모든 유체의 유량 측정이 가능한 장점이 있다.

열 질량 유량계는 파이프나 배관을 흐르는 유체가 흡수하는 열의 비율이 질량 유량에 정비례하는 열 분산 원리(thermal dispersion principle)를 사용한다. [그림 3-11]과 같이 일반적으로 발열체와 하나 이상의 온도 센서를 사용한다. 가스 또는 유체 흐름의 한가운데에 가열된 물체를 놓고 흐르는 유체가 가열된 물체에서 대류하는 열의 양을 측정함으로써 질량 유량을 측정할 수 있다.

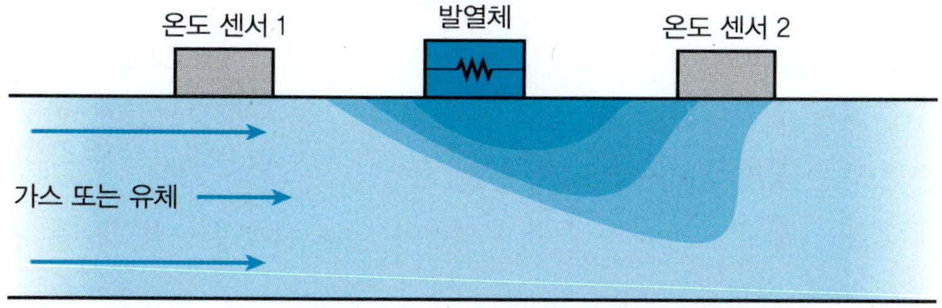

[그림 3-11] 열 질량 유량계 원리

열 질량 유량계는 온도나 압력 변화에 영향을 받지 않으며, 유체의 질량 유량 측정이 가능하다. 다만 공정상 유체의 비열(specific heat) 변화에 대한 민감도가 높아 화학 성분이 변할 가능성이 있는 유체의 흐름 측정에는 적합하지 않다.

3.9 가변면적 유량계

가변면적 유량계는 유량에 따라 유체가 흘러나가는 면적이 가변되는 것을 이용하는 유량계이다. 가장 간단한 예는 [그림 3-12]와 같은 로터미터(rotameter)의 일반적인 구성으로, 관의 단면적이 위쪽으로 갈수록 크게 되어 있는 테이퍼형 튜브(tapered tube)에 상하 자유롭게 움직이는 플로트 또는 로터라 하는 부유체를 유량 표시기로 사용하는 형태이다.

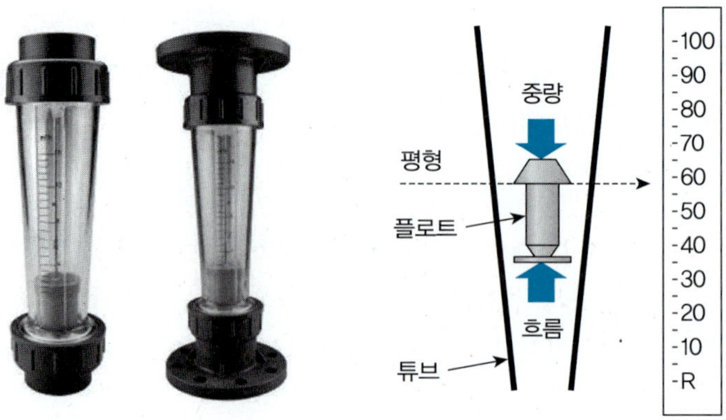

[그림 3-12] 가변면적 유량계 원리

유체가 튜브를 통해 위쪽으로 흐를 때 압력 차가 플로트 전후에 발생한다. 플로트의 유효 면적에 작용하는 차압은 상향력(upward force)을 발생시키며($F = PA$), 플로트는 이 힘과 플로트의 무게에 의해 가해지는 아래쪽 중력과 평형이 되는 위치에서 정지한다. 유량의 변화는 이런 힘의 균형을 깬다. 플로트는 힘이 평형을 이루는 위치에 다시 도달할 때까지 환형 영역을 변경하면서 위·아래로 이동한다. 더 높은 유량에서 플로트는 유체가 통과하는 튜브 벽과 플로트 사이의 면적을 증가시키고 일정한 델타 압력(Δp)을 유지하기 위해 상승한다. 유량은 플로트가 튜브 위로 올라간 거리에 따라 결정된다.

위쪽으로 올라갈수록 점차 증가하는 테이퍼 튜브의 지름은 플로트가 움직이면서 만들어지는 환형 영역(annular area)의 증가에 영향을 주며, 체적 유량에 대한 기본 방정식에 따라 설계된다.

$$Q = kA\sqrt{gh} \tag{3.17}$$

여기서 Q는 체적 유량, k는 상수, A는 플로트와 튜브 벽 사이의 환형 영역, g는 중력, h는 플로트를 가로지르는 압력 강하이다.

로터미터는 선형 눈금, 비교적 긴 측정 범위와 낮은 압력 강하를 가지고 있으며, 설치와 유지보수가 간단하다. 다만 동작이 중력에 의존하기 때문에 수직 방향으로 설치해야 하고 맥동과 같이 불규칙하거나 간헐적인 유체의 흐름이 발생하면 눈금을 읽기 어려운 단점을 가지고 있다.

3.10 유량 센서 실습

3.10.1 유량 센서 모듈(YF-S201)

[그림 3-13] 홀 효과 유량 센서 모듈과 핀 정보

YF-S201 유량 센서 모듈은 입·출수 밸브, 로터, 홀 센서로 구성되어 있으며, 홀 효과 원리에 따라 출력(Signal) 핀을 통해 40 % ~ 60 %의 듀티 사이클(duty cycle)을 가지는 구형파 신호를 출력한다. 4.5 V ~ 24 V 범위의 전원을 사용하고, 측정 가능한 유량과 수압은 각각 분당 1 L ~ 30 L 정도에 최대 2 MPa이며, ±10 %의 정확도를 가진다. YF-S201 유량 센서 모듈은 1 L 당 450 펄스를 출력하므로 1 펄스는 $\frac{1}{450}$ L로 계산할 수 있다. 총 펄스 수를 N이라고 하면 총 유량은 $N \times \frac{1}{450}$ L이다. 유체가 흐를 때 발생하는 펄스를 인터럽트(interrupt)로 세고, 아두이노 보드 내부의 타이머를 이용하여 특정 시간 동안 생성한 펄스 수를 세어 유량을 측정한다.

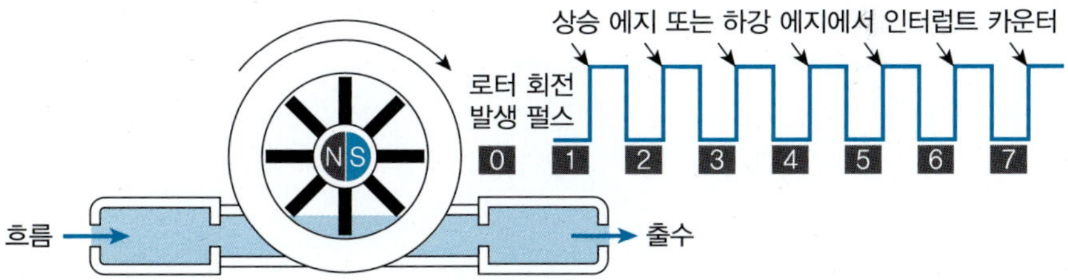

[그림 3-14] 유량 센서의 출력 펄스 카운터

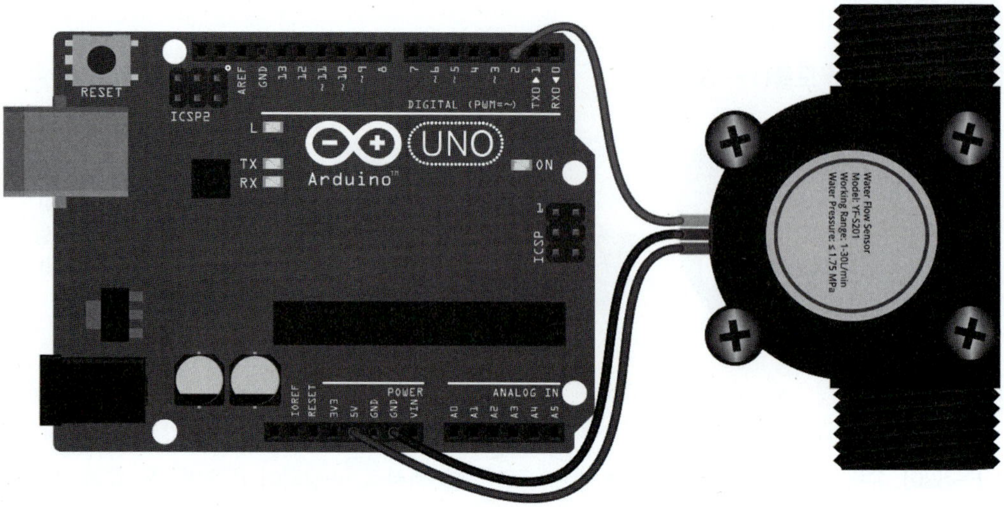

[그림 3-15] 유량 센서 모듈 연결 회로

```
const int flowSensorPin = 2;                // 센서 Signal 핀 2번 핀에 연결
unsigned long lastTime;                     // 실시간 시간을 저장하기 위한 변수
volatile unsigned long flowFrequency;       // 유량 측정을 위한 주파수 변수

void setup()
{
  Serial.begin(9600);

  attachInterrupt(digitalPinToInterrupt(flowSensorPin), FlowFrequencyUp, RISING);
  lastTime = millis();                      // 현재 시간을 lastTime 변수에 저장
}

void loop()
{
  if(millis() - lastTime >= 1000)           // 1초가 지나면, if 구문 실행
  {
    // 펄스 카운트 수로 시간당 유량을 계산하여 hourPerLiter 변수에 저장
    float hourPerLiter = flowFrequency * 60 / 7.5;

    Serial.print("Liter Per Hour : ");
    Serial.println(hourPerLiter);
```

```
        flowFrequency = 0;                    // 펄스 카운트 값 0으로 초기화
        lastTime = millis();                  // 이 코드 라인 실행 시점의 시간으로 초기화
    }
}

void FlowFrequencyUp()                        // 인터럽트 시 호출되는 함수(실제는 ISR)
{
    flowFrequency++;                          // 주파수 측정을 위한 펄스 카운트
}
```

[그림 3-16] 입김으로 테스트한 유량 센서 모듈 실습 결과

☞ 유량 센서 특성상 실습 환경을 제대로 갖추기 어려우므로 용기를 받쳐놓고 유량 센서의 입수구에 물을 부어서 확인하거나 입김을 불어 넣어서 결과를 확인한다.

◇ 코드 추가 설명

```
volatile unsigned long flowFrequency;
```

flowFrequency 변수는 유량이 흐르면서 로터가 회전할 때 발생하는 전자기 펄스 카운트 값을 저장하는 변수이다. 로터가 회전할 때 인터럽트 서비스 루틴(Interrupt Service Routine, ISR)이 실행되고, flowFrequency 변숫값을 1씩 증가시킨다. FlowFrequencyUp은 함수 형태로 만들어진 ISR이다. 인터럽트와 ISR의 개념이 어려울 수 있어서 아두이노에서 함수 형태로 만들어 놓은 것이며, 실제 인터럽트는 함수 호출 개념이 아니다. 아두이노 IDE는 기본 설정된 코드 최적화 옵션으로 컴파일한다. 컴파일러가 gcc 기반일 경우 특히 ISR에서 실행되는 전역 변수는 반드시 volatile 지시자를 사용하여 컴파일러가 해당 변수에 대해서는 최적화 작업을 수행하지 않도록 처리해야 한다.

```
attachInterrupt(digitalPinToInterrupt(flowSensorPin), FlowFrequencyUp, RISING);
```

아두이노 우노는 디지털 입·출력 2번 핀과 3번 핀을 외부 인터럽트 핀 용도로 사용할 수 있다. 이 예제에서는 2번 핀을 인터럽트 핀으로 사용하였고 attachInterrupt() 함수는 매개변수로 인터럽트 핀 번호, 인터럽트 발생 시 실행할 함수(ISR), 인터럽트가 실행되는 조건을 가진다. digitalPinToInterrupt() 함수를 통해 인터럽트 핀을 지정하고, FlowFrequencyUp() 함수는 인터럽트 발생 시, 즉 로터가 회전할 때 호출되는 함수이다. 세 번째 매개변수는 인터럽트가 어떤 조건이 되었을 때 실행되는 것인지 결정하는 트리거(trigger)이며, LOW, CHANGE, RISING, FALLING, HIGH 옵션이 있다. 예제에서는 RISING 옵션을 사용하였고, 2번 핀으로 입력되는 전자기 펄스 입력 신호의 상승 에지에서 인터럽트가 실행된다.

```
unsigned long lastTime;
......
   lastTime = millis();
......
if(millis() - lastTime >= 1000)
{
    ......
   lastTime = millis();
}
```

lastTime 변수는 millis() 함수의 카운트 값을 저장하는 변수이다. 임베디드 프로그램의 단일 스레드 환경에서 코드 실행과 상관없이 시간을 사용해야 할 때가 있는데 millis() 함수의 코드 디자인 패턴이 대표적인 예이다. millis() 함수는 현재의 프로그램을 실행하면서 밀리초(ms) 시간을 독립적으로 카운트하며, 약 50일 후에 0으로 돌아가서 다시 카운트한다.

```
float hourPerLiter = flowFrequency * 60 / 7.5;
```

시간당 유량을 알아내기 위해 flowFrequency에 60을 곱하고 7.5를 나누게 되는데 이 계산식은 YF-S201 센서가 1 리터당 450 펄스를 발생시킨다는 사실에서 다음의 유도 과정을 거친다. 먼저 flowFrequency는 1초당 펄스 수를 의미하므로 다음과 같이 나타낼 수 있다.

$$Q(\mathrm{L/s}) = \mathrm{PulseCount} \times \frac{1}{450}(\mathrm{L/pulse}) \qquad (3.18)$$

초당 유량은 1초 동안의 펄스 수와 $\frac{1}{450}(\mathrm{L/pulse})$을 곱하면 얻을 수 있다. 분당 유량은 초당 유량에 60초를 곱하면 얻을 수 있으므로 다음과 같다.

$$\begin{aligned} Q(\mathrm{L/\,min}) &= f \times 60 \times \frac{1}{450}(f = 1\text{초당 펄스 수}) \\ &= f \times \frac{1}{\frac{450}{60}} = f/7.5 \end{aligned} \qquad (3.19)$$

시간당 유량은 분당 유량에 60분을 곱하면 얻을 수 있으므로 다음과 같다.

$$Q(\mathrm{L/hour}) = f \times 60/7.5 \qquad (3.20)$$

3.10.2 유량 센서 모듈 응용

시리얼 통신을 이용하여 검출된 데이터를 확인하는 것에서 디스플레이 장치를 활용하여 검출된 데이터를 표시하는 것으로 확장해 보자. 실용적인 시스템을 만들 때 7-세그먼트 표시 장치(seven-segment display), 도트 매트릭스(dot matrix) 모듈, LCD 모듈, 유기 발광 다이오드(Organic Light Emitting Diodes, OLED) 모듈 등과 같은 표시 장치, 즉 디스플레이 장치를 포함하는 것은 필수적이다. 아두이노 보드와 함께 사용할 수 있는 표시 장치의 종류는 매우 많다. 그중에서 사용하기 쉽고 많은 정보를 표시할 수 있는 I^2C 16×2 문자형 LCD 디스플레이와 유량 센서 모듈을 이용하여 간이 수도 계량기 형태를 만들어 보는 예제이다. 회로를 연결한 뒤에 구글에서 'LiquidCrystal I2C' 라이브러리를 검색하여 설치한다. I^{2}C C-LCD와 관련된 기본적인 내용을 먼저 이해한 뒤에 소스 코드를 업로드한다.

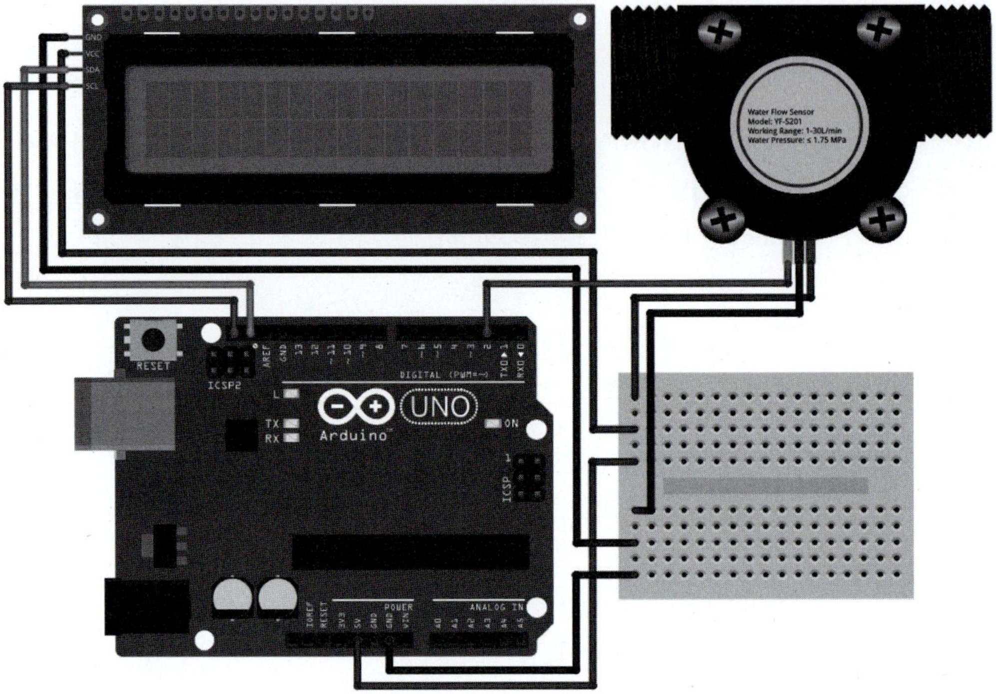

UNO 보드	I^{2}C C-LCD 모듈
GND	GND
5 V	VCC
SDA(A4)	SDA
SCL(A5)	SCL

UNO 보드	YF-S201 모듈
GND	검은색(GND)
5 V	빨간색(VCC)
2	노란색(Signal)

[그림 3-17] 간이수도 계량기 응용 회로

```
#include <Wire.h>                    // I²C 통신 표준 라이브러리 사용
#include <LiquidCrystal_I2C.h>       // I²C C-LCD 모듈 라이브러리 사용

LiquidCrystal_I2C lcdMonitor(0x27, 16, 2);

const int flowSensorPin = 2;         // 센서 Signal 핀 2번 핀에 연결
```

```
volatile unsigned long flowFrequency;   // 유량 측정을 위한 주파수 변수
unsigned long lastTime;                 // 실시간 시간을 저장하기 위한 변수
unsigned long amountOfWater;            // 총 유량을 저장하는 변수

// 사용자 정의 문자 '유' 데이터 배열로 초기화
byte customChar_yu[] = { B01110, B10001, B01110, B00000, B11111, B01010, B01010, B01010 };
// 사용자 정의 문자 '량' 일부 데이터 배열로 초기화
byte customChar_ryang1[] = { B01111, B00001, B01111, B01000, B01111, B00011, B00100, B00011 };
// 사용자 정의 문자 '량' 일부 데이터 배열로 초기화
byte customChar_ryang2[] = { B01000, B01100, B01000, B01100, B01000, B11000, B00100, B11000 };

void setup()
{
  lcdMonitor.begin();                   // I2C C-LCD 모듈 초기화, 기존 init() 함수
  lcdMonitor.backlight();               // I2C C-LCD 모듈 백라이트 켜기
  lcdMonitor.clear();                   // I2C C-LCD 모듈 화면 지우기

  // I2C C-LCD 모듈의 CGRAM 메모리 0번지 주소에 사용자 정의 문자 '유' 저장
  lcdMonitor.createChar(0, customChar_yu);
  // I2C C-LCD 모듈의 CGRAM 메모리 1번지 주소에 사용자 정의 문자 '량' 일부 저장
  lcdMonitor.createChar(1, customChar_ryang1);
  // I2C C-LCD 모듈의 CGRAM 메모리 2번지 주소에 사용자 정의 문자 '량' 일부 저장
  lcdMonitor.createChar(2, customChar_ryang2);

  attachInterrupt(digitalPinToInterrupt(flowSensorPin), FlowFrequencyUp, RISING);
  lastTime = millis();                  // 이 코드 수행 시점의 시간을 변수에 저장
}

void loop()
{
  if(millis() - lastTime >= 1000)       // 1초가 지나면, if 구문 실행
  {
    // 초당 유량을 누적하여 amountOfWater 변수에 저장
    amountOfWater += flowFrequency * 1000 / 450;

    lcdMonitor.setCursor(0, 0);         // C-LCD 커서 홈에 위치
    lcdMonitor.write(byte(0));          // C-LCD 첫 번째 줄의 0번 열에 '유' 표시
    lcdMonitor.write(1);                // C-LCD 1번 열에 '량' 일부 표시
```

```
        lcdMonitor.write(2);                   // C-LCD 2번 열에 '량' 일부 표시
        lcdMonitor.setCursor(3, 0);            // C-LCD 3번 열로 커서 이동
        lcdMonitor.print(": " + String(amountOfWater) + " ml");

        flowFrequency = 0;                     // 펄스 카운트 값 0으로 초기화
        lastTime = millis();                   // 이 코드 라인 실행 시점의 시간으로 초기화
    }
}

void FlowFrequencyUp()                         // 인터럽트 시 호출
{
    flowFrequency++;                           // 주파수 측정을 위한 펄스 카운트
}
```

☞ 예제를 응용하여 실시간으로 흐르는 유량이 표시되도록 소스 코드를 수정해 보자.

◇ 코드 추가 설명

```
#include <Wire.h>
#include <LiquidCrystal_I2C.h>

LiquidCrystal_I2C lcdMonitor(0x27, 16, 2);
```

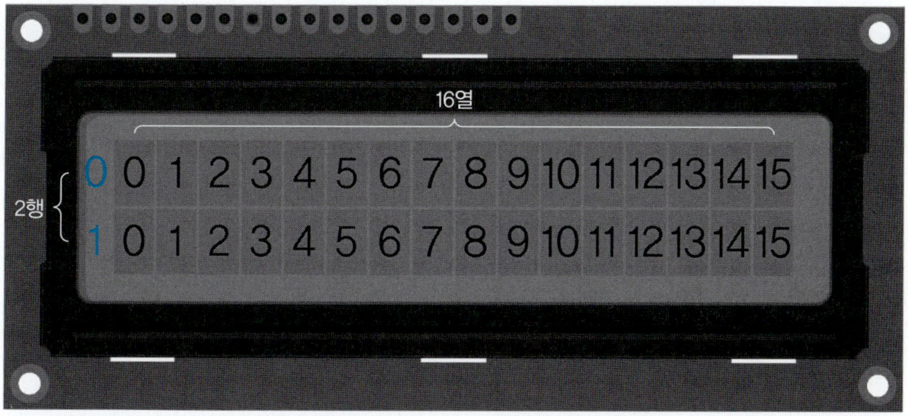

(a) 16×2 C-LCD 모듈의 행과 열 위치

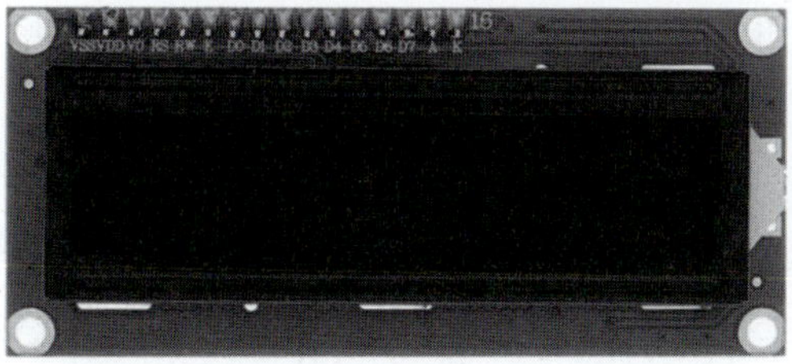

(b) 전면

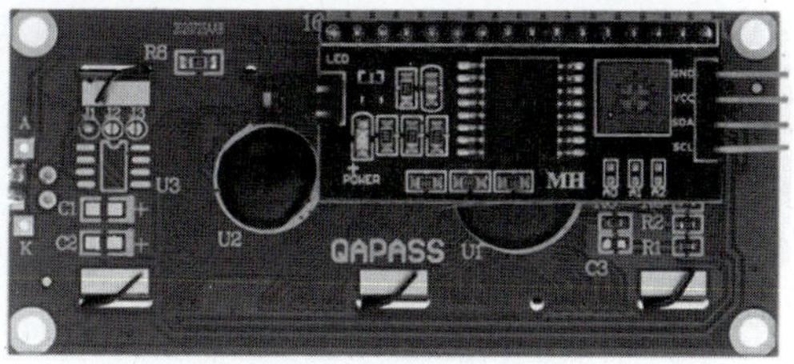

(c) 후면

[그림 3-18] 16×2 I²C C-LCD 모듈

16×2는 한 줄에 16개의 문자를 표시할 수 있고, 두 줄을 쓸 수 있다는 것이다. 문자 수와 줄 수가 다른 다양한 모듈이 있다. 일반 16×2 C-LCD를 사용하기 위해서는 12개 이상의 점퍼 케이블을 목적에 맞는 핀에 연결해야 하지만, I²C 통신 모듈이 추가된 [그림 3-18]과 같은 C-LCD 모듈을 사용하면 4개의 점퍼 케이블 연결만으로도 제어할 수 있다. 다만 서드 파티에서 공급하는 I²C 통신 모듈을 이용하려면 표준 라이브러리로 제공되는 Wire.h 파일 외에 [그림 3-19]와 같은 Frank de Brabander라는 개발자가 공유한 LiquidCrystal_I2C.h라는 외부 라이브러리가 필요하다.

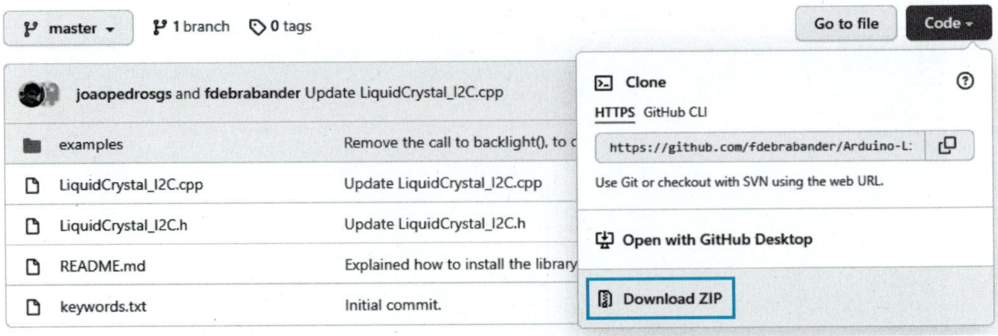

[그림 3-19] LiquidCrystal_I2C 라이브러리 다운로드 후 설치

I^2C 통신 모듈을 사용할 때는 Wire.h 표준 라이브러리가 코드에 포함되어야 하지만, 일반적으로 추가되는 라이브러리에서 자동으로 호출되도록 해놓기 때문에 컴파일 시 문제가 없으면 코드에 반드시 포함하지 않아도 된다. 중요한 것은 I^2C 통신 특성상 대상 칩의 주소를 먼저 찾기 때문에 I^2C 모듈의 통신용 고유 주소를 알아야 한다. 이것은 판매 사이트나 인터넷에서 쉽게 확인할 수 있지만, 국내에 유통되는 모듈의 주소는 0x20 ~ 0x27 또는 0x3F 중에 포함될 가능성이 크다. 하지만 언제든지 변경될 수 있으므로 [그림 3-20]처럼 연결하여 통신용 고유 주소를 직접 찾는 방법도 알고 있는 것이 좋다. 참고로 아두이노의 I^2C 통신 채널은 한 개이지만, 사용해야 하는 모듈의 I^2C 주소만 다르게 설정하면 여러 개의 I^2C 모듈 또는 지금처럼 여러 개의 I^2C C-LCD 모듈을 연결하여 제어할 수 있다.

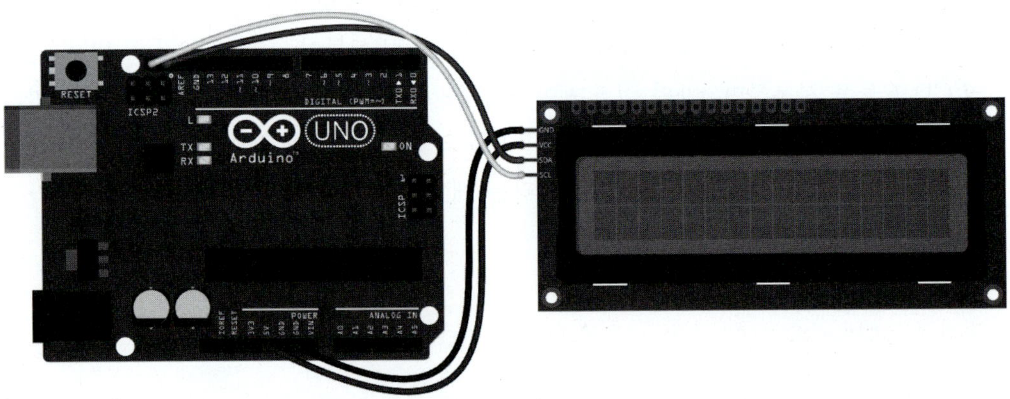

[그림 3-20] I^2C C-LCD 모듈의 고유 주소를 찾기 위한 기본 연결 회로

```
#include <Wire.h>                              // I²C 통신 표준 라이브러리
#include <LiquidCrystal_I2C.h>                 // I²C C-LCD 모듈 라이브러리

void setup()
{
  Wire.begin();                                // I²C 통신 시작
  Serial.begin(9600);                          // 시리얼 통신 속도 9,600 bps로 설정
  Serial.println("I2C Address Scan.");
}

void loop()
{
  byte i2cScan;                                // I²C 통신 주소 결괏값 저장 변수
  int i2cDevices;                              // I²C 통신 모듈 개수 저장 변수

  Serial.println("Scanning...");

  i2cScan = 0;
  for(byte i2cAddress = 1; i2cAddress < 127; i2cAddress++)
  {
    Wire.beginTransmission(i2cAddress);        // 해당 주소로 I²C 통신 시작
    i2cScan = Wire.endTransmission();          // 해당 주소 I²C 통신 종료

    if(i2cScan == 0)                           // 정상적인 응답이 돌아오면,
    {
      Serial.print("I2C device address: 0x");
      if(i2cAddress < 16)                      // 주솟값이 16 이하일 때,
      {
        Serial.print("0");                     // 0 추가
      }
      Serial.println(i2cAddress, HEX);         // 16진수로 출력
      i2cDevices++;                            // I²C 통신 모듈 개수 1씩 증가
    }
  }

  if(i2cDevices == 0)
  {
    Serial.println("No I2C devices found");
```

```
      Serial.println();
    }
    else
    {
      Serial.println("done");
      Serial.println();
    }

    delay(5000);                               // 5초 간격으로 I2C 주소 탐색
}
```

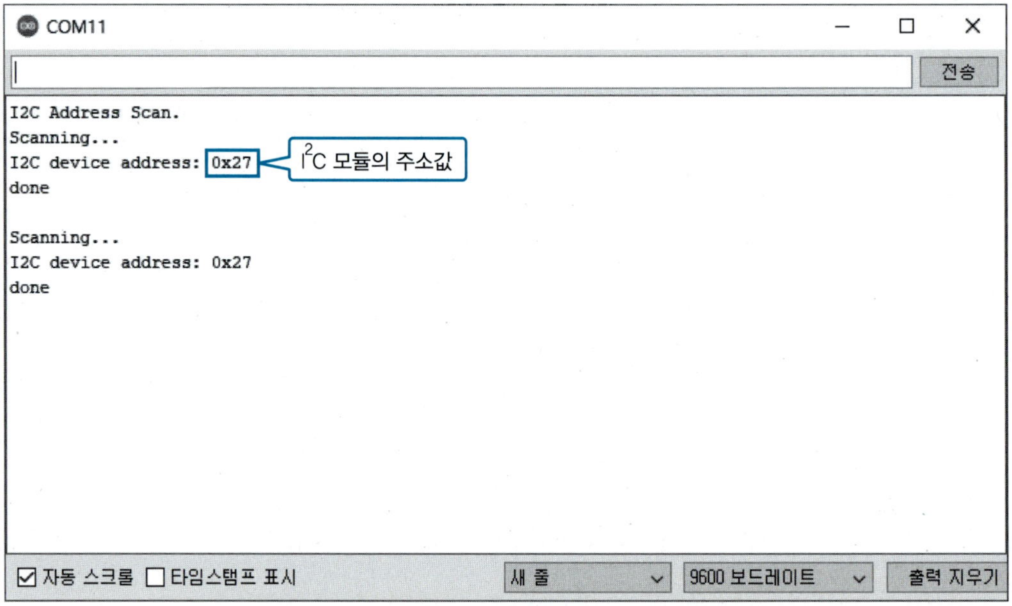

[그림 3-21] 연결된 I^2C 모듈의 주솟값이 0x27임을 확인

☞ I^2C 모듈의 고유 주소를 찾기 위해 1에서 126까지 반복문을 통해 모든 주소로 연결을 시도하여 돌아오는 응답 메시지를 통해 I^2C 모듈이 몇 개 연결되어 있는지와 모듈의 고유 주솟값을 시리얼 모니터 창을 통해 확인할 수 있다.

```
......
byte customChar_yu[] = { B01110, B10001, B01110, B00000, B11111, B01010, B01010, B01010 };
......                                   ① 5×8 사용자 정의 문자 데이터 생성 후, 배열로 저장
void setup()
{
   ......
   lcdMonitor.begin();
   lcdMonitor.backlight();
   lcdMonitor.clear();

   lcdMonitor.createChar(0, customChar_yu);  ② C-LCD 모듈의 CG-RAM 메모리에 저장
   ......
}

void loop()
{
     ......
     lcdMonitor.write(byte(0));  ③ 메모리에 저장된 데이터 호출
}
```

[그림 3-18]과 같은 일반적인 C-LCD 모듈은 사용자가 정의한 문자 8개를 저장할 수 있는 메모리 공간이 물리적으로 존재한다. 문자가 저장되는 메모리 공간에는 5×8이나 5×10 크기의 픽셀 데이터로 만들 수 있다. 획이 많은 한글이나 아이콘을 표시해야 할 때는 특수 문자를 나눠서 생성한 뒤에 표시하거나 setCursor() 함수를 사용하여 커서 위치를 지정하면서 사용자 지정 문자를 표시하면 다양한 형태로 사용자 정의 문자를 표시할 수 있다.

사용자 정의 문자 데이터를 생성해주는 유틸리티나 웹 앱을 이용하면 [그림 3-22]처럼 쉽게 데이터를 생성할 수 있으며, 다음 두 개의 링크를 참고하면 된다.

- https://maxpromer.github.io/LCD-Character-Creator
- https://mikeyancey.com/hamcalc/lcd_characters.php

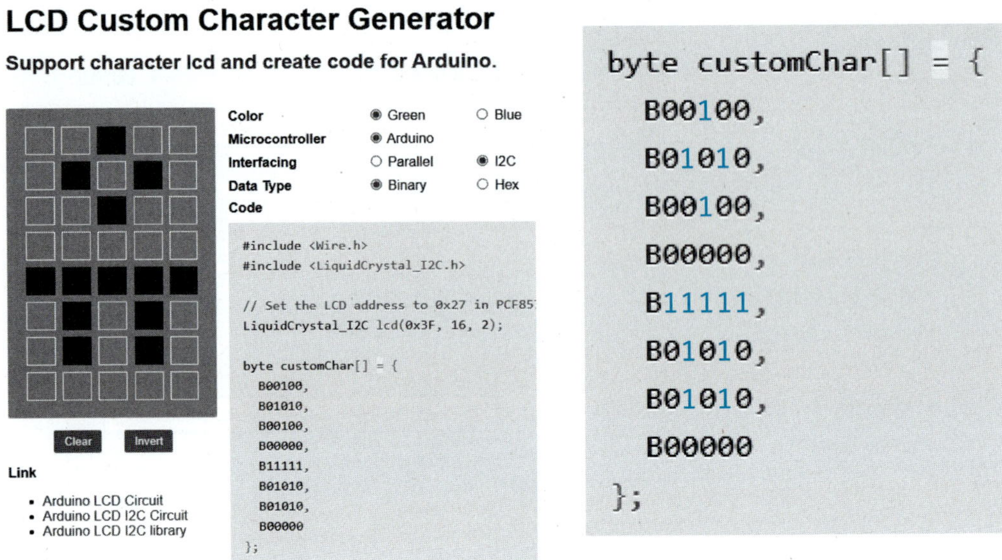

[그림 3-22] 사용자 정의 문자 코드를 자동으로 생성해주는 웹 앱

I^2C C-LCD 모듈을 사용하기 위한 초기화 코드를 포함하고, 생성한 사용자 정의 문자를 실제 메모리 공간에 저장하기 위해 createChar() 함수를 사용하여 0 ~ 7까지의 메모리 주소를 할당하고 메모리에 저장할 데이터를 지정한다. 예시 코드처럼 0번지 주소에 '유' 데이터를 저장한 상태에서 표시하고자 할 때는 write() 함수로 저장된 메모리 주솟값을 지정하여 호출하면 된다. 이때 주의할 점은 0번지 주소에 저장된 데이터를 호출할 때는 반드시 byte 캐스팅으로 호출해야 한다. 이후부터 특정 센서값을 LCD에 표시하고자 할 때 이 방식을 응용하면 된다.

CHAPTER 04

광센서

contents

04 광센서

4.1 광센서 개요

빛이나 빛의 변화를 전자 신호로 변환하는 센서를 광센서라 한다. 빛 그 자체를 측정하는 것과 빛을 이용하여 다른 물리량을 측정할 때가 있는데 모두 물리적인 빛의 측정 과정이 필요하며, 주목적은 물리적인 빛의 양을 측정하여 해당 센서의 종류에 따라 측정 장치가 데이터를 읽을 수 있는 형태로 변환하는 것이다.

빛은 서로 직각을 이루고 있는 전기장과 자기장의 진동으로 이루어지며, 매질에서 항상 일정한 속도로 이동하는 전자기파의 형태로 보는 고전 물리학 관점이 있다. 또한, 양자역학에서 빛은 파동-입자 이중성(wave-particle duality)을 가지며, 파동과 입자의 성질을 모두 가진 것으로 본다. 빛의 고유한 특성으로는 직진성(rectilinear propagation), 굴절, 분산(dispersion), 합성(synthesis), 산란, 간섭(interference), 회절(diffraction), 편광(polarized light) 등이 있다.

빛 에너지(E), 파장(λ), 진동수(v)의 관계는 다음 식으로 표현할 수 있다.

$$E = hv = h\left(\frac{c}{\lambda}\right) = \frac{hc}{\lambda} \tag{4.1}$$

여기서 h는 플랑크 상수($6.626 \times 10^{-34} \mathrm{m^2 kg/s}$)이고, d는 광속 $2.998 \times 10^{8} \mathrm{m/s}$ 이다. 식 (4.1)에 따라 빛 에너지와 진동수는 비례하고, 빛 에너지와 파장은 반비례하므로 진동수가 적어지거나 파장이 클수록 광 에너지는 작아짐을 알 수 있다.

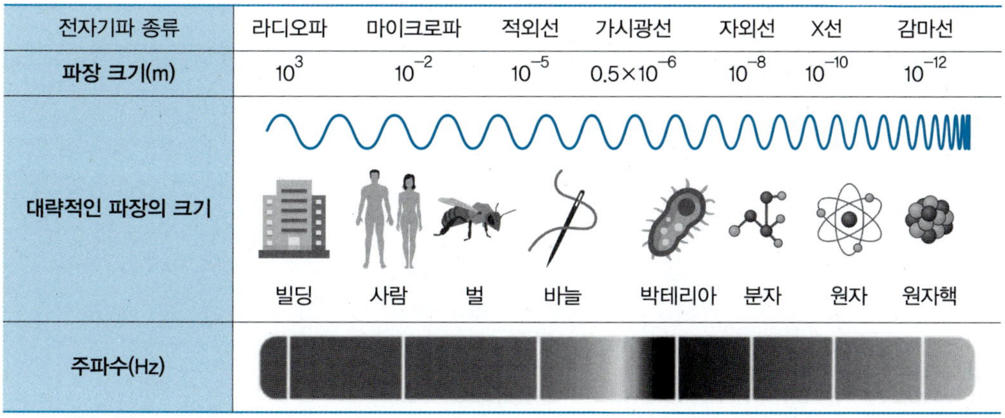

[그림 4-1] 파장에 따른 광의 분류

전자기파(electromagnetic wave)는 넓은 의미의 빛으로 [그림 4-1]처럼 모든 영역의 전자기 에너지를 파장에 따라 전자기 스펙트럼(electromagnetic spectrum)으로 구분할 수 있다. 이 전자기 스펙트럼의 인접한 세 부분인 가시광선(visible light), 적외선(infrared), 자외선(ultraviolet)을 광학 복사(optical radiation)라 하고, 광센서의 검출 대상이다. 광학 복사 범위는 일반적으로 적외선 하단의 1 mm에서 자외선 상단의 100 nm까지이며, 자외선 100 nm ~ 400 nm, 가시광선 380 nm ~ 780 nm, 적외선은 760 nm ~ 1 mm 범위로 구분한다.

빛은 전자를 밀어 고체 표면에서 전자를 자유롭게 하는데 금속 등의 물질이 빛의 특정 전자기파를 흡수했을 때 전자를 내보내는 현상을 광전효과(photoelectric effect) 또는 광전 방출(photoelectric emission)이라 하며, 이 현상을 나타낼 수 있는 물질을 광전자(photoelectron)라 한다. 광센서는 광전효과를 활용하는 일종의 변환기(transducer)로 동작 원리 또는 검출기의 응답을 생성하는 물리적 효과에 따라 광도전형 센서(photoconductive sensor), 광기전력형 센서(photovoltaic sensor), 광전자 방출형 센서(photoemissive sensor) 등으로 나눌 수 있다. 〈표 4-1〉은 광센서를 동작 원리에 따라 분류한 것이며, 따로 구분하지 않았지만 빛을 흡수하여 열로 변환한 뒤 전기 신호 출력으로 온도의 변화를 나타낼 수 있는 열 감지기(thermal detector) 형태도 있다. 열 감지기는 주로 기전력이 변하는 열전퇴 감지기(thermopile detector), 저항이 변하는 볼로미터(bolometer), 유전체 표면 전하가 변하는 초전 검출기(pyroelectric detector), 전압-전류가 변하는 다이오드(diode)로 분류한다.

〈표 4-1〉 동작 원리에 따른 광센서 분류

분류	센서 종류	주요 특징	주요 용도
광도전형	• 광도전 셀(포토레지스터)	• 저렴하고 소형 • 가시광선에 민감하고 저속 • 외부 전원 필요	가로등 제어, 카메라 노출계, 조도계
광기전력형	• 포토다이오드 • APD • 포토트랜지스터 • CCD, CMOS • 태양전지	• 저렴하고 소형 • 외부 전원 불필요 • 빠른 응답 속도	조도계, 엔코더, 광통신, 광메모리, 자외선 검출기, 광전 스위치, 카메라 EE 시스템, 태양광 발전
광전자 방출형	• 광전관 • 광전자증배관 • gas-filled phototube	• 초고감도 • 빠른 응답 속도	정밀 광 계측기기, 고속광 · 미약광 계측 복사 측정, 분광학
복합형	• 포토커플러 • 포토인터럽터	• 절연, 패키징 • 회전과 위치 검출	무접점 릴레이, 충전기, 인버터
기타 유형	• 광섬유 센서 • 적외선 센서 • 자외선 센서	• 소형 • 고감도	온도 측정, 송신기, 거리 측정, 화재감지기

4.2 광도전형

4.2.1 광도전 효과

광도전 효과(photoconductive effect)는 반도체 에너지대(energy band)의 금지대(forbidden band) 폭보다 큰 에너지의 빛이 입사되면 전자-정공 쌍(electron-hole pair)을 생성하고 생성된 전자 및 정공의 증가로 반도체의 도전율이 변화되는 현상을 말한다. 광도전 효과는 [그림 4-2]처럼 내인성 광도전 효과(intrinsic photoconductive effect)와 외인성 광도전 효과(extrinsic photoconductive effect)로 나눌 수 있다. 진성 반도체(intrinsic semiconductor)는 실리콘(silicon) 이외의 불순물이 없고 안정된 상태에 있는 순수한 반도체를 말하며, 진성 반도체에 불순물을 소량 혼합한 것을 불순물 반도체(extrinsic semiconductor)라고 한다. 내인성 광도전 효과는 진성 반도체에서 나타나는 현상이며, 외인성 광도전 효과는 임의로 불순물이 주입된 n형이나 p형의 외인성 반도체에서 나타나는 현상이다.

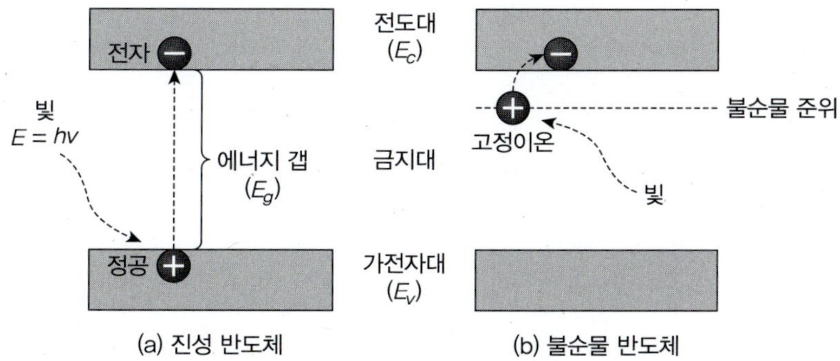

[그림 4-2] 반도체에서의 광도전 효과

반도체에 빛이 입사되면 공유 전자의 일부분이 열에너지를 흡수하여 결합을 깨고 자유롭게 이동할 수 있는 전도 전자(conduction electron)를 발생시키고, 전자가 결합을 깨고 전도 전자가 될 때 다른 새로운 전자를 받아들일 수 있는 비어있는 자리 정공(hole)이 생긴다. 전도 전자나 정공과 같이 전하를 운반하는 역할을 하는 것을 캐리어(carrier)라 하고, 전자를 증가시키는 불순물을 도너(donor), 정공을 증가시키는 불순물을 억셉터(acceptor)라 한다.

결정 내 전자의 에너지 준위는 전도대(conduction band), 금지대, 가전자대(valence band) 구조의 에너지 밴드로 구분되어 있다. 전도대는 전자가 거의 없는 밴드, 가전자대는 전자로 가득 채워져 있는 최상위에 속한 밴드, 금지대는 전자가 존재할 수 없는 에너지 갭 구간이며, 가전자대와 전도대 사이를 분리하고 있다. 여러 가지 고체에서 서로 다른 모양의 에너지 밴드 구조를 보이며, 에너지 갭이 커서 가전자대의 전자가 전도대로 쉽게 올라가지 못하면 부도체, 가전자대와 전도대가 중첩되어 전자의 흐름이 자유롭다면 도체, 도체와 부도체의 중간 정도로 일반적인 상황에서는 가전자대의 전자가 전도대로 쉽게 넘어갈 수 없지만, 인위적으로 도체 특성을 갖도록 할 수 있는 것을 반도체라고 한다.

열평형 상태에서 전자와 정공의 농도를 각각 n_0, p_0라 하고, 이동도를 μ_n, μ_p라 하면 도전율 σ_0는 다음과 같다.

$$\sigma_0 = c(\mu_n n_0 + \mu_p p_0) \tag{4.2}$$

여기에 빛이 입사되었을 때 전자와 정공의 농도를 각각 Δn_0, Δp_0라 하면 도전율의 변화 $\Delta\sigma_0$는 다음과 같다.

$$\Delta\sigma_0 = e(\Delta\mu_n n_0 + \Delta\mu_p p_0) \tag{4.3}$$

여기서 e는 전자의 전하량이다. 단위 체적당 f개의 전자-정공 쌍이 발생할 때 전자의 수명을 각각 ΔT_n, ΔT_p 라면 $\Delta n = fT_n$, $\Delta p = fT_p$ 로 $\Delta\sigma_0$ 는 다음과 같다.

$$\Delta\sigma_0 = e_f(\mu_n n_0 + \mu_p p_0) \tag{4.4}$$

반도체의 전극 간 거리를 L, 단면적을 S, 인가 전압을 V라 하면 전류 증가분 Δl 은 다음과 같다.

$$\Delta l = \Delta\sigma \frac{SV}{L} = e_f LS(T_n\mu_n + T_p\mu_p)\frac{V}{L^2} \tag{4.5}$$

여기에 $_fLS = F$ 라 하면 다음과 같이 요약할 수 있다.

$$\Delta l = eFT_n\mu_n \frac{V}{L^2} \tag{4.6}$$

따라서 광전류를 크게 하려면 전하를 옮기는 전자나 정공을 의미하는 캐리어의 수명이 길고 이동도(mobility)가 큰 재료를 사용하면 된다. 일반적으로 광도전 효과를 이용한 광센서는 비교적 간단한 구조를 가지며, 포토레지스터가 대표적인 광도전 셀(photoconductive cell)이다.

4.2.2 포토레지스터

포토레지스터(photoresistor)는 입사되는 빛의 양에 따라 값이 변하는 저항기(resistor)로 광의존 저항기(Light Dependent Resistor, LDR) 또는 광도전체(photoconductor)라 한다. 그리고 조도를 측정하기도 하여 조도 센서라고도 하며, CdS 셀, 포토 셀 등으로 불리기도 한다. 불리는 이름에서 알 수 있듯 주로 가시광 검출에 사용하고 빛의 유무를 나타내거나 빛의 강도를 측정하는 데 사용한다. 기본적으로 빛이 없는 어두운 곳에서의 저항값은 수 MΩ으로 높으며, 빛에 노출되면 저항값이 강도에 따라 수 Ω까지 떨어진다.

셀레늄(selenium)에서 광도전성이 발견된 이후 빛에 반응하는 다양한 물질들이 발견되었고, 1930년대와 1940년대 실리콘과 게르마늄으로 만들어진 광도전체 개발에 따라 황화납(lead sulfide, PbS), 셀렌화납(lead selenide, PbSe), 텔루르화납(lead telluride, PbTe)이 연구되었다. 현대의 포토레지스터는 황화납, 셀렌화납, 안티몬화인듐(indium antimonide), 그리고 가장 일반적으로는 황화카드뮴(cadmium sulfide, CdS)과 셀렌화카드뮴(cadmium selenide, CdSe)으로 만들어진다. CdS 셀은 세라믹 기판 위에 고순도 황화카드뮴 분말을 적당한 비율로 혼합한 뒤 열처리하여 소결(sintering)시킨 것이다. 그리고 소결체 표면에 감도를 위한 전극을 빗 형상으로 진공 증발시키고 리드(lead)를 연결한 뒤 표면 오염을 방지하기 위해 유리 외피나 투명한 플라스틱 등의 소재로 캡슐화(encapsulated)시킨다. 황화카드뮴의 스펙트럼 반응 곡선은 사람의 눈과 일치하며, 최대 민감도 파장은 약 560 nm ~ 600 nm로 가시광선 영역에 포함된다. [그림 4-3]은 포토레지스터의 구조이다.

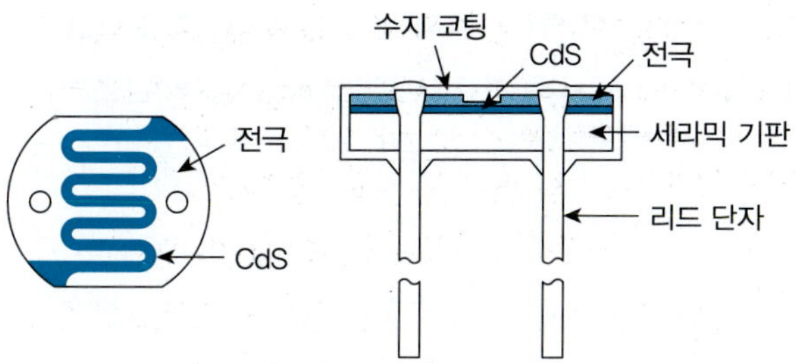

[그림 4-3] 포토레지스터의 구조

포토레지스터를 만드는 데 사용된 소재에 따라 내인성과 외인성 두 가지 유형으로 구분할 수 있다. 내인성 포토레지스터는 실리콘(Si)이나 게르마늄(Ge)과 같이 도핑 되지 않은 순수한 반도체 물질을 사용하고, 외인성 포토레지스터는 불순물로 도핑(doping)된 물질을 사용하며, 이때 전기 전도도(electrical conductivity)를 변화시키기 위해 반도체에 의도적으로 첨가하는 불순물을 도펀트(dopant)라 한다. 가전자대에서 전도대로 전자를 여기할 충분한 빛이 입사되면 물질에 더 많은 자유 전자가 생성되면서 저항은 작아진다. 외인성 포토레지스터에서 도펀트는 전자로 채워진 기존 가전자대 위에 도너나 억셉터와 같은 새로운 에너지 밴드를 생성하여 에너지 갭을 줄이므로 더 작은 에너지로도 전류를 흐르게 할 수 있다. 이것은 빛에 더 민감한 포토 레지스터를 만드는 데 유리하며, 마찬가지로 빛의 강도가 커질수록 저항은 작아진다.

포토레지스터의 감도는 빛에 노출되었을 때 포토레지스터의 저항값(bright resistance)과 빛에 노출되지 않았을 때 저항값(dark resistance)의 상대적인 변화를 말하며, 빛의 파장에 따라 달라진다. 그리고 소재에 따라 고유한 스펙트럼 응답 파장이 다르다. 주로 황화납, 텔루르화납, 셀렌화납, 안티몬화인듐 소재를 사용한 적외선 포토레지스터의 경우 긴 파장의 빛을 위해 설계된다. 다만 적외선 범위에서 작업할 때 열 효과(thermal effect)로 인해 측정에 영향을 줄 수 있으므로 열 축적(heat buildup)을 방지해야 한다.

포토레지스터의 경우 포토다이오드(photodiode)와 포토트랜지스터(phototransistor)보다 감도가 낮다. 포토다이오드와 포토트랜지스터는 빛을 사용하여 pn 접합부의 전자와 정공의 흐름을 제어하는 진정한 반도체 소자인 데 반해 포토 레지스터는 pn 접합이 없는 수동 부품이다. 빛의 세기(intensity)가 일정하게 유지되었을 때 온도 변화로 인해 저항이 크게 변할 수 있으므로 온도 변화에도 민감하다. 이 특성으로 포토레지스터는 정확한 광도 측정에 적합하지 않음을 알 수 있다. 그리고 조도와 저항의 변화 사이에 시간 지연이 있다. 완전히 어두운 상태에서 빛을 가했을 때 저항값이 완전히 낮아지는데 일반적으로 10 ms 정도 소요되지만, 빛을 완전히 제거한 뒤 저항값이 다시 시작 값으로 올라가는데 최대 1초가 걸릴 수 있다. 이 특성은 빛에 대한 센서의 반응을 부드럽게 하는 일부 장치들에 응용될 수 있지만, 빛의 빠른 변동을 측정하는 제어 장비에 적용하는 것은 적합하지 않다.

포토레지스터는 고감도, 빠른 응답 속도, 우수한 스펙트럼 특성, 고온 다습, 가혹한 환경에서 높은 안정성과 신뢰성을 유지할 수 있어 카메라, 태양열 정원 조명, 통화 감지기, 가로등 자동 스위치, 조명 제어, 램프 자동 스위치 등 다양한 제어 장치 및 응용 회로에 사용할 수 있다.

4.3 광기전력형

4.3.1 광기전력 효과

반도체의 pn 접합과 같이 밀접하게 접촉하는 서로 다른 물질이 빛이나 복사 에너지에 노출되었을 때 기전력이 발생하는 현상을 광기전력 효과(photovoltaic effect)라 한다. 이것은 쉽게 말해 빛 에너지를 전기 에너지로 변환하는 것인데 이를 응용하여 태양 에너지를 전기 에너지로 변환하는 태양전지(solar cell)나 포토다이오드, 포토트랜지스터 등을 만든다.

[그림 4-4]는 광기전력 효과를 이용한 일반적인 태양전지의 기본 동작 원리를 설명한 그림이다.

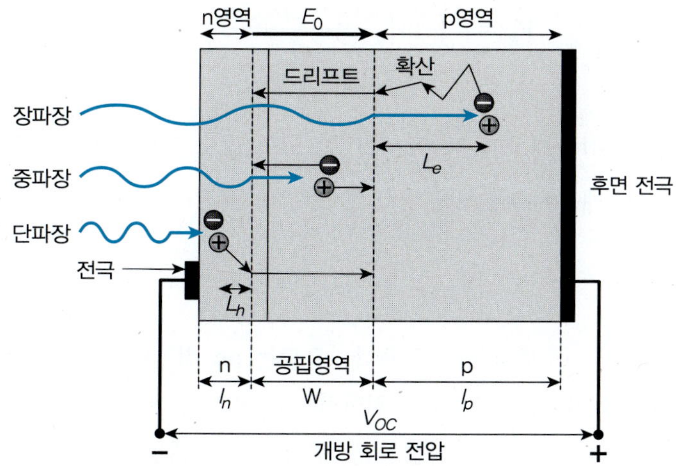

[그림 4-4] pn 접합 태양전지의 동작 원리

얇게 도핑된 n영역이 있는 pn 접합에서 빛이 n영역의 표면을 통과할 때 공핍영역(depletion region, W)은 대부분 p영역으로 확장된다. 공핍영역 내부에 내부 전기장(E_0)이 형성되어 있는데 내부 전기장(E_0)은 빛에 의해 생성된 전자–정공 쌍을 분리하고, n영역에 과잉 전자를 축적하고 p영역에 과잉 정공을 축적하는 데 중요한 역할을 한다. L_h와 L_e는 각각 n영역과 p영역의 소수 캐리어 확산 길이이다. n영역이 매우 작으므로 대부분 광자(photon)는 공핍영역과 p영역에서 흡수되며, 여기서 대부분의 전자–정공 쌍이 형성된다. 전자–전공 쌍은 내부 전기장(E_0)에 의해 즉시 분리되어 전자는 n영역으로 이동하여 이 영역을 음전하로 만들고, 정공은 p영역으로 이동하여 이 영역은 양전하가 된다. 그 결과 장치의 양쪽 끝 사이에 개방 회로 전압(open circuit voltage)이 생성되고 p영역은 (+), n영역은 (−) 전위가 형성된다. 이 현상을 광기전력 효과라 한다.

[그림 4–4]의 개방 회로 전압(V_{OC})은 단락 전류(short circuit current)가 0일 때 얻을 수 있는 최대 전압이며, 방정식은 다음과 같다.

$$V_{oc} = \frac{nkT}{q} \ln\left(\frac{I_L}{I_0} + 1\right) \tag{4.7}$$

여기서 I_0는 암 포화 전류(dark saturation current), I_L은 광생성 전류(light generated current)로 V_{OC}가 포화 전류와 광생성 전류에 의존하는 것을 알 수 있다. V_{OC}는 캐리어 농도를 통해 도출할 수도 있으며, 방정식은 다음과 같다.

$$V_{oc} = \frac{kT}{q}\ln\left(\frac{(N_A + \Delta n)\Delta n}{n_i^2}\right) \quad (4.8)$$

여기서 $\frac{kT}{q}$는 열전압(thermal voltage), N_A는 도핑 농도, Δn은 과잉(excess) 캐리어 농도, 그리고 n_i는 진성 캐리어 농도이다.

4.3.2 포토다이오드

빛 에너지를 전기 에너지로 변환하는 포토다이오드는 pn 접합이 있는 일종의 반도체 소자이며, 광기전력 효과를 이용한 소자이다. 일반적으로 실리콘, 게르마늄, 인듐, 갈륨, 비소 등의 반도체 재료를 사용하지만, 비용 이점, 감도 증가, 파장 범위, 낮은 노이즈 수준과 응답 속도 등의 목적에 따라 재료 간 서로 다른 속성을 활용한다. 따라서 연구나 응용 분야에 사용할 포토다이오드를 검토하고 선택할 때는 응답 속도(response speed), 반응도(responsivity), 암전류(dark current), 항복 전압(breakdown voltage)과 같은 주요 성능 지표뿐 아니라 소재, 활성 영역의 크기, 비용 등 다양한 매개변수에 대해 신중하게 고려하고 선택해야 한다. 서로 다른 소재로 만든 포토다이오드는 속도와 암전류가 다를 뿐만 아니라 다양한 수준의 감도를 가지고 있다. 예를 들어, 실리콘은 약 400 nm ~ 1,000 nm 사이의 파장에 대한 감도를 가지는데 피크 감도(peak sensitive)는 900 nm 정도이고, 게르마늄은 약 800 nm ~ 1,600 nm 사이에서 피크 감도는 1,400 nm이다.

[그림 4-5]는 일반적인 포토다이오드의 단면을 보여준다. 포토다이오드의 상단은 이산화규소(silicon dioxide, SiO_2)층으로 보호되고 이 창은 빛을 최대한 흡수하고 특정 파장에 대한 빛의 반사를 줄이기 위해 질화규소화합물(silicon nitride)의 얇은 반사 방지층(anti reflective

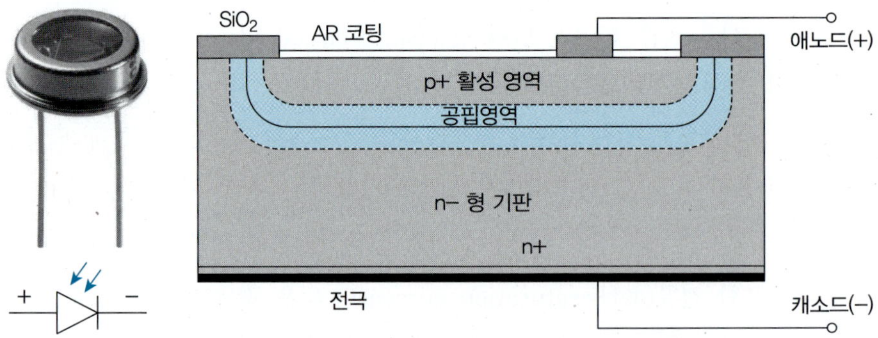

[그림 4-5] 일반적인 포토다이오드와 단면 그리고 심볼

layer)으로 코팅되어 있다. 알루미늄 소재의 양극(+) 연결부가 p영역에 있고, n영역 아래에는 낮은 저항 연결을 제공하기 위해 더 많이 도핑된 n+ 영역과 음극(−) 연결부가 있다.

전압이 걸리지 않은 상태일 때 n영역에서 p영역으로 전자의 확산과 p영역에서 n영역으로 정공의 확산으로 자유 캐리어가 존재하지 않던 두 영역 사이에 공핍영역이 형성되고, 전하 확산을 방지하는 전기장이 생성된다. 이렇게 공핍영역의 전기장이 커지면서 캐리어가 이동하려는 힘과 같아지면 캐리어의 확산이 멈추는 평형상태가 되는데 이렇게 전기장에 의한 전위차로 p영역의 정공과 n영역의 전자가 이동하지 못하는 전위차를 전위 장벽(potential barrier)이라 한다.

p영역에 (+)를, n영역에 (−) 전압을 인가하는 것을 순방향 바이어스(forward bias)라 하며, 이때는 p영역에서 n영역으로의 순방향 전류(forward current)가 흐르고 p영역의 정공이 공핍영역으로 밀려 나가게 되어 공핍영역이 줄어들면서 전위 장벽이 낮아지고 전류가 흐르게 된다. 반대로 p영역에 부전압(−)을, n영역에 정전압(+)을 인가하는 것을 역방향 바이어스(reverse bias)라 하며, 역방향 바이어스에서 정공은 부전압에 당겨지고 전자는 정전압에 당겨져 공핍영역이 증가하고 전류가 흐르기 어렵게 된다. 이때 역방향으로 흐르는 미세한 전류를 역방향 전류(reverse current)라 한다. 일반적인 pn 접합 포토다이오드에서 역방향 바이어스가 걸리면 전류가 흐르지 않다가 역방향 바이어스가 가해지는 특정 시점에서 급격히 전류가 증가하는데 이때의 전압을 항복 전압이라 하고, 제너 항복(Zener breakdown)과 애벌란시 항복(avalanche breakdown) 두 가지 원인으로 발생한다.

[그림 4-6]은 pn 접합 다이오드에 순방향 바이어스와 역방향 바이어스가 걸렸을 때 정공, 전자, 공핍영역의 현상을 보여준다.

포토다이오드를 사용하여 빛으로부터 전기를 생산하는 두 가지 기본적인 방법은 광기전력 모

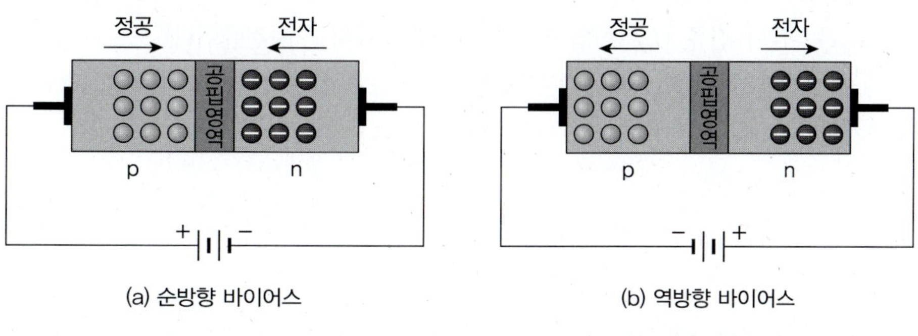

[그림 4-6] pn 접합 다이오드의 순방향 바이어스와 역방향 바이어스

드와 광도전 모드가 있다. 두 방법 모두 빛에 민감한 반도체 다이오드를 사용하는 것이며, 각 모드의 주요 차이점은 주로 태양광 패널에 사용되는 태양전지는 다이오드에 적용되는 바이어스 전압을 가하지 않지만, 광도전 효과를 이용하는 포토다이오드는 일부 외부 소스에서 역방향 바이어스를 가한다는 점이다.

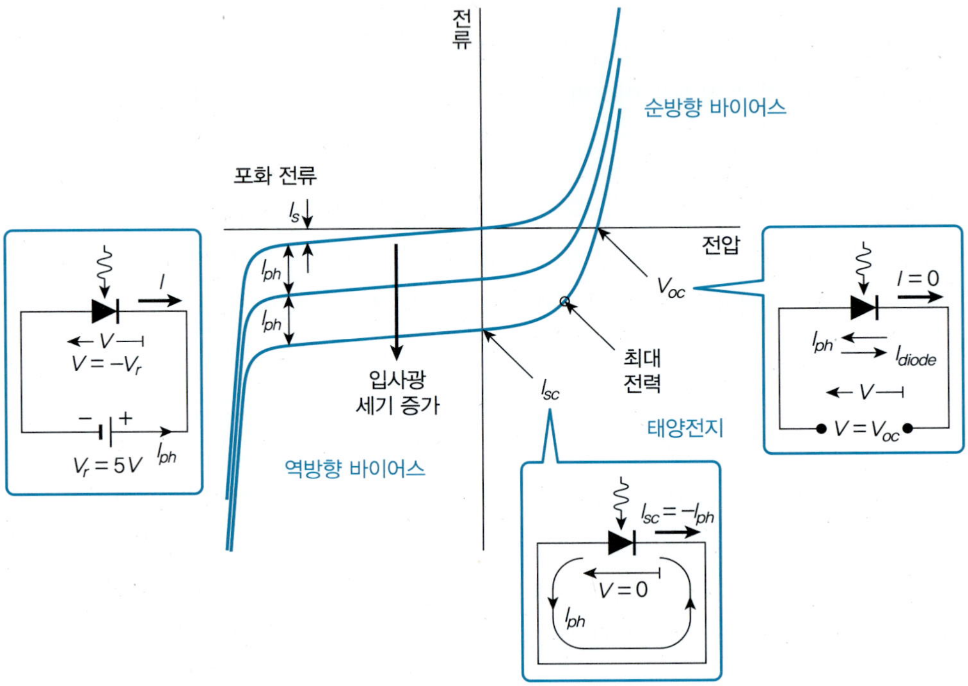

[그림 4-7] 포토다이오드 동작 모드와 전류-전압 특성

[그림 4-7]은 포토다이오드의 전류-전압 특성을 보여주며, 제1사분면, 제3사분면, 제4사분면에서 광검출(photodetection)이 가능한 것을 알 수 있다. 앞서 언급되었지만 V_{OC}는 개방 회로 전압, I_{SC}는 단락 전류, I_{ph}는 입사광의 세기에 비례하는 광전류이다. 포토다이오드에 전압이 가해진 상태에서 빛을 조사하면 광전류가 발생하고 입사광의 세기에 따라 출력 전압과 전류가 증가한다. 이때 전류-전압의 관계는 다음과 같다.

$$I = I_S\left[\exp\left(\frac{eV}{kT}\right) - 1\right] - I_{ph} \tag{4.9}$$

여기서 I_S는 포화 전류, k는 볼츠만 상수(Boltzmann constant), T는 절대온도이다. 포토다이오드의 종류는 pn 접합, pin 포토다이오드, 애벌란시 포토다이오드(Avalanche Photo Diode, APD) 등이 있다. pn 접합은 앞서 설명한 기본적인 포토다이오드이고, pin 포토다이오드와 애벌란시 포토다이오드는 pn 접합의 변형 형태이다.

4.3.2.1 pin 포토다이오드

pin 포토다이오드는 pn 접합과 유사하지만, 한 가지 큰 차이점은 [그림 4-8]처럼 고농도로 도핑된 p영역과 n영역 사이에 진성 반도체나 저농도의 p형 반도체로 이뤄진 진성 영역(intrinsic layer)을 추가 접합한 것이다. 각각 3가와 5가 불순물이 포함된 p영역과 n영역은 매우 낮은 저항률(resistivity)을 가지지만, 진성 영역 즉, i영역의 저항률은 매우 높다.

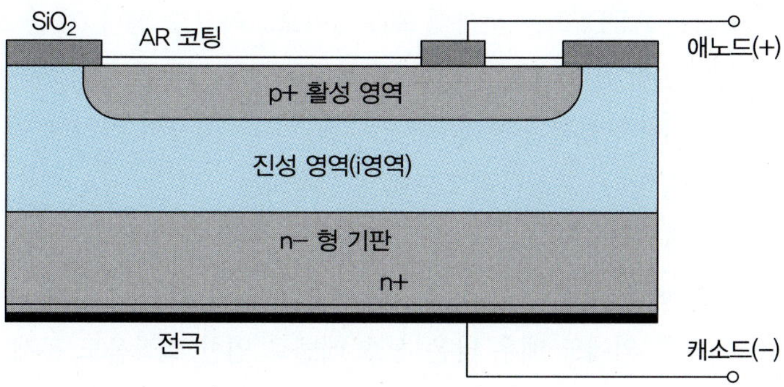

[그림 4-8] pin 포토다이오드 단면

pin 포토다이오드의 진성 영역에서 대부분의 공핍영역이 형성되므로 공핍영역의 크기가 pn 접합과 같이 역방향 바이어스에 의해 결정되는 것이 아니고 진성 영역의 폭에 의해 미리 결정되는 것이다. 이것은 pn 접합과 달리 큰 역방향 바이어스 전류가 필요 없이 충분한 공핍영역을 가지는 것으로 결과적으로 전력 소비를 줄일 수 있는 장점이 있다.

pin 포토다이오드에 역방향 바이어스가 가해지면 공핍영역이 확장되기 시작하여 i영역의 물리적 크기에 도달할 때까지 계속 증가한다. 이때 공핍영역에는 전하 캐리어(charge carrier)가 없으므로 전류가 흐르지 않는다. 즉, 이 시점에서 공핍영역에서는 전자-정공 재결합은 일어나지 않는다. 여기에 충분한 빛 에너지가 입사되면 i영역으로 흡수된 각 광자는 전자-정공 쌍을 생성한다. 이 전자-정공 쌍은 공핍영역 내의 강한 내부 전기장에 의해 분리되고 전하 캐리어는 반대 방향으로 움직이며 전류가 생성된다. 공핍영역의 경우 하나의 평행 커패시터로서 작용하며, 그 용량은 공핍영역의 두께에 반비례한다. 따라서 pin 포토다이오드는 i영역이 고

저항의 공핍영역이 되므로 역방향 바이어스를 최대 허용된 정격전압 이내의 전압을 인가하면 정전용량은 감소한다. 이것은 시정수가 감소하는 것이므로 pin 포토다이오드의 빠른 응답 속도에 영향을 미친다. 이렇게 역방향 바이어스를 통해 주파수 응답 특성이나 조도에 대한 선형성 향상과 같은 유용한 특성을 활용할 수 있으나 반대로 암전류와 잡음이 증가하는 단점도 있다.

pin 포토다이오드는 광검출기(photodetector) 외 RF와 마이크로파 스위치, 광통신 시스템, 방사선 검출기, 광통신, 광 리모컨, 레이저 디스크, MRI 등 다양한 분야에 응용할 수 있다.

4.3.2.2 애벌란시 포토다이오드

애벌란시 포토다이오드는 APD 또는 눈사태 포토다이오드라고도 한다. 다른 포토다이오드보다 훨씬 더 큰 역방향 바이어스를 가하여 포토다이오드 내에서 충돌 이온화(impact ionization) 현상을 이용하여 입사된 광자 하나로부터 하나 이상의 전자가 발생하게 하여 광전류의 초기 증폭을 제공한다. 포토다이오드에서 생성되는 전류는 nA 에서 μA 범위로 매우 작다. 포토다이오드에 입사되는 빛의 양과 생성되는 전류의 관계는 선형적이지만 미약한 빛으로 생성된 광전류는 포토다이오드 내부의 열 활동으로 발생하는 암전류에 가려져 구분할 수 없게 된다. 이런 암전류 외에도 매우 낮은 신호 레벨로 인한 열잡음도 문제가 된다. 따라서 광검출을 위한 최소 유효 전류는 포토다이오드에서 발생하는 열잡음과 암전류를 더한 것과 같은 광전류이다.

이렇게 포토다이오드에서 생성되는 매우 작은 최소 유효 전류는 어떤 방식으로든 증폭해서

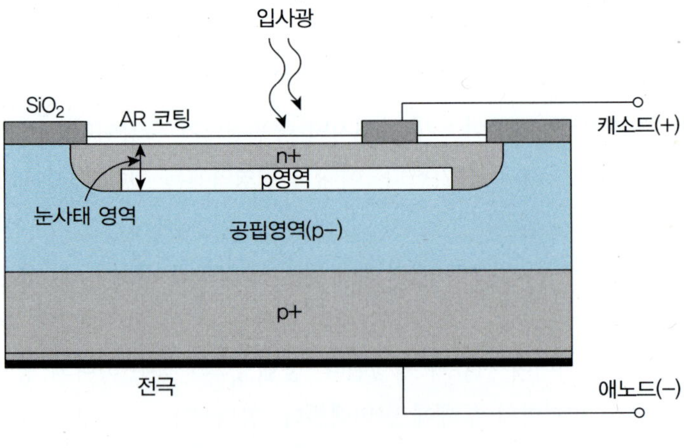

[그림 4-9] 애벌란시 포토다이오드 단면

사용하는데 외부에 증폭 회로를 구성하여 신호를 증폭할 때도 잡음과 같은 문제가 발생한다. 포토다이오드 외부 회로에 증폭 회로를 추가하지 않고 포토다이오드 자체에서 유용한 수준의 증폭이 만들어지면 효율적일 것이다. 이것이 애벌란시 포토다이오드의 기본적인 목적이다.

애벌란시 포토다이오드는 [그림 4-9]와 같이 pin 포토다이오드와 유사한 구조인데 진성 영역과 n+ 영역 사이에 p영역이 하나 더 추가된 구조이다. 역방향 바이어스를 가하기 위해 p+ 양극은 (-)로, n+ 음극층은 (+)에 연결한다. 반사 방지층 바로 아래의 n+ 영역과 p+ 영역은 고농도로 도핑되어 있고, n+ 영역 바로 아래는 일반적으로 도핑된 p영역이 있다. 반도체의 불순물은 저항률에 영향을 미치므로 전류는 영역마다 다른 저항값의 영향을 받게 되고 [그림 4-10]과 같이 APD 양단에 고르지 않은 전기장이 생성된다.

pin 포토다이오드와 마찬가지로 입사된 광자는 진성 영역에서 전자-정공 쌍을 생성하고, 생성된 전자가 전기장에 의해 끌려 p영역에 도달한다. p영역에 도달한 전자는 p영역에 분포하는 매우 큰 전기장에 의해 가속되고 가속된 전자는 원자와 충돌하게 되어 그 에너지는 원자 결합을 깨고 새로운 전자-정공 쌍을 만든다. 새로운 전자와 정공은 자기장에 의해 다시 가속되어 또 다른 전자-정공 쌍을 만들게 되며, 이런 과정을 반복하면서 전자와 정공의 수가 눈사태처럼 급격히 증배(multiplication) 한다. 이 현상을 애벌란시 효과(avalanche effect)라 한다.

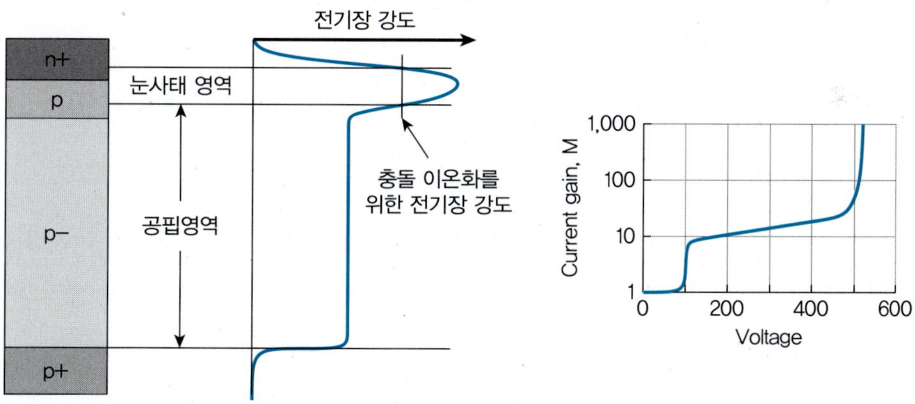

[그림 4-10] 충돌 이온화와 역방향 바이어스 전압

일반적으로 APD는 더 빠른 응답 속도와 더 낮은 수준에서 빛을 감지하거나 측정하는 데 활용하며, 레이저 거리 측정기와 추적기, 거리 및 속도 측정, 분광계, 인코더, 레이저 스캐너 등에 응용될 수 있다. 최근 그래핀(graphene) 영역을 추가하면 시간 경과에 따른 열화를 방지

하여 APD를 새것처럼 유지할 수 있다는 것이 발견되었다.

4.3.3 포토트랜지스터

포토트랜지스터는 조도(illuminance)를 감지하고 입사된 조도에 따라 이미터(Emitter, E)와 컬렉터(Collector, C) 사이에 흐르는 전류를 변경할 수 있는 반도체 장치이다. 구조적으로 베이스(Base, B) 단자가 없고, 전류가 전압원(voltage source)이 아니라 빛에 의해 전류가 생성되고 제어된다는 점을 제외하면 양극성 접합 트랜지스터(Bipolar Junction Transistor, BJT)나 전계효과 트랜지스터(Field Effect Transistor, FET)와 유사하다. 포토트랜지스터에 광전류가 발생하는 원리는 포토다이오드와 같다. 포토트랜지스터는 포토다이오드와 BJT가 등가적으로 조합된 것이지만, 포토트랜지스터의 BJT를 통해 큰 출력 전류를 생성하므로 이득의 관점에서는 포토트랜지스터가 포토다이오드보다 민감하다 할 수 있다.

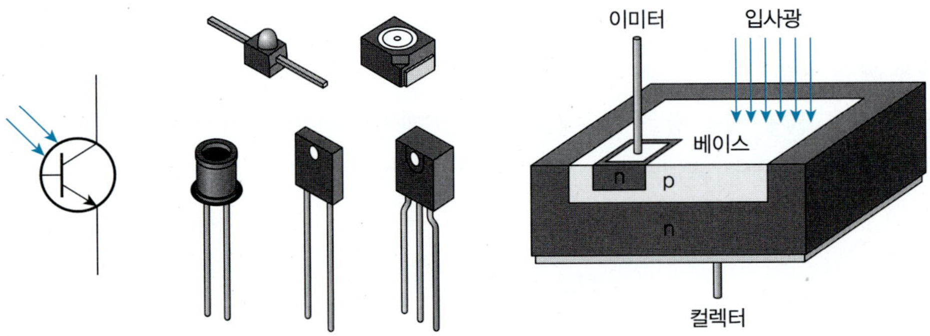

(a) 심볼　(b) 일반적인 패키지　(c) 포토트랜지스터의 구조

[그림 4-11] 포토트랜지스터의 구조와 심볼, 유형

일반 BJT와 비교했을 때 포토트랜지스터는 [그림 4-11]처럼 베이스와 컬렉터의 면적이 크다. 심볼에서 표현한 것처럼 두 개의 리드선을 가진 일반적인 포토트랜지스터의 경우 베이스에 전기적인 외부 접점을 연결하지 않는다. 세 개의 리드선을 가진 패키지는 베이스 쪽에 광 감도 기능을 추가하거나 BJT 소자로 사용할 수 있도록 한 것이다.

베이스-컬렉터 pn 접합은 포토트랜지스터 패키지의 렌즈 개구부를 통해 입사광에 노출되는데 입사광이 없을 때는 열적으로 생성되는 nA 정도의 미세한 컬렉터-이미터 암전류만 있다. 이미터와 컬렉터 사이에 전압을 인가한 상태에서 감광성 반도체로 구성된 베이스 영역의 표면에 빛이 닿으면 베이스 영역에서 전자-정공 쌍이 생성된다. 이렇게 베이스-컬렉터 pn 접합에 빛이 입사되면 빛의 강도에 정비례하는 베이스 전류가 생성되고, 컬렉터–이미터 사이에 이에 대응하는 전류가 흐른다. 베이스–컬렉터 사이의 광전류를 I_P, 이미터 접지 전류 증폭률을 h_{FE}라 할 때, 포토트랜지스터의 광전류 I_C는 다음과 같다.

$$I_C = (1+h_{FE})I_P \fallingdotseq h_{FE}I_P \tag{4.10}$$

포토트랜지스터의 출력은 입사광의 파장, 빛에 노출된 베이스–컬렉터 접합 영역, 트랜지스터의 DC 전류 이득 등의 요인에 따라 달라진다. 그리고 특정 포토트랜지스터의 특성은 입사 광속에 대한 광전류의 비율로 정의되는 광속 감도, 광 트랜지스터의 감도로 사용할 수 있는 가장 긴 파장을 결정하는 스펙트럼 응답, 빛을 증폭된 전기 신호로 변환하는 효율성을 나타내는 광전 이득, 응답 시간에 영향을 미치는 시간 상수와 같은 식으로 표현할 수 있다.

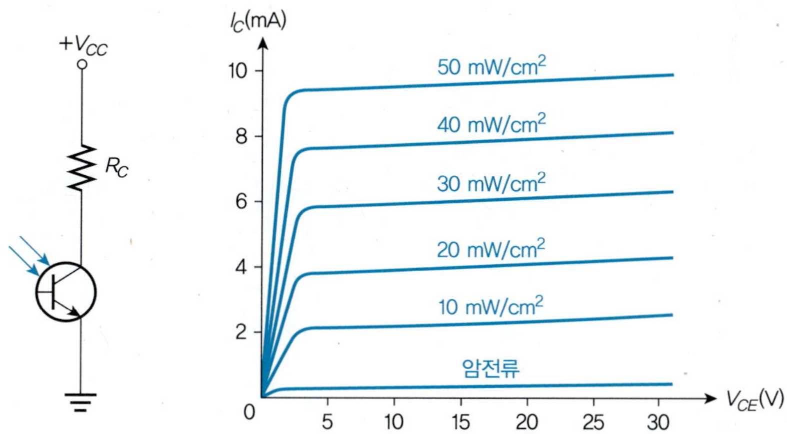

[그림 4-12] 포토트랜지스터 회로와 컬렉터 특성

빛 에너지에 따라 전하량이 급증하는 포토트랜지스터의 특성은 [그림 4-12]의 컬렉터에 흐르는 전류 특성을 통해 확인할 수 있다. 입사광의 강도를 0 mW/cm^{2}에서 50 mW/cm^{2}으로 조절한다고 봤을 때 컬렉터에 흐르는 전류는 입사광의 세기에 따라 대략 0 ~ 10 mA까지 증가하는 것을 알 수 있다.

일반적으로 매우 약한 신호를 감지해야 하면 증폭된 신호를 생성할 수 있는 포토트랜지스터가 우선 고려되겠지만, 선형 응답이 애플리케이션에서 더 중요할 경우 포토다이오드를 고려해야 할 수도 있다. 이렇게 시스템에서 요구되는 조건과 상황에 따라 포토다이오드와 포토트랜지스터 중 적절한 것을 선택하면 된다.

4.4 광전자 방출형

4.4.1 광전자 방출 효과

빛의 입사로 금속 표면에서 자유 전자가 방출되는 현상을 광전자 방출 효과(photoemissive effect) 또는 광전자 방출(photoemissivity)이라 한다. 광자가 금속 표면에 충분한 에너지를 전달하면 금속 표면의 전자를 떼어 낼 수 있다. 금속 표면에서 전자를 떼어 내기 위한 최소한의 에너지를 일함수(work function) ϕ라 하며, 이것은 금속의 상수다. 광자와 충돌한 전자가 가질 수 있는 최대 운동 에너지 E는 다음과 같다.

$$E = hv - e\phi \tag{4.11}$$

여기서, $hv < e\phi$ 또는 $\lambda_c > hc/e\phi$이면 전자가 방출되지 않는다. 전자는 진공 내에 존재할 때보다 금속 내에 존재할 때 일함수 $e\phi$만큼 낮은 위치에너지(potential energy)를 가진다. 따라서 금속에서 더 낮은 위치에너지를 가진 전자를 금속 외부로 방출하기 위해서는 전자가 에너지 장벽을 뛰어넘을 만큼의 충분한 에너지를 공급해야 하는데 이 에너지 장벽이 주어진 금속의 일함수 $e\phi$이다. 방출된 직후의 전자가 가지는 최대 운동 에너지는 광자를 흡수한 에너지에서 에너지 장벽을 넘는 데 소비하고 남은 에너지이다. [그림 4-13]은 광전자 방출과 일함수 간의 관계를 보여준다.

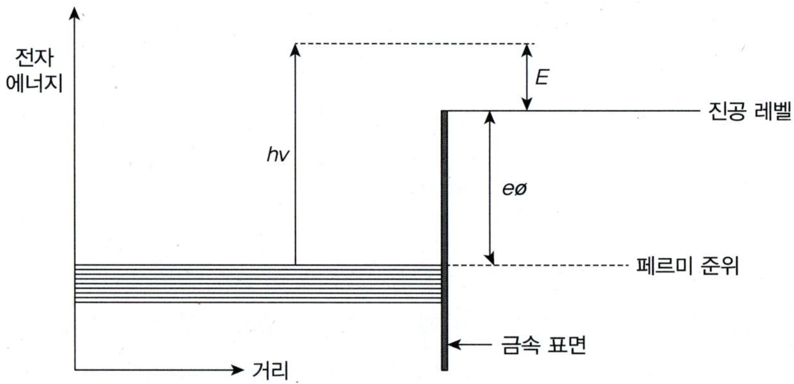

[그림 4-13] 금속과 진공 계면의 전자 에너지 레벨

광전자의 최대 운동 에너지가 큰 값을 갖기 위해서는 빛 에너지가 크거나 금속의 문턱 진동수(threshold frequency)가 작아야 한다. 그리고 빛의 진동수가 클수록, 파장이 짧을수록 전자의 최대 운동 에너지가 크다. 〈표 4-2〉는 잘 알려진 금속의 일함수와 그에 대응하는 문턱 진

동수, 차단 파장(cutoff wave-length)과의 관계를 보여준다.

〈표 4-2〉 금속의 일함수, 문턱 진동수, 차단 파장

금속	일함수	문턱 진동수(10^{15} Hz)	차단 파장(nm)
알루미늄, 카드뮴, 납	4.1	0.99	302
니켈, 코발트, 베릴륨	5	1.21	248
철, 수은	4.5	1.09	276
구리, 은	4.7	1.14	264
탄소	4.8	1.16	258
금	5.1	1.23	243
백금	6.3	1.52	197
아연	4.3	1.04	288

광전자의 운동 에너지는 빛의 주파수에 비례한다. 즉, 광전효과에 의해 방출된 전자의 운동 에너지는 전자기파의 주파수에 의해 결정된다. 주어진 금속 전극에 빛의 주파수를 변화시켰을 때 나타나는 광전자의 최대 운동 에너지 변화는 [그림 4-14]로 나타낼 수 있다.

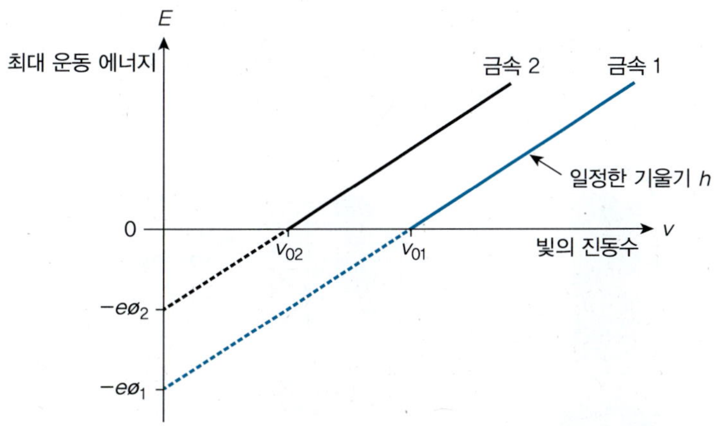

[그림 4-14] 광전자의 운동 에너지와 빛의 주파수 간의 관계

금속 1에는 v_{01} 이상의 빛이 조사되어야 전자가 방출되고, 금속 2에는 v_{02} 이상의 빛이 조사되어야 한다는 의미이며, v_{01} 진동수와 v_{02} 진동수가 각 금속의 문턱 진동수이다. v_{01} 진동수와 v_{02} 진동수 사이의 빛을 조사하면 금속 2는 전자를 방출하지만, 이 경우 금속 1은 빛의

세기를 아무리 크게 하여도 전자를 방출하지 못한다. 금속의 성분과 관계없이 기울기는 플랑크 상수로 일정하다. 차단 파장과 일함수의 관계는 다음과 같다.

$$h = \frac{e\phi}{v},\ v = \frac{e\phi}{h} \tag{4.12}$$

$$\lambda_c = \frac{c}{v} = \frac{c}{\frac{e\phi}{h}} = \frac{hc}{e\phi} \tag{4.13}$$

에너지가 손실되는 비탄성 충돌(inelastic collisions)이 존재하는 경우 이 에너지를 가진 전자 중 일부만이 방출될 수 있다. 빛에 의해 방출된 전자 수에 대해 흡수된 광자 수에 대한 비율을 양자 수율(quantum yield) 또는 양자 효율(quantum efficiency)이라 한다.

4.4.2 광전관

광전관(phototube)은 광전자 방출 효과를 이용하는 광검출기이다. [그림 4-15]와 같이 진공관 형태의 유리관 내부에 빛을 받아 광전자를 방출하는 광전음극과 광전자를 수집하는 양극으로 구성되어 있다. 광전음극은 빛이 입사한 쪽으로 광전자를 방출하는 불투명형과 입사한 면의 뒤쪽으로 방출하는 반투명형이 있다. 그리고 광전관 내부가 진공으로 되어 있는 진공 광전관(vacuum phototube)과 헬륨(He), 네온(Ne), 아르곤(Ar) 등과 같은 비활성 기체(inert gas)를 유리관 내에 봉입한 가스 봉입 광전관(gas filled phototube)이 있다.

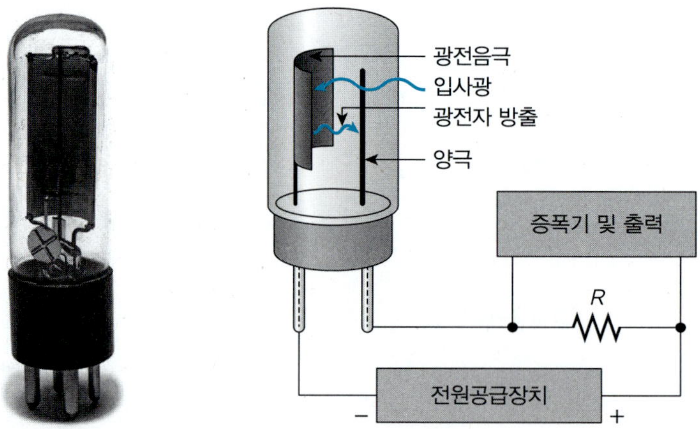

[그림 4-15] 광전관 구조와 회로 구성

일반적으로 진공 광전관의 경우 응답 특성이 뛰어나고 안정적인 출력을 얻을 수 있으며, 가스 봉입 광전관의 경우 방출된 광전자가 가스 분자를 이온화시키고, 다시 광전음극에 충돌하고, 전자를 방출하는 과정을 되풀이하며 광전류의 증배가 일어나 진공 상태일 때보다 더 큰 광전류를 생성한다.

4.4.3 광전자증배관

광전자증배관(PhotoMultiplier Tube, PMT)은 내부에 다이노드(dynode)라 하는 2차 전자 방출용 전극이 있다는 점에서 광전관과 유사하다. 입사된 빛으로부터 방출되는 하나의 전자는 매우 작은 전하를 가지므로 출력되는 전류가 매우 미약하고 측정하기 어렵다. 더 큰 광전

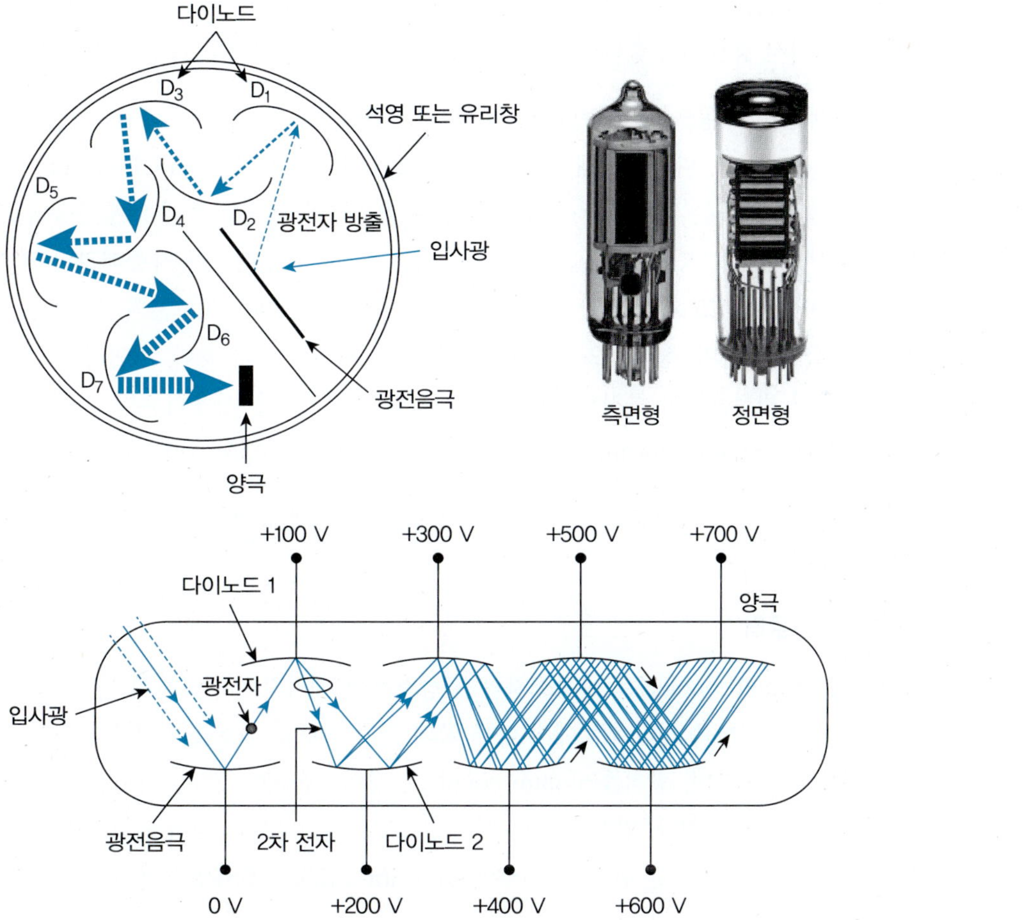

[그림 4-16] 광전자증배관 측단면과 정단면 구조

류를 생성하기 위해서 방출된 광전자로부터 더 많은 전자를 생성시켜야 하는데 광전자증배관이 그런 역할을 할 수 있다.

진공 내에서 한 개의 전자를 100 V 정도로 가속하면 100 eV 정도의 운동 에너지를 가지며, 이 운동 에너지로 전자가 금속 표면에 충돌할 때 여러 개의 전자를 떼어 낸다. 광전자증배관은 이 현상을 이용한다. [그림 4-16]과 같이 진공 유리관 내의 광전음극과 양극 사이에 다수의 다이노드가 구성된다. 광전음극에서 방출된 전자가 첫 번째 다이노드의 중심부에 부딪히며 2차 전자 방출이 발생하며, 다시 2차 전자가 그다음 다이노드의 중심부에 부딪히는 과정을 반복한다. 전자가 내부의 모든 다이노드에 부딪히면서 전자 증폭이 일어나는 것이다. 예를 들어, 다이노드에 충돌하는 전자 1개가 최대 3.5개의 전자를 생성하고, 만약 10개의 다이노드가 구성되어 있다면 증폭 인자는 3.5^{10}이 된다. 즉, 하나의 광자가 광전음극을 통해 광전자로 방출되고 다이노드를 모두 거쳐 마지막 양극에 도달할 때 약 28만 개의 증폭된 전자가 도달하는 것이다. 따라서 양극에서 출력되는 전류의 크기로 입사광의 세기를 측정할 수 있다.

광전자증배관의 유형으로는 측면(side-on)형, 정면(head-on 또는 end-on)형, 금속 패키지(metal package)형, 마이크로채널 플레이트(MicroChannel Plate, MCP-PMT) 등이 있다. 일반적인 측면형 또는 정면형을 보면, 측면형은 유리구의 측면을 통해 입사광을 받고 정면형은 유리구의 끝단을 통해 입사광을 받는다. 일반적으로 측면형 광전자증배관의 가격이 비교적 저렴하여 분광광도계나 일반 측광 시스템에 널리 사용된다. 대부분의 측면형은 불투명한 광전음극을 사용하며, 상대적으로 낮은 공급 전압에서도 감도가 좋다. 정면형은 입구 창의 안쪽에 반투명 광전음극이 증착되어 있어 불투명한 광전음극을 사용하는 측면형보다 더 나은 공간 균일성(spatial uniformity)이 있고 넓은 감광 영역을 선택할 수 있다는 장점이 있다.

4.5 복합형

4.5.1 포토커플러

포토커플러(photocoupler)는 발광소자와 수광소자를 패키지로 결합하여 입·출력 간을 전기적으로 절연시켜 한쪽 전기 회로에서 다른 쪽의 전기 회로로 신호를 연결하기 위해 광을 사용하는 반도체 장치이며, 광커플러(opto-coupler), 광아이솔레이터(opto-isolator) 등의 다양한 이름으로 설명할 수 있다. 입력과 출력을 전기적으로 분리하는 동시에 입력 상태에 따라 출력을 전환할 수 있는 부분은 반도체 릴레이(Solid State Relay, SSR)의 필수 요소이기도 하다.

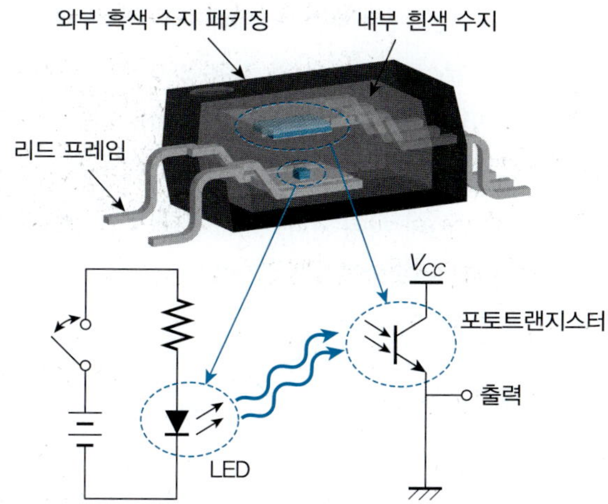

[그림 4-17] 포토커플러 구조와 원리

포토커플러는 [그림 4-17]처럼 발광체와 광검출기를 포함한다. 발광체는 입력 쪽에서 전달되는 신호를 받아 광신호로 변환하며, 일반적으로 발광 다이오드(Light Emitting Diode, LED)를 사용한다. 출력단의 광검출기는 빛을 감지하고 이것을 다시 전기 신호로 변환하며, 포토다이오드, 포토트랜지스터, 포토달링턴(photodarlington) 등 다양한 유형을 사용할 수 있다.

포토커플러, 광커플러, 광아이솔레이터는 기능적인 측면에서 같은 의미로 종종 사용되지만, 포토커플러와 광아이솔레이터는 엄밀히 따졌을 때 차이점이 존재한다. 포토커플러와 광아이솔레이터의 구별 요소는 입력과 출력 사이에 예상되는 전압 차이이다. 포토커플러는 일반적으로 최대 5,000 V의 전위로 전기적 절연 상태을 유지하면서 회로 간에 아날로그 또는 디지털 정보를 전송하는 데 사용되고, 광아이솔레이터는 일반적으로 전력 시스템에 사용되며, 전위차가 5,000 V 이상인 회로 간에 아날로그 또는 디지털 정보를 전송하는 데 사용된다.

포토커플러를 사용할 때 고려해야 할 매개변수와 사양으로는 전류 전달비(Current Transfer Ratio, CTR), 대역폭(bandwidth), 입력 전류, 출력 장치 최대 전압 등이 있다. 포토커플러의 전류 전달비는 주요 사양 중 하나로 입력 전류(I_F)에 대한 출력 전류(I_C)의 비율을 백분율로 나타낸 것이다. 전류 전달비는 입력에 인가되는 전류에 따라 변화되기도 하지만, 출력의 전류 증폭률에 따라 가장 크게 결정되며, 포토달링턴을 사용하는 것은 일반 포토트랜지스터를 사용하는 것보다 훨씬 높다.

$$\mathrm{CTR}(\%) = \frac{I_C}{I_F} \times 100 \tag{4.14}$$

포토커플러에 적용할 수 있는 최대 데이터 속도를 이해하기 위해서는 대역폭을 알아야 한다. 포토트랜지스터를 사용하는 대부분 포토커플러의 경우 250 kHz 영역에 머무르며, 포토달링턴을 사용하는 경우 1/10일 수 있다. 일반적으로 전류 전달비가 낮을수록 상승 및 하강 시간이 빨라진다. 발광소자인 LED에 필요한 전류를 입력 전류라 하며, 이 값은 전류를 제한하는데 사용되는 직렬 저항을 계산하는 데 사용된다. 트랜지스터를 사용하는 포토커플러의 경우 출력 장치 최대 전압은 트랜지스터의 VCE(max)와 같다.

포토커플러와 반도체 릴레이는 많은 유사점이 있다. 반도체 릴레이는 주로 AC 또는 DC 전원을 제어하는 전자 스위치로 많이 사용된다. 포토커플러와 반도체 릴레이의 주요 차이점은 장치에 연결되는 전류 및 전압 레벨의 차이로 포토커플러의 경우 일반적으로 저전력 장치에 사용되고, 반도체 릴레이는 최대 수백 V 이상의 전압 레벨과 최대 수십 A 이상의 전류 레벨을 전환하는 데 사용된다.

4.5.2 포토인터럽터

포토인터럽터는 포토커플러처럼 발광소자와 수광소자가 하나의 패키지로 구성되어 있으며, [그림 4-18]과 같이 투과형(transmissive type 또는 gap type)과 반사형(reflective type)의

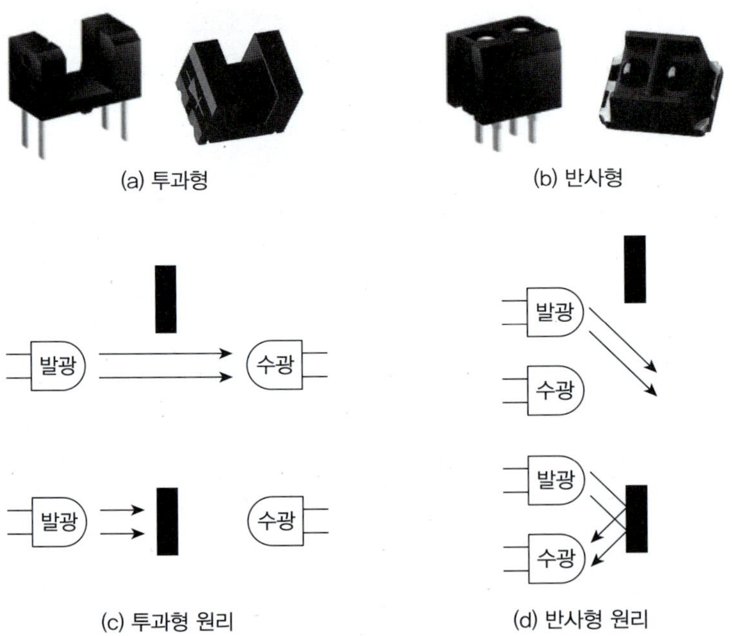

[그림 4-18] 포토인터럽터의 유형과 원리

두 가지 유형이 있다. 비접촉 스위치나 물체의 유무를 감지할 수 있고, 엔코더로 응용했을 때 모터의 회전 속도와 방향 등을 측정하는 데 사용할 수 있다.

투과형은 발광소자와 수광소자를 일정한 간격을 두고 마주 보게 배열하고 그사이를 검출 물체가 통과할 때 빛이 차단되는 현상으로 물체의 유무를 검출한다. 발광소자와 수광소자 사이에 검출 물체가 없을 때는 발광소자에서 방출된 빛이 광센서로 도달하여 전류가 많이 흐르지만, 두 소자 사이에 검출 물체가 통과하면 빛이 차단되어 광전류의 흐름이 끊어진다. 단순히 이런 전류의 흐름 상태 검출만으로도 광 차단의 시작과 종료 시간을 측정할 수 있으며, [그림 4-19]처럼 일정한 패턴으로 구멍이 뚫려 있는 디스크(code wheel)를 사용하여 모터의 회전 속도와 회전 위치, 회전 방향 등을 측정할 수도 있다.

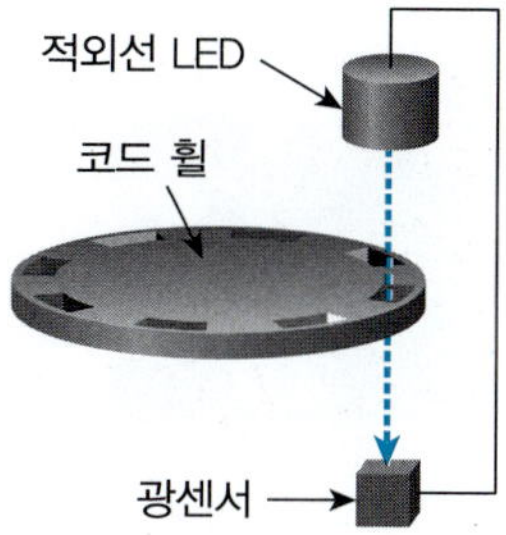

(a) 투과형

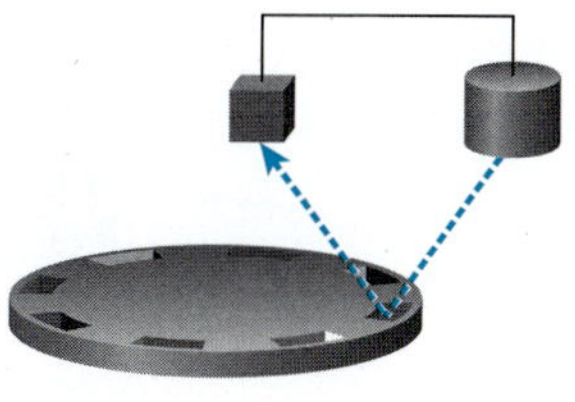

(b) 반사형

[그림 4-19] 광학식 엔코더 원리

반사형은 발광소자와 수광소자를 같은 면에 배열하고 검출 물체의 반사광을 통해 물체의 유무 또는 위치를 감지한다. 포토인터럽터의 광원은 주변광의 영향을 최소화할 수 있을 정도로 강도가 높아야 한다. 특히 반사형 포토인터럽터의 경우 외부 빛의 영향을 받기 쉽고 반사된 빛을 받는 수광소자에서의 전류의 변화가 크지 않으므로 오동작이 발생할 수 있다. 대부분은 광학 차폐, 필터링 및 적외선 방출기/검출기 쌍을 사용해 광센서에 영향을 끼치는 기생 요소에 대한 감도를 추가로 줄인다.

4.6 광센서 실습

4.6.1 불꽃 감지 센서 모듈(KY-026)

[그림 4-20]과 같은 불꽃 또는 화염 센서 모듈은 적외선 LED, LM393 비교기, 3296W 전위차계와 3.3 V ~ 5 V 직류 전원 공급을 위한 전원(+), 그라운드(G), 디지털 출력(DO), 아날로그 출력(AO) 핀 등으로 구성되어 있다. 약 60° 내 각도에서 760 nm ~ 1,100 nm 영역 대의 적외선을 감지하여 아날로그 값과 디지털 값으로 출력할 수 있다. 디지털 출력은 불꽃이 감지되지 않으면 0을, 불꽃이 감지되면 1을 출력하며, 아날로그 출력은 10비트 ADC 분해능 범위인 0 ~ 1,023 사이의 값이 출력된다.

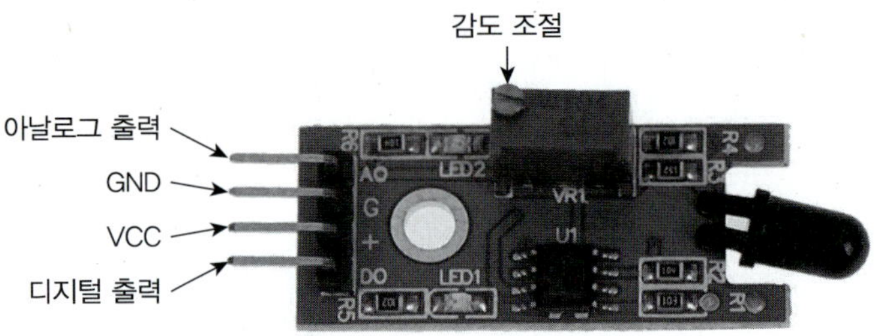

[그림 4-20] KY-026 불꽃 감지 센서 모듈과 핀 정보

불꽃 감지 유·무를 디지털 출력으로 확인하는 예제이며, 회로와 코드를 추가하여 아날로그 출력도 직접 확인해보기 바란다.

[그림 4-21] 불꽃 감지 센서 모듈 연결 회로

```
const int sensorPin = 2;                    // 센서 DO 핀 2번 핀에 연결
const int ledPin = 13;                      // 13번 핀의 빌트인 LED 사용

void setup()
{
  Serial.begin(9600);                       // 시리얼 통신 속도 9,600 bps로 설정
  pinMode(sensorPin, INPUT);                // 2번 핀을 입력 모드로 설정
  pinMode(ledPin, OUTPUT);                  // 13번 핀을 출력 모드로 설정
}

void loop()
{
  int sensorValue = digitalRead(sensorPin); // 센서값을 읽어서 sensorValue에 저장

  if (sensorValue == HIGH)                  // 감지된 값이 HIGH이면,
  {
    Serial.println("Detected flame");       // 불꽃을 감지했다는 메시지 출력
    digitalWrite(ledPin, HIGH);             // LED on
  }
  else                                      // 감지된 값이 LOW이면,
  {
    Serial.println("No flames detected");   // 감지되지 않았다는 메시지 출력
    digitalWrite(ledPin, LOW);              // LED off
  }

  delay(500);                               // 0.5초 간격으로 확인
}
```

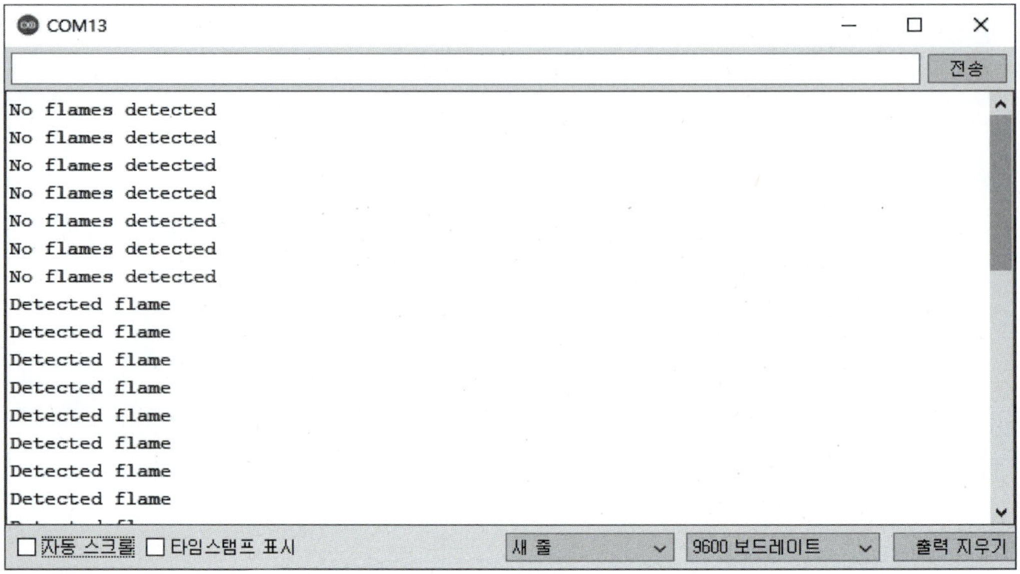

[그림 4-22] 화염 감지 유 · 무 확인

☞ 라이터 같은 것을 이용하여 적외선 LED 앞쪽에 화염을 임의로 만들어 보면 시리얼 모니터 창을 통해 화염 감지 유·무 메시지를 확인할 수 있다. 물론 우노 보드의 13번 LED도 함께 반응한다. 실습 시 안전사고가 생기지 않도록 주의한다.

4.6.2 포토 레지스터 모듈(KY-018)

[그림 4-23] KY-018 포토 레지스터 모듈

조도 센서 또는 CdS 센서 등으로도 불리는 포토 레지스터 모듈은 [그림 4-23]에서 확인할 수 있는 것처럼 LM393 비교기가 포함된 모듈과 없는 모듈이 있다. 물론 또 다른 형태로 만들어진 모듈도 있다. 이런 부분은 모든 센서 모듈의 공통적인 사항이다. 다시 한번 더 언급하면 모듈의 겉모양이 같은 것처럼 보이더라도 제조사가 다르면 핀의 위치나 구성이 변경될 수 있으므로 항상 데이터시트와 핀 정보를 먼저 확인하는 습관을 들이도록 한다.

모듈을 쓰지 않고 직접 회로를 구성했을 때 풀업 또는 풀다운 두 가지 형태로 회로를 구성할 수 있으며, 빛에 따라 반대의 출력 결과를 얻을 수 있다. 실습에 사용한 모듈은 풀업 회로로 구성되어 있으며, 주변이 어두워지면 1,023(5 V)에 가까운 값이 출력된다.

[그림 4-24] 포토 레지스터 모듈 연결 회로

```
const int cdsSensorPin = A0;                  // 센서 S 핀을 보드의 A0 핀에 연결

void setup()
{
  Serial.begin(9600);                         // 시리얼 통신 속도 9,600 bps로 설정
}

void loop()
{
  // ADC로부터 센서값을 읽어서 cdsSensorValue 변수에 저장
  int cdsSensorValue = analogRead(cdsSensorPin);

  Serial.println(cdsSensorValue);             // 센서값 출력
  delay(500);                                 // 0.5초 간격으로 센서값 확인
}
```

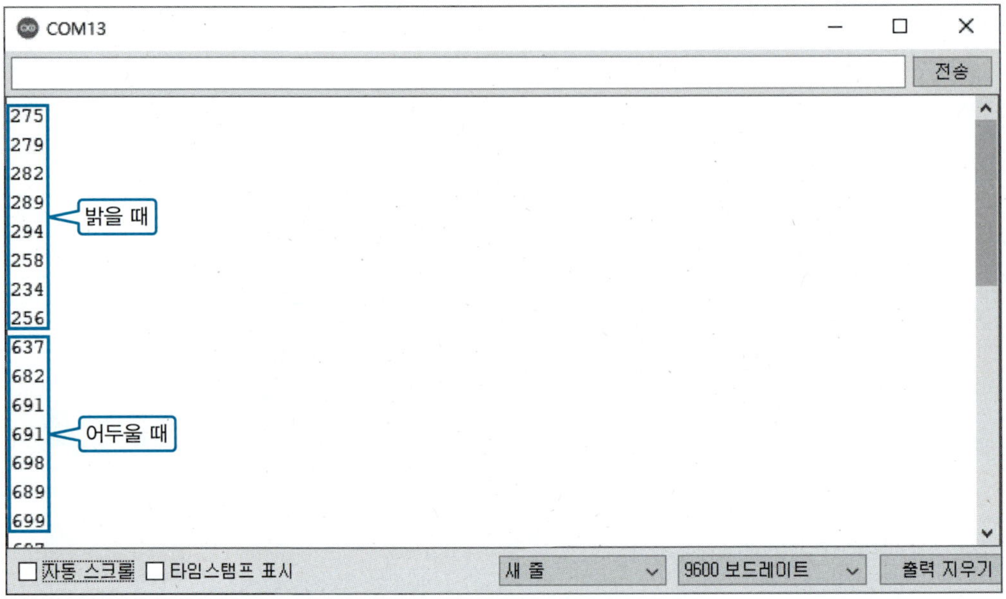

[그림 4-25] 포토 레지스터 주변의 조도에 따른 출력값의 변화

☞ 포토 레지스터에 빛이 닿지 않도록 손가락 등으로 가리면 값이 변경되는 것을 확인할 수 있는데 가장 쉬운 응용 예가 가로등이다. 흔히 볼 수 있는 가로등의 동작처럼 어두워지면 LED가 켜지고 밝아지면 꺼지는 동작으로 회로와 코드를 수정해보기 바란다.

☞ 대부분 센서의 공통 사항이지만, 사용자가 기능적인 범위 내에서 해당 센서를 어떻게 응용해서 사용하는지에 따라 센서는 다양한 용도로 활용할 수 있다. 예를 들면, 포토레지스터에 특정 물체가 근접했을 때 [그림 4-25]처럼 특정 범위의 상숫값 출력 결과를 확인할 수 있으므로 마치 근접 센서 용도로도 응용할 수 있다.

◇ 전압 분배 법칙

포토 레지스터는 빛의 밝기에 따라 저항이 변화하는데 빛에 따른 저항값의 변화를 전압 분배 법칙(voltage divider rule)에 적용하여 계산해 보면 ADC가 센서값을 어떻게 처리하는지 좀 더 쉽게 이해할 수 있다.

실습에 사용하는 포토 레지스터는 매우 밝은 곳에서 2 kΩ, 빛이 없는 곳에서는 2 MΩ의 저항 특성이 있으며, A0 핀과 함께 연결된 한쪽 리드에 10 kΩ의 저항이 풀다운 회로로 구성되어 있다고 가정하자. 밝은 빛이 센서에 가해질 때 아두이노 보드의 아날로그 A0 핀으로 처리되는 전압을 계산하면 다음과 같다.

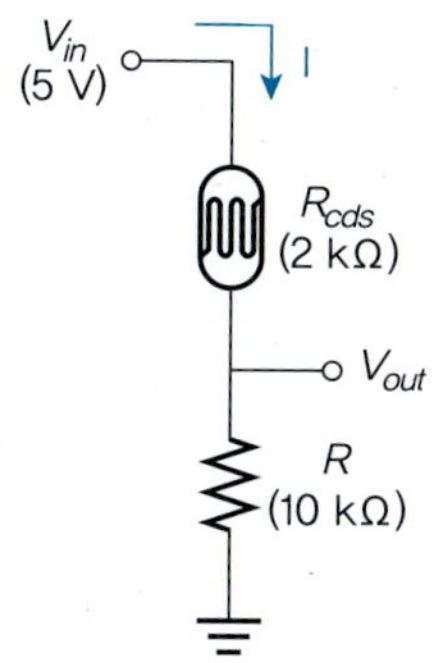

$$V_{in} = I(R_{cds} + R) \rightarrow I = \frac{V_{in}}{R_{cds} + R} \tag{4.15}$$

$$V_{out} = IR \qquad \rightarrow I = \frac{V_{out}}{R} \tag{4.16}$$

두 식을 이용하여 V_{out} 을 계산하면,

$$\begin{aligned} V_{out} &= \frac{R}{R_{cds} + R} V_{in} \\ &= \frac{10\text{k}\Omega}{2\text{k}\Omega + 10\text{k}\Omega} \times 5\ \text{V} = 4.2\ \text{V} \end{aligned} \tag{4.17}$$

[그림 4-26] 전압 분배 법칙

밝은 빛이 센서에 가해질 때, analogRead() 함수로 ADC에 저장된 데이터를 읽으면 4.2 V이다. 따라서 입력 전압 V_{in}, 기준 전압 V_{ref}, 변환된 디지털 값을 $\text{ADC}_{\text{sensor}}$ 라 했을 때 ADC 변환 공식에 적용하여 도출할 수 있는 디지털 값은 860이다.

$$\text{ADC}_{\text{sensor}} = \frac{V_{in} \times 1,024}{V_{ref}} = \frac{4.2\ \text{V} \times 1,024}{5\ \text{V}} = 860 \tag{4.18}$$

4.6.3 포토인터럽터 모듈

[그림 4-27] 투과형 포토인터럽터 모듈

포토인터럽터를 비접촉 스위치나 물체의 유무를 감지하고자 사용할 때는 HIGH 또는 LOW 출력을 얻을 수 있고, 회전하는 바퀴 등에 코드 휠과 포토인터럽터를 구성하여 증분 엔코더로 응용하면 회전 속도나 움직임 등을 도출할 수 있다.

[그림 4-27]처럼 코드 휠의 슬릿(slit)이 20개일 때, 포토인터럽터가 20개의 펄스를 세면 코드 휠이 한 바퀴 회전한 것이다. 이 정보를 이용하여 모터가 돌아가는 회전 속도 또는 분당 회전 수(Revolutions Per Minute, RPM)를 알 수 있다. DC 모터의 회전 속도를 알게 되면 모터의 회전 속도가 일정하도록 제어하거나 한 개 이상의 모터를 같은 회전 속도로 제어하는 것 등이 가능하다.

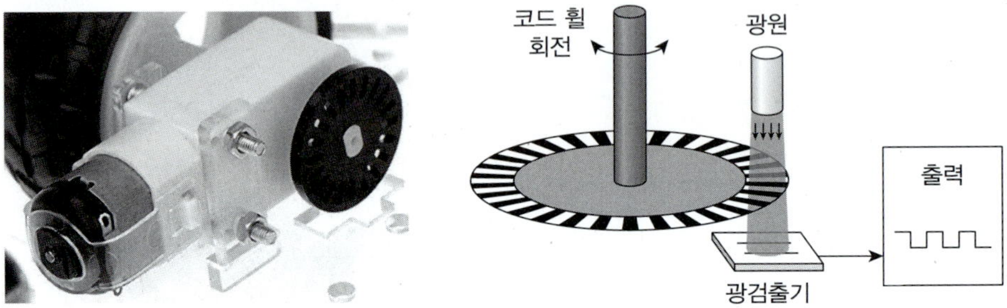

[그림 4-28] DC 기어드 모터와 포토인터럽터 원리

DC 기어드 모터(geared motor), 모터 드라이브 모듈, 포토인터럽터를 준비하여 실습 환경에서 측정되는 RPM을 시리얼 모니터로 출력해 본다. 모터 드라이버 모듈은 L298N, L293D,

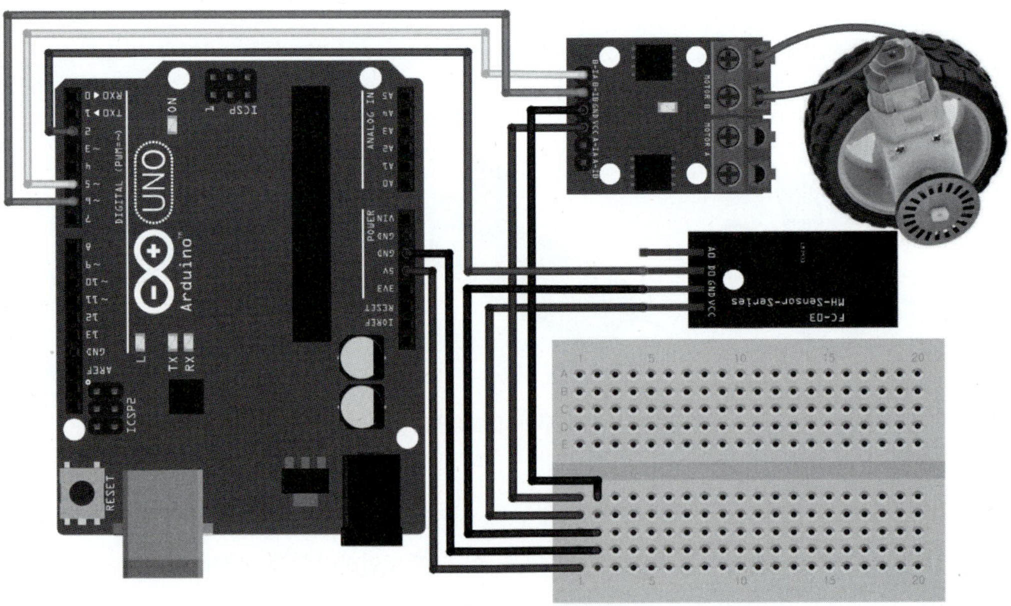

[그림 4-29] 포토인터럽터 모듈을 이용한 RPM 측정 연결 회로

L9110S 등 종류가 많다. DC 모터의 회전 속도를 PWM(Pulse Width Modulation)을 사용하여 제어하지 않고, 기본 원리 이해를 위해 단순히 DC 모터를 최대 속도로 회전만 시키므로 쉽게 구할 수 있는 모터 드라이버 모듈을 사용하면 된다. 모터 드라이버 모듈을 구하기 어려우면 그냥 DC 모터에 전원을 공급해서 그 상태의 RPM 출력 결과만 확인하는 것도 괜찮다.

```
int photoInterrupterPin = 2;              // 포토인터럽터의 DO 핀을 보드 2번 핀에 연결
int motorBoneAPin = 5;                    // 모터 드라이버 B-1A핀 우노 5번 핀에 연결
int motorBoneBPin = 6;                    // 모터 드라이버 B-1B핀 우노 6번 핀에 연결

volatile int pulseCount;                  // 1초당 카운트할 펄스 수를 저장하는 변수
unsigned long prevTime;                   // 1초를 세기 위한 이전 시간 기록 변수

void setup()
{
   Serial.begin(9600);                    // 시리얼 통신 속도 9,600 bps로 설정

   pinMode(photoInterrupterPin, INPUT);   // 2번 핀을 입력 모드로 설정
   pinMode(motorBoneAPin, OUTPUT);        // 5번 핀을 출력 모드로 설정
   pinMode(motorBoneBPin, OUTPUT);        // 6번 핀을 출력 모드로 설정

   digitalWrite(motorBoneAPin, HIGH);     // DC 모터 한쪽 방향으로 회전
   digitalWrite(motorBoneBPin, LOW);

   // 인터럽트 설정
   attachInterrupt(digitalPinToInterrupt(photoInterrupterPin), PulseCountUp, RISING);

   prevTime = millis();                   // 1초를 세기 위해 현재 시간 저장
}

void loop()
{
   if(millis() - prevTime >= 1000)        // 1초가 지나면, if 구문 실행
   {
      float rpm = (pulseCount / 20.0) * 60;   // 1초마다 RPM 계산

      Serial.print("Motor RPM: ");
      Serial.println(rpm);
```

```
    prevTime = millis();                    // 이 코드 실행 시점의 시간으로 초기화
    pulseCount = 0;                         // 펄스 저장 변수 초기화
  }
}

void PulseCountUp()                         // ISR 실행 시,
{
  pulseCount++;                             // pulseCount 변수값을 1씩 증가
}
```

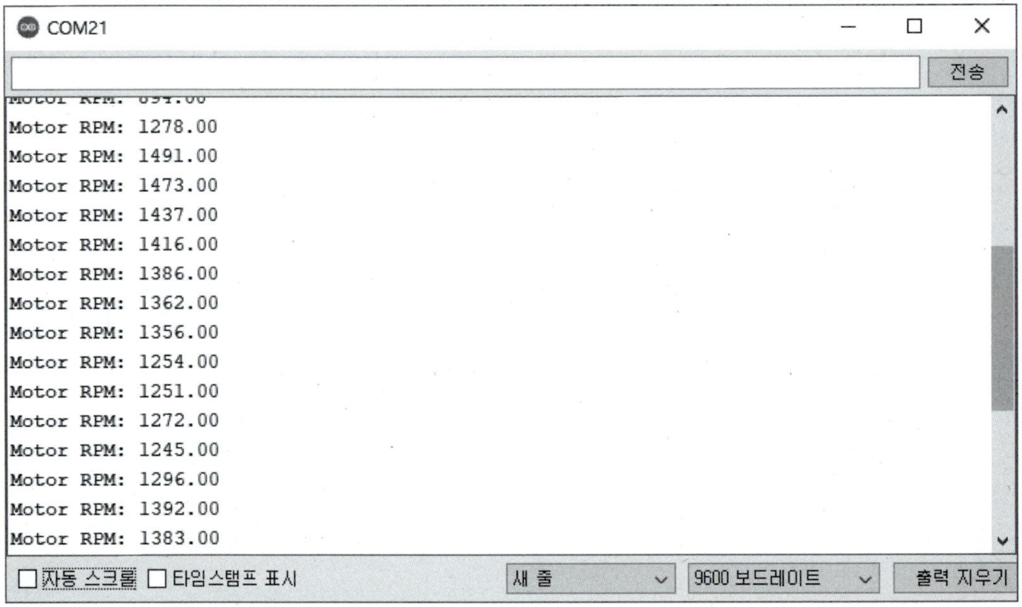

[그림 4-30] DC 모터의 RPM 출력 결과

☞ 모터의 회전수는 포토인터럽터가 모터에 장착된 코드 휠의 슬릿을 얼마나 잘 감지하는지에 따라 결과가 다르게 나오므로 최적의 감지 위치를 찾아야 한다. [그림 4-30] 출력 결과와 다를 수밖에 없는 요인은 DC 모터에 공급되는 전압, DC 모터의 성능, 모터 드라이버 모듈의 성능 등이 있다.

4.6.4 자외선 센서 모듈(ML8511)

[그림 4-31] ML8511 센서와 모듈과 핀 정보

실내·외의 자외선을 감지하는 센서는 다양한 유형이 있으며, 그중에서 ML8511 센서 모듈을 이용하여 자외선 세기를 측정해 본다.

ML8511은 UV-A와 UV-B에 민감한 포토다이오드, 내장 연산 증폭기, 아날로그 전압 출력, 0.1 μA 정도의 낮은 대기 전류 및 300 μA 정도의 낮은 소비 전류의 특징을 가지고 있으며, 280 nm ~ 390 nm 범위의 빛을 가장 효과적으로 검출한다. ML8511은 자외선 광량에

ML8511 센서	UNO 보드
EN	3.3 V
OUT	A0
GND	GND
3V3	3.3 V
–	A1 핀 3.3 V

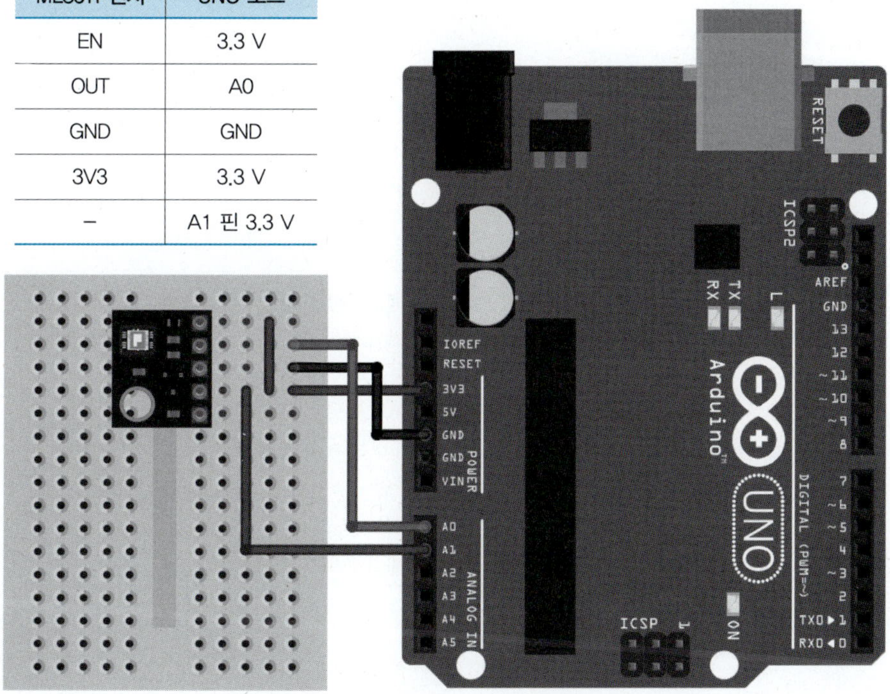

[그림 4-32] ML8511 자외선 센서 모듈 연결 회로

따라 광전류를 전압으로 변환하는 내부 증폭기가 내장되어 있어 자외선 세기에 따라 선형적으로 아날로그 전압을 출력하므로 ADC를 통해 쉽게 결괏값을 확인하여 자외선 지수를 표시하거나 자외선 노출에 대한 감지 및 경고 시스템 등을 만들 수 있다. 같은 ML8511 센서 모듈이지만, VIN 핀이 있는 모듈과 없는 모듈이 있다. VIN 핀에 5 V 전압을 공급해서 센서 모듈을 사용할 수 있지만, VIN 핀과 3.3 V 핀 양쪽에 전원을 공급하지 않도록 주의한다. 3.3 V 전압을 공급하기 힘든 상황이 아니라면 가능하면 VIN 핀을 통해 5 V 전압은 공급하지 않도록 한다. [그림 4-32] 회로에서 아두이노 우노 보드의 3.3 V 전원을 A1 핀에 연결하여 ADC 기준 전압 형태로 사용하고 있다.

```
const int sensorPin = A0;                    // 센서의 OUT 핀을 보드의 A0 핀에 연결
const int ref3V3Pin = A1;                    // 우노 보드의 3.3 V 전원을 A1 핀에 연결

void setup()
{
  Serial.begin(9600);                        // 시리얼 통신 속도 9,600 bps로 설정
}

void loop()
{
  // ADC로부터 센서값을 읽어서 sensorValue 변수에 저장
  int sensorValue = analogRead(sensorPin);

  // ADC로부터 전압값을 읽어서 ref3V3Value 변수에 저장
  int ref3V3Value = analogRead(ref3V3Pin);

  // 우노 보드의 3.3 V 전압을 기준으로 정확한 센서 출력값 계산
  float outputValue = 3.3 / ref3V3Value * sensorValue;

  // 센서값을 0 ~ 15 사이의 자외선 세기로 변환
  float UVIntensity = MapFloat(outputValue, 0.99, 2.9, 0.0, 15.0);

  Serial.print("UV Intensity: ");
  Serial.println(UVIntensity);               // 자외선 세기 출력

  delay(1000);
}
```

```
float MapFloat(float x, float inMin, float inMax, float outMin, float outMax)
{
   // inMin ~ inMax 사이의 x 값을 outMin ~ outMax 사이의 값으로 변환
   return (x - inMin) * (outMax - outMin) / (inMax - inMin) + outMin;
}
```

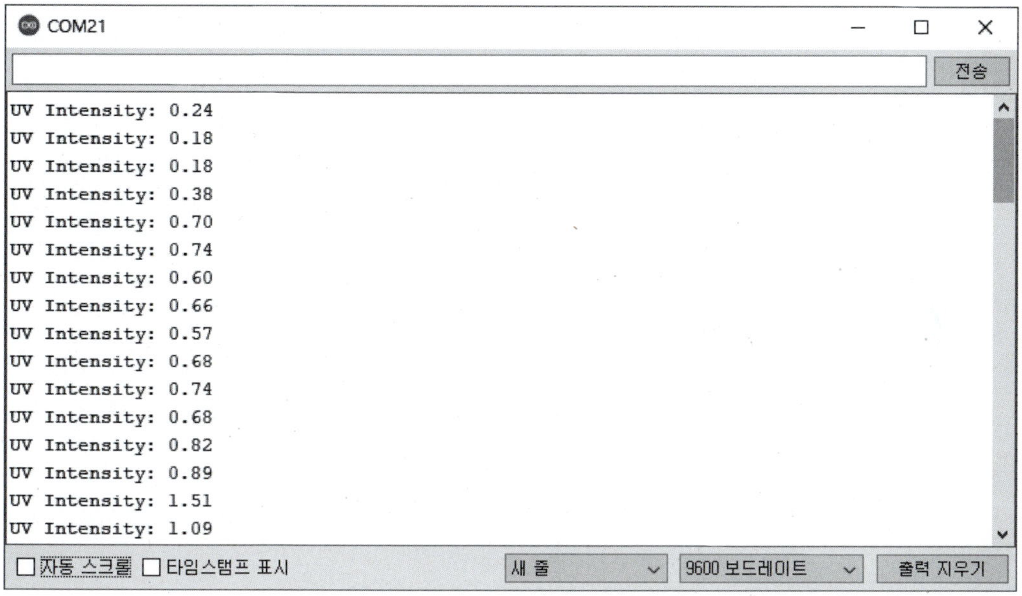

[그림 4-33] 자외선 세기 측정 결과

☞ 아두이노 우노 보드에 코드를 업로드한 뒤에 배터리로 전원을 공급하고 모니터링을 위해서 I^2C C-LCD 모듈에 자외선 세기값을 출력하도록 하면 실내외 위치를 이동하며 자외선 세기를 측정할 수 있을 것이다. 자외선 지수를 참고하여 자외선 세기 값에 따라 자외선 지수로 표시되도록 하거나 버저나 LED를 추가하여 특정 자외선 지수 이상일 때 경고하도록 응용해보기 바란다.

◇ 코드 추가 설명

```
float UVIntensity = MapFloat(outputValue, 0.99, 2.9, 0.0, 15.0);
```

호출되는 MapFloat() 함수의 inMin과 inMax 매개변수에 0.99와 2.9 값이 입력된 것은 ML8511 센서의 자외선 세기에 따른 출력 전압의 특성을 참고했기 때문이다. 이 부분은 앞서 반복해서 언급했지만, 어떤 센서를 사용하든지 데이터시트를 읽고 확인해야 하는 중요한 이유이기도 하다. 아두이노 IDE의 map() 함수를 사용하지 않고 MapFloat() 함수를 만든 것은 map() 함수는 소수점을 처리하지 않기 때문이다. MapFloat() 함수는 아두이노 IDE의 map() 함수 원형에서 자료형만 수정한 것이다.

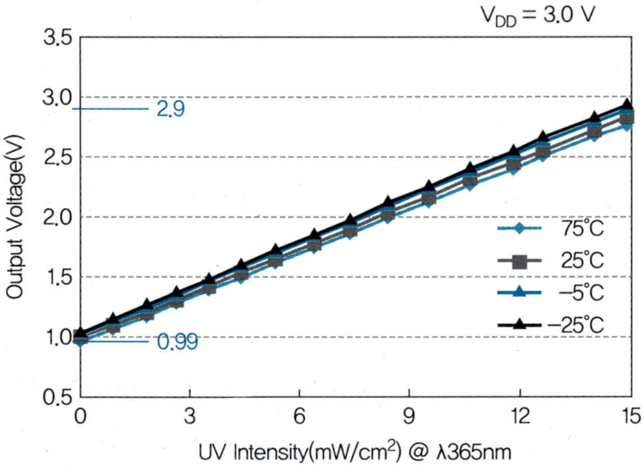

[그림 4-34] ML8511 센서의 자외선 세기에 따른 출력 전압 특성

4.6.5 적외선 라인 트래킹 센서 모듈(KY-033)

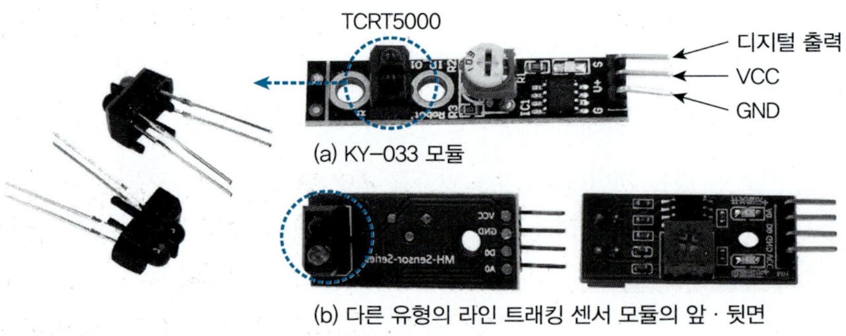

[그림 4-35] 적외선 라인 트래킹 센서 모듈과 TCRT5000 센서

TCRT5000은 가시광선을 차단하는 리드 패키지에 적외선 이미터와 포토트랜지스터를 포함하는 반사형 센서로 적외선 광원과 검출기가 같은 방향으로 배치되어 반사되는 적외선을 이용

하여 물체의 유·무를 감지한다. 최대 동작 거리는 2.5 mm이고, 적외선 이미터가 방출하는 적외선 파장은 950 nm이다.

TCRT5000 센서가 포함된 [그림 4-35]와 같은 모듈은 적외선 빛을 반사하거나 흡수하는 영역이 앞에 있는지 감지하는 용도로 주로 라인 트래킹 센서 모듈로 사용되며, 바닥에 그려진 줄을 따라가는 라인트레이서(line tracer) 로봇류에 활용할 수 있고, 적외선 근접 센서 용도로도 활용할 수 있다. 적외선 라인 트래킹 센서 모듈을 사용하여 라인트레이서를 만들어 보면 물류용 자율주행 로봇이나 무인 운반차로 불리는 자동 가이드 차량(Automated Guided Vehicle, AGV)의 개념을 이해할 수 있다. AGV 로봇은 마커, 케이블, 레이저, 자석, 적외선 등을 감지하는 특정 센서를 통해 정해진 위치로 이동한다.

KY-033 모듈은 3.3 V ~ 5 V 동작 전압으로 1 mm ~ 25 mm 감지 거리를 가지며, 감지 유·무에 따라 디지털 신호를 출력한다. ADC 값이 출력되는 다른 유형의 모듈도 있다. KY-033 모듈의 송신기에서는 지속해서 적외선 펄스를 발생하고 수신기는 반사된 적외선 펄스 신호를 감지한다. 검은 배경의 영역에서는 송신기에서 방출한 적외선이 모두 흡수되어 수신기로 반사되지 않아 HIGH를 출력하고, 송신기에서 방출한 적외선이 반사되어 수신기가 감지하면 LOW를 출력한다. 예제를 통해 검은 영역이 감지되면 HIGH와 LED를 켜고 감지되지 않으면 LOW와 LED를 끄는 출력 동작을 만들어 본다.

UNO 보드	KY-033
5 V	V+
GND	G
2	S

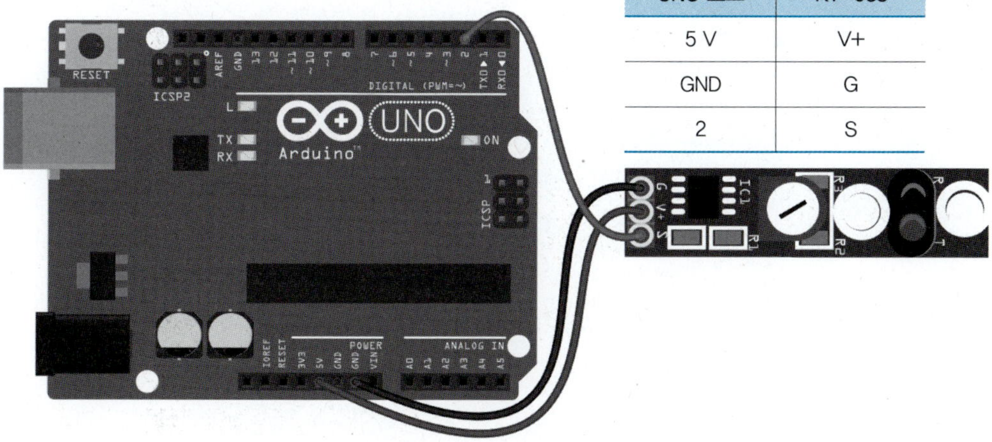

[그림 4-36] 적외선 라인 트래킹 센서 모듈 연결 회로

```
const int sensorPin = 2;                    // 센서의 출력 핀을 보드의 2번 핀에 연결
const int ledPin = 13;                      // 13번 핀의 빌트인 LED 사용

void setup()
{
   Serial.begin(9600);

   pinMode(sensorPin, INPUT);               // 센서의 출력 핀을 입력 모드로 설정
   pinMode(ledPin, OUTPUT);                 // 13번 핀을 출력 모드로 설정
}

void loop()
{
   // KY-033 모듈의 출력 핀값을 읽어서 sensorValue 변수에 저장
   int sensorValue = digitalRead(sensorPin);

   if(sensorValue == HIGH)                  // 적외선 흡수 즉, 검은색이 감지되면,
   {
      Serial.println("HIGH: LED ON");
      digitalWrite(ledPin, HIGH);           // LED on
   }
   else                                     // 적외선 반사
   {
      Serial.println("LOW: LED OFF");
      digitalWrite(ledPin, LOW);            // LED off
   }

   delay(1000);
}
```

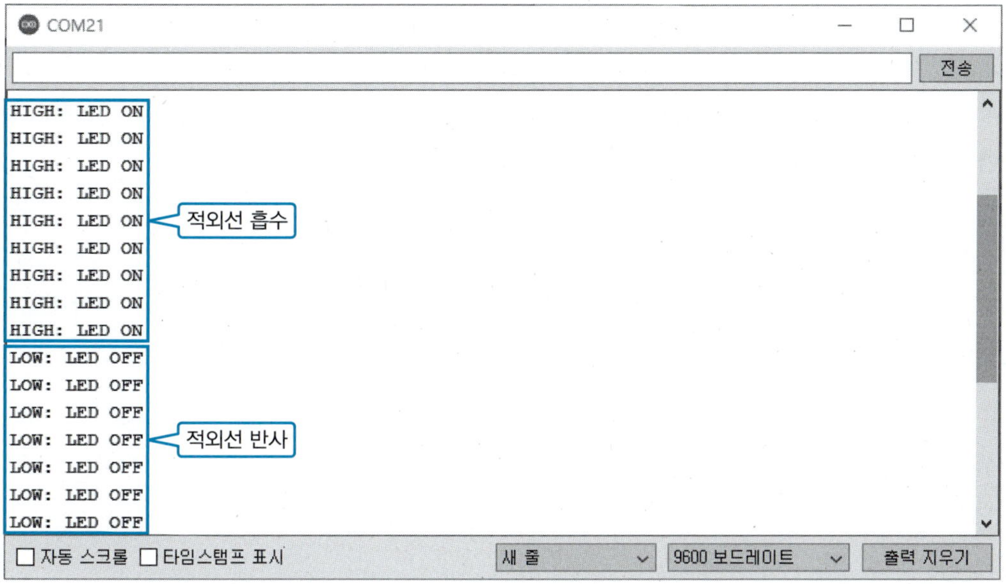

[그림 4-37] 적외선 흡수와 반사에 따른 동작 출력

4.6.6 장애물 감지 센서 모듈(KY-032)

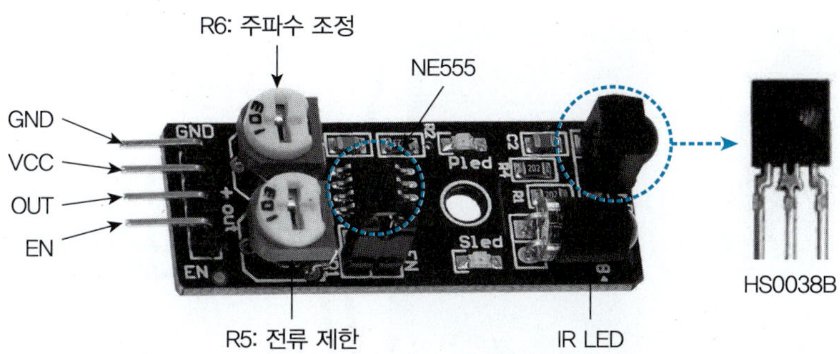

[그림 4-38] 장애물 감지 센서 모듈과 HS0038B 적외선 수신기

KY-032 장애물 감지 센서 모듈은 비안정 멀티바이브레이터(multivibrator)의 대표적인 NE555 칩으로 생성된 38 kHz의 구형파가 적외선 LED를 통해 발현되면 물체에 부딪혀 반사된 적외선을 포토다이오드가 감지하는 원리이다. HS0038B 적외선 수신기는 적외선 원격 제어 시스템용 소형 수신기로 리드 프레임에 pin 포토다이오드와 전치 증폭기(preamplifier)가 연결되어 있고 외형의 에폭시 패키지는 950 nm 광학 적외선 필터와 38 kHz 대역 통과 필터가 통합되어 있어 모듈이 해당 주파수의 적외선 광 펄스만 수신하게 되어 있다.

장애물 감지 센서 모듈은 3.3 V ~ 5 V 전원을 사용하고, 유효각 ±35°에서 2 cm ~ 40 cm 정도의 감지 거리를 가지며, 거리 조절이 가능한 적외선 근접 센서로 활용할 수 있다. KY-032 모듈에 R5와 R6로 지은 두 개의 가변 저항이 있다. R5 가변 저항은 전류를 제한하고 R6 가변 저항은 주파수를 조정하는 데 사용한다. 주파수는 38 kHz에 맞춰져 있으므로 R6 가변 저항을 조정할 필요가 없는데 만약 조정했다면 오실로스코프나 주파수 카운터로 주파수를 조정하면 되는데 장비가 없으면 다시 기본 상태인 중간 정도에 맞추면 된다. R5 가변 저항을 시계 방향으로 완전히 돌리면 NE555 칩에 과부하가 걸리고 동작이 중단되며, 그 상태로 내버려 두면 과열되어 모듈이 손상될 수 있다.

KY-032 모듈은 기본적으로 EN 핀이 점퍼로 연결되어 있으므로 EN 핀을 사용하지 않아도 센서를 사용할 수 있지만, 점퍼를 제거하면 EN 핀에 HIGH 신호를 인가해야 센서를 사용할 수 있다.

장애물 감지 센서 모듈로 근거리의 장애물을 감지하고 시리얼 모니터 창을 통해 감지 유·무를 출력하는 예제이다.

UNO 보드	KY-032
GND	GND
5 V	+
2	OUT

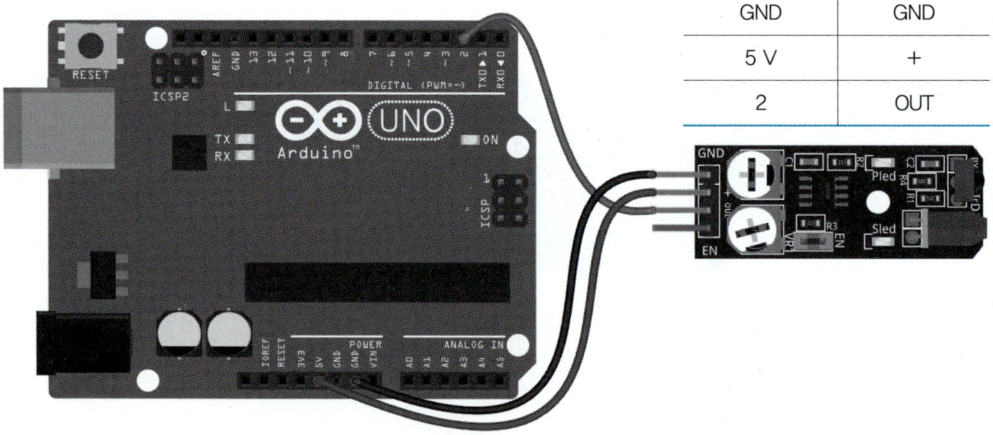

[그림 4-39] 장애물 감지 센서 모듈 연결 회로

```
const int sensorPin = 2;                      // 센서의 출력 핀을 보드의 2번 핀에 연결
const int ledPin = 13;                        // 13번 핀의 빌트인 LED 사용

void setup()
{
  Serial.begin(9600);                         // 시리얼 통신 속도 9,600 bps로 설정

  pinMode(sensorPin, INPUT);                  // 센서의 출력 핀을 입력 모드로 설정
  pinMode(ledPin, OUTPUT);                    // 13번 핀을 출력 모드로 설정
}

void loop()
{
  // KY-032 모듈의 출력 핀값을 읽어서 sensorValue 변수에 저장
  int sensorValue = digitalRead(sensorPin);

  if(sensorValue == LOW)                      // 장애물을 감지하면,
  {
    Serial.println("Something is detected.");
    digitalWrite(ledPin, HIGH);
  }
  else                                        // 장애물을 감지하지 못하면,
  {
    Serial.println("Something is not detected.");
    digitalWrite(ledPin, LOW);
  }

  delay(1000);
}
```

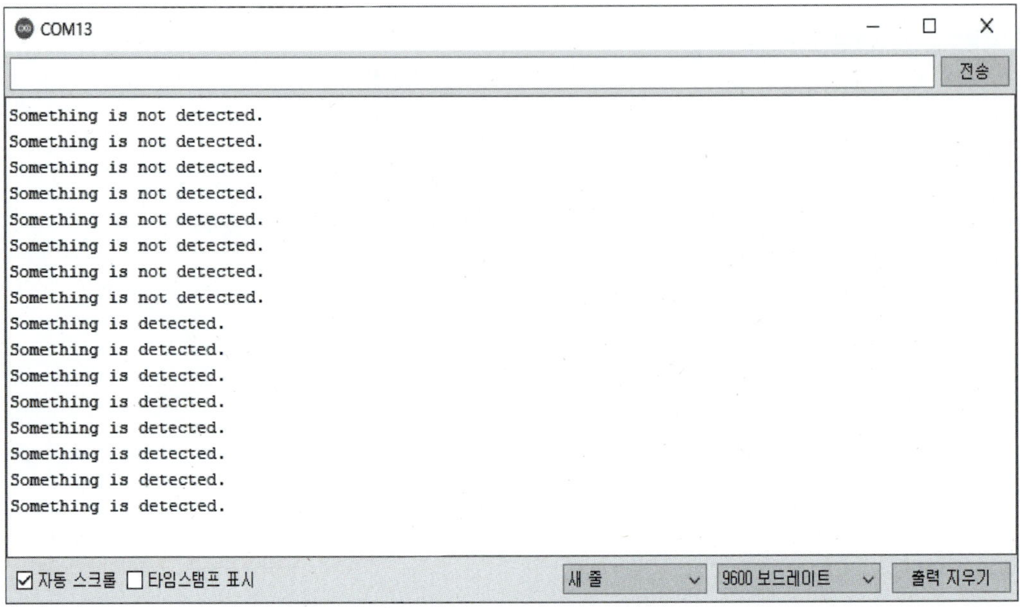

[그림 4-40] 장애물 감지 결과 출력

☞ 장애물 유·무에 따라 시리얼 모니터 창에 출력되는 메시지의 변화와 아두이노 보드의 13번 LED의 변화를 관찰해보고, KY-032 모듈의 EN 핀을 제거한 뒤에는 회로 연결과 소스 코드를 어떻게 수정해야 하는지 스스로 작업해보기 바란다.

4.6.7 컬러 센서 모듈(TCS3200)

TCS3200 컬러 센서 모듈은 [그림 4-41]과 같이 TAOS TCS3200 RGB 센서 칩과 4개의 흰색 LED로 구성되어 있다. 흰색 LED는 센서가 물체의 색상을 잘 감지할 수 있도록 조명 역할을 한다. 센서 모듈은 2.7 V ~ 5.5 V의 전원을 사용하며, 광도에 정비례하는 주파수의 구형파를 출력한다.

TCS3200 또는 TCS3210은 컬러 광-주파수 변환기라 하며, 실리콘 포토다이오드와 전류-주파수 변환기(current to frequency converter)가 단일 구조의 모놀리식(monolithic) CMOS 집적회로로 되어 있다. TCS3200의 광-주파수 변환기는 8×8 배열의 필터가 있는 네 가지 유형의 포토다이오드가 있으며, 각각 16개의 적색, 녹색, 청색 필터가 있는 포토다이오드와 필터가 없는 16개의 투명 포토다이오드가 베이어 패턴(Bayer pattern)으로 구성되어 있다. 네 가지 유형의 포토다이오드가 서로 맞물려 입사 방사 조도(irradiance)의 불균일 효과를 최소화한다. 같은 색상의 모든 포토다이오드는 병렬로 연결되어 있고, 각 포토다이오드는 해당 빛의 강도를 측정한 뒤 적색, 녹색, 청색 빛의 상대적 수준을 측정하여 물체의 색상을 결정한다.

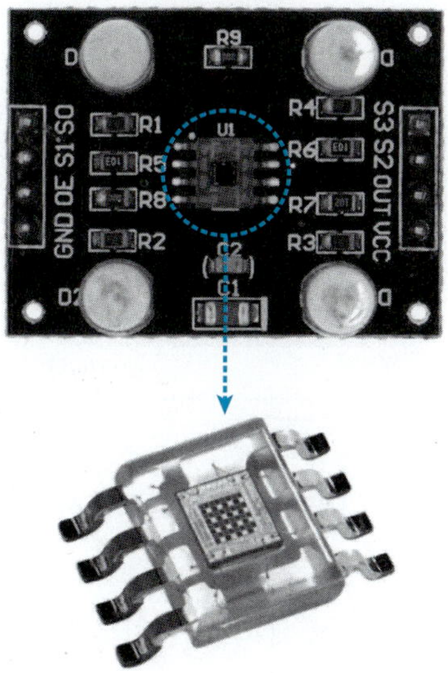

핀 이름	설명
GND	그라운드
VCC	2.7 V ~ 5.5 V 전원 공급
OE	출력 활성화(active low)
OUT	TTL 레벨의 구형파 출력
S0, S1	주파수 스케일링 선택 입력
S2, S3	포토다이오드 유형 선택 입력

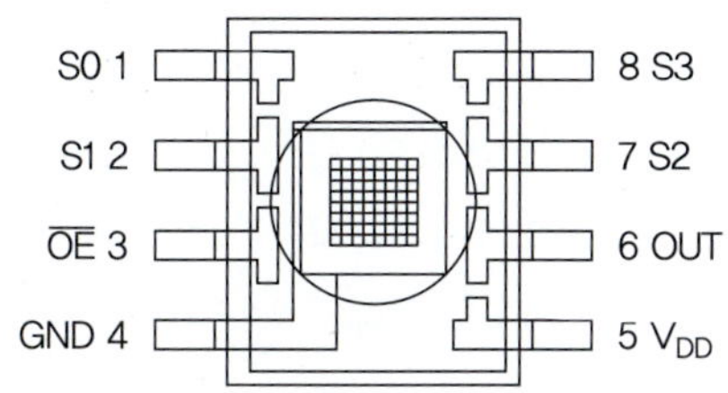

[그림 4-41] TCS3200 컬러 센서 모듈과 핀 정보

TCS3200에서 검출할 색상을 선택할 때 S2, S3 선택 입력을 사용하여 각 유형을 활성화할 수 있다. 〈표 4-3〉과 같이 S2, S3에 LOW와 HIGH의 서로 다른 조합을 설정하면 각 포토다이오드를 선택할 수 있다.

〈표 4-3〉 포토다이오드 유형 선택

포토다이오드 유형	S2	S3
적색(red)	LOW	LOW
청색(blue)	LOW	HIGH
필터 없음(clear)	HIGH	LOW
녹색(green)	HIGH	HIGH

S0과 S1은 주파수 스케일링 옵션을 설정하며, 〈표 4-4〉와 같이 100 %, 20 %, 2 %의 설정값으로 조정할 수 있다. 센서 모듈 내부의 전류-주파수 변환기는 포토다이오드의 판독 값이 주파수가 선택한 색상의 강도에 비례하는 구형파로 변환되며, 일반적으로 아두이노에서는 20 % 주파수 스케일링이 사용된다.

〈표 4-4〉 주파수 스케일링

출력 주파수 스케일링	S0	S1
센서 전원 끔	LOW	LOW
2 %	LOW	HIGH
20 %	HIGH	LOW
100 %	HIGH	HIGH

TCS3200 컬러 센서 모듈로 물체의 RGB 값을 구하고, RGB LED로 검출한 색을 구현해 보고 색상 분류 로봇이나 테스트 스트립 판독 등에 활용해 본다. TCS3200 컬러 센서 모듈을 좀 더 쉽게 사용하기 위해 [그림 4-42]와 같이 아두이노 IDE의 라이브러리 매니저에서 'tcs3200'을 검색하여 라이브러리를 설치한다.

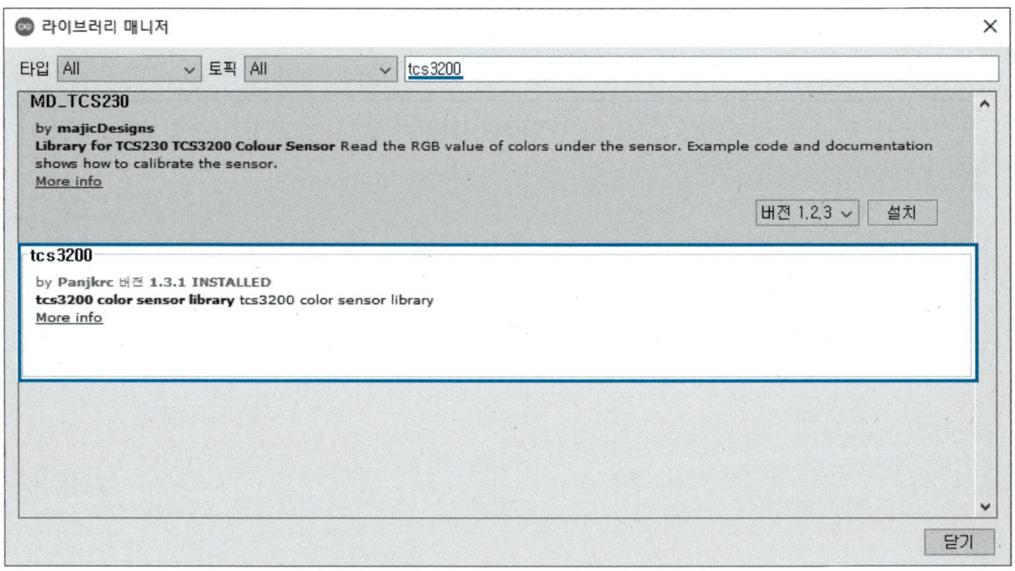

[그림 4-42] TCS3200 컬러 센서 라이브러리 설치

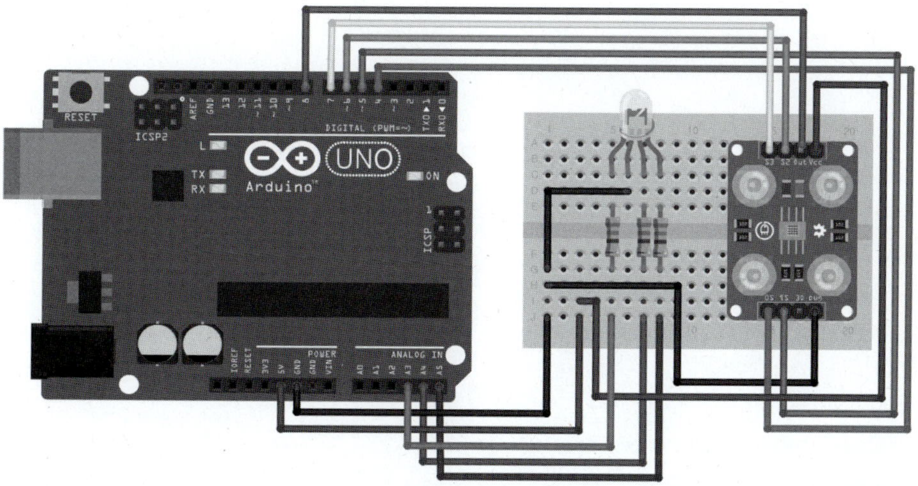

UNO 보드	RGB LED
A3	RED
A4	GREEN
A5	BLUE
GND	GND

UNO 보드	TCS3200	UNO 보드	TCS3200
5 V	VCC	6	S2
GND	GND	7	S3
4	S0	8	OUT
5	S1		

[그림 4-43] TCS3200 컬러 센서 모듈을 이용한 색 검출 연결 회로

```
#include <tcs3200.h>                        // TCS3200 라이브러리 사용

#define     S0_PIN          4               // 모듈의 S0 핀 보드의 4번 핀에 연결
#define     S1_PIN          5               // 모듈의 S1 핀 보드의 5번 핀에 연결
#define     S2_PIN          6               // 모듈의 S2 핀 보드의 6번 핀에 연결
#define     S3_PIN          7               // 모듈의 S3 핀 보드의 7번 핀에 연결
#define     OUT_PIN         8               // 모듈의 OUT 핀 보드의 8번 핀에 연결

#define     LED_RED         A3              // RGB LED Red 핀 보드의 A3 핀에 연결
#define     LED_GREEN       A4              // RGB LED Green 핀 보드의 A4 핀에 연결
#define     LED_BLUE        A5              // RGB LED Blue 핀 보드의 A5 핀에 연결

tcs3200 TCS(S0_PIN, S1_PIN, S2_PIN, S3_PIN, OUT_PIN);

void setup()
```

```
{

}

void loop()
{
  int redScale = TCS.colorRead('r', 100);      // 적색을 읽어서 redScale 변수에 저장
  int greenScale = TCS.colorRead('g', 100);    // 녹색을 읽어서 greenScale 변수에 저장
  int blueScale = TCS.colorRead('b', 100);     // 청색을 읽어서 blueScale 변수에 저장

  analogWrite(LED_RED, redScale);              // R
  analogWrite(LED_GREEN, greenScale);          // G
  analogWrite(LED_BLUE, blueScale);            // B
}
```

☞ 정확한 색상 구분을 위해 보정한 뒤 사용하는 게 좋다. 보정 예제는 라이브러리에서 제공되는 기본 예제를 사용해도 되며, 예제에서는 주파수 스케일링을 100 %로 하였으나 다른 값도 적용해 본다.

4.6.8 미세먼지 센서 모듈(PPD42NJ/PPD42NS)

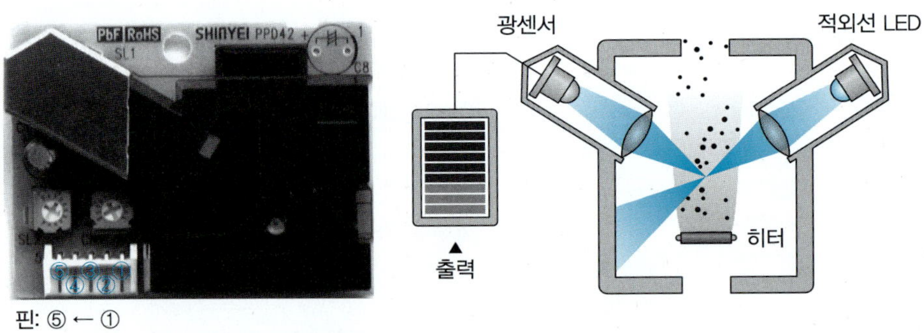

핀	설명	핀	설명
1	GND	4	출력 P1 : PM1.0 측정
2	출력 P2 : PM2.5 측정	5	아무 것도 연결하지 않음
3	5 V		

[그림 4-44] PPD42NJ(S) 미세먼지 센서의 동작 원리와 핀 정보

PPD42NJ와 PPD42NS는 같은 모듈로 PPD42NS는 케이블이 제공되는 모듈이며, 미세먼지(Particulate Matter, PM)를 측정하는 기능은 같다. 공기의 질을 결정하는 중요한 매개변수인 미세먼지는 가시성, 건강, 지구 기후 등에 영향을 미치며, 특히 국내에서는 중국발 미세먼지 피해가 있어 관심이 매우 크다. 미세먼지는 10 μm, 2.5 μm, 1 μm 입자의 질량 농도에 따라 각각 PM10, PM2.5, PM1으로 구분한다.

PPD42NJ(S) 미세먼지 센서 모듈은 입자의 광학적 특성을 이용한 광 산란 방식을 사용한다. 미세먼지를 측정하는 자동 측정 방법으로는 광 산란 방식과 베타선 흡수 방식이 있으며, 시중에서 저렴하고 쉽게 구할 수 있는 미세먼지 센서는 대부분 [그림 4-45]와 같은 광 산란 방식이다.

광 산란 미세먼지 센서는 일반적으로 적외선 발광 다이오드와 포토트랜지스터 또는 포토다이오드 그리고 집속 렌즈 등으로 구성된다.

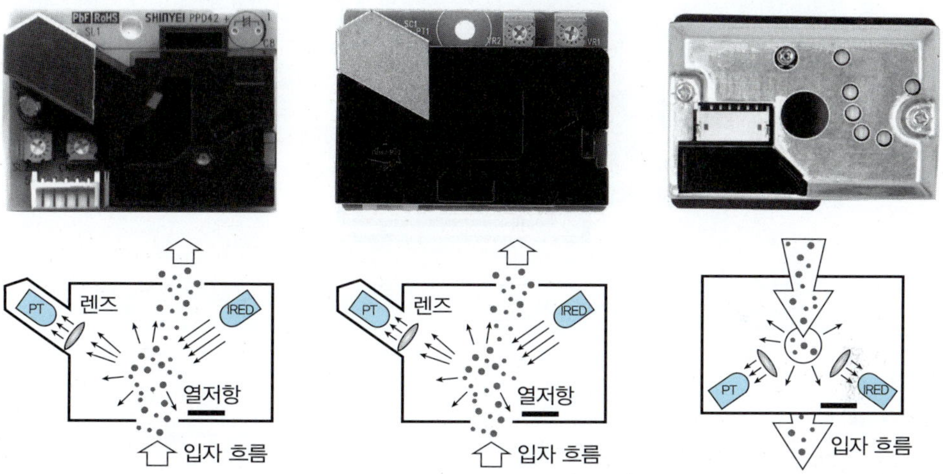

(a) PPD42NJ(S) (b) DSM501A (c) GP2Y1010AU0F

[그림 4-45] 광 산란 기반의 미세먼지 센서

PPD42NJ(S) 미세먼지 센서 모듈 내부는 적외선 LED, 광센서, 히터, 흡·배기구, 차폐 실드, 렌즈로 구성되어 있다. 입자가 흡기구 아래 방향에서 위쪽 배기구 방향으로 잘 흐를 수 있도록 미세먼지 센서 모듈을 수직 방향으로 배치한다. 저항기인 히터는 공기를 가열해 상승 기류를 만들어 공기 중 먼지 입자가 상승 기류를 타고 감지 지점으로 이동할 수 있게 한다. 적외선 LED에서 방출된 적외선은 흡기구를 통해 유입된 먼지 입자에 산란하고, 수용체인 광센서는

산란한 빛을 렌즈를 통해 받아 펄스 신호로 변환한다. 단위 시간당 펄스는 입자 농도에 비례한다.

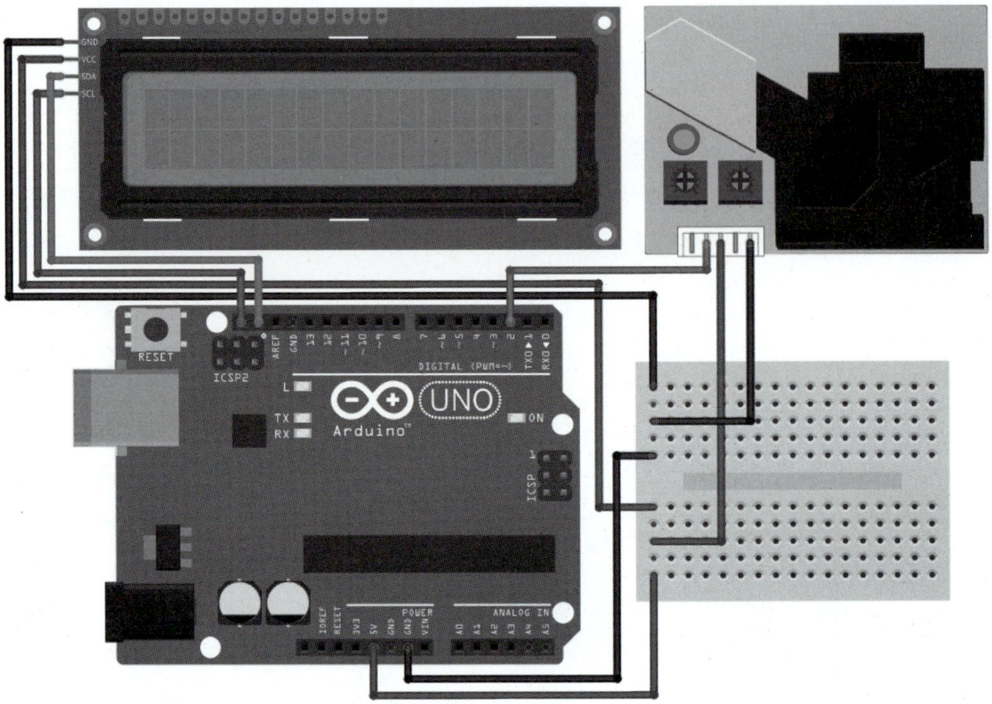

UNO 보드	I^2C C-LCD 모듈
GND	GND
5 V	VCC
SDA(A4)	SDA
SCL(A5)	SCL

UNO 보드	PPD42NJ 모듈
GND	① 핀: GND
5 V	③ 핀: VCC
2	④ 핀: PM1.0

[그림 4-46] PPD42NJ(S) 미세먼지 센서 모듈과 I^2C C-LCD 모듈 연결 회로

PPD42NJ(S) 미세먼지 센서 모듈은 권장 시간인 30초 동안 먼지가 지나간 비율을 이용하여 미세먼지 농도를 측정한다. 미세먼지 농도에 비례하여 출력 신호가 낮아지는데 LOW 펄스 점유 시간(Lo Pulse Occupancy time, LPO time)을 측정하여 미세먼지의 농도를 결정하는 것이다.

PPD42NJ(S) 미세먼지 센서 모듈은 샤오미 1세대 미에어 공기청정기에 장착되어 있는데 잘 알려진 필터 알고리즘을 적용하여 적절히 보정하면 양산 제품에도 충분히 적용 가능하다는 것을 알 수 있다. 미세먼지 농도를 I²C C-LCD 모듈에 출력해 보는 예제를 좀 더 응용하여 에어코리아나 환경부에서 제공하는 미세먼지 농도 범위에 맞춰 간단한 경고 시스템을 만들어 보기 바란다.

```
#include <LiquidCrystal_I2C.h>                      // I²C C-LCD 모듈 라이브러리 사용

LiquidCrystal_I2C lcdMonitor(0x27, 16, 2);          // I²C C-LCD 객체 생성
const int dustSensorPin = 2;                        // 센서의 P1 핀을 보드의 2번 핀에 연결

unsigned long pulseTime;                            // LOW 유지 시간 저장 변수
unsigned long lowPulseTime;                         // LOW 유지 누적 시간 저장 변수
unsigned long samplingTime = 30000;                 // 미세먼지 농도 측정 주기 30초
unsigned long prevSamplingTime;                     // millis 측정 주기를 맞추기 위한 변수

float ugPerM3;                                      // 미세먼지 농도 저장 변수

// 사용자 정의 문자 '먼' 데이터 배열로 초기화
byte customChar_Meon[] = {B00000, B11101, B10111, B11101, B00000, B10000, B11111, B00000};
// 사용자 정의 문자 '지' 데이터 배열로 초기화
byte customChar_Ji[] = {B00000, B11101, B01001, B11101, B10101, B10101, B10101, B00000};

void setup()
{
  pinMode(dustSensorPin, INPUT);                    // 2번 핀을 입력 모드로 설정

  lcdMonitor.begin();                               // I²C C-LCD 모듈 초기화
  lcdMonitor.backlight();                           // I²C C-LCD 모듈 백라이트 on

  // I²C C-LCD 모듈의 CGRAM 메모리 0번지 주소에 사용자 정의 문자 '먼' 저장
  lcdMonitor.createChar(0, customChar_Meon);
  // I²C C-LCD 모듈의 CGRAM 메모리 1번지 주소에 사용자 정의 문자 '지' 저장
  lcdMonitor.createChar(1, customChar_Ji);
  lcdMonitor.setCursor(0, 0);                       // 시작하면서 해당 문자열 표시
  lcdMonitor.print("-PM measurement-");

  prevSamplingTime = millis();                      // 이 명령 실행 시점의 시간을 저장
}
```

```
void loop()
{
   pulseTime = pulseIn(dustSensorPin, LOW);          // LOW가 유지된 시간을 처리하여 저장
   lowPulseTime += pulseTime;                        // LOW가 유지된 시간 누적. μs(10^-6)

   // 30초가 지나면 구문을 실행하여 미세먼지 농도 측정
   if(millis() - prevSamplingTime >= samplingTime)
   {
      // LOW가 유지된 시간의 비율 계산
      float ratio = lowPulseTime / (samplingTime * 10.0);
      // 펄스 유지 시간으로부터 미세먼지 농도를 계산
      float concentration = 1.1 * pow(ratio, 3) - 3.8 * pow(ratio, 2) + 520 * ratio + 0.62;
      // cf 단위에서 μg/m3 단위로 변환
      ugPerM3 = concentration * 100 / 13000;

      lcdMonitor.clear();                            // 화면 지우기
      lcdMonitor.setCursor(0, 0);                    // 첫 번째 줄의 첫 칸으로 커서 이동
      lcdMonitor.print("-PM measurement-");          // 문자열 표시
      lcdMonitor.setCursor(0, 1);                    // 두 번째 줄의 두 번째 칸으로 커서 이동
      lcdMonitor.write(byte(0));                     // 사용자 지정 문자 '먼' 표시
      lcdMonitor.write(1);                           // 사용자 지정 문자 '지' 표시
      lcdMonitor.print(": ");                        // 콜론 표시
      lcdMonitor.print(ugPerM3);                     // 미세먼지 농도 표시
      lcdMonitor.print("ug/m^3");                    // 문자열 표시

      prevSamplingTime = millis();                   // 이 명령 실행 시점의 시간을 다시 저장
      lowPulseTime = 0;                              // LOW 유지 누적 시간 0으로 초기화
   }
}
```

☞ 미세먼지 농도를 측정하는 권장 시간인 30초가 길게 느껴지면 samplingTime = 30000; 소스 코드 부분의 시간 값을 반으로 줄이거나 더 짧게 임의로 조정하면 된다.

◇ 코드 추가 설명

```
pulseTime = pulseIn(dustSensorPin, LOW);
lowPulseTime += pulseTime;
```

pulseIn() 함수는 지정된 핀의 HIGH 펄스가 유지되는 시간 또는 LOW 펄스가 유지되는 시간을 마이크로초(μs) 단위로 반환한다. 함수의 구조는 pulseIn(pin, value, timeout)으로 pin은 펄스를 읽을 핀을 정하고 value는 HIGH 또는 LOW 중 어떤 펄스를 읽을지를 정한다. 옵션인 timeout은 지정한 시간(기본값 1초) 동안 기다려도 신호가 들어오지 않으면 중지하고 0을 반환한다.

```
float concentration = 1.1 * pow(ratio, 3) - 3.8 * pow(ratio, 2) + 520 * ratio + 0.62;
ugPerM3 = concentration * 100 / 13000;
```

PPD42NJ(S) 미세먼지 센서 모듈의 데이터시트에서는 미세먼지 농도를 계산하는 방정식을 제공하지 않으나 데이터시트의 연기에 대한 P1 출력 특성 그래프를 이용하여 다음과 같은 방정식이 도출된다.

$$y = 1.1x^3 - 3.8x^2 + 520x + 0.62 \quad (4.19)$$

PPD42NJ(S) 미세먼지 센서 모듈은 미세먼지 농도를 측정하기 위해 계수 방법을 사용하고, 입방피트(cubic feet) 단위인 cf 또는 ft^3 단위를 사용한다. 입자 농도에 100을 곱하면 입자 당 입방피트 cf 값을 얻을 수 있고, 다시 13,000으로 나누면 입방 미터 당 μg의 미세먼지를 측정할 수 있다.

4.6.9 미세먼지 센서 모듈(GP2Y1010AU0F)

GP2Y1010AU0F 미세먼지 센서 모듈은 광 산란 기반으로 공기 중 미세먼지를 측정한다. 내부에는 적외선 발광 다이오드와 포토다이오드가 대각선으로 배치되어 있다. 공기 중 먼지의 반사광을 감지하는데 특히 담배 연기와 같은 매우 미세한 입자를 감지하는 데 효과적이며, 출력 전압의 펄스 패턴으로 연기와 먼지를 구별할 수 있다.

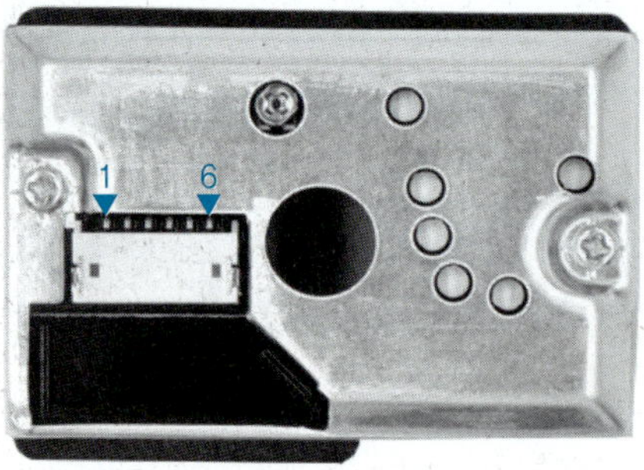

번호	핀 이름	설명
1	V-LED	LED VCC, 150 Ω 저항 사용
2	LED-GND	LED GND
3	LED	LED on/off 전환
4	S-GND	미세먼지 센서의 GND
5	VOUT	미세먼지 센서의 아날로그 출력
6	VCC	5 V 전원 공급

[그림 4-47] GP2Y1010AU0F 미세먼지 센서와 핀 정보

먼지 입자가 포함된 공기가 유입되면 산란된 적외선 LED 빛이 광센서에서 감지된다. 공기 중에 먼지 입자가 많을수록 산란광의 세기가 커지고 빛의 양에 따라 비례하여 출력된 전류가 증폭되어 VOUT 핀으로 출력된다. 센서 모듈은 4.5 V ~ 5.5 V의 동작 전압으로 0.5 μm 크기의 먼지를 감지하고 최대 580 μg/m^{3}의 먼지 밀도를 감지한다.

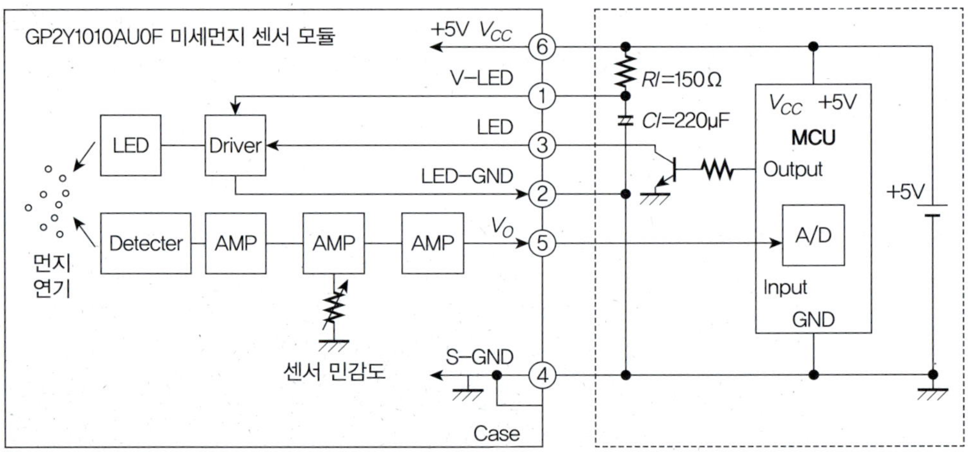

[그림 4-48] 미세먼지 센서 모듈의 내부 구조 및 아두이노 보드와 연결

[그림 4-48]은 미세먼지 센서 모듈의 내부 구조와 마이크로컨트롤러와 연결 시 필요한 회로 정보를 보여준다. 센서 모듈의 3번 핀은 적외선 LED를 동작시키는 핀으로 적외선 LED의 펄스 구동에는 150 Ω의 저항과 220 μF 커패시터가 필요하며, 시정수를 사용하므로 회로에 저항과 커패시터가 구성되지 않으면 센서 모듈은 동작하지 않는다. 적외선 LED는 PNP 트랜지스터에 연결되어 있어 아두이노 보드에서 적외선 LED를 켜기 위해서는 LOW 신호를 인가

한다.

PPD42NJ(S) 미세먼지 센서 모듈과 마찬가지로 GP2Y1010AU0F 미세먼지 센서 모듈의 데이터시트에도 미세먼지 농도를 도출하는 방정식이 없다. 정확한 상용 계측 장비와 비교하여 보정하는 것이 가장 좋지만, 데이터시트에서 제공되는 정보들을 이용하여 미세먼지 농도를 계산하고 보정하는 방법들이 웹에서 많이 공유되고 있으므로 데이터시트 내용과 비교하며 참고하면 된다.

〈표 4-5〉 GP2Y1010AU0F 모듈의 전기 광학 특성

매개변수	심볼	최소	일반	최대	단위
감광도	K	0.35	0.5	0.65	V/(0.1 mg/m^3)
먼지가 없을 때 출력 전압	VOC	0	0.9	1.5	V
출력 전압 범위	VOH	3.4	–	–	V
LED 단자 전류	ILED	–	10	20	mA
소비 전류	ICC	–	11	20	mA

GP2Y1010AU0F 미세먼지 센서 모듈의 출력 전압 $VOUT$ 은 먼지가 없을 때 출력 전압 VOC 와 미세먼지 농도 ΔV 에 비례하여 출력하며 다음과 같다.

$$\Delta V = VOUT - VOC \tag{4.20}$$

여기서 VOC 는 공기 중에 먼지가 없을 때의 출력 전압으로 센서 모듈마다 다를 수 있으며, 센서 모듈 내부의 오염 여부에 따라 값이 변경될 수 있으므로 공기 중에 먼지가 없는 깨끗한 상태에서의 값으로 보정할 필요가 있다. 그리고 $VOUT$ 이 보정된 VOC 값보다 작은 값이 측정되면 VOC 는 $VOUT$ 으로 업데이트되어야 한다.

측정된 ΔV 를 감광도로 나누면 100 μm/m^3 단위로 변환할 수 있으며, 다음과 같다.

$$\begin{aligned} &Tipically\ K = 0.5\ \mathrm{V}/[100\ \mu\mathrm{g/m^3}] = 0.005\ \mathrm{V}/[100\ \mu\mathrm{g/m^3}] \\ &\text{미세먼지 농도}[\mu\mathrm{g/m^3}] = (VOUT - VOC) \div 0.005 \end{aligned} \tag{4.21}$$

PPD42NJ(S) 미세먼지 센서 모듈 실습을 먼저 진행했다면 센서 모듈만 변경하면 된다. 커패시터는 극성이 있으므로 연결 시 주의하도록 한다.

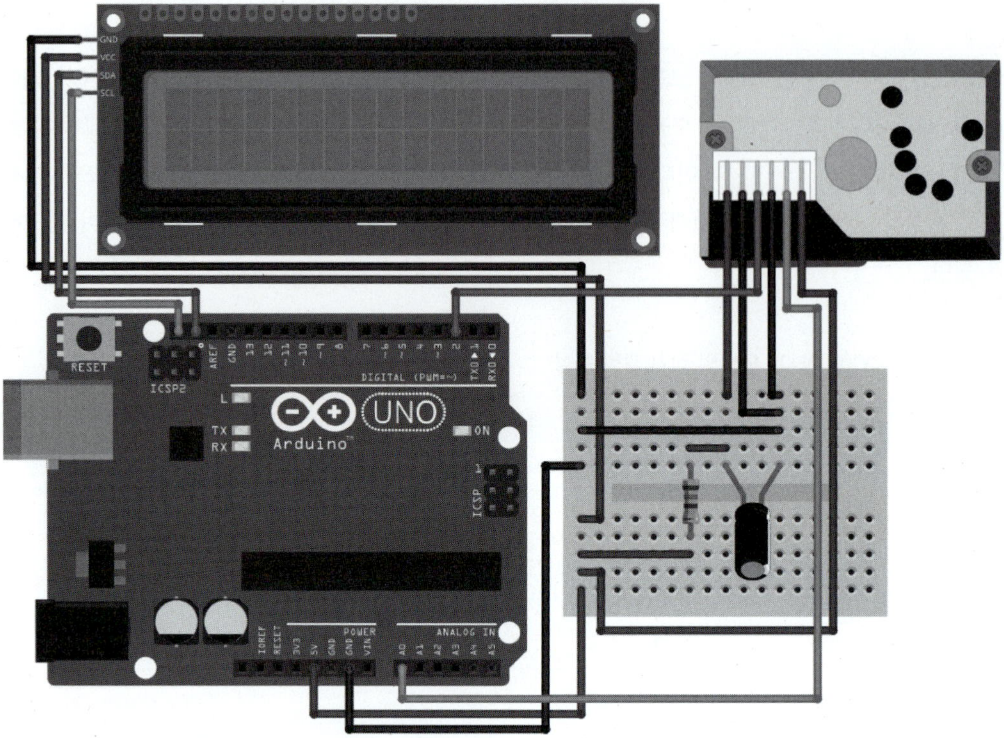

UNO 보드	GP2Y1010AU0F 모듈
5 V	1. V-LED(150 Ω)
GND	2. LED-GND(220 μF)
2	3. LED
GND	4. S-GND
A0	5. VOUT
5 V	6. VCC

UNO 보드	I^2C C-LCD 모듈
GND	GND
5 V	VCC
SDA(A4)	SDA
SCL(A5)	SCL

[그림 4-49] GP2Y1010AU0F 미세먼지 센서 모듈과 I^2C C-LCD 모듈 연결 회로

```
#include <LiquidCrystal_I2C.h>                    // I2C C-LCD 모듈 라이브러리 사용

LiquidCrystal_I2C lcdMonitor(0x27, 16, 2);        // I2C C-LCD 객체 생성

const int sensorVoutPin = A0;                     // 센서의 VOUT 핀 보드의 A0 핀에 연결
const int ledDriverPin = 2;                       // 센서의 LED 핀 보드의 2번 핀에 연결
```

```
const int samplingTime = 280;                // 샘플링 시간 설정. 0.28 ms
const int deltaTime = 40;                    // 적외선 LED 발광 유지. 0.32 ms
const int sleepTime = 9680;                  // 10,000 - 280 - 40

// 사용자 정의 문자 '먼' 데이터 배열로 초기화
byte customChar_Meon[] = {B00000, B11101, B10111, B11101, B00000, B10000, B11111, B00000};
// 사용자 정의 문자 '지' 데이터 배열로 초기화
byte customChar_Ji[] = {B00000, B11101, B01001, B11101, B10101, B10101, B10101, B00000};

void setup()
{
  pinMode(ledDriverPin, OUTPUT);             // 2번 핀을 출력 모드로 설정

  lcdMonitor.begin();                        // I2C C-LCD 모듈 초기화
  lcdMonitor.backlight();                    // I2C C-LCD 모듈 백라이트 on

  // I2C C-LCD 모듈의 CGRAM 메모리 0번지 주소에 사용자 정의 문자 '먼' 저장
  lcdMonitor.createChar(0, customChar_Meon);
  // I2C C-LCD 모듈의 CGRAM 메모리 1번지 주소에 사용자 정의 문자 '지' 저장
  lcdMonitor.createChar(1, customChar_Ji);
}

void loop()
{
  digitalWrite(ledDriverPin, LOW);           // 적외선 LED on
  delayMicroseconds(samplingTime);           // 샘플링 시간. 0.28 ms 동안 대기

  // ADC로부터 센서값을 읽어 sensorVoutValue 변수에 저장
  float sensorVoutValue = analogRead(sensorVoutPin);

  delayMicroseconds(deltaTime);              // 0.32 - 0.28 = 0.04 ms 유지
  digitalWrite(ledDriverPin, HIGH);          // 적외선 LED off
  delayMicroseconds(sleepTime);              // 다음 감지 준비 시간(1초 미만)

  // 센서 출력 전압으로 변환한 후 미세먼지 농도 계산
  float outputVoltage = sensorVoutValue * (5.0 / 1024.0);
  float dustDensity = 0.17 * outputVoltage - 0.1;
```

```
    if(dustDensity < 0)                     // 미세먼지 농도가 0보다 작은 값이면,
    {
      dustDensity = 0;                      // 0으로 초기화
    }

    lcdMonitor.clear();                     // 화면 지우기
    lcdMonitor.setCursor(0, 0);             // 첫 번째 줄의 첫 칸으로 커서 이동

    lcdMonitor.write((byte)0);              // 사용자 지정 문자 '먼' 표시
    lcdMonitor.write(1);                    // 사용자 지정 문자 '지' 표시
    lcdMonitor.print(": ");
    lcdMonitor.print(dustDensity);          // 미세먼지 농도 표시
    lcdMonitor.print(" ug/m3");

    delay(1000);                            // I2C C-LCD 모듈 없을 시 불필요
  }
```

◇ 코드 추가 설명

```
const int samplingTime = 280;
const int deltaTime = 40;
const int sleepTime = 9680;
```

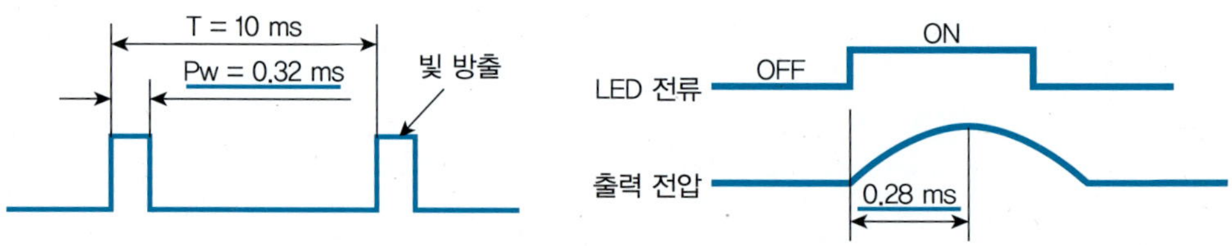

[그림 4-50] 적외선 LED 방출 시간과 출력 펄스의 샘플링 타이밍

[그림 4-50]처럼 적외선 LED를 켜는 시간은 약 0.32 ms의 펄스폭을 유지해야 하고 펄스가 HIGH가 되는 순간부터 약 0.28 ms 후에 출력 전압을 ADC로 읽어야 한다. 그리고 장치가 먼지를 감지할 준비가 되는데 필요한 시간은 1초 미만이다.

```
dustDensity = 0.17 * outputVoltage - 0.1;
```

GP2Y1010AU0F 미세먼지 센서 모듈의 데이터시트에서는 미세먼지 농도를 계산하는 방정식을 제공하지 않으나 데이터시트의 먼지 밀도에 대한 전압 특성 그래프를 이용하여 도출한 근사 방정식을 소스 코드에 적용했다.

$$y = 0.172x - 0.0999 \tag{4.22}$$

앞서 설명한 (4.21) 방정식을 소스 코드에 적용해서 (4.22) 방정식과 출력 차이를 확인해 보기 바란다.

4.6.10 미세먼지 센서 모듈(PM-D4)

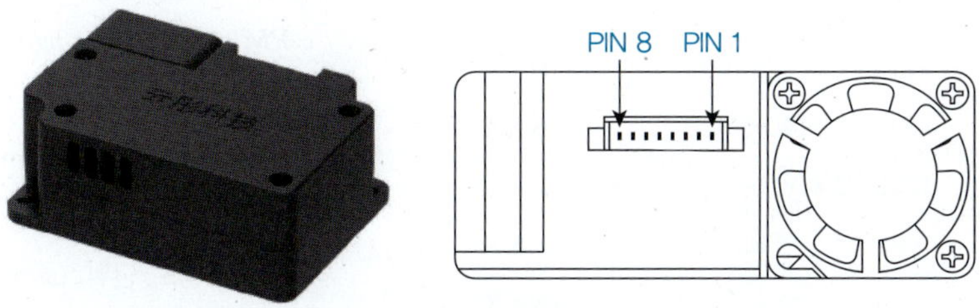

핀 번호	이름	설명
1	VCC	전원 공급
2	GND	그라운드 연결
3	SLEEP	슬립 모드: LOW 입력 동작 모드: HIGH 입력(미사용 시 연결하지 않음)
4	RXD	시리얼 통신: 디지털 입력
5	TXD	시리얼 통신: 디지털 출력
6	NC	아무것도 연결하지 않음
7	NC	아무것도 연결하지 않음
8	PWM	PWM 출력(미사용 시 연결하지 않음)

[그림 4-51] PM-D4 미세먼지 센서 모듈의 핀 정보

PM-D4 미세먼지 센서 모듈은 레이저 산란 원리로 미세먼지 농도를 측정하고 제조사에서 100 % 보정한 뒤 출고하므로 높은 정확도를 기대할 수 있다.

센서 모듈은 4.8 V ~ 5.5 V의 동작 전압으로 0.3 μm 크기의 먼지를 감지하고 1 $\mu g/m^3$의 분해능으로 최대 1,000 $\mu g/m^3$의 먼지 밀도를 감지한다. 시리얼 통신 시 사용하는 프로토콜은 〈표 4-6〉과 같으며, 3.3 V의 32byte 데이터 구조로 전송한다. 복잡해 보이지만 센서 모듈 내부에서 미세먼지 농도 데이터를 출력해 주기 때문에 사용자는 센서 모듈에서 전송되는 데이터를 해석하기만 하면 되므로 좀 더 편하게 사용할 수 있는 장점이 있다.

〈표 4-6〉 시리얼 통신 프로토콜

번호	데이터 번호	데이터	데이터 설명
0x00	헤더 1	0x42	프레임 헤더
0x01	헤더 2	0x4d	
0x02	프레임 길이 상위 바이트	0xXX	프레임 길이 = 2 × 13 + 2(데이터 + 체크섬)
0x03	프레임 길이 하위 바이트	0xXX	
0x04	데이터 1 상위 바이트	0xXX	PM1.0 농도, 단위: $\mu g/m^3$
0x05	데이터 1 하위 바이트	0xXX	
0x06	데이터 2 상위 바이트	0xXX	PM2.5 농도, 단위: $\mu g/m^3$
0x07	데이터 2 하위 바이트	0xXX	
0x08	데이터 3 상위 바이트	0xXX	PM10 농도, 단위: $\mu g/m^3$
0x09	데이터 3 하위 바이트	0xXX	
0x0A	데이터 4 상위 바이트	0xXX	PM1.0 농도, 단위: $\mu g/m^3$
0x0B	데이터 4 하위 바이트	0xXX	
0x0C	데이터 5 상위 바이트	0xXX	PM2.5 농도, 단위: $\mu g/m^3$
0x0D	데이터 5 하위 바이트	0xXX	
0x0E	데이터 6 상위 바이트	0xXX	PM10 농도, 단위: $\mu g/m^3$
0x0F	데이터 6 하위 바이트	0xXX	
0x10	데이터 7 상위 바이트	0xXX	0.1 L당 공기 중 직경 0.3 μm 이상의 입자 수
0x11	데이터 7 하위 바이트	0xXX	
0x12	데이터 8 상위 바이트	0xXX	0.1 L당 공기 중 직경 0.5 μm 이상의 입자 수
0x13	데이터 8 하위 바이트	0xXX	
0x14	데이터 9 상위 바이트	0xXX	0.1 L당 공기 중 직경 1.0 μm 이상의 입자 수
0x15	데이터 9 하위 바이트	0xXX	
0x16	데이터 10 상위 바이트	0xXX	0.1 L당 공기 중 직경 2.5 μm 이상의 입자 수
0x17	데이터 10 하위 바이트	0xXX	

0x18	데이터 11 상위 바이트	0xXX	0.1 L당 공기 중 직경 5.0 μm 이상의 입자 수
0x19	데이터 11 하위 바이트	0xXX	
0x1A	데이터 12 상위 바이트	0xXX	0.1 L당 공기 중 직경 10 μm 이상의 입자 수
0x1B	데이터 12 하위 바이트	0xXX	
0x1C	데이터 13 상위 바이트	0xXX	예약됨(0)
0x1D	데이터 13 하위 바이트	0xXX	
0x1E	체크섬 상위 바이트	0xXX	체크섬 = 시작 심볼 1 + 시작 심볼 2 + ... + 데이터 13 하위 바이트
0x1F	체크섬 하위 바이트	0xXX	

PM–D4 미세먼지 센서 모듈에서 전송되는 시작 값은 0x42와 0x4D이므로 이후에 전송되는 30byte 데이터가 먼지와 관련된 데이터이다. 시리얼 통신으로 미세먼지 농도를 처리할 수 있지만, 센서 모듈의 8번 핀을 이용하여 PWM으로 미세먼지 농도 측정값을 처리할 수 있다. 센서 모듈에서 발생하는 PWM 펄스 주기는 1,000 ms이며, 듀티비를 이용하여 0 ~ 999 $\mu g/m^3$의 범위의 PM2.5 먼지 농도를 측정한다. [그림 4–52]와 같은 듀티비가 출력될 때 다음 방정식으로 PM2.5 먼지 농도를 도출할 수 있다.

$$PM2.5 = \frac{1}{T} \times 1,000(\mu g/m^3) \qquad (4.23)$$

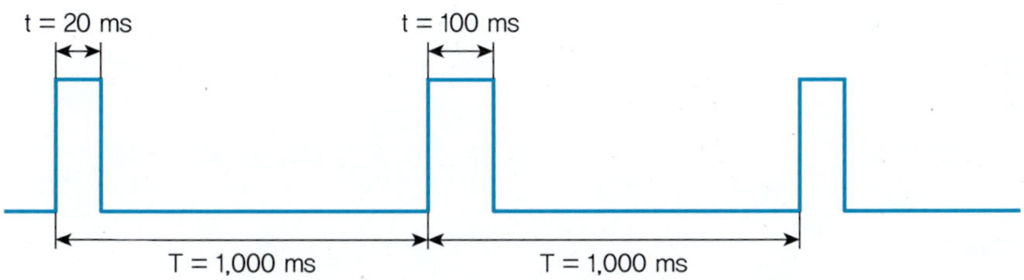

[그림 4–52] PM–D4 미세먼지 센서 모듈의 PWM 출력

여기서 t는 한 주기에서 HIGH 신호가 유지된 시간이고, T는 PWM 주기이다. [그림 4–52]와 같이 t가 각각 20 ms, 100 ms일 때 PM2.5 입자 질량 농도는 각각 $\frac{20}{1,000} \times 1,000 = 20$ $(\mu g/m^3)$와 $\frac{100}{1,000} \times 1,000 = 100(\mu g/m^3)$이다.

PM-D4 미세먼지 센서 모듈을 사용하여 시리얼 통신 창으로 PM1.0, PM2.5, PM10의 미세먼지 농도를 모두 출력하는 예제이다. 미세먼지 농도의 경우 시리얼 통신으로 같은 데이터를 두 번 전송하므로 두 데이터를 모두 출력해 보고, PWM 출력도 같은 값을 출력하는지 확인해 보자.

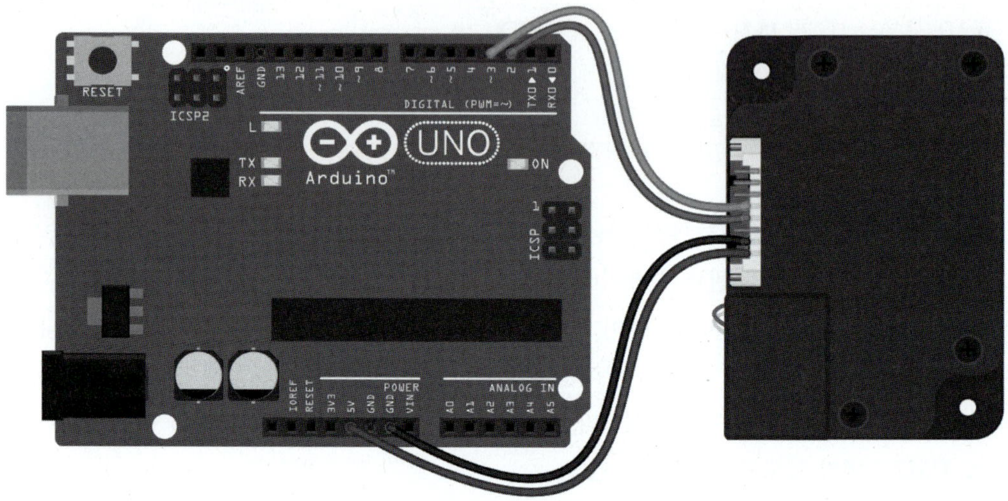

[그림 4-53] PM-D4 미세먼지 센서 모듈 연결 회로

```
#include <SoftwareSerial.h>                    // 소프트웨어 시리얼 통신 라이브러리 사용

SoftwareSerial sensorSerial(3, 2);             // Rx, Tx 핀 설정과 시리얼 객체 생성

byte sensorData[32];                           // 수신 데이터를 저장하기 위한 버퍼

void setup()
{
  Serial.begin(9600);                          // 보드와 PC 간 통신 속도 설정
  sensorSerial.begin(9600);                    // 센서 모듈과 보드 간 통신 속도 설정
}

void loop()
{
  while(sensorSerial.available() >= 32)        // 32byte가 수신되면,
  {
```

```
byte startCode1 = sensorSerial.read(); // 버퍼로부터 1byte를 읽어서 변수에 저장

if(startCode1 != 0x42)                 // 프레임 헤더 0x42가 아니면,
{
  continue;                            // while 반복문 다시 시작
}

byte startCode2 = sensorSerial.read(); // 버퍼로부터 다음 1byte 읽어서 변수에 저장

if(startCode2 != 0x4D)                 // 프레임 헤더 0x4D가 아니면,
{
  continue;                            // while 반복문 다시 시작
}

int sumOfData = 0;                     // 데이터 프레임 합 저장 변수 초기화

sensorData[0] = startCode1;            // 헤더 1을 배열 0 인덱스에 저장
sensorData[1] = startCode2;            // 헤더 2를 배열 1 인덱스에 저장

for(int i = 2; i < 32; i++)            // 2 ~ 31까지 1씩 증가하며 반복
{
  sensorData[i] = sensorSerial.read(); // 헤더를 제외한 30byte 읽어서 저장
}

for(int i = 0; i < 30; i++)            // 0 ~ 29까지 1씩 증가하며 반복
{
  sumOfData += sensorData[i];          // 체크섬 앞쪽 30byte 데이터 누적
}

// 데이터 프레임의 마지막 2byte 체크섬 데이터를 checkData 변수에 저장
int checkData = (sensorData[30] << 8) | sensorData[31];

// 체크섬 앞쪽 30byte 데이터의 합과 체크섬이 같으면 유효 데이터로 처리
if(sumOfData == checkData)
{
  // PM1.0, PM2.5, PM10 각 2byte를 조합하여 변수에 저장
  int PM1 = (sensorData[4] << 8) | sensorData[5];
  int PM2_5 = (sensorData[6] << 8) | sensorData[7];
```

```
      int PM10 = (sensorData[8] << 8) | sensorData[9];

      Serial.print("PM1.0: ");                    // 극초미세먼지
      Serial.print(PM1, DEC);
      Serial.println(" ug/m^3");

      Serial.print("PM2.5: ");                    // 초미세먼지
      Serial.print(PM2_5, DEC);
      Serial.println(" ug/m^3");

      Serial.print("PM10: ");                     // 미세먼지
      Serial.print(PM10, DEC);
      Serial.println(" ug/m^3");
      Serial.println();
    }
  }
}
```

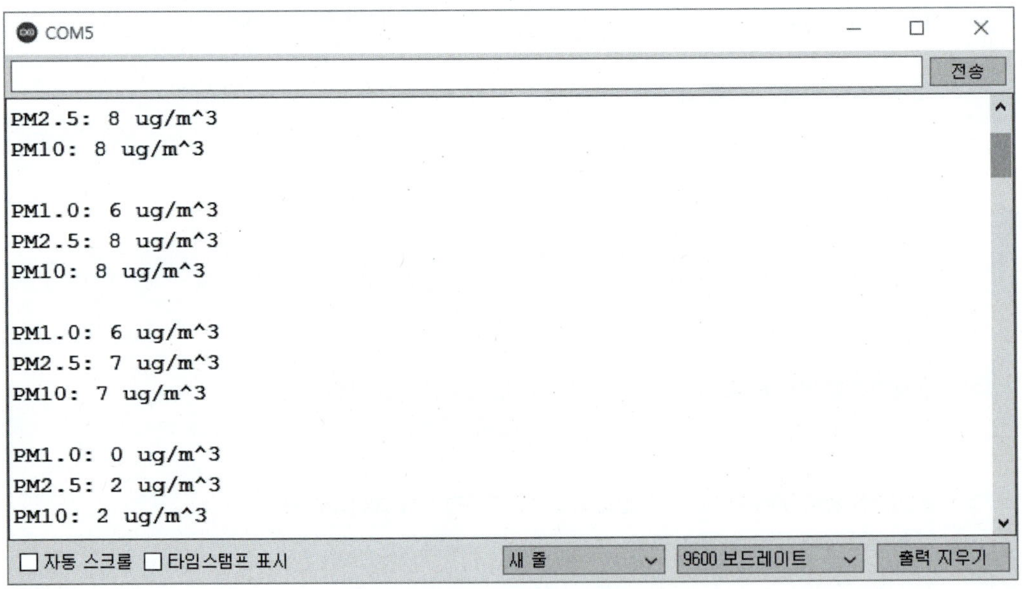

[그림 4-54] 미세먼지 측정 결과

◇ 코드 추가 설명

```
#include <SoftwareSerial.h>

SoftwareSerial sensorSerial(3, 2);
```

아두이노 우노 보드에는 한 개의 하드웨어 시리얼 통신 채널이 있고 보드의 0번 핀과 1번 핀이 각각 Rx, Tx 핀으로 고정되어 있다. 아두이노 우노 보드의 0번, 1번 핀 이외의 핀을 사용하여 시리얼 통신을 구현하려면 SoftwareSerial 라이브러리를 사용하면 된다. PM-D4 미세먼지 센서 모듈의 시리얼 통신 채널은 4번 핀(Rx), 5번 핀(Tx)이고 이 핀을 우노 보드의 3번 핀, 2번 핀에 각각 연결한다.

```
int checkData = (sensorData[30] << 8) | sensorData[31];

if(sumOfData == checkData)
{
   int PM1 = (sensorData[4] << 8) | sensorData[5];
   int PM2_5 = (sensorData[6] << 8) | sensorData[7];
   int PM10 = (sensorData[8] << 8) | sensorData[9];
......
}
```

데이터 프레임에서 30번째, 31번째 바이트는 체크섬 데이터이다. 이것은 0번째 ~ 29번째 바이트의 합과 같아야 한다. 30번째 바이트를 왼쪽으로 8 시프트하고 31번째 바이트와 논리합(OR) 연산하여 2byte 데이터를 만든다. 이후 소스 코드에도 같은 방법으로 2byte 데이터를 처리하므로 이해되지 않을 시, C 언어에서 비트 연산 부분과 시프트 연산에 대해서 찾아보고 이해하도록 한다.

유효한 데이터라면 논리합 연산으로 PM1.0, PM2.5, PM10에 해당하는 각 미세먼지 농도 데이터를 2byte 데이터로 만들어 변수에 저장한다. 주로 사용하는 PM1.0, PM2.5, PM10은 0x04 ~ 0x09, 0x0A ~ 0x0F 두 번 전송하는데 마지막에 체크섬으로 데이터 손실을 확인할 수 있으므로 0x04 ~ 0x09의 데이터만 읽어 오는 것으로 소스 코드를 처리했다.

4.6.11 혈중 산소포화도 및 심박 수 측정 센서 모듈(MAX30102)

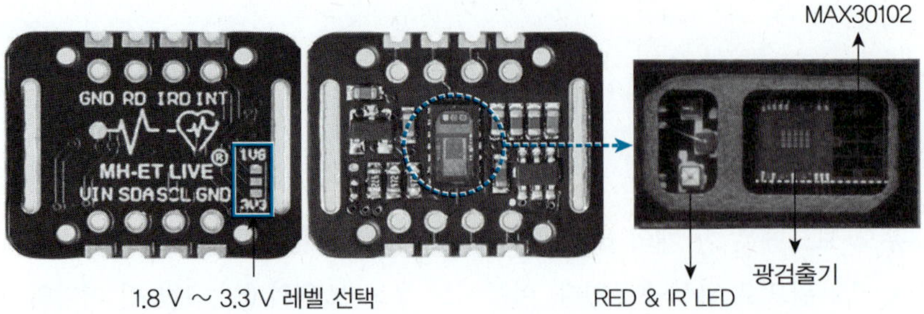

핀	설명
VIN	3.3.3 V ~ 5 V 전원 공급
SDA	I^2C 통신 데이터 라인
SCL	I^2C 통신 클록 라인
GND	그라운드

핀	설명
GND	그라운드
RD	RED LED 직접 구동
IRD	적외선 LED 직접 구동
INT	인터럽트

[그림 4-55] MAX30102 혈중 산소 포화도 및 심박 수 측정 센서 모듈과 핀 정보

MAX30102 모듈은 혈중 산소 포화도와 심박 수를 동시에 측정할 수 있는 통합 센서이다. 600 nm ~ 750 nm 파장의 적색광과 850 nm ~ 1,000 nm 파장의 적외선은 피부 속으로 들어가면서 일부는 반사되고 일부는 혈관에 도달하는데 혈관에 도달한 빛은 핏속의 헤모글로빈에서 색에 따라 흡수 또는 반사된다. 산소화된 헤모글로빈은 더 많은 적외선을 흡수하고 더 많은 적색광을 통과시키고, 탈산소화 헤모글로빈은 더 많은 적색광을 흡수하고 더 많은 적외선을 통과시킨다. 광검출기에 의해 검출된 적색광과 적외선의 두 가지 빛으로 혈액 내의 헤모글로빈 백분율 즉, 혈중 산소 포화도(Saturation of percutaneous oxygen, SpO_2)를 측정하고, 심장 박동에 따라 혈관이 부풀었다 줄어드는 원리를 이용하여 심박 수(Heart Rate, HR)를 측정한다. 이렇게 빛을 이용한 펄스 검출 방법으로 혈액의 흐름을 관찰하는 기술을 광 혈류 측정(PhotoPlethysmoGram, PPG), 광 용적 맥파 측정, 광 용적 측정이라 한다.

MAX30102 IC는 IC용 1.8 V와 적색 및 적외선 LED용 3.3 V 전압이 필요하다. 그래서 MAX30102 모듈을 보면 1.8 V LDO 레귤레이터와 3.3 V 레귤레이터가 있는 것을 볼 수 있다. 모듈 뒷면에는 1.8 V ~ 3.3 V 로직 레벨을 선택할 수 있는 솔더 패드(solder pad)가 있는데 개발 환경에 따라 전압 레벨을 변경할 수 있다. 기본적으로 MAX30102 IC는 측정 중에는 600 μA 미만, 대기 모드에서는 0.7 μA 정도 낮은 전력을 사용한다. 따라서 저전력 설계가 필

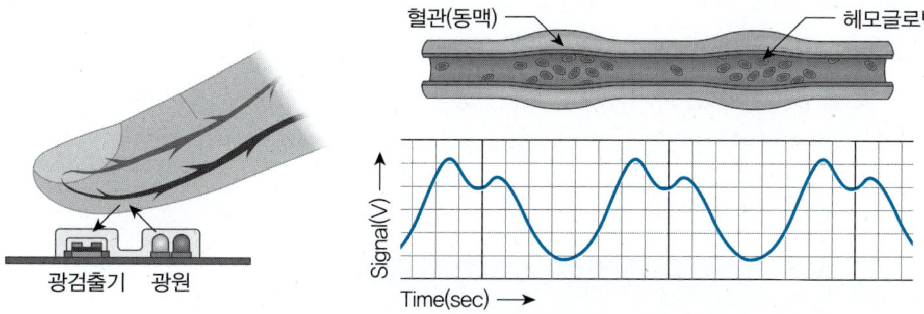

[그림 4-56] 혈중 산소 포화도와 심박 수 측정 원리

요한 웨어러블 장치나 모바일 애플리케이션에 적용하기 좋다.

MAX30102 모듈의 측정 데이터는 I^2C 통신으로 전송하며, 쓰기 작업용 I^2C 장치 주소는 0xAE이고, 읽기 작업용 I^2C 장치 주소는 0xAF이다. 센서 모듈의 인터럽트는 전원을 켤 때와 절전 상태 후, 산소 포화도와 심박 수 데이터가 수집된 후, 주변광 제거 시, 온도 준비 시, 데이터 샘플을 저장하기 위한 FIFO 버퍼가 가득 찼을 때 발생하며, 인터럽트 발생 시 INT 핀은 LOW 상태가 된다.

아두이노 IDE의 라이브러리 매니저에서 'MAX3010X'를 검색하여 스파크펀 사의 Max3010x

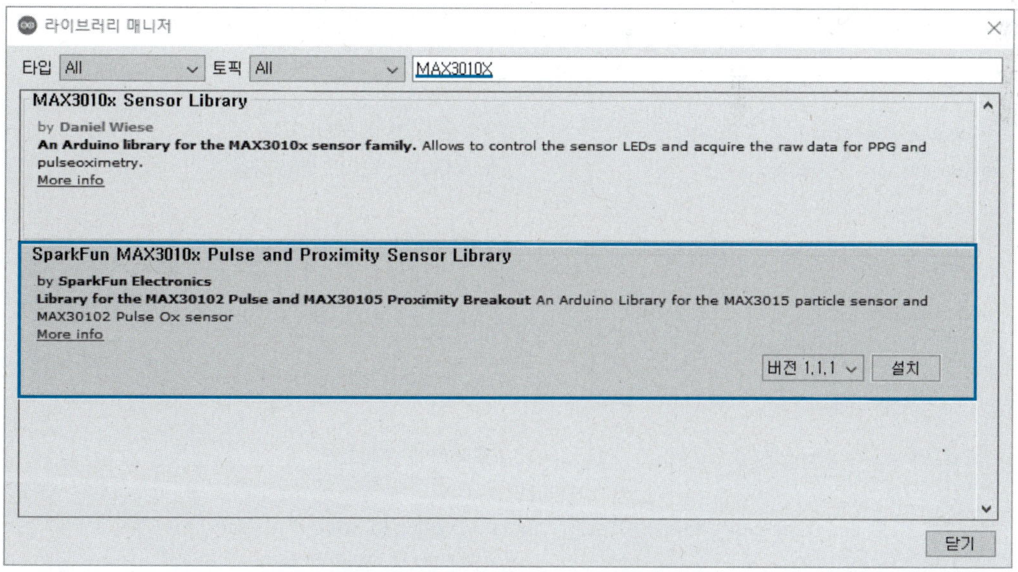

[그림 4-57] MAX3010x 라이브러리 설치

Pulse and Proximity Sensor Library를 설치한다. 라이브러리에서 제공되는 예제를 이용하여 적외선을 읽어 보고 산소 포화도와 심박 수를 출력해본다. 개인 건강 관리에 관심이 높아진 추세에 맞춰 유사한 모듈을 이용한 저렴한 상용 제품들을 쉽게 볼 수 있다. 스마트폰이나 스마트워치 등의 모바일 기기에서 볼 수 있는 유사한 애플리케이션을 응용하여 만들어 보기 바란다.

UNO 보드	MAX30102
5 V	VIN
A4(SDA)	SDA
A5(SCL)	SCL
GND	GND

[그림 4-58] MAX30102 혈중 산소 포화도 및 심박 수 측정 센서 모듈 연결 회로

```
#include <Wire.h>                         // I²C 통신 라이브러리 사용
#include <MAX30105.h>                     // MAX30105 라이브러리 사용

MAX30105 heartRate;                       // MAX30105 객체 생성

void setup()
{
  Serial.begin(9600);                     // 시리얼 통신 속도 9,600 bps로 설정

  if(!heartRate.begin())                  // 초기화에 실패하면,
  {
    Serial.println("Can't find MAX30102. Check wiring and power.");
    while(1);                             // 에러 메시지 출력 후 중단
```

```
    }

    heartRate.setup();                          // 기본 설정으로 센서 구성
}

void loop()
{
    Serial.print(heartRate.getRed());           // 적색광 원시 측정값 출력
    Serial.print(", ");
    Serial.println(heartRate.getIR());          // 적외선 원시 측정값 출력
}
```

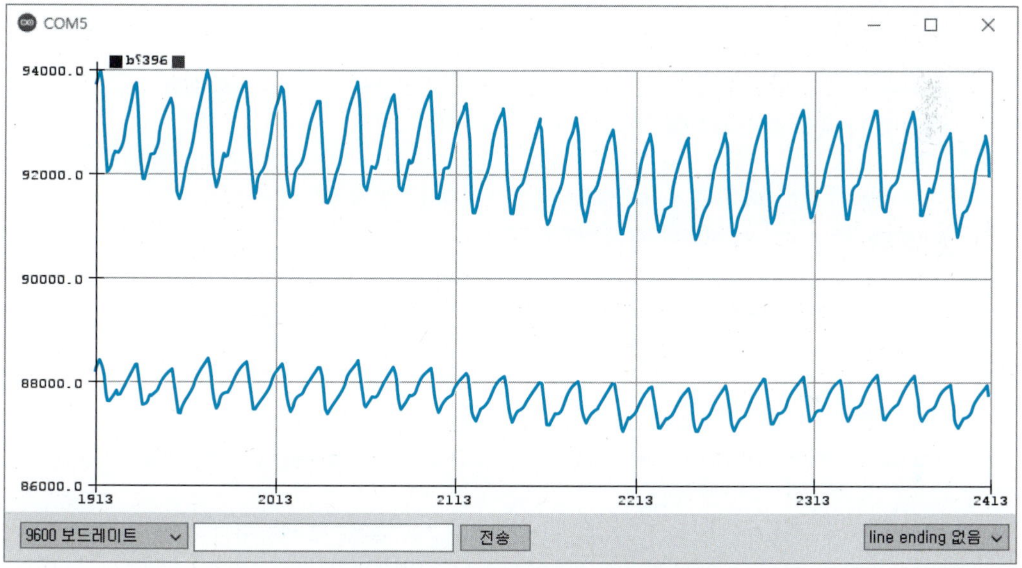

[그림 4-59] 적색광과 적외선 원시값 출력

☞ 아두이노 IDE의 [툴]-[시리얼 플로터]를 실행하고 센서 모듈에 손가락을 갖다 대면 [그림 4-59]와 같은 출력 결과를 볼 수 있다.

앞서 연결된 회로를 유지한 상태에서 심박 수와 심박 수 평균을 측정한다. 예제는 라이브러리에서 제공된 스케치를 기반으로 수정된 소스 코드이므로 라이브러리에서 제공되는 관련 스케치를 그대로 업로드하는 것도 괜찮다.

```
#include <Wire.h>                                  // I²C 통신 라이브러리 사용
#include <MAX30105.h>                              // MAX30105 라이브러리 사용
#include <heartRate.h>                             // 심박 수 계산 알고리즘 사용

MAX30105 particleSensor;                           // 객체 생성

const byte RATE_SIZE = 4;                          // 심박 수 평균 개수
byte rates[RATE_SIZE];                             // 심박 수 저장 배열. rates[4]
byte rateSpot = 0;
long lastBeat = 0;                                 // 마지막 비트가 발생한 시간
float beatsPerMinute;                              // BPM 저장 변수
int beatAvg;                                       // 측정 평균값 저장 변수

void setup()
{
  Serial.begin(115200);                            // 통신 속도 115,200 bps로 설정
  Serial.println("Initializing...");

  // 400 kHz I²C 통신 설정으로 초기화 실패하면 에러 메시지 출력 후 중단!
  if(!particleSensor.begin(Wire, I2C_SPEED_FAST))
  {
    Serial.println("MAX30102 was not found. Please check wiring/power.");
    while(1);
  }
  // 센서 모듈에 검지를 일정한 압력으로 가볍게 갖다 댄다.
  Serial.println("Place your index finger on the sensor with steady pressure.");

  particleSensor.setup();                          // 기본 설정으로 센서 구성
  particleSensor.setPulseAmplitudeRed(0x0A);       // 적색광 밝기 낮춤. 옵션: 0 ~ 255
  particleSensor.setPulseAmplitudeGreen(0);        // 녹색광 off, 사용하지 않음
}

void loop()
{
  long irValue = particleSensor.getIR();           // IR 값을 읽어서 irValue 변수에 저장

  if(checkForBeat(irValue) == true)                // IR 값으로 손가락 감지 여부 판단
  {                                                // 손가락이 감지되면,
```

```
    long delta = millis() - lastBeat;              // 두 비트 사이 지속 시간 측정
    lastBeat = millis();                           // 이 코드 수행 시점의 시간 저장

    beatsPerMinute = 60 / (delta / 1000.0);        // BPM 계산

    if(beatsPerMinute < 255 && beatsPerMinute > 20)
    {
      rates[rateSpot++] = (byte)beatsPerMinute;   // 배열 인덱스를 변경하면서 측정값을 배열에 저장
      rateSpot %= RATE_SIZE;                      // 값 ÷ 4, 0 ~ 3까지 배열 인덱스 변환
      beatAvg = 0;                                // 측정 평균값 0으로 초기화

      for(byte i = 0; i < RATE_SIZE; i++)         // 배열 인덱스 0 ~ 3까지 반복
      {
        beatAvg += rates[ i ];                    // 저장된 측정값 누적 합계
      }
      beatAvg /= RATE_SIZE;                       // 측정값의 평균 계산
    }
  }

  Serial.print("IR: ");
  Serial.print(irValue);                          // 적색광 원시 측정값 출력
  Serial.print(", BPM: ");
  Serial.print(beatsPerMinute);                   // BPM 출력
  Serial.print(", Avg BPM: ");
  Serial.print(beatAvg);                          // 측정값 평균 출력

  if(irValue < 50000)                             // 손가락이 감지되지 않으면,
  {
    Serial.print(" No finger?");
  }
  Serial.println();
}
```

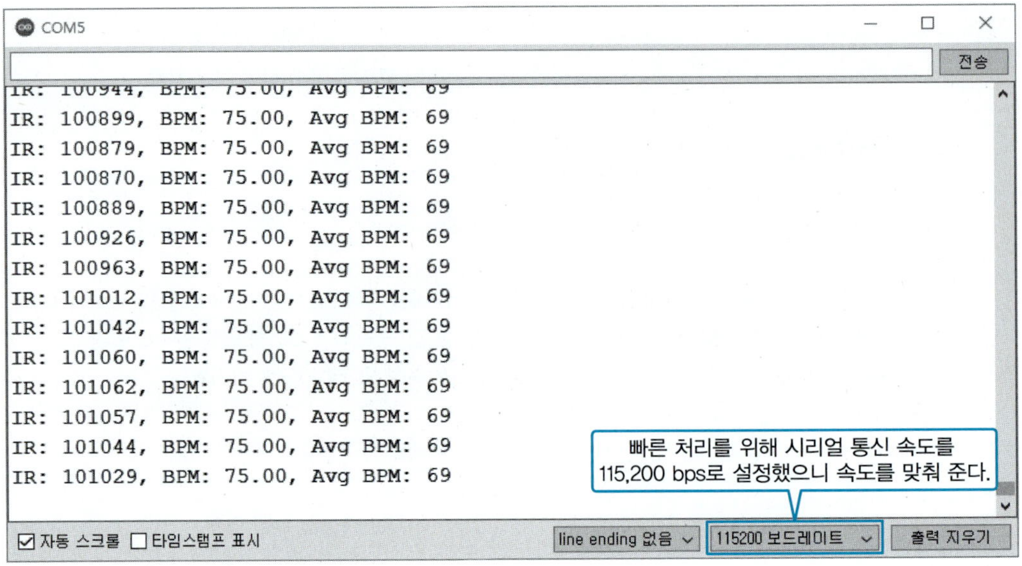

[그림 4-60] 적외선 판독 원시값, BPM, 평균 BPM 출력

☞ MAX30102 모듈의 적색광과 적외선이 방출되는 부분에 검지를 갖다 댈 때 너무 세게 잡게 되면 혈관이 압박된 상태에서 측정될 수 있고, 너무 약하게 잡으면 움직임과 주변광으로 인한 잡음이 측정값을 왜곡할 수 있다. 적당한 압력으로 몇 초간 잡고 있으면 일정한 측정값을 확인할 수 있다.

☞ 검지 외에 귓불이나 아랫입술 등 모세혈관이 있는 다른 신체 부분에 갖다 대어도 심박 수가 출력되는지 확인해 본다.

앞서 연결된 회로를 유지한 상태에서 심박 수와 혈중 산소 포화도를 측정하는 예제이다.

```
#include <Wire.h>                    // I2C 통신 라이브러리 사용
#include <MAX30105.h>                // MAX30105 라이브러리 사용
#include <spo2_algorithm.h>          // 심박 수 및 산소 포화도 계산 알고리즘 사용

MAX30105 spo2Sensor;                 // 객체 생성

uint16_t irBuffer[100];              // 적외선 측정값을 저장하는 배열 선언
uint16_t redBuffer[100];             // 적색광 측정값을 저장하는 배열 선언
```

```
int32_t bufferSize;                    // 버퍼 사이즈 저장 변수
int32_t spo2;                          // 혈중 산소 포화도 저장 변수
int8_t isValidSPO2;                    // 산소 포화도 계산 결과 유효 여부 저장 변수
int32_t heartRate;                     // 심박 수 저장 변수
int8_t isValidHeartRate;               // 심박 수 계산 결과 유효 여부 저장 변수
byte readLED = 13;                     // 데이터 읽을 때 빌트인 LED 동작 사용

void setup()
{
  Serial.begin(115200);                // 시리얼 통신 속도 115,200 bps로 설정
  pinMode(readLED, OUTPUT);            // 13번 핀 출력 모드로 설정

  // 400 kHz I²C 통신 설정으로 초기화 실패하면 에러 메시지 출력 후 중단!
  if(!spo2Sensor.begin(Wire, I2C_SPEED_FAST))
  {
    Serial.println(F("MAX30105 not found.. Please check wiring/power."));
    while(1);
  }

  // 센서 모듈에 검지를 갖다 대고 측정을 시작하려면 아무 키나 전송한다.
  Serial.println(F("Place your finger on the sensor and Press any key to start conversion"));
  while(Serial.available() == 0) ;     // 사용자가 아무 키나 누를 때까지 대기
  Serial.read();                       // 수신 버퍼 읽음

  byte ledBrightness = 60;             // LED 밝기 조절, 옵션: 0=Off to 255=50mA
  byte sampleAverage = 4;              // 샘플링 평균, 옵션: 1, 2, 4, 8, 16, 32
  byte ledMode = 2;                    // 광원 선택, 옵션: 1=R, 2=R+IR, 3=R+IR+G
  int sampleRate = 100;                // 샘플링 속도, 옵션: 50, 100, 200, 400, 800, 1000, 1600, 3200
  int pulseWidth = 411;                // 펄스 폭, 옵션: 69, 118, 215, 411
  int adcRange = 4096;                 // ADC 범위, 옵션: 2048, 4096, 8192, 16384

  // 이 옵션 설정으로 센서 구성
  spo2Sensor.setup(ledBrightness, sampleAverage, ledMode, sampleRate, pulseWidth, adcRange);
}

void loop()
{
```

```
bufferSize = 100;                          // 25 SPS로 샘플의 4초 저장
                                           // SPS(Sample Per Second)
for(byte i = 0 ; i < bufferSize ; i++)     // 0 ~ 99까지 1씩 증가하며 반복
{                                          // 100개 샘플을 읽고 신호 범위 결정
   while(spo2Sensor.available() == false)  // 새로운 데이터가 있으면,
   {
      spo2Sensor.check();                  // 새로운 데이터 확인
   }

   redBuffer[i] = spo2Sensor.getRed();     // 적색광 읽어서 배열에 저장
   irBuffer[i] = spo2Sensor.getIR();       // 적외선 읽어서 배열에 저장
   spo2Sensor.nextSample();                // 샘플링을 끝내고 다음 샘플로 이동

   Serial.print(F("RED: "));
   Serial.print(redBuffer[i], DEC);
   Serial.print(F(", IR: "));
   Serial.println(irBuffer[i], DEC);
}

// 처음 4초간 100개를 샘플링한 후 산소 포화도와 심박 수 계산
maxim_heart_rate_and_oxygen_saturation(irBuffer, bufferSize, redBuffer, &spo2,
&isValidSPO2, &heartRate, &isValidHeartRate);

// MAX30102 모듈에서 지속적으로 샘플을 가져와서, BPM과 SpO2를 1초마다 계산
while(1)
{
   // 처음 25개 샘플을 메모리에 저장하고 이후 75개의 샘플을 배열 인덱스 앞쪽으로 이동
   for(byte i = 25; i < 100; i++)          // 25 ~ 99까지 1씩 증가하며 반복
   {
      redBuffer[i - 25] = redBuffer[i];
      irBuffer[i - 25] = irBuffer[i];
   }

   // 심박 수를 계산하기 전에 25세트의 샘플을 얻음. 25개 샘플 처리 시간 1초 소요
   for(byte i = 75; i < 100; i++)          // 75 ~ 99까지 1씩 증가하며 반복
   {
      while(spo2Sensor.available() == false)
      {
```

```
        spo2Sensor.check();
      }

      digitalWrite(readLED, !digitalRead(readLED));

      redBuffer[i] = spo2Sensor.getRed();
      irBuffer[i] = spo2Sensor.getIR();
      spo2Sensor.nextSample();

      Serial.print(F("red: "));
      Serial.print(redBuffer[i], DEC);
      Serial.print(F(", ir: "));
      Serial.print(irBuffer[i], DEC);

      Serial.print(F("HR: "));
      Serial.print(heartRate, DEC);

      Serial.print(F(", HRvalid: "));
      Serial.print(isValidHeartRate, DEC);

      Serial.print(F(", SPO2: "));
      Serial.print(spo2, DEC);

      Serial.print(F(", SPO2Valid: "));
      Serial.println(isValidSPO2, DEC);
    }

    // 25개의 새로운 샘플을 수집한 후 심박 수와 산소포화도를 다시 계산
    maxim_heart_rate_and_oxygen_saturation(irBuffer, bufferSize, redBuffer, &spo2,
    &isValidSPO2, &heartRate, &isValidHeartRate);
  }
}
```

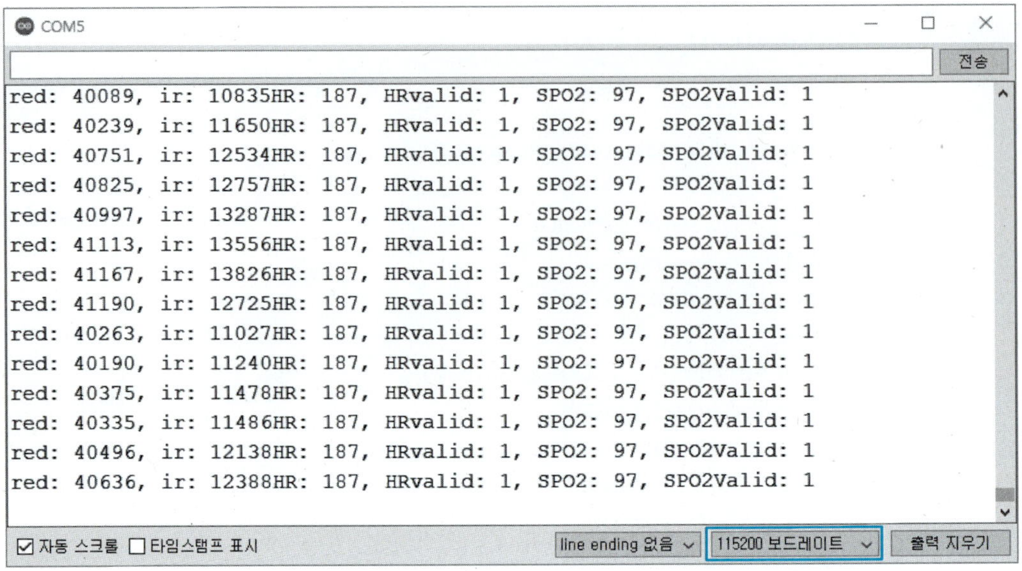

[그림 4-61] 심박 수와 혈중 산소 포화도 출력

☞ MAX30102 모듈과 검지를 고무줄 같은 것으로 고정시킨 뒤에 시리얼 모니터 창에 아무 값을 입력하고 전송하면 4초 정도 샘플링을 시작한다. 이후 안정적인 측정값이 나오는지 확인하면 된다.

4.6.12 제스처 센서 모듈(APDS-9960)

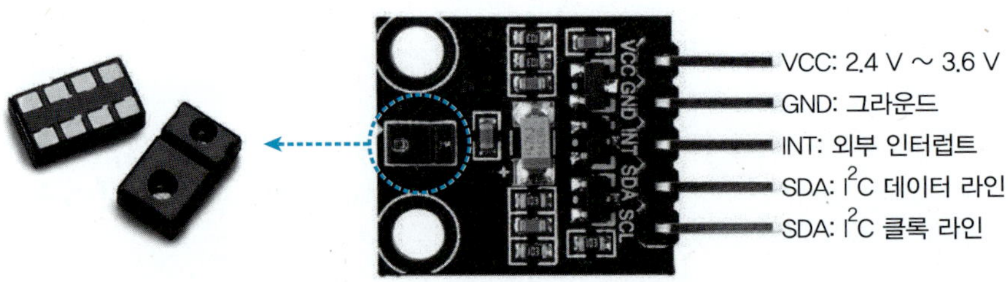

[그림 4-62] APDS-9960 제스처 센서 모듈

APDS-9960 제스처 센서 모듈은 제스처(gesture) 감지, 근접 감지, 디지털 주변광 감지(Ambient Light Sense, ALS), 색 감지(color sense, RGBC) 기능이 있다. 제스처 감지는 네 개의 지향성 포토다이오드를 사용하여 반사된 적외선을 감지해 속도, 방향, 거리 등의 물리적 동작 정보를 디지털 정보로 변환한다.

APDS-9960 IC나 APDS-9930 IC를 사용하는 다양한 유사 모듈이 있으며, [그림 4-62]와 같이 5핀이 아닌 6핀 모듈이 대부분인데 적외선 LED의 전원 선택 옵션인 VL 핀이 빠져 있다. APDS-9960 IC는 근래까지 스마트폰의 근접 센서나 제스처 센서 용도로 장착된 것으로 알려져 있다. 제스처 감지는 [그림 4-63]처럼 손이나 물체가 2 cm ~ 6 cm 이내로 지나갈 때 반사된 적외선 신호의 진폭과 위상 차이를 캡처하고 비교하여 동작한다.

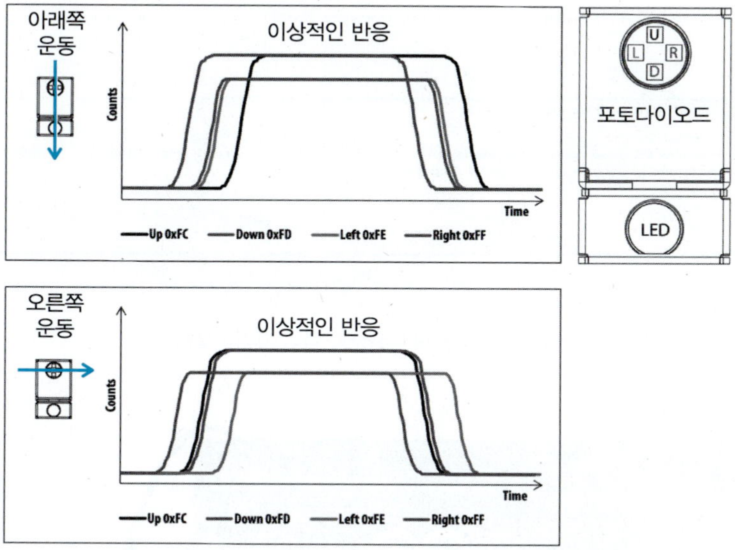

[그림 4-63] APDS-9960 제스처 센서 모듈의 기본적인 원리

근접 감지 기능은 반사된 적외선을 사용하여 물체까지의 상대 거리를 측정하고, 색상과 주변광 감지 기능은 색상과 적외선 필터링 된 포토다이오드 어레이를 사용하여 색상이 필터링 되지 않은 투명 채널뿐만 아니라 빛의 적색, 녹색, 청색 광량을 측정한다.

APDS-9960 제스처 센서 모듈은 I^2C 통신으로 모듈 제어와 출력 데이터를 전송하며, I^2C 슬레이브 장치로 설정된 7bit 주소는 0x39이다.

센서 모듈이 가진 기능만큼 직접 사용하는 것은 어려우므로 스파크펀 사에서 배포한 APDS9960 라이브러리를 설치한다. 제스처를 인식하는 간단한 실습을 기반으로 스위치 동작이나 방향 조작 등에 광범위하게 적용할 수 있다. 예를 들면, 전등이나 가전제품 제어, RC 자동차, 로봇 등의 방향 제어용 센서로 활용할 수 있다.

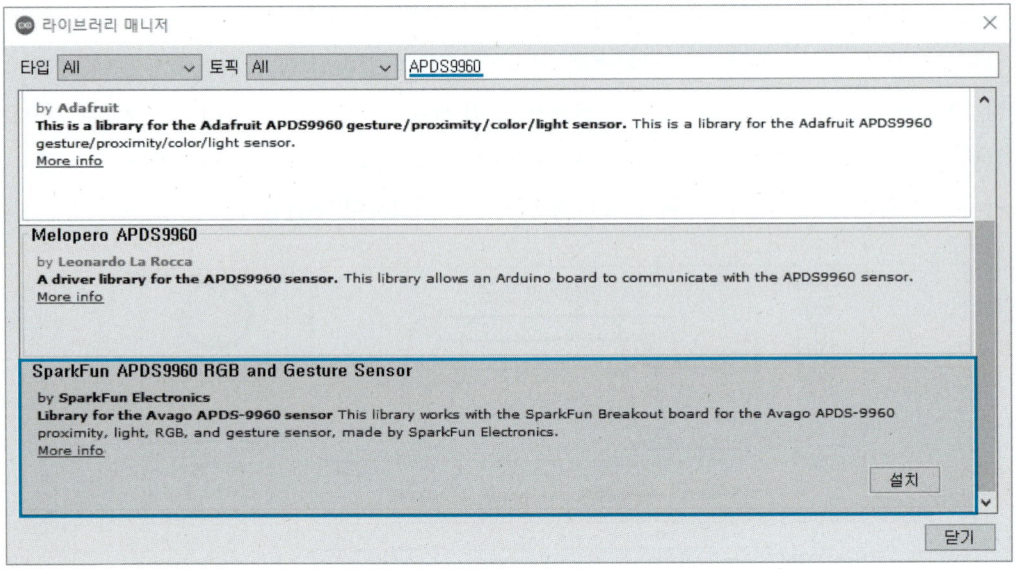

[그림 4-64] APDS9960 라이브러리 설치

UNO 보드	APDS9960
A5(SCL)	SCL
A4(SDA)	SDA
2	INT
GND	GND
3.3 V	VCC

[그림 4-65] APDS-9960 제스처 센서 모듈 연결 회로

```
#include <Wire.h>                              // I²C 통신 라이브러리 사용
#include <SparkFun_APDS9960.h>                 // APDS9960 라이브러리 사용

SparkFun_APDS9960 apds = SparkFun_APDS9960();
volatile int isr_flag = 0;                     // 플래그 변수 0으로 초기화

void setup()
{
  Serial.begin(9600);                          // 시리얼 통신 속도 9,600 bps로 설정

  Serial.println("--------------------------------");
  Serial.println("APDS-9960 - Gesture Sensor Start");
  Serial.println("--------------------------------");

  // 보드 2번 핀의 INT0 외부 인터럽트 설정, HIGH→LOW 시 트리거
  attachInterrupt(digitalPinToInterrupt(2), INT_ISR, FALLING);

  if(apds.init())                              // APDS-9960의 I²C 및 초깃값 설정
  {
    Serial.println("APDS-9960 initialization complete");
  }
  else                                         // 초기화 실패 시,
  {                                            // 초기화 실패 에러 메시지 출력
    Serial.println("Something went wrong during APDS-9960 init!");
  }

  if(apds.enableGestureSensor(true))           // 제스처 센서 엔진 실행 시작
  {
    Serial.println("Gesture sensor is now running");
  }
  else                                         // 실패 시 에러 메시지 출력
  {
    Serial.println("Something went wrong during gesture sensor init!");
  }
}

void loop()
{
```

```
  if(isr_flag == 1)                          // 제스처가 인식되면,
  {
    if(apds.isGestureAvailable())            // 읽을 수 있는 제스처가 있다면,
    {
      switch(apds.readGesture())             // 제스처 이벤트를 처리하고
      {                                      // 가장 잘 추측된 제스처를 받아 처리
        case DIR_UP:
          Serial.println("UP");
          break;
        case DIR_DOWN:
          Serial.println("DOWN");
          break;
        case DIR_LEFT:
          Serial.println("LEFT");
          break;
        case DIR_RIGHT:
          Serial.println("RIGHT");
          break;
        case DIR_NEAR:
          Serial.println("NEAR");
          break;
        case DIR_FAR:
          Serial.println("FAR");
          break;
        default:
          Serial.println("NONE");
      }
    }
    isr_flag = 0;                            // 플래그 변수 0으로 초기화
  }
}

void INT_ISR()                               // 외부 인터럽트 서비스 루틴
{                                            // 인터럽트는 함수 호출 아님. ISR
  isr_flag = 1;                              // 제스처 인식 시, 플래그 변숫값 변경
}
```

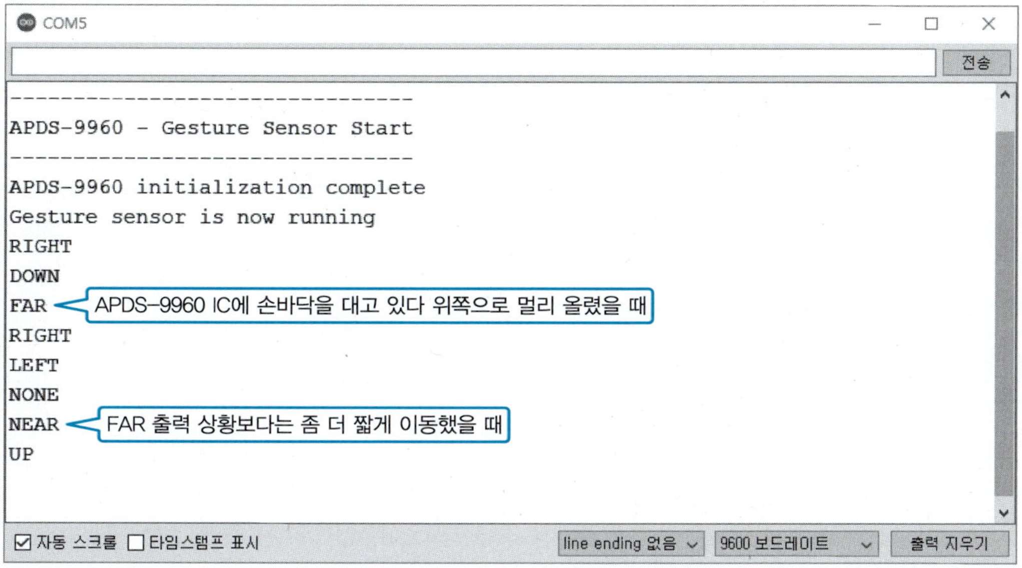

[그림 4-66] 여섯 가지의 제스처 인식

☞ 아두이노 우노 보드의 외부 인터럽트 핀은 두 개이며, 2번(INT0), 3번(INT1) 핀으로 고정되어 있다. APDS-9960 모듈에서 제스처가 인식되면 외부 인터럽트가 실행되고 인터럽트 서비스 루틴(ISR)에서 전역 변수의 플래그 변숫값이 바뀌면서 인식된 해당 제스처 동작을 처리한다.

☞ 인터럽트 서비스 루틴에서 처리되는 isr_flag 변수는 volatile 지시자를 붙여 전역 변수로 선언했는데 아두이노 프로그램에서는 보통 volatile 지시자를 붙이지 않지만, 원칙적으로는 인터럽트 서비스 루틴에서 호출되는 변수는 반드시 volatile 지시자를 붙여야 한다.

CHAPTER 05
온 · 습도 센서

contents

05 온 · 습도 센서

5.1 온도 센서

5.1.1 온도 센서 개요

온도 센서는 물체나 시스템에 의해 생성되는 열에너지의 양 또는 냉기의 양을 측정하여 아날로그나 디지털 데이터 형식의 신호 출력을 생성하고, 대상 물체에 대한 물리적인 온도의 변화를 감지하거나 관찰할 수 있다. 우리는 정수기, 냉장고, 전자레인지 등 일상생활에서 다양한 방식으로 온도 데이터를 활용하는 기기들을 사용하고 있다. 대부분의 물리적, 전자적, 화학적, 기계적, 생물학적 시스템이 온도의 영향을 받기 때문에 일상생활에서뿐만 아니라 산업현장에서도 온도 측정은 가장 자주 측정되는 환경적 데이터이다. 예를 들어, 고속도로 교량과 같은 대형 콘크리트 구조물, 토양이나 물 위의 교량, 철도 레일, 댐, 발전소 등과 같은 안전해야 하는 수많은 구조물에 대한 상태를 정기적으로 점검하고 관리하기 위해서 계절적 변화에 따른 온도 모니터링은 필요하다. 온도 센서는 가정용 난방기를 제어하는 비교적 단순한 온도 조절 장치에 적용되거나 복잡한 공정제어나 용광로 플랜트를 제어할 수 있는 고감도 반도체 기반의 온도 센서까지 다양한 유형이 있으며, 물리적으로 접촉식 온도 센서와 비접촉식 온도 센서로 구분할 수 있다. 접촉식은 감지 대상인 고체, 액체, 기체에 물리적으로 접촉하고 전도를 사용하여 온도 변화를 측정한다. 비접촉식은 물체에 직접 접촉하는 것이 아닌 열원에서 복사 에너지를 방출하는 액체나 기체를 감지하거나 적외선 또는 광학 복사의 형태로 물체로부터 전달되는 복사 에너지를 감지하고 측정한다.

접촉식 온도 센서로는 열전대(thermocouple), 측온저항체 또는 저항 온도 감지기, 서미스터 등이 있고, 비접촉식 온도 센서로는 서모파일(thermopile), 적외선 온도계, 광학 고온계(optical pyrometer) 등이 있다.

5.1.2 열전대

구리(copper)와 콘스탄탄(constantan)과 같이 서로 다른 두 금속의 양쪽 끝을 연결하여 회로를 구성하고, 두 접점에 서로 다른 온도를 유지하면 회로에 열기전력(thermo-electromotive force)이 발생하는 것을 제벡 효과(Seebeck effect)라 하며, 이런 제벡 효과를 이용하여 광범위한 온도를 측정하기 위해 두 종류의 금속으로 만든 장치를 열전대라 한다. 열전대의 한쪽 접합은 기준 접합(냉접점)으로 일정한 온도로 유지되고 또 다른 접합은 측정 접합(열접점)이다. 두 접합부가 서로 다른 온도에 있을 때 접합부 양단에는 전압이 발생하는데 이것은 두 개의 다른 물질로 구성된 접합 간의 온도 차이이다. 두 접합이 같은 온도일 때는 $V_1 = V_2$로 양단의 전위차가 0이고 출력 전압은 없지만, 회로 내에서 접합부가 연결되어 있고 양단 접합의 온도가 서로 다른 경우 출력 전압은 두 접합 간의 온도 차이 $V_1 = V_2$에 비례하여 감지된다. 이때 전압 차이는 접합부 피크 전압 레벨에 도달할 때까지 온도에 따라 증가하며, 이것은 접합에 사용된 서로 다른 두 재료의 특성과 조합 비율에 따라 결정된다.

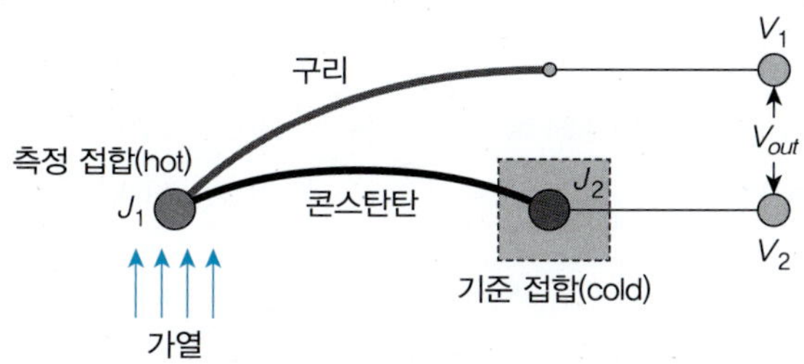

[그림 5-1] 열전대 원리

열전대의 온도와 전압의 관계는 다음과 같다.

$$V_{out} = \int_{J_2}^{J_1} \alpha_{AB} \cdot dT = \int_{J_2}^{J_1} (\alpha_A - \alpha_B) \cdot dT \tag{5.1}$$

여기서 α_{AB}는 제벡 계수(Seebeck coefficient), dT는 온도 구배(temperature gradient)이다. 제벡 계수는 재료의 고유한 특성값이며, 서로 다른 두 재료의 조합이 사용되는 경우 제벡 전위는 차동 제벡 계수에 의해 결정된다.

〈표 5-1〉 열전대 구성 재료와 측정 온도 범위

유형	도체		측정 온도 범위	특성
	(+)	(−)		
E	크로멜	콘스탄탄	−200℃ ~ 900℃	• 넓은 온도 범위 • 극저온 동작 • K보다 안정적
J	철	콘스탄탄	0℃ ~ 750℃	• 저렴한 비용 • 철 산화 취약 • K보다 높은 감도
K	크로멜	알루멜	−200℃ ~ 1,250℃	• 산화 환경에 적합 • 넓은 온도 범위 • 범용 열전대
N	니크로실	니실	0℃ ~ 1,250℃	• K의 개선형 • 산화 환경에 적합 • K보다 고가
T	구리	콘스탄탄	−200℃ ~ 350℃	• 매우 안정적 • 극저온 동작 • 온도 범위 제한적
U	구리	구리 + 니켈	0℃ ~ 1,450℃	• R과 S의 보상
B	백금(70 %) + 로듐(30 %)	백금(94 %) + 로듐(6 %)	0℃ ~ 1,700℃	• 고가 • 고온 응용 분야 • 낮은 감도 • 안정성, 반복성 장점으로 교정 표준으로 사용
R	백금(87 %) + 로듐(13 %)	백금	0℃ ~ 1,600℃	
S	백금(90 %) + 로듐(10 %)	백금	0℃ ~ 1,600℃	

열전대의 정확성, 일관성, 예측 가능성 등을 위해서는 금속 재료의 순도와 구성 선택이 중요하다. 열전대의 재료는 비교적 저렴한 니켈, 구리, 철, 크롬 등과 같은 비금속 재료와 금, 백금(platinum), 로듐(rhodium), 텅스텐(tungsten), 레늄(rhenium) 등의 귀금속 재료를 사용할 수 있다. 값비싼 희귀 원소인 귀금속을 비금속과 합금으로 대체하여 더 경제적이고 효율적인 재료를 선택하려는 노력이 이어졌고, 〈표 5-1〉처럼 열전대는 다양한 재료 구성에 따라 −200℃ ~ 2,000℃ 이상의 온도를 측정할 수 있다.

열전대 구성은 국제 표준이지만, 특정 국가마다 전선의 색상 코드는 다르다. 사용자가 응용 분야에 맞춰 가장 적합한 열전대를 선택할 때는 국제적으로 인정된 표준을 참고하면 된다. [그림 5-2]는 넓은 온도 범위에서 일반적인 열전대 유형의 출력 전압을 보여준다.

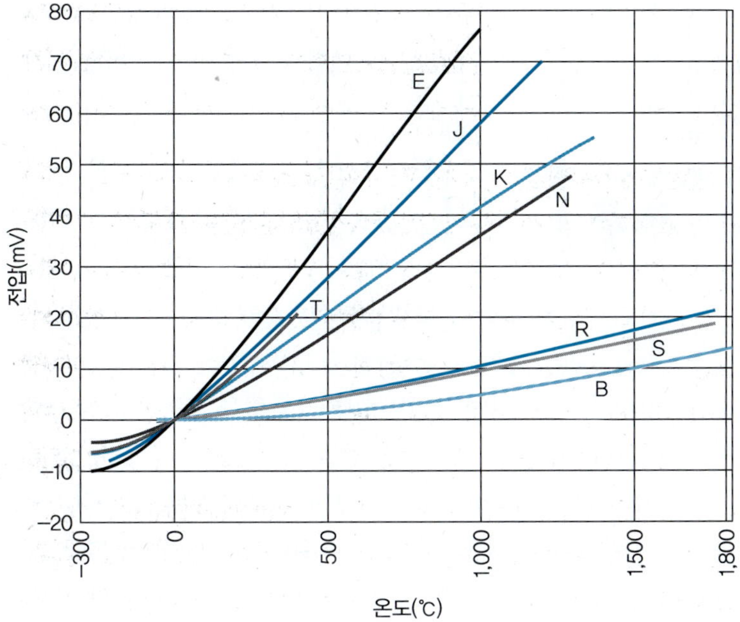

[그림 5-2] 열전대의 전압-온도 특성

가장 일반적인 비금속 유형은 E, J, K, N, T이며, 유형에 따라 극저온이나 최대 1,400℃ 정도의 온도에서 사용한다. 비금속 열전대 유형은 기전력(ElectroMotive Force, EMF) 즉 출력 전압, 감도, 온도 범위 및 적용 환경에 따라 선택된다. 귀금속 유형은 B, R, S, C, D, G이며, 1,400℃ 이상에서, 최대 3,000℃의 고온 환경에서 단기간 사용된다. 귀금속 재료의 특성상 비용이 많이 들고 감도가 낮으므로 매우 높은 온도의 응용 분야에서 사용된다. 일반적으로 비금속 열전대가 귀금속 열전대보다 감도가 높으며, 1,400℃ 미만의 온도 측정에 주로 사용한다. 특히 백금 기반의 귀금속 열전대는 가장 안정적이고 고온에 적합한 특성이 있다. 귀금속 C, D, G 유형은 텅스텐-레늄 기반으로 〈표 5-1〉에는 포함하지 않았다. C, D, G 유형은 산소가 희박한 진공 환경에서 극도로 높은 온도를 측정하기 위해 만들어졌으며, 고가인 데다가 제조의 어려움, 깨지거나 부서지기 쉬운 특성이 있다.

열전대는 스테인리스강(stainless steel) 또는 인코넬 시스(inconel sheath)로 덮고 광물 산화물로 전기적으로 절연하는 여러 가지 방법이 있다. [그림 5-3]처럼 열전대의 접합 형태에 따라 응답 시간, 노이즈 내성(noise immunity), 부식 및 안정성 등에 영향을 준다.

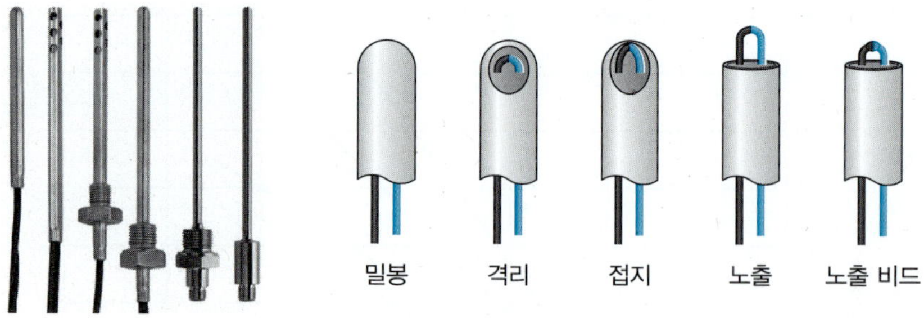

[그림 5-3] 열전대 프로브와 접합 형태

시스에 밀봉되거나(sealed) 격리된(isolated) 형태는 물리적, 화학적, 전기적 보호 측면에서 좋지만, 일반적으로 ~ 75초 정도의 가장 느린 응답 속도를 가지고 있다. 접지(grounded) 형태는 접지 루프 잡음(ground-loop noise)을 발생시킬 수 있지만, 물리적, 화학적 보호에 대한 장점이 있고, 밀봉이나 격리된 형태보다 빠른 ~ 40초 정도의 응답 속도를 제공한다. 노출(exposed) 형태는 0.1초 ~ 2초의 가장 빠른 응답 속도를 제공한다. 다만 물리적 손상에 가장 취약하고 화학적 보호가 없다는 단점을 가지고 있다. 노출 비드(exposed bead) 형태는 ~ 15초의 빠른 응답 속도를 제공한다. 다만 접지 루프 잡음이 발생할 수 있는 점을 포함하여 노출 형태가 가진 단점을 가지고 있다.

열전대 회로의 특성을 설명할 때 적용되는 세 가지 법칙은 다음과 같다.

(1) 균질 회로의 법칙(law of homogeneous circuits)

균질 회로의 법칙은 균질한 금속 재료로 구성된 회로에서 회로의 길이, 두께 및 부분적 온도 분포와 관계없이 측온 접점을 가열시켜도 열기전력은 발생하지 않는다는 것이다. 즉 열전대는 전압을 생성하기 위해서 적어도 두 가지 서로 다른 재료로 만들어져야 하며, 균질 와이어의 단면적, 길이 변화나 부분 온도 변화로는 전압을 생성하지 않는다.

(2) 중간 금속의 법칙(law of intermediate metals)

중간 금속의 법칙은 일련의 접합 상태의 회로에 다른 금속, 즉 중간 금속을 추가해도 해당 중간 접합이 모두 같은 온도에 있으면 회로에서 생성되는 전압에 영향을 미치지 않는다는 것이다. [그림 5-4]처럼 4개의 서로 다른 금속을 직렬로 연결했을 때 실제는 첫 번째 금속 A와 마지막 금속 D가 하나의 접합으로 연결된 것과 같다. 철과 콘스탄탄이 모두 구리에 결합한 열전대 회로에서 $J2$ 접합과 $J3$ 접합 사이의 구리는 중간 금속이므로 $J2$ 접합과 $J3$ 접합을 단일 철–콘스탄탄 기준 접합으로 생각할 수 있다. 이렇게 중간 금속의 법칙은 다양한 이종 금속 간의 접합이 같은 온도에 있는 경우 기준 접합과 측정 접합이 두 가지 금속 유형으로 만들어진 것으로 취급할 수 있다는 점에서 중요하며, 열전대를 다양한 재료 접합을 포함하는 전자 증폭기와 같은 반도체 회로와 연결할 때 이 법칙이 적용될 수 있다.

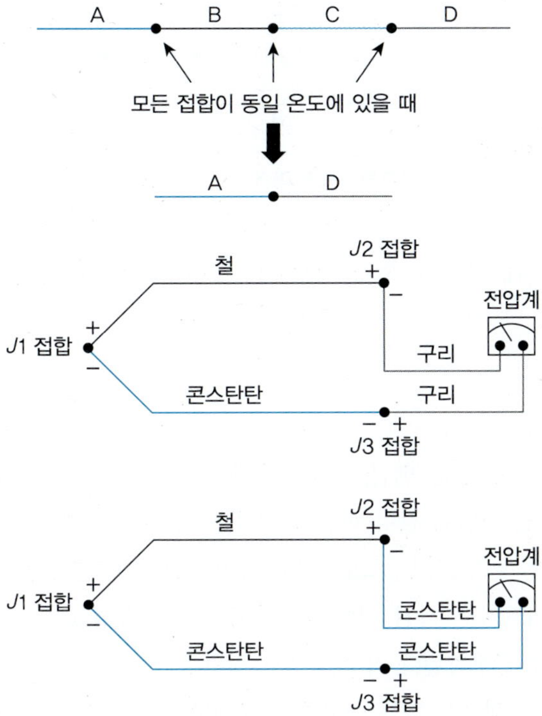

[그림 5-4] 중간 금속의 법칙

(3) 중간 온도의 법칙(law of intermediate temperatures)

두 개의 서로 다른 재료로 연결된 열전대 회로에서 접점이 T_1과 T_2에 있을 때 생기는 기전력을 E_1이라 하고, T_2와 T_3에 있을 때 생기는 기전력은 E_2이다. 이때 이들의 각 접점이 T_1과 T_3에 있을 때 기전력은 $E_1 + E_2$가 된다는 것이다.

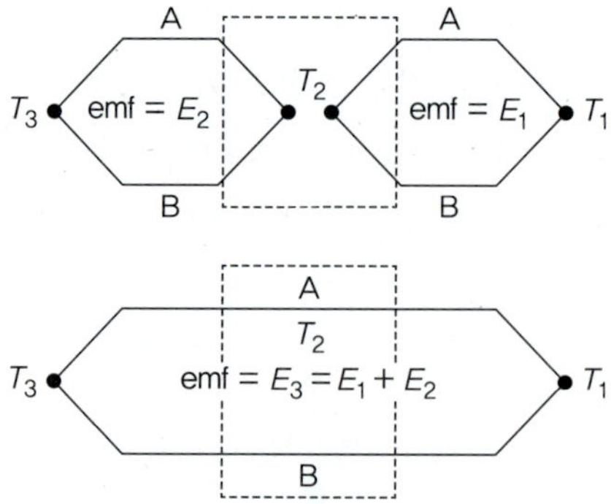

[그림 5-5] 중간 온도의 법칙

이 법칙은 0℃ 이외의 기준 접점 온도가 사용되는 경우 적절한 보정을 제공하는 데 도움이 되기 때문에 유용하다.

5.1.3 RTD

측온저항체라고도 하는 RTD는 백금, 구리, 니켈(nickel), 몰리브덴(molybdenum) 등과 같은 고순도 전도성 금속을 코일에 감아 만든 정밀 온도 센서로 주변 온도 변화에 따른 금속 선의 전기저항이 증가하는 원리를 기반으로 한다. 따라서 RTD는 저항을 측정하여 온도를 유추할 수 있다. RTD는 리드가 부착된 저항성 재료로 구성되며, [그림 5-6]과 같이 일반적으로 보호관(thermowell) 내에 장착된다. 일반적으로 정확성, 안정성, 반복성 및 넓은 온도 범위에 걸친 탁월한 선형성 등의 장점이 있는 백금을 저항체로 많이 사용한다.

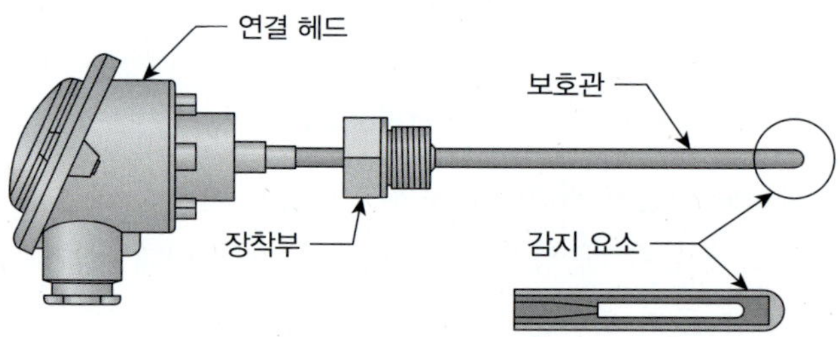

[그림 5-6] RTD 어셈블리 구성

〈표 5-2〉 RTD 재료의 기본 특성

요소 재료	기본 저항(0℃)	온도계수(Ω/Ω/℃)	온도 범위	특성
백금	100 Ω	0.00385(IEC 60751) 0.003916(JIS 1604-1981)	-260℃ ~ 850℃	• 안정성 우수 • 좋은 선형성
구리	10 Ω	0.00427	-100℃ ~ 260℃	• 선형성 우수
니켈	120 Ω	0.00672	-100℃ ~ 260℃	• 저렴한 비용 • 높은 감도

온도 T에 따른 저항 R의 변화는 대부분의 금속에 대해 다음과 같은 관계로 나타낼 수 있다.

$$R = R_0(1 + \alpha_1 T + \alpha_2 T^2 + \cdots + \alpha_n T^n) \tag{5.2}$$

여기서 R_0는 기준 온도 $T = 0$에서의 저항, $\alpha_1, \alpha_2, \cdots, \alpha_n$은 각 온도에서 저항 측정으로 결정되는 계수이다. 근사치로 저항과 온도 사이의 관계는 다음과 같이 나타낼 수 있다.

$$R = R_0(1 + \alpha T) \tag{5.3}$$

여기서 α는 0℃에서 저항 온도 계수(Temperature Coefficient of Resistance, TCR)이다. TCR α는 두 개의 기준 온도에서 측정되는 저항값으로부터 결정되며 다음과 같다.

$$\alpha = \frac{1}{R_1} \frac{R_2 - R_1}{T_2 - T_1} \tag{5.4}$$

예를 들어, 백금 RTD PT100은 0℃에서 100 Ω, 100℃에서 139.1 Ω이 측정된다. 백금의 온도 계수와 50℃에서 RTD의 저항은 다음과 같이 계산할 수 있다.

$$\alpha = \frac{R_{100} - R_0}{R_0 \times 100} = \frac{139.1 - 100}{100 \times 100} = 0.00391\,^\circ\mathrm{C} \tag{5.5}$$

$$R_{50} = R_0(1 + \alpha T) = 100(1 + 0.00391 \times 50) = 119.55\ \Omega \tag{5.6}$$

만약 저항이 110 Ω이라 할 때, 측정 온도는 다음과 같이 유추할 수 있다.

$$\begin{aligned} &R = R_0(1 + \alpha T),\ 110 = 100(1 + 0.00391 T) \\ &R = 1 + 0.00391 T = 1.1,\ 0.00391 T = 0.1,\ T = 25.58\,^\circ\mathrm{C} \end{aligned} \tag{5.7}$$

구리와 니켈은 제한된 정확도와 선형성을 가지고 있고, 백금보다 상대적으로 좁은 온도 범위로 인해 중요도가 좀 더 낮은 산업 응용 분야에서 사용된다. [그림 5-7]의 온도-저항 특성에서 볼 수 있는 것처럼 니켈은 300℃ 이상의 온도에서 저항 변화량이 매우 비선형적이므로 온도 범위가 제한된다. 반면 구리는 온도 변화에 대한 저항 변화량이 매우 선형적이지만, 특정 온도에서 산화되므로 150℃ 이상에서는 사용하지 않아야 한다. 구리를 사용한 RTD는 일반적으로 모터, 발전기, 터빈 등의 권선 온도 측정에 사용된다.

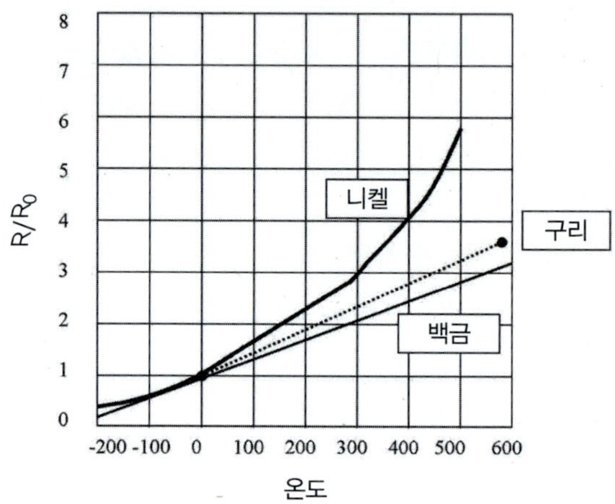

[그림 5-7] RTD 재료의 온도-저항 특성

RTD의 감온부 요소는 [그림 5-8]과 같이 대부분 박막(thin film), 권선(wire wound), 코일(coiled) 세 가지 유형으로 만들어진다. 박막형은 대량 생산이 가능하고 다른 유형보다 비용이 저렴하다. 그리고 크기가 작고 빠른 응답 시간을 가지고 있어 많은 응용 분야에 사용될 수 있다. 박막형은 세라믹 기판에 백금을 얇게 증착하여 만든다. 권선형은 유리나 세라믹 보빈(ceramic bobbin) 절연체에 저항선이 감기고 세라믹 또는 유리로 밀봉 코팅된다. 온도가 증가함에 따라 저항선의 길이가 증가하면서 저항이 변경될 수 있으므로 저항선이 꼬이거나, 변형되지 않도록 설계에 주의해야 한다. 코일형은 세라믹 폼에 맞는 작은 코일을 넣고 비전도성 분말을 충전하여 고정한다. 코일 저항선은 온도 변화에 따라 자유롭게 팽창, 수축할 수 있게 하여 물리적 변형으로 인한 오류를 최소화한다.

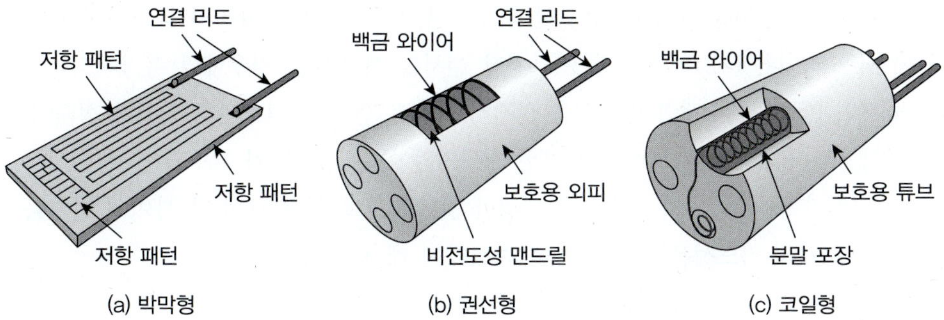

[그림 5-8] RTD 감온부 유형

RTD의 배선 구성은 시스템의 정확도에 영향을 미치는 요소이므로 RTD를 선택할 때 고려해야 한다. RTD의 감지 소자는 온도에 대한 저항값의 변화가 매우 작다. 그런데 감온부에 연결되는 리드 임피던스(lead impedance)나 회로에서 발생하는 모든 요소의 저항은 온도 측정값에 영향을 준다. 이렇게 측정 회로에서 발생하는 원하지 않는 저항값을 제거하기 위해서 휘트스톤 브리지(Wheatstone bridge) 회로를 추가할 수 있다. 휘트스톤 브리지 회로에 일정한 전류를 공급하고 저항 양단의 전압 강하를 측정하여 RTD 저항을 계산하고 온도를 도출한다.

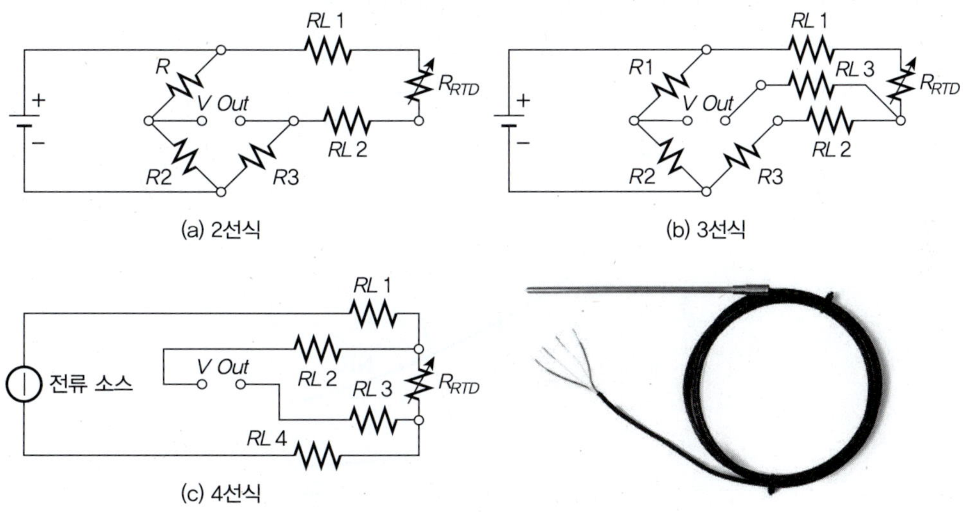

[그림 5-9] RTD 배선 구성과 4선식 RTD

RTD는 [그림 5-9]처럼 2선식, 3선식, 4선식 세 가지 기본 배선 구성이 있으며, 각 구성은 장·단점이 있다. 2선식은 구성적으로 간단하고 저렴하긴 하지만, 리드선에서 발생하는 저항의 오류와 온도에 따른 변화로 인해 상당한 측정 오류가 발생한다. 따라서 리드선의 길이가 짧은 곳에 사용하거나, PT1000과 같은 고저항 센서를 사용하는 경우에만 유용하다. 3선식은 RTD 소자의 한쪽에 두 개의 리드선을 연결하고 남은 한쪽에 리드선을 연결한 형태이며, 가장 많이 사용된다. 4선식은 복잡하고 가장 비싸지만 높은 정확도가 요구되는 곳에 사용한다. RTD 소자의 양쪽에 두 개의 리드선을 연결한 것으로 한쪽은 감지 소자 사이의 전류를 측정하고, 다른 두 개의 리드선은 전압 강하를 측정하는 데 사용한다.

5.1.4 서미스터

서미스터는 온도 변화에 따라 저항값이 민감하게 변하는 특성을 가진 금속 산화물로 만들어진 소자이다. RTD의 경우 금속을 사용하지만, 서미스터는 주로 반도체 소재인 세라믹에 코발트, 구리, 망간, 니켈 등의 불순물을 첨가하여 만든다. 서미스터와 RTD는 저항-온도 특성을 이용한다는 점에서 유사하며, 주요 차이점은 선형성으로 서미스터는 온도에 매우 민감하고 비선형적이고, RTD는 상대적으로 덜 민감하지만, 매우 선형적이다. 또 다른 주요 차이점은 동작 범위인데 높은 감도로 인해 서미스터는 -20℃ ~ 120℃ 정도로 RTD와 비교하면 비교적 좁은 온도 범위를 가지고 있다. 따라서 서미스터는 RTD와 비교했을 때 측정 온도 범위가 넓지 않거나, 정확도가 매우 중요하지 않은 곳에 사용한다.

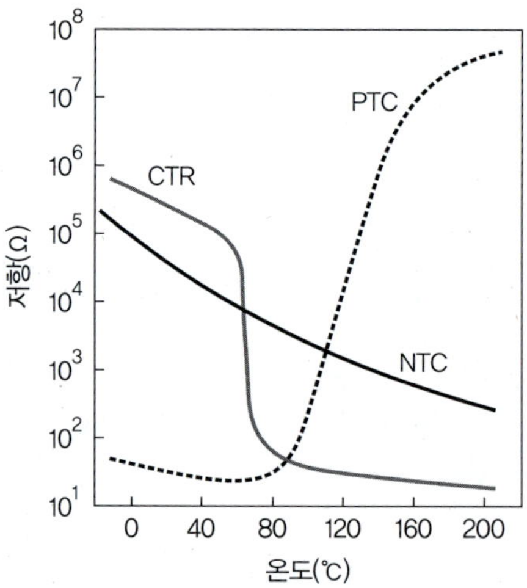

[그림 5-10] 일반적인 서미스터의 온도-저항 특성

서미스터는 온도에 따른 저항의 특성에 따라 NTC(Negative Temperature Coefficient), PTC(Positive Temperature Coefficient), CTR(Critical Temperature Resistor) 세 가지

로 분류한다. [그림 5-10]처럼 NTC 서미스터는 온도가 상승하면 저항값이 완만하게 감소하고, PTC 서미스터는 특정 온도를 초과하면 온도 상승에 대해 급격히 저항값이 증가한다. 그리고 CTR 서미스터는 특정 온도를 초과하면 온도 상승에 대해 급격히 저항값이 감소하는 특성이 있다. 이런 저항-온도 특성은 주변 온도 변화에 대응하여 회로에 전류가 일정 이상으로 흐르는 것을 제어할 수도 있다. PTC와 CTR은 특정 온도 범위에서 저항값이 급격하게 변하기 때문에 온도 측정에 가장 일반적으로 사용되는 것은 NTC 서미스터이다.

서미스터는 용도에 따라 비드형(bead type), 디스크형(disc type), 칩형(chip type), 유리 캡슐형(glass encapsulated type), 박막형 등 매우 다양한 모양과 크기로 만들어진다.

[그림 5-11] 서미스터 심볼과 다양한 서미스터 형태

NTC 서미스터는 온도에 따라 저항이 지수적으로 감소하는 특성을 가진 소자로 망간, 니켈, 구리, 코발트 등을 주성분으로 만들어진다. 기본적인 NTC 서미스터의 동작 원리는 온도가 상승하면 활성 전하 캐리어가 결정에서 분리됨에 따라 전하 캐리어 수가 증가하기 때문으로 전자 또는 정공의 전도 방법은 재료의 유형에 따라 달라진다. 재료 선택은 많은 요인에 따라 달라지지만, 필요한 온도 범위에 따라 금속 산화물을 사용하거나 실리콘, 게르마늄과 같은 결정으로 제조하기도 한다.

일반적으로 25℃에서 약 -3 %/℃ ~ 6 %/℃의 저항 변화가 있으며, 낮은 온도에서는 훨씬 더 큰 저항 변화가 발생하고 높은 온도에서는 저항이 기하급수적으로 감소한다. 이 관계를 식으로 나타내면 다음과 같다.

$$R = R_o e^{\left\{B\left(\frac{1}{T} - \frac{1}{T_0}\right)\right\}} \tag{5.8}$$

$$B = \frac{\ln\left(\frac{R}{R_0}\right)}{\frac{1}{T} - \frac{1}{T_0}} \tag{5.9}$$

여기서 R_0는 주변 온도 T_0일 때 서미스터의 저항, B는 특정 NTC 유형과 관련된 상수로 서미스터 제조사에서 보통 25℃에서 측정한 상수를 함께 제공하며, 모든 온도는 켈빈 단위로 표시한다. B 상수가 클수록 온도 변화에 대한 감도가 높아진다.

예를 들어, 25℃ ~ 100℃의 온도 범위에서 R_0가 25℃에서 10 kΩ이고, B가 3,455인 서미스터일 때 100℃에서의 서미스터 저항값은 다음과 같이 계산할 수 있다.

$$B_{(25/100)} = \frac{(100+273.15)\times(25+273.15)}{(100+273.15)-(25+273.15)} \times \ln\left(\frac{10,000}{R_0}\right) \tag{5.10}$$

$$3,455 = \frac{111,254.6725}{75} \times \ln\left(\frac{10,000}{R_0}\right)$$

$$3,455 = 1,483.4 \times \ln\left(\frac{10,000}{R_0}\right)$$

$$e^{\left(\frac{3,455}{1,483.4}\right)} = \frac{10,000}{R_0}$$

$$\therefore R_0 = \frac{10,000}{e^{2.33}} = 973\ \Omega$$

이 예제를 통해서 25℃와 100℃일 때의 서미스터 저항값 두 지점을 찾을 수 있다. 온도 변화

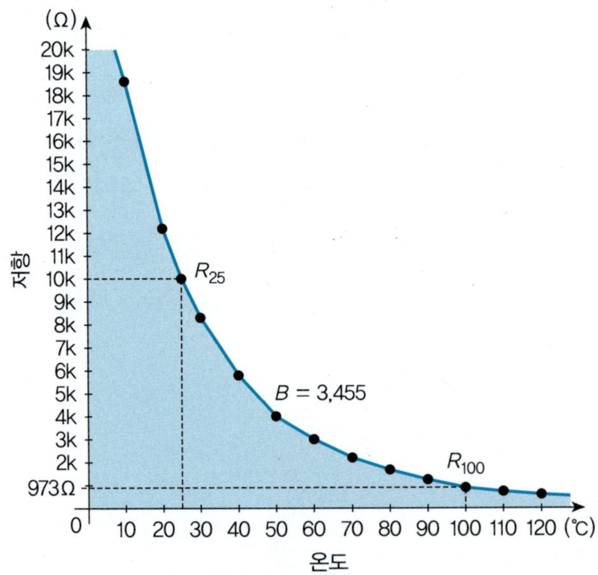

[그림 5-12] B 상수가 3,455인 10 kΩ NTC 서미스터의 특성

에 따라 저항이 기하급수적으로 변경되므로 특성 곡선은 비선형이 될 것이다. 이것을 확인하기 위해 온도 지점에 따라 저항값을 모두 찾아 특성 곡선을 그려보면 [그림 5-12]와 같이 비선형 특성을 확인할 수 있다.

NTC 서미스터의 가장 일반적인 용도는 주변 온도를 측정하는 것이며, 디지털 온도계, 온도 모니터링, 화재경보기, 돌입 전류(inrush current) 제한용 등에 사용된다.

PTC 서미스터는 온도에 따라 저항이 상승하는 특성을 가진 소자로 실리스터(silistor)와 포지스터(posistor)로 구분할 수 있다. 실리스터는 주로 실리콘 단결정으로 만들어져 대부분의 온도 범위에서 상당히 균일한 온도 계수(약 0.77 %/℃)를 나타낸다. 하지만 150℃를 초과하는 온도에서는 음의 온도 계수 영역을 나타낼 수도 있다. 실리스터 즉, 선형 실리콘 PTC 서미스터(linear silicon PTC thermistor)는 온도 측정이나 온도 보상에 주로 사용한다. 포지스터는 스위칭 세라믹 PTC 서미스터(switching ceramic PTC thermistor)로 티탄산바륨(barium titanate)에 미량의 불순물을 추가한 다결정 세라믹 소결체이다. 스위칭 세라믹 PTC 서미스터는 전이 온도(transition temperature)라고 하는 임계 온도(critical temperature) 즉 '퀴리 온도(Curie temperature)'에 도달할 때까지 매우 작은 음의 온도 계수를 나타내다가 임계 온도에 접근할 때 양의 저항-온도 계수로 바뀌면서 급격하게 저항이 증가하는 특성이 있다. [그림 5-13]은 실리스터와 포지스터의 저항-온도 특성을 그래프로 나타낸 것이다.

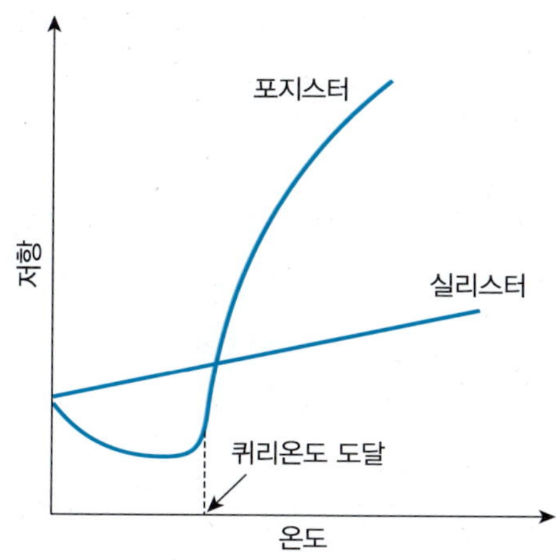

[그림 5-13] 실리스터와 포지스터의 저항-온도 특성

PTC 서미스터는 온도를 검출하는 센서 이외에도 전류가 흐르면 자기 발열 때문에 특정 온도에서 저항값이 급격히 증가함으로써 전류가 흐르기 어렵게 할 수 있어 전류 제한 소자로 사용

하거나 일정한 전압을 계속 인가하고 시간이 지나면 전류 흐름을 제한하도록 하여 일정한 온도가 계속 유지되도록 하는 히터와 같은 가열 소자에도 응용할 수 있다. 그밖에 단락 보호, 통신 보호, 스위칭 시간 지연, 모터 시동, 온도 감지 및 보호 등에 사용한다.

CTR 서미스터는 특정 온도에서 저항이 급격히 변화하는 특성을 가진 소자로 바나듐산화물(vanadium oxide), 산화 붕소(boron oxide)와 같은 산화물에 바륨(barium), 스트론튬(strontium) 등을 미량 첨가하여 만든다.

5.1.5 서모파일

서모파일은 여러 개의 열전대를 직렬로 연결하여 출력 전압을 증가시킨 것으로 물체에서 방출되는 열복사를 증폭된 출력 전압으로 변환한다. 열전대 한 개의 전압 출력은 매우 작지만 이런 열전대를 직렬 또는 병렬로 n개 배열하면 더 큰 n배의 출력 전압을 얻을 수 있는 원리를 이용한 것이며, 기본적인 원리는 제벡 효과 기반이므로 열전대를 참고하면 된다. 열전대의 경우 측정 접합에 직접 열을 가하였지만, 서모파일은 측정 접합에 적외선 흡수체(absorber)를 붙여 놓고 대상 물체에서 나오는 적외선 복사 에너지를 수집한다. 입사 복사(incident radiation)로 인해 측정 접합부의 온도가 올라가면 양단의 온도 차이만큼 전압이 출력된다.

$$V_{TP} = s \cdot \varepsilon_{obj} \cdot \left({T_{obj}}^{4-\delta} - {T_{sen}}^{4-\delta}\right) \tag{5.11}$$

여기서 ε_{obj}는 대상 물체의 방사율, T_{obj}는 물체 온도, T_{sen}은 센서의 온도(주위 온도)이다. 물체 대부분은 적외선을 방출한다. 온도가 높은 물체에서는 더 많은 적외선을 방출하고 파장은 짧다. 반면 온도가 낮은 물체에서는 적은 양의 적외선을 방출하며 파장은 길다. 복사 에너지는 물체의 표면 온도가 높을수록 증가하는데 이것을 기반으로 서모파일은 특정 물체에서 방출되는 복사전력을 측정하고 물체 온도를 도출한다.

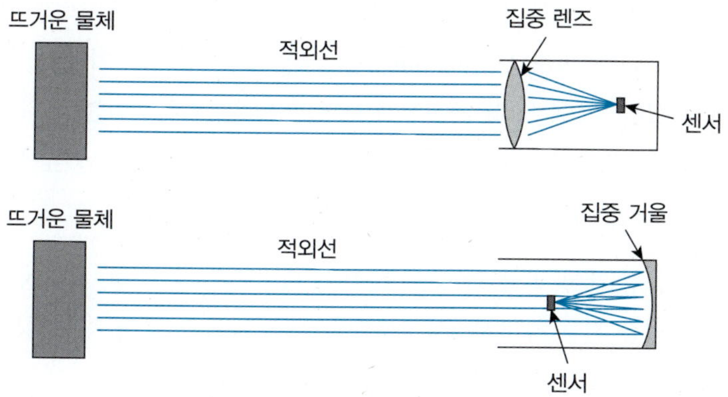

[그림 5-14] 비접촉 온도 측정 방법

[그림 5-14]는 비접촉 온도 측정 방법을 보여주는 것이다. 뜨거운 물체로부터 방사되는 적외선 온도를 감지하는 센서로 서모파일이 사용될 수 있다. 적외선 센서의 열형 검출기 종류에는 서모파일 외에 볼로미터(bolometer)와 초전형(pyroelectric)이 있으나 이 장에서 설명하고자 하는 온도 센서 용도가 아니라 열상 카메라, 인체 감지 등의 적외선을 이용한 이미지 검출 용도로 사용되므로 제외한다.

[그림 5-15] 서모파일 센서와 내부 구조

서모파일의 감지 요소는 실리콘 칩으로 만들어진 작은 열전대로 구성하며, 물체에서 방사되는 에너지를 흡수하고 출력 신호를 생성한다. [그림 5-15]에서 기준 센서(reference sensor)는 보상을 위해 패키지로 설계되며, 센서 패키지 자체의 온도를 측정한다. 관측 시야(field of view)를 결정하는 창은 다양한 렌즈나 필터와 함께 사용하여 산업용 고온계(pyrometer)에서 실내 온도 조절 장치 및 의료 기기에 이르기까지 다양한 용도로 사용할 수 있다.

서모파일 감지기는 박막 기반과 실리콘 기반의 두 가지 유형이 있다. 박막 기반 서모파일의 경우 안티몬(antimony)과 비스무트(bismuth)를 사용하고, 실리콘 기반 서모파일의 경우 n형과 p형의 다결정 실리콘 또는 n형 다결정 실리콘과 금 또는 알루미늄을 사용한다. 박막 기반 서모파일은 실리콘 기반 서모파일보다 저항과 노이즈 전압이 낮아 더 높은 신호대 잡음 비(signal to noise ratio)를 가진다.

서모파일 감지기는 공정 제어 및 산업 응용 분야의 비접촉 온도 측정, 휴대용 비접촉 온도 측정, 열선 스캐너, 상업용 건물 공조시스템 및 조명 제어, 자동차 공조 제어, 항공기 화염 및 화재 감지, 가전제품 온도 측정 등 다양한 응용 분야에 활용된다.

5.1.6 광학 고온계

광학 고온계 또는 광고온계는 방사 온도계(radiation thermometer)라고도 하며, 고온체에서 방출되는 열복사를 이용하여 측정 대상 열원의 휘도(luminance)와 참조 램프(reference lamp)의 휘도를 비교하여 온도를 측정한다. 광학 고온계는 접촉 방식으로 온도를 측정하기 어려운 매우 높은 온도의 용광로나 유리 용해 가마 등의 온도를 비접촉 방식으로 측정할 수 있다.

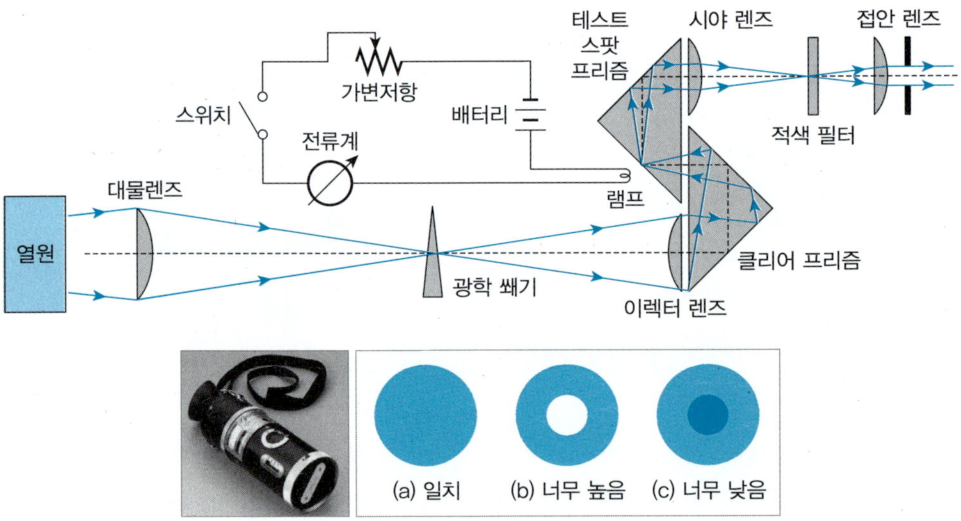

[그림 5-16] 광학 고온계의 구조와 동작 원리

광학 고온계의 내부 부품은 주로 [그림 5-16]과 같이 다양한 렌즈와 프리즘, 참조 램프, 적색 필터(red filter), 참조 램프와 직렬로 연결된 배터리, 가변저항(variable resistor) 또는 레오스

탯(rheostat), 멀티미터(multimeter) 등으로 구성되어 있다.

온도를 측정할 열원에서 절대온도에 비례하는 세기로 전자기파를 복사하면, 복사선(radiation)은 렌즈와 프리즘을 지나 적색 필터에서 특정 파장 대역으로 좁혀진다. 내부 렌즈와 프리즘은 열복사(thermal radiation)를 집중시키거나 열원을 명확하게 확대하여 보여주는 역할을 한다.

관측자는 접안렌즈를 통해 과정을 관찰하면서 열원 중심 이미지에 참조 램프의 초점이 선명하게 겹치도록 조절한다. 참조 램프가 열원 온도보다 낮을 때 관측자에게 열원은 밝은 배경으로 보이고 램프 이미지는 어둡게 보이게 된다(c). 반대로 열원 온도보다 높을 때는 램프가 밝게 보인다(b). 참조 램프에 흐르는 전류는 가변저항으로 변경할 수 있으며, 전류량은 전류계(ammeter)나 멀티미터를 사용하여 측정할 수 있다. 가변저항으로 저항값을 서서히 조절하여 열원의 밝기와 참조 램프의 밝기를 일치시켜 열원과 램프 이미지를 구별할 수 없게 만들면 관측자 시점으로는 색이 일치해 보이는데(a), 이렇게 열원과 참조 램프의 밝기가 일치된 시점이 측정 대상물의 온도를 찾은 것이다. 물체의 광도는 파장과 상관없이 온도에 따라 달라지므로 열원 온도를 측정하기 위해 광학 고온계의 램프 광도를 열원과 맞추고, 램프에 흐른 전류량을 이용하여 온도를 측정하는 원리이다.

광학 고온계의 최소 온도는 물체가 빨간색으로 보이는 온도에 의해 결정된다. 반대로 고온이 아닌 매우 낮은 온도를 측정할 수 있는 것도 있다. 빛의 색상을 정량화하는데 의존하기 때문에 매우 정확하지는 않지만, 일반적으로 ±5℃ 허용 오차로 비교적 높은 정확도를 가지고 있다. 그리고 광학 고온계는 온도 측정 외에 대상 물체에서 방사되는 0.65 μm의 파장을 확인하는 데도 사용할 수 있다.

5.2 습도 센서

5.2.1 습도 센서 개요

습도 센서는 화학 센서로 분류되고 있으나 온도 센서와 함께 사용하는 경우가 많으므로 이 장에서 설명한다.

습도(humidity)는 공기나 기타 가스의 수증기 함량을 측정한 것이다. 수증기는 증발(vaporization) 때문에 지속해서 생성되고 응축(condensation)으로 액화되므로 환경적인 측면에서 봤을 때 물 순환의 필수적인 부분이다. 습도 측정은 온도 측정과 함께 쾌적한 일상생활을 위한 기본적인 지표이기도 하지만, 목재, 섬유, 식품, 의약품, 연료, 종이, 전자 부품, 반도체 등의 대부분 산업 분야에서 제품의 생산과 품질을 안정적으로 관리하는 데 매우 중요한 역할을 한다.

특정 공간의 수증기 수준을 측정하기 위해 다양한 소재와 측정 방법을 이용하는 습도계를 사용한다. 과학적 측정이 절대적으로 옳은 것은 아니지만, 특정 수준 이상의 수증기는 응결되거나 부식, 곰팡이 등의 피해로 이어질 수 있어서 최대한 정확한 습도 측정에 도달하는 것은 산업 전반에 걸쳐 매우 중요하다. 습도 측정과 관련된 두 가지 일반적인 매개변수는 절대 습도(absolute humidity)와 상대 습도(relative humidity)이다. 절대 습도는 단위 부피에 포함된 수증기의 질량을 측정한 것이다. 상대 습도는 주어진 온도에서 최대 포화 수증기량 대비 실제 수증기량의 비율로 나타낸다. 상대 습도는 주변 온도와 관련이 있으며, 실생활에서 주로 사용하는 습도는 상대 습도이다. 수증기는 공기를 구성하는 여러 가스 중의 하나이며, 수증기와 공기 혼합물의 상대 습도(RH)는 단위 부피에서 수증기 질량과 혼합물 온도에서 수증기가 포화되었을 때 수증기 질량의 비율로 정의한다. RH는 일반적으로 다음과 같이 표현한다.

$$\mathrm{RH} = \frac{P_W}{P_S} \times 100\% \tag{5.12}$$

여기서 P_W는 주변 환경에 존재하는 수증기의 실제 부분 압력이고, P_S는 포화 수증기압이다. 수증기의 부분 압력(partial pressure)은 포화 압력(saturation pressure)과 같으며, 그 값은 온도에만 의존한다. 환경적으로 열린 공간인지 닫힌 공간인지 상황 사이에는 차이가 없다. −50℃ ~ 150℃의 온도 범위와 1,000 kPa를 초과하지 않는 압력에서 수증기는 실제로 이상 기체(ideal gas)처럼 움직인다. 이상기체 법칙(ideal gas law)에 따라 수증기의 부분 압력은 다음과 같이 적용할 수 있다.

$$P_W \times V = n \times R \times T \tag{5.13}$$

여기서 V는 기체의 부피, n은 기체의 아보가드로수(Avogadro's number), R은 보편기체상수(universal gas constant), T는 절대온도이다. 열린 공간에서 수증기가 차지하는 부피 V는 자유롭게 팽창한다. 따라서 부분 압력 P_W는 온도의 영향을 받지 않는다. 부분 압력은 n이 변하는 경우 즉, 증기가 추가되거나 제거되는 상황 또는 전체 압력이 변하는 경우에만 변할 수 있다. 고정된 부피의 밀폐된 용기에서 수증기는 용기의 전체 부피를 차지하며, 이 부피는 일정하다. 수증기의 부분 압력은 절대 온도의 변화나 수증기의 양의 변화가 있는 경우에만 변한다. 부분 압력 P_W는 전체 압력 변화가 수증기 부분 압력의 변화가 아닌 한 총 압력 변화에 따라 변하지 않는다. 예를 들면, 사무용 빌딩 내의 국지적 공간에서 히터나 사무기기에 의해 발생하는 온도 증가는 수증기의 부분 압력 값에 영향을 주지 않기 때문에 국지적 수증기압은 건물 전체에서 같고, 포화 수증기압은 국부적으로 증가한다. 결과적으로 열원 바로 근처의 상대 습도는 낮아진다.

상대 습도와 관련하여 측정되는 또 다른 일반적인 매개변수는 노점(dew point)이라고도 하는 이슬점이다. 이슬점은 물의 응결이 발생하는 온도이다. 상대 습도 100 %는 이슬점이 현재 온도와 같고 공기는 물로 최대 포화되었음을 나타낸다. 이슬점이 일정하게 유지되고 온도가 올라가면 상대 습도는 낮아진다. 따라서 이슬점은 수증기의 양 즉, 습도에 비례하므로 기체의 이슬점과 온도를 알면 상대 습도와 기체에 포함되는 수분량을 알 수 있다.

온도와 상대 습도가 주어졌을 때 이슬점 D_p를 계산할 수 있으며, 잘 알려진 매그너스(Magnus) 공식으로 접근했을 때 다음과 같다.

$$D_p(T, \mathrm{RH}) = \frac{\lambda \times \left(\ln\left(\frac{\mathrm{RH}}{100}\right) + \frac{\beta \times T}{\lambda + T}\right)}{\beta - \left(\ln\left(\frac{\mathrm{RH}}{100}\right) + \frac{\beta \times T}{\lambda + T}\right)} \tag{5.14}$$

−45℃ ~ 60℃(오차 ±0.35℃) 범위에서 주어진 매그너스 파라미터는 α = 6.112, β = 17.62, λ = 243.12로 다음과 같이 이슬점을 계산할 수 있다.

$$D_p = \frac{243.12 \times \left(\frac{\log 10(\mathrm{RH}) - 2}{0.4343} + \frac{17.62 \times T}{243.12 + T}\right)}{17.62 - \left(\frac{\log 10(\mathrm{RH}) - 2}{0.4343} + \frac{17.62 \times T}{243.12 + T}\right)} \tag{5.15}$$

습도 센서는 습도를 검출하는 방법에 따라 구분할 수 있다. 습구 온도(wet-bulb temperature)와 건구 온도(dry-bulb temperature)를 구하는 두 개의 온도계로 구성된 건·습구 습도계(psychrometer), 수증기의 응결을 이용하는 이슬점 습도계, 적외선 파장 흡수를 기반으로 하는 적외선 흡수 습도계, 습도 변화에 비례하여 팽창, 수축하는 합성섬유나 모발과 같은 천연재료를 사용하여 습도를 검출하는 기계식 습도계 등은 오래전부터 연구되어 사용되는 재래식 습도 검출 방법이다. 물리적 양의 변화를 이용하는 재래식 습도 검출과 달리 오늘날 가장 널리 사용되는 전자식 습도 센서는 전기적 신호를 이용한다. 대부분 센서와 마찬가지로 습도 센서도 반도체 기술을 사용한 초소형 고감도 MEMS 기반으로 발전되고 있다.

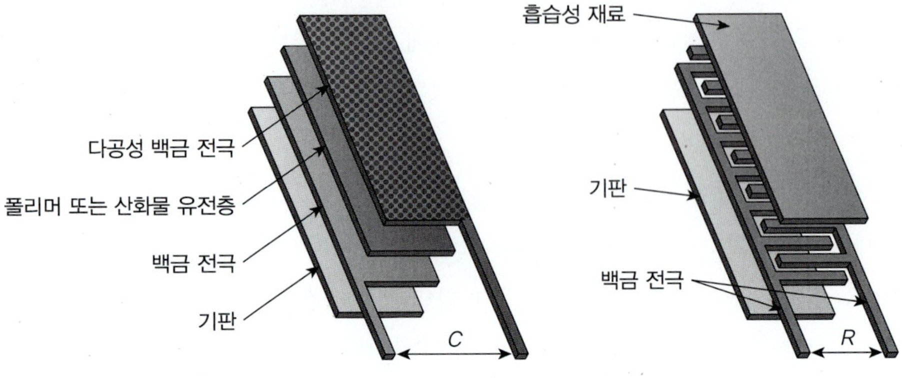

(a) 정전용량식

(b) 저항식

[그림 5-17] 전자식 습도 센서의 기본 구조

전자식 습도 센서는 [그림 5-17]처럼 정전용량식 습도 센서(capacitive humidity sensor)와 저항식 습도 센서(resistive humidity sensor)로 구분할 수 있다. 전자식 습도 센서는 센서 구성 재료의 저항이나 정전용량이 습도에 의해 변하는 성질을 이용한 것으로 수분을 흡착하는 재료에 따라 다시 전해질계, 고분자계, 세라믹계 등으로 다시 분류할 수 있다.

5.2.2 정전용량식 습도 센서

정전용량식 습도 센서는 장기적으로 예측할 수 있고 안정적으로 동작하는 것으로 입증되었고 매우 낮은 전력 소비, 높은 출력 신호, 정확성 등의 장점이 있어 산업용, 상업용 및 기상용 원격 측정 분야 등에 널리 사용된다.

정전용량식 습도 센서는 작은 커패시터를 형성하는 한 쌍의 전극 사이에 비전도성 흡습성 유전 물질(hygroscopicity dielectric material)이 포함되어 있다. 일반적으로 2 ~ 15 사이의 유전상수(dielectric constant)를 가진 플라스틱이나 폴리머를 유전 물질로 사용한다. 정전용량식 습도 센서에 수분이 없는 경우에는 유전 물질의 유전상수와 커패시터의 기하학적 구조에 의해 정전용량의 값이 결정된다. 정상적인 상온에서 수증기의 유전상수는 약 80 정도의 값을 가지며, 이것은 습도 센서의 유전상수보다 훨씬 큰 값이므로 유전 물질의 흡습량에 따라 비유전율(relative dielectric constant)이 크게 변한다. 결과적으로 습도 센서가 수증기를 흡수하면 정전용량이 증가하며, 정전용량은 주변 환경의 습도 변화에 정비례하는 속도로 증가하거나 감소한다.

평형 상태(equilibrium condition)에서 흡습성 물질에 존재하는 수분의 양은 주변 온도와 주변 수증기압에 따라 달라진다. 상대 습도, 유전 물질에 포함된 수분의 양, 센서의 정전용량 사이에는 상관관계가 있으며, 비유전율 즉 유전상수는 커패시터의 정전용량을 결정하는 데 중요한 변수이다. 기본적으로 평행판 콘덴서의 정전용량은 다음과 같이 구할 수 있다.

$$C = \epsilon_r \epsilon_0 \frac{A}{d} \tag{5.16}$$

여기서 ϵ_r은 유전체의 비유전율, ϵ_0는 진공의 유전율, A는 도체판의 표면적, d는 도체판 사이의 거리를 나타낸다. [그림 5-18]은 몇 가지 유형의 정전용량식 습도 센서이다.

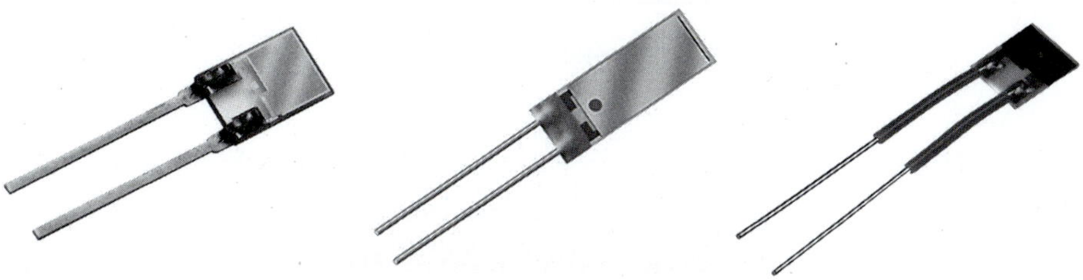

[그림 5-18] 정전용량식 습도 센서의 유형

정전용량식 습도 센서는 습도에 대한 정전용량의 변화 값이 선형적 출력 특성이 있으며, 0 % ~ 100 %까지 상대 습도를 측정할 수 있다. 정전용량의 일반적인 변화는 1 % 습도 변화에 대해 0.2 pF ~ 0.5 pF이고, 25℃, 50 % 습도에서 100 pF ~ 500 pF이다. 온도에 따른 센서의 출력 변화가 작아서 매우 민감한 용도가 아니라면 온도 보정이 필요 없으며, 박막 구조를 사용하기 때문에 저항형 습도 센서보다 응답 특성이 빠르다는 장점이 있다.

5.2.3 저항식 습도 센서

저항식 습도 센서는 전기 전도도 센서라고도 하며, 전기 변화를 측정하여 상대 습도 값을 생성하는 정전용량식 습도 센서와 유사한 원리로 동작한다. 저항식 습도 센서는 정전용량식 습도 센서와 같은 흡습성 재료를 사용하지만, 정전용량이 아닌 재료의 저항 변화를 이용하는 원리를 사용한다. 일반적으로 저항식 습도 센서는 전도성 고분자를 사용하며, 추가 보호 기능을 제공하기 위해 세라믹 물질로 코팅되어 있다. 센서의 전극은 일반적으로 금, 은, 백금과 같은 귀금속으로 증착된 빗살형 전극 세트를 포함하며, 전극과 전도성 물질 사이의 접촉 면적을 증가시키기 위해 서로 맞물린 패턴으로 배치된다. 전도성 물질의 저항은 흡수되는 수분의 양에 반비례하여 변한다. 더 많은 수증기가 흡수됨에 따라 비금속 전도성 물질은 전도도가 증가하여 저항이 감소하며, 보통 1 kHz에서 사용할 때 저항 요소의 임피던스 범위는 100 Ω ~ 10 MΩ까지 다양하다. [그림 5-19]는 몇 가지 유형의 저항식 습도 센서이다.

[그림 5-19] 저항식 습도 센서의 유형

저항식 습도 센서는 표면 체적 비율이 높아서 실온에서 최대 상대 습도 90 %까지 상대 습도 변화를 측정할 수 있다. 그리고 대량생산이 쉽고 정밀 측정이 가능하며, 전기 용량을 고려할 필요가 없다는 점에서 설계의 용이성을 가진다. 정전용량식보다 저항값의 변화량이 크기 때문에 측정에 용이한 반면 온도에 대한 영향이 크므로 온도 보상이 필요하며, 5% 미만의 낮은 상대 습도를 측정하는 데 제한이 있다.

5.3 온 · 습도 센서 실습

5.3.1 온도 센서(TMP36)

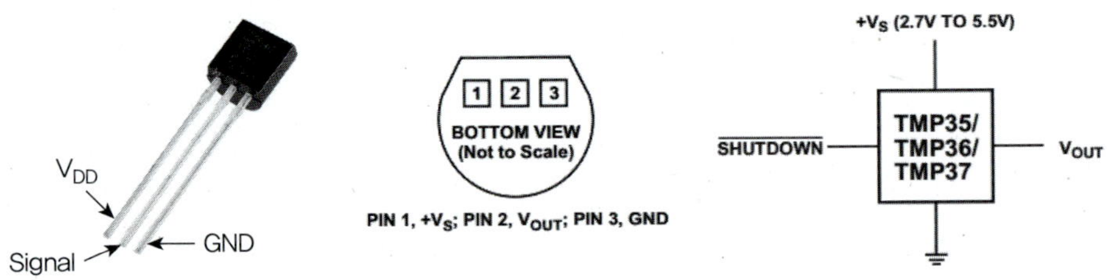

[그림 5-20] TMP36의 핀 정보

온도 센서 TMP36은 2.7 V ~ 5.5 V의 전압 범위에서 동작하며, 전원, 그라운드, 신호 출력 핀으로 구성되어 있다. 신호 출력 핀으로 1℃마다 10 mV 신호를 출력하고 ±2℃ 오차로 −40℃ ~ 125℃ 범위의 온도를 측정한다. 0℃에서 500 mV 신호가 출력되며, 기준 온도 25℃에서 750 mV가 출력된다. 이것을 계산해 보면, 25℃ × 10 mV + 500 mV = 750 mV로 확인할 수 있다.

다음은 실습 환경 주변의 온도를 측정하여 시리얼 모니터 창으로 출력하는 실습이다. TMP36에 전원과 그라운드를 반대로 연결하면 순식간에 온도가 급격히 상승하여 센서나 주변이 타버릴 수 있으므로 주의한다. 실습 시 사용하는 센서가 모듈형이든 아니든 상관없이 모든 센서를 사용할 때 공통으로 주의할 점이다.

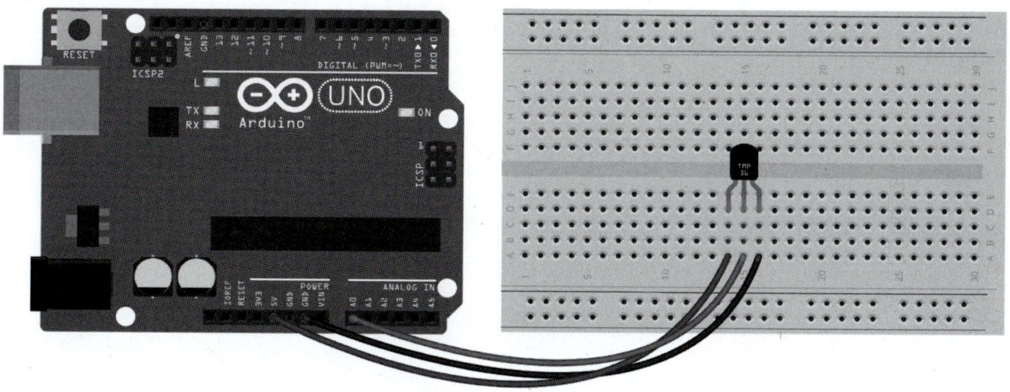

[그림 5-21] TMP36 센서 연결 회로

```
const int tmpPin = A0;                    // TMP36 신호 핀 아두이노 보드 A0 핀에 연결

void setup()
{
    Serial.begin(9600);                   // 시리얼 통신 속도 9,600 bps로 설정
}

void loop()
{
    int tempValue = analogRead(tmpPin);
    float tempVolt = tempValue * 5.0 / 1024.0;
    float celsiusTemp = (tempVolt - 0.5) * 100;
    float fahrenheitTemp = (celsiusTemp * 9.0 / 5.0) + 32.0;
```

```
    Serial.print("Celsius    : ");
    Serial.println(celsiusTemp);
    Serial.print("Fahrenheit : ");
    Serial.println(fahrenheitTemp);
    Serial.println();
    delay(1000);
}
```

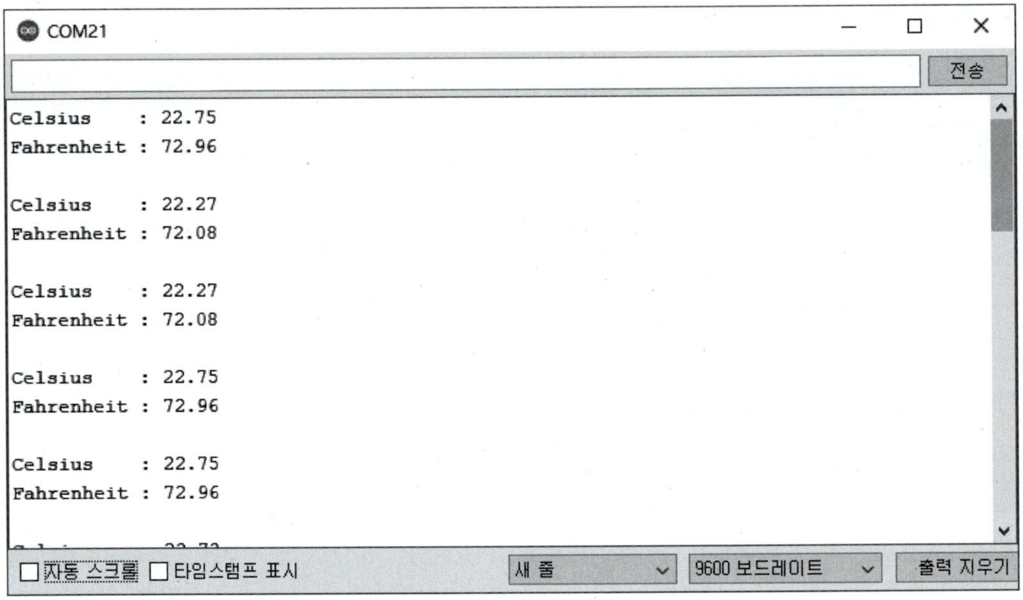

[그림 5-22] TMP36 센서로 주변 온도 확인

◇ 코드 추가 설명

```
int tempValue = analogRead(tmpPin);
float tempVolt = tempValue * 5.0 / 1024.0;
```

A0 핀에 연결된 온도 센서의 신호를 읽어 tempValue 변수에 저장한다. ADC는 온도 센서의 신호를 0 ~ 1,023 범위의 디지털 값으로 변환하므로 이것을 다시 0 V ~ 5 V 범위의 전압으로 변환하기 위해서 tempVolt = ADC × 5 V / 1,024 공식을 적용한다. 만약 센서에 3.3 V 전압을 공급할 때는 tempVolt(mV) = ADC × 3.3 V / 1,024로 수정하면 된다.

```
float celsiusTemp = (tempVolt - 0.5) * 100;
float fahrenheitTemp = (celsiusTemp * 9.0 / 5.0) + 32.0;
```

TMP36 온도 센서는 1℃마다 10 mV 신호를 출력하고 500 mV의 오프셋(offset)을 가지고 있으므로 섭씨를 계산할 때는 tempVolt에 저장된 전압에 0.5 V(500 mV)를 뺀 다음 100을 곱해 준다. 섭씨온도는 1기압 하에서 물의 어는점을 0℃로, 끓는점을 100℃로 하여 그사이를 100등분한 것이고 화씨온도는 1기압 하에서 물의 어는점을 32°F로, 끓는점을 212°F로 정하고 두 점 사이를 180등분한 온도이다. fahrenheitTemp 변수는 화씨온도를 저장하기 위한 변수로 섭씨온도에 1.8을 곱한 다음 32를 더해 준다.

대부분 센서는 보정해서 사용해야 하는데 TMP36 센서를 이용하여 실습해 보면 보정해야 하는 이유를 금방 알 수 있다. 실습 환경의 온도를 대략 추측할 수도 있고, 스마트폰이나 스마트워치 등을 이용하여 실제 출력 결과와 비교해 볼 수 있다. 보정 부분은 일단 뒤로 하고 주어진 환경에서 오차를 최대한 줄이기 위해서 어떻게 해야 할지 고민해 보기 바란다.

5.3.2 온 · 습도 센서(DHT11)

[그림 5-23] DHT11 센서와 응용 모듈

DHT11 온·습도 센서 모듈은 온도와 상대 습도를 동시에 측정한다. 온도는 ±2℃ 오차로 0℃ ~ 50℃ 범위를 측정하고 상대 습도는 ±5 %RH 오차로 20 %RH ~ 90 %RH 범위를 측정한다.

DHT11 센서는 온도와 상대 습도에 해당하는 40bit의 데이터를 지속해서 제공하는데 이 데이터를 처리하기 위해 약 2초 정도의 지연 시간이 필요하다. DHT11 센서 모듈의 라이브러리 설치에 관한 내용은 1장에서 상세하게 설명하였다. 라이브러리를 설치하면 DHT11, DHT21, DHT22 모듈을 쉽게 제어할 수 있으며, [그림 5-23]의 가장 오른쪽 모듈처럼 DHT11 센서와

ESP8266 와이파이 모듈을 조합한 보드도 있어 온·습도 센서를 이용한 IoT 실습을 좀 더 쉽게 구현해 볼 수 있다. 라이브러리 매니저에서 'DHT11' 키워드로 검색되는 라이브러리를 설치한 뒤에 모듈의 전원, 그라운드, 온·습도 데이터 통신 핀이 표기나 위치가 다를 수 있으므로 잘 확인하여 연결하고 실습 환경 주변의 온·습도를 측정해 본다.

[그림 5-24] DHT11 센서 모듈 연결 회로

```
#include <Adafruit_Sensor.h>                // DHT 센서 라이브러리 사용
#include <DHT.h>
#include <DHT_U.h>

#define DHTPIN     2                         // 신호 핀을 보드의 2번 핀에 연결
#define DHTTYPE    DHT11                     // DHT11 센서 지정

DHT dht(DHTPIN, DHTTYPE);                    // dht 객체 생성

void setup()
{
  Serial.begin(9600);                        // 시리얼 통신 속도 설정
  dht.begin();                               // dht11 센서 모듈 초기화
}
```

```
void loop()
{
  delay(2000);                                    // 단독 사용 시 2초 지연

  float h = dht.readHumidity();                   // 습도를 읽어서 h 변수에 저장
  float t = dht.readTemperature();                // 온도를 읽어서 t 변수에 저장

  if(isnan(h) || isnan(t))                        // 센서 값이 숫자가 아니면,
  {                                               // 에러 메시지 출력 후 재시도
    Serial.println(F("Failed to read from DHT sensor!"));
    return;
  }

  Serial.print(F("Humidity: "));
  Serial.print(h);                                // 습도 데이터 출력
  Serial.println(F(" %"));
  Serial.print(F("Temperature: "));
  Serial.print(t);                                // 온도 데이터 출력
  Serial.println(F(" C"));
}
```

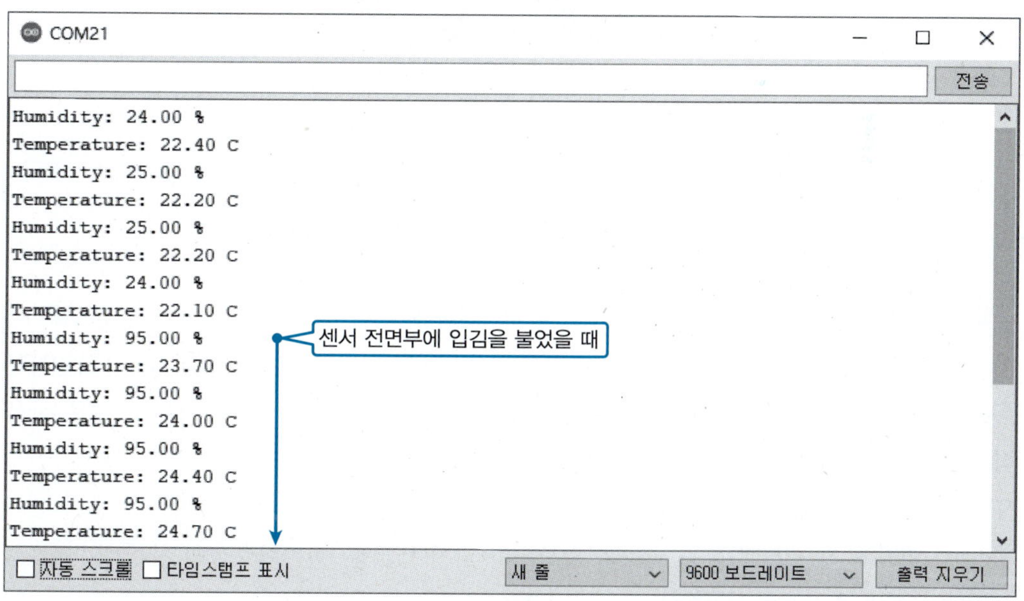

[그림 5-25] DHT11 센서 모듈의 온 · 습도 데이터 출력

☞ 센서 전면부에 입김을 불어 보면 온도와 습도가 변하는 것을 확인할 수 있다. 온도와 달리 습도는 센서에 흡수된 습기가 마르는 데 시간이 필요하므로 습도 데이터는 즉시 반영되지 않는다.

5.3.3 적외선 동작 감지 센서 모듈(HC-SR501)

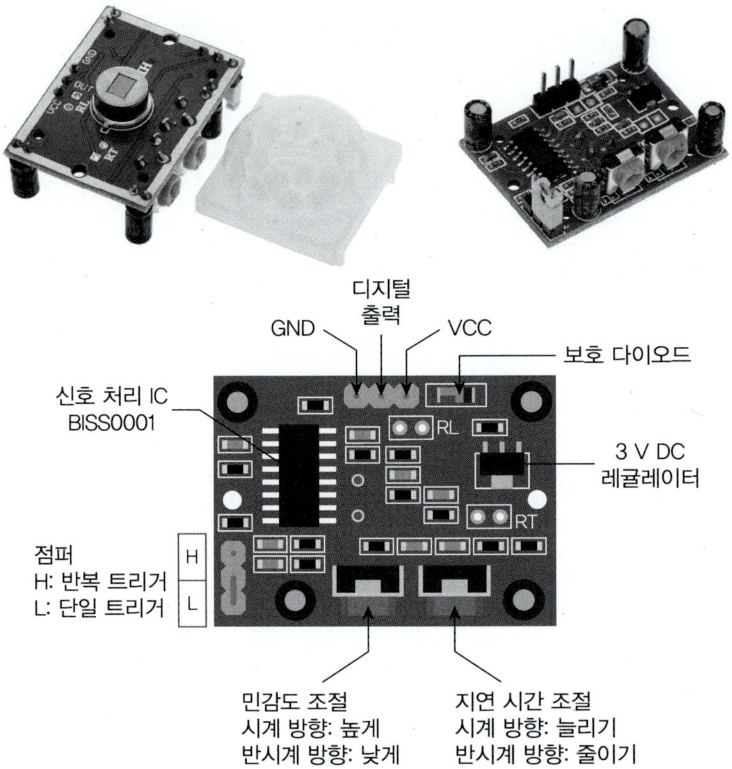

[그림 5-26] 적외선 동작 감지 센서 모듈과 기능 설정

인체를 포함한 모든 물체는 적외선 형태로 열에너지를 방출하며, 물체의 온도가 높을수록 더 많은 적외선을 방출한다. 수동 적외선 센서(Passive Infrared Sensor, PIR) HC-SR501 모듈은 시야 내의 물체에서 방사되는 적외선을 측정하여 움직임을 감지하는 용도로 주로 사용하며, 크게 초전 센서(pyroelectric sensor)와 초전 센서에 적외선을 집중시키는 프레넬 렌즈(Fresnel lens)의 두 가지 요소로 구성되어 있다. [그림 5-27]과 같이 사람이나 동물이 센서의 감지 영역을 지나갈 때 차동 변화를 일으키고 감지 영역을 벗어나면 음의 차동 변화를 생성하여 물체의 움직임을 감지한다.

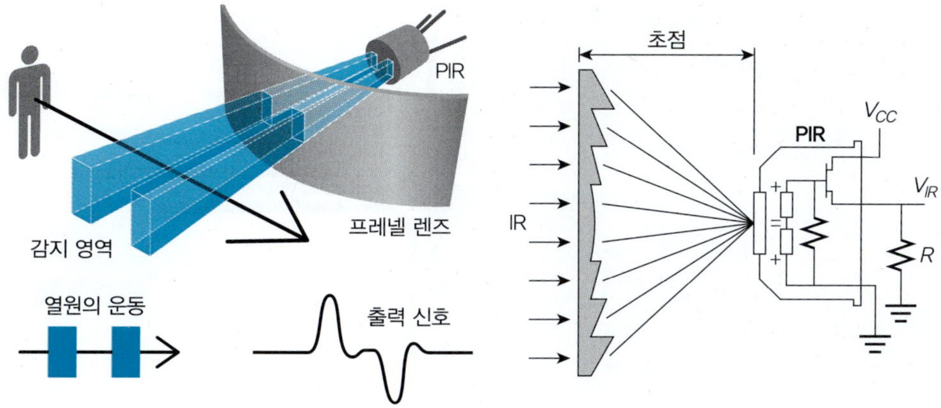

(a) HC-SR501 모듈의 감지와 출력　　(b) 프레넬 렌즈와 PIR 센서

[그림 5-27] 적외선 동작 감지 센서의 원리

[그림 5-26]의 HC-SR501 모듈은 4.5 V ~ 20 V의 넓은 범위 동작 전압을 가지고 있고, 0 V ~ 3.3 V의 TTL 출력을 제공한다. 센서 모듈 후면부의 전위차계 즉, 가변 저항은 감도와 지연 시간을 조절할 수 있으며, 점퍼는 센서 모듈의 트리거 동작을 설정한다. 감도를 조절하는 전위차계는 움직임을 감지할 수 있는 최대 거리를 설정하며, 3 미터에서 최대 7 미터까지의 거리를 조절할 수 있다. 지연 시간을 조절하는 전위차계는 센서가 물체를 감지하고 HIGH 출력을 유지하는 시간을 설정하며, 최소 3초에서 최대 5분까지의 시간을 설정할 수 있다. 트리거 설정 점퍼는 반복 트리거와 단일 트리거를 설정할 수 있으며, 반복 트리거에서는 센서가 움직임을 감지하면 그때마다 지연 시간이 재설정되는데 지연 시간이 감지된 마지막 동작에서부터 시작되는 것이다. 단일 트리거에서는 움직임을 감지하면 즉시 지연 시간이 시작된다. HC-SR501 모듈은 움직임에 따른 감지 출력 후 2.5초 동안 움직임을 감지하지 않는 유도 차단 시간이 있다. 예를 들어, 단일 트리거에 지연 시간을 10초로 설정해 놓았다고 가정하면 센서 모듈이 움직임을 감지하면 10초 동안 HIGH 신호를 출력한다. 이후 2.5초 동안 센서 모듈은 움직임을 감지하지 않으며, 2.5초 이후에 다시 움직임을 감지한다.

다음은 적외선 동작 감지 센서로 동작을 감지하면 LED를 켜고 시리얼 모니터 창으로 감지 유·무를 출력하는 예제이다.

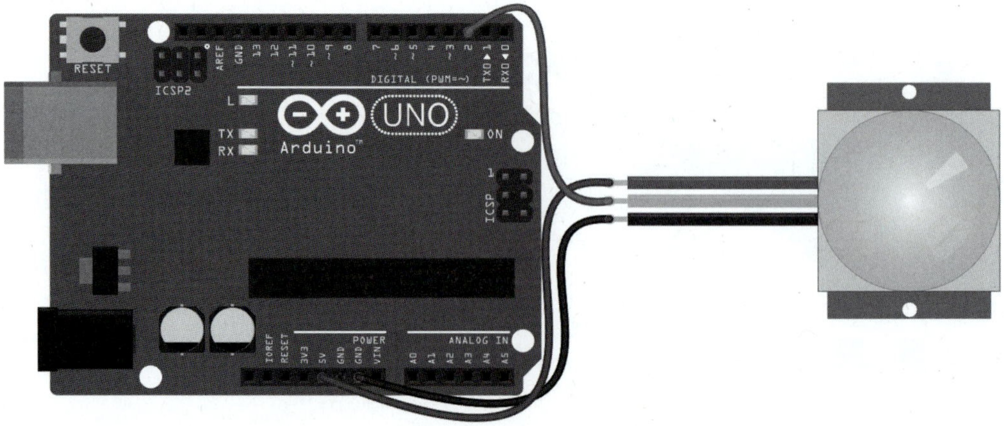

[그림 5-28] 적외선 동작 감지 센서 모듈 연결 회로

```
int sensorPin = 2;                  // 센서 출력 핀을 보드의 2번 핀에 연결
int ledPin = 13;                    // 13번 핀의 빌트인 LED 사용
int motionState = LOW;              // 움직임 감지 여부 저장
                                    // 시작 시 움직임이 감지되지 않음을 가정
void setup()
{
  Serial.begin(9600);               // 시리얼 통신 속도 9,600 bps로 설정

  pinMode(sensorPin, INPUT);        // 2번 핀을 입력 모드로 설정
  pinMode(ledPin, OUTPUT);          // 13번 핀을 출력 모드로 설정
}

void loop()
{
  // HC-SR501 모듈의 출력값을 읽어서 sensorValue 변수에 저장
  int sensorValue = digitalRead(sensorPin);

  if(sensorValue == HIGH)           // 움직임을 감지하면,
  {
    digitalWrite(ledPin, HIGH);     // LED on

    if(motionState == LOW)
    {
      Serial.println("Motion detected!");
```

```
      motionState = HIGH;                // motionState 변숫값 HIGH로 변경
    }
  }
  else                                   // 움직임이 감지되지 않으면,
  {
    digitalWrite(ledPin, LOW);           // LED off

    if(motionState == HIGH)
    {
      Serial.println("undetected!");
      motionState = LOW;                 // motionState 변숫값 LOW로 변경
    }
  }
}
```

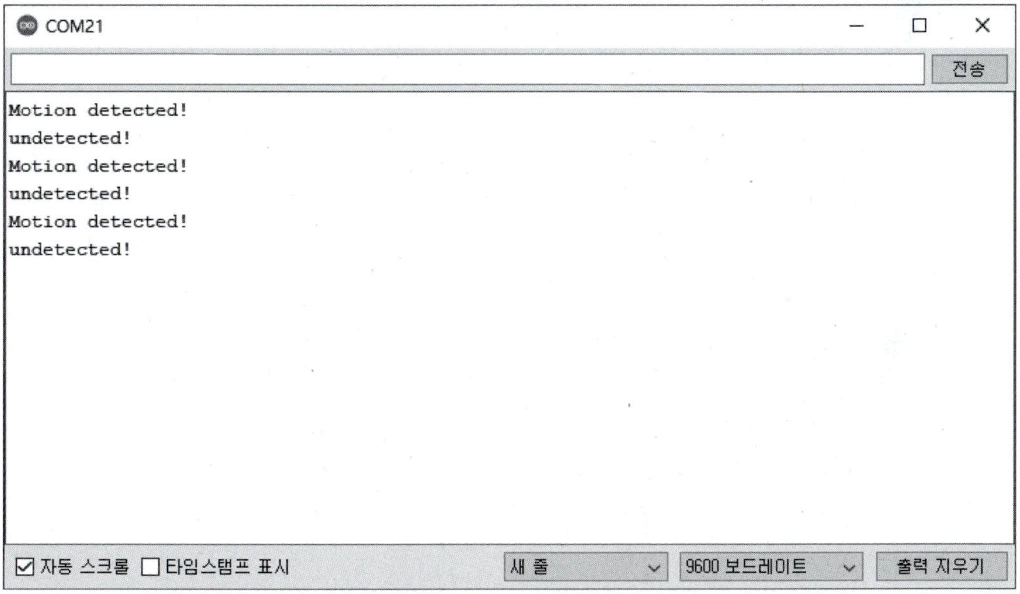

[그림 5-29] 동작 감지 결과

☞ 동작 감지 유무가 시리얼 모니터에 반복 출력되는 것을 방지하기 위해 조건문으로 motionState 변수의 상태 값을 확인하도록 하였는데 실제 동작 감지 애플리케이션을 만들 땐 소스 코드에서 motionState 변수는 사용하지 않아도 된다.

5.3.4 비접촉 적외선 온도 센서 모듈(GY-906)

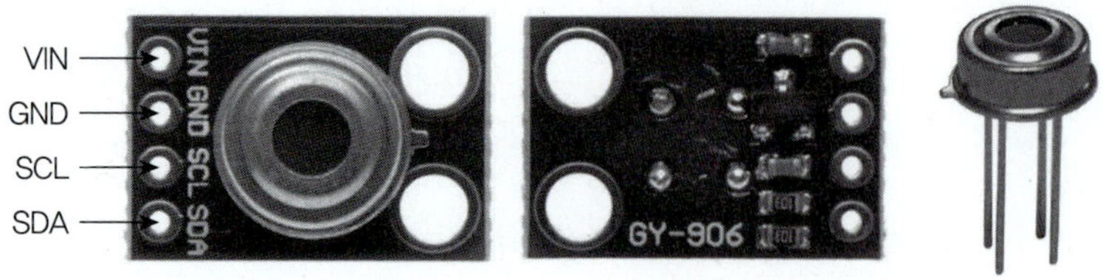

[그림 5-30] GY-906 비접촉 적외선 온도 센서 모듈과 MLX90614 센서

비접촉 적외선 온도 센서 모듈 GY-906은 MLX90614ESF 온도 센서를 기반으로 한다. MLX90614 센서는 MLX81101 적외선 감지 서모파일과 신호 조절 용도의 MLX90302 ASSP(Application Specific Standard Product)가 TO-39 금속 캔 패키지로 통합되어 있다. 저잡음 증폭기, 고해상도 17bit ADC 및 MLX90302의 강력한 DSP 장치로 0.02℃ 분해능을 가진 고정밀 온도계를 만들 수 있다.

MLX90614 센서는 주변 온도의 경우 −40℃ ~ 125℃, 물체 온도의 경우 −70℃ ~ 380℃를 ±0.5°C 정확도로 측정한다. 이런 정확도는 센서가 열평형 상태에 있고 센서 패키지 전체에 온도 차가 없을 때만 보장되며, 센서 주변의 히터나 쿨러 등에 의한 온도 차에 의해 영향을 받을 수 있다. 센서의 시야각은 90°로 측정 온도 범위는 해당 시야각 내의 평균 온도이고, [그림 5-31]처럼 열원을 정면으로 바라볼 때 감도가 가장 높다. 집적회로나 회전축과 같은 물체의 표면 온도를 측정하는 경우 일반적으로 약 1 cm의 거리에서 측정한다. 가시광선 및 근적외선 복사속(radiant flux)을 차단하는 5.5 μm ~ 14 μm 대역의 광학 필터가 패키지에 통합되어 있어 주변광과 태양광의 영향을 최소화한다.

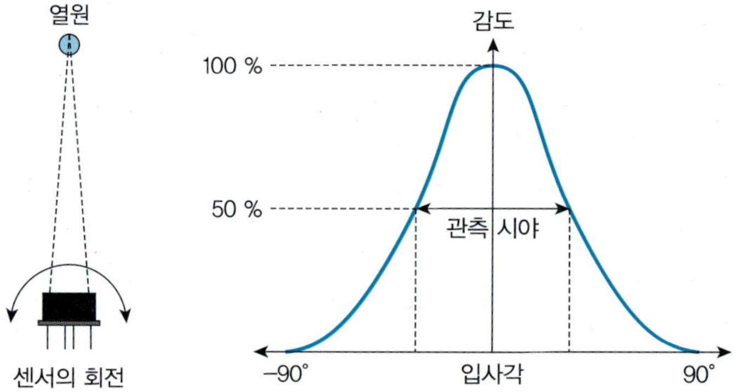

[그림 5-31] 적외선 온도 센서의 시야각

비접촉 적외선 온도 센서 모듈은 세 가지 기본 동작 모드가 있으며, I^2C 버스를 사용하여 온도를 전달하거나 설정을 구성할 수 있다. 모듈의 기본 모드는 I^2C 통신 방식과 같으며, 최대 127개의 비접촉 적외선 온도 센서 모듈을 하나의 I^2C 버스를 통해 제어할 수 있다. PWM 모드로 전환되면 센서 모듈은 SDA 핀으로 측정된 물체 온도 정보를 연속 10bit PWM 신호로 출력하고, 기본적으로 0.14℃ 분해능으로 -20℃ ~ 120℃ 범위를 처리한다. 열 스위치 모드는 특정 온도에 도달할 때 신호가 출력되는데 외부 인터럽트 입력으로 사용하거나 릴레이 등의 스위치 장치를 직접 구동하는 데 사용할 수 있다.

비접촉 적외선 온도 센서 모듈의 VIN 핀으로 3.3 V ~ 6 V 전원 공급이 가능하다. 센서 모듈을 사용하여 체온이나 주변의 물체 온도를 측정해 본다. 에어컨 온도 감지, 모터 축이나 컨베이어 위 물체의 온도 모니터링, 움직임 감지, 시설 모니터링 등의 애플리케이션에 적용할 수 있다.

비접촉 적외선 온도 센서 모듈을 좀 더 편리하게 사용하기 위해 [그림 5-32]와 같이 아두이노 IDE의 라이브러리 매니저에서 'Adafruit MLX90614'를 검색하여 라이브러리를 설치한다.

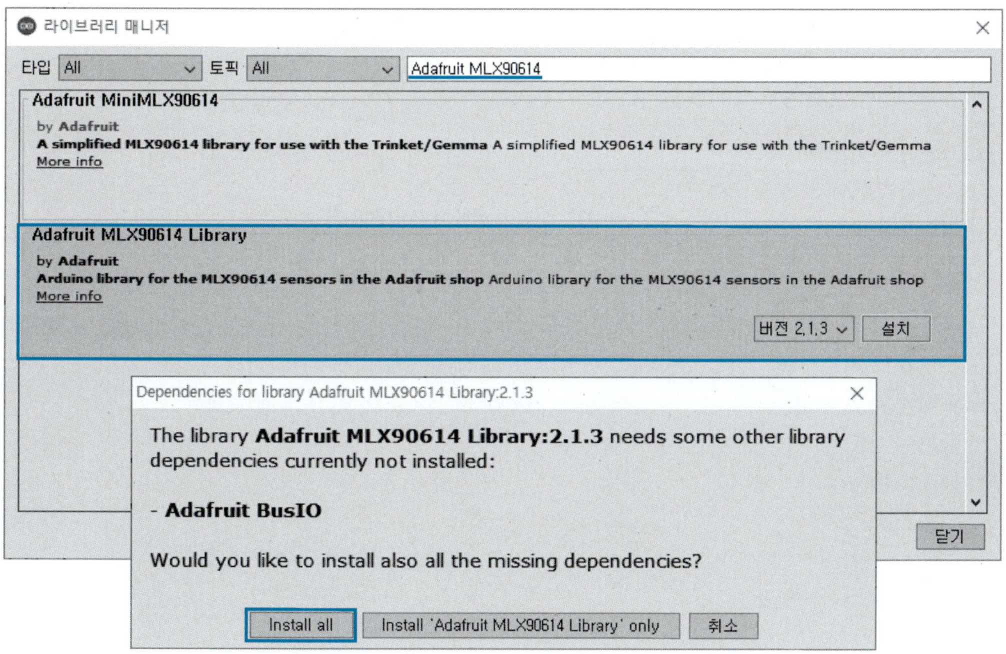

[그림 5-32] Adafruit MLX90614 라이브러리 설치

UNO 보드	GY-906 모듈
5 V	VIN
GND	GND
A5(SCL)	SCL
A4(SDA)	SDA

[그림 5-33] 비접촉 적외선 온도 센서 모듈 연결 회로

```
#include <Adafruit_MLX90614.h>                              // MLX90614 라이브러리 사용

Adafruit_MLX90614 tempSensor = Adafruit_MLX90614();        // MLX90614 객체 생성

void setup()
{
  Serial.begin(9600);                                      // 시리얼 통신 속도 설정
  tempSensor.begin();                                      // 객체 초기화
}

void loop()
{
  Serial.print("Ambient = ");
  Serial.print(tempSensor.readAmbientTempC());             // 주변 섭씨온도 읽어서 출력
```

```
    Serial.print("*C\tObject = ");
    Serial.print(tempSensor.readObjectTempC());          // 물체 섭씨온도 읽어서 출력
    Serial.println("*C");
    Serial.print("Ambient = ");
    Serial.print(tempSensor.readAmbientTempF());         // 주변 화씨온도 읽어서 출력
    Serial.print("*F\tObject = ");
    Serial.print(tempSensor.readObjectTempF());          // 물체 화씨온도 읽어서 출력
    Serial.println("*F");
    Serial.println();
    delay(1000);
}
```

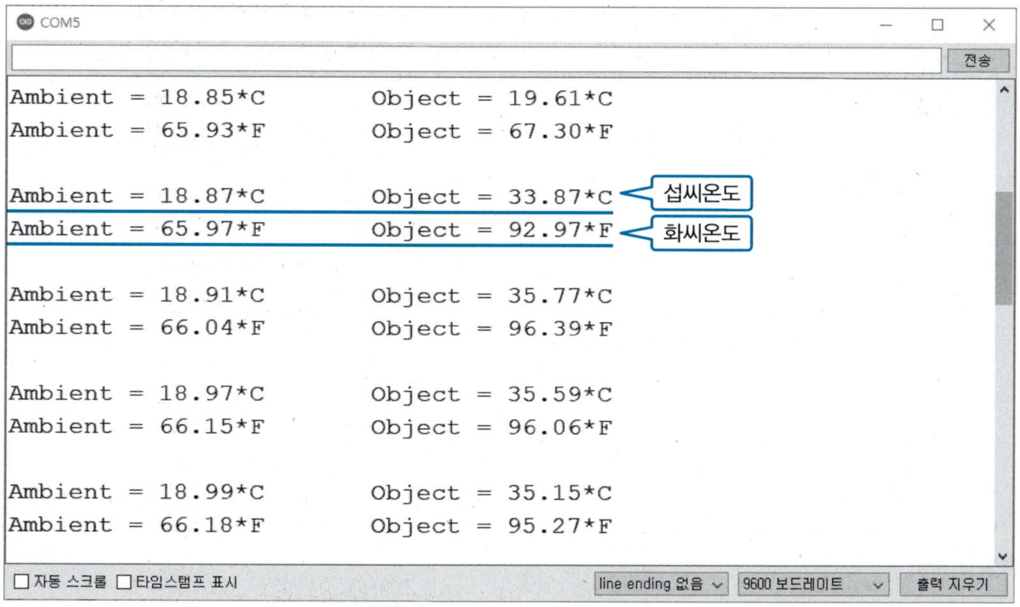

[그림 5-34] 주변 온도와 물체 온도

5.3.5 NTC 서미스터 모듈(KY-013)

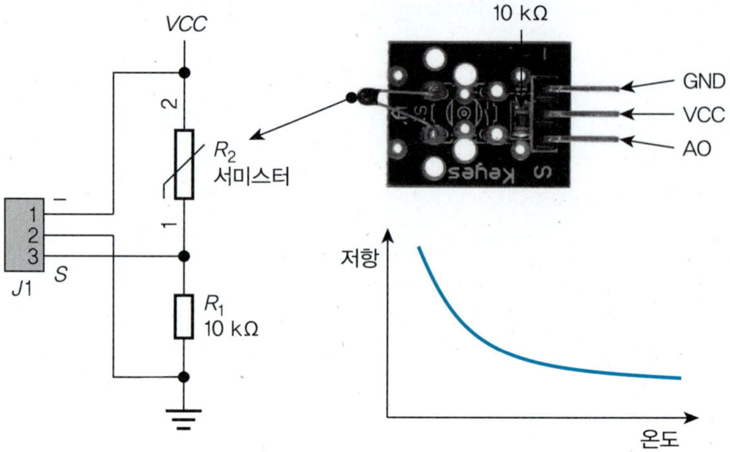

[그림 5-35] KY-013 NTC 서미스터의 회로 및 특성

NTC 서미스터 모듈은 서미스터 저항을 기반으로 주변 온도를 측정하며, 10 kΩ 고정 저항과 NTC 서미스터로 구성되어 있고 ±0.5℃의 허용 오차로 −55℃ ~ 125℃의 온도를 측정할 수 있다.

NTC 서미스터 모듈을 이용하여 간이 디지털 온도계를 만들어 보는 예제이다. 서미스터에 대한 저항 대비 온도 특성을 도출하는 데 일반적으로 스타인하트–하트(Steinhart–Hart) 방정식을 사용하여 온도를 측정한다.

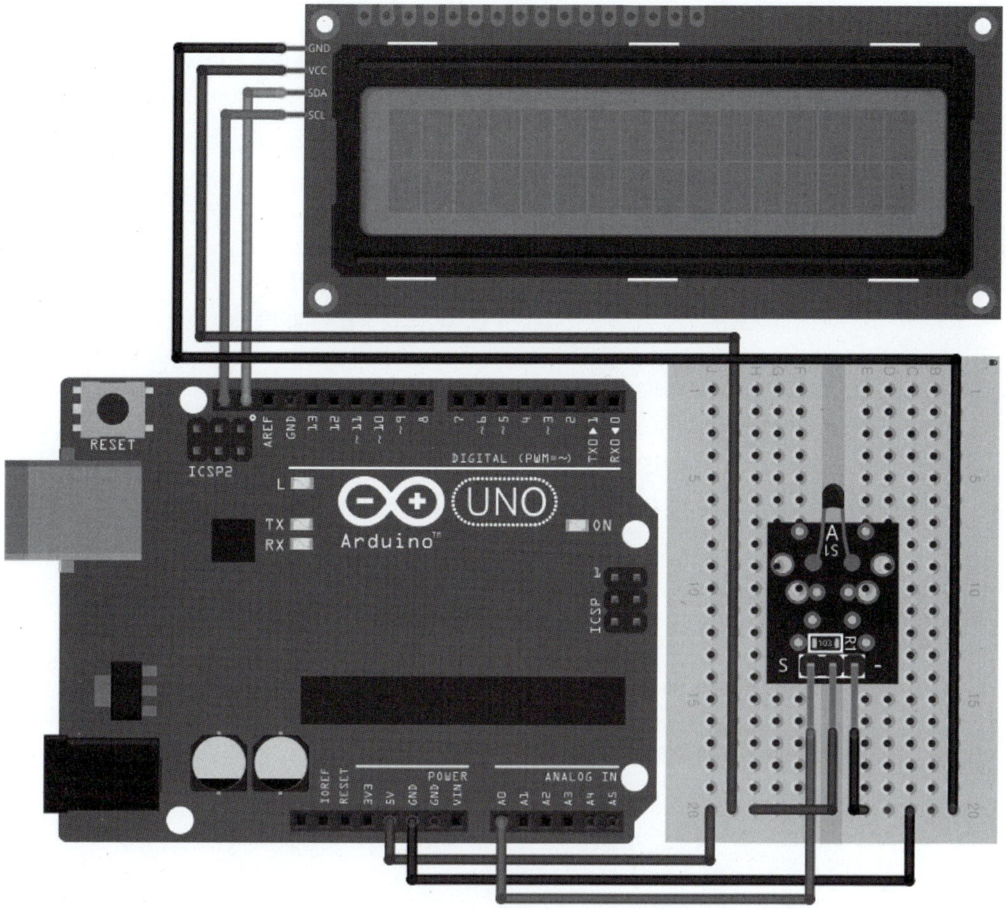

[그림 5-36] NTC 서미스터 모듈과 I^2C C-LCD 모듈 연결 회로

```
#include <LiquidCrystal_I2C.h>                // I²C C-LCD 모듈 라이브러리 사용

const int sensorPin = A0;                     // 센서의 S 핀을 보드의 A0 핀에 연결
const float R1 = 10000;                       // 센서 모듈의 고정 저항값

const float A = 0.001129148;                  // 스타인하트-하트 방정식 계수
const float B = 0.000234125;
const float C = 0.0000000876741;

LiquidCrystal_I2C lcdMonitor(0x27, 16, 2);    // I²C C-LCD 객체 생성
```

```
// 사용자 정의 문자 '온' 데이터 배열로 초기화
byte customChar_On[] = {B01110, B10001, B01110, B00100, B11111, B00000, B10000, B11111};
// 사용자 정의 문자 '도' 데이터 배열로 초기화
byte customChar_Do[] = {B11111, B10000, B10000, B11111, B00000, B00100, B00100, B11111};

void setup()
{
  lcdMonitor.begin();                              // I²C C-LCD 모듈 초기화
  lcdMonitor.backlight();                          // I²C C-LCD 모듈 백라이트 on

  // I²C C-LCD 모듈의 CGRAM 메모리 0번지 주소에 사용자 정의 문자 '온' 저장
  lcdMonitor.createChar(0, customChar_On);
  // I²C C-LCD 모듈의 CGRAM 메모리 1번지 주소에 사용자 정의 문자 '도' 저장
  lcdMonitor.createChar(1, customChar_Do);
}

void loop()
{
  // ADC로부터 센서값을 읽어 sensorValue 변수에 저장
  int sensorValue = analogRead(sensorPin);
  float vOut = sensorValue * (5.0 / 1024.0);   // ADC 값을 0 ~ 5 V 사이 전압으로 변환
  float r2 = (R1 * vOut) / (5 - vOut);         // 서미스터 저항 계산
  float logR2 = log(r2);                       // 자연로그 계산

  // 켈빈 온도(절대 온도) 계산, 켈빈 온도 = 섭씨 온도 + 273.15
  float kelvinTemp = (1.0 / (A + B * logR2 + C * logR2 * logR2 * logR2));
  float celciusTemp = kelvinTemp - 273.15;     // 절대온도를 섭씨온도로 변환

  lcdMonitor.clear();                          // 화면 지우기
  lcdMonitor.setCursor(0,0);                   // 첫 번째 줄의 첫 자리
  lcdMonitor.write((byte)0);                   // '온' 표시, 0 주소 호출 byte 캐스팅
  lcdMonitor.write(1);                         // '도' 표시
  lcdMonitor.print(": ");
  lcdMonitor.print(celciusTemp);               // 섭씨온도 표시
  lcdMonitor.print(" ");
  lcdMonitor.write(1);                         // '도' 표시

  delay(1000);
}
```

◇ 코드 추가 설명

```
const float A = 0.001129148;
const float B = 0.000234125;
const float C = 0.0000000876741;
......
float r2 = (R1 * vOut) / (5 - vOut);
float logR2 = log(r2);

float kelvinTemp = (1.0 / (A + B * logR2 + C * logR2 * logR2 * logR2));
float celciusTemp = kelvinTemp - 273.15;
```

NTC 서미스터 유형마다 온도 저항 곡선이 다르며, 스타인하트-하트 계수도 다르다. 소스 코드에 입력한 스타인하트-하트 계수는 KY-013 모듈의 데이터시트에서 가져왔지만, 출력되는 온도 값이 정확하지 않을 때는 스타인하트-하트 계수가 맞는지 확인해야 한다. 추가로 고려할 부분은 5 V 전압을 기준으로 온도를 측정하고 있으므로 아두이노 보드에 USB 전원으로 전압이 공급되는 일반적인 실습 환경에서는 부정확한 온도가 계산될 가능성이 크다. 따라서 아두이노 보드에 입력되는 전압이 7 V ~ 12 V 권장 전압이 맞는지 확인하거나 5 V 전압이 공급되도록 처리하는 것이 측정 오차를 줄이는 방법이다.

공급 전압을 V_{cc} 라 하고, ADC 측정 전압을 V_{out} 이라 하였을 때 NTC 서미스터의 저항 R_2 를 도출하는 수식은 다음과 같다(고정 저항 10 kΩ).

$$V_{out} = \frac{R_2}{R_1 + R_2} \times V_{cc} = \frac{R_2}{10,000 + R_2} \times 5 \tag{5.17}$$

$$R_2 = \frac{10,000 \times V_{out}}{5 - V_{out}}$$

NTC 서미스터 저항 R_2 를 아는 경우 사용할 수 있는 스타인하트-하트 방정식은 다음과 같다.

$$K(T) = \frac{1}{A + (B \times \ln(R_2)) + (C \times (\ln(R_2))^3)} \tag{5.18}$$

$$A = 0.00129148$$
$$B = 0.00234125$$
$$C = 0.0000000876741$$

5.3.6 방수 DS18B20 디지털 온도 센서 모듈

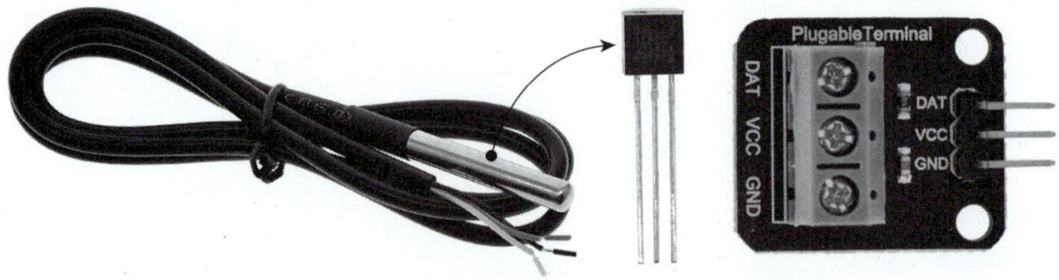

[그림 5-37] 방수 DS18B20 디지털 온도 센서 모듈

DS18B20 디지털 온도 센서 IC는 사용자가 선택 가능한 9bit ~ 12bit 분해능의 섭씨온도를 측정하고, −10℃ ~ +85℃ 범위에서 0.5℃의 정확도를 가지며, −55℃ ~ +125°의 온도를 측정한다. [그림 5-37]처럼 스테인리스 스틸 튜브로 방수 처리가 되어 있는 경우 액체에 직접 노출된 고온의 환경에서도 사용할 수 있다. 센서의 DAT 핀 하나만으로 전원 공급과 통신을 할 수 있는 1-와이어 통신을 지원하고, 온도 변환 시간은 750 ms 미만이며, 동작 전압은 3 V ~

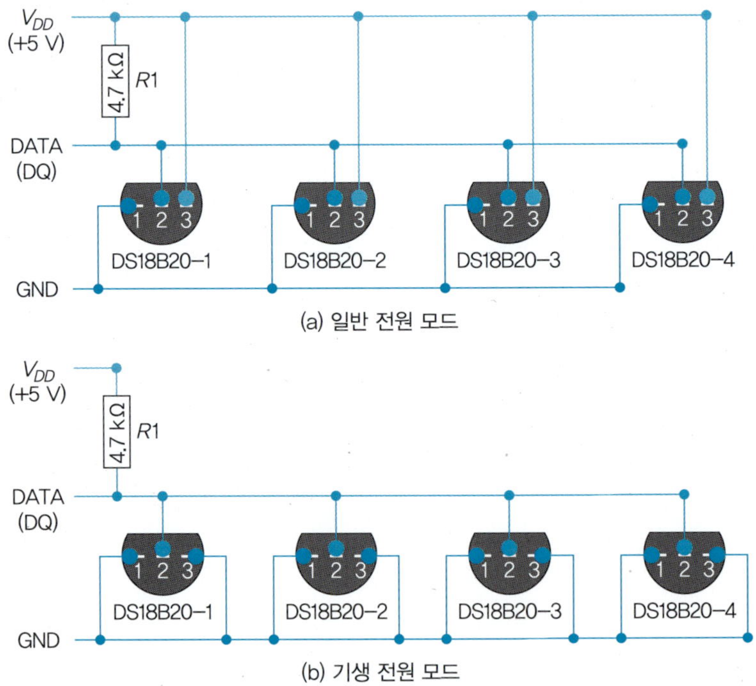

[그림 5-38] DS18B20 온도 센서의 일반 전원 모드와 기생 전원 모드

5.5 V이다. 모듈 없이 프로브 타입이나 TO-92 타입을 아두이노 보드에 바로 연결할 때는 전원 핀과 데이터 핀 사이에 4.7 kΩ의 저항기를 연결해서 사용해야 한다.

모든 DS18B20 온도 센서는 고유한 내부 주소를 가지고 있어 1-와이어 버스 방식으로 최대 100 m 내에서 [그림 5-38]과 같이 다수의 DS18B20 온도 센서를 연결하여 사용할 수 있다. DS18B20 IC의 고유 주소는 라이브러리를 설치한 뒤에 기본 예제를 실행하여 쉽게 찾아낼 수 있다.

다음은 방수 DS18B20 디지털 온도 센서 모듈을 사용하여 액체 온도를 측정하는 예제이다. DS18B20 디지털 온도 센서를 그냥 사용하기 어려우므로 [그림 5-39]와 [그림 5-40]처럼 아두이노 IDE의 라이브러리 매니저에서 'OneWire'와 'DallasTemperature'를 각각 검색하여 라이브러리를 설치한다. 두 라이브러리를 각각 설치한 뒤 제공되는 기본 예제를 실행하여 온도 센서의 동작도 확인하고 각 함수의 기능들을 확인하다 보면 데이터시트를 반드시 봐야 한다는 사실을 알게 된다. 만약 두 개 이상의 DS18B20 온도 센서가 준비된다면 기생 전원 모드로 연결하여 각각의 다른 온도 측정값을 가져오는 실습도 해보자.

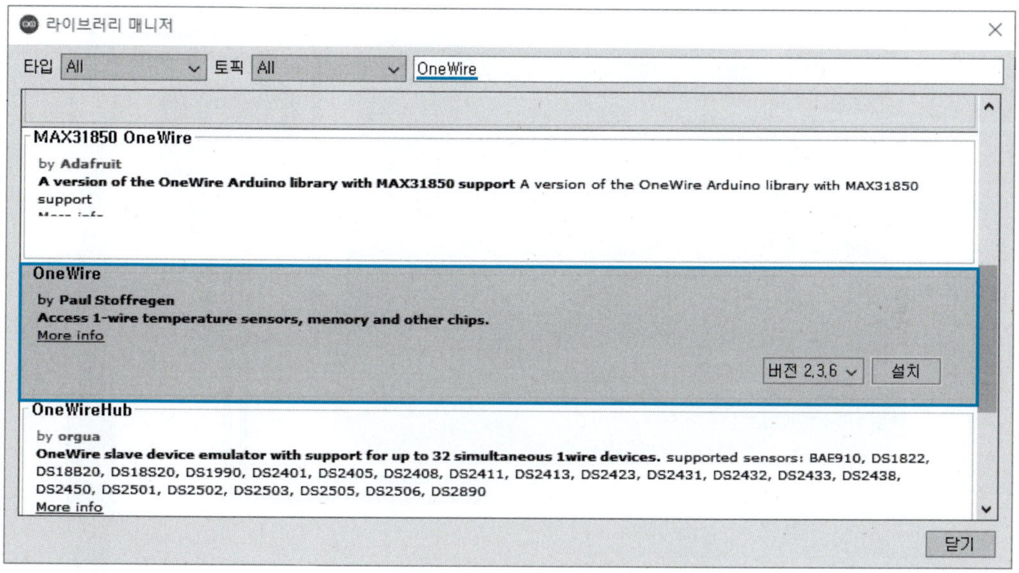

[그림 5-39] OneWire 라이브러리 설치

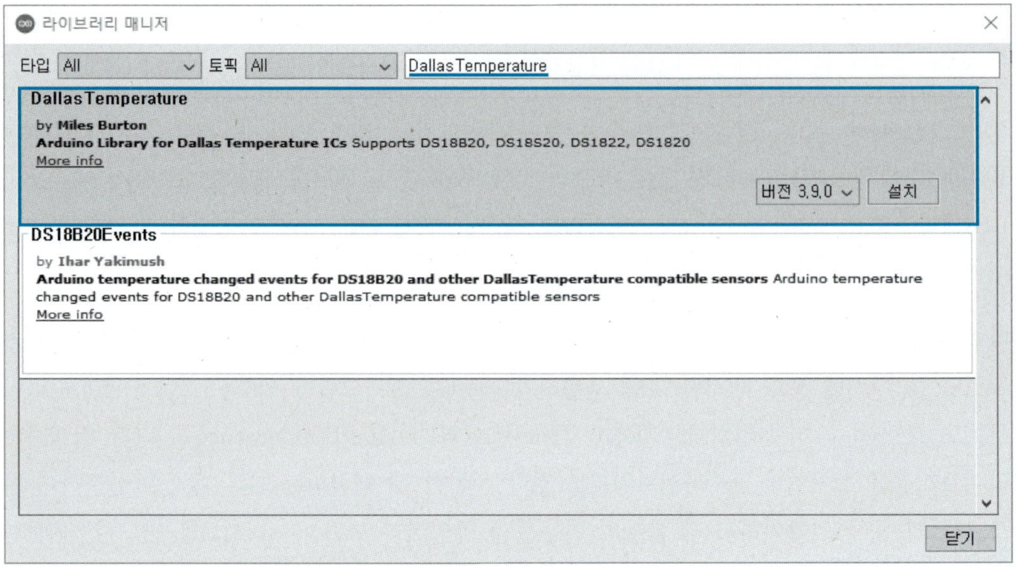

[그림 5-40] DallasTemperature 라이브러리 설치

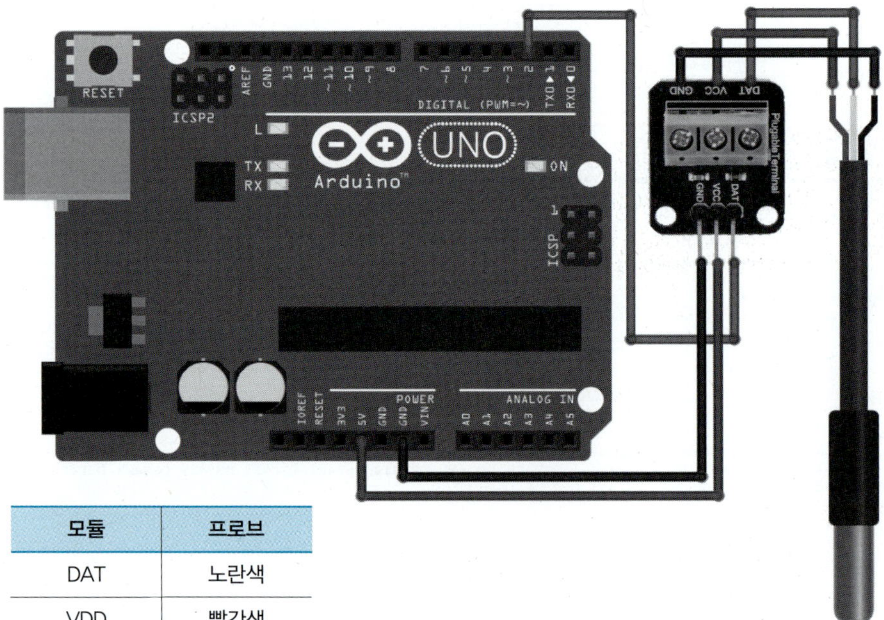

모듈	프로브
DAT	노란색
VDD	빨간색
GND	검은색

[그림 5-41] DS18B20 온도 센서 모듈 연결 회로

```
#include <OneWire.h>                              // OneWire 라이브러리 사용
#include <DallasTemperature.h>                    // DallasTemperature 라이브러리 사용

#define ONE_WIRE_BUS 2                            // 모듈의 DAT 핀을 보드의 2번 핀에 연결

OneWire oneWire(ONE_WIRE_BUS);                    // oneWire 인스턴스 설정
DallasTemperature sensors(&oneWire);              // oneWire 참조 전달

void setup()
{
  Serial.begin(9600);                             // 시리얼 통신 속도 9,600 bps로 설정
  sensors.begin();                                // 1-와이어 버스 초기화
}

void loop()
{
  sensors.requestTemperatures();                  // 온도 값을 가져오는 명령
  Serial.print("Celsius Temp: ");
  Serial.print(sensors.getTempCByIndex(0));       // 인덱스 0은 첫 번째 DS18B20 IC 의미
  Serial.println(" \xe2\x84\x83");                // ℃ 문자의 UTF-8 형식

  delay(1000);
}
```

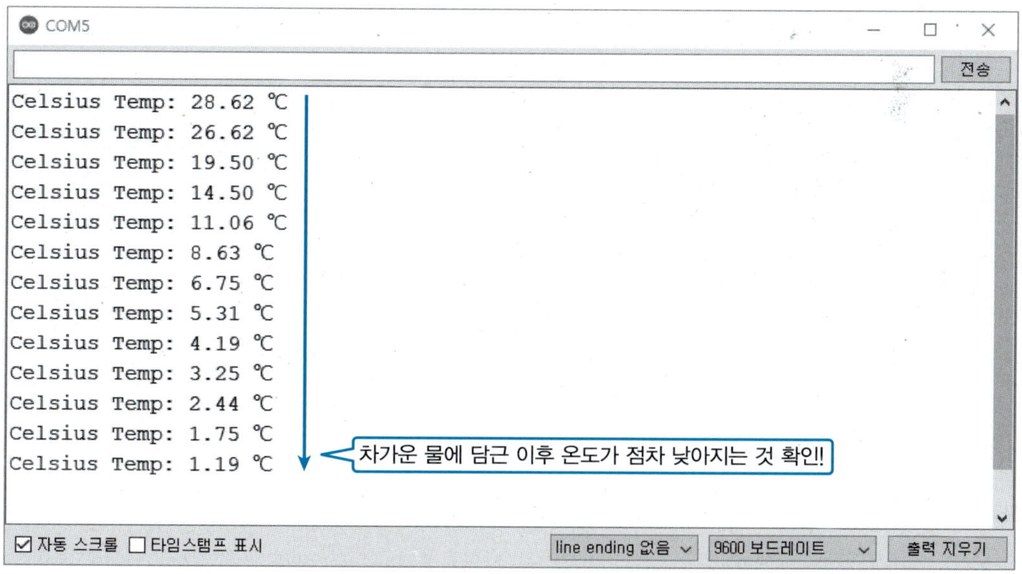

[그림 5-42] DS18B20 온도 센서 모듈의 프로브를 차가운 물에 담갔을 때

5.3.7 K형 열전대 모듈(MAX6675)

[그림 5-43] MAX6675 K형 열전대 모듈과 핀 정보

MAX6675 K형 열전대 모듈은 K형 열전대와 MA6675 증폭기 IC로 구성되어 있다. MA6675 IC는 K형 열전대 출력을 직접 디지털로 변환하며, 기준 접합(냉접점) 보상 기능과 SPI 통신 인터페이스를 지원하고, 12bit 해상도로 0.25℃의 분해능을 가진다. 그리고 0°C ~ +700°C의 온도에서 8LSB의 열전대 정확도를 가지며, 최대 1,024℃까지의 고온을 측정할 수 있다. 하지만 모듈에 포함된 K형 열전대가 최대 800℃까지 측정하므로 실제 온도 측정 범위는 0°C ~ +800°C이다.

MAX6675 K형 열전대 모듈의 공급 전압은 3 V ~ 5.5 V이다. Adafruit의 MAX6675 라이브러리를 사용하면 아두이노 보드의 디지털 입·출력 핀을 통해 MAX6675 모듈의 16bit 데이터를 읽어 오기 때문에 아두이노 보드와 MAX6675 모듈을 연결할 때 SPI 통신 핀을 사용하지 않아도 된다. 참고로 아두이노 우노 보드의 물리적인 SPI 통신 핀은 ICSP(In Circuit Serial Programming) 핀 또는 10(SS), 11(MOSI), 12(MISO), 13(SCK)이다.

MAX6675 K형 열전대 모듈을 사용하여 측정된 온도를 시리얼 모니터 창으로 출력해 본다. [그림 5-44]와 같이 아두이노 IDE의 라이브러리 매니저에서 'MAX6675'를 검색하여 Adafruit에서 배포한 라이브러리를 설치한다.

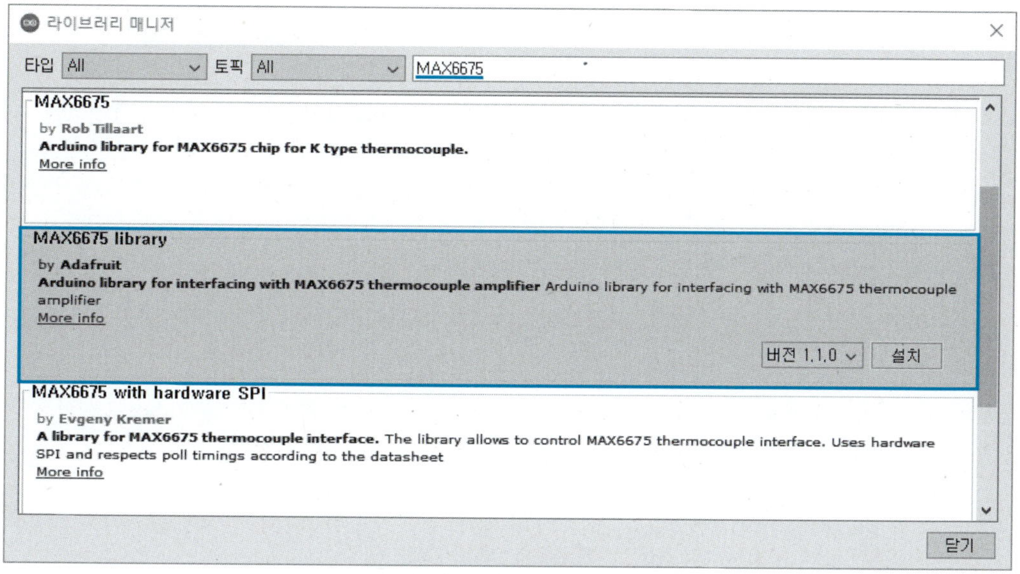

[그림 5-44] MAX6675 라이브러리 설치

UNO 보드	MAX6675 모듈
GND	GND
5 V	VCC
6	SCK
5	CS
4	SO

MAX6675 모듈	열전대 케이블
+	빨간색
–	파란색

[그림 5-45] MAX6675 K형 열전대 모듈 연결 회로

```
#include "max6675.h"                                    // MAX6675 라이브러리 사용

int thermoSO = 4;                                       // 모듈의 SO 핀을 보드의 4번 핀에 연결
int thermoCS = 5;                                       // 모듈의 CS 핀을 보드의 5번 핀에 연결
int thermoSCK = 6;                                      // 모듈의 SCK 핀을 보드의 6번 핀에 연결

MAX6675 thermocouple(thermoSCK, thermoCS, thermoSO);

void setup()
{
  Serial.begin(9600);                                   // 시리얼 통신 속도 9,600 bps로 설정
  Serial.println("K-type thermocouple temperature measurement start!");
  delay(500);                                           // MAX6675 IC 안정화를 위한 대기 시간
}

void loop()
{
   Serial.print("Celsius Temp: ");
   Serial.print(thermocouple.readCelsius());            // 섭씨온도를 읽어서 출력
   Serial.print("\t");                                  // 탭
   Serial.print("Fahrenheit Temp: ");
   Serial.println(thermocouple.readFahrenheit());       // 화씨온도를 읽어서 출력

   // MAX6675 IC에서 다음 데이터를 읽기 위해 최소 250 ms 지연 시간 필요
   delay(1000);
}
```

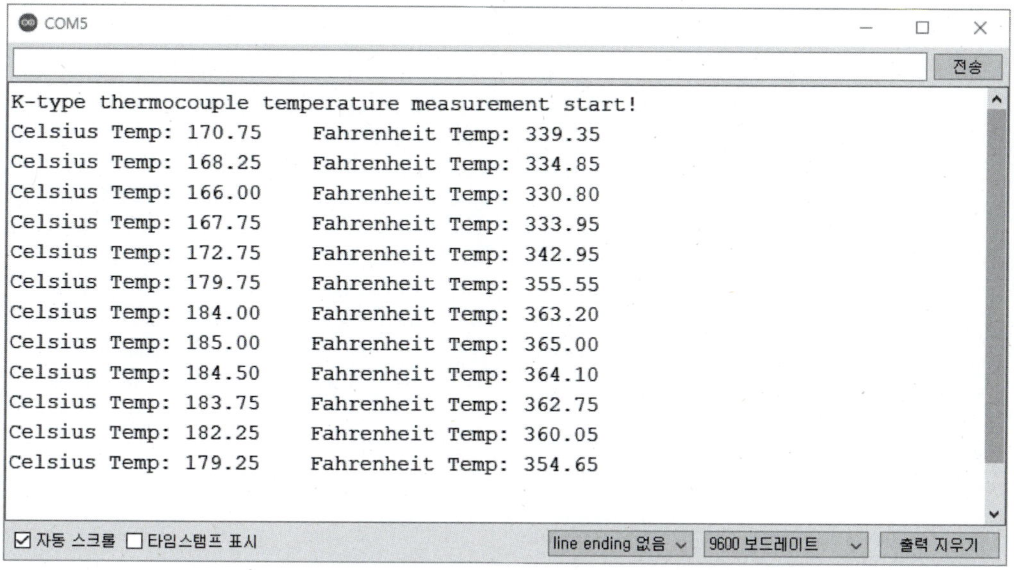

[그림 5-46] 라이터를 이용한 온도 측정

CHAPTER 06
거리 센서

contents

06 거리 센서

6.1 거리 센서 개요

거리(distance)는 물체와 장소가 공간적으로 얼마만큼 떨어져 있는지를 나타내는 수치로 일반적으로 물리적인 거리나 시간의 간격을 말한다. 거리 함수나 미터법은 물리적 거리 개념으로 어떤 공간의 요소들이 서로 가깝거나 멀리 떨어져 있다는 것을 증명하는 방법이다. 미터법에서는 변하지 않는 빛의 속도 $299,792,458 \times 10^8$ m/s를 이용하여 미터 단위를 표준화하고 국제적으로 통용해서 사용하고 있다.

거리를 측정하는 방법으로는 사람의 걸음 수를 이용하는 보측(pacing), 육안으로 거리를 가늠하는 목측(eye observation), 소리를 이용하는 음측(measuring by sound), 바퀴의 회전수를 이용하는 윤정계(perambulator), 높이를 아는 두 대상물을 이용하는 시각법(visual method) 등의 간단하고 고전적인 거리 측정 방법과 전자기파를 이용하는 간접 측정 및 줄자, 체인 등을 이용하는 직접 측정 방법이 있다. 특히, 줄자를 이용하는 직접 거리 측정 방법은 표준 줄자, 온도, 장력, 처짐, 경사, 평균 해수면 등의 영향을 받아 오차가 발생할 수 있으므

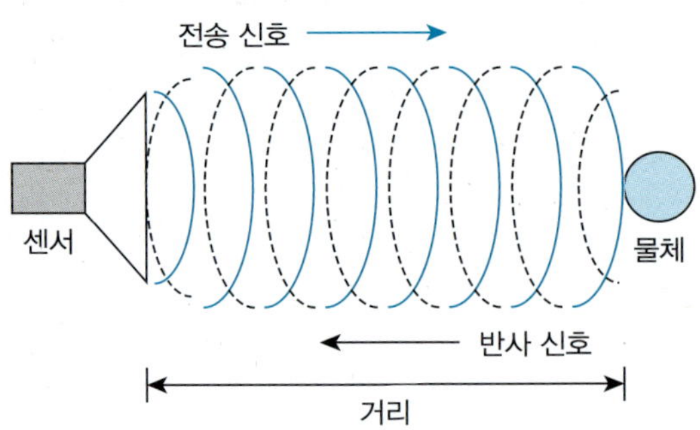

[그림 6-1] 센서를 이용한 거리 측정 원리

로 보정이 필요하다. 따라서 정밀도가 높고 외부 환경의 영향을 많이 받지 않는 간접 측정 방법이 거리 측정이라는 관점에서는 더 효율적이고 적합하다.

일반적으로 센서를 이용한 거리 측정은 [그림 6-1]과 같이 물리적인 접촉 없이 센서에서 초음파, 적외선, 레이저 등과 같이 신호를 대상 물체를 향해 전송한 후 대상 물체의 표면에서 반사되어 돌아오는 신호의 비행시간(Time of Flight, ToF), 위상 변화(phase shift), 검출 각도 등을 해석하거나 응용하는 경우가 많다.

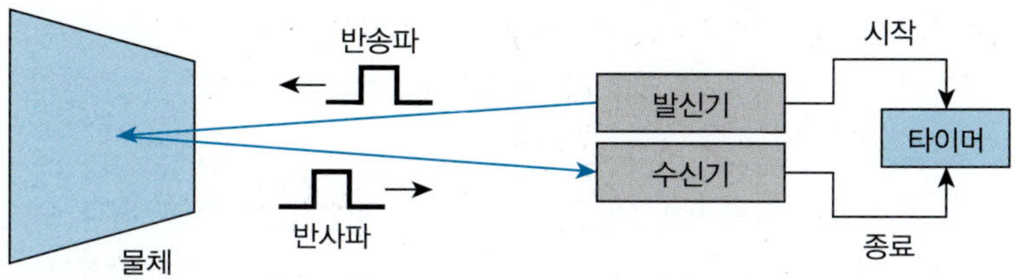

[그림 6-2] 직접 비행시간 측정 원리

비행시간을 측정하는 방식에 따라 직접 비행시간 측정 방식과 간접 비행시간 측정 방식이 있다. 직접 비행시간 측정 방식은 [그림 6-2]와 같이 발신기에서 펄스 형태의 반송파를 발사하고 수신기에서는 반사파가 감지될 때까지의 시간을 타이머를 이용하여 측정한다. 이때의 거리 D는 다음과 같이 계산할 수 있다.

$$D = v \times \frac{t}{2} \tag{6.1}$$

여기서 v는 반송파의 속도이고, $\frac{t}{2}$는 반송파가 되돌아온 시간의 절반이다. 레이저와 같은 신호를 사용하는 직접 비행시간 측정 방식은 피크 출력이 높은 광원을 사용하므로 원거리 측정에 적합하나 최대 측정 거리는 펄스 신호의 반복 주기 이내로 제한된다.

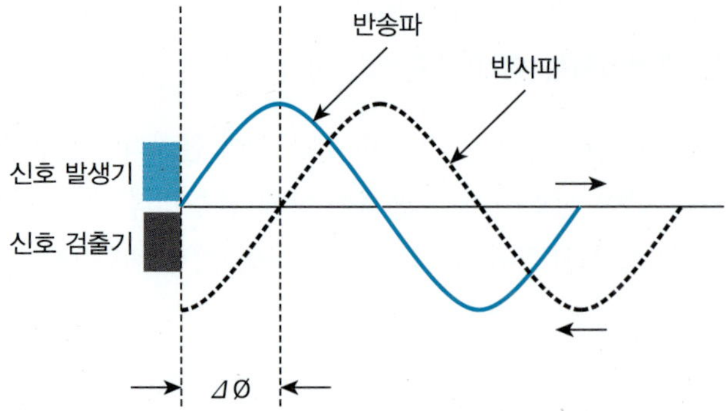

[그림 6-3] 간접 비행시간의 위상 변위 측정 원리

간접 비행시간 측정 방식은 반송파의 위상차를 이용한 것으로 [그림 6-3]과 같이 주파수 f로 변조(modulation)된 사인파(sine wave)를 반송파(carrier wave)로 사용하며, 물체로 발사한 뒤 부딪쳐서 돌아오는 반사파와 반송파의 위상 차이를 이용하여 거리를 계산하는 방법이다. 이때의 거리 D는 다음과 같이 나타낼 수 있다.

$$D = \frac{\Delta\phi v}{4\pi f} \tag{6.2}$$

여기서 v는 반송파의 속도, $\Delta\phi$는 위상차, f는 반송파의 주파수이다. 위상차를 이용한 비행시간 측정 방식의 최대 측정 가능 거리는 반송파의 주기로 제한되며, 측정 정밀도는 위상 검출의 정밀도에 의존한다.

다음 [그림 6-4] (b)처럼 레이저 삼각측량 센서에서 거리를 측정할 때 사용하는 방법을 보면, 레이저를 물체의 표면에 비추고 표면에서 반사된 레이저는 렌즈를 거쳐 검출기에 상을 맺는다. 상이 맺힌 위치를 알아내기 위해 상보성 금속 산화막 반도체(Complementary Metal Oxide Semiconductor, CMOS) 이미지 센서, 전하 결합 소자(Charge Coupled Device, CCD) 이미지 센서 그리고 반도체 위치 검출 소자(Position Sensitive Detector, PSD) 등을 사용하며, (a)와 같이 센서의 출력값이 높은 곳을 중심점으로 정한다.

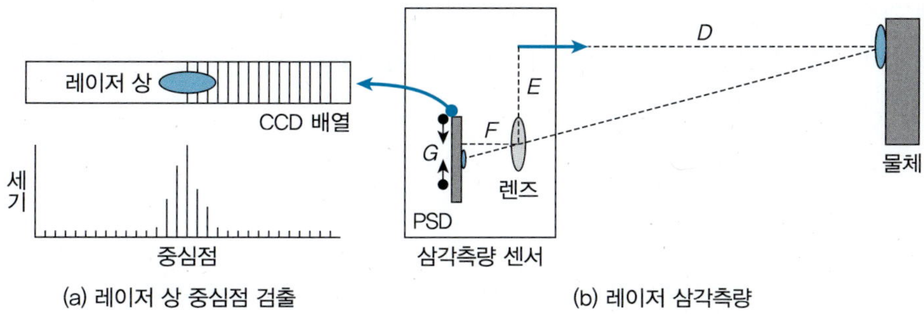

[그림 6-4] 레이저 삼각측량 센서와 레이저 상 중심점 검출

확인된 거리 E, F와 G의 측정값으로 거리 D가 결정된다. 레이저가 물체에 반사되는 각과 렌즈의 중심선과 반사된 레이저 광선 사이의 각이 같으므로 센서와 물체 사이의 거리 관계는 다음과 같은 식으로 나타낼 수 있다.

$$\frac{D}{E} = \frac{F}{G} \tag{6.3}$$

여기서 E는 렌즈의 중심점에서 레이저까지의 수직 거리이고, F는 렌즈의 중심점에서 검출기까지의 수직 거리이며, G는 렌즈 중심에서 검출기까지의 수직선과 레이저 상 사이의 거리이다.

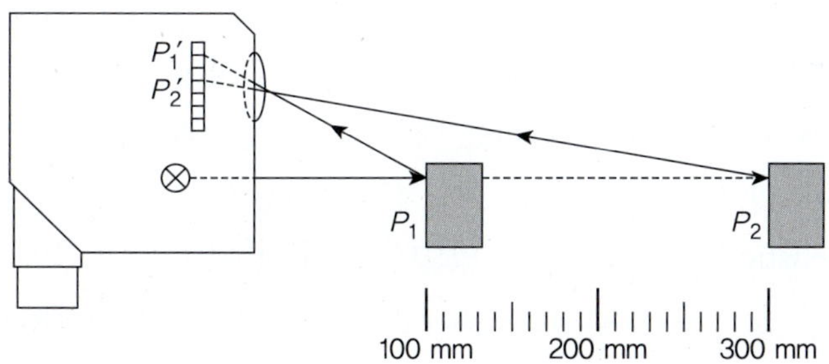

[그림 6-5] PSD 배열에 맺힌 상의 위치에 따른 거리 측정

광학 삼각측량 센서의 측정 원리는 근거리에서 정확한 거리 측정에 적합하며, 특수 광학 수신기와 위치 검출 소자를 이용하여 물체 표면의 반사율, 색상, 표면 특성 등의 영향을 받지 않고 거리를 결정할 수 있다. 거리 분해능은 레이저 빔의 크기와 감지 픽셀 크기에 따라 달라지며, 설계된 작업 범위 내에서 분해능도 거리에 따라 달라진다. 가장 높은 분해능은 최소 감지

거리에 가깝고 최대 감지 거리로 거리가 증가함에 따라 분해능은 점차 감소한다. 이것은 검출기에서 이미지를 한 픽셀만큼 이동시키기 위해 물체가 얼마나 먼 거리에 위치해야 하는지 [그림 6-5]를 통해 확인할 수 있다.

6.2 초음파 센서

초음파 센서는 실생활과 산업현장, 의료 현장 등에서 거리 측정, 물체 감지, 초음파 용접, 세척 등의 다양한 용도로 사용되고 있다. 거리 측정을 위한 초음파 센서는 초음파를 방출한 시점부터 초음파가 물체에 반사되어 다시 센서로 되돌아와 수신된 시점까지의 시간을 구하며, 비행시간 측정법으로 거리를 유추한다. 초음파 센서는 다양한 재질의 물체들을 모양, 투명도(transparency), 색상과 관계없이 감지할 수 있고 금속, 플라스틱, 유리, 나무 등과 같이 소리를 흡수하지 않는 재질의 물체는 음파를 잘 반사하지만, 반사된 소리가 센서로부터 돌아가지 못하는 각진 표면과 스펀지, 거품, 부드러운 재질의 옷 등과 같이 소리에 대한 투과성이 있는 재질의 물체는 표면에 도달한 초음파의 에너지가 반사되는 양보다 흡수되는 양이 더 많으므로 감지가 어려울 수 있다.

6.2.1 음파

음향파(acoustic wave)는 압력의 변화가 고체, 액체, 기체 등과 같은 매질(medium)을 통해 전파(propagation)되는 역학적 파동(mechanical wave)의 일종이다. 음향파에는 매질이 압축과 팽창을 반복하면서 전파되는 음파(sound wave)와 탄성체(elastic body)를 통해 전파되는 탄성파(elastic wave) 등이 있다. 음파는 매질의 진동 방향과 파동의 전파 방향이 같은 종파(longitudinal wave)이고, 탄성파에는 대표적으로 탄성체의 표면을 따라 전파되는 표면탄성파(Surface Acoustic Wave, SAW)가 있으며, 이 표면탄성파는 매질의 진동 방향과 파동이 전파 방향과 수직을 이루는 횡파(transverse wave) 또는 레일리파(Rayleigh wave)라고도 한다.

음파는 매질 온도에 따라 전파되는 속도가 달라지는 성질과 진행 거리가 멀어지거나 매질 표면에서 흡수와 산란 현상 등으로 그 세기가 감소하는 성질 등이 있다. 그리고 음향 임피던스가 서로 다른 두 매질의 표면에서 음파는 굴절, 반사 등의 성질도 가지고 있다.

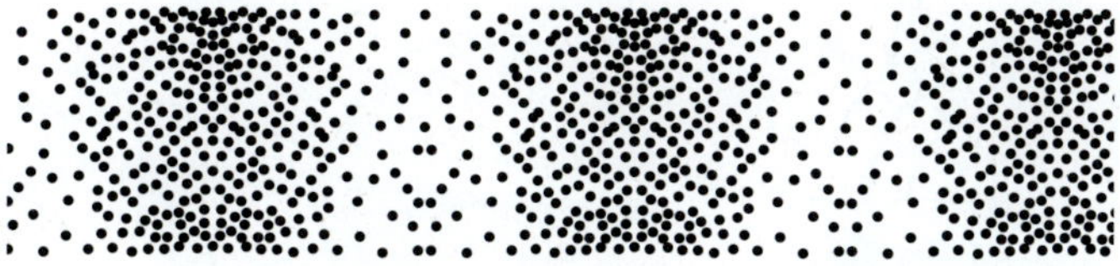

[그림 6-6] 음파에서 매질의 부피 변화

음파가 [그림 6-6]과 같이 전파될 때 매질의 체적(volume)이 V에서 $V - \Delta V$로 변하는데 이때 $\frac{\Delta V}{V}$는 체적변화율(modulus of volume change)이라고 하고, 체적변화율에 대한 압력 변화의 비를 체적탄성률(bulk modulus of elasticity)이라 한다. 체적탄성률은 물체의 모든 방향에서 가해지는 일정한 압력에 대항하여 압축되지 않으려는 정도를 의미하며, 다음과 같이 나타낼 수 있다.

$$B = \frac{\Delta p}{\frac{\Delta V}{V}} \tag{6.4}$$

또한, 체적탄성률 B(N/m^2)와 정지 상태에서 매질 밀도 ρ(kg/m^3), 매질의 음속 v는 다음과 같이 나타낼 수 있다.

$$B = \rho v^2, \ v = \sqrt{\frac{B}{\rho}} \tag{6.5}$$

B와 ρ는 각각 매질의 탄성과 밀도 특성을 반영하고 있고, 매질의 탄성과 밀도는 온도의 영향을 받으므로 음속(sound velocity)의 종단속도(terminal velocity) v는 영률(Young's modulus) E와 포아송 비(Poisson's ratio) ν를 사용하여 온도에 대한 함수로 표현할 수 있다.

$$v = \sqrt{\frac{E(1+\nu)}{\rho(1+\nu)(1-2\nu)}} \tag{6.6}$$

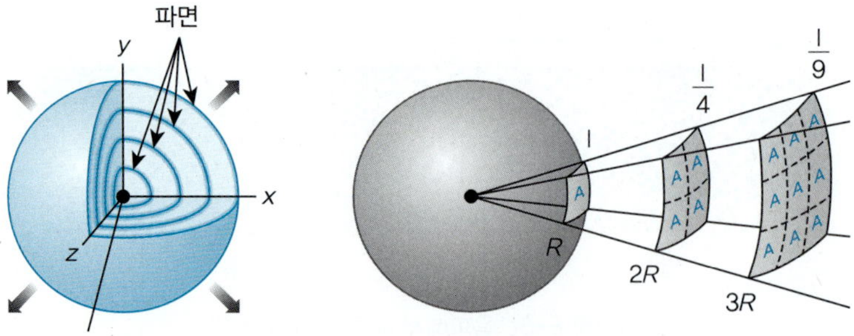

[그림 6-7] 음의 퍼짐

음파는 [그림 6-7]처럼 음원(sound source)에서 발생하여 모든 방향으로 전파되고, 음원에서 R만큼 떨어진 거리에서의 음파 세기(intensity) I는 역 제곱 법칙(inverse square law)에 따라 다음과 같이 나타낼 수 있다.

$$I = \frac{P}{4\pi R^2} \tag{6.7}$$

여기서 P는 음원이 만들어내는 음파의 에너지이고 음파의 세기는 거리의 제곱에 반비례하여 감소함을 알 수 있다. 그러나 음파는 [그림 6-8]처럼 거리뿐만 아니라 장애물에 의한 산란과 흡수 등의 현상에 의해서도 그 에너지가 줄어든다.

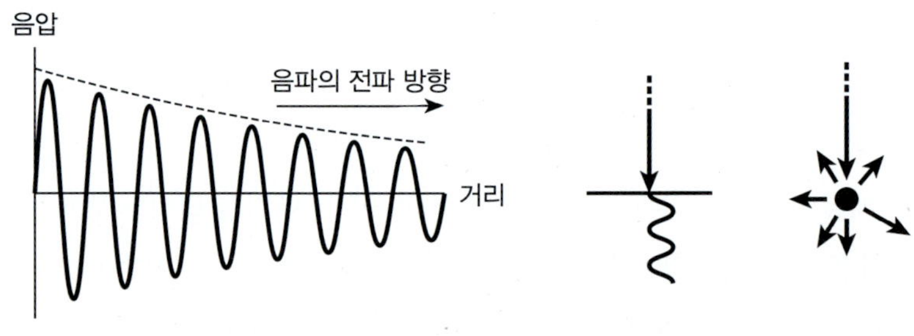

[그림 6-8] 산란과 흡수에 의한 음압 감소

음파의 감쇠(attenuation)는 에너지가 매질을 통해 전파되면서 흡수와 산란으로 인해 [그림 6-8]의 (a)와 같이 음압(sound pressure)이 거리에 비례하여 감소하는 현상이다. 흡수는 (b)와 같이 음파가 다른 매질을 만나 다른 에너지로 변환되는 현상이고, 산란은 (c)와 같이 음파가 본래의 진행 방향과 다른 방향으로 퍼지면서 발생하는 현상이다. 그리고 감쇠 현상은 음파의 주파수 제곱에 비례하여 그 정도가 커지며, 감쇠 A는 다음과 같이 나타낼 수 있다.

$$A = A_0 e^{-\alpha z} \tag{6.8}$$

여기서 A_0는 초기 진폭, α는 감쇠 계수(attenuation coefficient), z는 이동 거리이다. 음향 임피던스(acoustic impedance)는 음파가 매질 속에서 나아갈 때 파동의 진행을 방해하는 성질로 다음과 같이 나타낼 수 있다.

$$Z = \rho v \tag{6.9}$$

여기서 ρ는 매질의 밀도이고, v는 음속이다. 음향 임피던스를 통해 서로 다른 두 매질의 경계면에서 음파의 반사와 투과(transmission) 정도를 결정하고 매질 내에서 음파의 흡수 정도를 알 수 있다. 〈표 6-1〉은 잘 알려진 몇 가지 매질의 온도가 20℃일 때 음속과 밀도를 통해 음향 임피던스값을 정리한 것이다.

〈표 6-1〉 매질별 음속, 밀도, 음향 임피던스

매질(20℃)	음속(m/s)	밀도(kg/dm^3)	음향 임피던스(kg/m^{2}s)
알루미늄	6,320	2.7	17.064×10^6
청동	3,530	8.8	31.064×10^6
콘크리트	4,300	2.35	10.105×10^6
다이아몬드	18,000	3.51	63.18×10^6
금	3,240	19.29	62.499×10^6
철	5,950	7.9	47.005×10^6

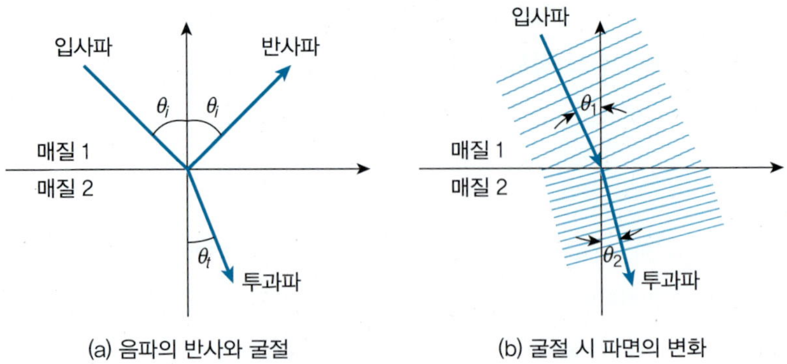

[그림 6-9] 음향 경계면에서의 반사와 굴절

반사는 [그림 6-9]의 (a)와 같이 음향 임피던스값이 서로 다른 두 매질의 경계면에서 입사각 θ_i 와 같은 각도로 원래 매질로 되돌아 나가는 현상이다. 이때 두 매질의 음향 임피던스값 차이를 임피던스 부정합(impedance mismatch)이라고 하며, 임피던스 부정합이 클수록 반사되는 에너지의 양이 많아진다. 반사 계수(reflection coefficient)는 입사파 진폭과 반사파 진폭의 비율을 의미하며, 다음과 같이 나타낼 수 있다.

$$r = \frac{\rho_2 \nu_2 \cos(\theta_i) - \rho_1 \sqrt{\nu_1^2 - \nu_2^2 \sin^2(\theta_i)}}{\rho_2 \nu_2 \cos(\theta_i) + \rho_1 \sqrt{\nu_1^2 - \nu_2^2 \sin^2(\theta_i)}} \tag{6.10}$$

여기서 ρ_1 은 매질 1의 밀도, ρ_2 는 매질 2의 밀도, ν_1 은 매질 1에서 음파 속도, ν_2 는 매질 2에서 음파 속도이다. 입사 에너지와 반사 에너지의 비율은 반사 계수의 제곱과 같다. 투과는 입사파가 원래 진행하던 매질에서 다른 매질로 이동하여 진행하는 현상이다. 이때 투과 계수(transmission coefficient)는 입사파 진폭과 반사파 진폭의 비율이며, 다음과 같이 나타낼 수 있다.

$$t = 1 - r \tag{6.11}$$

입사파의 에너지는 에너지 보존 법칙에 따라 반사파의 에너지와 투과파의 에너지의 합과 같아야 하므로 투과 계수는 1에서 반사 계수를 뺀 값이다. 음파의 굴절은 한 매질에서 음향 임피던스값이 다른 매질로 이동할 때 음파의 이동 속도 차이에 의해 본래의 이동 방향과 다른 방향으로 나아가는 현상이다. [그림 6-9] (b)와 같이 파면(wave front)은 매질 1 속을 진행하다가 매질 2를 만나게 되는데, 이때 파면의 모든 부분이 동시에 매질 2를 진입하지 못하고 일부분만 진입을 시작한다. 이렇게 되면 파면은 매질 1을 진행하는 부분과 매질 2를 진행하는 부분으로 나뉘게 되고, 매질 1과 매질 2의 음속 차이로 인해 진행 방향이 바뀜을 알 수 있다. 그리고 음파가 굴절할 때 두 매질의 음속과 입사각, 굴절각 사이의 관계는 스넬의 법칙(Snell's law)에 따라 다음과 같이 나타낼 수 있다.

$$\frac{\sin(\theta_1)}{\sin(\theta_2)} = \frac{v_1}{v_2} \tag{6.12}$$

여기서 v_1은 매질 1에서의 음속이고, v_2는 매질 2에서의 음속이다.

6.2.2 초음파

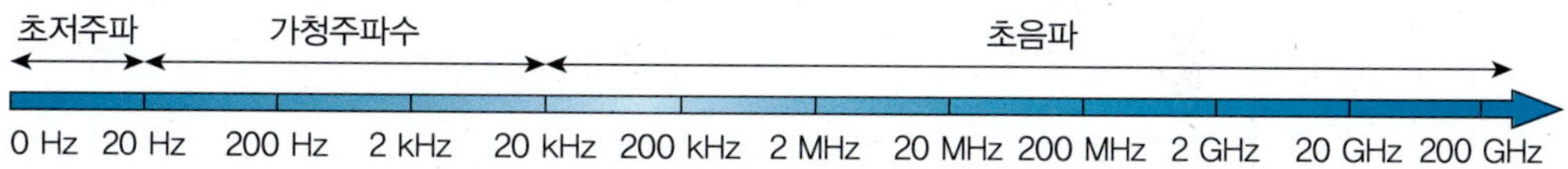

[그림 6-10] 음파의 스펙트럼

초음파(ultrasonic)는 [그림 6-10]과 같이 20 kHz 이상의 주파수를 가지는 음파이다. 가청주파수는 사람이 귀로 들을 수 있는 음파로 20 Hz ~ 20 kHz 사이의 음파이다. 가청주파수는 나이, 신체 조건 등에 따라 들을 수 있는 주파수 대역이 달라질 수 있다. 초저주파는 20 Hz 미만의 음파로 사람은 들을 수 없고 코끼리나 코뿔소 등과 같은 일부 동물들만 들을 수 있다.

초음파는 전자기파와 달리 진행 속도가 느리고, 초음파의 파장은 음속에 주파수를 나눈 값이므로 파장이 짧아 높은 분해능을 가지고 있다. 그리고 초음파를 이용한 시스템은 전자기파를 이용한 시스템보다 상대적으로 더 낮은 시간 정밀도를 요구하고 법적인 규제 없이 다양한 매질에 사용할 수 있어 산업계와 의료계 등에서 많이 활용하고 있다. 대표적인 활용 예로는 장애물 감지, 거리 측정, 초음파 용접(ultrasonic welding), 비파괴 검사(nondestructive testing), 레벨 검출 등이 있다.

초음파는 진동하는 물체를 통해 생성할 수 있으며, 초음파를 생성 및 감지하는 기기를 초음파 변환기라 한다. 초음파가 전파되는 매질은 유체와 고체로 나누어지며, 유체는 기체와 액체로 구분할 수 있다. 초음파가 전달되는 매질의 특성에 따라 적용되는 물리 법칙도 달라지므로 초음파 변환기 역시 매질별로 다른 원리로 초음파를 생성한다. 일상에서 쉽게 접할 수 있는 초음파 변환기는 공기 중으로 초음파를 발생하는 공기 결합 초음파 변환기(air coupled ultrasonic transducer)이다. 초음파 변환기에서 에너지 변환 과정은 전기 에너지가 음향 에너지로 직접 변환되는 것이 아닌 전기 에너지에서 기계 에너지로 변환된 후 음향 에너지로 변환된다. 또한, 음향 에너지가 기계 에너지로 변환된 후 전기 에너지로 변환될 수 있다. 기계 에너지와 음향 에너지의 변환은 질량-스프링-댐퍼 시스템(mass-spring-damper system)의 기계적 진동을 통해 발생하며, 질량-스프링-댐퍼 시스템에 따라 초음파 변환기의 지향성(directivity) 패턴과 효율성(efficiency)이 결정된다.

공기 결합 초음파 변환기는 동작 원리에 따라 압전 효과(piezoelectric effect), 정전기력(electrostatic force), 전자기력(electromagnetic force) 기반으로 구분할 수 있다. 압전 효과 기반의 변환기는 크게 압전 초음파 변환기와 폴리비닐리덴 플루오라이드(Poly VinyliDene Fluoride, PVDF) 초음파 변환기가 있고 압전 초음파 변환기에는 압전 미세 가공 초음파 변환기(Piezoelectric Micromachined Ultrasonic Transducer, PMUT), 볼트 체결형 란주반 초음파 변환기(bolt clamped Langevin ultrasonic transducer)와 1-3형 압전 복합체 초음파 변환기(1-3 piezocomposite ultrasonic transducers)가 있다. 정전기력 기반의 변환기는 정전용량 초음파 변환기(Capacitive Ultrasonic Transducer, CUT)가 있으며, 이를 MEMS화 한 정전용량 미세 가공 초음파 변환기(Capacitive Micromachined Ultrasonic Transducer, CMUT)가 있다. 전자기력 기반의 초음파 변환기에는 로런츠 힘(Lorentz force)과 자기 변형(magnetostriction)을 기반으로 한 초음파 변환기가 있다.

압전 초음파 변환기는 능동형 변환기로 내부의 압전 소자는 초음파 발생을 위해 필요한 교류 신호 외의 전원은 필요하지 않고, 높은 주파수에 대해서도 응답할 수 있으므로 빠르게 동작하는 시스템에서도 사용할 수 있고, 크기가 작아 다루기 쉬워 널리 사용된다. 하지만 온도 변화와 같은 환경의 영향을 받고 활용 분야별로 원하는 모양과 강도로 만들 수 없어 모든 분야에서 같은 형태의 압전 소자를 사용해야 하는 단점이 있다.

여기서 모든 유형의 초음파 변환기를 다루지 않고 거리 측정 용도의 초음파 변환기 중 유니모르프(unimorph) 압전 초음파 변환기만 설명한다.

6.2.3 압전 효과와 유니모르프 압전 초음파 변환기

압전 소자는 직접 압전 효과(direct piezoelectric effect)와 역 압전 효과(inverse piezoelectric effect)를 가지는 소자로 지르콘 타탄산 납(Lead Zirconium Titanite, PZT),

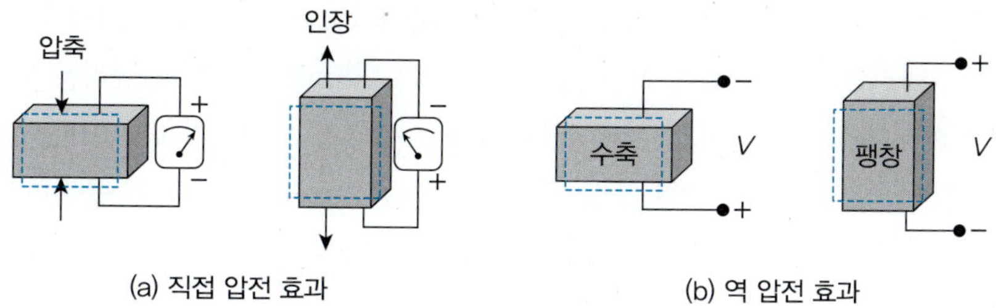

[그림 6-11] 압전 효과

석영(quartz), 티탄산 바륨(barium titanate), 티탄산 납(lead titanate) 등의 물질을 사용한다. 직접 압전 효과는 [그림 6-11]의 (a)와 같이 압전 소자를 압축(comprassion)하거나 인장(tension)하는 등의 물리적인 힘을 가했을 때 소자의 표면에 전기적 극성(polarity)을 띄는 현상이다. 이때 표면에 양전하와 음전하가 발생하는 위치는 힘이 작용한 방향과 소자의 모양에 따라 달라진다. 그리고 역 압전 효과는 [그림 6-11]의 (b)와 같이 압전 소자의 양쪽 표면에 반대의 전계(electric field)를 가하면 소자가 수축하거나 팽창하는 등의 물리적인 변형(strain)을 일으키는 현상이다. 역 압전 효과로 인한 압전 소자의 변형은 전계에 따라 소자의 표면에 몰리는 양전하와 음전하의 위치에 따라 달라진다.

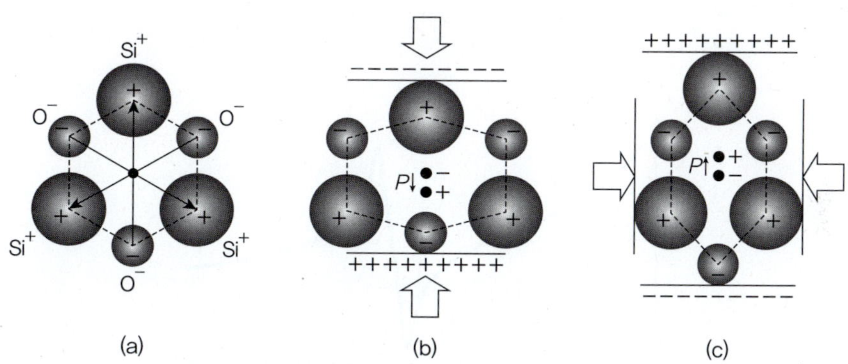

[그림 6-12] 석영 분자의 결합 구조에서의 압전 효과 발생 원리

압전 소자에서 압전 효과가 나타나는 이유는 [그림 6-12]의 (a)와 같이 석영 분자의 원자 결합 구조에서 찾을 수 있다. 석영 분자에 아무런 힘을 가하지 않았을 때는 석영 분자의 실리콘 원자와 산소 원자의 결합이 육각형 구조를 이룬다. 육각형 구조의 중심점에서 실리콘 원자까지의 벡터와 그와 반대 방향에 있는 산소 원자까지의 벡터 합이 0이 되고 각각의 실리콘 원자 모두 같은 과정을 통해 벡터 합이 0이 됨을 알 수 있다. 따라서 쌍극자 모멘트(dipole moment)가 0이 되어 전기적으로 중성을 띈다. 하지만 [그림 6-12]의 (b)와 (c) 같이 석영 결정체에 힘이 가해지면 힘의 방향에 따라 원자의 위치가 변하고 이로 인해 실리콘 원자와 산소 원자 사이의 전기적 힘의 균형이 깨지게 된다. 이때는 쌍극자 모멘트가 0이 아니게 되어 석영 내부에 전기분극(polarization) P를 생성하여 석영 결정의 표면에 양전하와 음전하를 띄게 되며, 쌍극자 모멘트는 다음과 같이 나타낼 수 있다.

$$P_{pe} = d \times T \tag{6.13}$$

여기서 d는 압전 소자의 압전 계수(piezoelectric coefficient)이고 T는 압전 소자에 가해진 응력(stress)이며, 역 압전 효과에 의한 응력은 다음과 같이 나타낼 수 있다.

$$S_{pe} = d \times E \tag{6.14}$$

여기서 E는 압전 소자에 걸린 전기장의 세기이다. 압전 소자의 효율은 전기기계 결합계수(electromechanical coupling factor)를 통해 알 수 있으며, 다음과 같이 나타낼 수 있다.

$$k^2 = \frac{\text{변환된 기계적 에너지}}{\text{입력된 전기 에너지}} \tag{6.15}$$

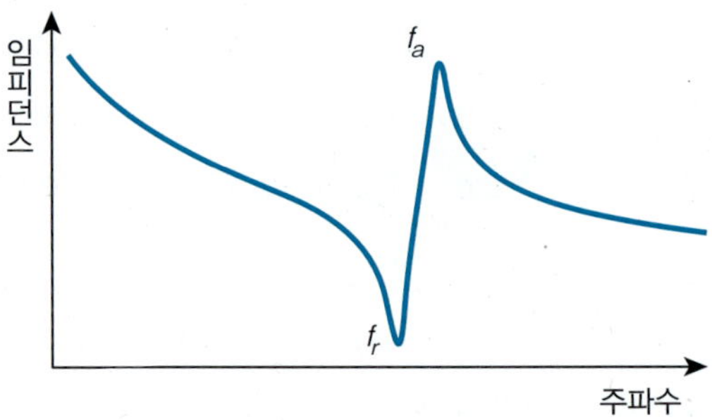

[그림 6-13] 압전 세라믹의 임피던스 특성

동작 주파수가 높아 널리 사용되는 압전 세라믹은 [그림 6-13]와 같이 임피던스값은 주파수값이 증가함에 따라 최소와 최대치에 도달한다. 임피던스값이 최소가 되는 주파수 f_r은 공명 주파수(resonance frequency)라고 하고, 임피던스값이 최대가 되는 주파수 f_a는 반공명 주파수(anti resonance frequency)라고 한다. 압전 세라믹의 공명 주파수는 소자의 모양과 두께 그리고 진동 방향에 따라 달라진다. 두께가 t이고, 지름이 d인 원판 모양의 압전 세라믹은 $\frac{d}{t} \geq 15$ 일 때, 원판의 중심점에서 바깥쪽 방향으로 진동하고, 공명 주파수는 다음과 같이 나타낼 수 있다.

$$f_r = \frac{N_p}{d} \tag{6.16}$$

그리고 $\frac{d}{t} \geq 10$ 일 때, 진동 방향은 원판의 두께 방향이고 공명 주파수는 다음과 같이 나타낼 수 있다.

$$f_r = \frac{N_t}{t} \tag{6.17}$$

N_p와 N_t는 주파수 상수로 압전 세라믹이 변형되는 길이에 공명 주파수를 곱한 값으로 압전 특성값이다.

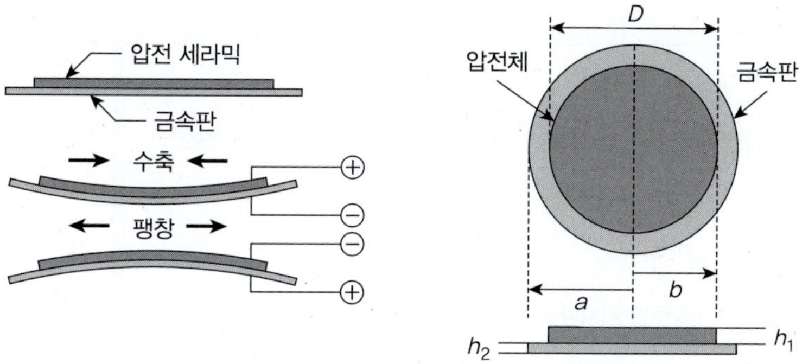

[그림 6-14] 유니모르프 압전 세라믹 진동자 단면

유니모르프 압전 초음파 변환기는 원형 압전 세라믹을 얇은 금속 진동판에 접합시킨 구조로 되어 있으며, 금속판과 압전 세라믹은 전극과 연결되어 있다. 압전 세라믹은 전기기계 결합계수가 높아 교류 신호를 기계적 진동으로 변환하는 효율이 높지만, 공기 중으로 초음파를 발생시킬 때는 공기와 압전 세라믹의 임피던스 부정합이 크기 때문에 초음파 진동자에서 발생한 음향 에너지가 공기 중으로 거의 전달되지 않는다. 이 문제를 해결하기 위해서는 압전 세라믹에 금속판을 부착하여 공기와 압전 세라믹 사이의 임피던스 차이를 줄여 주어야 한다. [그림 6-14]에서의 압전 세라믹 공명 주파수 f_r은 다음과 같이 나타낼 수 있다.

$$f_r = \frac{n_n}{\pi D}\sqrt{\frac{Y_{11}^E}{\rho(1-\sigma^2)}} \tag{6.18}$$

여기서 D는 압전체의 지름, n_n은 포아송 비를 포함하는 베셀 함수(Bessel function)의 근, Y_{11}^E은 압전체의 영률(Young's modulus), ρ는 압전체의 밀도, σ는 압전체의 포아송 비이다. 압전 세라믹이 금속판에 접합될 때, m차 공명에 대한 지지방식의 기준정수가 a_m, 압전체와 금속판의 영률의 비가 각각 E_1, E_2, E_1과 E_2의 비 $\frac{E_1}{E_2}$가 σ, 압전체와 금속판의 두께가 각각 h_1, h_2, h_1과 h_2의 비 $\frac{h_1}{h_2}$이 β일 때 $\frac{(1-\alpha\beta^2)}{(1+\alpha\beta)}$가 ζ이면 공명 주파수는 다음 식으로 수정할 수 있다.

$$f_r = \frac{a_m^2 h_1}{2\pi b^2 \beta}\sqrt{\frac{E_1}{3\rho_2(1-\sigma_2^2)}\left(1-\frac{3}{2}\zeta+\frac{3}{4}\zeta^2\right)} \tag{6.19}$$

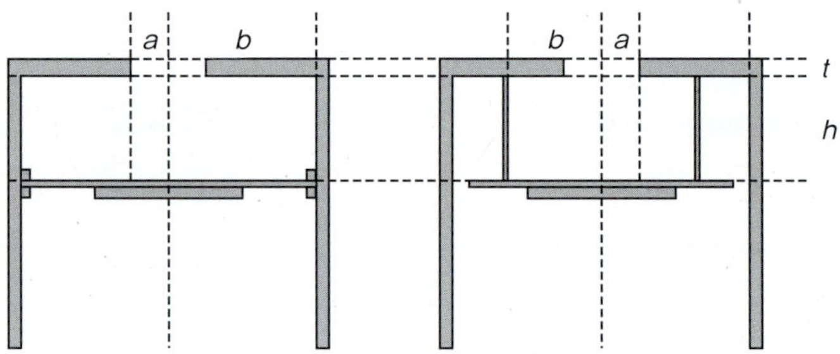

(a) 주변 지지방식 (b) 마디 지지방식

[그림 6-15] 공명기 구조

공명기(resonator)는 [그림 6-15]에서와 같이 압전 세라믹에서 생성된 진동의 세기를 큰 폭으로 증폭시키는 것이다. 헬름홀츠(Helmholtz) 공명기를 토대로 설계된 공명기는 음향 공동(cavity)을 만들도록 설계되어 있어 공명 주파수에 해당하는 음만 증폭시킬 수 있다. 공명기의 공명 주파수는 다음과 같이 나타낼 수 있다.

$$f_{case} = \frac{C_a}{2\pi}\frac{a}{b}\sqrt{\frac{1}{h(t+1.42a)}} \tag{6.20}$$

여기서 C_a는 음속, a는 공명기 홀의 반지름, b는 공명기 중심에서 압전 세라믹이 지지대로 고정된 부분까지의 거리, h는 압전 세라믹에서 홀까지의 높이, t는 공명기의 두께이다.

6.3 적외선 센서

적외선(infrared)은 파장대(wave length band)가 0.75 μm ~ 1,000 μm 범위인 전자기파로 적색광보다 더 긴 파장의 전자기파이다. 적외선은 열을 가지는 모든 물체에서 발생하며, 파장은 물체 온도와 관련이 있다. 물체에서 복사(radiation)하는 적외선의 파장이 짧아질수록 물체 온도는 높아지고, 파장이 길어질수록 물체 온도는 낮아지는데 적외선의 이런 특성을 이용하여 온도 측정에도 활용된다.

적외선을 세부적인 파장대로 나누면 0.75 μm ~ 1.4 μm 사이의 파장대는 근적외선(Near Infrared, NIR), 1.4 μm ~ 3 μm 사이의 파장대는 단적외선(Short Wavelength Infrared, SWIR), 3 μm ~ 8 μm 사이의 파장대는 중적외선(Middle Wavelength Infrared, MWIR), 8 μm ~ 14 μm 사이의 파장대는 원적외선(Long Wavelength Infrared, LWIR), 15 μm보다 긴 파장은 극적외선(Far Infrared, FIR)이다.

적외선 센서는 주변 환경에서 적외선을 측정해 탐지하는 장치로 초음파와 레이저를 사용하는 방식과 같이 능동형과 수동형으로 구분할 수 있다. 능동형은 적외선 발광 다이오드와 적외선 수신 센서로 이루어져 있어 발광 다이오드에서 적외선을 방출하고 수신 센서로 이를 감지한다. 방출된 적외선이 물체에 반사되어 되돌아오는 것을 수신하여 근접 센서나 거리 센서 등으로 사용하고, 수동형은 물체나 인체가 발산하는 적외선을 감지하는 것으로 일반적으로 온도 센서, 동작 감지 센서 등으로 사용한다.

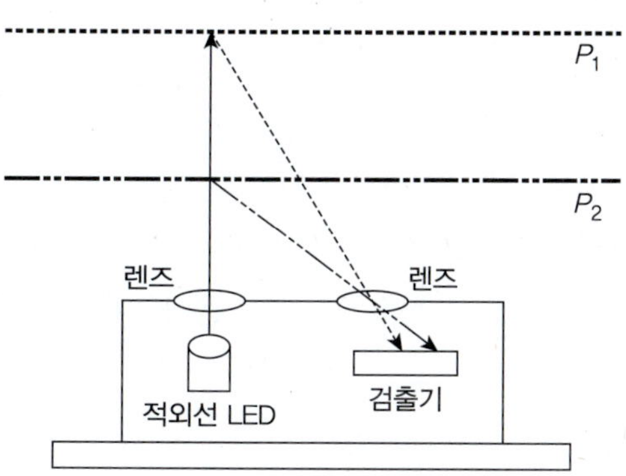

[그림 6-16] 적외선 삼각측량 원리

적외선을 이용하는 방식은 삼각측량, 물체에 반사되어 돌아오는 적외선의 세기 측정 또는 시간 측정을 이용하는 방법이 있다. [그림 6-16]과 같이 삼각측량의 경우 적외선 LED에서 적외선을 방출하면 물체의 표면 P_1이나 P_2에 반사되어 렌즈를 통해 검출기로 입사되고 검출기에 도달한 가장 센 적외선의 조사 각도로 삼각측량을 수행하여 거리를 측정한다.

적외선을 이용한 거리 측정은 초음파 센서가 감지하기 힘든 작은 물체나 소리를 흡수하는 재질의 물체도 감지할 수 있으며, 빛의 속도로 이동하기 때문에 초음파보다 빠르게 감지할 수 있다. 하지만 적외선은 햇빛, 먼지, 안개, 연기 등의 영향을 받아 간섭, 흡수, 산란되어 정확한 감지가 어려울 수 있고, 단거리에서만 전파되므로 장거리 거리 측정은 어렵다는 단점이 있다.

6.4 레이더 센서

6.4.1 레이더

레이다 또는 레이더(RAdio Detection And Ranging, RADAR)는 표적을 향해 전자기파를 발사하고 표적에서 반사되어 되돌아오는 전자기파를 분석하여 물체를 탐지하거나 속도 또는 거리를 인식한다. 레이더의 탐지 대상에는 항공기, 선박, 우주선, 자동차, 새, 곤충 등 다양하며, 다른 광학 센서와 달리 악천후 조건에서도 물체를 탐지하고 거리나 속도를 알아낼 수 있다.

레이더는 물체를 감지하기 위해 자체적으로 전자기파를 발생시키는 능동형 센서로 주로 400 MHz에서 40 GHz까지의 전자기파를 사용하며, 사용하는 주파수에 따라 레이더 센서의 회로 구성이 달라지고 손바닥에 들어갈 수 있을 정도의 작은 크기부터 축구장 여러 개를 채울 정도의 크기까지 다양하다. 레이더는 1930년대와 40년대에 군사적인 목적으로 널리 사용되었으나 현재에 이르러서는 항공 교통 관제, 기상 관측, 항공기와 선박의 항법 장치 등과 같이 실생활에도 널리 사용되고 있다.

레이더의 기본 원리는 안테나에서 발사된 전자기파가 물체에서 반사되는 반사파를 수신기에서 수신한 후 비행시간 측정 방식으로 물체까지의 거리를 계산하고 전자기파를 수신할 때의 안테나의 방향과 각도를 이용하여 대상의 각도를 계산한다. 이때 수신기에서 수신하는 신호에는 여러 가지 잡음도 같이 끼어 있으므로 적절한 처리를 통해 이를 제거해야 한다.

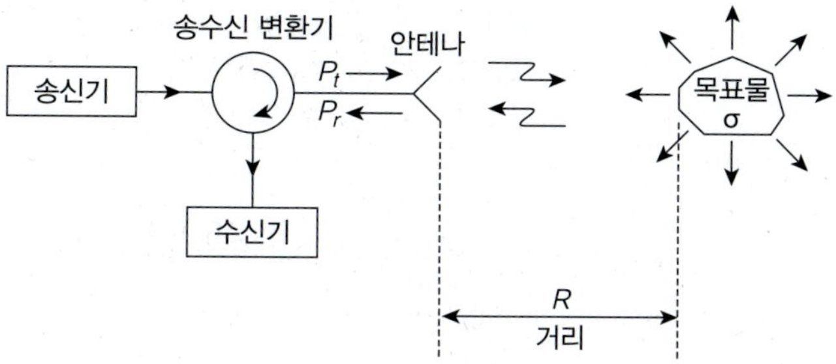

[그림 6–17] 레이더 기본 시스템 구성

레이더 시스템은 [그림 6–17]과 같이 송신기, 수신기, 안테나로 이루어져 있다. 송수신 변환기는 순환기를 이용하여 송신 신호와 수신 신호를 분리하며, 레이더의 송신과 수신 과정은 서로 다른 시간대에 일어나므로 스위치를 이용할 수도 있다. [그림 6–17]에서 P_t는 레이더가 방출한 신호의 세기이고, P_r은 레이더가 수신한 신호의 세기이다. 펄스 레이더에서 P_t는 순간 최대 펄스 세기이고, 연속파 레이더에서는 출력 신호의 평균 세기이다.

6.4.2 펄스 레이더

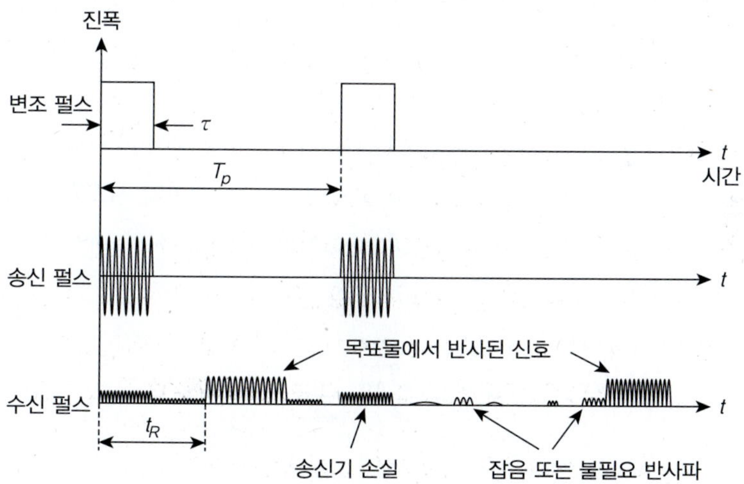

[그림 6–18] 펄스 레이더의 변조, 전송 및 수신 펄스

펄스 레이더(pulse radar)는 펄스 형태의 전자기파를 짧은 간격으로 방출하여 되돌아오는 신호를 이용하며, [그림 6–18]과 같은 구형파를 방출한다. 펄스 신호의 속성에는 듀티 사이클과 반복주기가 있다. 듀티 사이클은 다음과 같이 나타낼 수 있다.

$$Duty\ cycle = \frac{\tau}{T_P} \times 100\% \tag{6.21}$$

여기서 τ는 펄스 신호에서 HIGH 레벨을 유지한 시간이고, T_p는 펄스 신호의 주기이다. 펄스 신호 송출 파워의 평균 P_{av}는 다음과 같이 나타낼 수 있다.

$$P_{av} = \frac{P_t \tau}{T_p} \tag{6.22}$$

여기서 P_t는 펄스 신호의 최대 송출 파워이며, P_{av}는 τ에 비례하고 T_p에 반비례한다. 레이더에서 방출된 펄스 신호는 물체에 부딪쳐 되돌아오며, 거리에 따라 펄스 신호의 왕복 시간이 결정된다. 왕복 시간을 이용하면 다음과 같이 물체까지의 거리를 구할 수 있다.

$$R = \frac{1}{2} c t_R \tag{6.23}$$

여기서 c는 빛의 속도이고, t_R은 펄스 신호의 왕복 시간이다. 거리 모호성(range ambiguity)을 방지하기 위해 최대 펄스 신호 왕복 시간은 펄스 신호의 주기인 T_p보다 작아야 한다. 거리의 모호성이란 이전에 방출한 펄스 신호가 물체에 부딪쳐 되돌아오는 시간이 레이더의 펄스 신호 방출 주기 시간보다 길어지면서 이전의 방출파가 되돌아오기 전에 다시 펄스 신호를 방출하여 이전에 방출한 펄스 신호가 현재의 되돌아온 펄스로 인식되면서 원래 거리보다 더 짧은 거리로 계산되는 것을 말한다. 따라서 거리 모호성이 없는 레이더 시스템의 최대 탐지 거리는 다른 펄스가 송신되기 전에 표적 반사 신호를 수신할 수 있는 시간 내에서 존재하며, 다음과 같이 나타낼 수 있다.

$$R_{\max} = \frac{c T_p}{2} = \frac{c}{2 f_p} \tag{6.24}$$

여기서 f_p는 펄스 신호의 주파수로 주파수와 최대 탐지 거리는 서로 반비례함을 알 수 있으며, 일반적으로 펄스 레이더에서는 거리 모호성을 방지하기 위해 100 kHz ~ 1,000 kHz의 주파수를 사용한다.

레이더 시스템의 수신기는 사용하는 신호를 인식하기 위해 정합 필터를 사용한다. 정합 필터는 최대 신호 대 평균 잡음 비를 최대화하기 위해 펄스폭을 다음과 같이 조절한다.

$$B\tau \approx 1 \tag{6.25}$$

여기서 B는 주파수 폭이다. 현실적으로 이상적인 정합 필터 구현은 어려우므로 실제 정합 필터는 최대한 근사치에 도달하도록 설계한다.

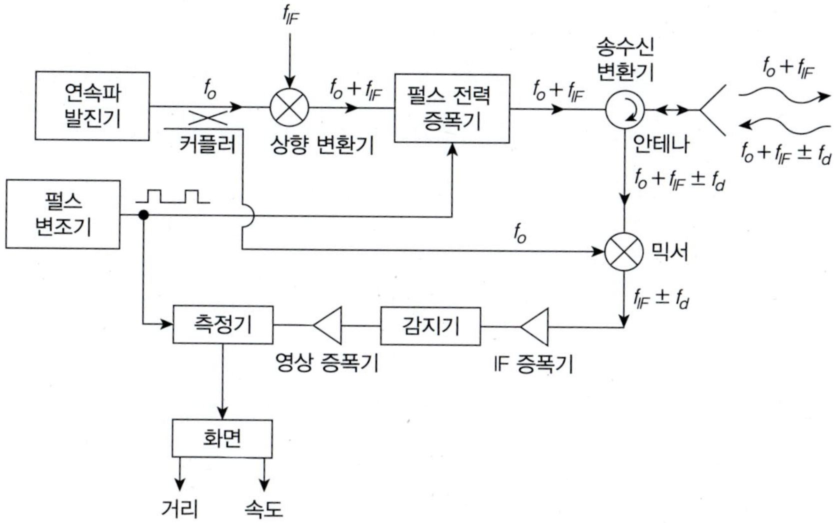

[그림 6-19] 펄스 레이더의 구성

펄스 레이더 시스템의 블록 다이어그램은 [그림 6-19]와 같다. 펄스 변조기는 고출력 증폭기의 출력 파워를 조절하고 변조 과정은 활성 장치에 대한 바이어스 또는 증폭기 출력 포트 뒤에 배치된 외부 핀 또는 페라이트 스위치에 의해 이루어진다. 연속파 발진기의 출력 중 일부는 믹서에 연결된 국부 발진기(Local Oscillator, LO)에서 주파수를 제공하고, 대부분의 출력은 주파수 상향 변환기에 연결되어 주파수 f_o 신호와 주파수 f_{IF} 신호를 혼합하여 $f_o + f_{IF}$ 주파수 신호를 생성한다. 이렇게 생성된 신호는 다단계 파워 증폭기로 증폭되며, 증폭된 신호를 공간으로 방출하기 위해 송수신 전환기를 통해 안테나로 전달된다. 송수신 변환기는 신호의 송신 및 수신 모드를 조절할 수 있는 스위치 연결로 내부의 순환기를 통해 전력 증폭기 신호를 안테나로 전달한다. 안테나에서 수신한 신호는 믹서로 전달하며, 이때 SPDT(Single-Pole Double-Throw) 유형의 송수신 변환기일 때는 하나의 안테나를 사용하므로 송신 모드로 동작할 때는 안테나와 전력 증폭기가 연결되어 신호를 방출하고, 수신 모드일 때는 안테나와 믹서가 연결되어 수신 신호를 해석한다.

6.4.3 연속파 레이더

연속파 레이더(Continuous Wave radar, CW radar)는 도플러 레이더라고도 하며, 움직이는 물체에서 반사된 연속파 주파수의 도플러 변이를 이용하는 것으로 움직이는 물체를 감지하거나 물체의 속도를 측정할 수 있으며, 펄스파 레이더와 달리 주파수 변조가 필요 없어서 간단한 구조로 되어있다.

연속파 레이더의 출력 주파수를 f_o, 물체의 상대 속도를 v_r, 물체와 레이더 사이 거리를 R, 연속파가 레이더와 물체 사이를 왕복하는 1주기의 파장의 개수를 $\frac{2R}{\lambda_0}$ 이라고 할 때, 물체에서 반사된 연속파의 위상은 다음과 같이 나타낸다.

$$\phi = 2\pi \frac{2R}{\lambda_0} \tag{6.26}$$

만약 물체가 움직인다면 R과 ϕ는 연속적으로 변하게 되며, 물체의 움직임으로 인한 도플러 변이 위상 ω_d는 다음과 같이 나타낸다.

$$\omega_d = \frac{4\pi}{\lambda_0} v_r \tag{6.27}$$

위상을 주파수 f_d로 변환하면 다음과 같이 나타낼 수 있다.

$$f_d = \frac{2v_r}{c} f_0 \tag{6.28}$$

여기서 f_0는 출력 주파수, c는 빛의 속도이다. 기본적으로 상대 속도 v_r은 빛의 속도 c에 비하면 매우 작으므로 f_0가 아주 높은 주파수가 아니라면 f_d는 매우 작게 나타난다. 수신 신호의 주파수는 도플러 효과에 의해 물체의 이동 방향에 따라 다르게 나타나며, 물체가 레이더에 가까워질 때 $f_0 + f_d$이고, 멀어질 때는 $f_0 - f_d$가 된다. 물체의 속도는 [그림 6-20]과 같이 물체와 레이더의 방향이 서로 마주 보지 않을 때 다음과 같이 나타낼 수 있다.

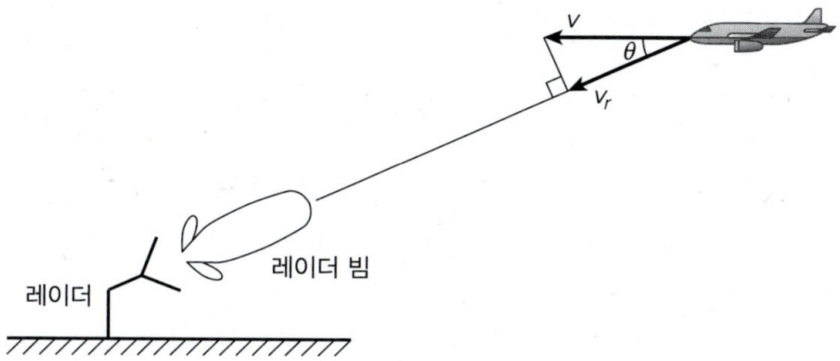

[그림 6-20] 레이더 빔과 물체의 진행 방향 사이 각도와 속도 사이의 관계

$$v_r = v\cos\theta \tag{6.29}$$

여기서 v는 물체 속도, θ는 물체의 진행 방향과 레이더 방출 신호 사이의 각도로 0°일 때는 $\cos\theta$가 1이 되므로 $v_r = v$이고 θ가 90°일 때, v_r은 0이 된다. 따라서 도플러 레이더에서는 물체의 진행 방향과 레이더 방출 신호 진행 방향의 각도가 수직일 때는 속도가 0이 되어 정상적으로 측정할 수 없다.

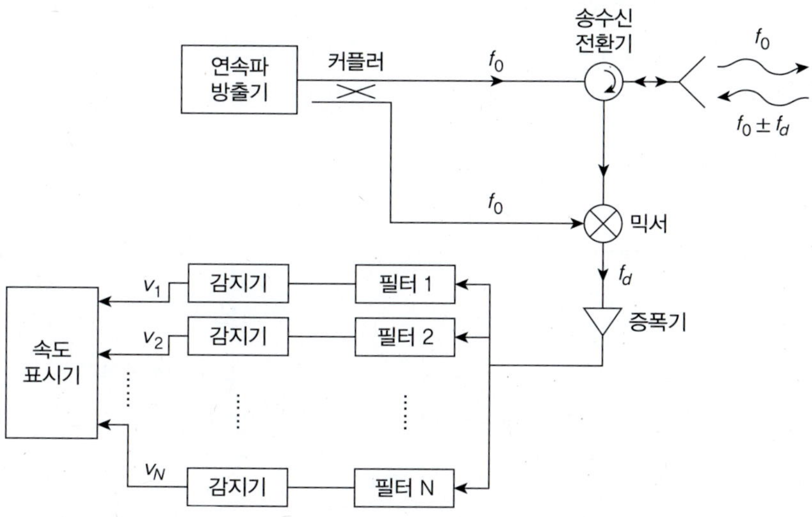

[그림 6-21] 연속파 레이더의 구성

연속파 레이더 시스템의 블록 다이어그램은 [그림 6-21]과 같다. 연속파 방출기는 연속파 진동자로부터 주파수가 f_0인 신호를 생성하고 이 신호의 일부는 믹서에 LO 주파수로 공급하고

나머지는 송수신 변환기를 거쳐 안테나를 통해 방출된다. 수신 신호의 주파수는 물체와의 상호작용으로 인한 도플러 효과로 인해 주파수가 $f_0 \pm f_d$로 변이된다. 믹서는 수신 신호와 연속파 방출기의 신호를 입력받아 두 신호의 주파수 차인 f_d를 구한다. f_d는 물체의 속도로 인해 변이된 주파수로 증폭기와 필터 뱅크를 거친 후 목표물의 속도를 도출한다. 필터 뱅크는 f_d의 주파수 범위를 인식하고 물체의 속도 범위를 알아내기 위해 사용되는 많은 수의 좁은 대역폭 필터로 구성되어 있다.

연속파 레이더는 변조 과정이 없어 간단하고 저비용으로 만들 수 있어 경찰의 과속 단속, 항공기의 고도 측정, 유량계, 속도 측정 등과 같은 분야에서 활용되고 있다. 다만 연속파 레이더로 속도 측정은 할 수 있지만, 송출 신호에 타이밍 표시가 없으므로 물체의 거리 정보를 알 수 없으며, 이 문제를 해결하기 위해서는 타이밍 정보를 같이 사용하는 주파수 변조 연속파 레이더를 사용해야 한다.

6.4.4 주파수 변조 연속파 레이더

거리 측정을 할 수 없는 연속파 레이더를 보완하기 위해 주파수 변조 연속파 레이더가 개발되었다. 거리 측정을 위해서는 전송 시간과 수신 시간 사이의 시차가 필요하며, 주파수 변조 연속파 레이더는 전송 신호의 주파수와 수신 신호의 주파수 차이를 인식하여 송수신 시간을 얻는다. 주파수 변조 연속파 레이더의 블록 다이어그램은 [그림 6-22]와 같다.

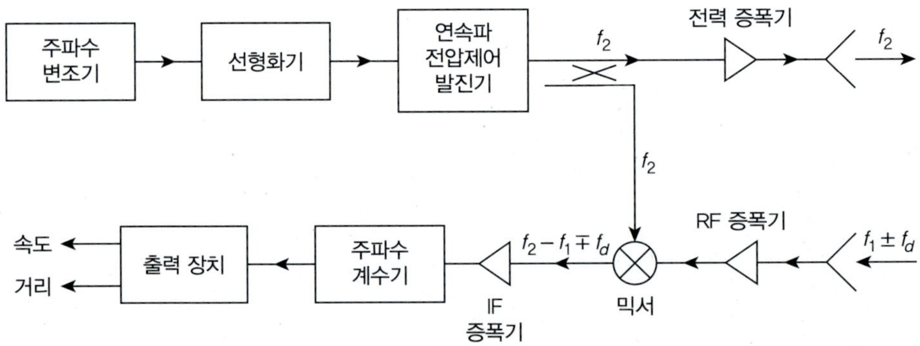

[그림 6-22] 주파수 변조 연속파 레이더의 블록 다이어그램

주파수 변조 신호는 주파수 변조기, 선형화기를 거쳐 연속파 전압제어 발진기를 사용하여 만들어지고 충분한 세기로 증폭된 후 안테나를 통해 방출된다. 그리고 일부 신호는 믹서를 통해 수신 안테나로 들어오는 신호와 합쳐서 중간 주파수(Intermediate Frequency, IF) 증폭기를

거쳐 주파수 계수기에서 방출 신호와 수신 신호 사이의 주파수를 측정한 후 속도와 거리 정보를 알아낸다. 만약 물체가 레이더를 향해 움직이면 수신 주파수는 $f_1 + f_d$가 되고 물체가 레이더에서 멀어지면 수신 주파수는 $f_1 - f_d$가 된다. 여기서 f_d는 도플러 효과로 인한 주파수 편이 값이다. 거리 측정을 위해 사용하는 수신 주파수는 도플러 효과에 의해 f_d만큼 변하므로 물체가 움직이는 경우와 움직이지 않는 경우로 나누어 생각해볼 수 있다.

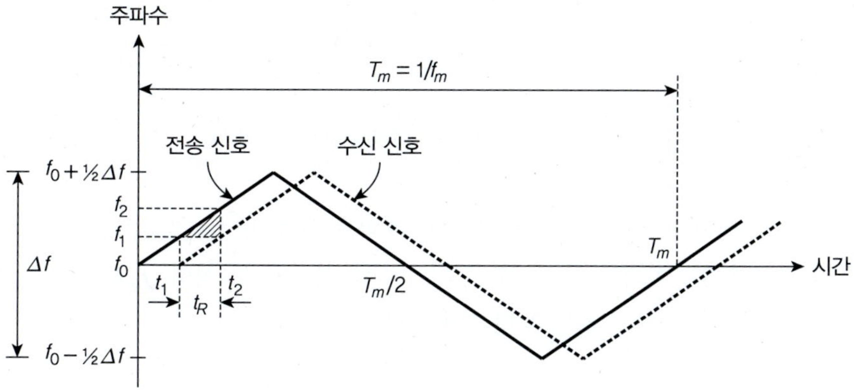

[그림 6-23] 도플러 편이 주파수가 0일 때

고정된 물체의 경우, 도플러 효과로 인한 주파수 편이가 나타나지 않으므로 물체와 레이더 사이 거리 R은 다음과 같이 나타낸다.

$$R = \frac{cf_R}{4f_m \Delta f} \tag{6.30}$$

여기서, c는 빛의 속도, f_R은 $f_2 - f_1$, f_m은 주파수 변조된 전송 신호의 주파수, Δf는 전송 신호의 주파수 변조 범위로 전송 신호의 1주기 내 최대 주파수와 최소 주파수의 차이 값이다.

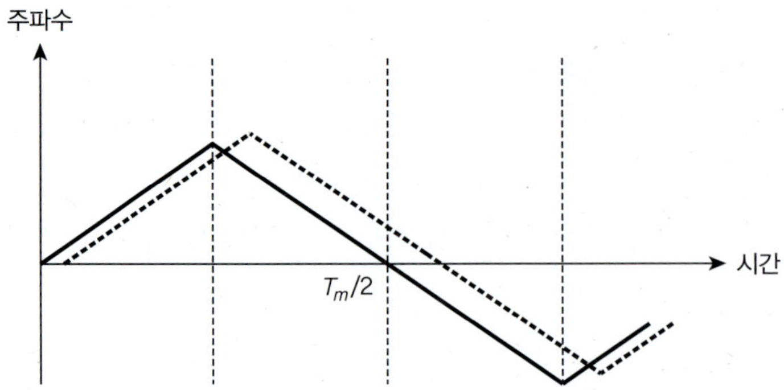

[그림 6-24] 도플러 편이 주파수가 0이 아닐 때

움직이는 물체가 레이더로 향할 때 송·수신된 주파수 변조 연속파의 주파수 변화는 [그림 6-24]와 같이 나타내고 이때의 거리 R을 구하기 위해서는 (6.30) 식의 f_R을 구해야 한다. 움직이는 물체에서 f_R을 구하는 방법은 다음과 같다.

$$f_R = \frac{1}{2}(f_b(up) + f_b(down)) \tag{6.31}$$

여기서 $f_b(up)$은 [그림 6-24]의 $\frac{T_m}{2}$ 주기 중에서 송신 신호의 주파수가 증가하는 동안 송신 신호와 수신 신호의 주파수 차와 같으며, 다음과 같이 나타낼 수 있다.

$$f_b(up) = f_R - f_d \tag{6.32}$$

그리고 $f_b(down)$은 [그림 6-24]의 $\frac{T_m}{2}$ 주기 중에서 송신 신호의 주파수가 감소하는 동안 송신 신호와 수신 신호의 주파수 합과 같으며, 다음과 같이 나타낼 수 있다.

$$f_b(down) = f_R + f_d \tag{6.33}$$

반대로 움직이는 물체가 레이더에서 멀어질 때, $f_b(up)$과 $f_b(down)$은 각각 $f_R + f_d$와 $f_R - f_d$이다.

6.5 라이다

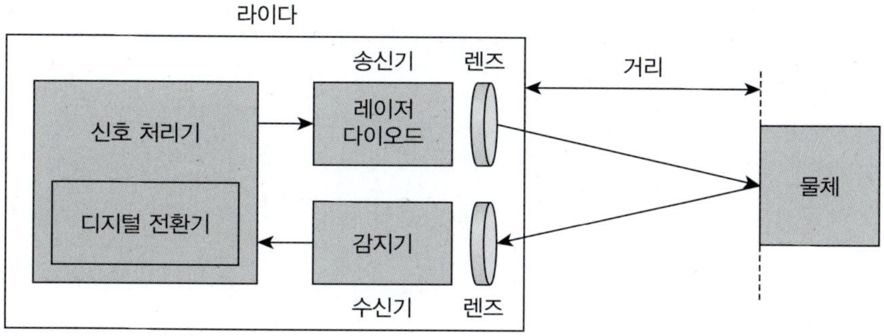

[그림 6-25] 라이다 시스템 구성

라이다(Light Detection And Ranging, LiDAR)는 레이저 광원과 수신기를 사용하여 원거리의 물체를 탐지하고 거리를 측정하는 레이더 시스템으로 [그림 6-25]와 같이 레이저 다이오드, 감지기, 디지털 전환기, 신호 처리기, 렌즈 등으로 구성되어 있다. 레이저 다이오드는 발광 다이오드와 유사한 반도체 장치로 모든 파동이 같은 주파수와 위상에 있는 코히렌트 광(coherent light)을 전송하는데, 전송된 레이저는 렌즈에 의해 물체로 초점이 맞추어지고 반사된다. 반사된 레이저는 수신기의 렌즈를 통해 감지기로 들어오며, 디지털 전환기에서 레이저 다이오드가 레이저를 전송한 시간과 감지기가 레이저를 수신한 시간을 이용하여 비행시간을 측정하고 신호 처리기에서 레이저의 비행시간을 이용하여 레이저 센서와 물체 사이의 거리를 계산한다.

라이다는 레이저의 전송 방법에 따라 펄스 진폭 변조 연속파와 주파수 변조 연속파로 구분한다. 펄스 진폭 변조 연속파 방법은 수 나노초의 짧은 시간 동안 유지되는 펄스 신호를 이용하므로 순간 레이저의 세기가 높아 장거리 측정에 유리하다. 주파수 변조 연속파 방법은 주파수가 변하는 연속적인 신호를 이용하며, 수신 레이저의 주파수 변이로 거리를 측정할 수 있지만, 시스템 구조가 복잡해지고 도플러 효과로 인해 주파수가 변하므로 장거리 측정에는 적합하지 않아 펄스 진폭 변조 연속파 방법을 사용하는 시스템의 잘못된 거리 측정을 수정하는데 주로 사용한다.

거리 측정용 라이다의 종류에는 스캐닝 센서, 마이크로 전자기계 시스템 센서, 플래시 센서, 광 위상배열 센서 등이 있다. 스캐닝 센서와 마이크로 전자기계 시스템 센서는 거울로 레이저를 펼쳐 여러 방향을 감지한다. 스캐닝 센서는 모터를 이용하여 거울을 조작하고, 마이크로로 전자기계 시스템 센서는 모든 방향으로 조작할 수 있는 거울을 이용한다. 플래시 센서는 디지털카메라처럼 하나의 강한 레이저를 방출하고 물체에서 반사된 레이저를 배열로 수신한다. 광위상배열 센서는 고정형 라이다 시스템으로 광 위상배열 안테나를 이용해 기계적인 조작 없이 레이저 빔의 방향을 조절한다.

여기서 라이다에 필수적인 레이저와 넓은 시야각이 필요한 자율주행 자동차에서 거리 측정용으로 많이 사용되는 펄스 라이다 센서에 관해 간단히 설명한다.

6.5.1 레이저

레이저는 방사선의 유도 방출에 의한 빛 증폭 현상을 이용하여 빛의 세기를 증폭시키고 직진성이 높은 빛을 만들어 내는 장치이다. 레이저는 가시광선의 빛과 적외선과 자외선에 해당하는 빛을 만들 수 있으며, 레이저에서 만들어진 빛은 높은 직진성과 높은 일관성을 가진다.

빛을 만들어 내는 원리는 전자의 유도 자극 방출 현상이다. 전자는 원자의 높은 에너지 준위에서 낮은 에너지 준위로 이동할 때 에너지 준위의 차이에 해당하는 에너지를 빛의 형태로 방출하게 된다.

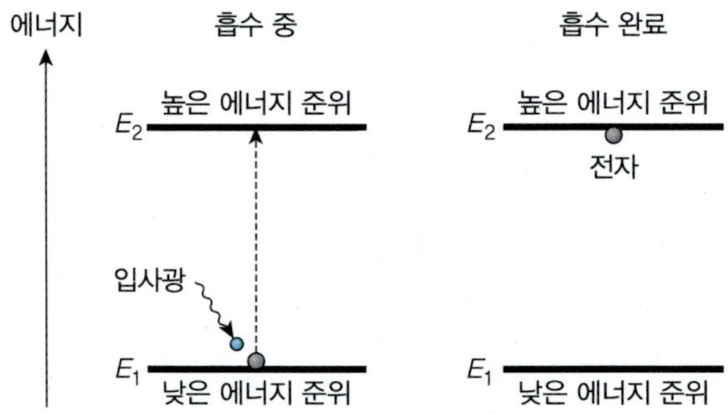

[그림 6-26] 전자의 복사 흡수

전자는 높은 에너지 준위에서 자신의 에너지를 방출하여 낮은 에너지 준위로 이동하기도 하지만, [그림 6-26]과 같이 복사 흡수를 통해 낮은 에너지 준위에서 높은 에너지 준위로 이동하기도 한다. E_1 에서 E_2 로 전자가 이동하기 위해 입사광이 가져야 하는 에너지는 정확히 $E_2 - E_1$ 이여야 한다.

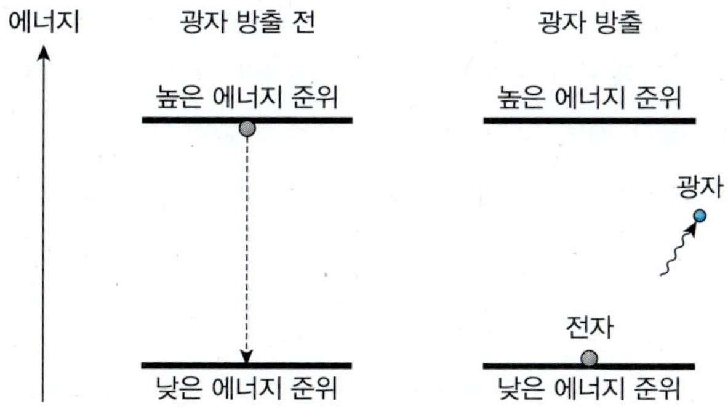

[그림 6-27] 자연 방출

자연 방출(spontaneous emission)은 [그림 6-27]과 같이 높은 에너지 준위에 있는 여기된 전자가 광자를 방출하고 낮은 에너지 준위로 이동하는 현상이다. 전자가 여기된 상태를 유지할 수 있는 시간은 10^{-8}초이며, 이 시간이 지나면 전자는 자연 방출을 통해 낮은 에너지 준위로 되돌아간다. 자연 방출 과정은 우리가 제어할 수 없는 현상이고 무작위적으로 일어나 이때 생성된 빛은 다른 위상을 가지므로 높은 일관성과 직진성을 기대하기 어렵다.

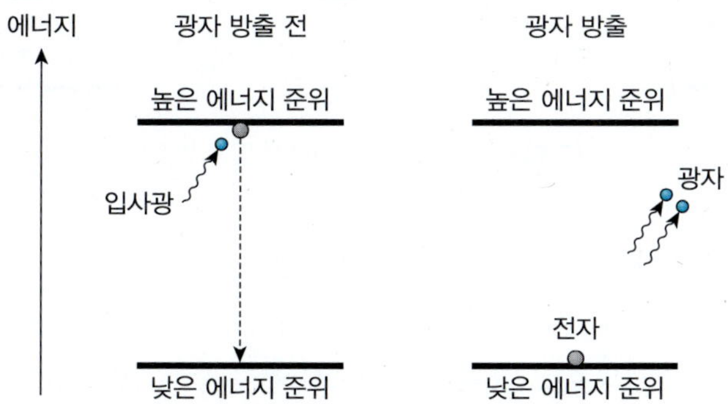

[그림 6-28] 자극 방출

자극 방출(stimulated emission)은 [그림 6-28]과 같이 입사광이 여기 상태의 전자와 상호작용함으로써 전자를 낮은 에너지 준위로 떨어트리고 광자를 방출하도록 인위적으로 유도하는 현상이다. 자연 방출과 달리 낮은 에너지 준위의 전자에 에너지를 공급하는 것이 아닌 여기된 상태의 전자에 에너지를 공급함으로써 전자가 본래 여기 상태를 유지해야 하는 시간보다 더 짧은 시간에 낮은 에너지 준위로 돌아가게 한다. 자극 방출 현상으로 전자가 방출하는 광자는 여기 상태에서의 에너지와 입사광으로부터 받은 에너지를 내놓아야 하므로 두 개가 된다. 이 현상은 자연 방출 현상과 비교했을 때 매우 빠르게 일어나며, 자극 방출을 통해 방출된 모든 광자는 같은 에너지, 주파수, 위상, 방향을 가지고 방출되는 광자의 수는 높은 에너지 준위에 있는 전자 수와 입사광의 세기에 비례한다. 하지만 낮은 에너지 준위의 전자가 높은 에너지 준위의 전자보다 많고 개별 원자가 광자를 흡수할 확률과 방출할 확률은 같으므로 빛은 증폭되지 않는다. 레이저 빛을 증폭시키기 위해서는 밀도 반전(population inversion)을 통해 더 많은 전자를 유도 방출시켜야 한다.

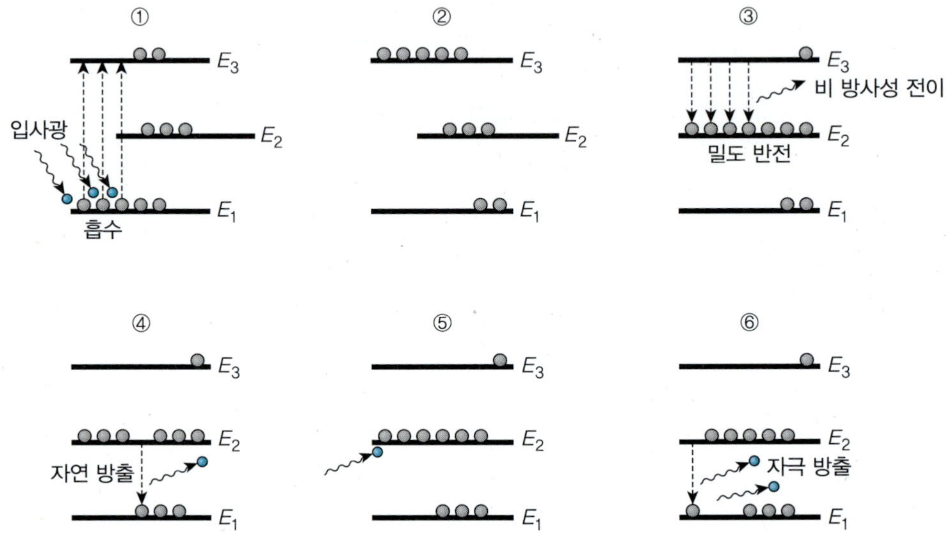

[그림 6-29] 3준위 원자에서 밀도 반전

밀도 반전이 일어나기 위해서는 [그림 6-29]와 같이 에너지 준위를 3개 이상 가지고 있어야 하며, 에너지 준위 E_1, E_2, E_3에서의 전자 수를 각각 N_1, N_2, N_3라 할 때 ①은 평상시 원자의 에너지 준위별 전자들의 분포를 나타낸 것으로 전자 수는 $N_1 > N_2 > N_3$의 관계를 만족하며, 밀도 반전을 일으키기 위해서는 $N_2 > N_1$이여야 한다. 초기에는 ①처럼 대부분의 전자는 E_1에 존재하고 극소수의 전자만 여기되어 E_2과 E_3에 존재한다. 밀도 반전의 시작은 ①과 같이 $E_3 - E_1$만큼의 에너지를 가지는 입사광을 E_1의 전자에 공급하는 펌핑(pumping) 과정에서 시작한다. E_1의 전자들은 에너지를 받아 ②와 같이 E_3로 전이한다. E_3의 전자들은 E_2의 전자보다 에너지 준위에서 머무를 수 있는 시간이 매우 짧아 E_3의 전자는 약간의 에너지만 내놓고 E_2로 전이한다. ③과 같이 E_2의 전자들은 준안정 상태로 오랜 시간 머무를 수 있어 전자들은 E_2에 몰리게 된다. E_2의 준안정 상태에 있는 전자들의 수가 E_3와 E_1보다 더 많아지는데 이 현상을 밀도 반전이라 한다. 밀도 반전 상태에서 ④와 같이 E_2의 일부 전자들은 자연 방출 과정을 통해 광자를 방출하고 E_1으로 전이한다. 자연 방출 과정을 통해 생성된 광자는 ⑤와 같이 E_2의 전자에 흡수되고, 광자를 흡수한 전자는 자극 방출 과정을 통해 원래 E_2 상태에서의 에너지와 흡수한 에너지를 모두 방출하면서 ⑥과 같이 두 개의 광자를 방출한다. ⑤와 ⑥ 현상을 반복하며 자극 방출되는 광자의 수는 기하급수적으로 늘어난다.

밀도 반전 현상을 통한 자극 방출 과정으로 빛의 증폭을 일으킬 수 있지만, 전체적으로 단일 경로 이득은 매우 적고 대부분의 전자는 자연 방출하여 전체 출력에 영향을 주지 않는다. 따라서 레이저에서 강한 빛을 얻기 위해서는 지속적인 유도 자극 방출 과정이 일어나야 한다.

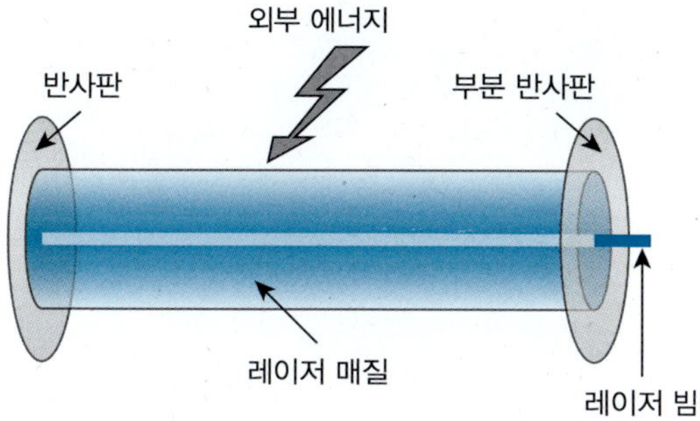

[그림 6-30] 레이저 시스템

레이저 시스템에서 가장 중요한 요소는 [그림 6-30]과 같이 외부 에너지원, 레이저 매질, 광학 공명기이다. 외부 에너지원은 레이저 매질에 에너지를 공급하여 레이저 매질이 밀도 반전 상태를 유지할 수 있게 한다. 공급하는 에너지의 형태는 레이저 매질에 따라 달라지며, 매질에 따라 전기 방전, 화학적 반응, 빛 에너지 등 다양한 형태가 있다. 레이저 매질은 외부 에너지원에서 에너지를 받아 전자들의 유도 자극 방출 현상이 일어나는 곳으로 고체, 액체, 가스, 반도체 유형으로 분류할 수 있다. 광학 공명기는 모든 빛을 반사하는 반사판과 일부는 투과시키고 나머지를 반사하는 부분 반사판으로 이루어져 있다. 레이저 매질에서 방출된 빛은 부분 반사판으로 나오기 전에 반사판과 부분 반사판 사이를 수백 번 왕복하면서 레이저 매질 속 전자들의 자극 방출 현상을 유도한다. 레이저 빔은 레이저 빛이 반사판 사이를 왕복하다 부분 반사판을 통해 나온 것이다. 이렇게 나온 레이저 빔은 퍼지지 않고 먼 거리를 나아간다.

레이저에서 방출된 빛은 일반적인 빛과는 달리 일관성, 직진성, 단색성, 고강도 등의 특성이 있다. 일관성은 전자가 광자를 방출하는 시점을 인위적으로 조절함으로써 많은 수의 전자가 동시 에너지를 방출하도록 하여 레이저 빛이 모두 같은 에너지, 주파수, 파장을 가지는 성질을 말한다. 직진성은 레이저의 모든 빛이 같은 방향으로 나아가는 성질로 빛이 퍼지지 않으므로 멀리 나아갈 수 있다. 단색성은 레이저 빛이 일관성을 가지면서 나타나는 특징으로 모든 빛이 같은 주파수, 에너지, 파장을 가지면서 같은 색상으로 보이는 것이다. 빛의 세기는 시간당 에너지의 총량으로 나타낼 수 있으며, 레이저 빛은 좁은 영역에 파장이 집중되므로 빛의 세기는 매우 높다. 따라서 인간의 눈에 매우 치명적이고 위험하다.

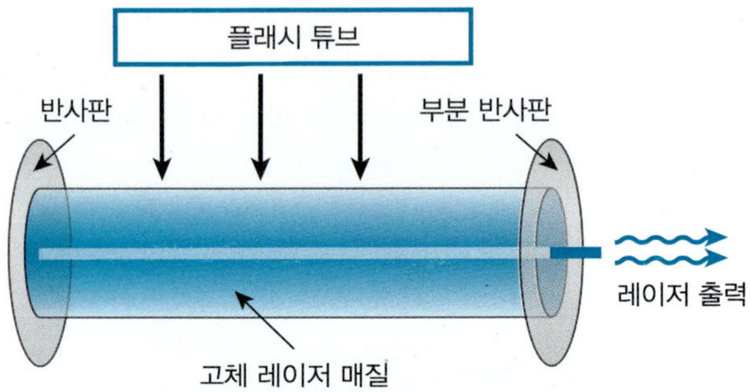

[그림 6-31] 고체 레이저 구조

고체 레이저는 희토류나 전이 금속 이온으로 도핑된 크리스털이나 유리 등과 같이 고체 상태의 레이저 매질을 기반으로 한 레이저이다. 고체 레이저는 외부 에너지원으로 섬광 램프나 아크 램프에서 나오는 광학 에너지를 사용한다. 광학 에너지를 사용하면 상대적으로 저렴하게 많은 양의 에너지를 공급할 수 있다. 고체 레이저에는 루비 레이저(ruby laser), 네오디뮴-야그 레이저(Nd-TAG laser), 네오디뮴-유리 레이저(Nd-glass Laser), 홀뮴 레이저(holmium laser) 등이 있다.

액체 레이저는 실온에서 레이저 매질의 상태가 액체인 레이저로 가장 성공적으로 쓰이는 레이저 매질은 염료로 유기 염료를 액상 용제에 용해하여 사용한다. 액체 레이저는 외부 에너지원

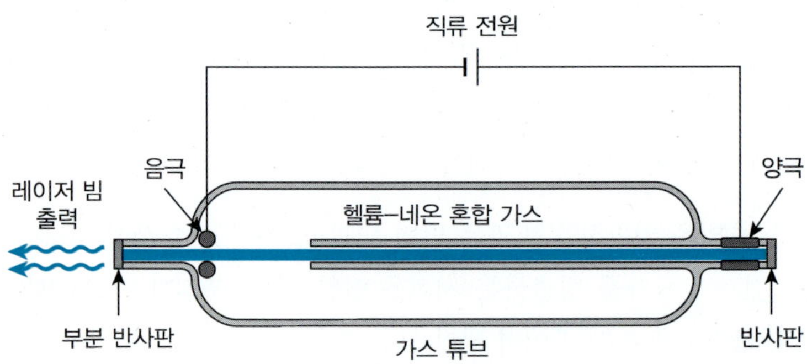

[그림 6-32] 가스 레이저 구조

으로 광학 에너지를 이용하고, 펄스 또는 연속파 형태의 레이저 빛을 출력할 수 있다. 그리고 사용하는 염료에 따라 근자외선부터 근적외선까지의 빛을 방출할 수 있다.

가스 레이저는 레이저 매질로 가스를 사용하며, 내부에 전기 방전을 통해 레이저 빛을 생성한다. 가스 튜브 안에는 레이저 매질로 사용할 혼합 가스가 있으며, 헬륨-네온 레이저(He-Ne laser), 아르곤 레이저(Ar laser), 크립톤 레이저(Kr laser), 헬륨-카드뮴 레이저(He-Cd laser), 이산화탄소 레이저(CO_2 laser), 엑시머 레이저(excimer laser), 금속 증기 레이저 등이 있다. 가스의 종류에 따라 파장과 효율성이 달라진다.

반도체 레이저는 저렴하고 작은 크기에 낮은 소비 전력으로 여러 분야에서 많이 쓰이고 있으며, 레이저 다이오드라고도 한다. 반도체 레이저는 외부 에너지원으로 전기 에너지를 사용한다. 반도체 레이저는 다이오드의 pn 접합부의 전도대에서 가전도대로의 전자 전이로 인해 레이저 빔을 만들어 낸다. 반도체 소자로 사용되는 물질에는 알루미늄 갈륨 비소(AlGaAs), 알루미늄 갈륨 인듐인화물(InGaAlP), 인듐 갈륨 질화물(InGaN), 산화아연(ZnO) 등이 있다.

6.5.2 펄스 라이다

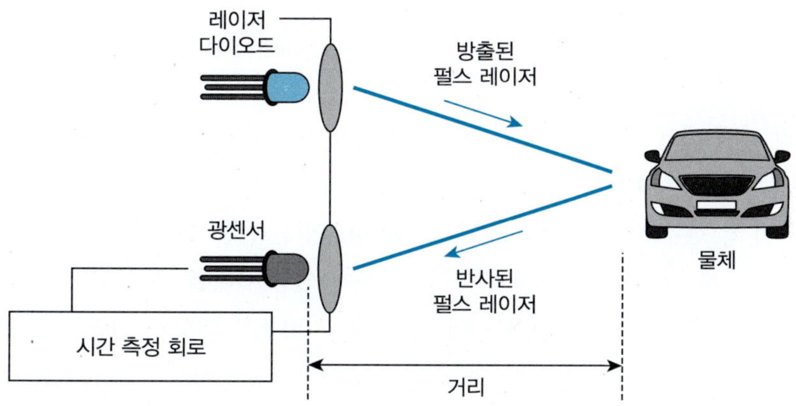

[그림 6-33] 펄스 라이다의 거리 측정

펄스 라이다는 [그림 6-33]과 같이 레이저 다이오드, 광센서, 시간 측정 회로 등으로 구성되어 있다. 레이저 다이오드는 펄스 레이저 신호를 방출하며, 원활한 거리 감지를 위해서는 수분 흡수에 의한 감지 거리 저하 현상이 없어야 하고, 전력 사용량을 최소화하여 최대한의 범위를 감지할 수 있어야 한다. 펄스 레이저 신호는 악천후로 인한 안개, 눈, 비와 같은 공기 중의 수분에 흡수되어 그 세기가 약해진다. 악천후 상황에서 신호 세기 감소는 감지 거리 감소와 반사된 펄스 레이저 신호의 해석에도 악영향을 미치므로 수분에 의한 신호 세기 감소 현상을 최소화하기 위해 905 nm의 짧은 파장을 사용한다. 905 nm 파장의 빛은 수분에 의한 감쇄 현상이 적고 에너지 소비량도 적지만, 눈에 흡수되어 안구와 망막을 훼손할 수 있다. 반면, 눈에 흡수되지 않고 태양광의 간섭 현상이 낮아 안정성이 뛰어난 1,550 nm 파장까지 출력을 높여 더 넓은 공간을 인식할 수 있는 기술이 있지만, 905 nm 파장과 비교하면 수분에 영향을 받아 신호 처리가 까다롭다는 단점이 있다.

6.6 거리 센서 실습

6.6.1 적외선 거리 감지 센서 모듈(E18-D80NK)

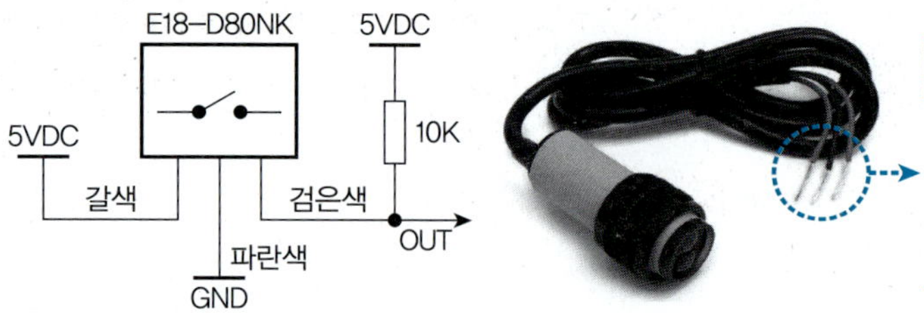

유형 1	유형 2	핀
빨간색	갈색	전원
노란색	검은색	출력
검은색	파란색	그라운드

[그림 6-34] 적외선 거리 감지 센서 모듈의 내부 회로 및 핀 정보

적외선 거리 감지 센서 E18-D80NK는 특정 물체가 감지 범위에 들어오면 디지털 출력을 제공하는 비접촉 감지 센서이다. 주변 조명 및 환경과의 간섭이 거의 없는 저렴한 센서로 입력 전압은 5 V이고, 전류 소비량은 25 mA ~ 100 mA이다. 반응 속도는 최대 2 ms이고, 감지 거리는 3 cm ~ 80 cm이다. 제조사에 따라 핀 배치 색상이 다를 수 있으므로 데이터시트를 참고해야 한다. 전원 핀과 출력 핀 사이에 4.7 KΩ ~ 10 KΩ 저항을 연결한다. 출력 모드는 NPN NO형으로 물체를 감지하면 LOW 신호를 출력하고 감지하지 못하면 HIGH 신호를 출력한다.

센서의 감지 거리를 조절하기 위해서 센서 머리 부분을 벽이나 바닥을 향하게 하고 자로 원하는 감지 거리에 센서를 위치시킨 후 센서 뒷면의 가변저항으로 감지 거리를 조절한다. 센서 뒷면의 LED가 물체를 감지하면 켜지고 감지하지 못하면 꺼지는데, 이것을 이용하여 감지할 거리를 조정해 놓는 것이다.

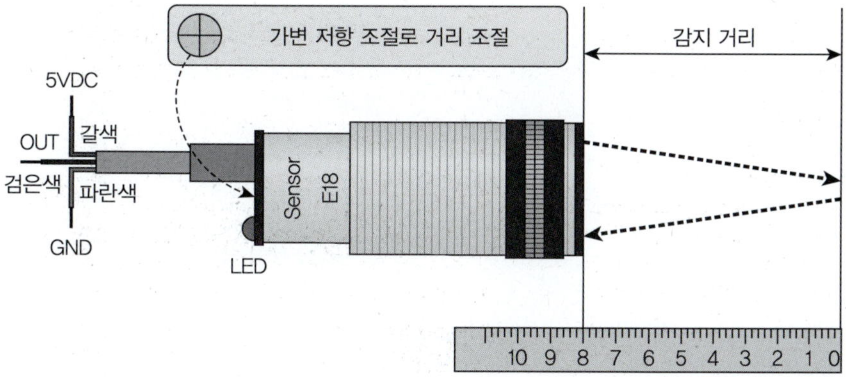

[그림 6-35] 감지 거리 세팅

적외선 거리 감지 센서를 활용하여 일정 거리 내의 물체 감지 여부에 따라 버저를 울리고 시리얼 모니터에 감지 메시지를 출력하는 실습이다.

UNO 보드	E18-D80NK
5 V	갈색
GND	파란색
2	검은색

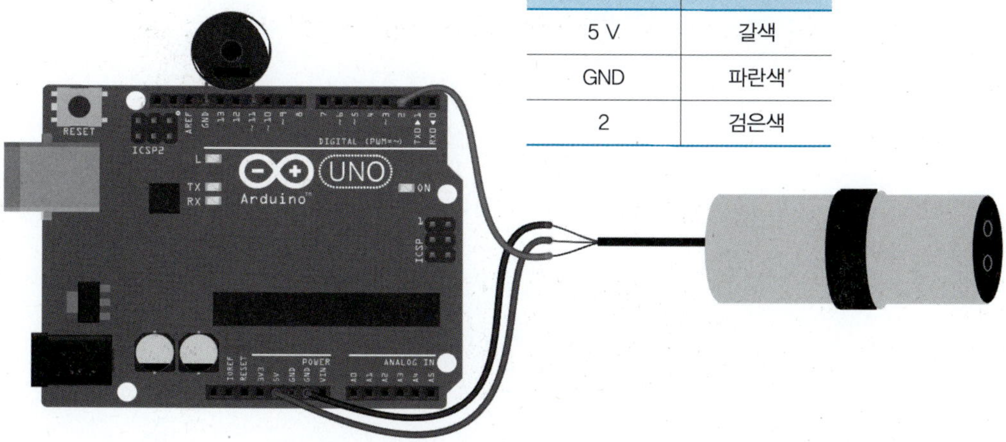

[그림 6-36] 적외선 거리 감지 센서 모듈 연결 회로

```
const int sensorPin = 2;                          // 센서의 출력 핀을 보드의 2번 핀에 연결
const int ledPin = 13;                            // 13번 핀의 빌트인 LED 사용
const int buzzerPin = 11;                         // 버저 ⊕극을 보드의 11번 핀에 연결

void setup()
{
  Serial.begin(9600);                             // 시리얼 통신 속도 9,600 bps로 설정

  pinMode(sensorPin, INPUT);                      // 2번 핀을 입력 모드로 설정
  pinMode(ledPin, OUTPUT);                        // 13번 핀을 출력 모드로 설정
}

void loop()
{
  // 적외선 거리 감지 센서값을 읽어서 sensorValue 변수에 저장
  int sensorValue = digitalRead(sensorPin);

  if(sensorValue == LOW)                          // 물체가 감지되면,
  {
    Serial.println("Object Detected.");
    digitalWrite(ledPin, HIGH);                   // LED on
    tone(buzzerPin, 311);                         // 버저 동작
  }
  else                                            // 물체가 감지되지 않으면,
  {
    Serial.println("No Object Detected");
    digitalWrite(ledPin, LOW);                    // LED off
    noTone(buzzerPin);                            // 버저 멈춤
  }

  delay(1000);
}
```

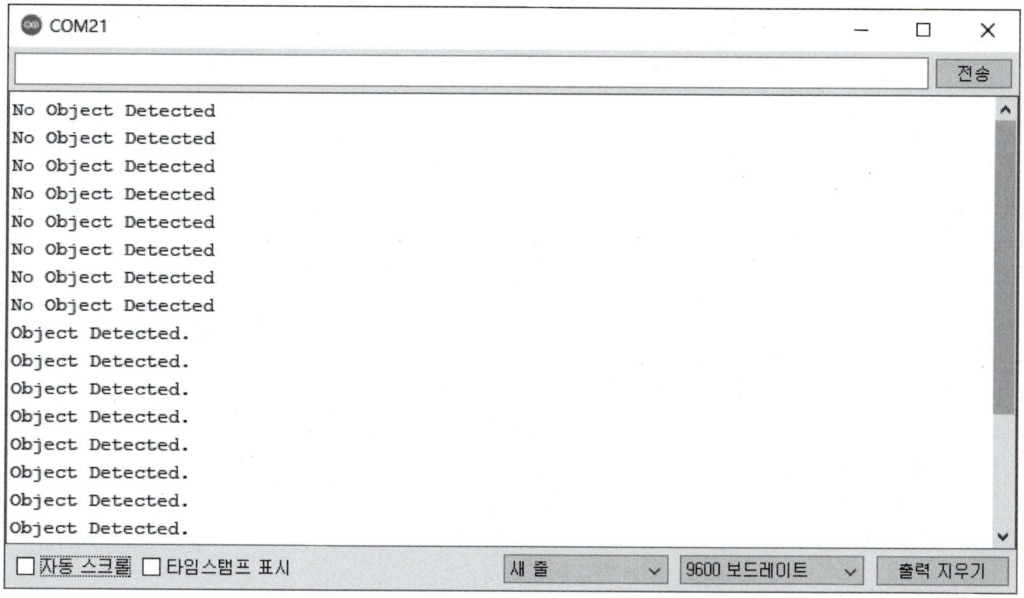

[그림 6-37] 물체 감지 여부 출력

☞ 원하는 감지 거리에 맞춘 뒤, 설정된 거리 범위 내에 물체가 감지되면 버저와 LED가 동작하고 시리얼 모니터 창으로 'Object Detected.'라는 메시지를 출력한다.

6.6.2 초음파 센서 모듈(HC-SR04)

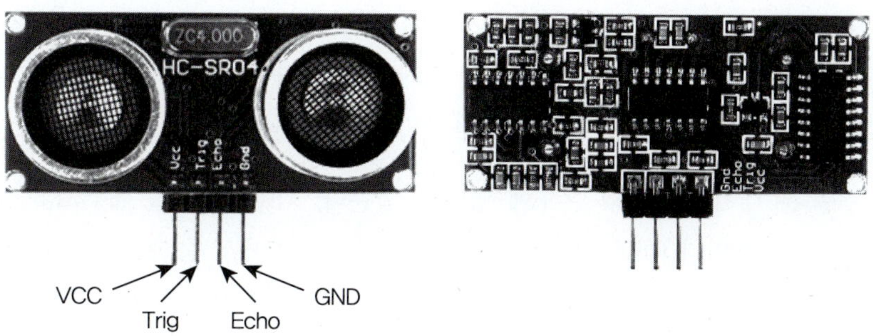

[그림 6-38] HC-SR04 초음파 센서 모듈의 앞 · 뒤 모습

사람의 청력으로 들리지 않는 20 kHz 이상의 소리를 초음파라고 하며, 초음파 센서는 초음파가 가지고 있는 파장의 분해능과 반사 특성을 이용하여 거리나 두께, 움직임, 농도 등을 검출하는 센서이다. HC-SR04 초음파 센서 모듈의 동작 전압은 5 V이며, 40 kHz의 주파수를 발

생시키고 15°의 측정 각도로 2 cm ~ 400 cm 정도의 거리를 측정할 수 있다. [그림 6-39]처럼 크게 초음파 송신부, 수신부, 제어 회로로 구성되어 있다.

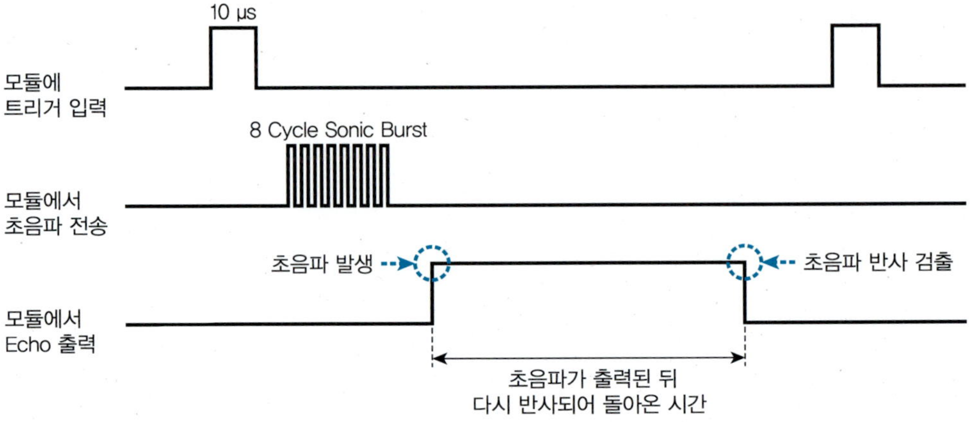

[그림 6-39] 초음파 센서 모듈의 동작 타이밍

[그림 6-39]처럼 트리거 핀을 통해 10 µs의 짧은 트리거 신호를 마이크로컨트롤러로부터 받으면 초음파 센서 모듈을 통해 8 클록의 40 KHz 초음파를 전송하고, 8개 클록 중 한 개의 초음파라도 대상물에 부딪혀 다시 돌아오면 초음파 센서 모듈의 Echo 핀을 통해 HIGH 펄스가 유지된 시간을 출력한다. 즉, 측정된 거리에 따라 HIGH 펄스 폭(100 µs ~ 25 ms 범위)이 달라지고 HIGH 펄스 폭이 30 ms가 넘으면 물체를 감지하지 못한 것으로 간주한다.

거리를 계산할 때는 HIGH 펄스가 유지된 시간에 초음파가 1 센티미터 또는 1 인치를 이동하는 데 소요된 시간을 적용하면 된다. 초음파가 1 cm 이동하는 데 걸리는 시간은 약 58 µs이고 1 인치의 경우 148 µs이다. 이 시간은 초음파의 왕복 시간이다.

공기 중의 음속은 대기의 상태와 온도에 영향을 받는다. 기온이 0℃일 때 331.5 m/sec이며, 기온이 1℃ 상승할 때마다 0.607 m/sec 빨라진다. 섭씨 15℃에서 음속은 1초당 약 340 m로 전파되고, 섭씨 25℃에서 음속은 1초당 약 347 m로 공기 중에서의 음속은 기온에 영향을 많이 받는 것을 알 수 있다. 초음파 센서를 이용해서 거리를 정밀하게 측정하기 위해서는 온도에 따른 보정을 해줘야 한다. 음파의 전송 속도와 초음파 센서로 거리를 계산하는 공식은 다음과 같다.

$$\text{음파의 속도} = 331.5 + (0.607 \times \text{섭씨온도}) \tag{6.34}$$

$$1\,\text{cm 이동하는 데 걸리는 시간} = \frac{2 \times \text{물체와의 거리(m)}}{\text{음속}} = \frac{2 \times 0.01}{340} \fallingdotseq 58.824\,\mu\text{s}$$

$$\text{거리(cm)} = \text{왕복에 걸린 시간} \div 29 \div 2$$

HC-SR04 초음파 센서 모듈로 거리를 측정하는 예제이다. 근거리 측정 외에 자동차 후방 감지기, 로봇 청소기 같은 가전제품을 비롯한 군사용, 의료용, 산업용 등 다양한 분야에 응용할 수 있다.

[그림 6-40] 초음파 센서 모듈 연결 회로

```
const int trigPin = 3;                    // Trig 핀을 보드의 3번 핀에 연결
const int echoPin = 2;                    // Echo 핀을 보드의 2번 핀에 연결

void setup()
{
  Serial.begin(9600);                     // 시리얼 통신 속도 9,600 bps로 설정
  pinMode(trigPin, OUTPUT);               // 3번 핀을 출력 모드로 설정
  pinMode(echoPin, INPUT);                // 2번 핀을 입력 모드로 설정
}
```

```
void loop()
{
  float duration, cm;                          // 거리를 계산할 두 개의 변수 선언

  digitalWrite(trigPin, HIGH);                 // 트리거 핀에 HIGH 펄스
  delayMicroseconds(10);                       // 10 μs 지연. [그림 6-39] 참고
  digitalWrite(trigPin, LOW);                  // 이 순간 초음파 전송

  duration = pulseIn(echoPin, HIGH);           // HIGH가 유지된 시간 반환
  cm = duration / 58.0;                        // 거리 = 왕복에 걸린 시간 ÷ 58

  Serial.print("Distance: ");
  Serial.print(cm);
  Serial.println(" cm");
  delay(1000);
}
```

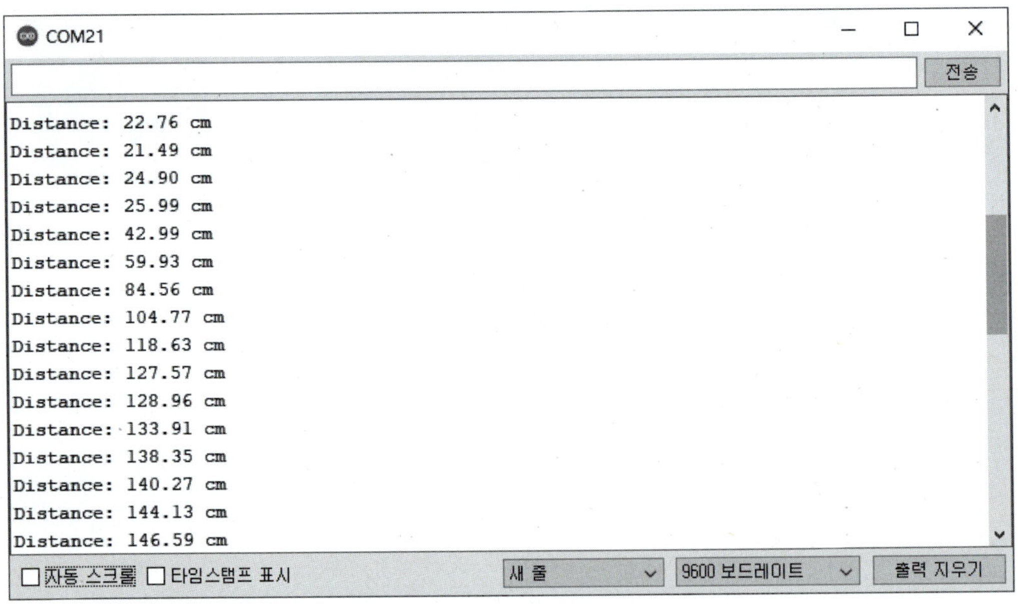

[그림 6-41] 초음파 센서 모듈을 이용한 거리 측정

☞ 측정 거리가 아닌 값을 출력할 때도 있다. 이것을 보정하려면 평균 데이터를 사용하거나 특정 거리 이상일 때의 값은 버리는 식으로 소스 코드를 수정하면 된다.

6.6.3 마이크로파 레이더 모션 감지 모듈(RCWL-0516)

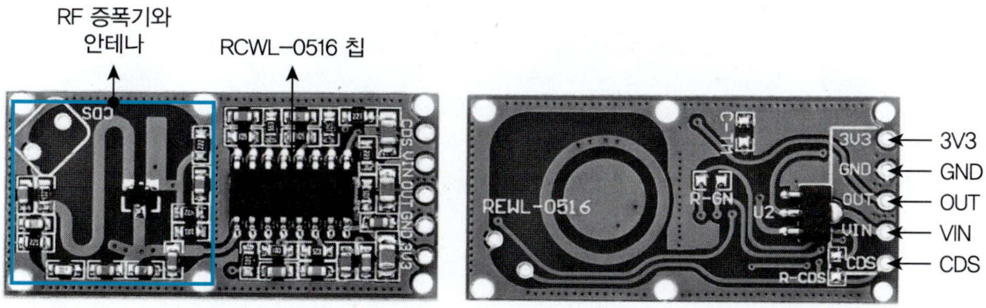

핀	설명
3V3	3.2 V ~ 3.4 V 전원 출력(최대 100 mA)
GND	그라운드 연결
OUT	움직임 감지 시 3.3 V 출력, 평상시 0 V 출력
VIN	4 V ~ 28 V 전원 공급
CDS	OUT 핀 활성화. 0.7 V보다 낮으면 OUT 핀 LOW 유지

[그림 6-42] RCWL-0516 마이크로파 레이더 모션 감지 모듈과 핀 정보

마이크로파 레이더 모션 감지 모듈은 RCWL0516 IC, RF 증폭기, 안테나 등으로 구성된 모듈로 일반적으로 모션 감지, 도난 경보기 등에 사용되는 수동 적외선 센서인 PIR 동작 감지 센서의 대안으로 설계되었다. 움직이는 사람이 방출하는 적외선의 변화를 감지하는 대신 마이크로파 도플러 레이더를 이용하여 움직이는 물체를 감지한다. 감지 범위는 최대 7 m이고, 물체 감지 시 HIGH 신호를 2초 동안 출력하고 LOW 신호로 전환된다. 이 모듈은 감지된 물체까지의 거리나 속도를 측정하는 것이 아니라 물체의 존재 여부만 측정한다.

3V3 핀은 외부 회로에 전원을 공급하기 위한 핀이며, 최대 100 mA의 전류를 제공할 수 있는 3.3 V 전압 조정기가 있다. CDS 핀은 모듈 활성화 핀으로 사용하거나 포토레지스터를 부착할 수 있다. CDS 핀에 포토레지스터를 연결하면 주변이 밝을 때는 모듈이 동작하지 않고 주변이 어두워지면 동작하는데 실내 조명을 제어하거나 야간 침입을 감지하기 위한 용도로 활용할 수 있다.

마이크로파의 주파수는 최대 3.2 GHz이며, 센서의 뒷면에는 커패시터의 용량을 늘려 반복 트리거 시간을 연장하는 데 사용하는 C-TM 패드(pad), 저항기를 추가하여 센서의 감지 거리 범위를 줄일 수 있는 R-GN 패드, 저항기를 추가하여 포토레지스터의 한곗값을 변경하기 위한 R-CDS 패드가 있다.

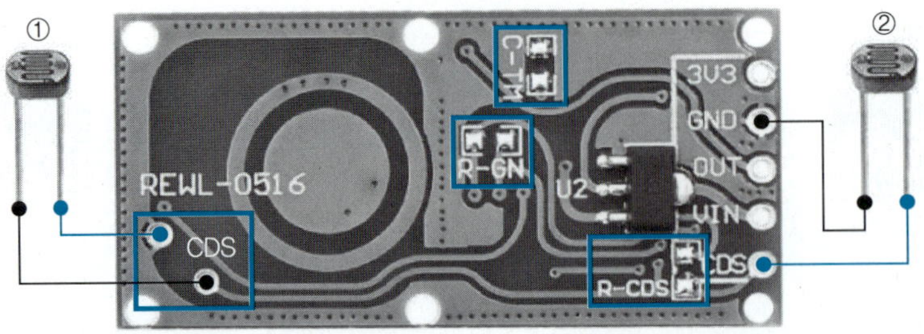

[그림 6-43] 포토레지스터를 연결하는 두 가지 방법과 C-TM, R-GN, R-CDS

마이크로파 레이더 모션 감지 모듈을 이용하여 움직임을 감지하는 예제이다. 적외선 동작 감지 센서 모듈을 대체하거나 침입자 경보, 전등 스위치 제어 등의 응용 작업을 할 수 있다.

[그림 6-44] 마이크로파 레이더 모션 감지 모듈 연결 회로

```
const int sensorPin = 2;              // 센서의 OUT 핀 보드의 2번 핀에 연결
const int ledPin = 13;                // 13번 핀의 빌트인 LED 사용

void setup()
{
  Serial.begin(9600);                 // 시리얼 통신 속도 9,600 bps로 설정
```

```
    pinMode(sensorPin, INPUT);                    // 2번 핀을 입력 모드로 설정
    pinMode(ledPin, OUTPUT);                      // 13번 핀을 출력 모드로 설정

    Serial.println("Start motion detection");
}

void loop()
{
    // 센서 모듈의 OUT 핀 값을 읽어서 snesorValue 변수에 저장
    int sensorValue = digitalRead(sensorPin);

    if(sensorValue == HIGH)                       // 움직임이 감지되면,
    {
        Serial.println("motion detected");
        digitalWrite(ledPin, HIGH);               // LED on
    }
    else                                          // 움직임이 없으면,
    {
        Serial.println("no motion detected");
        digitalWrite(ledPin, LOW);                // LED off
    }
    delay(1000);
}
```

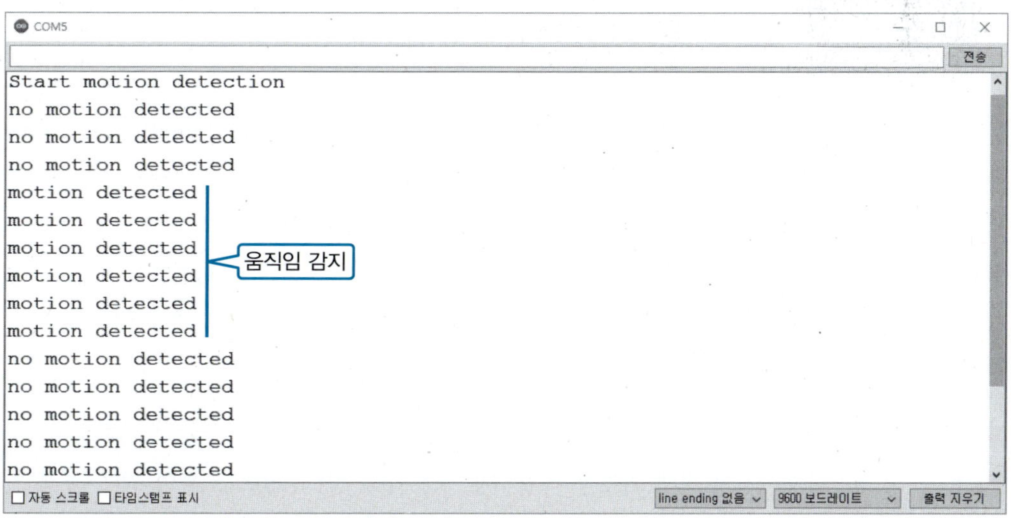

[그림 6-45] 움직임 감지 결과

☞ CDS 핀에 포토레지스터를 연결하여 밝을 때 동작하지 않고 어두울 때 동작하는지 확인해 보고, R-GN 패드에 저항기를 연결하지 않으면 최대 감지 거리는 7 m이지만, 저항기 없이 그냥 연결하면 1 MΩ은 약 4.5 m, 470 kΩ은 약 2.5 m, 270 kΩ은 약 1.5 m, 100 kΩ은 0 m로 감지 거리가 조절된다. 저항기를 연결하여 감지 거리가 조정되는지 확인해 본다.

6.6.4 ToF 거리 센서 모듈(VL6180X)

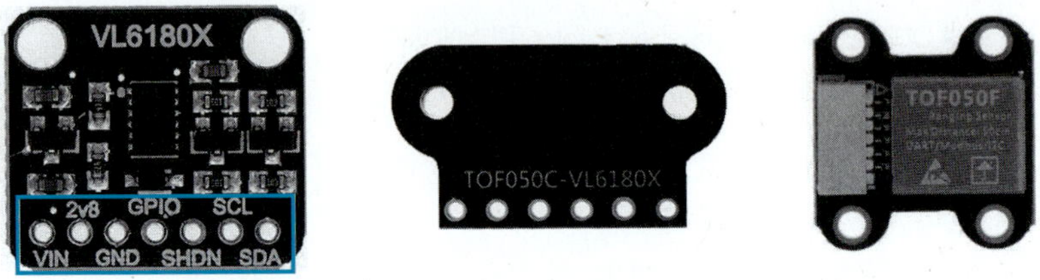

핀	설명
VIN	2.7 V ~ 5.5 V 전원 공급
2v8	2.8 V(150 mA) 출력(VIN 분리 시 2.8 V 공급)
GND	그라운드
GPIO	측정 준비 활성화(LOW 시 하드웨어 대기 상태)
SHDN	센서 셧다운(LOW 시 셧다운 모드)
SCL	I^2C 클록 라인
SDA	I^2C 데이터 라인

[그림 6-46] VL6180X IC를 사용하는 ToF 거리 센서 유형과 핀 정보

VL6180X IC는 근접센서, 주변광센서, 수직 공진형 표면방출 레이저(Vertical-Cavity Surface-Emitting Laser, VCSEL)가 통합되어 있으며, 반사광의 강도를 사용하여 물체를 감지하는 단순한 광학 센서와 다르게 방출된 적외선 레이저 광 펄스가 가장 가까운 물체에 도달하고 감지기로 다시 반사되는 데 걸리는 시간을 정확하게 측정한다. VL6180X IC를 사용하는 ToF 거리 센서 모듈은 TOF050F, TOF050C 등이 있고, VL53LOX, VL53L1X IC가 장착된 모듈은 특히 측정 거리가 더 길어진다.

VL6180X 모듈은 ToF 측정을 통해 물체의 반사율에 영향을 받지 않고 1 mm의 분해능으로 0 cm ~ 10 cm 물체까지의 절대 거리를 정확하게 측정한다. VL6180X 모듈의 최대 측정 거리는 20 cm이지만, 해상도를 낮추면 최대 60 cm까지 늘릴 수 있다. VL6180X 모듈의 8bit

거리 판독 값과 16bit 주변광 판독 값은 400 kHz의 I^2C 통신으로 전달되며, 모듈의 I^2C 장치 주소는 기본적으로 0x52로 설정되어 있다.

VL6180X 거리 센서 모듈을 동작 조건에 맞춰 직접 사용하는 것은 어려우므로 [그림 6-47]과 같이 아두이노 IDE의 라이브러리 매니저에서 adafruit 사의 VL6180X 라이브러리를 설치한다.

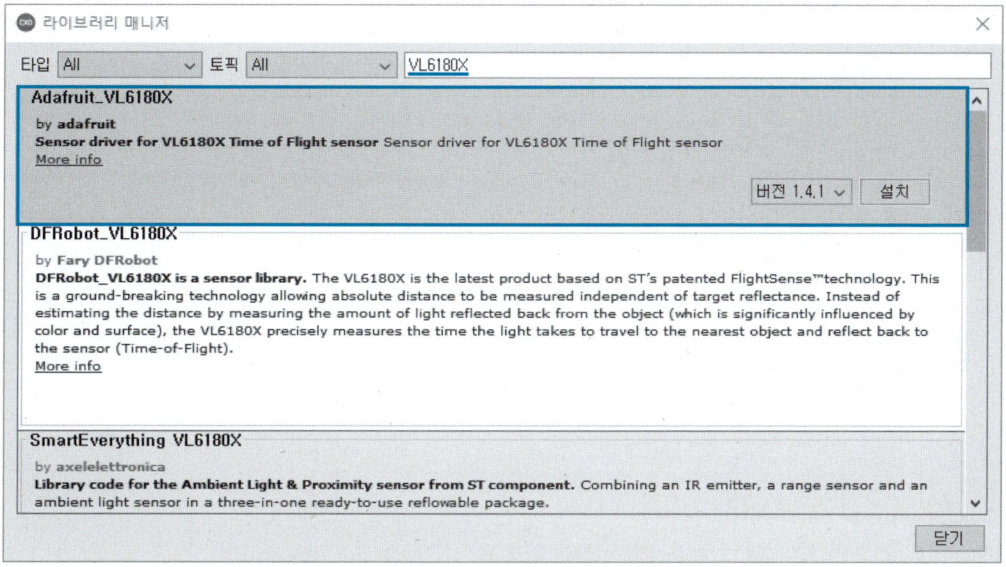

[그림 6-47] adafruit 사의 VL6180X 라이브러리 설치

[그림 6-48] VL6180X ToF 거리 센서 모듈 연결 회로

```
#include <Wire.h>                                   // I²C 통신 라이브러리 사용
#include <Adafruit_VL6180X.h>                       // VL6180X 라이브러리 사용

Adafruit_VL6180X tofSensor = Adafruit_VL6180X();   // ToF 거리 센서 객체 생성

void setup()
{
  Serial.begin(9600);                               // 시리얼 통신 속도 9,600 bps로 설정

  Serial.println("VL6180x Start!");
  if(!tofSensor.begin())                            // VL6180X 칩이 초기화되지 않으면,
  {
    Serial.println("Sensor Error");
    while(1);                                       // 멈춤
  }
  Serial.println("VL6180x found!");
}

void loop()
{
  // 싱글 샷 범위(mm)를 distance 변수에 저장하고, 측정 성공 및 오류 메시지 요청
  unsigned char distance = tofSensor.readRange();
  unsigned char sensorStatus = tofSensor.readRangeStatus();

  if(sensorStatus == VL6180X_ERROR_NONE)            // 오류 없이 측정 성공하면,
  {
    Serial.print("distance: ");
    Serial.print(distance);                         // 거리 표시
    Serial.println(" mm");
  }
  else
  {
    Serial.println("Some error occurred");
  }

  delay(1000);
}
```

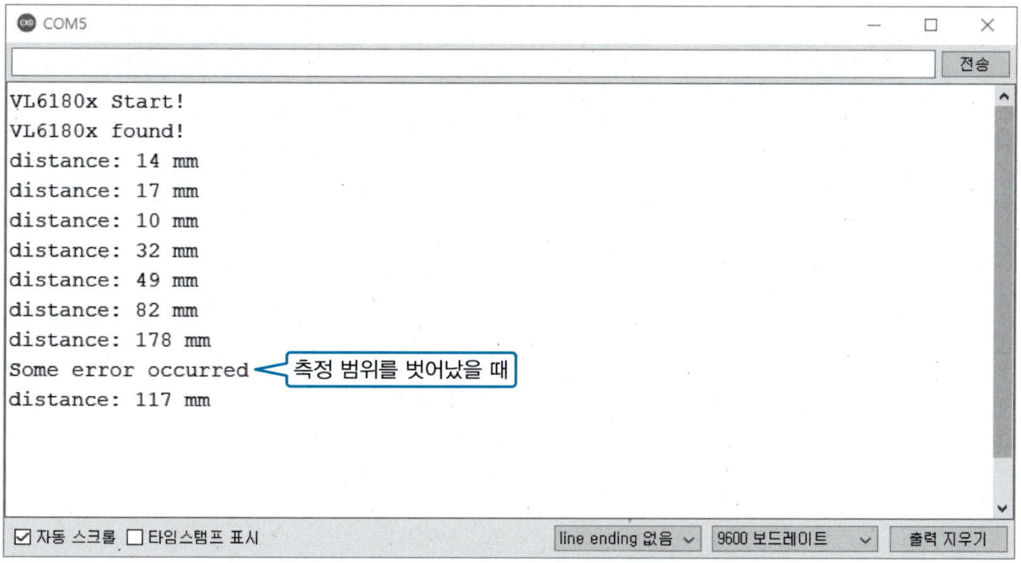

[그림 6-49] VL6180X 거리 센서 모듈의 거리 측정

☞ VL6180X 라이브러리를 보면 readRange() 반환 값을 사용하기 전에 readRangeStatus() 함수의 측정 성공 및 오류를 먼저 확인하도록 하고 있다.

☞ VL6180X 라이브러리에서 제공되는 vl6180x 스케치를 보면 에러 코드 종류를 모두 확인할 수 있다.

6.6.5 ToF 거리 센서 모듈(TOF10120)

TOF10120 거리 센서 모듈은 샤프 사의 단일 광자 애벌란시 다이오드(Single Photon Avalanche Diodes, SPAD) 감지 기술을 사용하며, 고속 자동 초점(AutoFocus, AF) 기능과 주변광에 대한 높은 내성을 가진 특수 광학 패키지로 구성되어 정확하고 반복적인 거리 측정이 가능하다.

TOF10120 거리 센서 모듈의 동작 전압은 3 V ~ 5 V 이고, 실내 정확도 5 % 이내에서 100 mm ~ 1,800 mm 절대 범위를 측정한다. 시리얼 통신과 I^2C 통신을 지원하며, 센서 모듈의 기본 I^2C 장치 주소는 0xA4(7bit는 0x52)로 설정되어 있다. 센서 모듈은 하네스 케이블이 제공되며, 가운데 두 선은 시리얼 통신 송·수신 핀이므로 연결하지 않고, I^2C 통신을 위한 두 선과 전원, 그라운드를 아두이노 보드에 연결하면 된다.

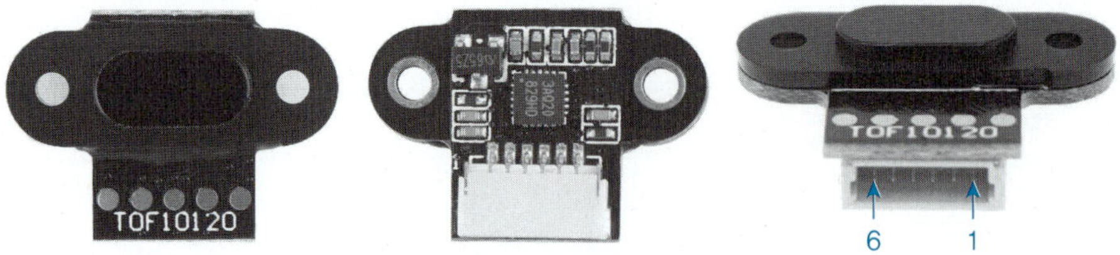

핀 번호	핀 이름	설명
1	GND	그라운드
2	VDD	3 V ~ 5 V 전원 공급
3	RXD	시리얼 통신 수신
4	TXD	시리얼 통신 송신
5	SDA	I^2C 통신 SDA
6	SCL	I^2C 통신 SCL

[그림 6-50] TOF10120 거리 센서 모듈과 핀 정보

TOF10120 거리 센서 모듈을 사용하여 거리를 측정해 보는 간단한 예제이다. 거리를 측정하는 것 외에 접근 감지, 로봇 장애물 감지, 비접촉 스위치 등에 폭넓게 응용할 수 있다.

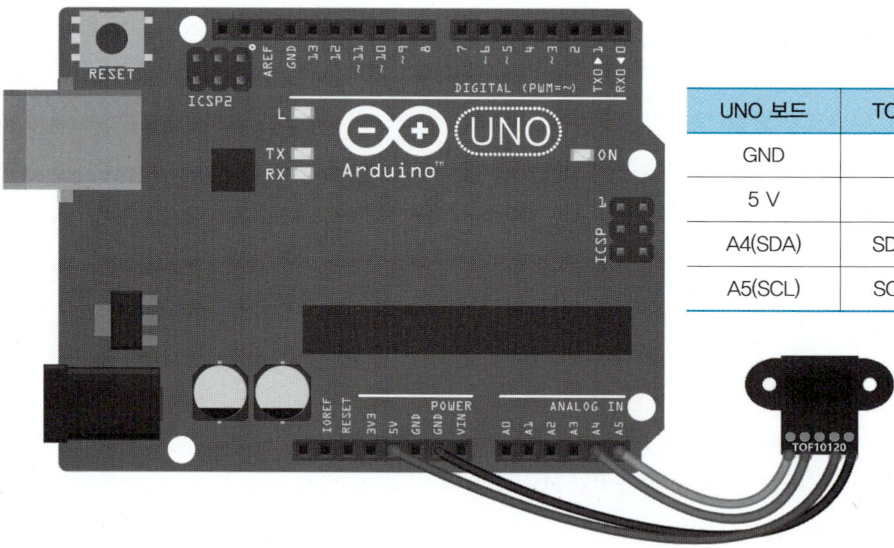

UNO 보드	TOF10120
GND	GND
5 V	VDD
A4(SDA)	SDA(청색)
A5(SCL)	SCL(녹색)

[그림 6-51] TOF10120 거리 센서 모듈 연결 회로

```
#include <Wire.h>                              // I²C 통신 라이브러리 사용

#define  sensorAddr  0x52                      // 7bit I²C 장치 주솟값. 8bit 0xA4
#define  dataAddr    0x00                      // TOF10120 측정값을 읽을 주소

void setup()
{
   Serial.begin(9600);                         // 시리얼 통신 속도 9,600 bps로 설정
   Wire.begin();                               // I²C 통신 시작
}

void loop()
{
   unsigned short distance;                    // 측정 거리를 저장할 변수 선언
   unsigned char i2c_rx_buf[2];                // 2byte 데이터를 저장할 변수 선언

   Wire.beginTransmission(sensorAddr);         // 센서 모듈 주소로 전송 시작
   Wire.write(dataAddr);                       // 0x00 번지부터 2byte 읽기
   Wire.endTransmission();                     // 전송 종료하고 대기 중인 byte 전송
   delay(1);                                   // 전송 끝날 때까지 잠시 대기

   Wire.requestFrom(sensorAddr, byte(2));      // 센서 모듈에 측정값 전송 요청
   if(Wire.available() >= 2)                   // 2byte 이상 응답하면,
   {
      i2c_rx_buf[0] = Wire.read();             // 상위 바이트를 읽어서 0 주소에 저장
      i2c_rx_buf[1] = Wire.read();             // 하위 바이트를 읽어서 1 주소에 저장
   }

   distance = i2c_rx_buf[0];                   // 상위 바이트를 변수에 저장
   distance = distance << 8;                   // 오른쪽 8 시프트 하여 상위 값으로 처리
   distance |= i2c_rx_buf[1];                  // 하위 바이트를 상위 값 뒤에 붙임

   Serial.print("Distance: ");
   Serial.print(distance);                     // 반환된 mm 단위의 거리 출력
   Serial.println(" mm");

   delay(1000);
}
```

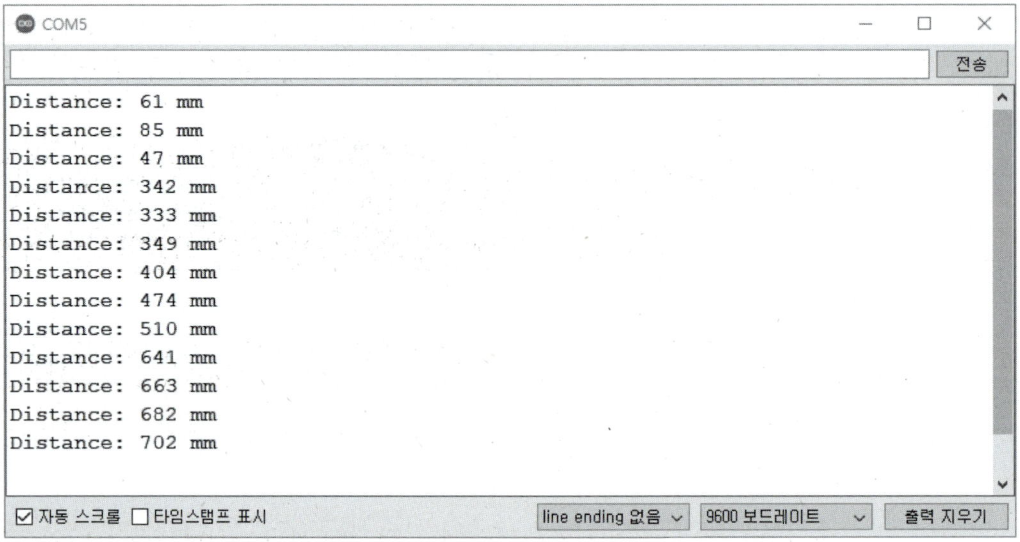

[그림 6-52] TOF10120 거리 센서 모듈의 거리 측정

☞ 거리 측정 결괏값을 천천히 확인하기 위해 1초 지연한 뒤 다음 측정값을 확인하지만, 실제 애플리케이션 작업 시 delay()로 지연하는 시간을 매우 짧게 하거나 제외해도 상관없다.

6.6.6 초음파 센서 모듈(GY-US42V2)

핀	설명
VCC	3 V ~ 5 V 전원 공급
GND	그라운드
CR	시리얼 통신 수신(Rx)/I^2C 통신 SCL/Trig
DT	시리얼 통신 송신(Tx)/I^2C 통신 SDA/Echo
INT	상태
PS	Serial/I^2C/펄스 모드 변환(기본 I^2C)

[그림 6-53] GY-US42V2 초음파 센서 모듈과 핀 정보

GY-US42V2 초음파 센서 모듈은 단일 변환기를 사용하여 초음파 송·수신을 처리하며, 1 cm 해상도로 20 cm ~ 7.2 m까지의 거리를 측정할 수 있다. 센서 모듈의 데이터를 읽는 방법은 시리얼 통신, I²C 통신, 펄스 PWM 모드 세 가지가 있으며, 기본은 I²C 통신 모드로 동작한다. 센서 모듈의 뒷면 상단에 H, L로 표시된 세 개의 패드에서 H로 표시된 부분에서 가운데 패드 부분까지 납땜(H■■□L)하면 시리얼 통신 모드로 변환되고 가운데 패드에서 L 표시된 부분까지 납땜(H□■■L)하면 HC-SR04 모듈과 같은 PWM 모드로 변환된다. 각 모드에 따라 CR 핀과 DT 핀의 기능이 변환된다.

초음파 센서는 차량 후방 감지기처럼 근접하는 물체를 감지하여 특정 동작을 만드는 데 매우 적합하다. 특히, GY-US42V2 초음파 센서 모듈은 APM 2.6 또는 2.8 드론 비행 컨트롤러 보드, 픽스호크(pixhawk) 비행 컨트롤러와 호환되며, 주로 드론의 높이 측정을 위해 사용된다. GY-US42V2 초음파 센서 모듈을 사용하여 거리를 출력하는 예제를 기반으로 버저나 C-LCD 등을 추가로 연결해 보자.

UNO 보드	GY-US42V2
5 V	VCC
GND	GND
A5(SCL)	CR
A4(SDA)	DT

[그림 6-54] GY-US42V2 초음파 센서 모듈 연결 회로

```
#include <Wire.h>                          // I²C 통신 라이브러리 사용

#define  sensorAddr    0x70                // 7bit I²C 장치 주솟값, 8bit 0xE0
#define  readDistCmd   0x51                // 센서 범위 명령값

void setup()
{
    Serial.begin(9600);                    // 시리얼 통신 속도 9,600 bps로 설정
    Wire.begin();                          // I²C 통신 시작
}

void loop()
{
    Wire.beginTransmission(sensorAddr);    // 센서 모듈 주소로 전송 시작
    Wire.write(readDistCmd);               // 거리 측정 명령 전송
    Wire.endTransmission();                // 전송 종료하고 대기 중인 byte 전송
    delay(100);                            // 전송 끝날 때까지 대기

    word range = 0;                        // 2byte 변수 선언

    Wire.requestFrom(sensorAddr, byte(2)); // 센서 모듈에 측정값 전송 요청
    if(Wire.available() >= 2)              // 2byte 이상 응답하면,
    {
       byte high = Wire.read();            // 상위 바이트를 읽어서 저장
       byte low = Wire.read();             // 하위 바이트를 읽어서 저장

       range = word(high, low);            // 16bit 1워드로 만들어 변수에 저장
    }
    else                                   // 센서 모듈 응답이 없으면,
    {
       range = 0;                          // range 변수 0으로 초기화
    }

    Serial.print("Range: ");
    Serial.println(range);                 // 반환된 cm 단위의 거리 출력

    delay(1000);
}
```

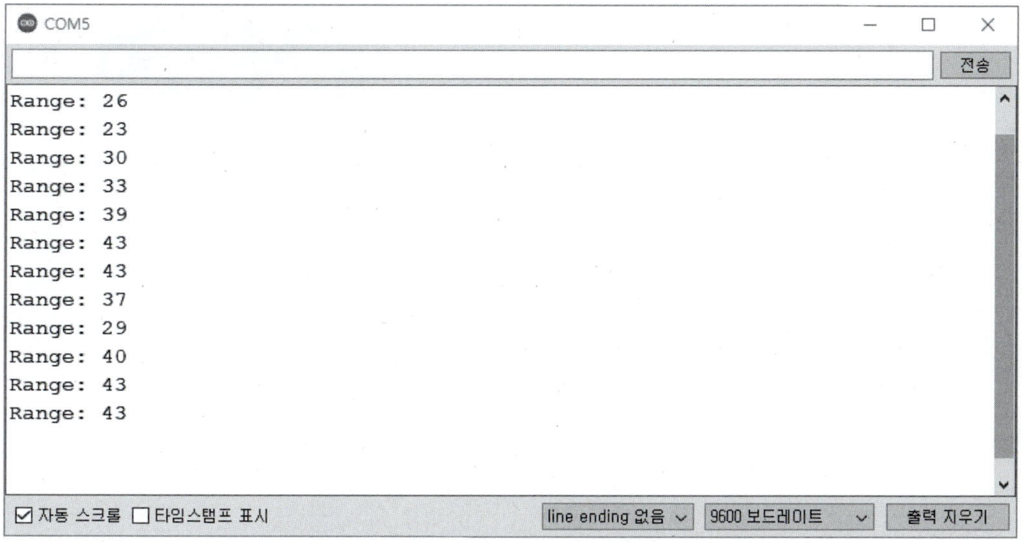

[그림 6-55] GY-US42V2 초음파 센서 모듈의 거리 측정

☞ TOF10120 거리 센서 모듈처럼 I^2C 통신 방식이라서 소스 코드가 유사하다. 소스 코드의 차이점과 문법적인 부분을 스스로 찾아보고 적용하는 것도 많은 도움이 되므로 같은 소스 코드 형태로 다시 변경해 보기 바란다.

☞ 방수 초음파 센서 모듈은 다루지 않았지만, SP0433B02, P3504, W238, JSN-SR04T 등 여러 종류가 있다. 제어 방식이 크게 다르지 않으므로 필요할 경우 구매하여 활용해 보기 바란다.

6.6.7 적외선 거리 센서 모듈(GP2Y0A21YK0F)

GP2Y0A21YK0F 적외선 거리 센서 모듈은 위치 검출 소자, 적외선 방출 다이오드 및 신호 처리 회로 등으로 구성된 근접 거리를 측정하는 모듈이다. GP2Y 시리즈는 삼각측량 기반의 적외선 근접 거리 센서 모듈이며, 감지 거리별로 종류가 다양하다. 그 중 GP2Y0A21YK0F 센서 모듈은 4.5 V ~ 5.5 V의 동작 전압으로 10 cm ~ 80 cm 범위의 거리를 아날로그 신호 형태로 출력한다.

적외선 센서 모듈에서 방출된 적외선이 물체에 의해 반사되면 반사된 빛이 광검출기에 도달하고 위치 검출 소자에 광점이 형성된다. 물체의 위치가 변경되면 반사광의 각도와 광점 위치도 변경되고 위치에 해당하는 아날로그 신호가 출력된다. [그림 6-57]은 GP2Y0A21YK0F 센서 모듈의 데이터시트에서 제공하는 거리 측정 특성 그래프이며, 센서 모듈과 물체 사이의 거리

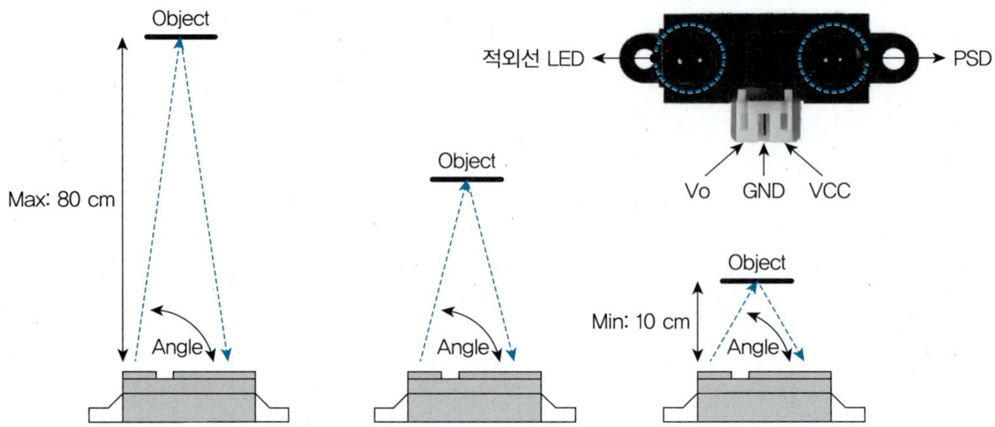

[그림 6-56] GP2Y0A21YK0F 적외선 거리 센서 모듈과 측정 원리

에 따라 변화하는 출력 전압을 대략 확인할 수 있다. 물체가 10 cm 떨어져 있을 때 2.3 V 정도 출력하고, 80 cm 떨어져 있을 때 0.4 V 정도 출력한다.

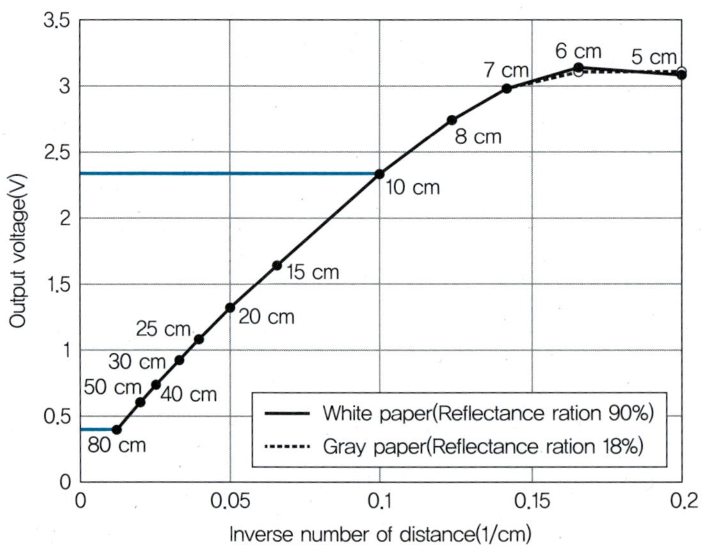

[그림 6-57] 거리 측정 특성

[그림 6-57]에서 확인할 수 있듯 비선형 출력 특성이 있으므로 물체와의 거리와 출력 전압이 비례하지 않는다. 따라서 출력 전압을 범위 값으로 변환하는 함수가 필요하며, 다음과 같은 산출된 공식을 적용하여 거리를 구한다.

$$\text{Distance} = 29.988 \times \text{POW}(V_{out}, -1.173) \quad (6.35)$$

POW는 거듭제곱 함수로 데이터는 float 자료형으로 처리된다. 적외선 거리 센서 모듈마다 출력 특성이 조금씩 달라서 다른 적외선 거리 센서 모듈을 사용할 때 산출 공식은 엑셀 등을 이용하여 직접 구하거나 잘 알려진 공식을 사용해야 한다. 이런 유형의 모듈은 출력 전압에 노이즈가 있어 전원과 그라운드 사이에 커패시터를 추가하는 것이 좋다. GP2Y0A21YK0F 적외선 거리 센서 모듈의 데이터시트에서는 10 μF 이상의 커패시터를 권장하고 있지만, 용량이 같지 않더라도 가지고 있는 커패시터가 있다면 극성에 주의하여 회로에 추가하도록 한다.

[그림 6-58] GP2Y0A21YK0F 적외선 거리 센서 모듈 연결 회로

```
const int sensorPin = A0;                    // 센서 Vo 핀을 보드의 A0 핀에 연결

void setup()
{
  Serial.begin(9600);                        // 시리얼 통신 속도 9,600 bps로 설정
}

void loop()
{
  // 센서 모듈의 ADC로부터 센서값을 읽어 sensorValue 변수에 저장
```

```
    float sensorValue = analogRead(sensorPin);
    float vOut = sensorValue * (5.0 / 1024);          // TTL 전압 레벨로 변환
    float distance = 29.988 * pow(vOut, -1.173);

    Serial.print("Distance: ");
    Serial.print(distance);
    Serial.println(" cm");

    delay(1000);
}
```

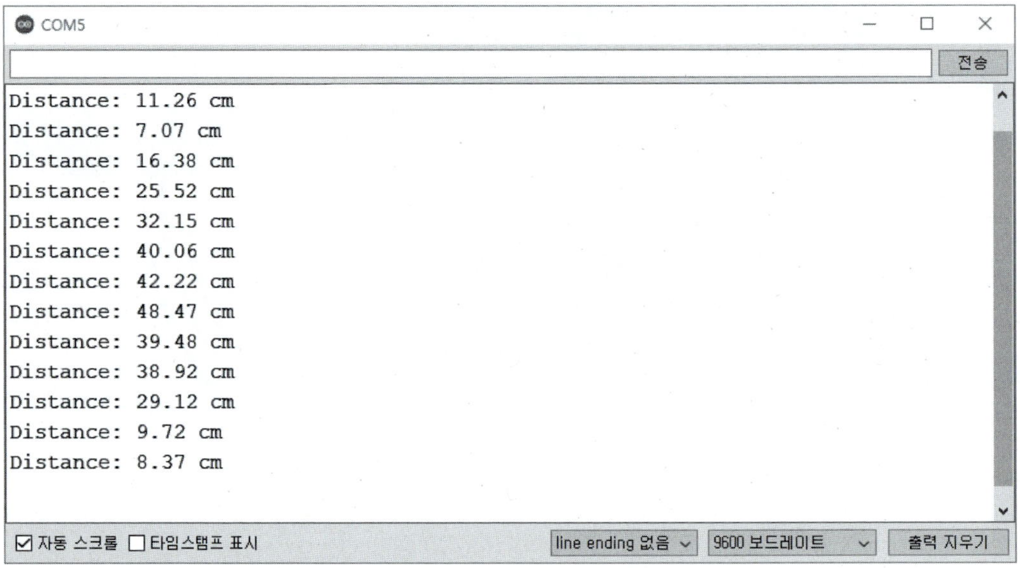

[그림 6-59] GP2Y0A21YK0F 적외선 거리 센서 모듈의 거리 측정

☞ GP2Y0A02YK0F, GP2Y0A21YK0F, GP2Y0A710K0F, GP2YA41SK0F 센서 모듈을 지원하는 SharpIR 라이브러리나 ZSharpIR 라이브러리를 설치하여 측정값이 같은지 비교해 본다.

☞ 라이브러리에서는 연속적인 측정값 중 이상한 값을 버리고 약 53 ms가 소요되는 25개 측정값의 평균을 사용하여 오차를 줄이고 있다. 라이브러리를 사용하지 않은 소스 코드에서 25개 측정값의 평균을 사용하는 방식으로 소스 코드를 수정해 보자.

6.6.8 라이다 센서 모듈(TFmini Plus)

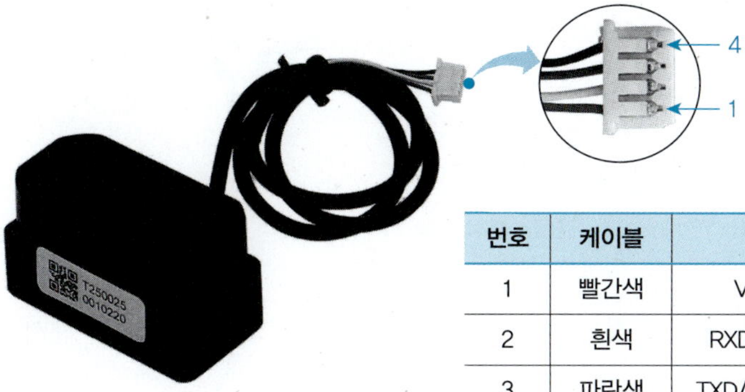

번호	케이블	핀	설명
1	빨간색	VCC	5 V 전원 공급
2	흰색	RXD/SDA	시리얼 수신/I^2C SDA
3	파란색	TXD/SCL/IO	시리얼 송신/I^2C SCL
4	검은색	GND	그라운드

[그림 6-60] TFmini plus 라이다 센서 모듈과 핀 정보

TFmini Plus는 싱글 포인트 단거리 라이다 센서 모듈로 TFmini 모듈 기반의 소형화, 저비용, 저전력 등의 특성과 IP65 인클로저를 적용하여 방수, 방진이 필요한 환경에서도 사용할 수 있고, 광로와 알고리즘 최적화로 거리 측정 성능에 대한 외부 환경의 영향이 적다. 하지만 거리 측정 범위는 조도와 감지 대상의 반사율에 영향을 받을 수 있다.

TFmini plus는 4.5 V ~ 5.5 V 동작 전압과 시야각 3.6°에 850 nm의 광원을 사용하며, 1 Hz ~ 1,000 Hz의 프레임 속도(기본 프레임 속도 100 Hz)와 최소 85 mW, 최대 550 mW의 전력을 소비한다. 0.1 m ~ 6 m 범위는 ±5 cm, 6 m ~ 12 m 범위는 ±1%의 정확도를 가지고, 5 mm 분해능으로 0.1 m ~ 12 m 범위를 감지한다.

주기적으로 근적외선을 방출하여 물체에 부딪혀 돌아온 반사광의 위상 차이를 계산하여 거리를 측정하고 시리얼 통신, I^2C 통신, GPIO의 세 가지 출력 신호를 사용자가 선택할 수 있다. 시리얼 통신 모드 시 TFmini plus 모듈의 기본 통신 속도는 115,200 bps로 설정되어 있고, 표준 데이터 출력 형식과 픽스호크 데이터 형식의 두 가지 출력 형식을 사용할 수 있으며, 명령으로 전환할 수 있다. 0x59로 시작하는 2byte의 프레임 헤더를 포함하여 거리 값, 신호 강도, 칩 온도, 체크섬을 포함하여 9byte 구조의 데이터 프레임을 전달한다. 모뎀류 장치의 설정 변경 시 AT 명령을 사용하는 것처럼 TFmini plus 모듈의 출력 데이터 형식이나 프레임 속도 등과 같은 내부 설정을 0x5A로 시작하는 약속된 명령으로 사용자가 수정할 수 있다.

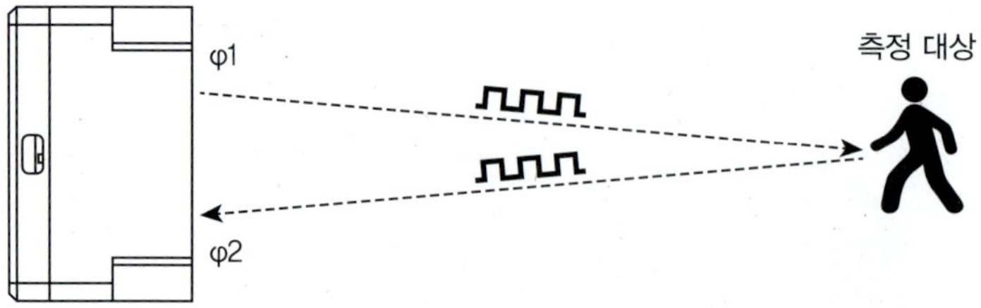

[그림 6-61] TFmini plus 라이다 센서 모듈 거리 측정 원리

TFmini plus 모듈은 왕복 위상차를 측정하여 비행시간을 구하고, [그림 6-61]처럼 센서 모듈과 감지 대상 간의 상대 범위를 다음의 방정식으로 계산한다.

$$\text{Distance} = \frac{c}{2} \times \frac{1}{2\pi f} \times \Delta\phi \tag{6.36}$$

TFmini plus 모듈의 범위 반복 정확도는 측정된 강도 값과 출력 프레임 주파수와 관련이 있으며, 평균 범위 정확도는 다음 공식으로 추정할 수 있다.

$$\text{Distance\_ STD} = p00 + p10 \times x + p01 \times y + p20 \times x^2 + p11 \times x \times y \tag{6.37}$$

여기서 x는 강도 $\log_{10}$, y는 주파수(Hz) $\log_{10}$, $p00(0.9758)$, $p01(1.175)$, $p10(-0.6072)$, $p20(0.09501)$, $p11(-0.2904)$는 상수 계수이다. 평균 기준값만 계산하므로 실제 결과와 약간의 차이가 있다.

TFmini plus 모듈의 특성상 광점 반경과 검출 범위가 있으므로 광점이 다른 거리를 가진 두 물체의 출력 거릿값을 측정하면 두 물체의 실제 거릿값 사이의 값이 출력된다. 실제로 높은 정확도의 요구 사항이 있는 애플리케이션에 TFmini plus 라이다 센서 모듈을 적용하는 경우 이런 측정 오류가 발생할 수 있어 주의해야 한다.

TFmini plus 모듈은 30 cm 정도 길이의 GH1.25-4P(Molex 51021-0400) 커넥터가 연결되어 있다. 데이터 전송에 영향을 주지 않는 1 m 미만으로 연결 케이블의 길이를 연장할 수 있으며, 아두이노 보드에 연결하기 쉽게 가공해서 사용하거나 처음부터 점퍼 케이블 형태로 가공된 케이블을 구매하도록 한다.

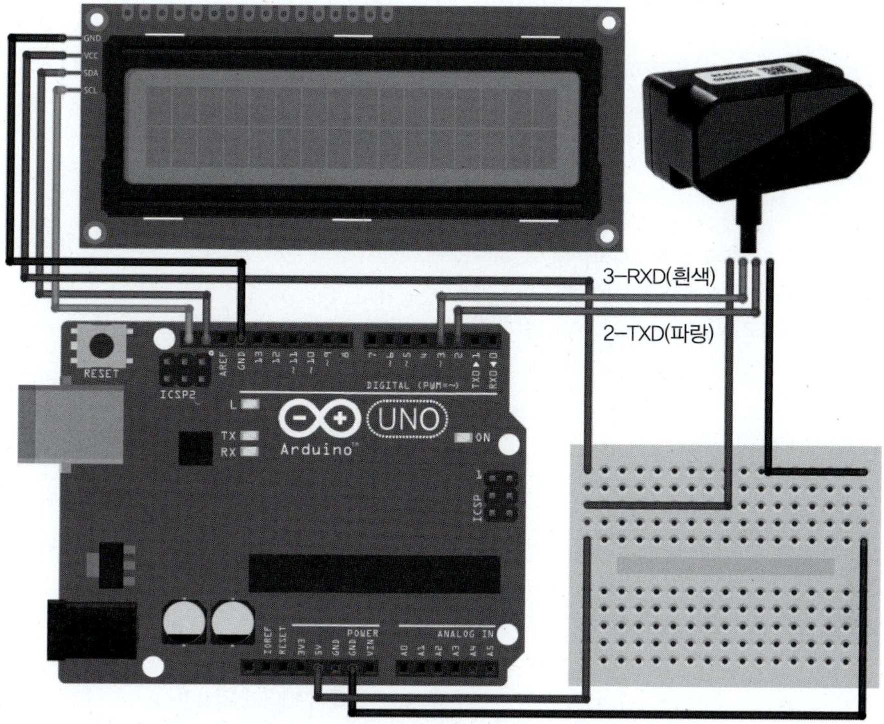

[그림 6-62] TFmini plus 모듈과 I²C C-LCD 모듈 연결 회로

```
#include <LiquidCrystal_I2C.h>              // I²C C-LCD 모듈 라이브러리 사용
#include <SoftwareSerial.h>                 // 소프트웨어 시리얼 통신 라이브러리 사용

SoftwareSerial lidarSerial(2, 3);           // 소프트웨어 시리얼 객체 설정
LiquidCrystal_I2C lcdMonitor(0x27, 16, 2);  // I²C C-LCD 모듈 객체 설정

int uart[9];                                // 라이다로 측정한 9byte 데이터 저장
const int HEADER = 0x59;                    // 데이터 프레임 헤더 초기화
unsigned long prevTime;                     // 특정 시점의 시간을 저장하는 변수

// 사용자 정의 문자 '거' 데이터 배열로 초기화
byte customChar_geo[] = { B00000, B11101, B00101, B00111, B00101, B01001, B10001, B00000 };
// 사용자 정의 문자 '리' 데이터 배열로 초기화
byte customChar_ri[] = { B00000, B11101, B00101, B11101, B10001, B10001, B11101, B00000 };

void setup()
```

```
{
   lidarSerial.begin(115200);                    // 라이다 모듈 115,200 bps 기본값

   lcdMonitor.begin();                           // I²C C-LCD 모듈 초기화
   lcdMonitor.backlight();                       // I²C C-LCD 모듈 백라이트 on

   // I²C C-LCD 모듈의 메모리 CGRAM 0번지 주소에 사용자 정의 문자 '거' 저장
   lcdMonitor.createChar(0, customChar_geo);
   // I²C C-LCD 모듈의 메모리 CGRAM 1번지 주소에 사용자 정의 문자 '리' 저장
   lcdMonitor.createChar(1, customChar_ri);

   prevTime = millis();                          // 이 코드 라인 실행 시점의 시간을 저장
}

void loop()
{
   if(lidarSerial.available())                   // 시리얼 버퍼에 데이터가 수신되면,
   {
      if(lidarSerial.read() == HEADER)           // 0x59 프레임 헤더가 맞으면,
      {
         uart[0] = HEADER;                       // 배열 인덱스 0에 헤더 값 저장
         if(lidarSerial.read() == HEADER)        // 0x59 프레임 헤더가 맞으면,
         {
            uart[1] = HEADER;                    // 배열 인덱스 1에 헤더 값 저장
            for(int i = 2; i < 9; i++)
            {                                    // 나머지 7byte를 반복해서 읽어서
               uart[i] = lidarSerial.read();     // 배열 인덱스 2부터 차례대로 저장
            }

            char check;                          // 수신된 앞쪽 데이터부터 8byte 저장
            check = uart[0] + uart[1] + uart[2] + uart[3] + uart[4] + uart[5] + uart[6] + uart[7];
            if(uart[8] == (check & 0xFF))        // 마지막 체크섬과 비교하여 같으면,
            {
               // 수신된 거리 값을 계산하여 distance 변수에 저장
               int distance = uart[2] + uart[3] * 256;
               /*
               // TFmini plus 모듈의 신호 강도, 칩 온도는 필요에 따라 사용
               // 수신된 신호 강도 값을 계산하여 strength 변수에 저장
```

```
            int strength = uart[4] + uart[5] * 256;
            // 수신된 칩 온도 값을 계산하여 temprature 변수에 저장
            float temprature = uart[6] + uart[7] * 256;
            temprature = temprature / 8 - 256;
            */

            if(millis() - prevTime >= 1000)  // 1초가 지나면,
            {
              lcdMonitor.clear();               // 화면 지우기
              lcdMonitor.setCursor(0, 0);       // home 위치로 이동
              lcdMonitor.write((byte)0);        // '거' 표시
              lcdMonitor.write(1);              // '리' 표시
              lcdMonitor.print(": ");
              lcdMonitor.print(distance);       // 측정된 거리 값 출력
              lcdMonitor.print(" cm");

              prevTime = millis();              // 이 라인 실행 시점의 시간을 저장
            }
          }
        }
      }
    }
  }
```

◇ 코드 추가 설명

```
if(lidarSerial.available())
{
  if(lidarSerial.read() == HEADER)
  {
    uart[0] = HEADER;
    if(lidarSerial.read() == HEADER)
    {
      uart[1] = HEADER;
      for(int i = 2; i < 9; i++)
      {
        uart[i] = lidarSerial.read();
```

```
    }
    ......
```

TFmini plus 모듈이 시리얼 통신으로 측정 데이터를 전송할 때 〈표 6-2〉처럼 데이터의 시작을 알리는 프레임 헤더를 포함하여 9byte 데이터 형식을 사용한다. TFmini plus 모듈의 데이터시트를 참고하면 좀 더 상세한 정보를 확인할 수 있다.

〈표 6-2〉 전송 데이터 형식

byte 0~1	byte 2	byte 3	byte 4	byte 5	byte 6	byte 7	byte 8
0x59	Dist_L	Dist_H	Strangth_L	Strangth_H	Temp_L	Temp_H	Checksum

byte 0	프레임 헤더 0x59	byte 5	신호 강도 상위 8bit
byte 1	프레임 헤더 0x59	byte 6	칩 온도 하위 8bit
byte 2	거리 값 하위 8bit	byte 7	칩 온도 상위 8bit
byte 3	거리 값 상위 8bit	byte 8	체크섬 byte 0 ~ byte 7 누적 합계
byte 4	신호 강도 하위 8bit		

아두이노로 수신된 데이터 중 처음의 2byte는 프레임 헤더이고 이후부터 2byte씩 거리, 신호 강도, 칩 온도이고 마지막 체크섬 1byte가 수신된다. 앞쪽 8byte의 합과 체크섬이 같아야 유효한 데이터이다. 따라서 소스 코드의 처음 2byte를 읽어서 0x59와 같은지 판단한 후에 체크섬까지 7byte를 읽어서 배열에 저장한다.

```
char check = uart[0] + uart[1] + uart[2] + uart[3] + uart[4] + uart[5] + uart[6] + uart[7];
if(uart[8] == (check & 0xFF))
{
   distance = uart[2] + uart[3] * 256;
   strength = uart[4] + uart[5] * 256;
   float temprature = uart[6] + uart[7] * 256;
   temprature = temprature / 8 - 256;
......
}
```

앞쪽 8byte의 합과 마지막 체크섬을 비교하여 같으면 측정 거리, 신호 강도, 칩 온도를 계산한다. 신호 강도와 칩 온도의 경우 예제에서는 출력하지 않았으나 시리얼 모니터나 시리얼 플로터로 모두 출력해 보기 바란다.

측정 거리, 신호 강도, 칩 온도 모두 2byte 데이터인데 하위 8bit가 먼저 전송되고 상위 8bit가 전송된다. 상위 8bit 데이터에 256을 곱해주는 이유는 상위 8bit를 하위 8bit 앞쪽으로 보내서 2byte 데이터를 만들어야 하기 때문이다. distance = uart[2] + uart[3] * 256; 코드에서 거릿값 하위 8bit에 3(00000011)이 전송되고, 상위 8bit에 130(10000010)이 전송되었다고 가정하면 상위 8bit 10000010이 하위 8bit 00000011 앞으로 이동해야 정확한 거릿값이 된다.

센서가 실제 보내는 거릿값이 하위 8bit 00000011, 상위 8bit 10000010이라고 가정할 때,

하위									상위								
하위	0	0	0	0	0	0	1	1	상위	1	0	0	0	0	0	1	0

상위 8bit 데이터 130에 256을 곱하면 33,280이고, 2진수로 변경하면 다음과 같다.

1	0	0	0	0	0	1	0	0	0	0	0	0	0	0	0

앞쪽의 8bit를 보면 상위 8bit가 오른쪽 시프트 연산을 한 것처럼 이동한 것을 알 수 있다. 즉, [상위 8bit 데이터 《 8] 연산과 같다. 하위 8bit + 상위 8bit하면 다음과 같다.

1	0	0	0	0	0	1	0	0	0	0	0	0	0	1	1

10진수 연산으로 3 + (130 × 256) = 33,283이고, 2진수는 1000 0010 0000 0011이다.

CHAPTER 07
압력 센서

contents

07 압력 센서

7.1 압력 센서 개요

압력은 [그림 7-1] (a)와 같이 단위 면적에 수직으로 가해지는 힘의 크기로 압력 P는 단면적이 좁고, 힘의 크기가 클수록 커지며, 다음과 같이 나타낼 수 있다.

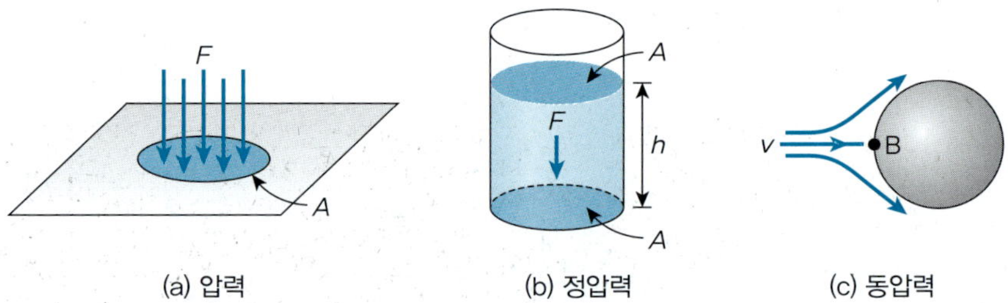

[그림 7-1] 압력의 정의

$$P = \frac{F}{A} \tag{7.1}$$

여기서 F는 표면적에 가해지는 힘의 크기로 단위는 N을 사용하고, A는 표면적의 면적으로 단위는 m^2을 사용한다. 압력의 단위는 파스칼(Pa)이며, 1 파스칼은 1 m^2의 면적에 1 N의 힘이 가해질 때의 압력이다. 유체의 압력에는 정압력(static pressure)과 동압력(dynamic pressure)이 있다. [그림 7-1] (b)와 같이 유체가 정지 상태로 용기에 담겨 있는 경우 용기 바닥에 작용하는 압력을 정압력이라 한다. 정압력 P_S는 다음과 같이 나타낸다.

$$P_S = P_0 + \rho g h \tag{7.2}$$

여기서 P_0는 대기압, ρ는 밀도, g는 측정점에서의 중력가속도, h는 수위이다. 동압력은 [그림 7-1] (c)와 같이 속도 V로 흐르는 유체의 운동에너지에 의해 점 B에 작용하는 압력이다. 점 B에는 동압력과 정압력이 같이 작용하며, 정압력과 동압력의 합을 전압력(total pressure)이라고 한다. 유체의 밀도가 ρ라고 하면, 동압력은 $\frac{\rho v^2}{2}$ 이며, 점 B에 작용하는 전압력은 다음과 같이 나타낸다.

$$P_T = P_S + \frac{\rho v^2}{2} \tag{7.3}$$

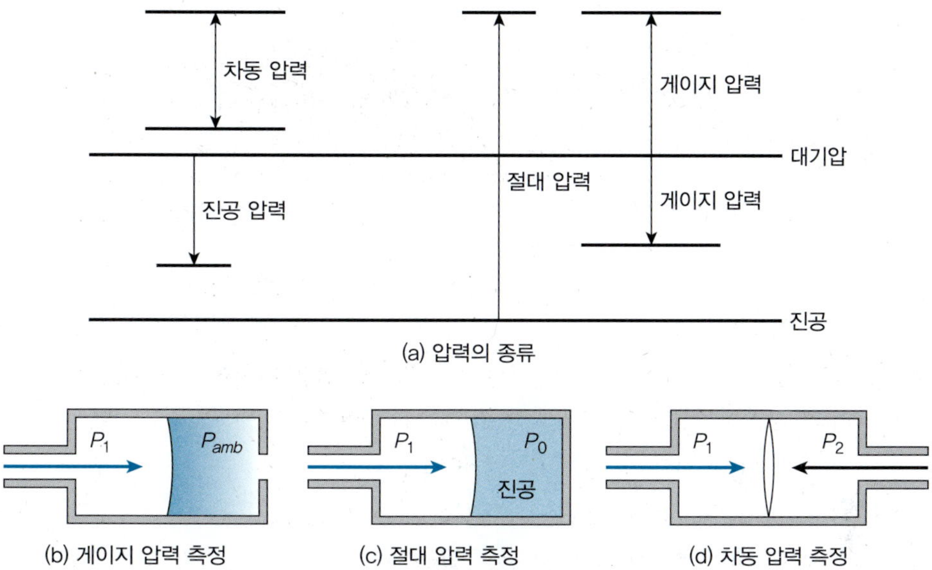

[그림 7-2] 압력의 종류와 측정 방식

압력의 종류는 [그림 7-2]의 (a)와 같이 게이지 압력(gauge pressure), 절대 압력(absolute pressure), 차동 압력(differential pressure), 진공 압력(vacuum pressure) 등이 있다. 게이지 압력은 [그림 7-2] (b)와 같이 주변의 대기압을 기준으로 측정되는 압력으로 대기압이 P_{amb} 일때, 게이지 압력 P_{gage}는 $P_1 - P_{amb}$로 나타낼 수 있으며, 이 값이 대기압보다 높으면 양수, 낮으면 음수가 된다. 진공 압력은 게이지 압력이 음수인 경우를 의미한다. 절대 압력은 [그림 7-2] (c)와 같이 진공 상태로 밀폐된 영역에 가해지는 압력이며, 절대 압력 P_a는 진공 상태로 밀폐된 영역에 가해지는 압력 P_1과 같다. 차동 압력은 [그림 7-2] (d)와 같이 두 유체

간의 압력 차이이며, 차동 압력 P_d는 $P_1 - P_2$와 같다.

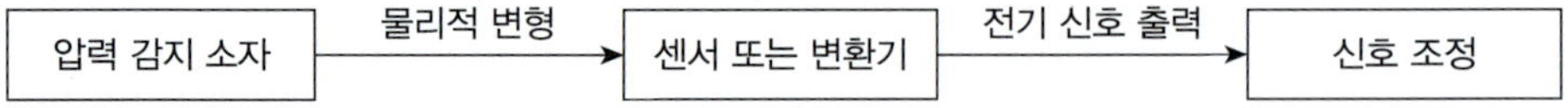

[그림 7-3] 압력 센서의 구성과 신호 변환 과정

압력을 측정하는 압력 센서는 측정 결과를 전기 신호로 변환하기 전에 한 단계 이상의 에너지 변환 과정을 거치는 복합 센서로 대부분의 압력 센서는 압력을 감지하는 감지 소자나 감지 소자의 물리적 변형을 감지하여 전기 신호로 출력하는 센서 또는 변환기로 구성되어 있다. 전기 신호는 신호 조정을 거쳐 센서의 형태나 응용 분야에 맞게 증폭되거나 필터링된다.

압력 감지 소자는 압력을 받으면 물리적인 변형이 일어나 변위를 일으키는 기계적 요소로 압력을 기계적 변위로 변환한다. 이러한 압력 감지 소자에는 부르동관(bourdon tube), 다이어프램(diaphragm), 벨로즈(bellows), 캡슐(capsule) 등이 있다.

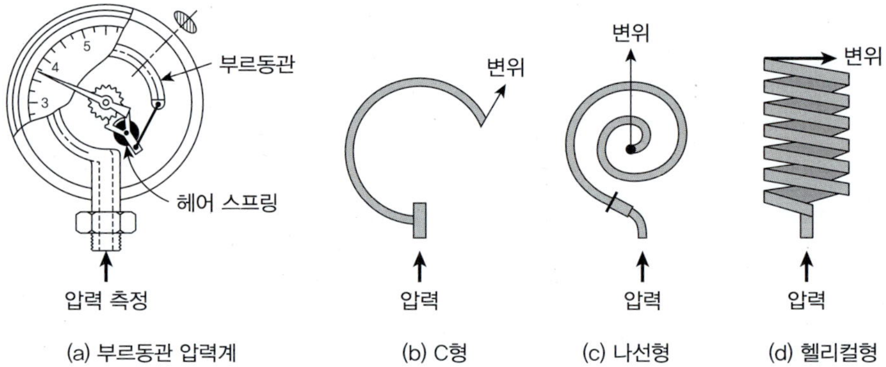

[그림 7-4] 부르동관 압력계와 유형

부르동관은 [그림 7-4]와 같이 감긴 형태에 따라 C형, 나선형(spiral type), 헬리컬형(helical type) 등이 있으며, 단면이 타원형 또는 편평형 모양인 관이 구부러진 형태로 한쪽 끝은 막혀 있고 다른 한쪽은 열려 있어 열린 쪽을 통해 압력을 받으면 관이 펴지고, 압력이 방출되면 관의 탄성에 의해 원래 형태로 되돌아간다. 이때 관의 변위량은 내부에 가해진 압력의 세기와 비례한다. 부르동관은 널리 사용되고 있는 압력 감지 소자이지만, 최소 감지 압력이 600 mbar이고 소형화가 어렵다. 1 bar는 100,000 Pa이므로 600 mBar는 600,000 Pa이다. 그리고 액체의 압력을 측정할 때는 액체가 관에서 완전히 배출되지 않을 수 있고, 불활성 액체라면 아무 문제가 없을 수 있으나 부식성 액체라면 관을 부식시켜 정확성을 떨어트릴 수 있다.

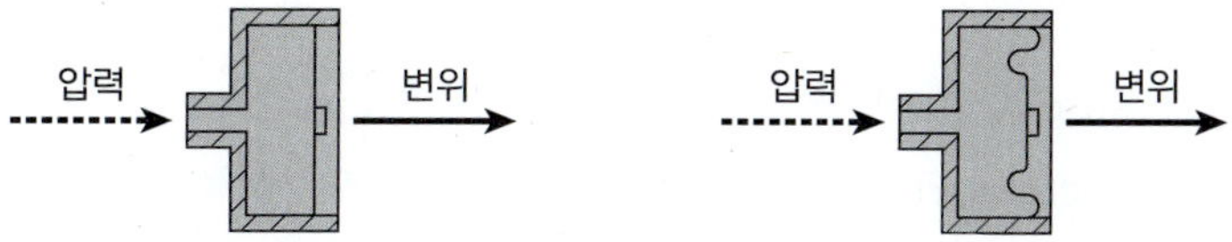

(a) 평판형 다이어프램 (b) 주름형 다이어프램

[그림 7-5] 다이어프램

다이어프램은 [그림 7-5] (a), (b)와 같이 막의 모양에 따라 평평하거나 주름진 형태 등의 다이어프램이 있으며. 원형의 막이 가장자리에 고정된 형태로 되어 있다. 유체에 의해 압력을 받으면 압력의 세기에 비례하여 막이 바깥쪽으로 구부러진다. 다이어프램은 금속 또는 세라믹으로 만들 수 있으며, 간단한 구조로 되어 있어 소형화가 쉽고 다양한 종류의 유체에 사용할 수 있다. 금속 다이어프램은 스테인리스 스틸이나 티타늄으로 만들어지며, 광범위한 압력을 측정할 수 있고, 세라믹 다이어프램은 상대적으로 저렴한 비용으로 부식성이 강한 유체의 압력을 측정할 수 있지만, 금속 다이어프램과 비교하면 측정 범위가 좁다는 단점이 있다.

(a) 벨로즈 (b) 캡슐

[그림 7-6] 벨로즈와 캡슐

벨로즈는 [그림 7-6] (a)와 같이 원형의 주름진 기둥 형태로 되어 있으며, 압력을 받으면 축방향으로 팽창한다. 벨로즈는 청동, 황동, 스테인리스 스틸과 같은 금속으로 만들어지며, 내부나 외부에 스프링을 장착하여 압력에 대한 반응성을 높일 수 있다. 벨로즈는 구조가 단순하고 저렴하게 제작할 수 있으나 정해진 탄성 한계 내에서 동작하며, 시간이 지남에 따라 금속의 피로도가 높아지는 단점이 있다.

캡슐은 다이어프램의 원리를 이용하며, 다이어프램이 측정할 수 없는 낮은 압력을 측정한다. 캡슐은 [그림 7-6] (b)와 같이 두 개의 다이어프램이 가장자리를 따라 용접된 형태이며, 가해지는 압력에 대한 변위 값은 단일 다이어프램의 두 배이다. 캡슐은 작고 단순한 구조에 안정성을 가지고 있어 비슷한 크기의 다이어프램에 비해 낮은 압력을 측정할 수 있다. 하지만 자체 배수가 되지 않아 액체의 압력은 측정할 수 없다는 단점이 있다.

압력 센서에는 압력 감지 소자 변위를 측정하는 센서에 따라 스트레인 게이지 압력 센서(strain gauge pressure sensor), 정전용량식 압력 센서(capacitive pressure sensor), 압전식 압력 센서(piezoelectric pressure sensor), 전위차계 압력 센서(potentiometric pressure sensor), 유도식 압력 센서(inductive pressure sensor), 가변 자기저항 압력 센서(variable reluctance pressure sensor) 등이 있다. 추가로 진공 압력을 측정할 수 있는 진공 센서(vacuum sensor)와 스트레인 게이지를 이용한 무게 센서에 대해 간략하게 설명한다.

7.2 스트레인 게이지

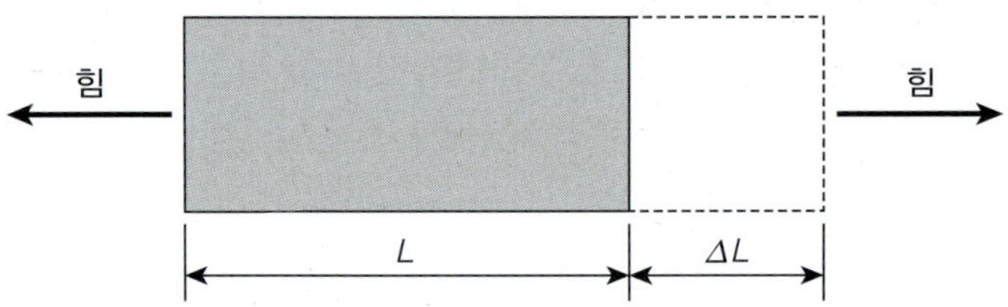

[그림 7-7] 스트레인 정의

물체에 가해지는 힘으로 물체가 변형되는 정도를 스트레인(strain)이라 한다. 스트레인 ϵ은 [그림 7-7]와 같이 물체의 길이 변화 ΔL과 원래의 온전한 상태에서의 길이 L 간의 비율로 다음과 같이 나타낼 수 있다.

$$\epsilon = \frac{\Delta L}{L} \tag{7.4}$$

실제로 스트레인 측정값은 매우 작아서 주로 마이크로스트레인($\mu\epsilon$) 단위를 사용한다.

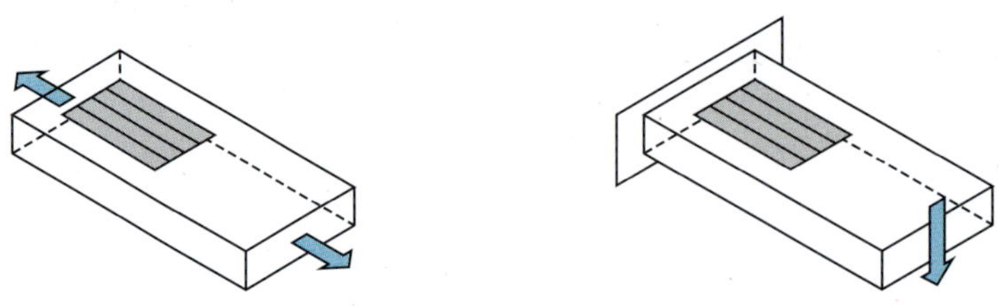

(a) 축 스트레인　　(b) 굽힘 스트레인

[그림 7-8] 축과 굽힘 스트레인

스트레인에는 축(axis), 굽힘(beding), 전단(shear), 비틀림(torsion)의 네 가지 종류가 있다. 그중 가장 보편적인 스트레인은 축 및 굽힘 스트레인이고 [그림 7–8] (a)와 같이 축 스트레인은 수평 방향의 힘으로 인해 재질이 늘어나고 줄어드는 정도를 의미한다. [그림 7–8] (b)의 굽힘 스트레인은 재질에 수직 방향으로 가해진 힘으로 한쪽은 늘어나고 한쪽은 줄어드는 정도를 의미한다. 전단 스트레인은 수평과 수직의 양쪽에서 가해진 힘으로 발생한 변형의 양을 측정하고, 비틀림 스트레인은 수평 및 수직 방향에서 원형으로 가해진 힘으로 발생한 변형의 양을 측정한다.

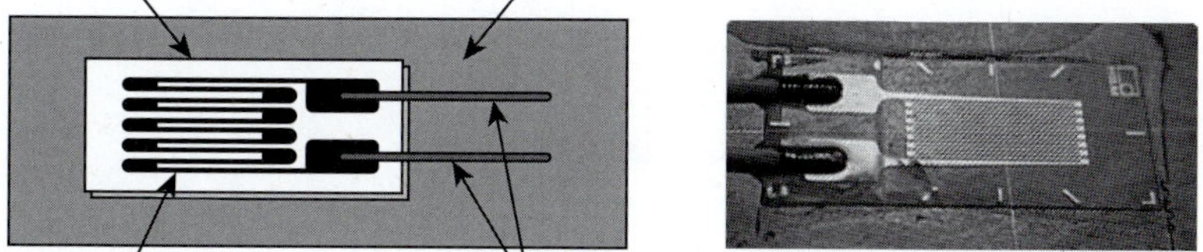

[그림 7–9] 금속 스트레인 게이지

스트레인을 측정하는 가장 보편적인 방법은 스트레인 게이지를 이용하는 것이다. 스트레인 게이지의 전기 저항값은 스트레인 게이지의 변형률에 비례하여 변동한다. 스트레인 게이지에는 금속 스트레인 게이지와 반도체 스트레인 게이지가 있으며, 가장 널리 사용되는 스트레인 게이지는 [그림 7–9]와 같은 금속 호일형 스트레인 게이지로 극세사 와이어 또는 격자형 방식으로 정렬된 금속 호일로 구성되어 있다. 격자형 방식은 평행 방향으로 변형되기 쉬운 금속 와이어 또는 호일의 양을 극대화한다. 격자는 얇은 캐리어에 접합되며, 이 캐리어는 탄성체의 표면에 직접 붙어 있어 탄성체의 변형이 스트레인 게이지로 직접 전달되고 이는 전기 저항값의 변화로 반응한다.

스트레인 게이지의 기본 매개변수는 게이지 계수(gauge factor)로 정량적으로 표현되는 스트레인에 대한 감도이다. 게이지 계수 GF는 길이 변화량에 대한 전기 저항의 변화량의 비율로 다음과 같이 나타낸다.

$$GF = \frac{\Delta R/R}{\Delta L/L} = \frac{\Delta R/R}{\epsilon} \tag{7.5}$$

여기서 R은 스트레인 게이지가 변형되기 전의 저항값이고 ΔR은 변형된 후 저항값의 변화량이다. $\Delta L/L$은 스트레인 ϵ으로 나타낼 수 있다. 실제 스트레인 게이지의 스트레인 값은 수 $\mathrm{m}\epsilon(\epsilon \times 10^{-3})$보다 큰 값을 다루지 않으므로 스트레인 측정에는 매우 적은 저항 변화량을 감지할 수 있는 휘트스톤 브리지 회로를 사용한다. 예를 들어, 어떤 금속 스트레인 게이지의 스트레인 값이 500 $\mu\epsilon$이고 게이지 계수가 2일 때, 스트레인 게이지 저항값의 변화율은 0.1 %로 측정된다. 따라서 스트레인 게이지의 저항값이 120 Ω라면 저항 변화량은 0.12 Ω이다.

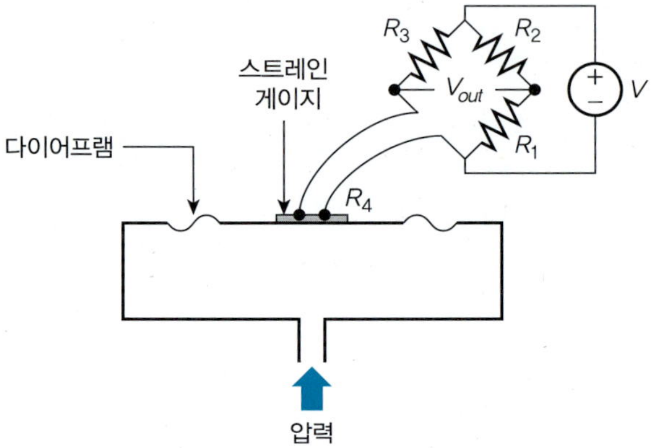

[그림 7-10] 스트레인 게이지와 휘트스톤 브리지 회로

스트레인 게이지 압력 센서는 압저항 효과를 이용한 것으로 [그림 7-10]과 같이 다이어프램 표면에 스트레인 게이지와 휘트스톤 브리지 회로로 구성되어 있다. 압력에 의해 다이어프램이 변형되어 스트레인 게이지 저항이 변경되며, 이 저항의 변화로 출력된 전압을 측정하여 다이어프램에 가해지는 압력의 양을 측정할 수 있다. 휘트스톤 브리지의 출력 전압은 다음의 공식으로 계산한다.

$$V_{out} = \left(\frac{R_3}{R_3 + R_4} - \frac{R_2}{R_1 + R_2}\right)V \tag{7.6}$$

여기서 R_1, R_2, R_3는 휘트스톤 브리지 회로에서 미리 알고 있는 저항값이고, R_4는 스트레인 게이지의 저항값이다.

스트레인 게이지 압력 센서는 뛰어난 내구성과 높은 신뢰도와 유연성을 바탕으로 다양한 모양과 크기와 구조로 저렴하게 제작할 수 있고, 측정 가능한 압력 범위가 넓어 다양한 산업 분야에서 사용되고 있다. 다만 휘트스톤 브리지 회로의 전압을 측정하기 위한 전원이 필요하므로 전원 공급이 부족한 환경에서는 사용하기가 어렵다는 단점이 있다.

7.3 정전용량식 압력 센서

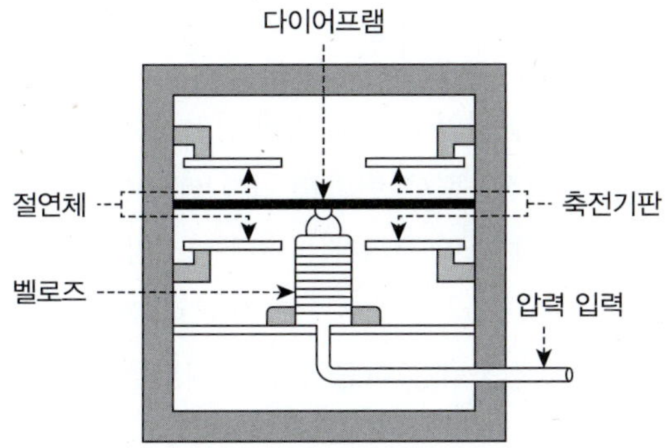

[그림 7-11] 다이어프램을 사용한 정전용량식 압력 센서 구조

정전용량식 압력 센서는 다이어프램의 움직임에 따른 정전용량의 변화를 감지해 압력을 측정한다. 센서 내부는 두 개의 평행한 전극이 간격을 두고 있는 구조로 되어 있다. 정전용량식 압력 센서의 전극은 일반적으로 [그림 7-11]과 같이 한쪽은 고정되어 있고 다른 한쪽은 압력에 민감하게 반응한다. 압력 입력부를 통해 벨로즈로 유체의 압력이 가해지면 다이어프램이 움직여 전극 사이 간격이 변하므로 정전용량이 변경된다. 센서는 정전용량의 변화로부터 압력을 측정할 수 있다. 다이어프램은 플라스틱, 유리, 실리콘 또는 세라믹과 같은 다양한 재료로 용도에 적합하게 만들어 사용할 수 있다.

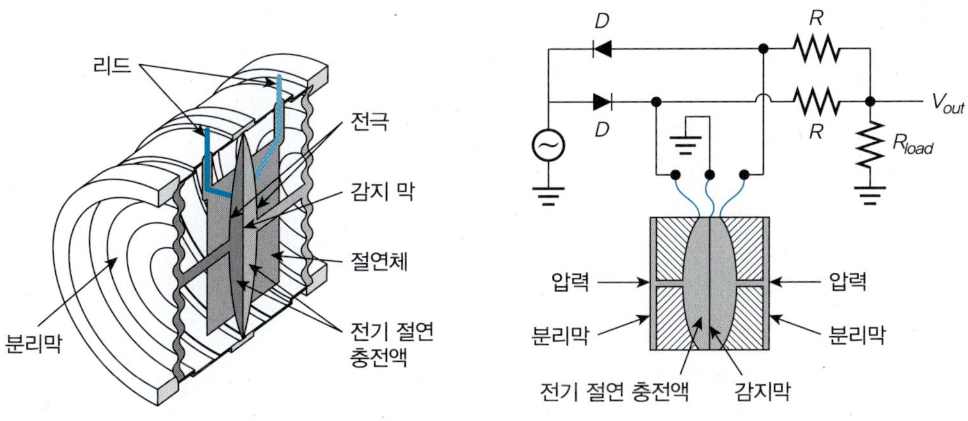

(a) 차동 정전용량식 압력 센서

(b) 정전용량 측정 회로

[그림 7-12] 차동 정전용량식 압력 센서 및 정전용량 감지 회로

차동 정전용량식 압력 센서는 [그림 7-12]의 (a)와 같이 앞뒤가 금속판으로 고정된 분리 막이 있다. 두 분리막 사이에는 감지 막이 있고 감지 막 양쪽으로 두 쌍의 커패시터가 있다. 분리 막과 감지 막 사이의 전기 절연 충전액은 일반적으로 액상 실리콘 화합물을 사용하며, 분리 막에 전해지는 압력을 감지 막에 전달하는 역할을 한다. 고정된 분리 막은 움직일 수 있는 범위에 제한이 있으므로 고압으로 감지 막의 탄성 한계를 넘지 않도록 방지할 수 있다.

압력이 양쪽에서 작용하므로 두 압력의 차이로 인해 감지 막은 낮은 압력이 가해지는 쪽으로 휘어지게 되고 이로 인해 전체 정전용량에 변화를 가져온다. 이때 전극 간 정전용량은 거리에 반비례하기 때문에 전극과 감지 막 사이 거리가 늘어나는 고압 측 커패시터의 정전용량 C_{High} 는 감소하고 전극과 감지 막 사이 거리가 줄어드는 저압 측 커패시터의 정전용량 C_{Low} 는 증가한다. 따라서 두 커패시터의 정전용량은 다음과 같이 나타낼 수 있다.

$$C_{High} = \epsilon \frac{A}{d + \delta} \tag{7.7}$$

$$C_{Low} = \epsilon \frac{A}{d - \delta} \tag{7.8}$$

여기서 ϵ 은 유전율, A는 전극의 면적, δ 는 감지 막의 변위량이다. 정전용량을 측정하기 위해서는 [그림 7-12] (b)의 Twin-T 다이오드 회로로 차동 정전용량식 압력 센서의 전기 전압 신호를 생성한다. 교류 전원으로 인해 Twin-T 다이오드 회로에서 한 커패시터가 접지에 대해 양극으로 충전되면 다른 커패시터는 접지에 대해 음극으로 충전된다. 압력 센서의 한 커패시터가 충전되는 동안 다른 커패시터는 R_{load} 를 통해 방전되어 출력 전압 V_{out} 을 생성한다. 두 커패시터의 정전용량이 같은 경우에는 출력 전압의 평균값은 0이 된다. 하지만 두 커패시터에 각각 가해지는 압력이 달라서 감지 막의 변위가 발생하면 정전용량의 균형이 깨지게 되어 두 커패시터의 정전용량 크기 차이가 생기고 이로 인해 Twin-T 다이오드 회로의 출력 전압은 양의 값을 가지거나 음의 값을 가지게 된다.

정전용량식 압력 센서의 정전용량은 일반적으로 50 pF ~ 100 pF이며, 용량 범위는 수 pF이다. 센서의 민감도와 동작 압력은 막 재질의 강성(rigidity)과 강도(strength)에 따라 달라지며, 열에 취약하지만 열팽창 계수가 낮은 재질을 사용하여 온도 변화에 둔감한 센서를 만들 수 있다. 정전용량형 압력 센서는 DC 전류를 사용하지 않고 정전용량 측정 시에만 전류가 흐르기 때문에 전력 소비량이 매우 낮다. 그리고 간단한 구조로 센서를 견고하게 만들 수 있어 열악한 환경에서 사용할 수 있다. 하지만 센서의 출력 임피던스가 높고 센서 인터페이스 설계

시 기생 정전용량(parasitic capacitance)의 영향을 최소화하여야 한다.

7.4 압전식 압력 센서

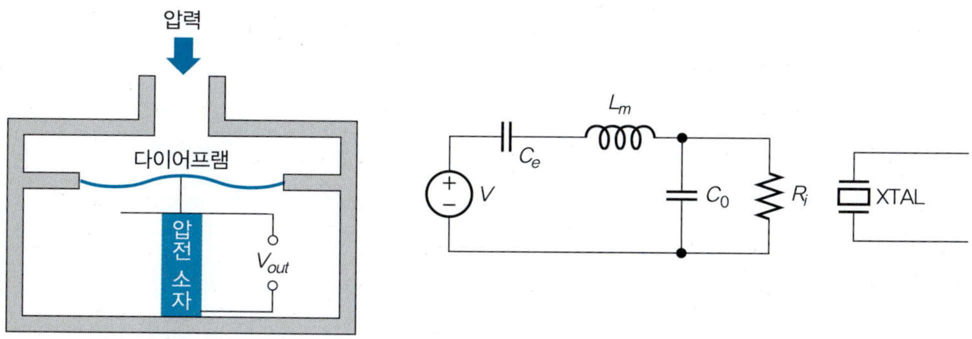

[그림 7-13] 다이어프램을 사용한 압전 압력 센서 기본 구조와 회로

압전효과는 기계적 응력이 가해졌을 때 특정 물질에서 전하가 발생하는 현상이다. 압전 압력 센서는 [그림 7-13]과 같이 인가된 압력에 의해 생성된 압전 소자의 전압 V_{out}을 측정하여 압력을 감지한다. 수정, PZT 세라믹, 전기석, 인산갈륨, 황산리튬과 같은 압전 소자에 압력이 가해지면 압력에 비례하여 전압이 생성되며, 이를 이용하여 기계적 응력이나 힘과 같은 물리량을 측정할 수 있다.

결정에서 생성된 전하 q는 적용된 압력과 재료의 강성 k로 인한 결정 x의 변형에 비례한다. 변형은 적용된 압력 또는 힘 P에 비례하므로 전하는 다음 방정식으로 나타낼 수 있다.

$$q = k \times x = S \times P \tag{7.9}$$

여기서 S는 전하 감도이다. 압전 센서와 스트레인 게이지의 근본적인 차이점은 압전 센서에서 생성된 전기 신호가 빠르게 감쇠한다는 것이다. 이러한 특성으로 인해 정적인 힘이나 압력 측정에는 적합하지 않지만, 동적인 측정에는 유용하다.

압전 압력 센서는 외부 여기 소스가 필요하지 않으나 전하 증폭 회로가 필요하고 충격과 진동에 매우 취약한 단점이 있다. 또 다른 특징은 견고한 구조, 작은 크기, 고속 및 자체 생성 신호가 있으며, 온도 변화에 민감하고 특수 케이블 연결과 증폭이 필요하다.

7.5 전위차계 압력 센서

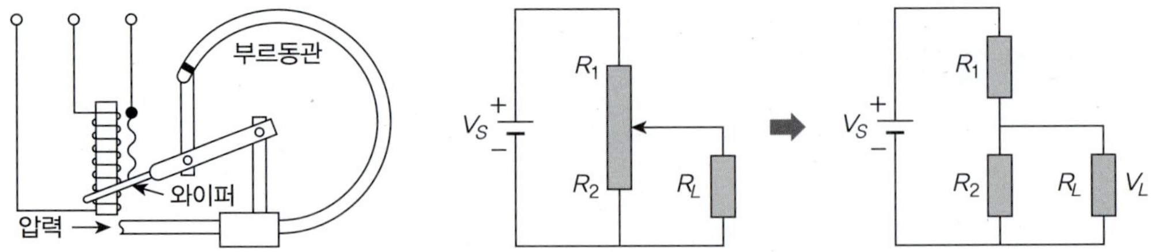

(a) 전위차계 압력 센서 구조

(b) 전압 분배기로서의 전위차계

[그림 7-14] 전위차계 압력 센서 기본 구조와 전압 분배기

전위차계 압력 측정의 원리는 전위차계의 저항 변화를 이용한다. 전위차계의 와이퍼는 [그림 7-14]의 (a)와 같이 부르동관, 벨로즈, 캡슐, 다이어프램 등과 같은 압력 감지 소자에 기계적으로 연결되고 외부 압력에 의한 압력 감지 요소의 바이어스(bias)는 전위차계에서 와이퍼의 위치를 결정한다. 따라서 전위차계와 와이퍼의 접점에 의한 회로는 [그림 7-14] (b)와 같이 나타낼 수 있으며, 와이퍼와 전위차계의 한쪽 끝 사이에서의 저항값은 압력 감지 요소에 전해진 압력의 세기와 같다. 이때 V_L 의 전압은 다음과 같이 나타낸다.

$$V_L = \frac{R_2}{R_1 + R_2} V_S \tag{7.10}$$

전위차계를 이용한 압력 센서는 구조가 간단하여 제작 비용이 저렴하고, 압력 측정 시 추가적인 증폭 과정 없이 전위차계의 저항값을 직접 읽을 수 있어 저전력 시스템에서 많이 사용한다. 하지만 안정적인 동작을 위해 와이퍼와 전위차계에는 약간의 힘이 작용함에 따라 압력 측정 시 기계적인 마모가 발생하여 오류가 발생할 수 있다. 그리고 와이퍼가 전위차계의 접점 사이를 넘어갈 때마다 전기적인 잡음이 발생하기 쉬우며, 이 잡음은 전위차계의 마모가 심해질수록 더 심해진다. 이러한 문제를 해결하고자 오늘날 대부분 전위차계에는 내마모성을 가지고 저항값을 오랫동안 안정적으로 유지할 수 있는 서밋 또는 전도성 플라스틱을 사용한다.

7.6 유도식 압력 센서

유도식 압력 센서는 전자기 유도 현상을 이용하며, [그림 7-15] (a)는 부르동관에 선형 가변 차동 변압기를 연결하여 압력이 가해질 때 코어의 움직임으로 코일 인덕턴스 변화를 감지하여 압력을 측정한다. 선형 가변 차동 변압기(Linear Variable Differential Transformer,

LVDT)는 [그림 7-15] (b)와 같이 1차 코일과 2차 코일이 원통에 감겨 있으며, 코어는 원통 가운데에 있다. 두 개의 2차 코일은 같은 권선 수로 감겨 있으며, 1차 코일의 양쪽에 있다. 이때 각 코일에 유도된 전자기장의 위상은 서로 반대이다. 1차 코일에는 50 Hz ~ 20 kHz의 교류 전원이 입력되며, 교류 전원으로 인해 2차 코일에는 교류 자기장에 생성된다. 2차 코일부의 전압의 차이가 출력된다. 코어가 가운데 있을 때는 위상이 서로 반대이므로 출력 전압이 0이지만, 코어가 움직일 때 출력 전압은 변위에 비례한다.

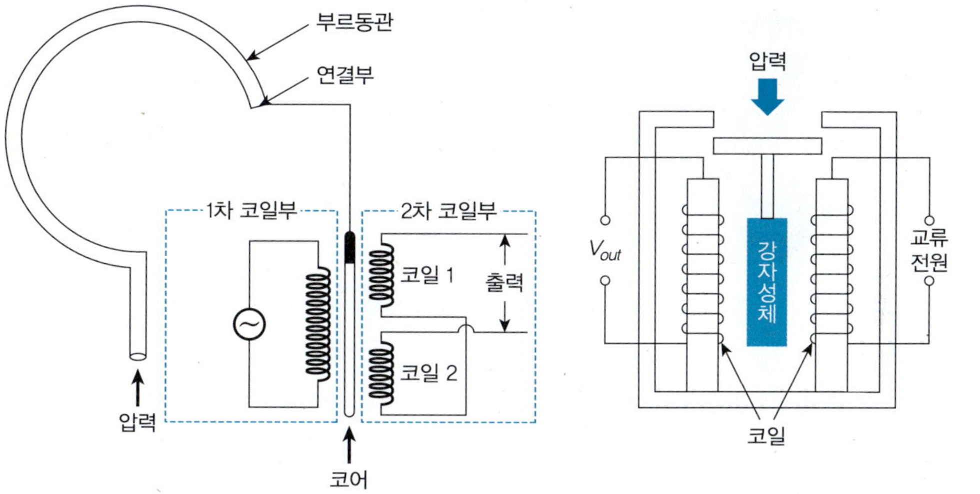

(a) LVDT 유도식 압력 센서 (b) LVDT

[그림 7-15] LVDT를 이용한 유도식 압력 센서의 기본 구조와 LVDT

선형 가변 차동 변압기는 코어와 코일 간에 기계적인 접촉이 일어나지 않아 긴 수명을 가지고 있고, 1 W 미만의 저전력을 사용하여 많은 응용 분야에서 사용된다. 그리고 충격과 진동에 강하며, 크기가 작고 가벼워서 청결 및 유지 관리가 쉽다. 하지만 강자성체를 코어로 사용하기 때문에 동작 온도가 코어의 자성이 사라지는 퀴리 온도 미만이어야 하고, 외부 자기장에 취약한 단점이 있다.

7.7 가변 자기저항 압력 센서

가변 자기저항 압력 센서는 [그림 7-16]과 같이 임피던스 매칭된 두 개의 코일이 직렬로 연결되어 있고 코일 사이에는 다이어프램이 위치한다. 코일은 고정되어 있으며, 다이어프램은 압력에 따라 한쪽으로 휘어진다. 코일에는 교류 전원이 연결되어 있으며, 다이어프램이 압력을 받아 휘어진 정도에 따라 코일 주변의 자속 밀도(magnetic flux density)가 변한다. 다이어프램과 가까운 코일에는 자속 밀도가 증가함에 따라 코일의 유도 용량이 증가하고 이로 인해 임피던스가 증가한다. 반대쪽 코일에는 이와 반대되는 현상이 일어나 코일의 임피던스 균형이 깨지면서 신호 출력단자에서는 교류 신호를 출력한다. 코일 임피던스의 변화는 막의 위치에 비례하고 출력 신호의 진폭은 압력에 비례한다. 출력 신호의 형태는 교류 신호이며, 신호의 위상은 다이어프램의 이동 방향에 따라 정해진다.

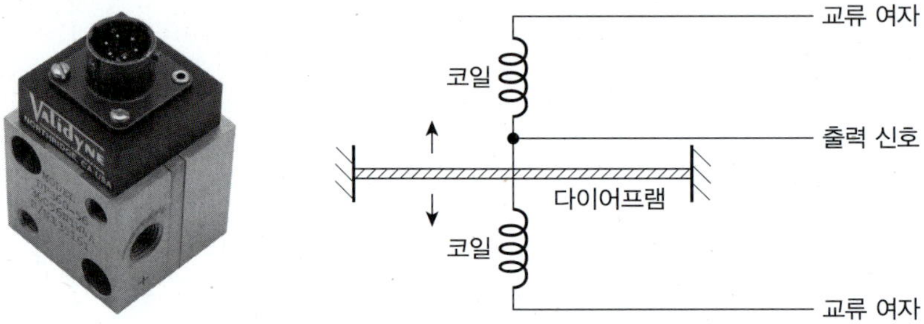

[그림 7-16] 가변 자기저항 압력 센서와 회로

가변 자기저항 압력 센서는 매우 낮은 압력을 정확하게 측정할 수 있는 센서로 다이어프램의 크기와 두께에 따라 측정 범위가 정해지며, 얇은 금속 다이어프램으로 만들어진 센서는 매우 낮은 압력을 측정할 수 있다. 센서 내부에는 충격 때문에 손상될 수 있는 정교한 구조물이 없으므로 견고하며, 외부 충격에 강한 특징이 있다.

7.8 진공 센서

진공 센서는 대기압보다 낮은 압력을 측정하는 센서로 진공 상태의 압력은 일반적인 압력 센서의 측정 방식으로는 신호 대 잡음 비가 좋지 않아 단위 체적 당 분자들의 수와 관련된 가스 분자들의 특성을 이용하여 측정한다. 진공 센서에는 이온화 게이지(ionization gauge), 피라니 게이지(pirani gauge) 등이 있다.

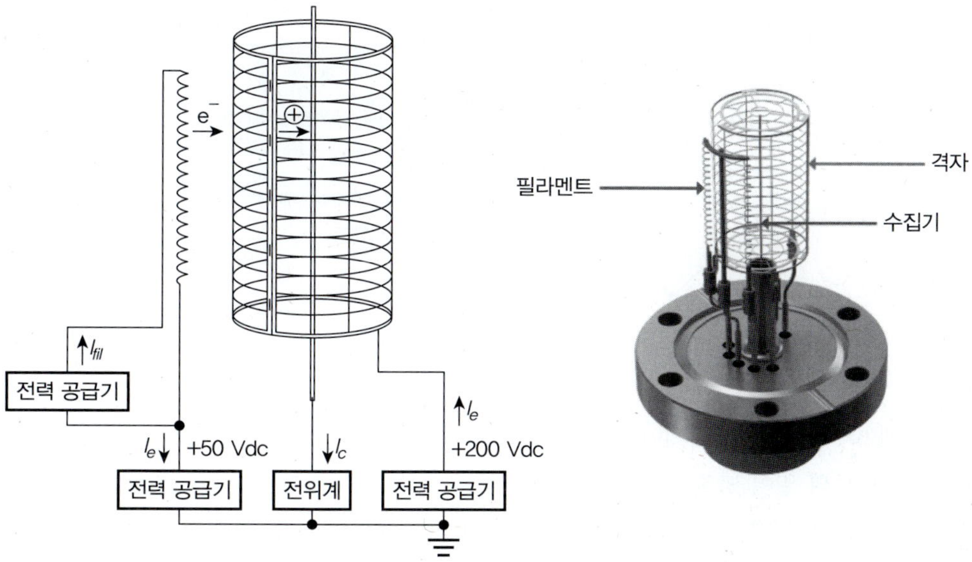

[그림 7-17] 이온화 게이지의 기본 구조와 회로

이온화 게이지는 [그림 7-17]과 같이 격자, 수집기, 필라멘트 등으로 구성된다. 필라멘트는 전력 공급기로부터 저전압, 고전류 전원을 공급받아 가열되며, 기준 전압은 약 50 V이다. 가열된 필라멘트에서는 전자가 방출되며, 격자와의 전위차로 인해 격자 방향으로 가속된다. 격자는 전력 공급기로부터 약 200 V의 전력을 공급받으며, 150 eV의 전류가 격자에서 순환한다. 격자에서 발생하는 전류를 방출 전류라고 하며, 가스 분자는 방출 전류가 흐르는 격자에 부딪혀 이온화되고 이온화된 가스 분자는 음극으로 분극화된 수집기 쪽으로 끌려가게 된다. 이로 인해 수집기에는 수 피코 암페어에서 수백 마이크로 암페어 정도의 작은 전류가 흐르게 된다. 이때 흐르는 전류는 가스 분자의 수에 비례하므로 진공 압력 P는 다음과 같이 나타낸다.

$$P = \frac{I_c}{s \times I_e} \tag{7.11}$$

여기서 I_c는 수집기에 흐르는 전류량, s는 민감도, I_e는 방출 전류량이다. 대부분의 이온화 게이지는 5×10^{-9} Pa 정도의 진공 압력을 측정할 때 사용할 수 있으나 견고하지 못하며, 많은 기생 효과(parasitic effect)가 존재한다는 단점이 있다.

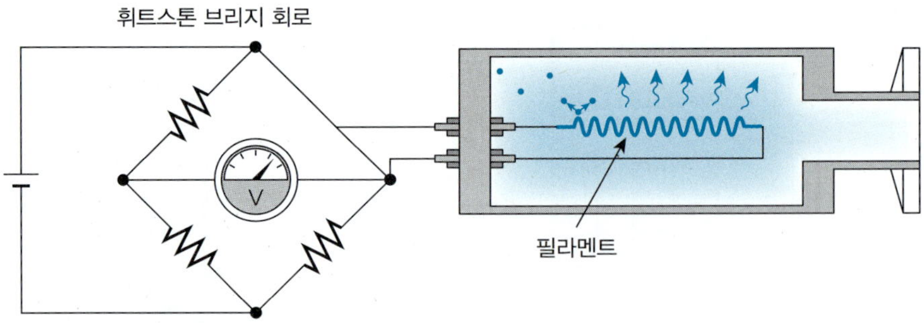

[그림 7-18] 피라니 게이지 구조

피라니 게이지는 열전도율 게이지(thermal conductivity gauge)의 일종으로 [그림 7-18]과 같이 필라멘트의 열이 방출되는 속도는 주변의 가스 분자의 수에 영향을 받는다. 필라멘트의 표면에 가스 분자가 충돌하면서 열에너지를 가져가므로 가스 분자 수가 적으면 필라멘트의 열이 잘 빠져나가지 않고, 가스 분자의 수가 많으면 필라멘트의 열이 잘 빠져나가게 된다. 필라멘트의 저항값은 온도에 따라 달라지므로 필라멘트를 휘트스톤 브리지 회로에 연결하여 온도에 따라 변하는 저항값을 측정하면 진동 압력을 구할 수 있다.

7.9 무게 센서

무게 센서(load cell)는 하중(load), 장력(tension), 압축(compression), 압력 등과 같은 기계적인 힘을 전기적 신호로 변환하는 센서이다. 무게 센서에는 스트레인 게이지 로드 셀(strain gauge load cell), 유압식 로드 셀(hydraulic load cell), 공압식 로드 셀(pneumatic load cell), 정전용량 로드 셀(capacitive load cell), 압전 변환기(piezoelectric transducer) 등이 있다. 이 장에서는 가장 일반적인 스트레인 게이지 로드 셀에 대한 부분만 간략하게 다루려고 한다.

스트레인 게이지 방식의 로드 셀은 스트레인 게이지가 금속 본체에 부착된 형태로 신뢰성이 높고 비용 대비 성능이 뛰어나 산업용으로 많이 사용되고 있다. 금속 본체는 보통 알루미늄, 합금강 또는 스테인리스강 등과 같이 튼튼하지만 최소한의 탄성을 가지는 물질로 구성된다. 센서에 하중이 가해지면 금속 본체는 약간 변형되지만, 과부하가 걸리지 않는 이상 다시 원래 상태로 되돌아오는데 금속 본체의 외형 변화에 따라 스트레인 게이지도 변형된다. 스트레인 게이지의 변형은 전기 저항값의 변화를 일으키므로 휘트스톤 브리지 회로를 통해 전압 변화를 측정할 수 있다. 전압의 변화는 센서에 가해지는 무게에 비례하므로 이를 통해 물체의 무게를 알 수 있다.

스트레인 게이지 로드 셀은 형태에 따라 밴딩 빔 로드 셀(bending beam load cell), 전단 빔 로드 셀(shear beam load cell), 캐니스터 로드 셀(canister load cell), 링형 로드 셀(ring type load cell), 팬케이크 로드 셀(pancake load cell), S형 로드 셀(S-type load cell), 인장 링크 로드 셀(tension link load cell) 등이 있다.

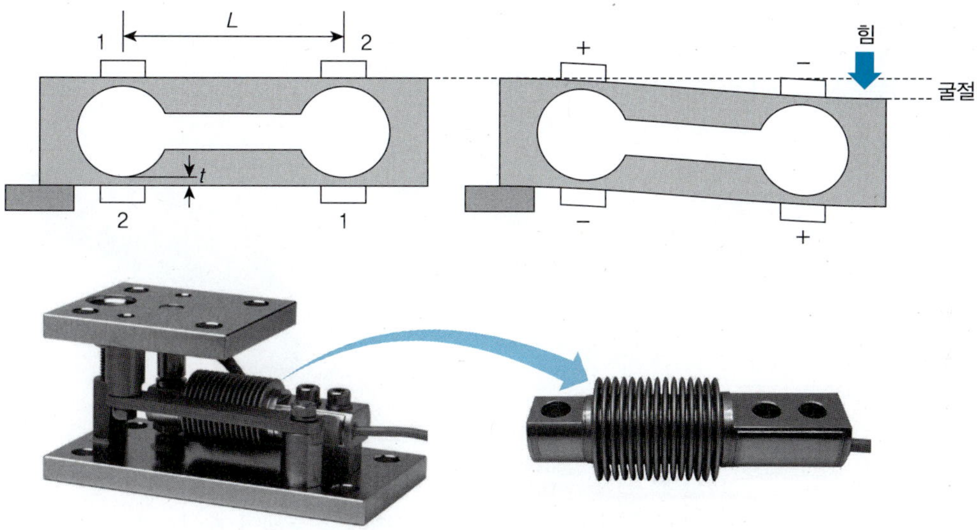

[그림 7-19] 싱글 포인트 로드 셀의 원리와 밴딩 빔 로드 셀

싱글 포인트 로드 셀은 가장 일반적인 유형의 로드 셀로 수평축에 수직으로 고정된 빔 끝에 가해지는 저용량의 힘을 측정한다. 밴딩 빔 로드 셀은 싱글 포인트 로드 셀처럼 빔의 한쪽을 지지하고 다른 한쪽은 힘을 받아 휘어지는 정도를 측정하는 방식이며, 일반적으로 스트레인 게이지를 보호하기 위해 벨로즈로 덮여 있는 형태이다. [그림 7-19]의 기본적인 원리를 보면 빔의 한쪽 끝에 힘이 가해지면 두 면의 1번 스트레인 게이지는 인장 변형되고, 다른 두 면의 2번 스트레인 게이지는 압축 변형된다. 이때 1번 스트레인 게이지의 스트레인 ϵ_1은 다음과 같이 나타낸다.

$$\epsilon_1 = \frac{3 \times F \times L}{2 \times b \times t^2 \times E} \tag{7.12}$$

여기서 F는 밴딩 빔 로드 셀에 가해진 힘, L은 1번 스트레인 게이지와 2번 스트레인 게이지 사이의 거리, b는 빔의 두께, t는 스트레인 게이지가 부착된 곳의 두께, E는 로드 셀 재질의 영률이다. 2번 스트레인 게이지의 스트레인은 $-\epsilon_1$과 같다.

밴딩 빔 로드 셀의 스트레인 게이지는 인장 변형과 압축 변형이 최대로 일어나는 위치에 부착되고 스트레인 게이지가 부착된 곳의 두께는 얇게 하고 나머지 부분은 두껍게 하여 감도 저하 없이 고유 주파수를 최대화할 수 있다. 밴딩 빔의 구조는 감도, 안정도, 직선성을 우수하게 설계할 수 있고, 1 kg에서 1톤까지의 무게를 측정할 수 있다. 다만 구조가 간단하고 저가로 만들 수 있어 널리 사용되고 있지만, 고중량을 측정할 수 있는 로드 셀 제작이 어렵고 외부로 드러나 있는 구조로 사용 환경의 제약을 받는다.

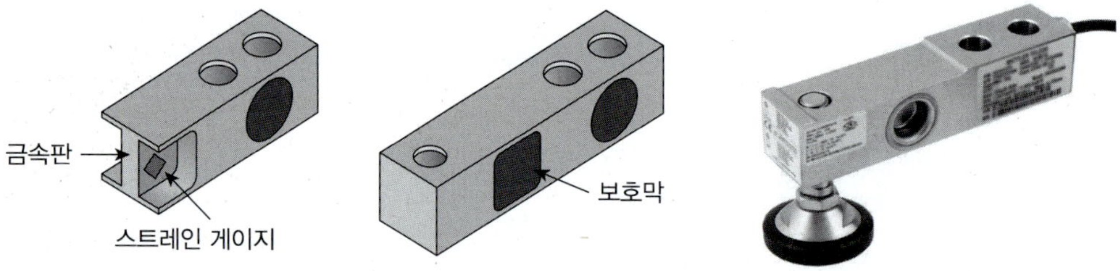

[그림 7-20] 전단 빔 로드 셀

전단 빔 로드 셀은 [그림 7-20]과 같이 금속판의 양쪽 면에 스트레인 게이지가 수직으로부터 45° 각도로 부착되어 있고 형태에 따라 원형, 사각형, 양단형이 있다. 빔의 한쪽 끝에 힘을 가하면 금속판에서 발생하는 전단 응력이 최대가 되도록 45° 각도로 부착되어 있는데 양단형은 빔의 양쪽에 스트레인 게이지가 45° 각도로 부착되어 있어 셀의 두 단면의 전단 변형률을 측정할 수 있다. 전단 빔 로드 셀은 밴딩 빔 로드 셀보다 작은 크기로 더 무거운 무게를 측정할 수 있으며, 일반적으로 100 kg에서 20톤까지의 무게를 측정할 수 있다.

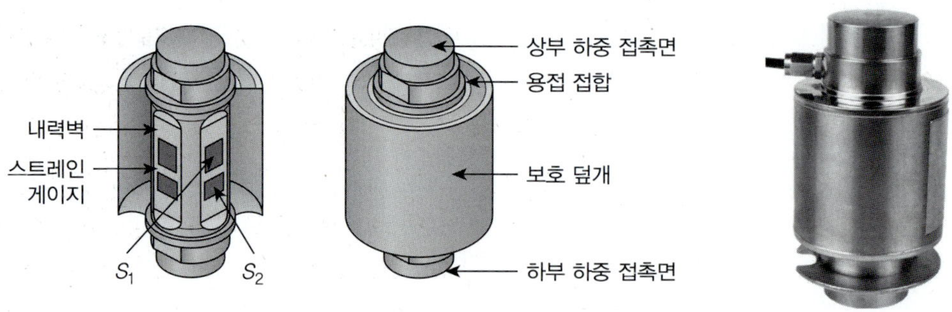

[그림 7-21] 캐니스터 로드 셀

캐니스터 로드 셀은 최초의 로드 셀 유형으로 컬럼형 로드 셀이라고도 한다. 굽힘 및 변형에 강하고 특히 고용량 애플리케이션에 적합하다. [그림 7-21]과 같이 원기둥의 내력벽에 스트레인 게이지가 90° 각도로 배치되어 축 방향과 가로 방향 변형으로 측정한다. 스트레인 게이지는 외부 오염 물질의 유입을 막고 보호하기 위해 보호 덮개로 덮여있다. 기둥의 상부와 하부에서 압축되는 힘을 받으면 스트레인 게이지 S_1 은 압축되고 스트레인 게이지 S_2 는 늘어난다. 이때 S_1 과 S_2 의 스트레인은 다음과 같다.

$$\epsilon_1 = \frac{F}{\pi R^2 E} \tag{7.13}$$

$$\epsilon_2 = \frac{\mu \times F}{\pi R^2 E} \tag{7.14}$$

여기서 ϵ_1 은 S_1 의 스트레인, ϵ_2 는 S_2 의 스트레인, F는 기둥형 로드 셀의 윗면과 아랫면에 가해지는 힘, μ 는 스트레인 게이지의 푸아송 비, R은 윗면과 아랫면의 반지름, E는 로드 셀 재질의 영률이다.

캐니스터 로드 셀은 구조가 간단해 작은 크기로 제작할 수 있고, 2톤에서 300톤까지의 무게를 측정할 수 있다. 하지만 정밀도가 낮고 하중이 비스듬하게 가해지면 오차가 크게 발생하므로 측정 시 주의가 필요하다.

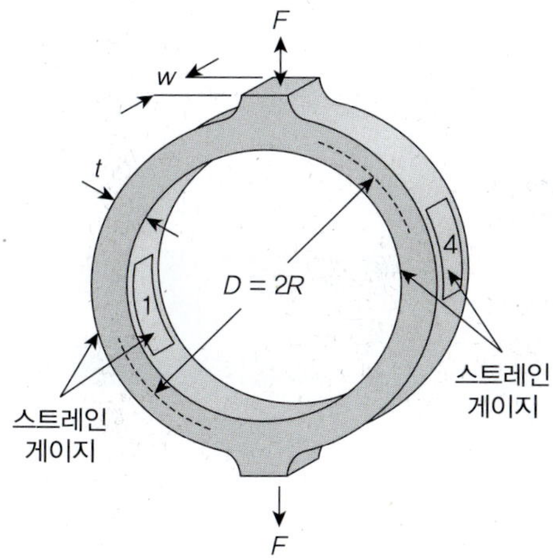

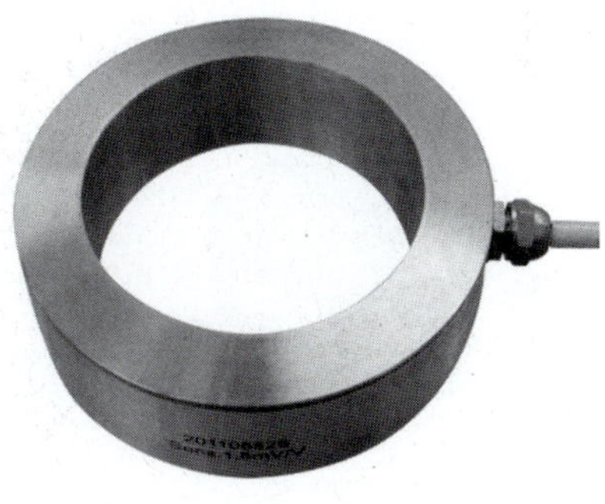

[그림 7-22] 링형 로드 셀

링형 로드 셀은 인장력과 압축력을 모두 측정할 수 있으며, [그림 7-22]와 같이 링의 안쪽과 바깥쪽에 스트레인 게이지가 부착되어 있다. 링형 로드 셀은 두 구조물 사이에 설치하여 두 구조물 간 작용하는 힘을 측정한다. 링형 로드 셀에 양쪽으로 잡아당기는 힘이 작용하면 외부 스트레인 게이지의 스트레인은 감소하고, 내부 스트레인 게이지의 스트레인은 증가한다. 반대로 양쪽에서 누르는 힘이 작용하면 외부 스트레인 게이지의 스트레인은 증가하고, 내부 스트레인 게이지의 스트레인은 감소한다. 이때 로드 셀 재질의 영률을 E, 로드 셀의 두께를 w, 링의 두께가 t일 때, 링형 로드 셀의 네 군데에 부착된 스트레인 게이지의 스트레인 값 크기 ϵ은 다음과 같다.

$$\epsilon = \frac{1.08FR}{Ewt^2} \tag{7.15}$$

팬케이크 로드 셀은 전단 웹 로드 셀이라고도 하며 스프링 요소의 암에 45° 각도로 스트레인 게이지가 배치되어 전단 변형률을 측정한다. 압축을 위해 두 구성 요소 사이에 장착하거나 나사 구멍을 통해 장력으로 사용할 수 있고, 축에서 벗어난 하중도 정확하게 측정할 수 있다. S형 스프링 요소를 사용하는 S형 로드 셀은 가공된 원 내부에 스트레인 게이지를 서로 평행하게 배치하여 장력과 압축 모두에서 동작하는 중·저용량 로드 셀이다. 일반적으로 장력 응용 분야에서 사용되는 S형 로드 셀은 상단과 하단 부분을 이용하여 매달린 저울이나 계량기 등에 활용한다. 인장 링크 로드 셀은 용량을 맞추는 것이 가능하여 고·중·저 하중을 측정할 수 있다. 스트레인 게이지는 원의 내부에 서로 평행하게 배치하여 굽힘 변형률을 측정하며, 호이스트 크레인, 인장 시험 및 인장 강도 측정과 같은 인장 응용 분야에 사용한다.

(a) 팬케이크 로드 셀 (b) S형 로드 셀 (c) 인장 링크 로드 셀

[그림 7-23] 여러 유형의 로드 셀

7.10 압력 센서 실습

7.10.1 FSR 압력 센서 모듈(GY19782)

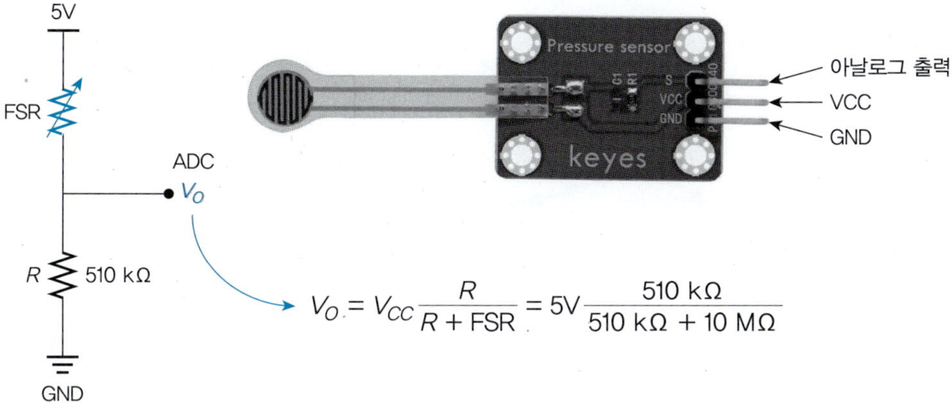

$$V_O = V_{CC}\frac{R}{R + FSR} = 5V\frac{510\ k\Omega}{510\ k\Omega + 10\ M\Omega}$$

[그림 7-24] FSR 압력 센서 모듈과 방정식

힘 감지 저항기(Force Sensitive Resister, FSR)는 가해지는 압력, 힘 또는 응력의 양에 따라 저항이 변하는 특징을 이용한 압전 저항 감지 기술이다. 센서는 부하가 없는 상태에서 무한 저항기처럼 보이고 압력이 증가하면 저항이 크게 낮아지고, 힘의 함수로서의 컨덕턴스 응답은 센서의 지정된 힘 범위 내에서 선형이며, [그림 7-24]와 같다. 따라서 센서에 가해지는 압력이 높을수록 저항은 낮아지고 컨덕턴스는 높아진다.

압력 센서 모듈의 동작 전압은 3.3 V ~ 5 V이며, 압력 측정 범위는 5,000 g이다. 부하가 없을 때 10 MΩ 이상의 저항값을 가진다. [그림 7-24]처럼 FSR의 두 개 접점에서 한쪽은 전압을 공급하고 다른 한쪽은 510 kΩ 풀 다운 저항과 아날로그 출력 핀에 연결된다.

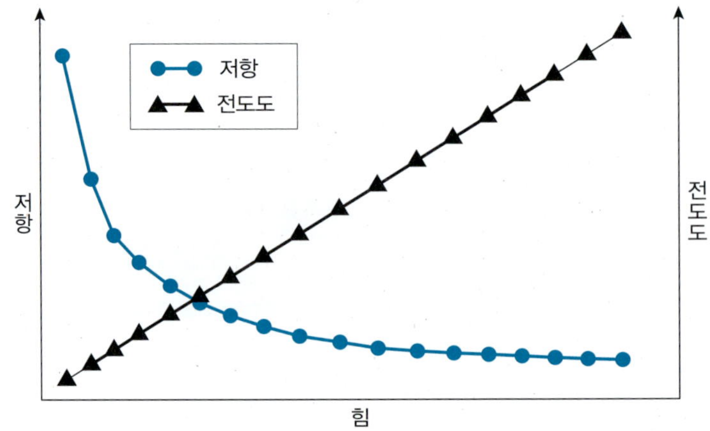

[그림 7-25] 힘에 대한 저항과 전도도 변화

FSR은 두 개의 얇은 기판 사이에 포함된 반도체 재료나 반도체 잉크로 구성되며, [그림 7-26]과 같이 션트 모드(shunt mode)와 스루 모드(thru mode)의 두 가지 유형이 있다. 션트 모드는 더 넓은 범위의 힘을 더 잘 수용하며, FSR에서 가장 많이 사용되는 디자인이다. 일반적으로 두 층의 유연한 폴리머로 구성되고 반도체 FSR 요소의 활성 영역과 전도성 필름이 점착제로 맞물려 있다. 점착제가 두 레이어를 분리하는 스페이서(spacer)로 압력이 가해질수록 얇은 에어 갭 영역이 줄어들고 전도성이 커지게 된다. 전극은 은을 가장 많이 사용하지만, 탄소, 구리 등과 같은 다양한 구성으로 설계할 수 있다. 스루 모드는 더 가벼운 힘을 더 잘 수용하고 션트 모드 FSR보다 선형적이다. 스루 모드 또한 일반적으로 두 층의 기판으로 구성된

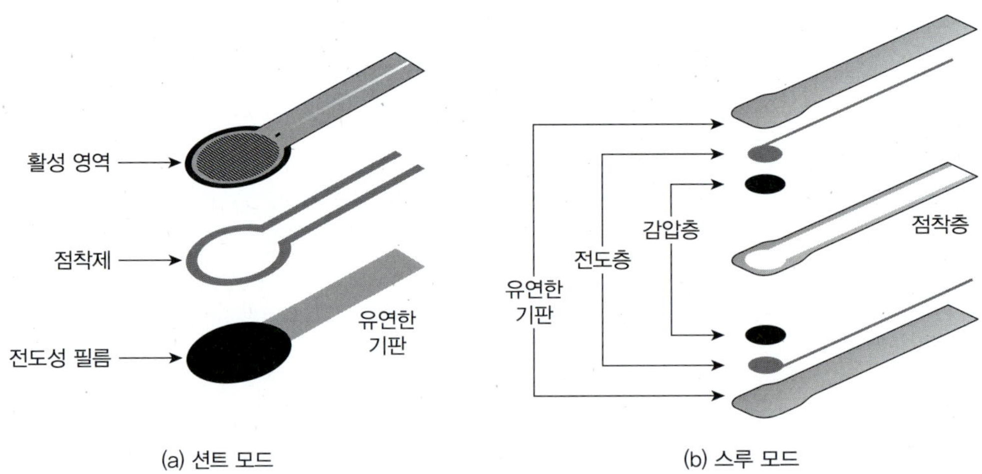

[그림 7-26] FSR의 두 가지 유형

다. 기판의 각 면에는 은, 흑연, 은 혼합 잉크로 만든 전도성 패드가 인쇄되며, 두 개의 기판 사이에 FSR 요소가 배치되어 밀봉된다.

압력 센서 모듈에 압력을 가하면 시리얼 모니터 창으로 측정된 ADC 값을 출력하고 PWM 핀에 연결된 LED에 압력의 크기만큼 밝기를 표현하는 예제이다. 촉각이나 터치 기반으로 침입이나 물체의 접근을 감지하거나 재고 관리, 악기 컨트롤러, 병상 점유 감지, 로봇 제어 등에 응용할 수 있다.

[그림 7-27] FSR 압력 센서 모듈 연결 회로

```
int sensorPin = A0;                    // 센서 S 핀을 보드의 A0 핀에 연결
int ledPin = 11;                       // LED ⊕극을 보드의 11번 핀에 연결

void setup(void)
{
  Serial.begin(9600);                  // 시리얼 통신 속도 9,600bps로 설정
}

void loop(void)
{
  // ADC로부터 센서값을 읽어 sensorValue 변수에 저장
```

```
    int sensorValue = analogRead(sensorPin);

    // sensorValue 값을 0 ~ 255 사이의 값으로 변환하여 ledDimming 변수에 저장
    int ledDimming = map(sensorValue, 0, 1023, 0, 255);

    Serial.print("ADC Value: ");
    Serial.println(sensorValue);

    analogWrite(ledPin, ledDimming);           // LED에 PWM 적용. LED 디밍
}
```

☞ 10비트 ADC에서 측정되는 압력의 크기는 0 ~ 1,023 사이의 값이므로 analogWrite() 함수로 PWM 듀티비를 적용하기 위해 map() 함수를 이용하여 0 ~ 255 사이의 값으로 변환한다. 우노 보드에서 PWM 출력이 가능한 핀은 ~3, ~5, ~6, ~9, ~10, ~11번 핀밖에 없다. 센서 모듈에 압력을 가할 때 시리얼 모니터 창으로 출력되는 값을 확인하면서 LED 밝기가 변하는 것을 확인한다.

☞ 소스 코드를 수정하여 압력이 가해질 때의 전압, FSR 저항, 힘의 크기 등을 출력해 본다.

7.10.2 로드 셀과 HX711 모듈

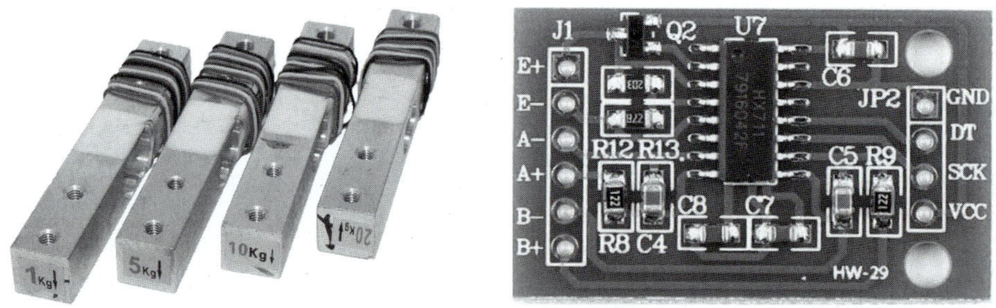

[그림 7-28] 로드 셀과 HX711 모듈

로드 셀은 보통 스틸 또는 알루미늄 재질의 스프링 요소에 스트레인 게이지가 구성된 것으로 스프링 요소가 무게와 힘을 받을 때 스트레인 게이지로 아주 작은 변형을 포착하고 분석하여 중량을 측정할 수 있는 출력을 제공하는 변환기 또는 센서를 말한다. HX711 모듈은 로드 셀과 직접 연결하여 저울과 같은 산업용 계량 애플리케이션 제어용으로 설계된 두 개의 차동 입

력 채널을 가지고 있는 24bit ADC이다. 내부의 ADC 채널 A는 128 또는 64 게인 값을 사용할 수 있으며, 5 V 전원이 아날로그 전원 공급 장치 핀에 연결되어 게인 값을 128로 사용할 때 ±20 mV의 입력 범위를 게인 값을 64로 사용할 때는 ±40 mV의 입력 범위를 갖는다. 채널 B는 32의 게인 값만 사용할 수 있으며, 로드 셀로부터 80 mV의 전압 입력 범위를 가진다.

로드 셀 측정은 온도, 진동, 크리프(creep), 드리프트, 전기 및 기계적 간섭 등 다양한 요인으로 인해 ±5 % 정도의 오차가 있을 수 있다.

다음은 로드 셀과 HX711 모듈을 이용하여 간단한 저울을 만드는 절차이다.

① 로드 셀의 유형에 따라 플레이트나 연결하는 방법이 변경될 수 있다. 시중에서 쉽게 구할 수 있는 로드 셀의 유형은 막대형 로드 셀, S형 로드 셀, 단일 스트레인 게이지 로드 셀, 버튼 또는 디스크 로드 셀 등이 있다.
가장 일반적인 막대형 로드 셀을 기준으로 설명하면 휘트스톤 브리지 회로로 구성된 네 가닥의 와이어는 각각 다른 색상으로 구분되어 있으며, 여자+(VCC) 빨간색, 여자−(GND) 검은색 또는 노란색, 출력+ 녹색 또는 파란색, 출력− 흰색이다. 제조사가 달라지면 색상이 달라질 수 있어 데이터시트를 확인하거나 멀티미터가 있다면 와이어 사이의 저항을 측정하여 식별할 수도 있다.

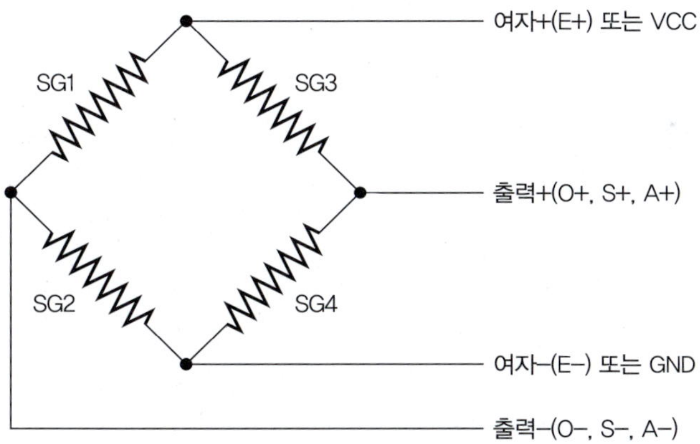

[그림 7-29] 로드 셀의 등가 회로

② 로드 셀의 양쪽 끝이 서로 반대 방향으로 변형을 일으키도록 구성해야 하며, 가장 쉬운 방법은 [그림 7-30]과 같이 고정판과 계량판의 두 개의 판 사이에 로드 셀을 고정하는 것이다. 고정판과 계량판을 3D 프린터로 출력해서 만드는 것이 가장 좋다. 로드 셀에 힘을 가

하면 스트레인 게이지 중 두 개는 압축되고 나머지 두 개는 늘어난다. 일반적으로 로드 셀에는 힘의 방향을 나타내는 화살표가 있으며, 화살표 방향이 아래 방향을 향하도록 설치한다.

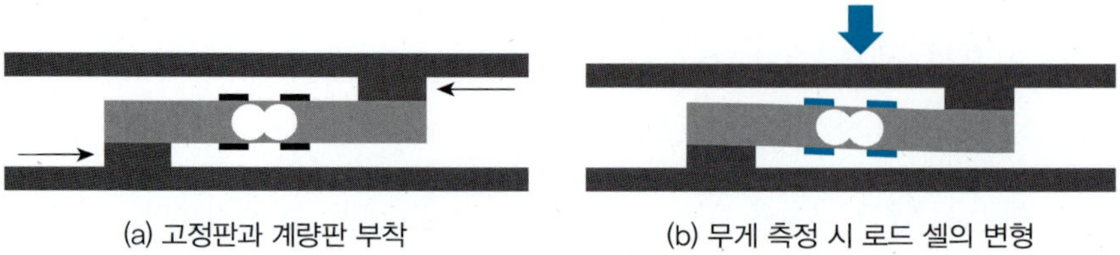

[그림 7-30] 로드 셀 구성

③ HX711 모듈의 E+와 E− 핀은 로드 셀 전원 공급 핀으로 로드 셀의 빨간색을 HX711 모듈의 E+에, 검은색을 E−에 각각 연결한다. 로드 셀의 빨간색과 검은색은 극성이 없으며, 서로 반대로 연결해도 소프트웨어로 처리할 수 있으므로 상관없다. HX711 모듈의 A+와 A− 핀은 A, B 두 개 채널 중 A 채널의 측정 입력 핀으로 마찬가지로 로드 셀과 연결 시 극성은 없다. 로드 셀의 녹색 선을 A+에 연결하고 흰색 선을 A−에 연결한다.

④ HX711 모듈의 동작 전압은 2.6 V ~ 5.5 V이며, 아두이노 보드의 5 V 전압을 공급하면 된다. HX711 모듈의 DT 핀과 SCK 핀은 데이터 수신과 관련된 핀으로 HX711 모듈이 LOW일 때 데이터를 보낼 준비가 됐다는 것이고 HIGH 상태는 데이터를 보낼 준비가 안 된 상태이다. SCK 핀에 LOW–HIGH–LOW 신호를 발생하면 1 클록을 발생시킨 것으로 데이터의 수신 형식을 맞추기 위해 25 클록 ~ 27 클록을 발생시키는 것이다. 1 클록에 1bit

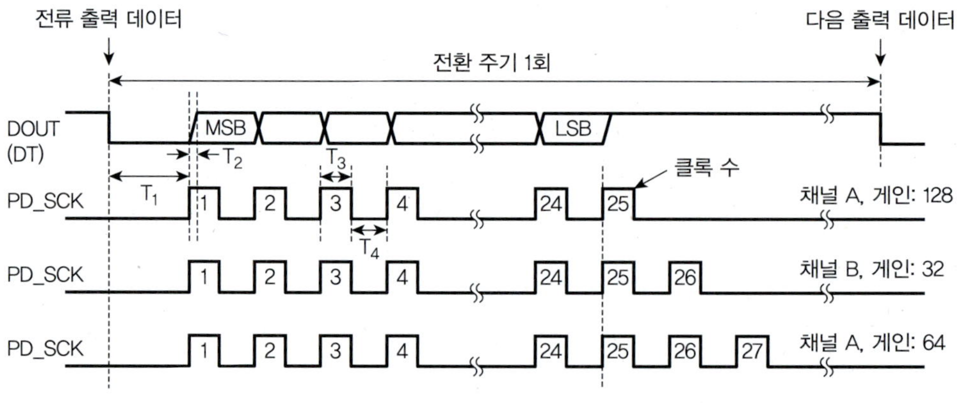

[그림 7-31] 데이터 입 · 출력 및 게인 선택 타이밍과 제어

씩 24번째 클록까지가 실제 데이터 값이며, 이후의 클록에서 DT 핀은 자동으로 HIGH 상태가 된다. [그림 7–31]은 HX711 모듈의 DT(DOUT) 핀과 SCK 핀의 동작 타이밍을 보여준다.

⑤ HX711 모듈 라이브러리가 있으므로 라이브러리를 사용한다. 아두이노 IDE의 라이브러리 매니저에서 'hx711' 키워드로 검색하여 HX711 라이브러리를 설치한다.

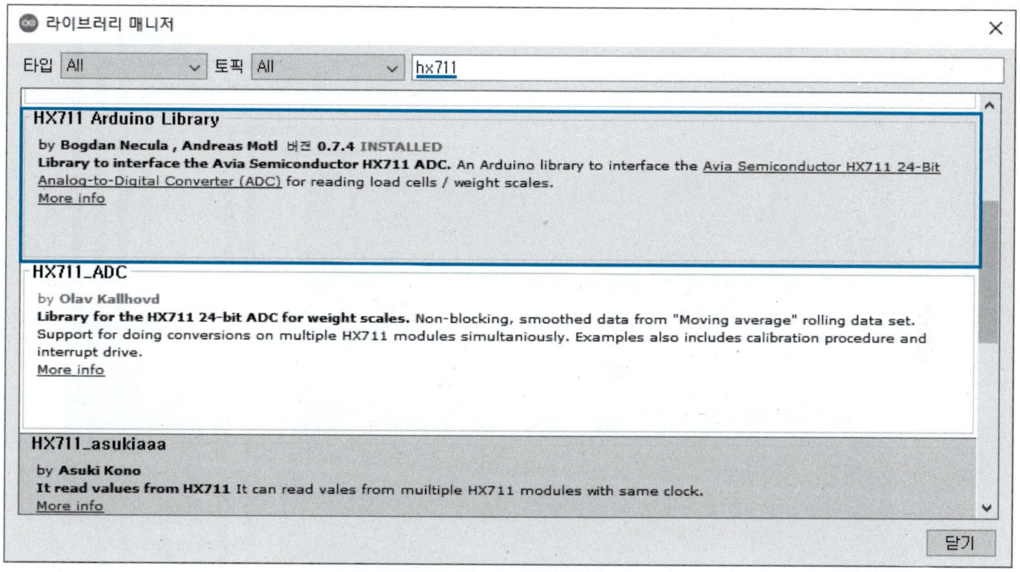

[그림 7–32] HX711 라이브러리 설치

UNO 보드	HX711 모듈
5 V	VCC
GND	GND
2	DT
3	SCK

HX711 모듈	로드 셀
E+	빨간색
E−	검은색
A+	초록색
A−	흰색

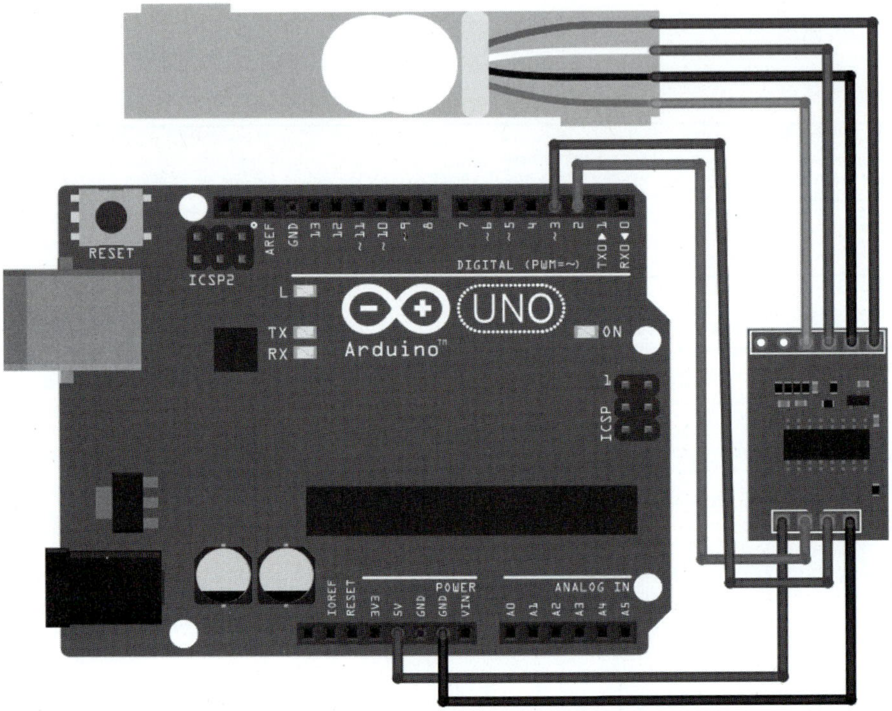

[그림 7-33] 로드 셀과 HX711 모듈 연결 회로

```
// 로드 셀 보정 예제

#include <HX711.h>                              // HX711 라이브러리 사용

const int hx711DoutPin = 2;                     // DT 핀을 보드의 2번 핀에 연결
const int hx711SckPin = 3;                      // SCK 핀을 보드의 3번 핀에 연결
float calibrationFactor = 7050;                 // 보정 상수 시작 값

HX711 loadCell;                                 // HX711 모듈 객체 생성
```

```
void setup()
{
  Serial.begin(9600);                              // 시리얼 통신 속도 9,600 bps로 설정

  Serial.println("HX711 calibration start");
  Serial.println("Remove all weight from load cell sensor");
  Serial.println("After readings begin, place nothing on load cell.");
  Serial.println("Press + to increase calibration factor");
  Serial.println("Press - to decrease calibration factor");

  loadCell.begin(hx711DoutPin, hx711SckPin);       // HX711 모듈 초기화
  loadCell.set_scale();                            // 스케일 지정
  loadCell.tare();                                 // 스케일 0으로 설정
}

void loop()
{
  loadCell.set_scale(calibrationFactor);           // 보정 상수로 스케일 조정

  Serial.print("Weight: ");
  Serial.print(loadCell.get_units());
  Serial.print(" kg");
  Serial.print(" Calibration factor: ");
  Serial.print(calibrationFactor);
  Serial.println();

  if(Serial.available())                           // 시리얼 데이터가 수신되면,
  {
    char temp = Serial.read();                     // 1byte를 읽어서 temp 변수에 저장

    if(temp == '+')                                // '+'이면,
    {
      calibrationFactor += 10000;                  // 보정 값 10,000 증가
    }
    else if(temp == '-')                           // '–'이면,
    {
      calibrationFactor -= 10000;                  // 보정 값 10,000 감소
    }
  }
}
```

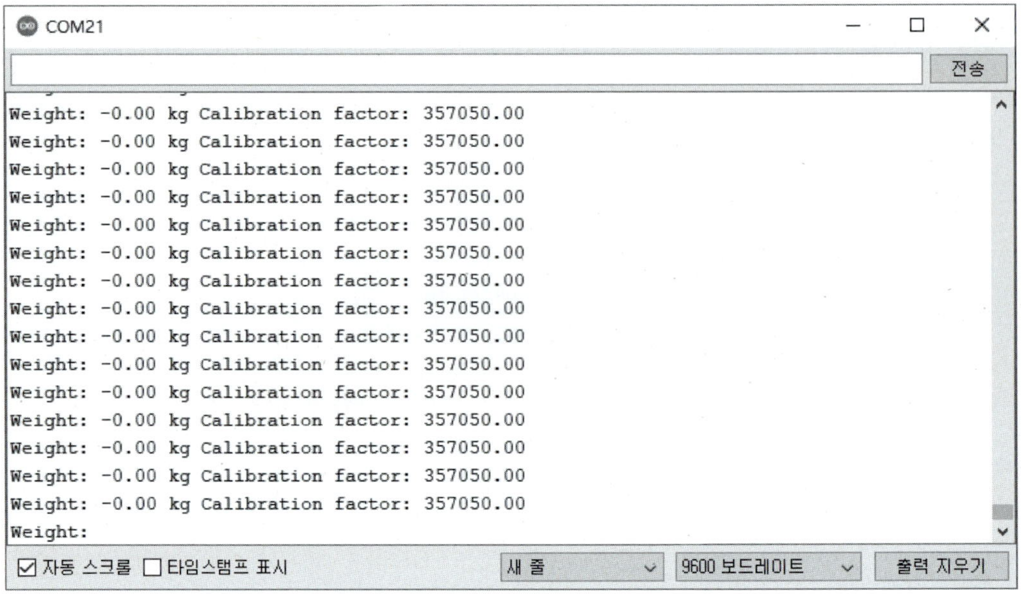

(a) 힘을 가하지 않은 상태에서 로드 셀 영점 조정

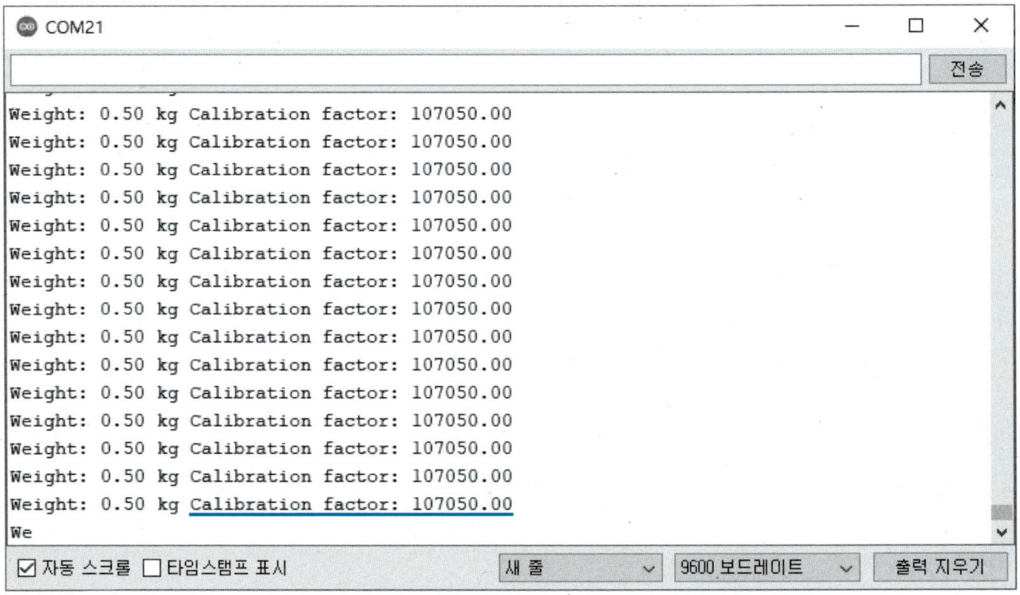

(b) 무게가 확인된 500 g 생수를 로드 셀에 올린 상태에서 조정

[그림 7-34] 로드 셀 보정

☞ 보정 시 로드 셀 위에 아무런 물체를 올리지 않고 0 kg으로 측정될 때까지 시리얼 입력 창에 '–', '+'를 입력한다. 다음으로 무게를 알고 있는 물체를 올려 시리얼 모니터 창에 출력되는 무게와 물체의 무게가 일치할 때까지 '–', '+'를 입력하여 무게를 일치시킨다. 이때의 calibration factor는 다음 소스 코드에서 사용하므로 잘 기록해 둔다.

```
// 무게 측정 예제

#include <HX711.h>                                  // HX711 라이브러리 사용

const int hx711DoutPin = 2;                         // DT 핀을 보드의 2번 핀에 연결
const int hx711SckPin = 3;                          // SCK 핀을 보드의 3번 핀에 연결
const float calibrationFactor = 107050.0            // 앞의 예제에서 얻은 보정 상수

HX711 loadCell;                                     // HX711 모듈 객체 생성

void setup()
{
  Serial.begin(9600);

  loadCell.begin(hx711DoutPin, hx711SckPin);
  loadCell.set_scale(calibrationFactor);
  loadCell.tare();
}

void loop()
{
  if(loadCell.is_ready())                           // 모듈에서 데이터를 보낼 준비가 되면,
  {
    float weight = loadCell.get_units();            // 무게를 측정하여 weight 변수에 저장

    Serial.print("Weight: ");
    Serial.print(weight);
    Serial.println("kg");
  }

  delay(1000);
}
```

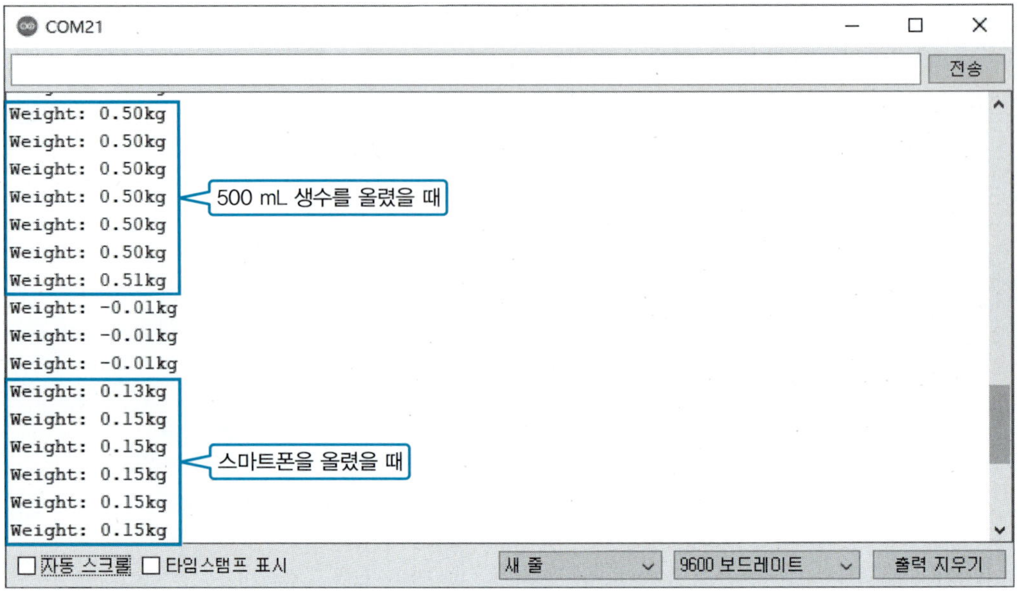

[그림 7-35] 보정 후 무게 측정

CHAPTER 08
다이나믹 센서

contents

08 다이나믹 센서

8.1 가속도 센서 개요

가속도 센서(acceleration sensor)는 가속도계(accelerometer)라고도 하며, 공간에서 움직이는 물체의 가속도나 진동(vibration), 충격(shock), 기울임(tilt)과 같은 특정 방향의 직선운동, 동적 힘 또는 크기를 그에 비례하는 전기적 신호로 변환하여 측정하는 센서로 특정 물체의 움직임을 상세하게 감지할 수 있어 자동차, 선박, 항공기 등의 각종 운송 수단이나 공장 자동화, 로봇 등의 장치 제어 시스템에 필수적으로 사용된다. 다른 센서들과 마찬가지로 가속도 센서도 MEMS 기술을 적용한 소형화로 스마트 기기, 생활 가전제품, 의료 기기 등에 확대 적용되고 있으며, 활용 분야가 넓고 다양한 용도로 응용될 수 있다.

벡터량(vector quantity)인 가속도는 물체의 속도 변화율이다. 속도는 물체의 변위(displacement)를 시간의 변화로 나눈 값으로 물체가 직선을 따라 움직일 때 순간 속도 V와 순간 가속도 a는 다음과 같다.

$$v = \frac{dS}{dt} = \dot{S}, \quad a = \frac{dv}{dt} = \dot{v} = \ddot{S} \tag{8.1}$$

여기서 S는 물체의 변위이다. 물체가 원운동을 하는 경우, 각 변위를 θ라고 하면 각속도 ω와 각가속도 α는 다음과 같다.

$$\omega = \frac{d\theta}{dt} = \dot{\theta}, \quad \alpha = \frac{d\omega}{dt} = \dot{\omega} = \ddot{\theta} \tag{8.2}$$

물체의 운동을 추적하는 방법으로는 GPS(Global Positioning System)와 같은 전파를 활용하는 것으로 매 시점 물체의 절대 위치 벡터를 측정하는 방법, 인코더와 같은 속도계(speedometer)나 나침반(compass)을 활용하는 것으로 초기 절대 위치 벡터에 대하여 속도 벡터를 적분하여 누적하는 방법, 자이로(gyro)와 가속도 센서를 활용하는 것으로 초기 절대 위치 및 속도 벡터에 대하여 가속도 벡터를 적분하여 누적하는 방법 등 크게 세 가지가 있다.

[그림 8-1]과 같은 질량-스프링-댐퍼 시스템은 가속도, 진동, 제어 시스템 분석 등의 다양한 영역에서 모델링을 위한 기본 원리로 사용된다. 가속도는 질량-스프링-댐퍼 시스템에 기계적인 움직임을 만들고 가속도 센서는 질량의 변위를 이용하여 가속도 정보를 얻을 수 있다.

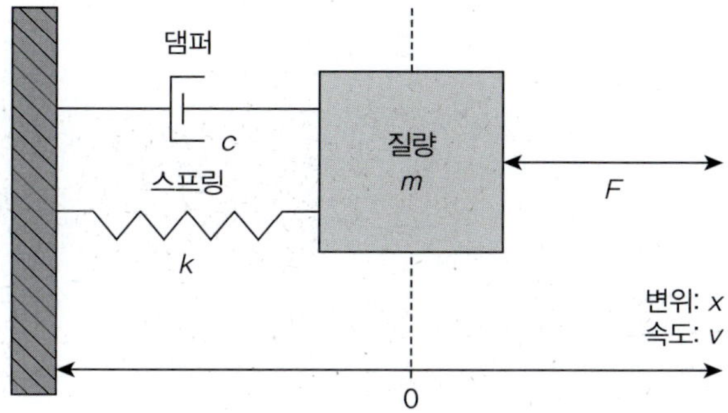

[그림 8-1] 질량-스프링-댐퍼 시스템

질량 m이 힘 F를 받으면, 스프링과 댐퍼는 움직이려 할 것이다. 이때 움직이려는 힘과 스프링과 댐퍼가 움직이지 않으려는 힘이 같다면 다음과 같다.

$$F = k \times x, \quad F = c \times v \tag{8.3}$$

여기서 k는 스프링 상수, c는 댐퍼 상수, x는 질량의 변화 길이, v는 속도이다. 스프링의 변화를 억제하는 역할을 하는 댐퍼가 있으므로 시간당 질량의 변화 길이에 따라 힘이 결정된다고 할 수 있으며, 시간당 길이 변화를 일반적으로 속도라 한다.

질량이 움직이는 방향에 대해 뉴턴의 제2법칙을 이용하면 다음과 같이 나타낼 수 있다.

$$F = +(m \times a) = -(k \times x + c \times v) \tag{8.4}$$

속도는 단위 시간 동안에 이동한 위치 벡터의 변위로 이동한 거리를 시간에 대해 미분해 주면

속도가 되고, 속도를 시간에 대해 미분하면 가속도를 얻을 수 있다.

$$m\ddot{x} + c\dot{x} + kx = 0 \tag{8.5}$$

가속력에는 정적 및 동적 힘의 두 가지 유형이 있다. 정적 힘은 예측할 수 있고 균일한 중력이나 마찰과 같이 물체에 작용하는 일정한 힘을 말한다. 동적 힘은 다양한 비율로 물체에 적용되는 불균일하게 움직이는 힘으로 주로 가속도 변화가 이전 상태보다 급격한 변화를 가지는 진동이나 충격을 말한다. 가속도계가 자동차 충돌 안전 시스템에 사용되는 이유가 이런 동적 힘이 작용할 때 에어백이 즉시 동작하도록 할 수 있기 때문이다.

AC 응답 가속도 센서는 중력이나 일정한 원심성 가속(centrifugal acceleration)과 같은 정적 가속도를 측정할 수 없고, 동적 움직임 측정에 적합하다. 반면 DC 응답 가속도 센서는 DC와 결합하여 0 Hz까지 응답할 수 있으며, 정적 및 동적 가속도를 측정하는 데 모두 사용할 수 있다. 가장 일반적인 AC 가속도 센서는 감지 메커니즘에 압전 소자를 사용하며, DC 가속도 센서는 정전용량 방식과 압저항 방식을 사용한다.

8.1.1 압전식 가속도 센서

압전식(piezoelectric) 가속도 센서의 핵심은 압전 결정으로 압전효과를 나타내는 인공적으로 분극된 세라믹과 같은 강유전성 물질을 사용한다. 압전효과와 관련된 내용은 6.2절에 있다. 압전효과는 압전 결정이 인장, 압축, 전단과 같은 기계적 응력을 받으면 적용된 힘에 비례하여 결정 표면에 전하를 생성한다.

압전식 가속도 센서에서 압전 소자는 어셈블리가 진동할 때 센서 내의 관성질량(seismic mass)이 진동 가속도에 비례하는 힘을 압전 소자에 가하도록 배치된다. 압전 소자에 부착된 질량이 가속도에 따라 압전 소자에 진동을 가하게 되며, 압전 소자의 양단의 얇은 전극에는 $F = ma$의 힘에 비례하는 전하 밀도가 발생하고 이것은 가속도에 비례하는 값을 가지게 된다. 압전 소자에 가해지는 응력의 이용 방법에 따라 질량이 압전 소자에 압축력을 가하는 압축형(compression type)과 질량이 압전 소자에 전단력을 가하는 전단형(shear type)으로 구분한다. [그림 8-2]는 압전식 가속도 센서의 한 종류와 내부 구성을 보여준다.

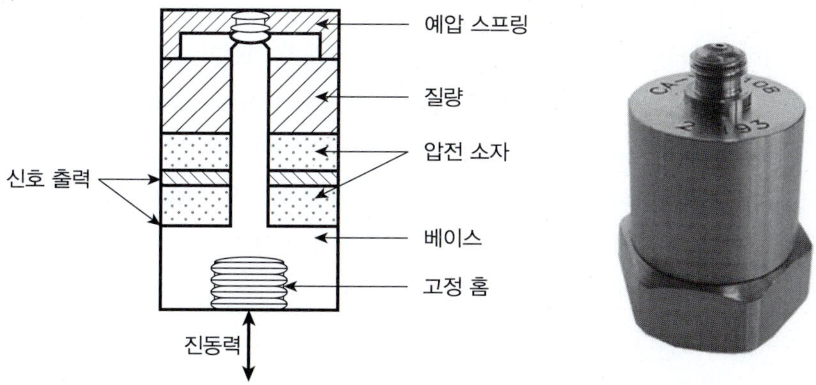

[그림 8-2] 압전식 가속도 센서와 기본 구성

일반적으로 [그림 8-3] (a)와 같은 압축형은 구조가 간단하고 기계적 강도가 크므로 큰 가속도나 심한 충격 등의 특수 목적에 사용되고, [그림 8-3] (b)와 같은 전단형은 매우 작게 만들 수 있어 소형화, 경량화가 가능하고, 가볍고 제한된 구조물의 진동 측정이나 가속도 측정에 사용된다.

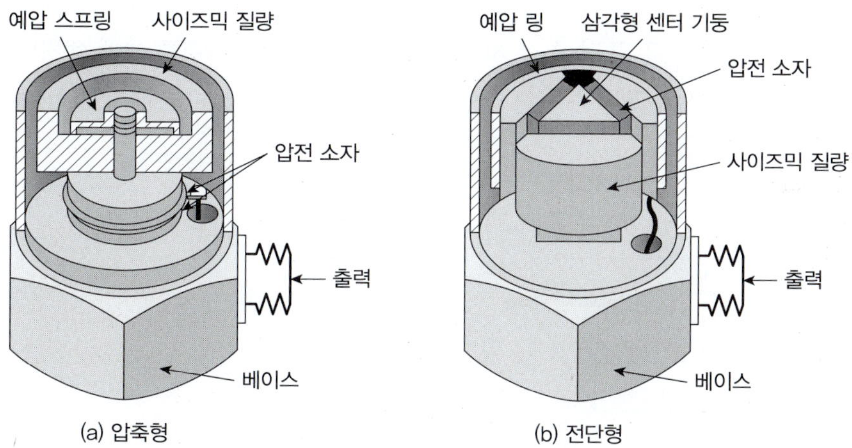

[그림 8-3] 압축형과 전단형 가속도 센서

출력 유형에 따라 충전 모드(charge mode)와 전압 모드(voltage mode) 압전식 가속도 센서로 구분할 수도 있다. 압전 소자는 매우 넓은 온도 범위, 넓은 동적 범위 및 10 kHz까지 사용 가능한 넓은 대역폭을 제공하는 PZT를 주로 사용한다. 세라믹 감지 요소만 포함하는 충전 모드 가속도 센서는 밀폐된 금속 하우징(housing)으로 되어 있어 가혹한 환경 조건을 견

딜 수 있고 가장 내구성이 강한 센서 중 하나이다. 일반적으로 병렬 케이블 커패시턴스와 관련된 문제를 피하려고 전하 증폭기는 충전 모드 가속도계와 연결하는 데 사용된다. 압전 세라믹의 넓은 동작 온도 범위로 인해 일부 충전 모드 가속도 센서는 –200℃ ~ +640℃ 이상에서 사용할 수 있다. 특히, 터빈 엔진 모니터링과 같이 극한 온도에서의 진동 측정에 적합하다. 전압 모드는 IEPE(Integrated Electronics Piezo Electric) 또는 집적회로 압전(Integrated Circuit Piezoelectric, ICP) 유형으로 전원 공급원에서 전압 변조 형태로 출력 신호를 제공하는 통합 전치 증폭기(preamplifier)를 사용한다. IEPE는 AC 신호가 DC 전력선에 중첩되는 편리한 동축 2선 구성으로 인해 산업 현장에서 가장 널리 사용된다. 전압 모드는 장치의 동작 온도를 전자 장치의 최대 동작 온도(보통 +125℃)로 제한하는 마이크로전자 회로가 포함되어 있다.

가속도 센서에서의 감도는 제일 먼저 고려되는 특성으로 출력 감도가 이상적인 수준으로 높아야 하지만, 일반적으로 높은 감도를 얻기 위해서는 비교적 큰 압전 어셈블리 구성이 동반되어야 하고, 결과적으로 가속도 센서가 크고 무거운 장치가 될 수 있어 높은 감도를 얻기 위해서는 이를 최적화해야 한다. 하지만 전치 증폭기를 통해 낮은 수준의 출력 신호를 잡음 없이 측정하도록 설계하기 때문에 일반적인 상황에서 감도는 중요한 문제가 아니다.

가속도 센서의 추가 질량은 특정 측정 지점에서 진동 수준과 주파수를 크게 변경할 수 있어 일반적으로 가속도 센서의 질량은 동적 질량(dynamic mass)의 1/10을 넘지 않아야 한다. 비

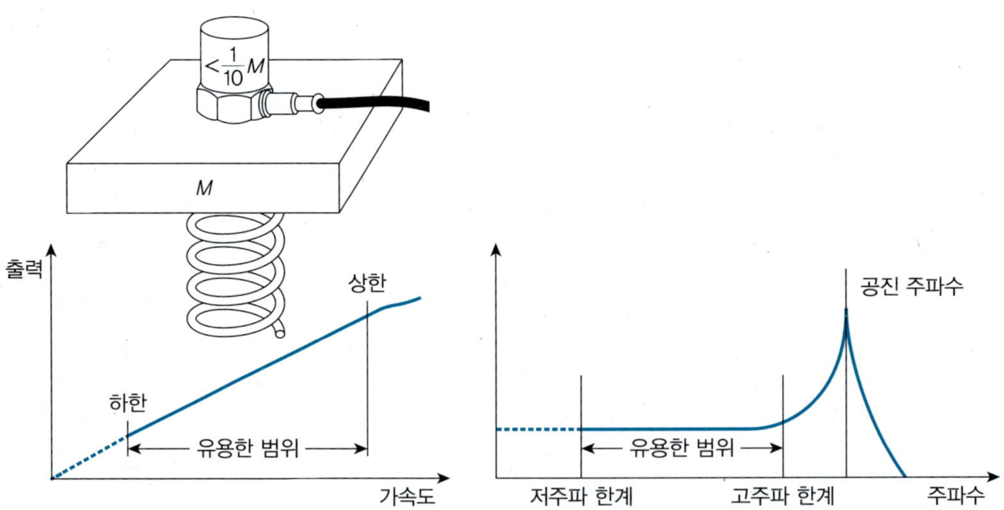

[그림 8-4] 질량의 동적 범위와 주파수 범위

정상적으로 낮거나 높은 가속도 수준을 측정하려면 가속도 센서의 동적 범위를 고려해야 한다. [그림 8-4]에서 하한은 일반적으로 가속도 센서에 의해 직접 결정되는 것이 아니라 연결 케이블과 증폭기 회로의 전기적 잡음에 의해 결정된다. 상한은 가속도 센서의 구조적 강도에 의해 결정된다. 일반적인 범용 가속도 센서는 최대 50,000 m/s^2 ~ 100,000 m/s^2까지 선형이며, 상한은 기계적 충격 범위에 속한다.

기계 시스템은 10 Hz에서 1,000 Hz 사이의 좁은 주파수 범위의 진동 에너지를 가지고 있지만, 더 높은 주파수에서 관찰해야 할 진동 성분이 종종 있으므로 가속도 센서의 주파수 범위가 관심 범위를 포함할 수 있는지 확인해야 한다. 가속도 센서의 저주파 한계선은 증폭기의 저주파 차단과 주변 온도의 변동에 영향을 받고, 고주파 한계선은 가속도 센서 자체의 질량-스프링 시스템의 공진 주파수(resonant frequency)에 의해 결정된다. 공진 주파수와 연관된 오류는 가능한 한 넓은 주파수 범위를 가진 가속도 센서를 선택하거나 진동 미터 및 전치 증폭기에 포함된 로우 패스 필터(low pass filter)를 사용하는 식으로 센서의 주파수 상한을 줄일 수 있다.

8.1.2 정전용량식 가속도 센서

정전용량식 가속도 센서는 기본적으로 두 개의 고정된 금속판 사이에 움직이는 가동 전극판(movable plate)으로 구성되어 있다. 가동 전극판이 가속도를 받으면 변위를 일으키고 고정 금속판과 가동 전극판 사이의 전극 간 거리가 변하면서 정전용량 값이 변하는 것을 검출하여 가속도를 측정한다. 정전용량식 가속도 센서는 MEMS 제조 기술을 통해 대량생산이 가능하므로 제조 비용을 낮출 수 있다. 따라서 정확도가 매우 높지 않아도 되는 자동차나 모바일 장치와 같은 대규모 상업용 제품에 저렴하게 적용될 수 있는 장점이 있다. 저가의 정전용량식 가속도 센서는 일반적으로 신호 대 잡음비가 낮고, 동적 범위가 제한되어 있다.

[그림 8-5]는 정전용량식 가속도 센서의 기본적인 구성 요소를 질량 스프링 시스템으로 단순화시킨 것이다. 두 개의 전압에서 하나는 인가된 V_0 이고, 다른 하나는 측정된 V_x 이다. [그림 8-5] (c)와 같이 한쪽으로 움직였을 때 커패시턴스가 변경되고 전하 보존(conservation of charge)을 적용하면 다음과 같다.

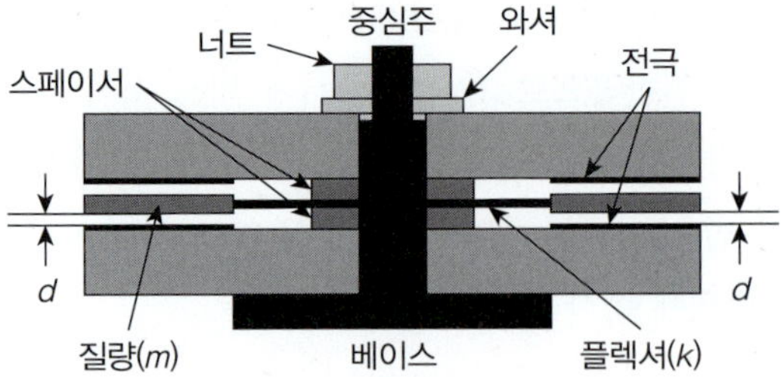

(a) 정전용량식 가속도 센서의 구성

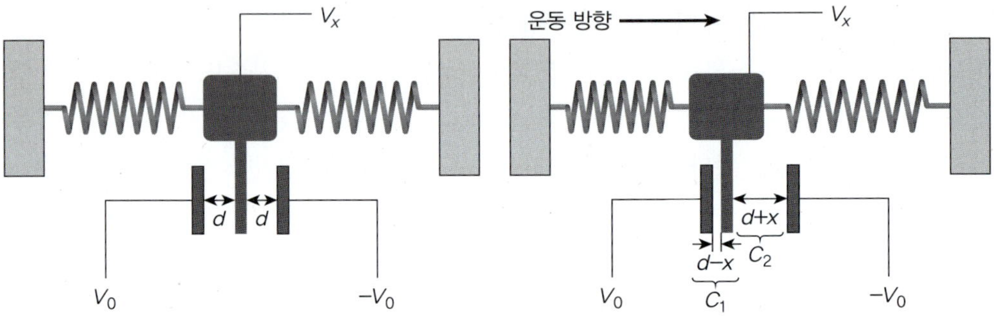

(b) 단순화된 평형 상태

(c) 단순화된 동작 상태

[그림 8–5] 정전용량식 가속도 센서 동작 원리

$$C_1(V_1 - V_x) + C_2(V_2 - V_x) = 0 \tag{8.6}$$

커패시터 사이의 변위는 질량에 가해지는 힘의 지표로 작용하므로 궁극적으로 시스템의 가속도에 대한 정보를 제공한다. 커패시턴스 방정식을 사용하면 다음과 같다.

$$\frac{V_0 - V_x}{d - x} + \frac{-V_0 - V_x}{d + x} = 0, \quad x = \frac{V_x d}{V_0} \tag{8.7}$$

여기서 가속도는 다음과 같이 도출할 수 있다.

$$F = ma = -kx \Rightarrow a = \frac{-kV_x d}{V_0 m} \tag{8.8}$$

스프링 상수, 관성질량, 평형 상태에서의 커패시터 간 떨어진 거리, 인가된 전압의 규정된 값을 사용하여 전압을 읽는 것만으로 가속도를 결정할 수 있다는 것을 알 수 있으며, 이는 정전용량식 가속도 센서를 이해하기 위한 기초적인 원리이다. [그림 8-6]은 MEMS 정전용량식 가속도 센서의 차동 커패시턴스(differential capacitance) 구성 유형이다.

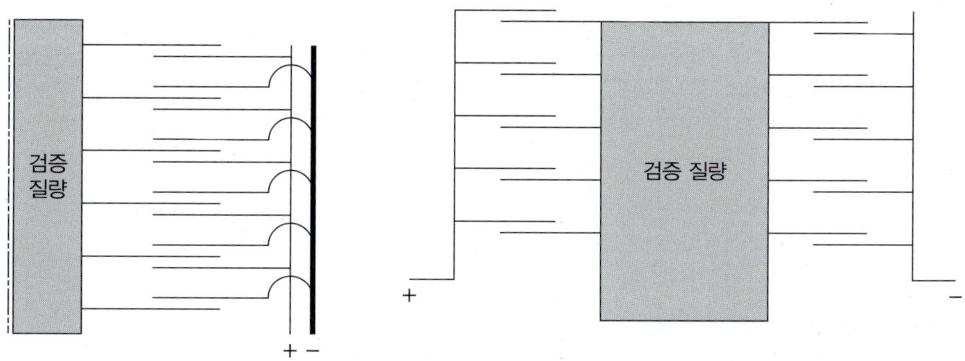

(a) 극성이 한쪽으로 구성

(b) 극성이 질량의 양쪽으로 구성

[그림 8-6] MEMS 정전용량식 가속도 센서의 두 가지 유형

정전용량식 가속도 센서가 제대로 동작하기 위해 정전용량의 변화가 정적 및 동적 움직임 모두를 측정하는 데 유용하도록 하고, 정전용량의 변화를 계측한 결과와 같은 전압 신호로 변환할 수 있는 내장된 전자 회로가 필요하다. 모든 정전용량식 장치의 고유한 특성 중 하나는 내부 클록이다. 고주파 잡음은 가속도 측정 범위 밖에 있을 수 있지만, 전류 검출 회로에서 필수적인 부분인 클록 주파수(~500 kHz)가 내부 누출로 인해 출력 신호에 항상 존재한다.

정전용량식 가속도 센서는 우수한 선형성과 높은 출력 안정성을 제공하며, 구성 비용이 주요인일 수 있는 온 보드 시스템이나 진동 레벨이 낮은 저주파 운동을 측정하는데 가장 적합하다.

8.1.3 압저항식 가속도 센서

압저항식(piezoresistive) 가속도 센서는 금속이나 폴리실리콘과 같은 반도체 재료에 외력이 가해지면 기하학적인 형상 변화로 저항비가 변하는 압저항 효과(piezoresistive effect)를 이용하여 가속도를 측정한다. 다만 실리콘과 같은 반도체 소자는 외력에 의한 기하학적인 변형보다 재료의 본질적인 특성에 의해 저항비가 변한다. 유사한 원리의 저항식 가속도 센서는 기본적으로 관성질량 시스템의 일부인 스트레인 게이지에서 저항의 변화를 측정한다. 스트레인 게이지의 기본 개념은 7.2절을 참고하면 된다.

MEMS 3축 가속도 센서는 압저항식, 압전식, 정전용량식의 세 가지 유형이 있으며, 각각 저항, 전압, 정전용량의 변화에 비례하는 출력을 생성하고 진동이나 가속도 등을 도출한다. 가속도 센서는 회전각을 측정하는 자이로 센서, 지구 표면과 그 주위 공간에 만들어진 자기장을 측정하는 지자기 센서 등을 통합하여 이동하는 물체의 속도, 방향, 중력, 가속도 등을 측정하는 다축 조합으로 구성된 관성 측정 장치(Inertial Measurement Unit, IMU)의 센서로 포함된다.

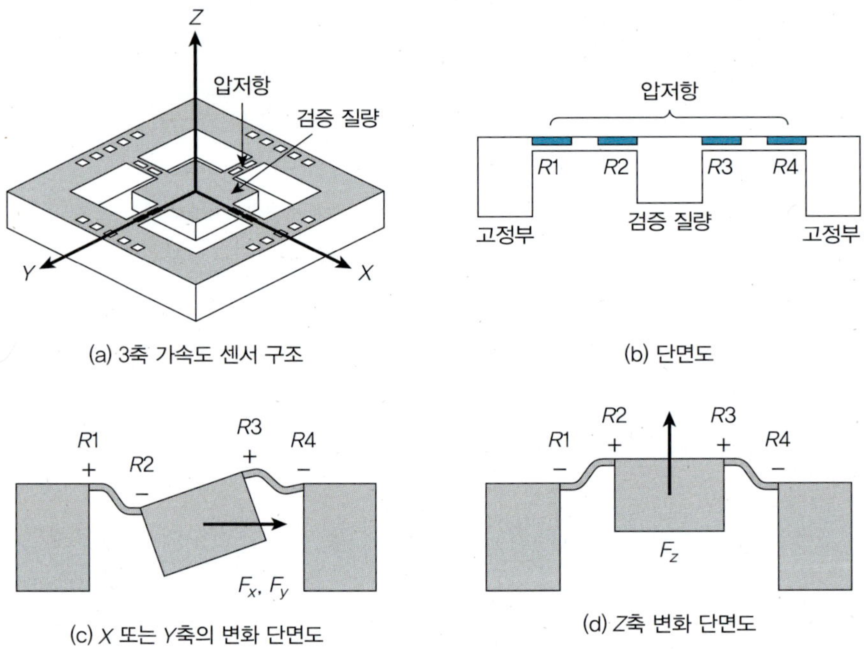

[그림 8-7] 압저항식 3축 가속도 센서와 X, Y, Z축 동작

일반적으로 압저항식 가속도 센서의 기본 원리는 가속도에 변위하는 검증 질량(proof mass)에 의해 바이모프 캔틸레버(bimorph cantilever)에 내장된 압저항 요소가 변화하는 것으로 설명하지만, 압저항식 가속도 센서는 [그림 8-7]의 3축 가속도 센서를 기반으로 설명한다.

압저항식 3축 가속도 센서는 기계적 변형을 DC 출력 전압으로 변환하기 위해 휘트스톤 브리지의 암으로 동작하는 압저항 스트레인 게이지를 사용한다. 검증 질량에 *X*축 또는 *Y*축을 따라 가속이 발생하면 관성에 의해 검증 질량은 축을 따라 변위하고 서스펜션 빔 주위가 휘어진다. [그림 8-7] (c)와 같이 *R*1과 *R*3 두 개의 압저항은 인장 변형하고, *R*2와 *R*4에는 압축 변형이 발생한다. 이것은 늘어난 *R*1과 *R*3의 저항을 증가시키고 압축된 *R*2와 *R*4의 저항을 감소시킨다. 가속도가 Z축을 따라 발생하면 [그림 8-7] (d)와 같이 변위되어, $R2$와 $R3$ 저항은 증가하고, $R1$과 $R4$는 감소한다.

대부분 압저항식의 출력은 온도 변화에 민감하므로 온도 보상을 적용해야 한다. 압저항식 가속도 센서의 대역폭은 일반적으로 100 Hz ~ 2 kHz 사이이고, 측정 하한은 5 Hz ~ 100 Hz 사이이다. 순전히 저항성이기 때문에 신호 대 잡음 성능은 좋고, DC 응답 장치이기 때문에 가속 출력으로부터 적분 오차 없이 원하는 속도와 변위 정보를 정확하게 도출할 수 있다. 그리고 구조나 판독 회로가 간단하고, 넓은 대역폭으로 인해 주파수 범위와 진동 레벨이 높은 임펄스(impulse)와 충격 측정에 가장 적합하여 자동차 안전 테스트, 무기 테스트 등 정전용량식 가속도 센서보다 더 큰 충격 측정 시스템에 사용할 수 있다.

8.1.4 터널링 가속도 센서

터널링(tunneling) 가속도 센서는 소형의 고감도 가속도 센서로 전자 터널링을 기반으로 고해상도 변위 변환기를 통합한 것이다. 처음 전자 터널링은 주사형 터널 현미경(Scanning Tunneling Microscope, STM)에 사용하기 위해 개발되었고, 날카로운 금속 팁은 금속 표면의 약 10 Å(angstrom, 10^{-10} m)에 위치한다. [그림 8-8]처럼 터널링 가속도 센서의 물리적인 기본 구성 요소로는 검증 질량, 터널링 팁(tunneling tip), 상대 전극(counter electrode)이 있다. 가속도에 터널링 팁과 상대 전극 사이의 거리가 변경되면서 터널링 전류의 변화를 유도한다.

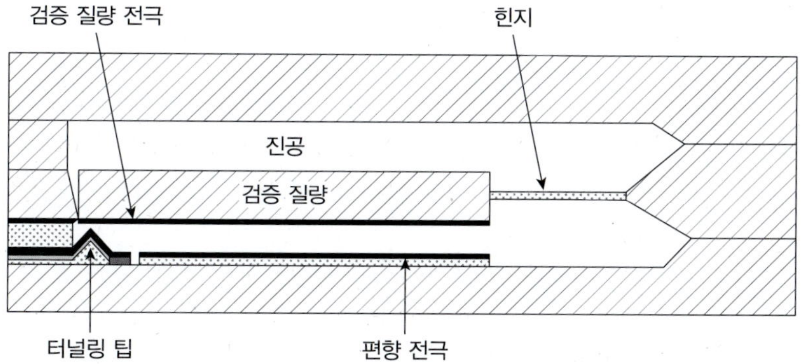

[그림 8-8] 캔틸레버 구조의 터널링 가속도 센서 단면

[그림 8-8]은 캔틸레버 구조의 터널링 가속도 센서의 단면을 나타낸 것이다. 편향 전극(deflecting electrode)과 검증 질량 전극으로 터널링 전류를 제어하는데 필요한 정전기력

(electrostatic force)을 제공한다. 터널링 팁과 상대 전극 사이에 DC 전압이 인가되면 약 1 nA의 터널링 전류를 측정할 수 있으며, 터널링 팁과 전극 사이에서 일어나는 미세한 변화는 10 % ~ 50 % 더 큰 터널링 전류로 감지된다.

터널링 전류 I_t는 두 전극 사이의 거리와 관련이 있으며, 다음과 같다.

$$I_t = V_B \times \exp(\alpha_1 \sqrt{\phi \times x_{tg}}) \tag{8.9}$$

여기서 V_B는 전극 사이의 터널링 바이어스, α_1은 변환 계수 1.025(Å^{-1} $eV^{-0.5}$), ϕ는 터널링 장벽의 높이, x_{tg}는 최소 터널링 간격이다. 피드백 회로는 터널링 전류를 제어하여 터널링 팁을 검증 질량에서 일정한 거리를 유지하는 데 사용되며, 거리를 유지하기 위해 사용되는 전기력을 통해 가속도를 측정한다.

터널링 가속도 센서는 압저항 또는 정전용량 방식에 비해 높은 감도, 작은 크기, 고감도 성능으로 인해 지진과 관련된 응용 분야에 매우 적합하다.

8.2 자이로스코프

8.2.1 자이로스코프 개요

자이로스코프(gyroscope)는 축을 중심으로 빠르게 회전할 수 있도록 장착된 회전자(rotor)의 각운동량(angular momentum)을 활용하여 원하는 방향에서 물체의 편차를 감지하고 측정하는 데 사용되며, 해당 방향과 각속도(angular velocity)를 유지하거나 측정할 때 사용한다. 자이로스코프는 최초 안개 속에서 수평선을 찾는 수평계로 사용되었고, 오늘날에는 선박과 항공기의 나침반과 자동 조종 장치, 어뢰의 조종 장치, 우주 발사체, 탄도 미사일 및 궤도 위성에 설치된 관성 유도(inertial guidance) 제어 시스템 등에 사용된다.

힘과 가속도의 법칙에 따라 어떤 물체에 힘을 가하면 그 물체는 가속도운동을 하는데 물체의 질량이 클수록 가속도가 작고 관성이 크며, 물체의 질량이 작을수록 가속도가 크고 관성이 작다. 회전운동에서도 마찬가지로 같은 토크(torque)로 물체가 회전을 지속해서 유지하려는 힘이 크다면 각가속도(angular acceleration)는 작고, 그 반대의 상황에서는 각가속도는 크다. 이것을 회전 관성(rotational inertia) 또는 관성 모멘트(moment of inertia)라 한다. 따라서 회전 관성이 크다는 것은 회전을 지속해서 유지하려는 힘이 크다는 것이니 각가속도의 변화는 작다. 자이로스코프는 팽이를 통해 원리를 이해할 수 있다. 팽이가 빠르게 회전하는 경우 회전축이 지면과 수직을 유지하면서 도는 것은 자이로 관성(gyroscopic inertia)의 속성을 보여준다. 자이로 관성에 의해 자이로스코프는 지지대가 회전하더라도 공간에서 같은 방향을 유지하도록 하며, 이는 많은 항법 장치(navigation instrument)에 적용하는 속성이다. 팽이의 중심에 작용하는 중력과 축 끝에서 팽이를 버티게 하는 항력(drag) 등이 작용하여 팽이가 점점 느려지면서 회전축이 기울어져 회전하고 회전축 자체도 원뿔 궤적을 그리면서 회전하는데 이것을 세차운동(precession motion)이라 한다. 회전하는 모든 물체는 [그림 8-9] (a)처럼 세차 현상이 나타난다.

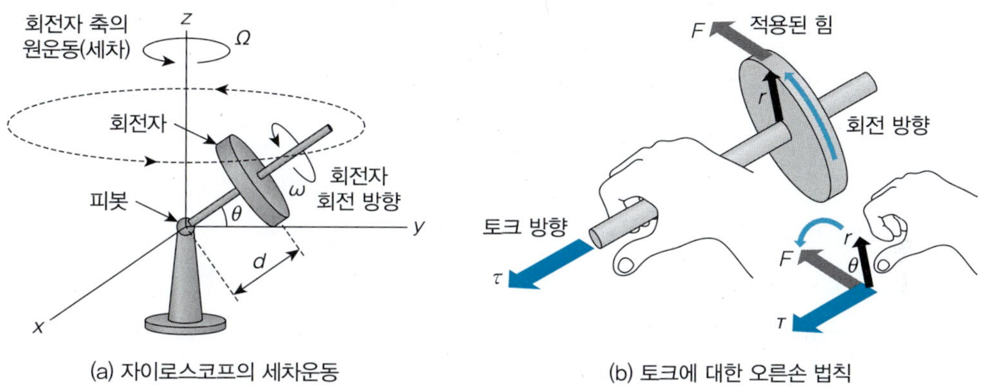

[그림 8-9] 자이로스코프의 세차운동과 오른손 법칙

토크 τ는 물체에 작용하는 힘 F와 회전 중심으로부터 힘의 작용점까지의 거리 r, 힘 벡터, 위치 벡터 사이의 각도 θ에 따라 결정되며, 다음과 같이 나타낼 수 있다.

$$\tau = Fl = rF\sin\theta = F_{\tan} r, \quad \vec{\tau} = \vec{r} \times \vec{F} \tag{8.10}$$

여기서 l은 $r\sin\theta$이고, $F_{\tan}$는 $F\sin\theta$이다.

회전운동의 물리량인 각운동량 $\vec{L}$은 병진운동(translational motion)과 같으며, 다음과 같다.

$$\vec{L} = \vec{r} \times \vec{p} = \vec{r} \times m\vec{v} \tag{8.11}$$

물체에 힘 $\vec{F}$가 작용할 때 각운동량의 변화율과 각운동량 $\vec{L}$과 토크 $\vec{\tau}$ 사이의 관계식은 다음과 같이 나타낼 수 있다. 세차운동은 다음의 식 (8.13)으로 설명할 수 있다.

$$\frac{d\vec{L}}{dt}=\left(\frac{d\vec{r}}{dt}\times m\vec{v}\right)+\left(\vec{r}\times m\frac{d\vec{v}}{dt}\right)=(\vec{v}\times m\vec{v})+(\vec{r}\times m\vec{a}) \tag{8.12}$$

$$\frac{d\vec{L}}{dt}=\vec{r}\times\vec{F}=\vec{\tau} \tag{8.13}$$

원심력, 관성력, 코리올리 가속(Coriolis acceleration), 로터의 각운동량 변화로 생성되는 힘 등이 자이로스코프 효과로 이어지는 기본 원리이다. 자이로스코프와 관련된 모든 물리 이론과 수학적 모델을 다루기에는 너무 복잡하므로 필요할 경우 관련된 논문이나 자료들을 참고하기 바란다.

자이로스코프는 측정방식에 따라 종류가 다양하지만, 크게 기계식(mechanical gyroscope)과 광학식(optical gyroscope)으로 분류된다. 기계식 자이로스코프는 다시 각운동량 기반이나 진동하는 물체의 코리올리 가속도 기반과 같은 동작 원리에 따라 분류할 수 있다. 각운동량 기반 자이로스코프는 회전하는 플라이휠(flywheel)의 관성 특성을 사용하는 전기·기계적 자이로스코프로 동조 자이로스코프(Dynamically Tuned Gyroscope, DTG)와 속도 자이로스코프(rate gyroscope)로 다시 분류한다. 코리올리 진동 자이로스코프(Coriolis Vibratory Gyroscope, CVG)는 각속도 측정을 위해 코리올리 가속 원리를 사용하고, 일반적으로 진동하는 기계적 요소의 각속도를 감지하기 위한 요소로 이용한다. 코리올리 진동 자이로스코프는 튜닝 포크(tuning fork)와 진동 쉘(vibrating shell)과 같은 감지 요소 기반의 두 가지 구성 방법이 있다. 자이로미터(gyrometer)라고도 하는 MEMS 자이로스코프나 반구형 공진 자이로스코프(Hemispherical Resonator Gyroscope, HRG)도 내부적으로는 진동이나 회전운동 원리를 사용하므로 기계식으로 분류할 수 있다. 광학식 자이로스코프는 링 레이저 자이로스코프(Ring Laser Gyroscope, RLG)와 광섬유 자이로스코프(Fibre Optic Gyroscope, FOG)로 분류할 수 있으며, 퀀텀 자이로스코프(quantum gyroscope)와 같이 더 진보된 방식도 있다. 광학식 자이로스코프는 폐쇄 또는 개방 광학 경로에서 반대 전파 빔 사이의 전파 시간 차이를 감지하여 동작한다. 경로 길이의 회전에 의한 변화는 반대 전파 광선 사이에 위상차를 생성한다. 물리적으로 사냑 효과(Sagnac effect)로 구성되는 이러한 회전 유도 위상차는 모든 광학식 자이로스코프의 기본 동작 원리이다. 링 레이저 자이로스코프는 두 빛의 주파수 차이를 이용하고, 광섬유 자이로스코프는 위상 변화를 이용하여 각속도를 측정한다. 광학식 자이로스코프는 빛을 이용한 간섭 신호를 이용하므로 높은 민감도를 달성할 수 있어서 항법 장치나 인공위성과 같은 고감도가 요구되는 분야에서는 기계식보다 더 적합하다.

8.2.2 기계식 자이로스코프

8.2.2.1 각운동량 기반 자이로스코프

각운동량 기반 기계식 자이로스코프는 기본적으로 회전축에서 회전하는 회전 질량체로 구성된다. 질량이 축을 중심으로 회전할 때 질량은 자체적으로 평행을 유지하고 방향을 바꾸지 않으려는 성질이 있다. 회전하는 질량은 두 개의 수직축을 따라 회전할 수 있는 짐벌(gimbal) 프레임에 장착된다. 자이로스코프의 짐벌 프레임은 차량에 부착되어 자유롭게 회전할 수 있다. 회전하는 질량체의 회전축은 차량이 움직이는 동안 각 위치를 유지한다. 자이로스코프는 회전 질량이 관성 기준틀(inertial reference frame)에 대해 각도 위치를 유지하는 경향이 있으며, 일정한 외부 토크가 질량체에 가해질 때 회전축은 적용된 토크의 방향에 수직인 방향으로 일정한 각속도로 세차운동을 하고, 회전부의 질량 중심에 작용하는 외력은 회전축의 각도 위치에 영향을 주지 않는다는 기본 특성이 있다. 이와 같은 자이로스코프 효과는 움직이는 차량의 각도 위치 측정에 사용된다. 차량의 절대 각도의 변화는 질량의 회전축과 자이로스코프 프레임의 고정된 방향 간 각도의 상대적인 변화와 연관될 수 있다. [그림 8-10]은 각운동량 기반 자이로스코프의 동조 방식과 속도 방식의 구조를 보여준다.

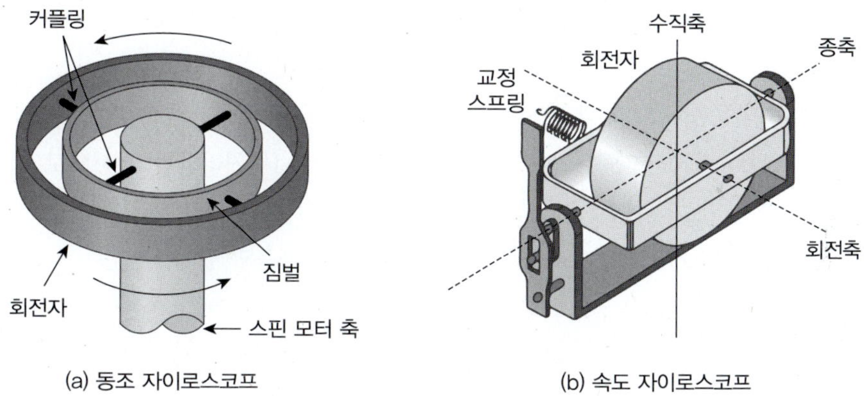

[그림 8-10] 각운동량 기반 자이로스코프

8.2.2.2 코리올리 진동 자이로스코프

코리올리 진동 자이로스코프는 일반적으로 진동하는 기계적 요소의 각속도를 감지하기 위한 감지 요소로 사용하며, 기존 자이로스코프의 짐벌 베어링과 관련된 구조적인 복잡성은 진동 운동 기반의 코리올리 진동 자이로스코프에서 개선되었다. 그리고 전기 모터가 없으므로 민감한 요소의 설계를 크게 단순화할 수 있어 소형화, 대량생산, 비용 효율성 등을 가능하게 한다.

기계식 자이로스코프의 기본적인 원리로 이용되는 코리올리 효과는 코리올리 힘이라고도 하며, 지구 자전의 각속도와 원심력(centrifugal force)으로 인하여 회전하는 물체 위에서 운동하는 물체에 작용하는 가상적인 힘으로 원심력과 같은 겉보기 힘(apparent force)이다. 예를 들면, 물체를 던진 방향에 대해 지구의 북반구에서는 오른쪽으로 물체의 궤적이 휘어져 이동한 것처럼 보이고, 남반구에서는 왼쪽으로 힘이 작용하는 것처럼 보이는 현상이다. 코리올리 힘은 운동하는 물체의 속도에 비례하고 운동 방향에 수직으로 작용한다.

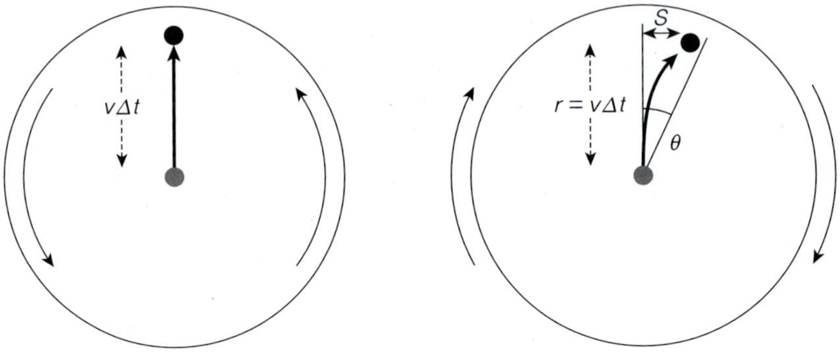

(a) 관성 좌표계에서 움직임 (b) 회전 좌표계에서 움직임

[그림 8-11] 코리올리 효과

회전하는 테이블의 중심에서 바깥쪽으로 공을 던졌을 때를 가정하면 [그림 8-11] (a)와 같이 관성 좌표계(inertial frame)에서 공은 Δt 시간에서 $r = v\Delta t$ 거리만큼 직선으로 이동한다. 하지만 (b)처럼 회전 좌표계에서 $\theta = \Omega\Delta t$ 각도로 회전하고, 볼은 거리만큼 편향(deflection)하는데 일정한 가속도(constant acceleration)를 적용하면 다음과 같다.

$$S = r\theta = \Omega v(\Delta t)^2 = \frac{1}{2}a(\Delta t)^2 \quad (8.14)$$

따라서 코리올리 가속은 다음과 같다.

$$a = 2\Omega v \quad (8.15)$$

대부분의 진동 자이로스코프는 코리올리 가속으로 인한 구조의 두 가지 진동 모드 간의 에너지 전달을 기반으로 한다. 코리올리 진동 자이로스코프의 동작 원리는 [그림 8-12]와 같다. 공진 진동 축 한쪽이 진동하는 것을 1차 운동 또는 1차 모드라고 한다. 질량이 고정된 몸체

축을 중심으로 각속도 Ω으로 회전할 때, 선속도(linear velocity)와 각속도에 수직인 코리올리 힘이 발생한다. 코리올리 진동 자이로스코프에 대한 공진기 요소 F_C의 코리올리 힘은 다음과 같다.

$$F_C = 2 \times m \times v \times \Omega \tag{8.16}$$

여기서 m은 공진기 요소의 질량, v는 공진기 요소의 선속도, Ω은 자이로스코프 감지 축에 대한 입력 각속도이다. 이 코리올리 힘은 2차 운동을 일으키고, 코리올리 효과를 통해 두 가지 동작이 동적으로 결합된다.

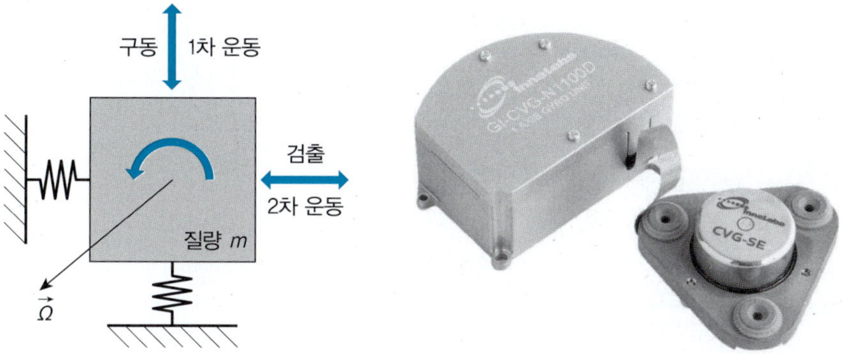

[그림 8-12] 코리올리 진동 자이로스코프와 동작 원리

단순화된 동적 운동 방정식은 선가속도와 회전이 존재할 수 있는 비관성 좌표계(non-inertial coordinate frame)에서 다음과 같이 설명할 수 있다.

$$m\ddot{x} = -c_x\dot{x} - k_x x + m(\Omega^2 x + 2\Omega\dot{y} + \dot{\Omega}y) + F_x \tag{8.17}$$

$$m\ddot{y} = -c_y\dot{y} - k_y y + m(\Omega^2 y - 2\Omega\dot{x} + \dot{\Omega}x) + F_y \tag{8.18}$$

여기서 x는 1차 구동 방향의 변위, y는 2차 감지 방향의 변위, c_x와 c_y는 감쇠 계수, k_x와 k_y는 강성 계수(stiffness coefficients), F_x와 F_y는 기준 좌표계에 대하여 질량에 외부적으로 가해지는 추가적인 힘이다. 일반적으로 자이로스코프의 고유 주파수는 측정된 회전 속도 $\omega_x^2 \gg \Omega^2$과 $\omega_y^2 \gg \Omega^2$보다 훨씬 높다. 이런 가정을 통해 운동 방정식에서 Ω^2와 $\dot{\Omega}$가 있는 항을 무시할 수 있다. 코리올리 진동 자이로스코프의 감도는 1차와 2차 운동의 공진 주파수를 일치시킴으로써 개선할 수 있다. 따라서 1차 운동의 고유 진동수와 2차 운동의 고유 진동수는 $\omega_x = \omega_y = \omega$ 처럼 이상적으로 같다. 코리올리 진동 자이로스코프는 또한 감쇠비와 일치하도록 $\zeta_x = \zeta_y = \zeta$ 와 같이 설계한다. 이런 일반적인 고려 사항을 기반으로 운동의 지배 방정식은 다음과 같이 단순화할 수 있다.

$$\ddot{x} + \frac{\omega}{Q}\dot{x} + \omega^2 x - 2\Omega\dot{y} = \frac{F_x}{m} \tag{8.19}$$

$$\ddot{y} + \frac{\omega}{Q}\dot{y} + \omega^2 y - 2\Omega\dot{x} = \frac{F_y}{m} \tag{8.20}$$

여기서 Q는 공진기의 Q–인자(quality factor, $Q = \frac{1}{2\zeta}$)이다. 실제 공진기에서는 다양한 유형의 에너지 소산(energy dissipation)이 있으며, Q–인자는 총 에너지 소산을 나타낸다. 그리고 구현의 불완전성으로 인해 1차 및 2차 운동의 두 고유 진동수에 차이가 있고 이 차이를 주파수 분할(frequency split)이라고 한다. 코리올리 진동 자이로스코프의 감도와 관련하여 Q–인자와 주파수 분할은 중요한 매개변수이다.

8.2.3 광학식 자이로스코프

8.2.3.1 사냑 효과

대부분 광학식 자이로스코프의 기본 동작 원리는 사냑 효과를 기반으로 한다. 일반 상대성 이론에서 파생된 사냑 원리는 링 구조에서 전파하는 두 개의 역전파 광학 빔이 링 구조가 회전하는 경우 상대 위상을 변경하고 위상 변화를 링의 각속도와 연관시킬 수 있다는 것이다. 즉, 빛의 상대론적 특성을 이용하여 회전에 의한 빛의 경로 차이를 검출할 수 있도록 고안된 간섭계이다.

각속도 Ω 인 디스크 평면에 수직인 회전축을 통해 회전하는 반경이 R인 크기의 디스크가 있다고 가정하면, 둘레를 따라 서로 반대 방향으로 빛이 전파되었을 때 두 빛의 경로 ΔL 의 차이는 다음과 같다.

$$\Delta L = \frac{4A}{c_0}\Omega = 2\Delta S \tag{8.21}$$

여기서 A는 둘레 L로 둘러싸인 표면이고 c_0는 진공에서 빛의 속도이다. [그림 8-13]은 회전하는 디스크에서 사냑 효과를 보여준다. 1로 표시된 둘레의 특정 지점에서 같은 광자가 시계방향과 반시계방향으로 전파될 때 초기 각속도가 없으면 진공 c_0에서 빛의 속도로 이동하는 광자는 시간 $t = 2\pi R \div c$에서 이동 길이 $2\pi R$ 후에 시작점 1에 도달한다.

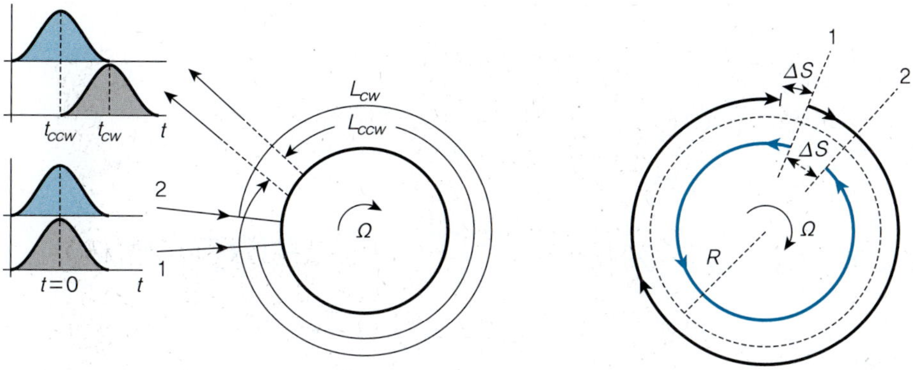

[그림 8-13] 사냑 효과

시계방향으로 각속도 Ω으로 회전하면 빛이 회전하는 동안 출발점이 시계방향으로 움직이므로 반시계방향(CounterClockWise, CCW)인 L_{CCW} 경로로 전파하는 광자는 $2\pi R$보다 짧은 거리인 출발점 2에 도달하며 다음과 같다.

$$L_{CCW} = 2\pi R - R\Omega t_{CCW} = c_{CCW} \cdot t_{CCW} \tag{8.22}$$

여기서 $R\Omega$은 링의 접선 각속도, t_{CCW}는 거리 L_{CCW}를 진행하는 데 걸리는 시간, c_{CCW}는 반시계방향 빛의 속도이다. 진공에서는 $c_{CCW} = c_0$이다. 같은 방식으로 시계방향(ClockWise, CW) L_{CW}의 이동 경로로 전파하는 광자는 $2\pi R$보다 길게 출발점에 도달한다.

$$L_{CW} = 2\pi R - R\Omega t_{CW} = c_{CW} \cdot t_{CW} \tag{8.23}$$

시계방향으로 각속도 Ω으로 회전할 때 시계방향으로 전달된 빛은 반시계방향으로 전달된 빛보다 더 긴 거리를 이동한다. 만약 굴절률 n을 특징으로 하는 매질에서 빛이 전파하는 경우 전파 속도와 매질의 접선 속도의 상대론적 구성을 고려하여 c_{CCW}는 다음과 같이 다시 쓸 수 있으며, c_{CW}도 같다.

$$c_{CCW} = \frac{\frac{c_0}{n} + R\Omega}{1 + \frac{R\Omega}{nc_0^2}} = \frac{c_0}{n} + R\Omega\left(1 - \frac{1}{n^2}\right) + \cdots \tag{8.24}$$

여기서 이전 식의 오른쪽은 첫 번째 항에서 확장된 테일러 급수(Taylor series)이며, Δt는 다음과 같다.

$$\Delta t = t_{CW} - t_{CCW} = 2\pi R\left[\frac{2R\Omega - (c_{CW} - c_{CCW})}{c_{CW} \times c_{CCW}}\right] \tag{8.25}$$

$$\Delta t = t_{CW} - t_{CCW} = 2\pi R\left[\frac{2R\Omega - 2R\Omega\left(1 - \frac{1}{n^2}\right)}{\frac{c_0}{n^2}}\right] = \frac{2\pi R 2R\Omega}{c_0^2} = \frac{4A\Omega}{c_0^2} \tag{8.26}$$

Δt는 진공의 경우와 같으며, 두 빛이 완전히 회전했을 때 두 빛 사이에는 위상차가 존재한다. 이 시간 차이는 다음의 위상 변이에 해당한다.

$$\Delta\phi = \frac{2\pi\Delta t}{\frac{\lambda_0}{c_0}} = \frac{2\pi\Delta t}{\frac{\lambda}{c}} = \frac{8\pi A}{\lambda_0 c_0}\Omega \tag{8.27}$$

여기서 λ와 c는 매질에서 빛의 파장과 속도이다. 시간 Δt 동안 빛이 진행한 경로 길이 ΔL은 다음과 같다.

$$\Delta L = \frac{\Delta\phi}{2\pi}\lambda_0 = \frac{4A}{c_0}\Omega \tag{8.28}$$

광학식 자이로스코프 중 하나인 링 레이저 자이로스코프는 레이저의 개발과 함께 이루어졌고 이후 개발된 광섬유 자이로스코프는 광통신 기술의 발전과 더불어 광섬유 및 광소자의 발달과 함께 이루어졌다. 이렇게 광학 간섭계가 빛의 파동성을 주로 이용했다면 양자역학에 기반을 둔 물질파 간섭계는 물질파의 파동성을 기반으로 하고 있다. 원자 간섭계는 빛과 원자의 상호작용을 이용하여 원자 내부 상태의 양자 중첩을 이용하는데 이론적으로는 광학 간섭계보다 10^{10}배 정도의 정밀 측정이 가능하다.

8.2.3.2 링 레이저 자이로스코프

링 레이저 자이로스코프는 회전이 가해지는 광 경로에 빛을 전파했을 때 서로 반대 방향으로 진행하는 두 빛이 광 경로를 한 바퀴 회전하는 데 걸리는 시간의 차이를 이용하여 회전 각도를 알아내는 사냑 원리를 이용한 1세대 광학식 자이로스코프이다.

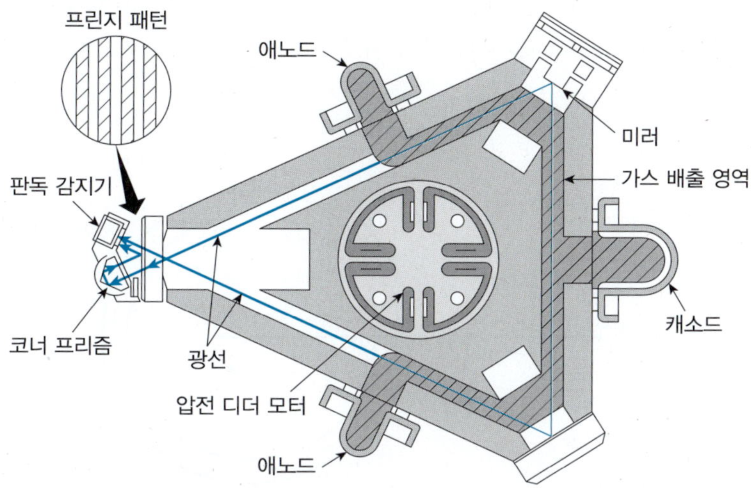

[그림 8-14] 삼각형 광학 공진기로 만든 링 레이저 자이로스코프

밀폐된 광 경로는 세 개 또는 네 개의 반사경으로 구성된 삼각형 또는 사각형 형태의 레이저 공진기로 만들어지며, 공진기, 반사경, 전극, 압전 디더 모터, 검출기 등으로 구성되어 있다. 레이저는 헬륨-네온 가스의 저압 혼합물을 고전압으로 이온화하여 글로우 방전(glow discharge)하면서 가스 배출 영역에서 생성된다. 생성된 빛은 [그림 8-14]의 삼각형 또는 사각형 각 모서리에 있는 반사경에 의해 반사되어 시계방향과 반시계방향으로 전파한다. 레이저 주파수가 다를 때 어둡고 밝은 줄무늬가 번갈아 나타나는 프린지 패턴(fringe pattern)이 생성된다. 포토다이오드는 프린지 패턴의 비율과 이동 방향을 감지하고, 두 다이오드의 출력 주파수와 상대 위상은 자이로스코프의 회전 방향과 크기를 나타낸다. 공진기를 구성하고 있는 반사경과 광학 부품에서 발생하는 산란으로 외부에서 자이로스코프에 가해지는 각속도가 어느 한정된 값 이하일 때 자이로의 출력이 나타나지 않는다. 이것을 락인(lock in) 현상이라 한다. 락인 현상을 보상하기 위해 압전 디더 모터로 몸체를 진동시키며 일정한 DC 바이어스나 광학적 바이어스를 인가하거나 반사경을 진동시키는 등 다양한 보상 방법이 있다. 링 레이저 자이로스코프를 정상 구동하기 위해서는 고전압 공급, 광 경로 제어, 입·출력 신호 처리 등의 전원 공급, 신호 처리, 전자제어 기술이 요구된다.

8.2.3.3 광섬유 자이로스코프

광섬유 자이로스코프는 사냑 원리를 이용한 2세대 광학식 자이로스코프로 기본적인 구조는 [그림 8-15]와 같다. 광섬유 자이로스코프는 광섬유 코일을 기반으로 하며, 광원에서 나온 빛이 두 성분으로 나누어져 N회 감긴 광섬유에 서로 반대 방향으로 입사된다. 입사된 빛은 광섬유의 길이만큼 이동하여 다시 합쳐지고 보강 간섭(constructive interference)이나 상쇄 간섭(destructive interference)과 같은 두 빛의 위상차에 의한 간섭 출력으로 검출되고 이를 이용하여 회전각을 측정한다.

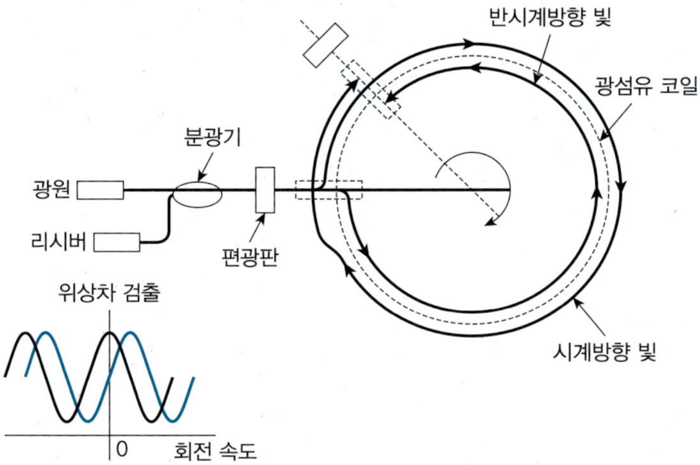

[그림 8-15] 간섭계 광섬유 자이로스코프(IFOG) 구조

각속도 Ω으로 회전할 때 사냑 효과로 인해 반대 레이저는 경로 차이 ΔL을 가지고, 다음과 같은 간섭 프린지 패턴 또는 위상 변이를 만든다.

$$\Delta z = \frac{LD}{\lambda_0 c_0}\Omega, \quad \Delta\phi = \frac{2\pi LD}{\lambda_0 c_0}\Omega \tag{8.29}$$

여기서 L은 광섬유의 길이, D는 광섬유 코일의 직경, λ_0와 c_0는 진공 속에서의 파장과 속도이다. 광섬유의 길이가 길수록 위상차가 커지므로 광섬유 코일 수 N을 더 많이 추가하여 총 코일 길이 L을 증가시켜 감도를 높일 수 있다. 반면 광섬유의 길이가 길어질수록 필요한 전압이 상대적으로 커지므로 출력 전압의 비선형성을 고려하여 동작 범위 축소가 불가피해진다.

두 개의 역전파 광선은 코어 지름이 약 8 μm 정도의 단일 모드 광섬유(Single Mode optical

Fiber, SMF)의 코어를 통해 전반사(total internal reflection)하며 이동하는데 간섭 신호의 스팟 크기(spot size)는 광검출기의 작은 감지 영역에만 결합될 수 있다. 따라서 이 간섭 신호는 다음 식으로 강도를 평가할 수 있는 하나 또는 두 개의 간섭 줄무늬에만 영향을 준다.

$$I(\phi) = I_0(1 + \cos\Delta\phi) \tag{8.30}$$

여기서 I_0는 두 개의 역전파 빔 각각의 진폭이고 $\Delta\phi$는 이들 사이의 광학 위상차이다. 단일 모드 광섬유를 포함한 간섭계에서 빛이 광섬유를 통과할 때 불규칙한 복굴절이나 주변 환경에 의해 편광이 변하게 되므로 서로 간섭하는 빛에 대해서 같은 광 경로를 만들지 못한다. 이때 발생하는 위상 에러는 지구자전율에 해당하는 위상 이동보다 훨씬 큰 값을 가지게 된다.

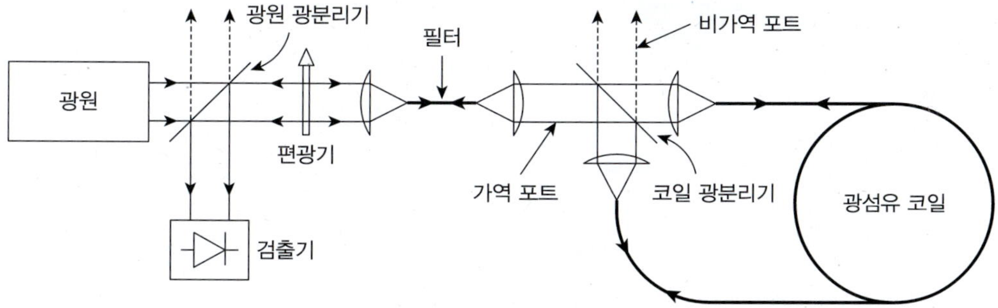

[그림 8-16] 공통 입출력 포트에 단일 모드 필터가 있는 가역적 구성

위상 에러를 줄이기 위해서는 광섬유를 통과한 두 빛이 같은 상태를 가져야 하고 [그림 8-16] 형태로 구성함으로써 해결할 수 있으며, 편광기를 통한 광섬유의 복굴절(double refraction)에 의한 위상 오류는 선폭이 넓은 광원과 편광 유지 광섬유를 사용하는 것으로 오류를 줄일 수 있다.

광섬유 자이로스코프는 로봇, 군사용, 산업용 등 응용 범위가 매우 넓으며, 기존의 기계식 자이로스코프나 링 레이저 자이로스코프보다 부피가 작고 견고하게 만들 수 있으며 수명이 길다.

8.3 다이나믹 센서 실습

8.3.1 노크 센서 모듈(KY-031)

KY-031 노크 센서 모듈은 노크나 진동 시 내부의 전도성 스프링이 구부러지면서 접점과 연결되어 스프링과 전극 사이에 전류가 흐르게 되며, 외부로부터 진동이나 충격을 받으면 모듈의 출력 핀을 통해 LOW 신호를 출력한다. 전도성 스프링은 센서 내에서 스위치 역할을 하며, 유휴 상태에서는 오픈 상태였다가 진동이나 충격이 가해지면 일시적으로 접점을 만든다. 센서의 출력 핀은 10 kΩ 풀업 저항으로 연결되어 있으므로 유휴 상태에서는 모듈의 출력 핀으로 HIGH 신호가 출력된다. KY-031 모듈과 유사한 원리와 회로로 만들어진 센서 모듈이 많으며, 동작 전압은 3.3 V ~ 5 V이다.

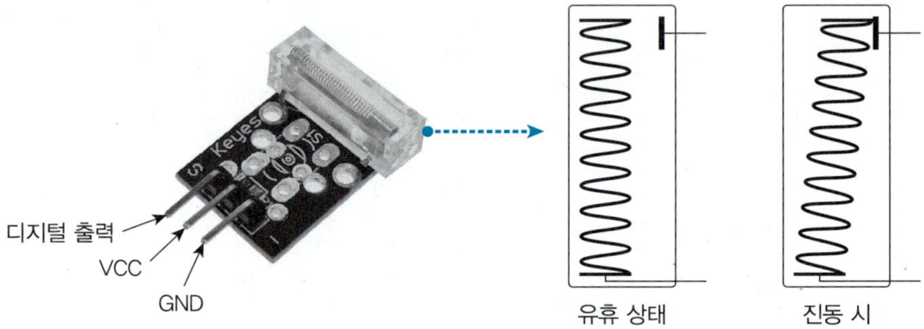

[그림 8-17] 노크 센서 모듈과 원리

KY-031 노크 센서 모듈에 진동이 가해질 때 LED가 반응하는 예제를 통해 실생활에서 적용 가능한 진동이나 충격 감지 애플리케이션을 구상해 본다.

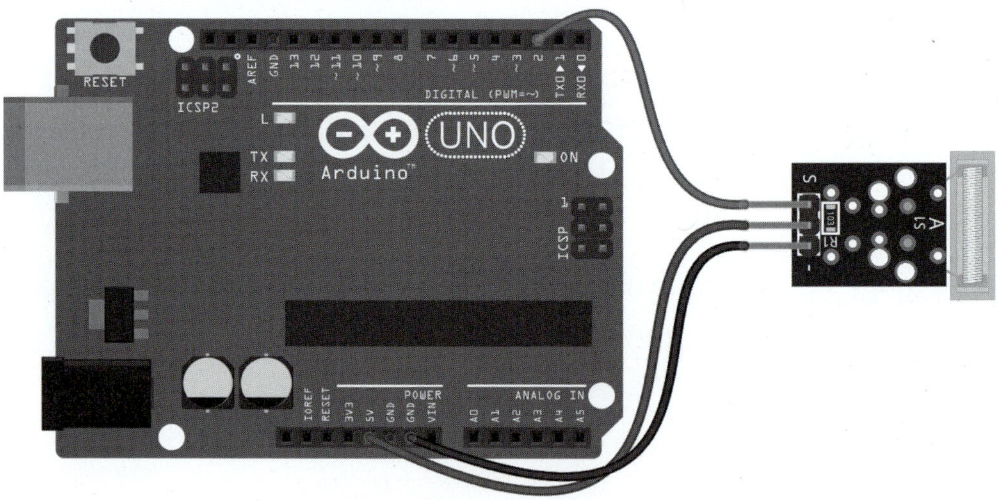

[그림 8-18] KY-031 노크 센서 모듈 연결 회로

```
const int sensorDPin = 2;                // 센서의 S 핀을 보드의 2번 핀에 연결
const int ledPin = 13;                   // 13번 핀의 빌트인 LED 사용
int ledState;                            // LED on·off 상태 저장 변수

void setup()
{
  Serial.begin(9600);                    // 시리얼 통신 속도 9,600 bps로 설정

  pinMode(sensorDPin, INPUT_PULLUP);     // 2번 핀을 입력 모드로 설정, 내부 풀업 사용
  pinMode(ledPin, OUTPUT);               // 13번 핀을 출력 모드로 설정
}

void loop()
{
  // 센서 모듈의 S 핀으로부터 센서값을 읽어 sensorValue 변수에 저장
  int sensorValue = digitalRead(sensorDPin);

  if(sensorValue == LOW)                 // 진동이 감지되면,
  {
    delay(100);
    if(ledState == HIGH)                 // LED가 켜진 상태일 때,
    {
      Serial.println("LED OFF");
      ledState = LOW;                    // 상태 변수에 LOW 저장
    }
    else                                 // LED가 꺼진 상태일 때,
    {
      Serial.println("LED ON");
      ledState = HIGH;                   // 상태 변수에 HIGH 저장
    }

    digitalWrite(ledPin, ledState);      // LED 상태 업데이트
  }
}
```

[그림 8-19] 진동을 감지할 때마다 LED 토글 동작

8.3.2 충격 센서 모듈(KY-002)

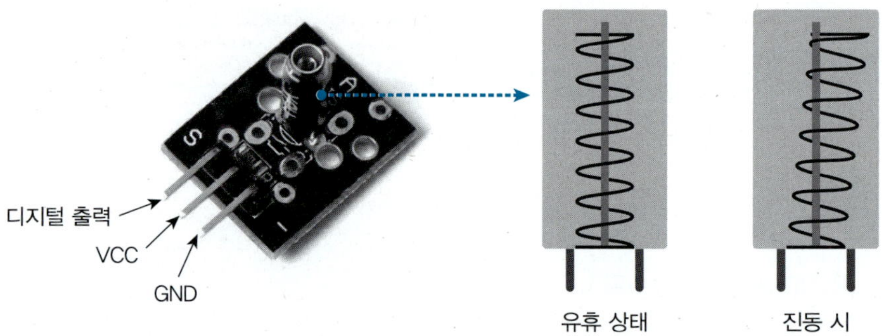

[그림 8-20] KY-002 충격 센서 모듈

KY-002 충격 센서 모듈은 KY-031 노크 센서 모듈보다 더 작은 진동에 민감하며, 내부 회로와 동작 원리는 KY-031 노크 센서 모듈과 같다. 튜브 내부에는 그라운드에 연결된 금속 스프링이 양극에 연결된 금속 막대를 감싸고 있어 진동이나 충격에 스프링이 구부러지면서 전류가 흐르게 된다. 유휴 상태에서는 모듈의 출력 핀으로 HIGH 신호가 출력되고 진동이나 충격 감지 시 LOW 신호가 출력된다. 3 V ~ 12 V 전압 공급이 가능하지만, 5 V 전압을 공급한다.

진동이나 충격 발생 시 버저가 울리고 아두이노 보드의 빌트인 LED가 켜지는 예제이다.

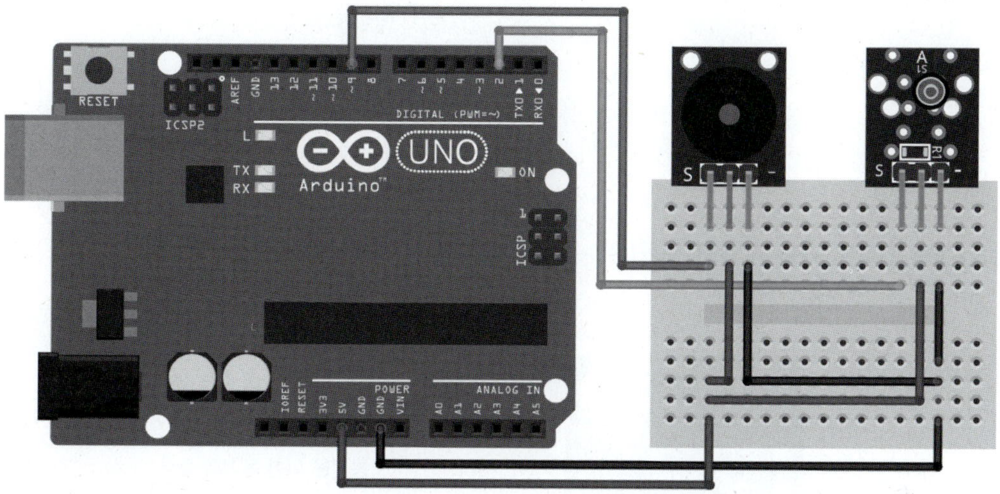

[그림 8-21] 충격 센서 모듈과 버저 모듈 연결 회로

```
const int sensorPin = 2;                    // 센서의 S 핀을 보드의 2번 핀에 연결
const int buzzerPin = 9;                    // 버저의 S 핀을 보드의 9번 핀에 연결

void setup()
{
  pinMode(sensorPin, INPUT);                // 2번 핀을 입력 모드로 설정
  pinMode(buzzerPin, OUTPUT);               // 9번 핀을 출력 모드로 설정
  pinMode(13, OUTPUT);                      // 13번 핀을 출력 모드로 설정
}

void loop()
{
  // 센서 모듈의 S 핀으로부터 센서값을 읽어 sensorValue 변수에 저장
  int sensorValue = digitalRead(sensorPin);

  if(sensorValue == LOW)                    // 진동이 감지되면,
  {
    tone(buzzerPin, 2400, 500);             // 2,400 Hz 주파수를 500 ms 동안 울림
    digitalWrite(13, HIGH);                 // LED on
    delay(500);
```

```
    }
    else
    {                                                    // 감지되지 않으면,
        digitalWrite(13, LOW);                           // LED off
    }
}
```

8.3.3 6축 자이로 가속도 센서 모듈(GY-521)

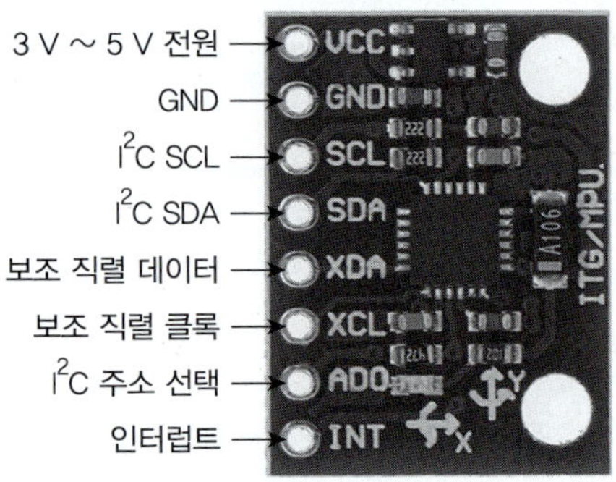

핀	설명
VCC	모듈에 3 V ~ 5 V 전원 공급
GND	그라운드
SCL	I^2C 통신을 위한 동기화 클록
SDA	I^2C 통신 데이터 전송
XDA	다른 I^2C 모듈 데이터 전송(선택 사항)
XCL	다른 I^2C 모듈 동기화 클록(선택 사항)
AD0	I^2C 주소 변경(H: 0x69/L: 0x68), 기본 L
INT	인터럽트

[그림 8-22] GY-521 MPU-6050 센서 모듈과 핀 정보

MEMS 기술을 기반으로 만들어진 MPU-6050 센서는 3축 가속도계와 3축 자이로스코프로 구성된 통합 6축 모션 추적 칩이다. MEMS 기술과 코리올리 효과를 사용한 자이로스코프는 X, Y, Z 축을 따라 시간 경과에 따른 각도 위치의 변화 속도 또는 회전 속도를 측정한다. 자이로스코프의 출력은 초당 각도이므로 각 위치를 얻으려면 각속도를 통합하면 된다. 반면, 가속도계는 3축을 따라 중력가속도를 측정할 수 있으며, 일부 삼각법 수학을 사용하여 센서가 위치하는 각도를 계산할 수 있다. 따라서 가속도계와 자이로스코프 데이터를 융합하거나 결합하면 센서 방향에 대한 매우 정확한 정보를 얻을 수 있다.

MPU-6050 센서의 데이터는 I^2C 통신을 통해 처리된다. XDA 핀과 XCL 핀에 자기장을 측정할 수 있는 3축 지자기 센서를 추가하면 9 자유도(degrees of freedom)를 가진 관성 측정 장치가 된다. 가속도계, 자이로스코프, 타 센서의 데이터는 모두 내부의 디지털 모션 프로세서(Digital Motion Processor, DMP)로 전달되어 센서의 원시 값을 안정적인 위치 데이터로

처리하고 I^2C 버스에서 사용할 형식을 지정한다.

MPU-6050 센서의 0x3B ~ 0x48까지 14byte의 레지스터 데이터가 실제 사용하는 데이터이며, 최대 1,000 Hz 빈도로 업데이트된다. 각 데이터는 2byte이며, 레지스터의 주소와 데이터 내용은 가속도계의 X축 성분 ACC_X(0x3B), 가속도계의 Y축 성분 ACC_Y(0x3D), 가속도계의 Z축 성분 ACC_Z(0x3F), 현재 온도 TEMP(0x41), X축 주위의 각속도 GYR_X(0x43), Y축 주위의 각속도 GYR_Y(0x45), Z축 주위의 각속도 GYR_Z(0x47)이다.

MPU-6050 센서에서 제공되는 데이터는 실제 노이즈와 오프셋 현상이 존재한다. 정확한 데이터 처리를 위해 오프셋 보정과 필터링 알고리즘을 사용하여 노이즈를 제거하는 작업이 필요하다. 노이즈가 많은 데이터에 상보 필터(complementary filter)나 칼만 필터(Kalman filter) 알고리즘은 좋은 결과를 얻는 데 매우 효과적이다. 필터 알고리즘의 세부 사항에 대해 직접 분석하는 것도 좋지만, 아두이노에서 라이브러리를 활용하면 쉽게 적용할 수 있으니 필요할 경우 관련된 자료를 찾아보기 바란다.

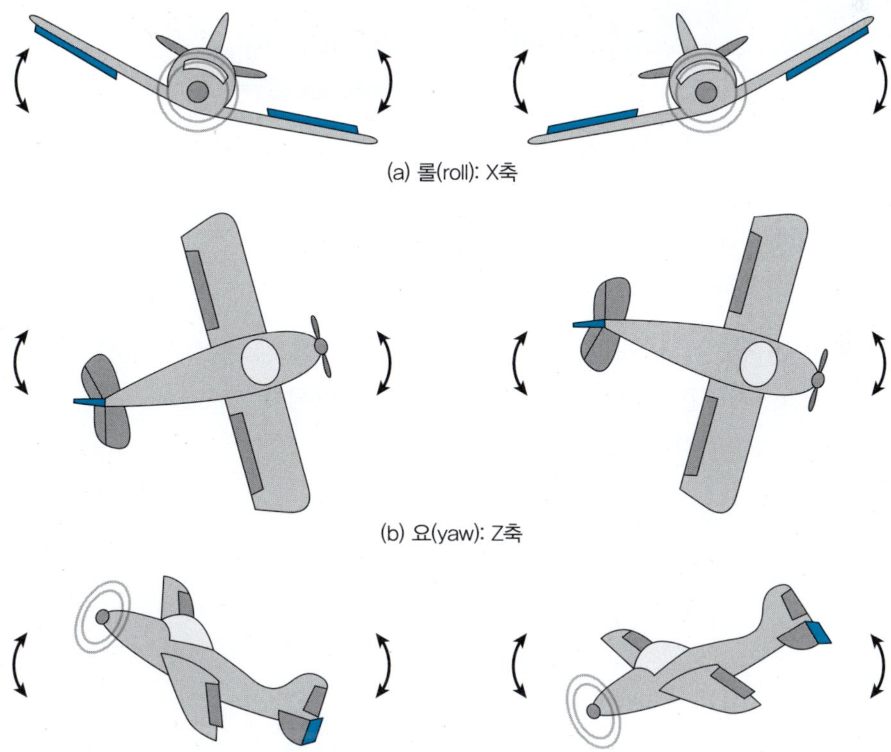

(a) 롤(roll): X축

(b) 요(yaw): Z축

(c) 피치(pitch): Y축

[그림 8-23] 오일러 각(Eulerian angles) 롤-요-피치

6축 자이로 가속도 센서 모듈과 프로세싱(processing) IDE를 이용해 데이터를 단순히 시리얼 모니터 창을 통해 출력해 보는 것보다 출력 데이터를 시각화하여 확인해 본다. 드론이나 쿼드콥터, 균형 로봇, 휴머노이드 로봇, 위치 기반 서비스 등의 애플리케이션에 활용할 수 있다.

[그림 8-24] 6축 자이로 가속도 센서 모듈 연결 회로

MPU-6050의 센서값을 프로세싱을 이용해 그래픽으로 표현하는 예제로 센서의 움직임을 그림으로 살펴볼 수 있다.

① 6축 자이로 가속도 센서 모듈의 I^2C 통신 코드를 다른 플랫폼으로 이식하는 I^2C 장치 라이브러리 'i2cdevlib'를 설치한다. [그림 8-25]처럼 구글에서 'i2cdevlib' 키워드로 검색하여 ZIP 압축 파일을 다운로드한다.

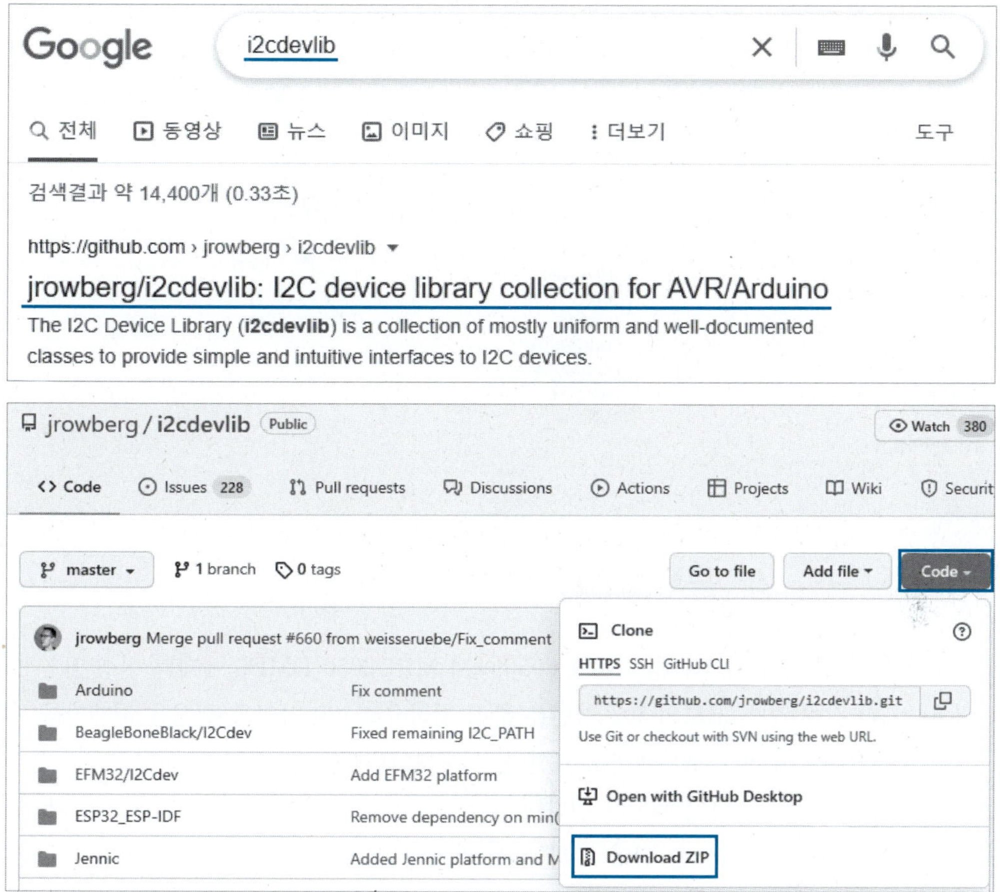

[그림 8-25] i2cdevlib 라이브러리 다운로드

② i2cdevlib 라이브러리 압축 파일을 풀어 보면 아두이노 외의 다른 플랫폼에서 사용되는 라이브러리가 모두 포함되어 있으므로 실습에 필요한 폴더만 아두이노 라이브러리 폴더에 복사한다. i2cdevlib 라이브러리의 Arduino 폴더 내 I2Cdev 폴더와 MPU6050 폴더만 복사하여 [문서]-[Arduino]-[libraries] 폴더로 가져온다.

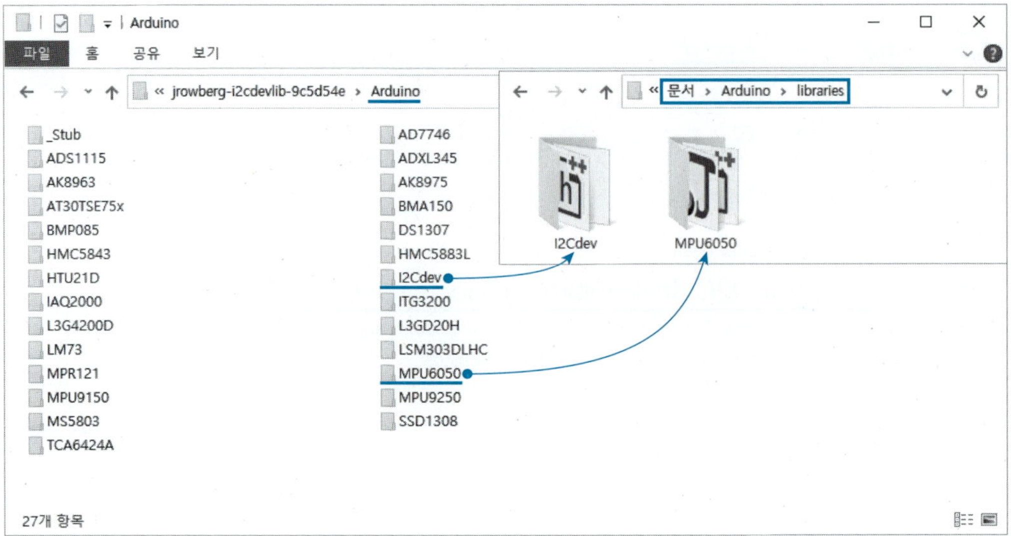

[그림 8-26] 필요한 라이브러리 파일만 복사

③ 아두이노 IDE의 [파일]-[예제]-[MPU6050]에서 MPU6050_DMP6 예제를 실행한다. [그림 8-27]과 같이 소스 코드의 103 라인은 주석 처리하고 120 라인은 주석을 해제한다. 그리고 스케치를 아두이노 보드에 업로드한다. 이후 프로세싱과 시리얼 통신을 해야 하므로 만약 시리얼 모니터 창이 실행되어 있다면 모두 닫는다. 소스 코드의 줄 번호를 표시하려면 [파일]-[환경설정]에서 '줄 번호 표시' 체크 박스에 체크 표시한 뒤 확인하면 소스 코드에 줄 번호가 즉시 반영된다.

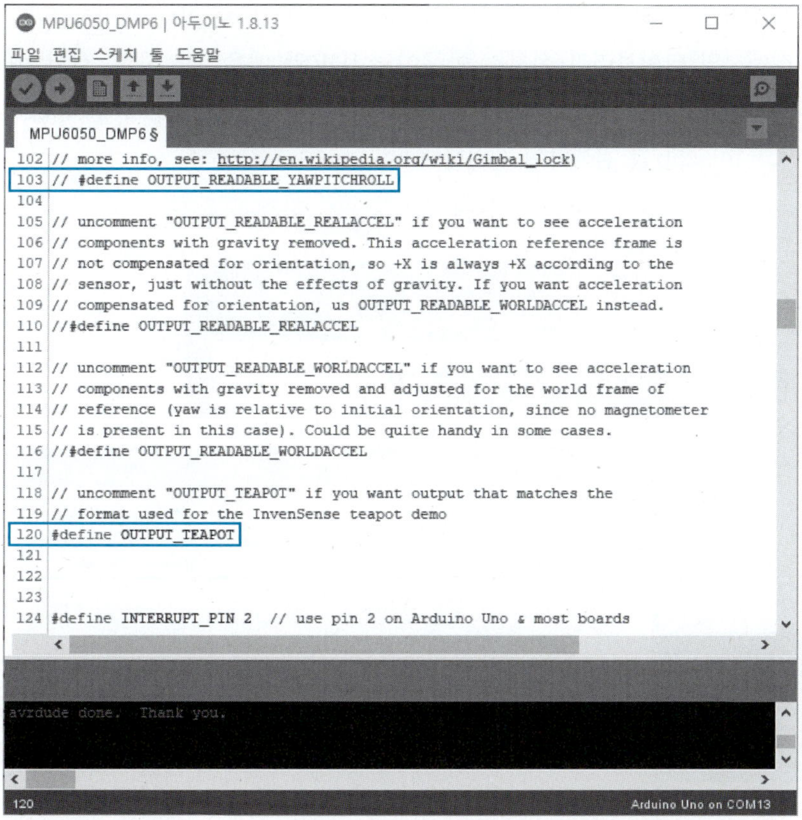

[그림 8-27] 스케치 수정

④ https://processing.org/download 경로로 이동하여 운영체제에 맞는 버전으로 프로세싱 IDE를 다운로드한다. 압축 파일 형태로 다운로드가 되는데 적절한 위치에 압축을 풀고 processing.exe 파일을 실행한다. 만약 프로세싱 IDE를 실행할 때 PC 보호 경고 창이 뜨면 추가 정보를 눌러 실행하면 된다.

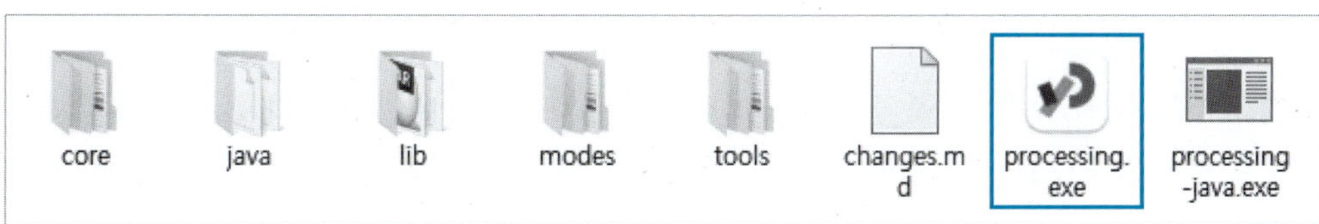

[그림 8-28] 프로세싱 실행

⑤ 프로세싱 IDE에서 2D나 3D 시뮬레이션 처리를 위해 'Toxiclibs' 라이브러리를 설치한다. 프로세싱에서의 라이브러리 설치는 아두이노 IDE와 매우 유사하다. 상단 메뉴의 [스케치]–[내부 라이브러리]–[라이브러리 추가하기]를 눌러 Contribution Manager를 실행한다. 그리고 'toxiclib'를 검색하여 설치한다.

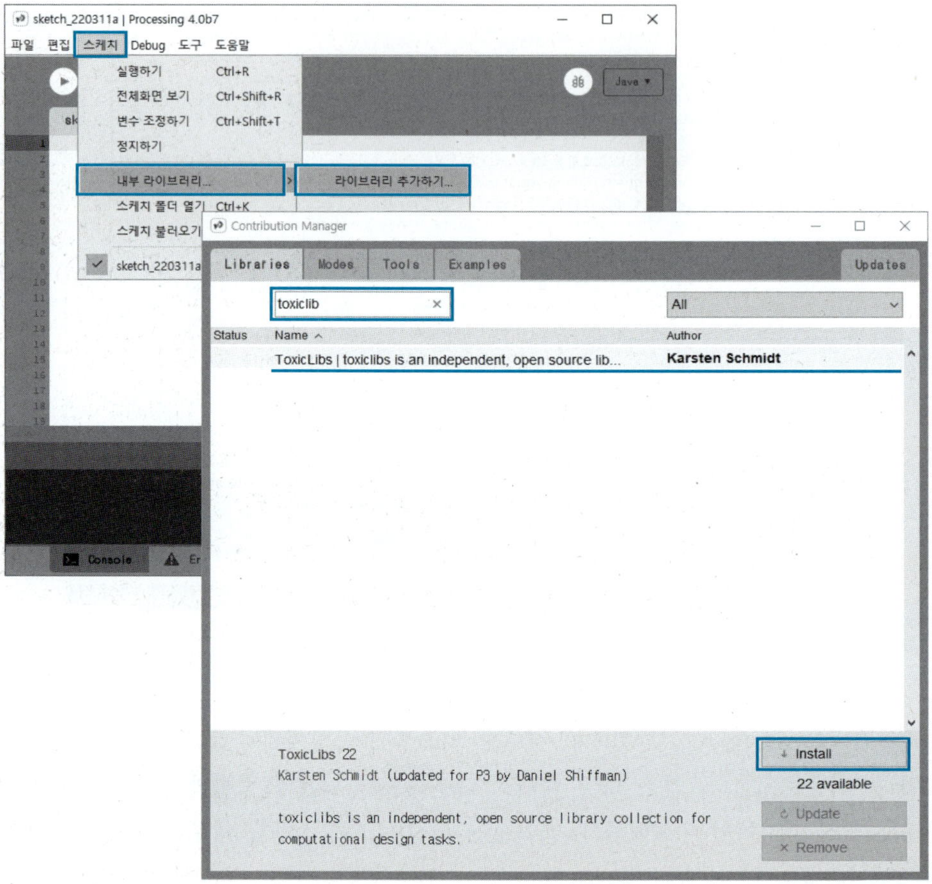

[그림 8-29] toxiclib 설치

⑥ [메뉴]–[열기]를 실행한 후 i2cdevlib 라이브러리 폴더 내의 MPU6050_DMP6 폴더에 위치한 MPUTeapot.pde 파일을 선택한다. MPUTeapot.pde 파일을 폴더에서 직접 실행해도 된다. 파일의 전체 경로는 C:\Users\사용자 계정\문서\Arduino\libraries\MPU6050\examples\MPU6050_DMP6\Processing\MPUTeapot이다.

MPUTeapot 예제의 71 라인은 주석 처리하고, 74 라인은 아두이노 보드가 연결된 시리얼 통신 포트를 소스 코드에 반영한다. 아두이노 IDE의 [툴] 메뉴에서 포트를 확인하면 된다.

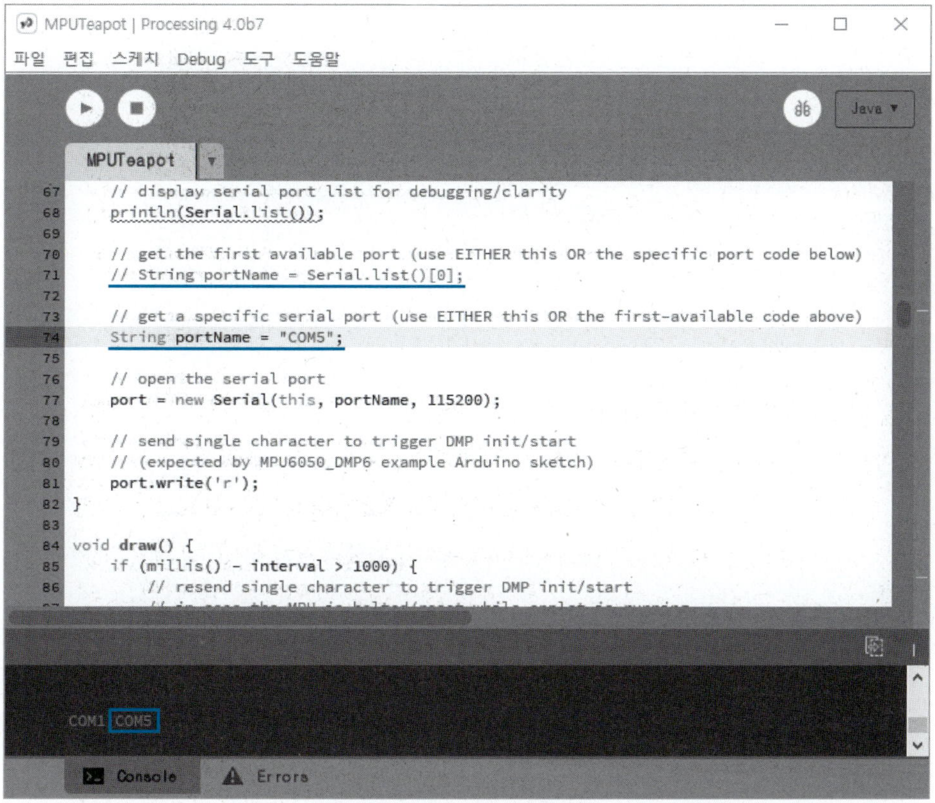

[그림 8-30] 시리얼 포트 설정

⑦ 소스 코드 일부 수정 후, 프로세싱 IDE 상단의 실행 버튼을 누르거나 [스케치]-[실행하기] 또는 Ctrl+R을 눌러 시뮬레이션을 실행한다. MPU6050 센서를 직접 움직여 롤-피치-요 방향을 확인한다.

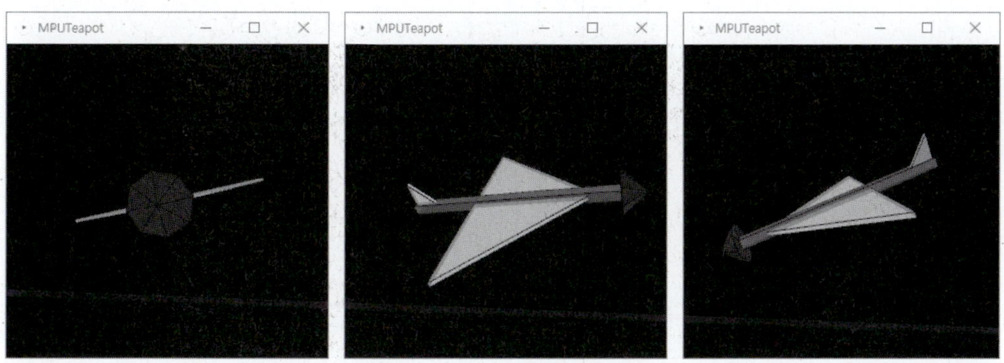

[그림 8-31] 시뮬레이션

CHAPTER 09
전자기 센서

contents

09 전자기 센서

9.1 전기 센서 개요

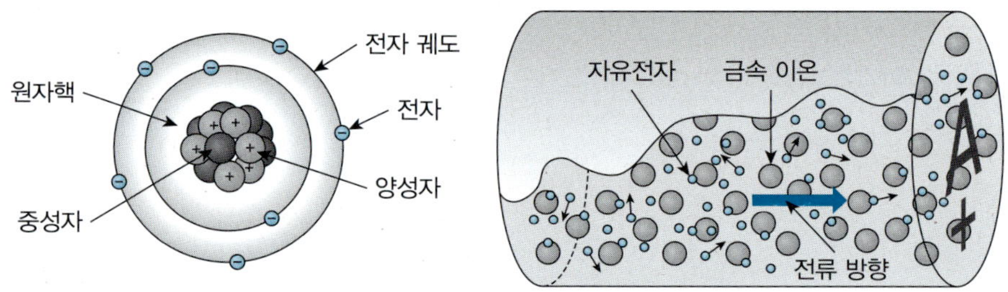

(a) 원자 (b) 전류

[그림 9-1] 원자 구조와 전류

전기는 우리 생활에서 다양한 용도로 사용되는 가장 흔한 형태의 에너지이다. 전기를 알기 위해서는 먼저 원자(atom) 구조를 알아야 한다. 우주의 모든 물질은 [그림 9-1] (a)와 같이 원자라는 아주 작은 입자(particle)로 이루어져 있고, 원자에는 양성자(proton)와 중성자(neutron)로 이루어진 원자핵(atomic nucleus)과 전자 궤도(electron orbit)를 도는 전자가 있다. 전자는 전하량(quantity of electric charge)이 -1.602×10^{-19}C 인 음전하(negative electric charge)이며, 양성자는 전하량이 $+1.602\times10^{-19}$C 인 양전하(positive electric charge)이다. 일반적인 원자는 양성자와 전자의 개수가 같아 중성을 띠지만, 외부의 요인으로 인해 전자를 잃으면 양전하가 되고 전자를 얻으면 음전하가 된다. 일부 원자의 가장 바깥쪽 전자 궤도를 돌고 있는 전자는 원자핵과의 결합력이 약하므로 아주 적은 에너지로도 원자에서 쉽게 분리될 수 있다. 원자에서 떨어져 나온 전자들을 자유전자(free electron)라고 하며, 원자 사이를 자유롭게 이동할 수 있다. 물질 내의 자유전자는 농도를 일정하게 유지하려는 성질이 있어 음전하를 띠는 물체와 양전하를 띠는 물체가 서로 만나게 되면 자유전자 농도를 맞추고자 자유전자가 양전하를 띠는 물체로 이동하게 되는데, 이를 전기라고 한다.

전기전도도(electrical conductivity)가 높아 전기가 잘 통하는 물질을 전도체(conductor) 또는 도체라고 하며, 전기전도도가 낮아 전기가 잘 통하지 않는 물질은 부도체(insulator), 도체와 부도체의 중간영역에 속하는 물질을 반도체(semiconductor)라 한다.

전류(electric current)는 [그림 9-1] (b)와 같이 도체를 통해 이동하는 전자나 이온 같은 하전 입자(charged particle)의 흐름이다. 기호는 I를 사용하고 단위는 암페어라고 부르는 A이다. 전류는 시간에 대한 도체를 통한 전하의 유속에 대한 식으로 다음과 같이 나타낸다.

$$I = \frac{dQ}{dt} \tag{9.1}$$

여기서 Q는 전하량이고, t는 시간이다. 움직이는 하전 입자는 전하 운반자(charge of electric carrier)라고 하며, 전자, 정공, 이온 등이 될 수 있다. 전류를 구성하는 하전 입자의 종류는 도체의 종류에 따라 달라진다. 하전 입자는 도체라면 전자, 반도체라면 전자 또는 정공, 전해질(electrolyte)이라면 이온, 플라즈마(plasma) 상태의 가스라면 이온과 전자이다. 전도체의 두 지점 사이에 전위차가 가해지면 전류는 전위(electric potential)가 높은 곳에서 낮은 곳으로 흐르며, 전위차가 크면 클수록 더 많이 흐른다. 회로 내에서 전류는 전위차 또는 전압의 영향을 받아 두 지점 사이의 전위차가 없으면 흐르지 않는다.

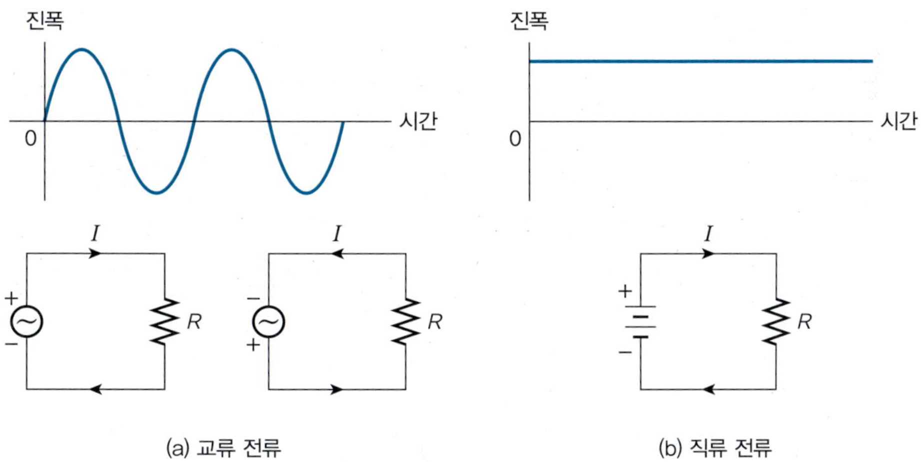

[그림 9-2] 교류와 직류

전류에는 교류 전류와 직류 전류가 있다. 교류 전류는 [그림 9–2] (a)와 같이 전원의 극성이 주기적으로 반전되는 전류로 이로 인해 회로 내에서 전류의 방향이 주기적으로 변한다. 극성이 반전됨에 따라 진폭은 0에서 시작해 최대치로 상승하고 그 후 다시 0으로 감소한다. 그다음은 반대 방향으로 전자가 운동함에 따라 0에서 최저치로 하강하고 다시 0으로 상승한다. 이것이 한 주기 동안의 과정이며, 이러한 과정을 계속 반복한다. 직류 전류는 전자의 흐름이 한 방향으로 유지되는 전류로 [그림 9–2] (b)와 같이 전원의 극성이 변하지 않아 진폭이 시간의 흐름에 따라 변하지 않고 유지된다.

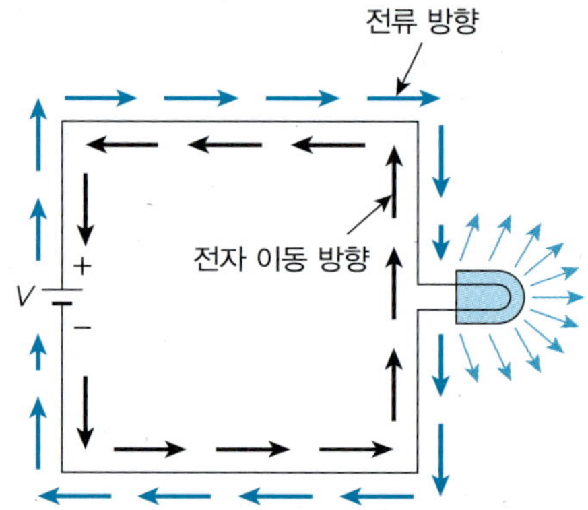

[그림 9–3] 전류와 전자의 방향

[그림 9–3]에서 전류의 방향은 양극에서 음극이고 전자의 이동 방향은 음극에서 양극이다. 정전기 및 전류에 관한 광범위한 연구를 수행한 벤저민 프랭클린(Benjamin Franklin)은 양전하를 전하의 운반체로 생각하여 전류의 방향은 양전하가 이동하는 방향으로 정했고 그 이후 조지프 존 톰슨(Joseph John Thomson)의 음극선 실험으로 전자가 발견되고 전하 운반체가 전자임이 밝혀졌지만, 기존의 양극에서 음극으로 흐른다는 전류 방향에 대한 오류가 고착되어 오늘날까지 이어지고 있다. 관례상 현재의 전류 방향은 양전하가 이동하는 방향이며, 회로에서 전류의 이동 방향과 전자의 이동 방향은 서로 반대이다.

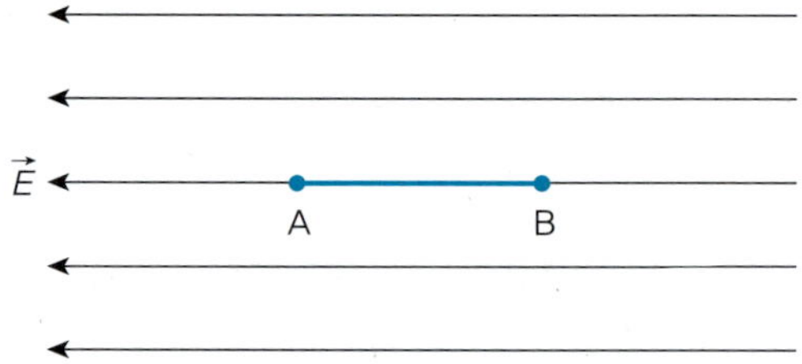

[그림 9–4] 전기장 내의 전하의 전위차

[그림 9-4]와 같이 균일한 전기장(electric field) 내의 전하를 점 A에서 점 B로 이동시킬 때는 외부 힘이 작용한다. 전하의 잠재적 위치 에너지는 높아지며, 수행한 일의 양은 위치 에너지의 변화와 같으며, 위치 A와 B 사이의 전위차가 생긴다. 전위차는 최종 위치와 초기 위치 사이의 전위(V) 차이이며, 다음과 같다.

$$\Delta V = V_B - V_A = \frac{\Delta PE}{C} \tag{9.2}$$

여기서 ΔV는 두 점 A, B 사이의 전위차, V_A와 V_B는 두 점 A, B에서의 전위이다. 전위차는 각 점의 전위의 차로 구할 수도 있지만, 위치 에너지 ΔPE와 전하량 C의 비율로 구할 수 있다. 전위차에 대한 국제 표준 단위는 V이며, 1 V는 1 C(coulomb)의 전하가 1 J(joule)의 일을 할 때 필요한 에너지이다. 전위차는 전압과 같은 의미이며, 회로의 두 지점 사이 전압은 옴의 법칙(Ohm's law)에 따라 두 지점 사이의 전류와 저항의 곱과 같으며, 다음과 같다.

$$\Delta V = I \times R \tag{9.3}$$

여기서 I는 두 지점 사이의 전류, R은 두 지점 사이의 저항이다. 옴의 법칙을 변형하면 전류와 저항값도 쉽게 알아낼 수 있다.

9.1.1 전류 센서

전류 센서는 도선에 흐르는 전류를 감지해 전류량에 비례하는 전기 신호를 생성한다. 전류가 도선을 통과하거나 회로에서 흐를 때는 전압 강하(voltage drop)가 발생하고 전류가 흐르는 경로에는 자기장이 생성된다. 전류 감지에는 전압 강하와 자기장을 이용하며, 감지 방식에는 간접 감지와 직접 감지 방식이 있다. 간접 감지 방식은 패러데이 법칙(Faraday's law)과 앙페르 법칙(Ampere's law)을 이용해 전류로 인한 자기장의 세기를 측정하여 회로의 부하 전류를 구한다. 이 방식은 전류 측정 대상 시스템의 전력 손실 없이 고전류, 고전압, 동적 전류 부하 및 절연이 필요한 모든 영역에서 사용할 수 있다. 하지만 자기 센서를 사용하여 비싸고, 설치를 위한 추가 공간이 필요하다는 단점이 있다. 직접 감지 방식은 옴의 법칙을 기반으로 하여 저항을 통해 흐르는 전류는 저항에 인가된 전압에 비례한다는 점을 이용한다. 이때 사용하는 저항기는 분류기 또는 션트 저항기(shunt resistor)라고 하며, 전류 측정 대상 시스템의 측정 요소와 직렬로 연결되어 해당 시스템에 전력 손실을 유발한다.

전류 감지 기술은 전기 및 전자 응용 분야에서 필요하며, 분야별로 비용, 절연, 정밀도, 대역폭, 측정 범위, 크기 등 서로 다른 요구 사항을 가지고 있어 다양한 전류 측정 방식이 개발되었다.

지금부터 전류 감지를 위한 방식을 옴의 법칙을 이용한 것, 패러데이 전자기 유도 법칙(Faraday's law of electromagnetic induction)을 이용한 것, 자기장 측정을 이용한 것, 패러데이 효과(Faraday effect)를 이용한 것으로 나누어 설명한다.

9.1.1.1 옴의 법칙을 이용한 전류 센서

옴의 법칙은 로런츠 힘(Lorentz force)을 간단하게 유도한 법칙으로 다음과 같은 식으로 나타낸다.

$$J = \sigma(E + v \times B) \tag{9.4}$$

여기서 J는 전류 밀도, E는 전기장, v는 전하의 운동 속도, B는 전하에 작용하는 자속 밀도(magnetic flux density), σ는 전도체의 전도도이다. 전하의 운동 속도는 매우 작아서 $v \times B$는 무시할 수 있으므로 이를 다시 정리하면 다음과 같이 나타낼 수 있다.

$$J = \sigma E \tag{9.5}$$

이것은 저항의 옴 법칙이며, 저항기의 전압 강하는 흐르는 전류의 세기에 비례함을 나타낸다. 이 관계식을 활용한 대표적인 센서는 션트 저항기(shunt resistor)라고도 하는 분류기로 다른 센서보다 간단한 원리와 적은 비용으로 직류와 교류 전류의 세기를 측정할 수 있다.

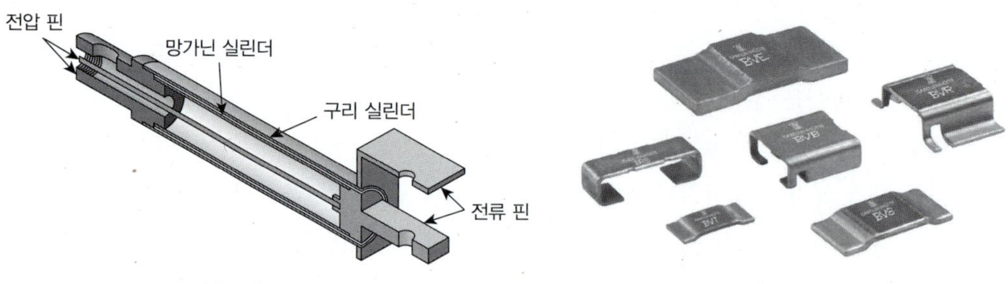

(a) 동축 분류기

(b) 표면 실장형 분류기

[그림 9-5] 분류기 유형

분류기에는 [그림 9-5]와 같이 동축 분류기(coaxial shunt resistor)와 표면 실장형 분류기(surface mount device shunt resistor)가 있다. 동축 분류기는 전류를 측정하기 위한 전압 핀과 전류 핀이 있고, 내부에 있는 실린더는 전류가 서로 반대 방향으로 흐르도록 내장되어 있다. 내부 실린더로는 저항이 높은 소재인 망가닌을 사용하고 외부 실린더로는 저항이 낮은 구리를 사용한다.

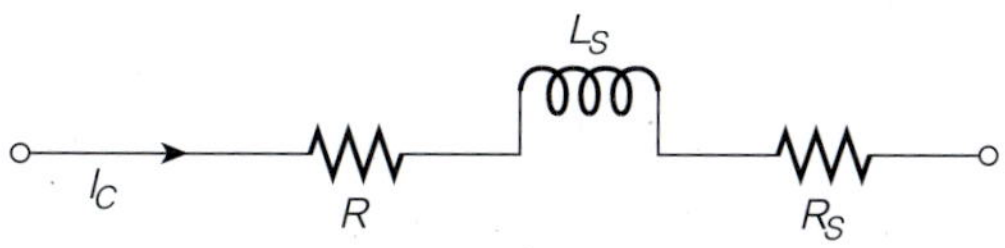

[그림 9-6] 동축 분류기와 등가 회로

동축 분류기는 고주파수 교류 전원의 짧은 상승 시간과 높은 진폭으로 인한 일시적인 전류 펄스를 측정하는 데 주로 사용된다. [그림 9-6]은 동축 분류기가 연결된 회로의 등가 회로도로 공칭 저항(nominal resistance) R과 표피 효과(skin effect)로 인한 기생 인덕턴스(parastic inductance) L_s가 있다. 기생 인덕턴스는 전류 측정을 위한 측정 회로로 인한 루프와 주 전류 회로로 인한 루프 사이의 상호 인덕턴스(mutual inductance)에 의해 결정되며, 전류 측정 대역폭을 늘리기 위해서는 기생 인덕턴스를 줄여야 한다. 이를 위해서는 측정 회로의 선과 커플링(coupling)되는 플럭스(flux)를 줄임으로서 기생 인덕턴스를 줄일 수 있다. 동축 분류기의 경우 동축 구조로 인해 기생 인덕턴스가 매우 작지만, 표피 효과가 뚜렷하게 나타난다. 그리고 고집적 전자 장치에 사용하기에는 부피가 크고 비용이 많이 들어 적합하지 않고 주로 고주파수의 교류 전류를 측정하는 데 사용한다.

표면 실장형 분류기는 [그림 9-5] (b)와 같이 대부분 후막(thick film) 구조로 되어 있고 일반적으로 100 A ~ 200 A의 직류 전류를 측정하는 데 사용된다. 이보다 더 높은 전류를 측정할 수 있는 분류기는 크기가 더 크기 때문에 사용하기에 적합하지 않다. 표면 실장형 분류기는 크기가 작으므로 등가 회로에서 저항기의 표피 효과는 무시되고, 공칭 저항 R과 기생 인덕턴스 L_s로 구성된다. 성능은 기생 인덕턴스의 영향을 받으며, 주파수 응답은 감지 와이어에 의해 둘러싸인 영역이 증가함에 따라 약화된다. 등가 회로의 차단 주파수(cutoff frequency)는 다음과 같이 나타낸다.

$$f_c = \frac{R}{2\pi L_s} \tag{9.6}$$

여기서 f_c는 차단 주파수, R은 공칭 저항, L_s는 기생 인덕턴스이다. 표면 실장형 분류기의 임피던스 값은 차단 주파수를 넘기면 급격히 높아지며 (9.6) 식은 저항기의 표피 효과가 무시할 수 있을 정도로 작을 때에만 사용할 수 있다.

분류기의 중요한 특성은 열 드리프트(thermal drift)이다. 분류기는 망간-구리(manganese-copper), 니켈-크롬(nickel-chrome) 합금과 같이 낮은 저항 계수(resistance coefficient)를 가지는 물질로 만들어지기 때문에 저항 온도 계수(temperature coefficient of resistance)가 낮게 나온다. 분류기의 낮은 저항값은 전력 손실을 최소화하기 위한 것이지만, 인쇄 회로 기판과의 접촉 저항이 분류기의 열 드리프트에 상당한 영향을 미치므로 주요한 오차의 원인이 되기도 한다. 이 문제를 해결하기 위해 분류기와 인쇄 회로 기판 사이에 [그림 9-7]과 같이 켈빈 브리지(kelvin bridge)를 사용할 수 있다.

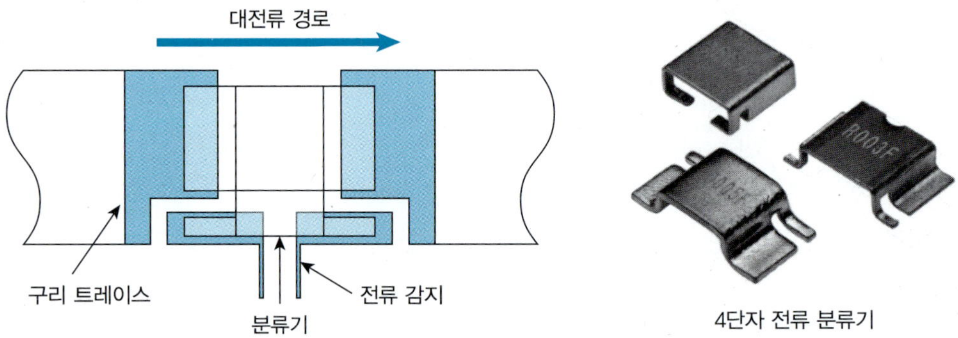

[그림 9-7] 켈빈 브리지 방식 분류기

켈빈 브리지를 사용하는 4단자 전류 분류기에는 저항기를 통해 흐르는 높은 전류와 전압 측정을 위한 별도의 단자가 있어 측정 정확도를 올려주며, 회로 기판 배치를 사용하여 켈빈 브리지를 구현하는 2단자 전류 분류기보다 향상된 온도 안정성을 제공하여 저항 온도 계수 효과를 줄일 수 있다.

9.1.1.2 패러데이 전자기 유도 법칙을 이용한 전류 센서

로고스키 코일(Rogowski coil)은 교류나 고속 전류 펄스를 측정하기 위한 전기 장치로 [그림 9-8] (a)와 같이 C 모양의 코어에 권선이 감긴 모양이고, 코일은 적분기(integrator)에 연결되어 있다. 코일에서 r만큼 떨어진 가운데에 측정할 전류 i_c가 흐르는 도체가 있다. 도체에 교류 전류가 흐르면 패러데이 전자기 유도 법칙에 의해 로고스키 코일에는 유도 전압이 생성되

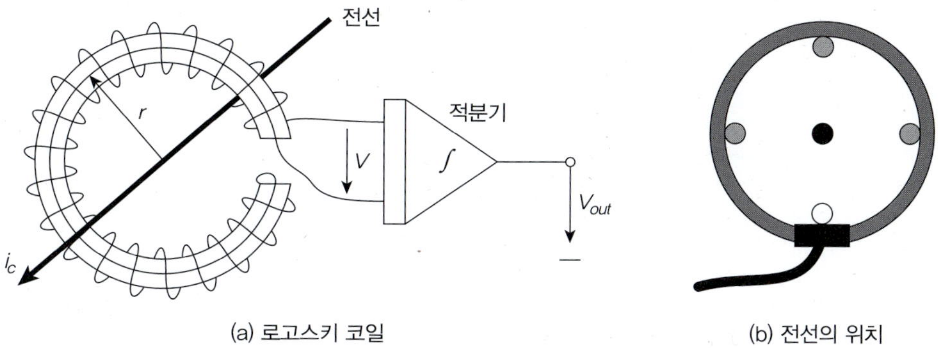

[그림 9-8] 로고스키 코일 전류 센서

며, 다음과 같이 나타낸다.

$$v_{out} = -k\frac{NA\mu_0}{2\pi r}i_c + v_{out}(0) \tag{9.7}$$

여기서 v_{out}은 출력 전압, k는 적분 상수, N은 코일 권선의 턴 수, A는 코일 단면적, μ_0는 투자율, i_c는 측정 전류, r은 코일과 전선 사이의 거리, $v_{out}(0)$는 초기 출력 전압이다. 이론적으로는 도체가 코일의 중심에 없거나 코일 모양이 원형이 아니어도 유효하지만, 실제 제품에서는 코일의 권선 밀도가 일정하지 않아 [그림 9-8] (b)와 같이 코일 내의 도체의 위치별로 오차가 발생한다.

로고스키 코일은 코일의 양 끝단에서 발생하는 강한 자속이다. 로고스키 코일을 만들 때 하나의 전기적 통로가 한 방향으로 감겼으면 두 번째 전기적 통로는 처음 감긴 전기적 통로 안으로 되돌아와야 한다. 이는 Z 방향의 자속에 의해 만들어지는 전압을 상쇄하여 오직 회전 방향의 자속에 의해서만 전압이 생기게 한다.

로고스키 코일은 저주파 전류를 측정하기에 적합하지 않고 적분기를 위한 별도의 전원이 필요하다는 단점이 있지만, 빠르게 변하는 전류를 측정할 수 있으며, 자기코어를 사용하지 않아 코어 포화도의 문제가 생기지 않는 장점이 있다.

9.1.1.3 자기장 측정을 이용한 전류 센서

암페어 법칙에 따르면 [그림 9-9]와 같이 전류가 흐르는 도선의 주변에는 자기장이 생성되며, 이는 다음과 같이 나타낼 수 있다.

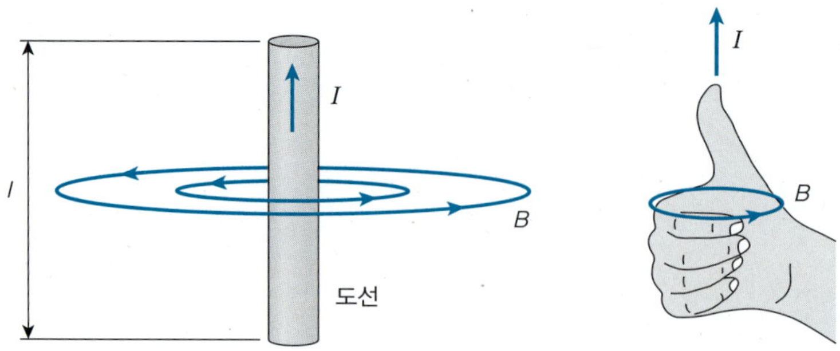

[그림 9-9] 암페어 법칙

$$\oint B \cdot dl = \mu_0 I \tag{9.8}$$

여기서 B는 자속 밀도, l은 도선의 길이, μ_0는 투자율, I는 도선에 흐르는 전류이며, 자속 밀도를 감지하면 전류의 세기를 알 수 있다. 홀 센서를 이용한 전류 센서는 분류기와 변류기(current transformer)에 비해 넓은 측정 범위, 우수한 선형성 및 정확도, 입력과 출력 간의 높은 절연성 등의 장점이 있고, 직류와 교류 전원 모두 감지할 수 있어 다양한 센서 구성 및 활용에서 많은 이점이 있다. 홀 센서를 이용한 전류 센서의 구성 방식은 [그림 9-10]과 같이 개방 루프(open loop) 방식과 폐쇄 루프(closed loop) 방식이 있다.

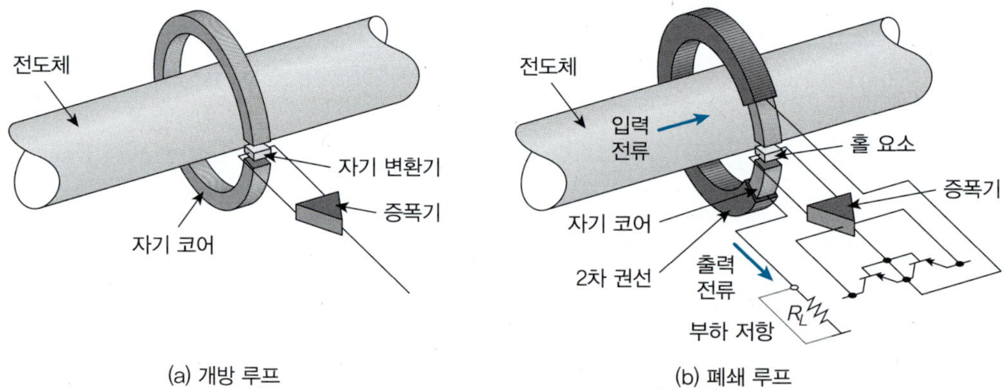

[그림 9-10] 개방 루프와 폐쇄 루프

개방 루프 방식과 폐쇄 루프 방식의 전류 센서 모두 코어의 가운데로 도선이 지나가고 코어의 공극(air gap)에는 홀 센서가 위치하는 구조로 되어 있다. 도선이 흐르는 전류의 세기에 비례하여 자기장이 생성되고 홀 센서가 감지한다. 개방 루프 구조에서 홀 센서의 출력 신호는 증폭기를 거쳐 증폭되며, 출력 전압은 전류량에 비례한다. 개방 루프 방식은 폐쇄 루프 방식보다 비용이 적게 들고 분할 코어로 만들기 쉬우며, 낮은 전력을 요구하므로 배터리 구동 회로에서 많이 사용한다. 폐쇄 루프 방식은 2차 코일이 자성 코어에 감겨 있는 형태로 홀 센서의 홀 전압 출력은 적분 증폭기에 연결되어 코일 구동을 위한 전류를 생성한다. 생성된 전류는 도선의 자기장과 반대 방향의 자기장을 생성하여 자속이 0이 되도록 한다. 코일은 센서의 출력과 연결되어 도선에 흐르는 전류의 세기와 같은 전류를 출력한다. 이렇게 출력된 전류는 저항과 접지 사이에 연결되어 전압으로 변환된다. 폐쇄 루프 방식의 장점은 넓은 주파수 범위, 우수한 정확도, 빠른 응답 시간, 낮은 온도 드리프트, 우수한 선형성이 있지만, 개방 루프 방식의 전류 센서보다 비싸고 코어를 분리형으로 만들기가 어렵다.

9.1.1.4 패러데이 효과를 이용한 전류 센서

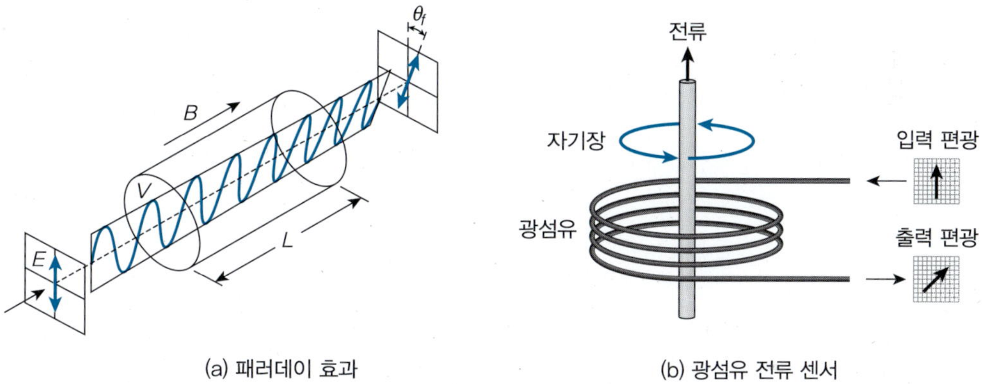

[그림 9-11] 패러데이 효과를 이용한 전류 센서

패러데이 효과 또는 패러데이 회전각(Faraday rotation angle)은 [그림 9-11] (a)와 같이 빛의 진행 방향과 평행한 방향으로 매질에 자기장을 가하면 편광된 빛의 방향이 회전하는 현상으로 매질에서 빛과 자기장 사이의 상호작용을 보여준다. 편광면의 회전량은 빛이 가로지르는 물질의 자기 광학적 특성, 물질을 통과하는 이동 경로의 길이, 자기장의 강도에 따라 달라지며, 물질의 광자기 특성은 빛의 파장과 물질의 온도에 따라 달라진다.

단일 파장의 입사광이 수직으로 편광되었을 때 길이가 L이고, 빛의 진행 방향과 평행한 자기장의 세기는 B이다. 주어진 온도에서 물질의 자기 광학적 특성과 주어진 파장의 빛과 상호 작용하는 베르데 상수가 V인 물질로 들어갈 때 편광 각도의 회전 θ_f는 다음과 같다.

$$\theta_f = V\int_0^L B \cdot dl = VBL \tag{9.9}$$

[그림 9–11] (b)와 같이 광섬유를 도선 주위에 감고 이를 통과한 편광의 진동축 변화를 감지하여 도선에 흐르는 전류의 양을 측정할 수 있다. 도선의 전륫값을 도출하기 위해서 패러데이 회전각을 측정하는데 사낙 간섭계를 사용하는 간섭계법과 편광기를 이용하는 편광분석법이 있으며, 매우 높은 정밀도를 요구하는 경우에는 간섭계형이, 사용의 편이성과 경제성을 고려할 때는 편광분석형이 적합하다.

9.1.2 전압 센서

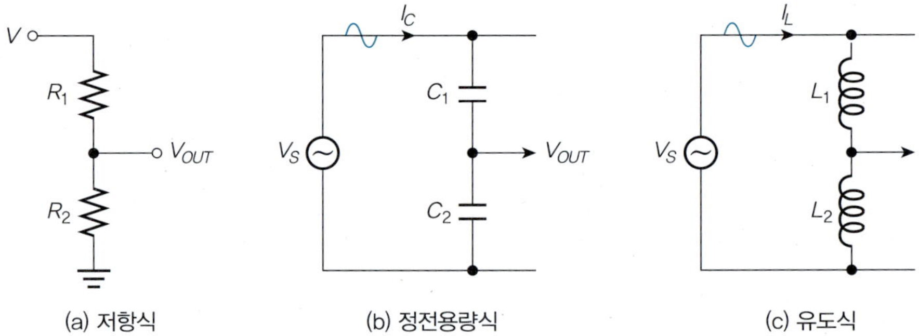

[그림 9–12] 전압 분배기

전압 센서는 전압을 계산하거나 모니터링할 수 있는 센서로 전압 분배기(voltage divider)를 기반으로 직류 전압과 교류 전압을 측정한다. 전압 분배기는 분압기라고도 하며, 직렬로 연결된 수동 소자의 전압 강하를 이용한 회로이다. 회로에 사용할 수 있는 수동 소자에는 저항, 커패시터, 인덕터가 있다. 전압분배 회로의 구성은 [그림 9–12]와 같이 두 개의 수동 소자가 직렬로 연결되어 있으며, 두 소자 사이로는 전압 강하로 떨어진 전압을 출력할 수 있는 단자가 구성되어 있다. 회로에서 출력 전압은 두 소자의 전기 임피던스 Z_1과 Z_2에 의해 결정되며, 출력 전압과 두 임피던스 사이의 관계는 다음과 같이 나타낸다.

$$V_{out} = \frac{Z_2}{Z_1 + Z_2} \times V \tag{9.10}$$

전압 센서의 종류에는 저항식, 정전용량식, 유도식 전압 센서가 있다. 저항식 전압 센서는 [그림 9–12] (a)와 같이 두 개의 저항을 사용하며, 측정 가능한 전압은 교류와 직류 전압이다.

회로에서 출력 전압은 다음과 같다.

$$V_{out} = \frac{R_2}{R_1 + R_2} \times V \tag{9.11}$$

정전용량식 전압 센서는 [그림 9-12] (b)와 같이 두 개의 커패시터가 직렬로 연결되어 있으며, 저항식 전압 센서와는 달리 교류 전압만 측정할 수 있다. 전압 센서의 출력 전압은 커패시터의 임피던스 값인 용량 리액턴스(capacitive reactance)를 출력 전압과 두 임피던스 사이의 관계식에 대입하면 구할 수 있다. 교류 전압의 주파수를 f, 커패시터의 정전용량을 C라 할 때 커패시터의 용량 리액턴스 X_c는 다음과 같이 나타낸다.

$$X_c = \frac{1}{2\pi fC} \tag{9.12}$$

유도식 전압 센서는 [그림 9-12] (c)와 같이 두 개의 인덕터를 사용하고 정전용량식 전압 센서와 같이 교류 전압만 측정할 수 있다. 전압 센서의 출력 전압도 정전용량식 전압 센서와 같이 인덕터의 임피던스를 수식에 대입하여 구한다. 인덕터의 임피던스 값은 유도 리액턴스(inductive reactance)이며, 교류 전압의 주파수를 f, 인덕터의 인덕턴스를 L이라 할 때, 인덕터의 유도 리액턴스 X_L은 다음과 같이 나타낸다.

$$X_L = 2\pi fL \tag{9.13}$$

9.2 자기 센서 개요

자기(magnetism)는 자석이 다른 물체를 끌어당기거나 밀어낼 때 가하는 힘이며, 자석이 가지고 있는 힘을 자기력(magnetic force)이라 한다. 그리고 자석이나 전류에 의해 자기력이 작용하는 공간 또는 자기력의 크기와 방향을 나타낸 벡터장을 자기장(magnetic field)이라 한다. 자기는 전하를 띤 입자의 운동으로 발생하며, 자기장 속의 입자는 로런츠 힘을 받는다. 자기장에서 전하를 띤 입자에 작용하는 힘은 전하의 크기, 입자의 속도, 자기장의 강도에 따라 달라진다. 모든 물질은 자기를 가지고 있으며, 일부 물질은 더 강한 자기를 가진다. 우리가 느낄 수 있을 만큼 충분히 강한 형태의 자기장을 생성하는 대표적인 것으로 영구 자석이 있다.

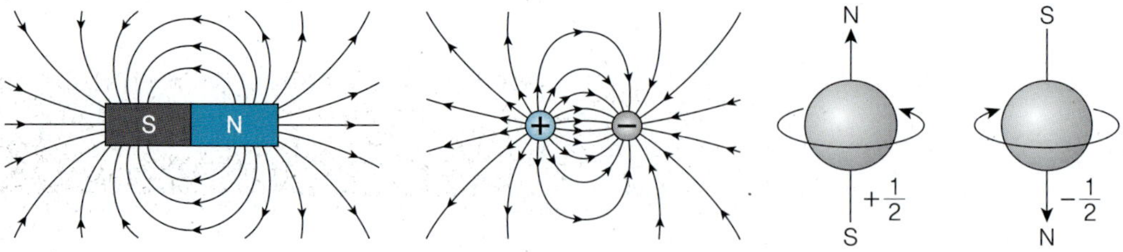

[그림 9-13] 자기력선과 스핀 업 · 다운

자기장은 움직이는 전하에 의해 생성된다. 전자는 각운동량 또는 스핀 속성을 가지고 있고 원자 내부에 존재하는 전자는 서로 같은 에너지 준위 상태를 가질 수 없다는 파울리의 배타 원리(Pauli exclusion principle)에 따라 [그림 9-13] (c)와 같이 전자 중 하나는 스핀 업(spin up) 되고 또 다른 전자는 스핀 다운(spin down) 되어 쌍을 형성한다. 두 개의 가까운 전자가 비슷한 스핀 방향을 가지면 그들에 의해 형성된 자기장이 서로를 강화하여 강한 자기장을 얻는다. 근접한 전자의 스핀 방향이 반대이면 전자에 의해 형성된 자기장이 서로 상쇄되고 자기장은 존재하지 않는다.

자기장은 N극과 S극이 있는 쌍극자 구조로 반대쪽 극끼리는 서로 끌어당기고 같은 극끼리는 밀어낸다. 어떤 가상의 표면에 작용하는 총 자기력선을 나타내는 물리량을 자속 또는 자기 선속(magnetic flux)이라 하며, 자기 선속은 N극에서 S극으로 들어가 환형 또는 도넛 모양의 자기장을 생성한다. 지구도 거대한 자석으로 볼 수 있으며, 자석처럼 자기력선이 비슷한 형태로 나타난다. 지구 외핵의 자성체 금속이 녹아 서서히 흐르면서 자기장을 변화시키고 자기 선속의 변화로 형성된 것을 지자기(earth's magnetic field)라 한다. 지구 자기장의 세기는 위치에 따라 약 25 μT ~ 65 μT 정도이며, 지구 자기장의 북극과 남극은 각각 자북극, 자남극이라 하고 이는 지구 자전축이 지표면과 만나는 점인 진북극, 진남극과는 다른 개념이다.

자성은 여러 가지 형태가 있지만, 강자성체(ferromagnetic material)를 제외하면 민감한 실험 장비나 매우 낮은 온도를 제외하고는 관찰하기에는 일반적으로 너무 약하다. 강자성은 외부 자기장이 없는 상태에서도 자화되는 물질의 자기적 성질을 말한다. 물질을 이루는 전자의 스핀이 모두 같은 방향으로 정렬되어 있어서 생기는 것으로 외부 자기장을 이용해 전자의 스핀을 바꾸면 자성이 사라지거나 재배치된다. 강자성체에는 철, 니켈, 코발트 등의 물질이 있다. 반자성(diamagnetism)은 자기장에 대한 물질의 약한 반발력으로 물질에 외부 자기장이 가해질 때 자화의 방향이 외부 자기장에 반대되는 방향으로 생기는 현상이다. 모든 물질은 항상 약한 반자성을 띠지만, 강자성(ferromagnetism), 상자성(paramagnetism) 등으로 드러나지 않는다. 흑연과 유사한 물질인 열분해 탄소(pyrolytic carbon)는 초전도(superconduction) 상태가 되는 임계온도(critical temperature) 이하에서는 희토류 자석 위에 부상할 수 있을 정도의 반자성을 생성한다. 수소, 물, 수정, 비스무트, 수은, 납, 구리 등 많은 금속과 대부분의 염류 등이 반자성 물질이다. 상자성은 물질이 자기장에 놓여있을 때 일시적으로 자성을 가지지만, 외부의 자기장이 제거되면 자기적 성질을 잃는 것을 말한다. 열운동 등에 의한 불규칙한 스핀의 방향 분포 때문에 스핀 배열이 없고 자화를 나타내지 않는 상태이며, 산소, 백금, 알루미늄, 세슘, 텅스텐 등이 상자성을 보이는 물질이다. 강자성과 상자성을 유발하는 요인은 크게 스핀과 원자 내 전자 궤도인데 이 중 스핀에 의한 자성의 세기가 매우 크다.

자기 센서는 위치, 속도 또는 방향 움직임 감지와 같은 다양한 유형의 애플리케이션에 사용할 수 있으며, 비접촉식의 마모 없는 동작, 저렴한 유지보수, 견고한 설계, 밀폐된 홀 효과 장치가 진동이나 먼지, 물에 내성이 있어서 널리 사용된다.

자기 센서는 전자기 유도의 법칙, 자기 저항 효과(magnetoresistance effect), 온도 변화를 이용하는 등의 방법이 있으며, 홀 센서, 자기 저항 센서, 거대 자기 저항(Giant Magneto Resistance, GMR) 센서, 플럭스 게이트(flux gate) 센서, 자기 임피던스(magneto impedance) 센서, 거대 자기 임피던스(giant magneto impedance) 센서로 분류하기도 한다. 그리고 자기장의 검출 범위에 따라 약자계 센서(low field sensor), 중자계 센서(medium field sensor), 강자계 센서로 분류할 수도 있다.

9.2.1 홀 센서

홀 효과는 [그림 9-14]와 같이 자기장의 자기 선속으로부터 전자와 정공이 로런츠의 힘을 받아 이동 방향이 편향되는 현상을 말하며, 홀 효과에 의해 전위차가 발생하고 기전력에 의해 회로에 홀 전압(hall voltage)이 형성된다. 기본 홀 소자의 홀 전압이라고 하는 출력 전압은 반도체 물질을 통과하는 자기장의 강도에 정비례한다. 홀 전압은 강한 자기장의 영향을 받을 때도 수 mV에 불과하므로 대부분의 상용 홀 효과 장치는 센서의 감도, 히스테리시스 및 출력을 개선하기 위해 [그림 9-15]처럼 증폭기, 로직 스위칭 회로 및 전압 조정기를 함께 구성한다.

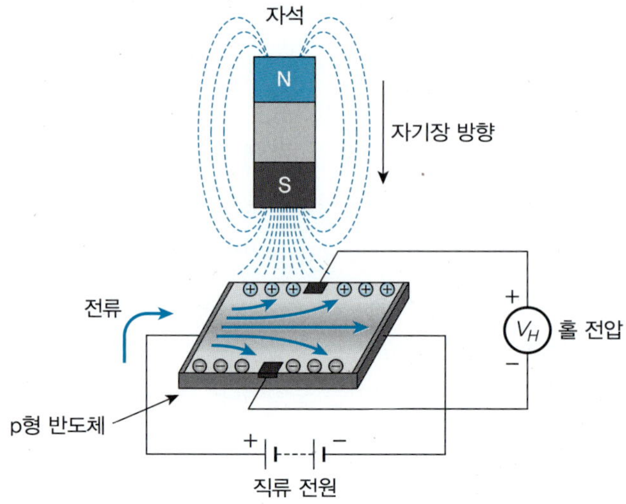

[그림 9-14] 홀 효과

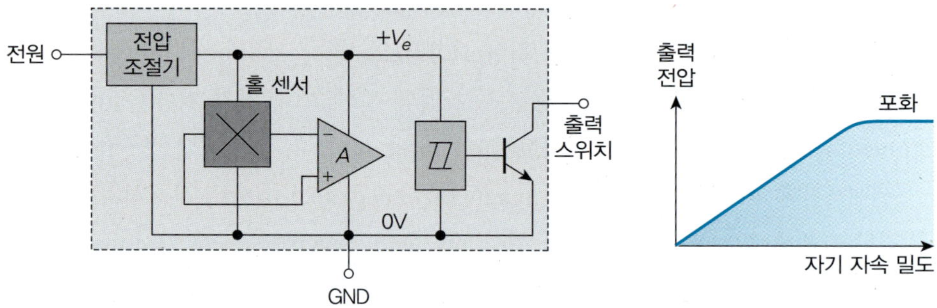

[그림 9-15] 일반적인 홀 센서의 구조와 출력 특성

홀 센서는 아날로그 또는 디지털 출력으로 사용할 수 있다. 아날로그 출력 전압은 홀 센서를 통과하는 자기장에 정비례하는 출력 전압과 연산 증폭기의 출력을 사용한다. 이때의 출력 전압은 다음과 같다.

$$V_H = R_H\left(\frac{I}{t} \times B\right) \tag{9.14}$$

여기서 V_H는 홀 전압, R_H는 홀 효과 계수, I는 센서에 흐르는 전류량, t는 센서의 두께, B는 자기장의 자속 밀도이다. 자기장의 세기가 증가함에 따라 센서의 출력 신호도 증가하다 일정한계 이상 포화하기 시작하면 출력 전압은 증가하지 않는다. 디지털 출력 전압은 연산 증폭기에 연결된 히스테리시스가 내장된 슈미트 트리거(schmitt trigger) 회로로 처리하며, 홀 센서를 통과하는 자속이 사전 설정값을 초과하면 장치의 출력이 접촉 바운스 없이 오프 상태에서 온 상태로 빠르게 전환된다. 디지털 홀 효과 센서에는 바이폴라(bipolar)와 유니폴라(unipolar)의 두 가지 기본 유형이 있다.

9.2.2 자기 저항 센서

저항은 도체에서 전류의 흐름을 방해하는 정도를 나타내는 물리량이다. 전선에 자기장이 가해지면 자기력에 의해 전하의 충돌 횟수가 증가하여 저항이 증가하며, 자기장에 의해 저항이 변화하는 현상을 자기 저항 효과라 한다. 외부 자기장에 의해 전기 저항이 변화되는 자기 저항은 자기장의 강도에 비례하며, 전류 흐름에 대한 상대적인 자기장의 방향에 영향을 받는다. 자기 저항 효과는 모든 도체와 반도체 재료에서 나타나며, 재료의 종류와 원리에 따라 다양하게 분류하는데 정상 자기 저항(Ordinary MagnetoResistance, OMR), 이방성 자기 저항(Anisotropic MagnetoResistance, AMR), 거대 자기 저항, 초거대 자기 저항(Collosal MagnetoResistance, CMR) 및 터널 자기 저항(Tunnel MagnetoResistance, TMR)으로 구분된다.

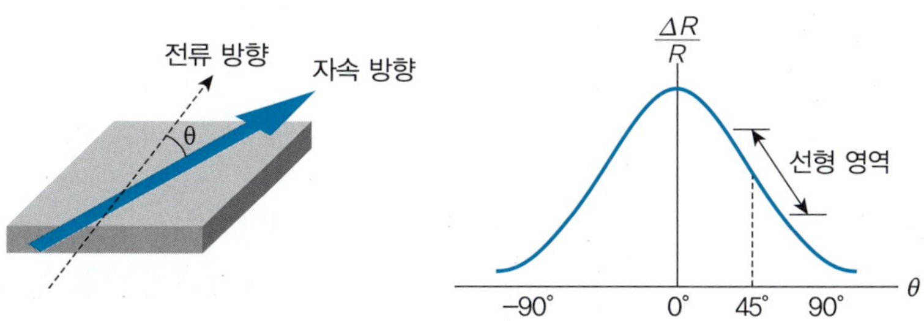

(a) 전류와 자속 사이 각도 (b) 각도에 따른 저항의 선형 영역

[그림 9-16] 이방성 자기 저항

이방성 자기 저항 효과는 [그림 9-16] (a)와 같이 강자성 금속에 흐르는 전류의 방향과 외부 자기장에 의한 자속 방향 사이의 각도에 따라 물질의 저항이 달라지는 현상이다. 강자성 박막 금속에 전류를 인가하고 전류 방향에 수직인 방향으로 자기장을 인가하면 자기장의 세기에 따라 금속이 평행한 방향으로 자화될 때 저항은 최대가 되고, 외부 자기장에 의해 수직 방향으로 자화될 때 저항은 최소가 된다. 강자성 금속에서 나타나는 이방성 자기 저항 효과는 전

계 강도에 대해 비선형적이다. 최대 저항을 R_{max}, 최소 저항을 R_{min}, $R_{max}-R_{min}$을 ΔR이라 할 때, 단순 강자성체에서 $\frac{\Delta R}{R}$는 [그림 9-16] (b)와 같이 비선형적으로 나타나고, 전류와 자속의 사이 각이 45° 부근의 일부 영역에서만 선형 출력이 나타난다.

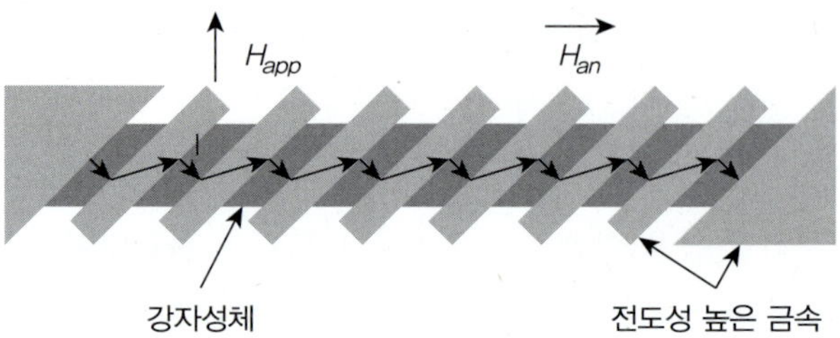

[그림 9-17] 바버폴 구조 이방성 자기 저항 센서의 구조

[그림 9-17]과 같이 높은 전도성을 가진 금속을 45°가 되도록 바버폴 구조(barber-pole structure)로 배치하면 외부 자기장의 자속에 의한 저항값의 변화를 선형화할 수 있다. 강자성체 위에 도체 조각을 45° 형태로 부착한 상태에서 강자성체에 전류가 흐르고 외부 자기장 H_{app}로 이방성 자기장이 H_{an}일 때 저항 R은 다음과 같다.

$$R = R_0 + \Delta R \frac{H_{app}}{H_{an}} \sqrt{1-\left(\frac{H_{app}}{H_{an}}\right)^2} \tag{9.15}$$

바버폴 구조의 저항 출력은 5% 미만의 비선형성을 보인다. 이방성 자기 저항 센서에 많이 쓰이는 강자성체는 철과 니켈의 합금인 퍼멀로이(permalloy)이다. 거대 자기 저항 센서나 터널 자기 저항 센서보다 감도는 낮지만, 장치 모양과 저항에 따라 유연하게 만들 수 있고, 저주파에서의 신호 대 잡음비가 높다는 장점이 있다. 하지만 상온에서 자기 변화율이 2 % ~ 5 % 정도로 매우 작다.

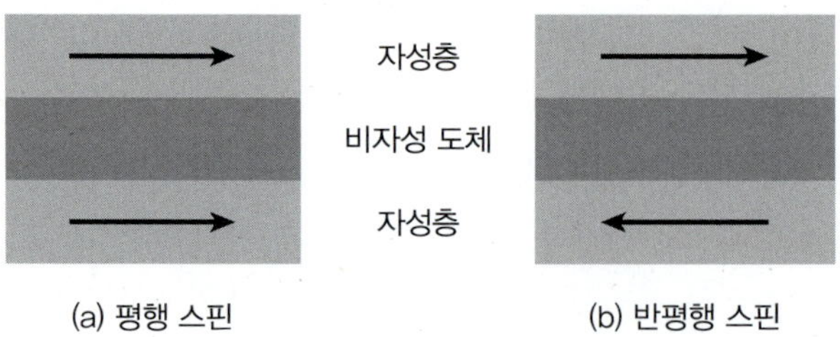

[그림 9-18] 거대 자기 저항 센서 구조

거대 자기 저항은 [그림 9-18]과 같이 두 개의 강자성층 사이에 비자성 도체가 샌드위치 형태로 끼워진 형태의 인위적으로 만들어진 스핀 밸브(spin valve) 구조에서 두 자성층에 있는 전자의 스핀 의존 산란(spin dependent scattering)으로 인해 스핀 전류에서 스핀과 자기모멘트(magnetic moment) 방향이 평행인지 반평행인지에 따라 저항이 달라지는 현상으로 이방성 자기 저항 효과에 비해 큰 저항 변화율을 보인다. 두 자성층의 자화가 [그림 9-18] (a)와 같은 방향으로 이루어질 때, 전자의 스핀 분극이 한쪽으로 강하게 산란하여 자기 저항 센서의 저항을 최소화한다. 이와 반대로 두 자성층의 자화가 [그림 9-18] (b)와 같이 서로 반대 방향으로 이루어질 때, 스핀의 극성이 상하인 전자가 강하게 산란하여 저항이 커진다.

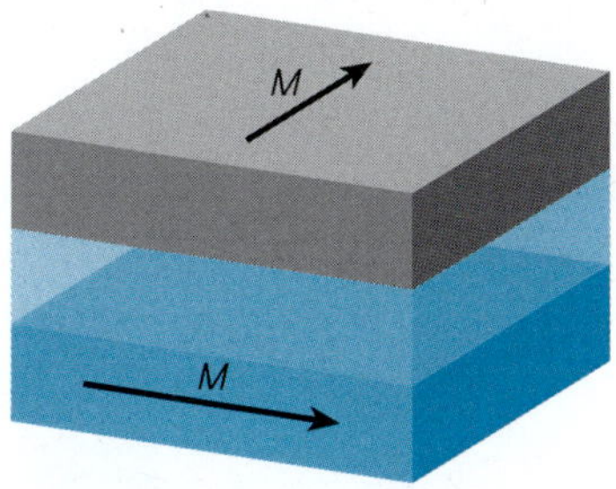

[그림 9-19] 스핀 밸브형 거대 자기 저항 센서

[그림 9-19]와 같이 일반적인 스핀 밸브형 거대 자기 저항 센서에서 두 개의 자성층 중 하나는 반강자성 금속과 강자성 금속이 접촉할 때 자화가 고정되는 현상을 이용하여 고정된 자화 방향을 갖도록 만들어진 고정층이고 또 다른 자성층은 코발트-철-붕소(CoFeB) 합금이나 니켈-철(NiFe) 합금과 같은 연자성체로 만들어진 자유층이라 한다. 비자성층은 고정층과 자유층이 서로 접촉했을 때 자기 저항의 비대칭 반전을 유도하는 것을 막기 위해 사용된다. 자유층의 자화 방향은 인가된 자기장에 따라 회전한다.

센서의 최소, 최대 저항을 R_{min}, R_{max}라 할 때 자기 저항 비율은 다음과 같다.

$$MR\ ratio = \frac{R_{max} - R_{min}}{R_{min}} \tag{9.16}$$

센서에 외부 자기장이 가해지면 고정층과 자유층의 자화 방향이 달라지는데 고정층의 배향된 자화 각도를 θ_p, 자유층의 배향된 자화 각도를 θ_f라 할 때 센서의 저항 R은 다음과 같다.

$$R = R_{min} + \frac{R_{min}MR[1 - \cos(\theta_f - \theta_p)]}{2} \quad (9.17)$$

그리고 고정층과 자유층의 자화 방향이 서로 직교할 때는 다음과 같다.

$$R = R_{min} + \frac{R_{min}MR[1 - \sin(\theta_f)]}{2} \quad (9.18)$$

스핀 밸브형 거대 자기 저항 센서의 저항은 자기장에 따라 변하는 자유층의 자화 각도의 $\sin(\theta_f)$배만큼 비례하며, 낮은 세기의 자기장에서는 저항값이 선형적으로 변하기 때문에 센서의 출력도 선형적이다.

거대 자기 저항 센서는 지구의 자기장을 감지할 수 있어 방향 탐색 및 관성 위치 애플리케이션 등에서 사용할 수 있다.

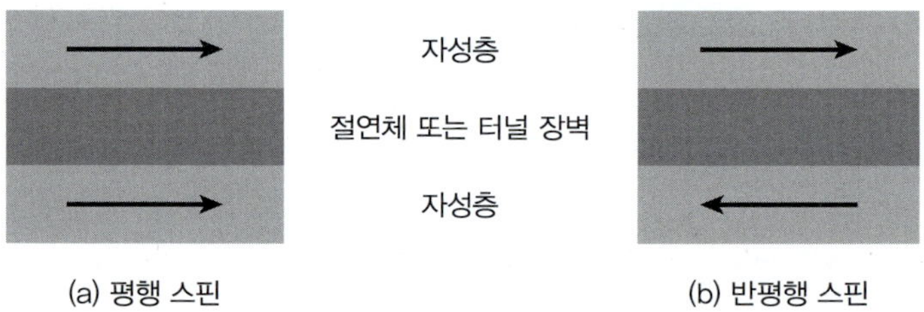

[그림 9-20] 터널 자기 저항 센서 구조

자기 터널 접합(magnetic tunnel junction) 구조에서 발생하는 자기 저항 효과를 이용하는 터널 자기 저항 센서는 [그림 9-20]과 같이 터널 장벽으로 분리된 두 개의 강자성 층과 그 가운데 절연체가 있는 형태로 두 개의 강자성체가 [그림 9-20] (a)와 같이 서로 평행한 방향으로 자화되면 두 층의 자화가 [그림 9-20] (b)와 같이 서로 반대 방향일 때보다 전자가 절연층을 통해 터널링할 확률이 높아져서 평행 스핀 구성일 때는 저항이 낮아지고, 반평행 스핀 구성일 때는 저항이 높아진다. 일반적인 터널 자기 저항 센서에서 한 개의 강자성 층은 자기장에 대해 자화가 자유롭게 변하지만, 또 다른 하나는 자화가 고정되어 있다. 거대 자기 저항 센서와 유사한 구조로 되어 있어 센서의 저항은 스핀 밸브 구조의 거대 자기 저항 센서와 같이 자유층과 고정층의 자화 방향의 각도에 대한 코사인값에 비례하며, 인가된 자기장에 대한 선형 응답을 원할 시 고정층의 자화 방향과 자유층의 자화 방향이 서로 수직이 되게 한다. 터널 자기 저항 센서의 저항 변화율은 이방성 자기 저항과 거대 자기 저항보다 우수하다.

9.2.3 거대 자기 임피던스 센서

거대 자기 임피던스 효과는 교류 전류가 흐르는 강자성 도체에 가해지는 외부 자기장의 변화에 따라 연자성체의 전기적인 임피던스 변화가 크게 일어나는 현상으로 외부 자기장에 의하여 투자율이 쉽게 변화될 수 있는 비정질 합금과 같은 연자성체 재료가 사용된다. 센서는 인가 주파수에 따라 동작 원리가 달라지는데 1 kHz ~ 10 kHz의 저주파에서는 자기 인덕티브 현상을, 10 kHz ~ 1 GHz의 고주파에서는 표피 효과를, 1 GHz 이상의 초고주파에서는 페로마그네틱 공진 현상을 이용한다.

교류 전류가 흐르는 강자성 도선의 임피던스 값은 투자율과 표피 효과에 의해 결정된다. 강자성 도선의 표피 효과는 다음과 같이 나타낸다.

$$\delta = \frac{1}{\sqrt{\pi f \sigma \mu}} \tag{9.19}$$

여기서 σ는 손실률, f는 교류 전류의 주파수, σ는 도선 강자성체의 전기 전도도, μ는 도체의 투자율이다. 그리고 자기 와이어의 임피던스는 다음과 같이 맥스웰 방정식(Maxwell's equations)에서 유도할 수 있다.

$$Z = \frac{R_{dc} kr \xi_0(kr)}{2\xi_1(kr)} \tag{9.20}$$

여기서 R_{dc}는 도선의 직류 저항, ξ_0, ξ_1은 베셀 함수(Bessel's function), r은 도선의 길이, k는 $\frac{1+j}{\delta}$(j: 허수)이다. 거대 자기 임피던스 센서들은 자기장에서 유사한 임피던스 특성을 공유하지만, 임피던스 변화를 일으키기 위해서는 침투 깊이가 자성체의 두께에 도달해야 하므로 임피던스 변화는 센서의 구성, 형상 및 동작 주파수에 따라 달라진다. 두께가 수십 마이크로미터 정도인 일반적인 거대 자기 임피던스 와이어와 리본의 경우 유의미한 임피던스 변화를 보기 위해서는 교류 전류의 주파수가 수 kHz ~ 수 MHz 정도여야 하고, 수백 나노미터 정도의 막 두께를 가진 박막 기반 거대 자기 임피던스 센서의 경우 수 GHz 범위의 주파수여야 한다.

9.2.4 자속 게이트 센서

패러데이의 유도 법칙에 기반을 둔 자속 게이트 센서는 DC 또는 극저주파 자기장 감지에 널리 사용된다. 일반적으로 0.5 nT ~ 100 μT의 작은 DC 자기장도 감지할 수 있지만, 자성 코어를 주기적으로 포화시켜야 하므로 전력 소비량이 많다. 센서의 구성은 [그림 9-21]과 같이 강자성체 코어에 여자 코일과 감지 코일이 감겨 있다. 여자 코일에 여자 주파수의 교류 전류 I가 흐르면 코어는 여자 주파수의 두 배의 주파수로 포화된다. 외부 자기장 B_{ex}에 의한 감지 코일의 출력 전압 V_i는 자속의 변화에 따라 다음과 같이 나타낸다.

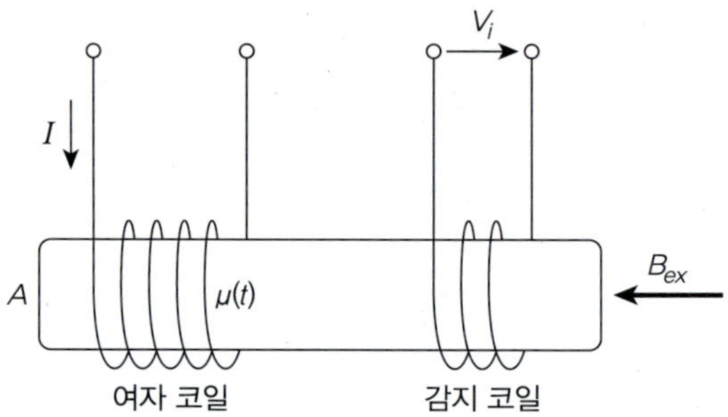

[그림 9-21] 자속 게이트 기본 구조

$$V_i = \frac{d\Phi}{dt} = \frac{d(NA\mu_0\mu_r(t)H(t))}{dt} \tag{9.21}$$

여기서 μ_r은 코어의 상대 투자율, μ_0는 코어의 초기 투자율, N은 코일의 턴 수, A는 코어의 단면적, H는 코어의 자기장이다. 투자율은 각 여자 사이클에서 최소 및 최댓값에 두 번 도달하기 때문에 출력 신호는 여자 주파수의 제2고조파(second harmonic)가 된다.

강자성체 코어의 형태에 따라 자속 게이트 센서는 싱글 코어, 듀얼 코어, 링 코어, 레이스 트랙형(racetrack type) 코어로 구분한다. 일반적으로 싱글 코어 구조는 간단한 센서에서 사용하고 정밀한 자속 게이트는 듀얼 코어 구조를 사용한다.

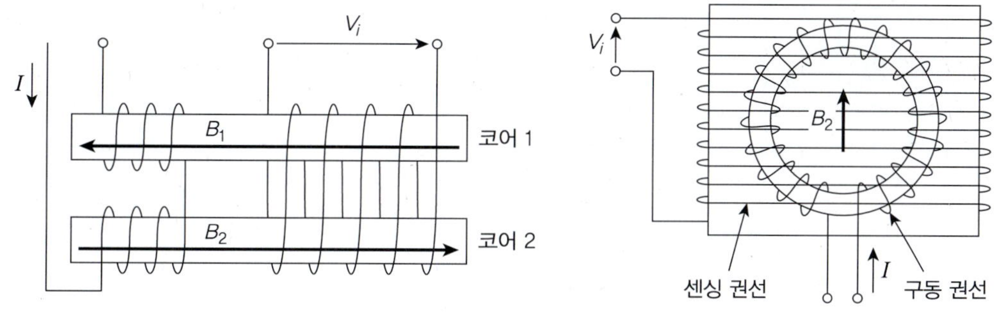

(a) 듀얼 코어　　　(b) 링 코어

[그림 9-22] 듀얼 코어 센서와 링 코어 센서

듀얼 코어 센서는 두 개의 강자성 코어에 여자 코일을 두 코어에 서로 반대 방향으로 감고 같은 전류원으로 구동하기 위해 직렬로 접속한다. 코일이 반대 방향으로 감겨 있으므로 코어에 발생하는 자계도 반대가 된다. 이때 외부 자기장이 없다면 이상적인 출력 전압은 0이 되고, 외부 자기장이 있다면 투자율의 미분 변화로 인해 출력 전압이 유도된다. 코일의 권선 수를 늘리거나 감자 특성을 줄임으로써 여자 주파수를 높이면 자속 게이트의 감도는 증가한다.

링 코어 센서는 [그림 9-22] (b)와 같이 링 모양의 코어에 여자 코일이 환형으로 감겨 있는 형태이다. 링 코어는 연자성체 테이프를 여러 번 감아서 만들며, 측정 자기장에 평행한 센싱 솔레노이드 코일 중심에 링 코어가 위치한 형태이다. 링 코어의 반쪽에서 여자 코일 전류에 기인하는 자기장은 외부 자기장에 평행하고 다른 반쪽에서 여자 자기장은 외부 자기장에 반평행하다. 한쪽으로 자기장이 지나면 포화상태에서 머무는 시간이 서로 달라지면서 센싱 권선에 전압이 유도된다.

9.2.5 초전도 양자 간섭계

금속이나 합금을 매우 낮은 온도로 냉각하면 상전이(phase transition)가 발생한다. 상전이가 발생하는 임계 온도 이하의 초저온에서 금속, 합금, 반도체 또는 유기 화합물 등은 전기 저항이 없어져 전류가 장애 없이 흐르는데 이를 초전도 현상(superconductivity)이라 한다. 초전도 현상은 금속의 전자가 쌍을 이루면서 발생하는 것으로 임계온도 이상에서는 전자끼리 반발력이 작용하지만, 임계온도 미만에서는 금속 원자와 전자의 상호작용으로 전자끼리 서로 끌어당기는 힘이 작용한다. 이 상태의 전자를 쿠퍼 쌍(cooper pair)이라 하고, 쿠퍼 쌍은 금속 원자에 의해 산란되지 않고 이동할 수 있어 전기 저항이 0이 되고 에너지 손실이 없어진

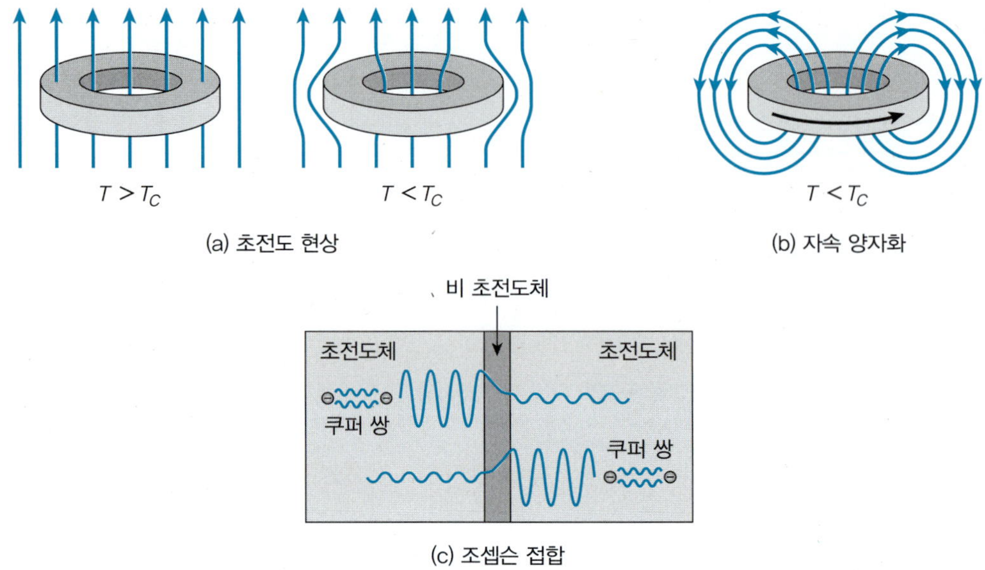

[그림 9-23] 초전도 현상과 조셉슨 효과

다. 초전도체는 [그림 9-23] (a)와 같이 모든 자기장을 바깥쪽으로 밀어내는 마이스너 효과(Meissner effect)를 가지고 있어 임계 온도 T_c 이상일 때는 내부로 자기 선속이 통과하지만, 임계온도 T_c 미만일 때는 초전도체 내부에 차폐 전류가 흘러 로런츠 법칙으로 자기장을 생성하여 외부 자기장과 반대 방향으로 작용하면서 초전도체 내부로 자기 선속이 통과할 수 없게 한다. [그림 9-23] (b)와 같이 링 모양의 초전도체에 자기장을 가해서 루프에 갇히는 자속 Φ는 다음과 같이 나타낼 수 있다.

$$\Phi = n\Phi_0 \tag{9.22}$$

여기서 n은 정수이고, Φ_0는 자속 양자로 $h/2e = 2.0679 \times 10^{-15}\,\mathrm{Wb}$의 값이다. 링 내부의 자속은 자속 양자의 정수배만 허용하는 현상을 자속 양자화(quantization of magnetic field)라고 한다.

조셉슨 효과(Josephson effect)는 [그림 9-23] (c)와 같이 두 개의 초전도체 사이에 매우 얇은 절연막을 끼운 접합 구조에서 쿠퍼 쌍이 초전도 전자의 터널 효과에 의해 절연막을 넘어 전류가 흐르는 현상으로 이런 접합 구조를 조셉슨 접합이라 한다. 초전도체에 임계 전류 미만의 전류가 흐를 때 초전도체 내의 쿠퍼 쌍은 아무런 저항 없이 절연막을 넘어갈 수 있지만, 임계 전류를 초과하여 흐를 때는 초전도 효과가 사라지면서 초전도체 접합부에 전압이 발생한다.

초전도 양자 간섭계(Superconducting QUantum Interference Device, SQUID)는 자속 양자화 현상과 초전도체의 터널 효과를 기반으로 동작하며, 외부 자속의 변화를 전압으로 변환한다. 하나 이상의 조셉슨 접합으로 구성된 초전도 링 루프로 구성되어 있으며, 접합의 개수에 따라 RF SQUID나 DC SQUID로 구분한다. RF SQUID는 수십에서 수백 MHz의 주파수 대역에서 동작하고, DC SQUID는 직류 전류에서 동작한다. 초기에는 DC SQUID가 잡음에 더 강한 특성을 보였음에도 RF SQUID가 많이 사용되었는데 이는 DC SQUID가 두 개의 접점을 가지고 있어 한 개의 접점을 가지는 RF SQUID와 비교하면 조정하기가 불편했기 때문이다. 하지만 박막 제작 기술이 발전함에 따라 DC SQUID가 RF SQUID를 대체하기 시작했고 오늘날에 이르러서는 DC SQUID를 더 많이 사용하고 있다.

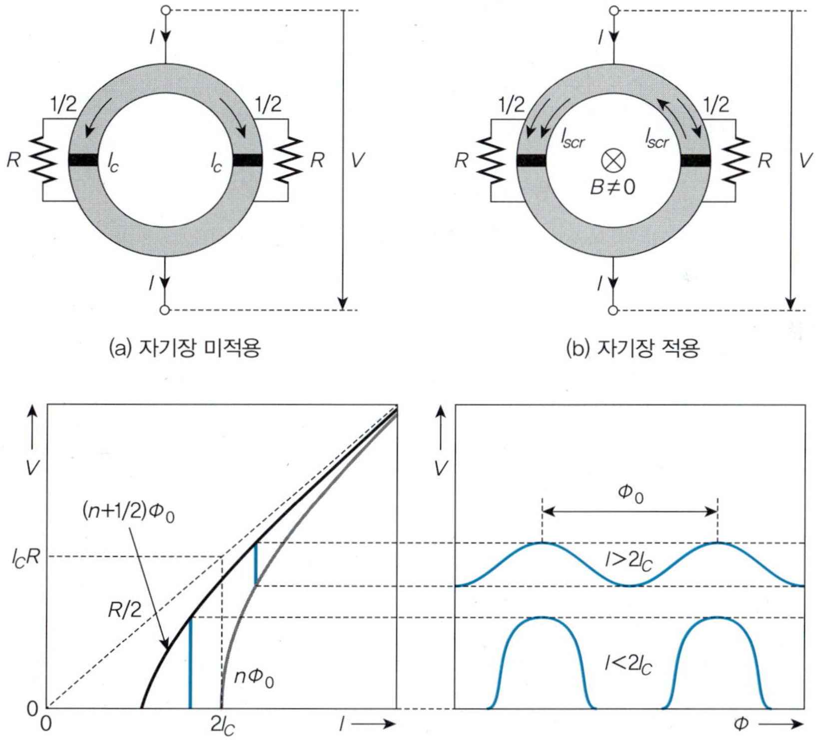

(a) 자기장 미적용

(b) 자기장 적용

(c) 전류-전압 특성과 자속-전압 특성 그래프

[그림 9-24] DC SQUID 회로와 특성 그래프

DC SQUID는 [그림 9-24] (a)와 같이 전류-전압 특성의 히스테리시스를 제거하기 위한 저항 R이 병렬로 연결된 두 개의 조셉슨 접합으로 구성된 폐쇄 루프이며, 자기장이 적용되지 않을 때는 전류 I가 절반씩 나누어져서 각각의 조셉슨 접합으로 흐른다. 여기에 [그림 9-24] (b)와 같이 외부 자기장이 가해지면 마이스너 효과로 인해 루프에 차폐 전류 I_{scr} 이 생성되고, 이로 인해 SQUID의 임계 전류가 변한다. 임계 전류가 변하면서 조셉슨 접합에 흐르는 전류가 임계 전류를 넘기게 되면 초전도 현상이 사라지고 전압이 생성된다. 전류-전압 특성 그래프에 따르면 출력 전압은 외부 자속이 정수배일 때 최소가 되고, $\frac{1}{2}$ 배일 때 최대가 된다.

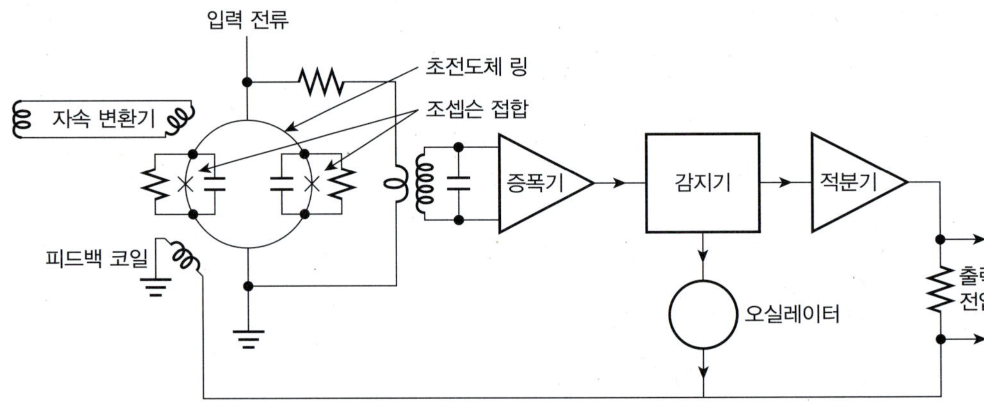

[그림 9-25] FLL 회로도

SQUID는 외부 자기장에 대해 비선형적인 전압을 출력하므로 정확한 측정을 위해서는 출력 전압의 선형화가 필요하다. [그림 9-25]는 신호 증폭기, 감지기, 오실레이터, 적분기, 피드백 코일 등으로 이루어진 FLL(Flux-Locked Loop) 회로로 자속의 변화량을 전압으로 출력한다. FLL 회로는 자속-전압 특성 그래프에서 최대 기울기가 되는 지점에서 출력 전압이 0이 되도

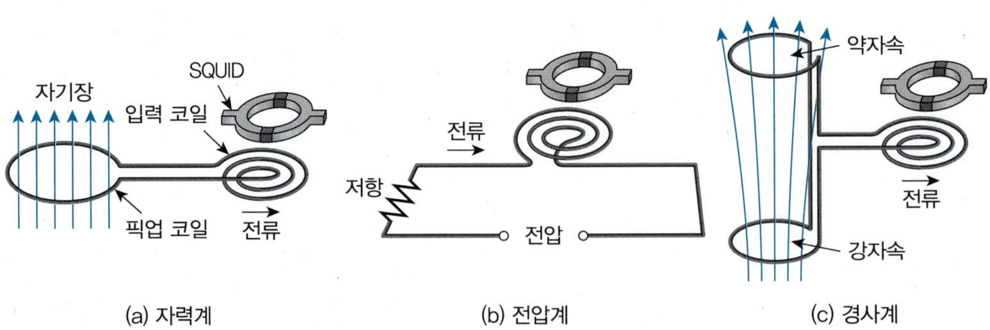

[그림 9-26] 자속 변환기 유형

록 고정하여 외부 자기장에 의해 SQUID의 전압이 변하면 전압 변화를 증폭, 적분한 후 피드백 코일을 통해 크기가 같고 방향이 반대인 자속을 생성하여 고정점을 유지한다. 이때 고정점 유지를 위한 자속을 생성한 전류는 출력 전압을 통해 알 수 있으므로 외부 자기장의 세기를 알 수 있다.

자속 변환기(flux transformer)는 외부 자기장을 직접 측정하여 변환해 주는 부분으로 [그림 9-26]과 같이 픽업 코일과 입력 코일로 구성되어 있으며, 픽업 코일의 형태를 다르게 하여 사용할 수 있다. 픽업 코일은 자속 감지를 위해 넓은 면적을 가지고 있으며, 입력 코일은 자속을 증폭한 후 SQUID에 집속시킨다.

9.3 전자기 센서 실습

9.3.1 자기 리드 스위치 모듈(KY-025)

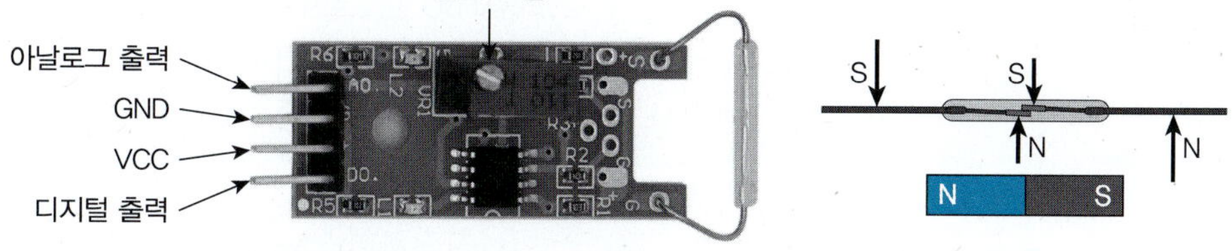

[그림 9-27] KY-025 자기 리드 스위치 모듈의 핀 정보와 리드 스위치 원리

KY-025 자기 리드 스위치 모듈은 근접하는 자기장에 의해 동작되는 스위치로 3.3 V ~ 5 V 전원을 사용하며, 아날로그 출력과 디지털 출력을 제공한다. 상시 오픈된 리드 접점이 자기장에 노출되면 두 개의 리드 접점이 연결되어 HIGH 신호를 출력하고, 이때 아날로그 출력은 디지털 출력과 반전되어 낮은 전압값이 출력된다. 3296W-104 100 kΩ 전위차계를 이용하여 모듈의 감도 조절이 가능하다.

자석과 자기 리드 스위치를 사용하여 시리얼 모니터 창으로 상태를 출력하고 LED를 켜고 끄는 예제이다. 일반적으로 자성을 감지하는 것 외에도 문이나 창문의 개방 상태를 확인하거나 근접 센서 용도로도 활용할 수 있다.

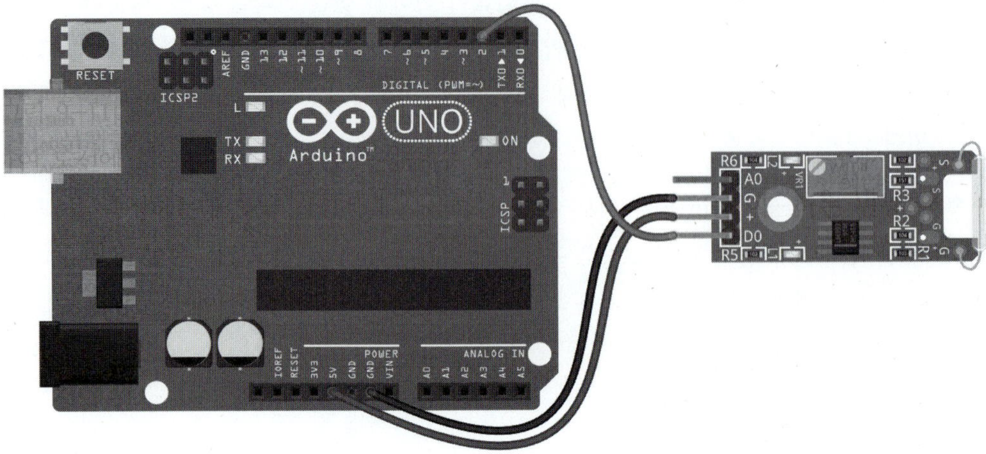

[그림 9-28] 자기 리드 스위치 모듈 연결 회로

```
const int sensorPin = 2;                    // 센서 DO 핀을 보드의 2번 핀에 연결
const int ledPin = 13;                      // 13번 핀의 빌트인 LED 사용

void setup()
{
   Serial.begin(9600);                      // 시리얼 통신 속도 9,600 bps로 설정

   pinMode(sensorPin, INPUT);               // 2번 핀을 입력 모드로 설정
   pinMode(ledPin, OUTPUT);                 // 13번 핀을 출력 모드로 설정
}

void loop()
{
   // 센서 모듈의 DO 핀으로부터 센서값을 읽어 sensorValue 변수에 저장
   int sensorValue = digitalRead(sensorPin);

   if(sensorValue == HIGH)                  // 자기장이 감지되면,
   {
      Serial.println("Magnet Detected");
      digitalWrite(ledPin, HIGH);           // LED on
   }
   else                                     // 자기장이 감지되지 않으면,
```

```
    {
      Serial.println("Magnet Not Detected");
      digitalWrite(ledPin, LOW);                       // LED off
    }
    delay(1000);
}
```

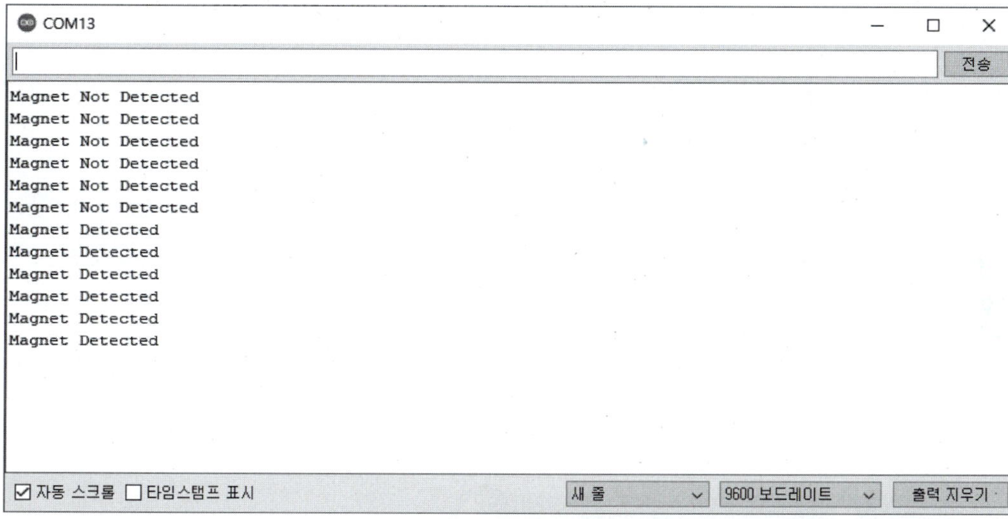

[그림 9-29] 자석 감지 유 · 무 출력

9.3.2 자기 홀 센서 모듈(KY-024)

[그림 9-30] KY-024 자기 홀 센서 모듈과 핀 정보

KY-024 자기 홀 센서 모듈은 홀 효과를 이용한 센서로 자기장을 감지하며, 아날로그 신호

와 디지털 신호를 출력한다. 모놀리식 집적 회로로 설계된 A3141 홀 효과 스위치와 LM393, 3296W-104 전위차계 등으로 구성되어 있다. 홀 효과 센서로 SS49E를 사용하는 것과 A3141 홀 효과 스위치를 사용하는 모듈이 섞여 있는 것으로 보이므로 데이터시트를 확인하도록 한다.

홀 센서는 BLDC 모터의 영구 자석 위치를 감지하거나 기계식 스위치에 비해 높은 신뢰성과 낮은 생산 비용, 높은 동작 주파수 등의 장점이 있어 일반적인 스위치와 관련된 애플리케이션에 활용할 수 있다. 자기 리드 스위치 모듈과 마찬가지로 자기장을 감지하여 스위치처럼 동작하는 것은 유사하나 감지하는 자기장의 방향이 다른 것이 주요 차이점이다. 자기 홀 센서에 자석은 수직 방향이어야 하지만, 자기 리드 스위치는 수평이어야 한다. 이것은 두 가지 센서 모듈에 자석을 직접 적용해 보면서 확인하도록 한다.

SS49E 홀 효과 센서 기반의 KY-024 모듈은 2.7 V ~ 6.5 V 사이의 전압을 허용하며, 아날로그 출력은 자기장의 극성과 세기를 측정할 수 있고, 디지털 출력은 전위차계로 설정된 임곗값에 따라 HIGH 또는 LOW 신호를 출력한다.

자기 홀 센서 모듈을 이용하여 자기장을 검출하는 예제이다. 단순히 자기장을 감지하거나 잠금장치, 근접 센서 등의 용도로 응용할 수 있다.

[그림 9-31] 자기 홀 센서 모듈 연결 회로

```
const int sensorPin = 2;                    // 센서 DO 핀을 보드의 2번 핀에 연결
const int sensorADCPin = A0;                // 센서 AO 핀을 보드의 A0 핀에 연결
const int ledPin = 13;                      // 13번 핀의 빌트인 LED 사용

void setup()
{
  Serial.begin(9600);                       // 시리얼 통신 속도 9,600 bps로 설정
  pinMode(sensorPin, INPUT);                // 2번 핀을 입력 모드로 설정
  pinMode(ledPin, OUTPUT);                  // 13번 핀을 출력 모드로 설정
}

void loop()
{
  // 센서 모듈의 DO, AO 핀으로부터 센서값을 읽어 sensorValue와 sensorADC 변수에 저장
  int sensorValue = digitalRead(sensorPin);
  int sensorADC = analogRead(sensorADCPin);

  Serial.print("Analog value :");
  Serial.print(sensorADC);
  Serial.print("\t");
  Serial.print("Digital value :");
  Serial.println(sensorValue);

  // 홀 센서 주변에 자기장이 없을 때 기본 출력값이며, 전위차계로 조절 가능
  if(sensorADC >= 519 && sensorADC <= 520)
  {
    Serial.println("idle(519~520)");        // 자기장이 없는 상태
    digitalWrite(ledPin, LOW);              // LED off
  }
  else if(sensorADC < 519)                  // 자기장 세기가 519 이하이면,
  {
    Serial.println("under 519: N");         // N극으로 출력
    digitalWrite(ledPin, HIGH);             // LED on
  }
  else if(sensorADC > 520)                  // 자기장 세기가 520 이상이면,
  {
    Serial.println("over 519: S");          // S극으로 출력
    digitalWrite(ledPin, HIGH);             // LED on
  }
```

```
    delay(500);
}
```

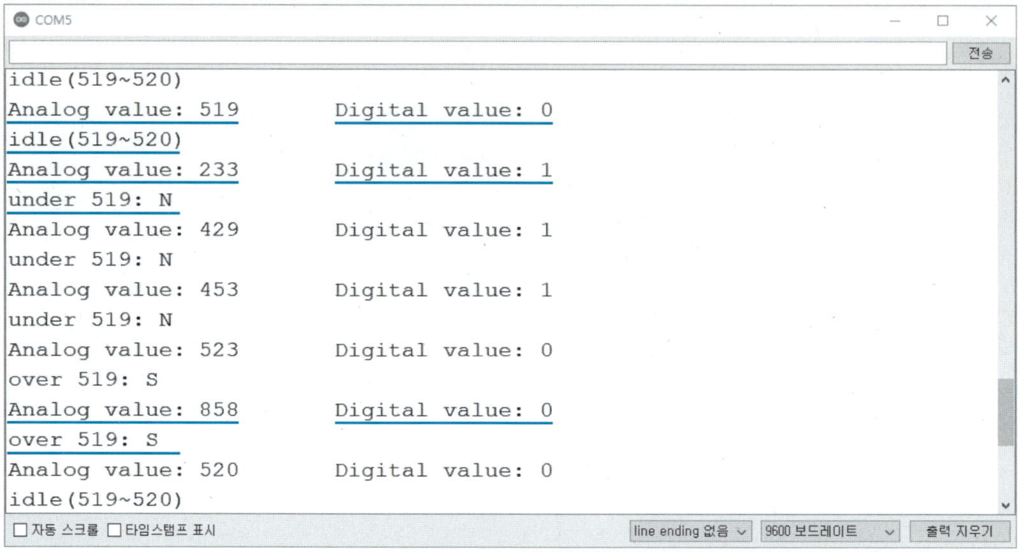

[그림 9-32] 자기 홀 센서 모듈의 자기장 세기 및 N극과 S극 구분

☞ 홀 센서 주변에 자기장이 없을 시 기본적으로 출력되는 값을 시리얼 모니터 창으로 확인할 수 있으며, 519 ~ 520 사이의 ADC 값이 출력됨을 알 수 있다. 자석의 극성을 변경하면서 결과를 확인해 보면 디지털 출력값은 자기장이 있더라도 특정 임곗값 이하일 때 HIGH가 출력되는 것을 확인할 수 있다. 디지털 출력은 자기 홀 센서 모듈의 회로에서 기준 전압과 비교기의 동작을 이해해야 하므로 필요할 경우 회로도를 찾아 참고하기 바란다.

9.3.3 전압 센서 모듈

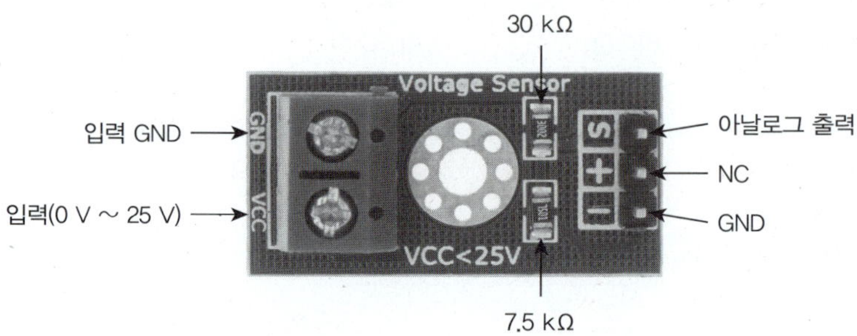

[그림 9-33] 전압 센서 모듈과 핀 정보

전압 센서 모듈은 특정 회로나 장치의 전압을 모니터링하는 데 사용한다. 전압 센서 모듈에는 30 kΩ과 7.5 kΩ 두 개의 저항으로 5:1 전압분배 회로가 구성되어 있어 마이크로컨트롤러의 0 V ~ 5 V 감지 범위에서 최대 25 V의 높은 입력 전압을 측정할 수 있다. 우노 보드의 10bit ADC로 0.00489 V(5 V ÷ 1,024) 분해능을 가지며, 전압 센서 모듈의 최소 감지 전압은 0.00489 V × 5 = 0.02445 V이다.

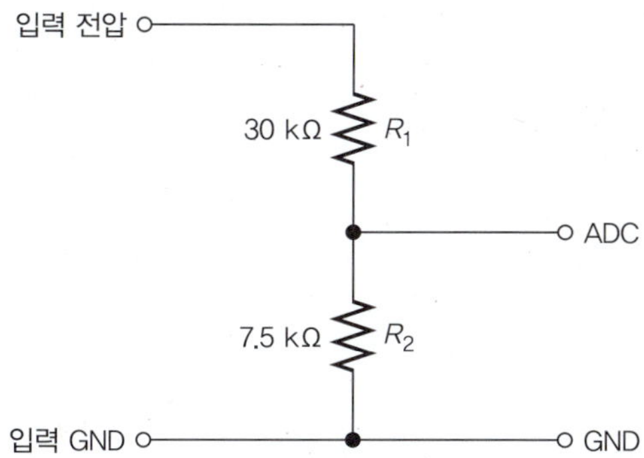

$$V_{input} = ADC_{volt} \frac{R_2}{(R_1 + R_2)}$$

$$= ADC_{volt} \frac{7{,}500.0}{(300{,}000.0 + 7{,}500.0)}$$

[그림 9-34] 전압 센서 모듈의 회로와 입력 전압 도출 공식

전압 센서 모듈로 배터리 전압을 측정하는 예제이다. 쉽게 구할 수 있는 배터리를 사용하면 되고, 센서 모듈의 + 핀에는 아무것도 연결하지 않도록 한다. 멀티미터(multimeter)를 이용하여 먼저 배터리 전압을 확인한 뒤에 결과를 확인해보면 전압 센서 모듈의 측정 오차를 확인할 수 있다. 드론처럼 배터리로 동작하는 원격 제어 시스템에서 무선으로 배터리 전압을 점검하거나 태양 전지판을 모니터링하는데 응용할 수 있다.

[그림 9-35] 리튬폴리머 배터리 전압 측정 연결 회로

```
const int sensorPin = A0;                    // 센서 S 핀을 보드의 A0 핀에 연결
const float R1 = 30000.0;                    // R1 저항 30 kΩ
const float R2 = 7500.0;                     // R2 저항 7.5 kΩ

void setup()
{
  Serial.begin(9600);                        // 시리얼 통신 속도 9,600 bps로 설정
}

void loop()
{
  int sensorVaule = analogRead(sensorPin);   // ADC 값을 읽어서 sensorValue 변수에 저장
  float ADCvolt = (sensorVaule * 5.0) / 1024.0;
  float vIn = ADCvolt / (R2 / (R1 + R2));

  Serial.println("ADC Vaule(V): " + String(sensorVaule) + "(" + String(ADCvolt) + " V)");
  Serial.println("Voltage: " + String(vIn) + " V" + "\r\n");

  delay(1000);
}
```

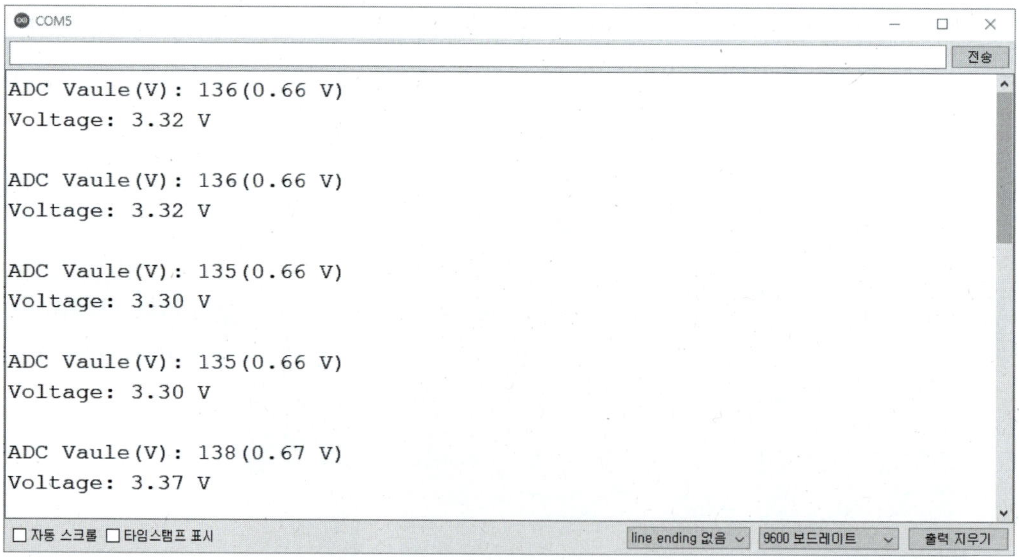

[그림 9-36] 전압 측정 결과 화면

☞ 입력 전압을 ADC에서 처리한 값과 ADC 값을 전압 단위로 변경한 값 그리고 입력 전압을 출력한다. 전압 센서 모듈이 없더라도 5:1 저항비를 가진 저항기 두 개를 사용하여 회로를 연결해도 같은 결과를 얻을 수 있다.

◇ 코드 추가 설명

```
float ADCvolt = (sensorVaule * 5.0) / 1024.0;
float vIn = ADCvolt / (R2 / (R1 + R2));
```

ADC에서 처리한 0 ~ 1,023 사이의 값은 입력 전압에 대한 값이며, 0 V ~ 5 V 사이의 전압을 변경하여 ADCvolt 변수에 저장한다. ADCvolt 변숫값에 5배를 곱하면 입력 전압을 알 수 있다.

9.3.4 전류 센서 모듈(ACS712)

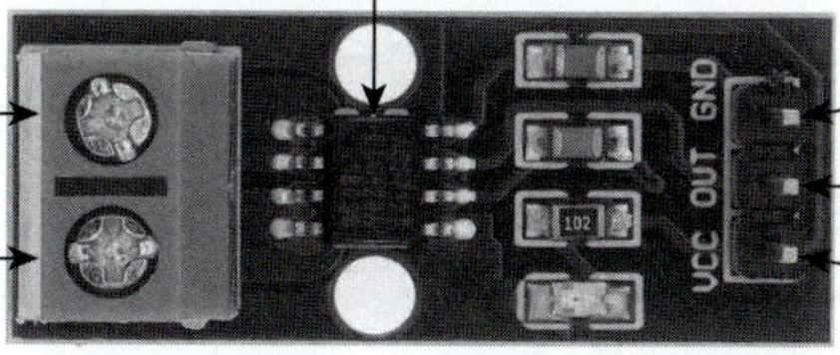

[그림 9-37] ACS712 전류 센서 모듈과 핀 정보

전류 센서 모듈의 ACS712 칩은 홀 효과를 이용하여 모터 제어, 부하 감지 및 관리, 스위치 모드 전원 공급 장치, 과전류 오류 보호 등의 애플리케이션에서 AC 또는 DC 전류의 세기를 측정할 수 있다. 〈표 9-1〉처럼 전류 센서 모듈에 장착된 ACS712 종류에 따라 전류 측정 범위와 감도가 다르다. 5 A용 ACS712ELCTR-05B-T 모델을 기준으로 보면 1 A당 185 mV가 출력되며, 1 A당 0.185 V가 변화하므로 최댓값 5 A일 때 0.425 V가 된다. 전류 센서 모듈의 입력단으로 전류가 흐르지 않는 제로 상태에서는 전원 전압 × 0.5인 2.5 V이고, 이때 ADC는 511을 처리한다.

〈표 9-1〉 ACS712 모델별 특성

모델명	측정 범위	감도
ACS712ELCTR-05B-T	-5 A ~ 5 A	185 mV/A
ACS712ELCTR-20A-T	-20 A ~ 20 A	100 mV/A
ACS712ELCTR-30A-T	-30 A ~ 30 A	66 mV/A

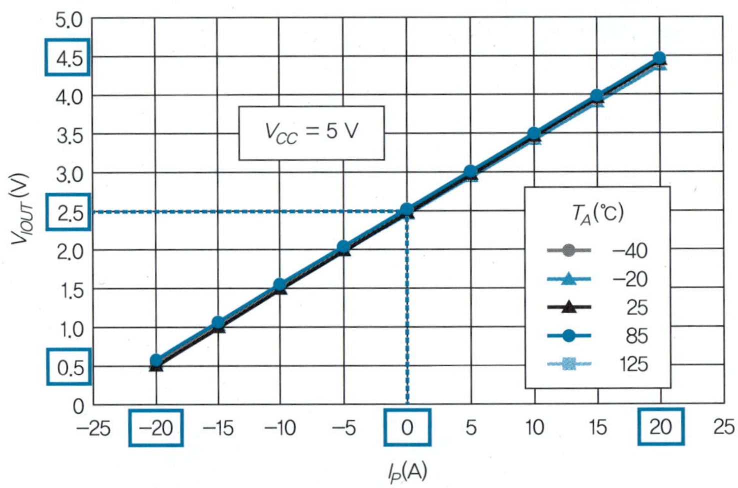

[그림 9-38] ACS712ELCTR-20A-T 모델의 출력 전압 대 감지 전류

실습에 사용하는 전류 센서 모듈은 ACS712ELCTR-20A-T 모델이 장착되어 있다. [그림 9-38]과 같이 순방향 전류량이 20 A까지 증가하면 전류 센서 모듈의 출력(OUT) 핀의 전압은 2.5 V + (100 mV/A × 20 A) = 4.5 V까지 증가하고, -20 A까지 역방향 전류량이 증가하면 2.5 V + (100 mV/A × -20 A) = 0.5 V까지 감소한다.

일반적으로 전류 센서 모듈의 실습 환경이 일정하고 정확한 ADC 기준 전압을 사용하는 것이 아닌 USB 전압을 공급받아 처리하므로 측정된 전륫값에 오차가 있다는 점을 고려해야 하며, 오차를 줄이기 위해 ACS712 칩의 필터 핀에 커패시터를 추가하거나 소스 코드에서 적당한 필터 등을 추가하여 보정하는 것이 좋다.

3 V ~ 9 V 정도의 배터리와 DC 모터를 연결하여 부하가 걸렸을 때 전류량을 측정해 본다. 만약 높은 전력 회로에서 실습할 경우 매우 위험하므로 회로에 대한 이해와 안전한 환경을 갖춘 뒤에 실습을 진행해야 한다.

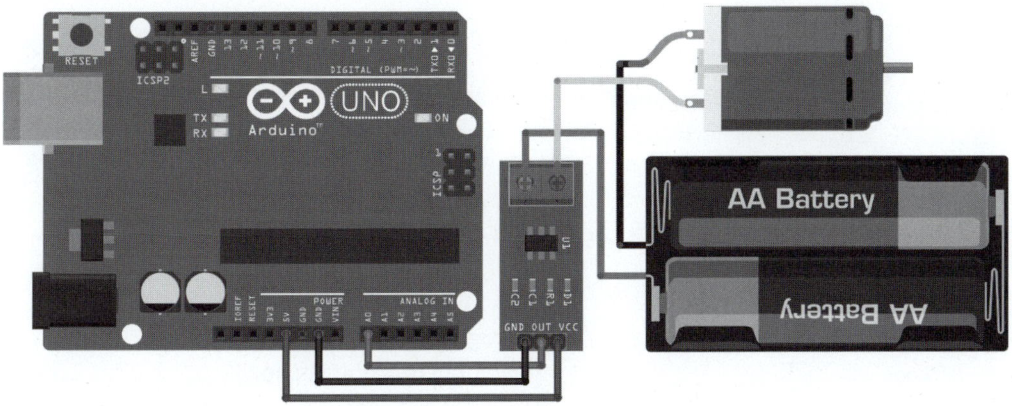

[그림 9-39] 전류 센서 모듈 연결 회로

전류 센서 모듈에 부하가 연결되지 않은 상태에서 소스 코드 최상단의 #define OFFSET 치환 값을 0.000으로 입력한 뒤 컴파일 후 업로드한다. 전류 센서 모듈에 DC 모터나 배터리 전류가 연결되지 않았을 때 발생하는 오프셋을 제거하기 위해 시리얼 모니터 창으로 출력되는 값을 먼저 확인한 뒤 #define OFFSET 치환 값을 [그림 9-40]처럼 수정하여 다시 업로드한다. 부하가 연결되지 않은 상태에서 시리얼 모니터 창으로 출력되는 값이 0.000 A가 출력되는 것을 확인한 뒤 부하를 연결하면 전류를 확인할 수 있다.

```
#define OFFSET  0.049                         // 최초 0.000으로 확인 후 변경

const int sensorPin = A0;                     // 센서 OUT 핀을 보드의 A0 핀에 연결
const float VperAmp = 0.100;                  // 20 A 모델의 감도 100 mV/A
const float ACSoffset = 2.5;                  // ACS712 옵셋 2.5 V
float Amps;                                   // 측정 전류 저장 변수

void setup()
{
   Serial.begin(9600);                        // 시리얼 통신 속도 9,600 bps로 설정
}

void loop()
{
   unsigned int ADCValue = 0;
   double dVoltage = 0.0;
```

```
    for(unsigned short i = 0; i < 30; i++)        // 30회 반복
    {
        ADCValue += analogRead(sensorPin);        // ADC 측정값 누적합 계산
    }

    ADCValue = ADCValue / 30;                     // ADC 누적값 평균
    dVoltage = (ADCValue / 1024.0) * 5.0;         // 전압값 도출
    Amps = abs((dVoltage - ACSoffset) / VperAmp);

    Amps -= OFFSET;                               // 부하가 없을 때 확인된 오프셋 제거
    if(Amps < 0)                                  // Amps 변숫값이 0 이하이면,
    {
        Amps = 0.0;                               // 0으로 초기화
    }

    Serial.print("Amps: ");
    Serial.print(Amps, 3);                        // 전류를 소숫점 세 자리까지 표시
    Serial.println(" A");
    delay(500);
}
```

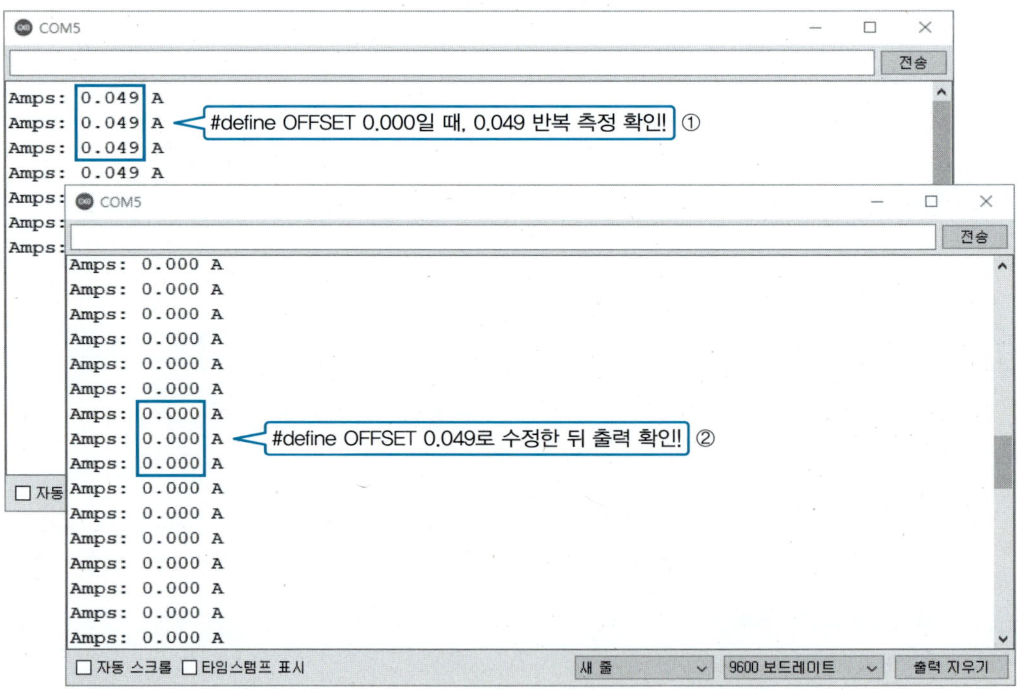

[그림 9-40] 부하가 연결되지 않았을 때 확인되는 오프셋 제거

☞ 출력되는 값이 일정하지 않을 수 있다. 반복해서 출력하는 값을 사용한다.

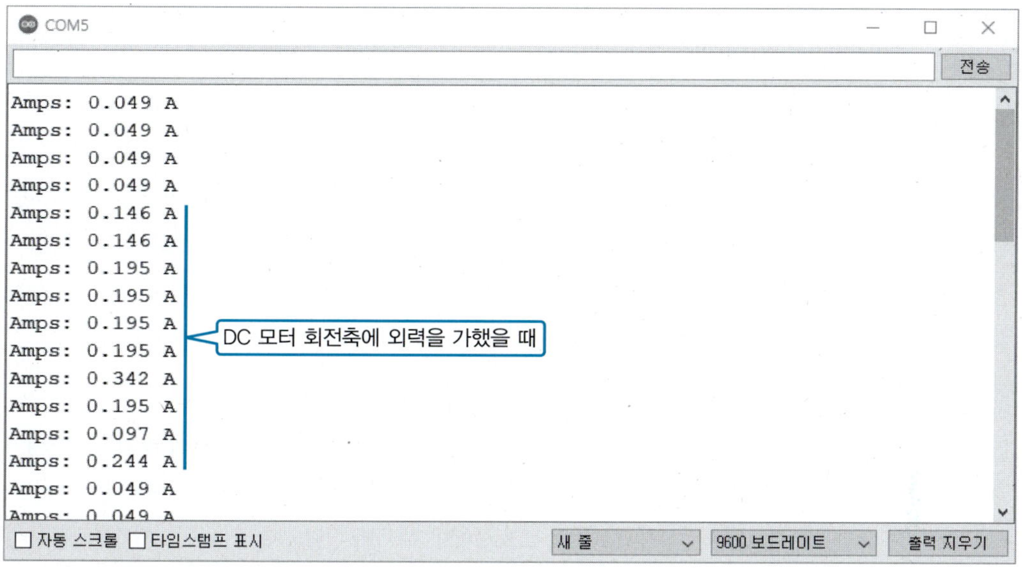

[그림 9-41] 부하가 연결되었을 때와 외력을 가했을 때의 전류 출력

◇ 코드 추가 설명

```
Amps = abs((dVoltage - ACSoffset) / VperAmp);
```

abs() 함수는 절대값을 계산한다. 현재 측정되는 전류에 부하가 연결되지 않았을 때의 오프셋을 제거하면 전류는 항상 0이 출력되므로 0 이상의 값이 나오도록 한 것이다.

9.3.5 지자기 센서 모듈(GY-271)

[그림 9-42] HML5883L 3축 디지털 나침반 IC와 GY-271 지자기 센서 모듈

GY-271 지자기 센서 모듈의 HMC5883L IC는 니켈-철로 만들어진 브리지 회로에 배치된 자기 저항 센서를 사용하며, 저비용 나침반이나 자기장 측정과 같은 애플리케이션을 위해 저자장(low-field magnetic) 감지용으로 설계된 다중 칩 모듈이다. HMC5883L IC를 사용하는 지자기 센서 모듈은 GY-271 모듈과 GY-273 모듈이 있다.

HMC5883L IC는 고해상도 자기 저항 센서와 증폭, 자동 디가우징(degaussing) 스트랩 드라이버, 12bit ADC가 있으며, 나침반 방향의 정확도는 1° ~ 2°이다. 보통 강자성 금속에서는 전류와 자기력의 방향이 평행이면 저항이 최대이고 서로 수직이면 저항이 최소가 되는 이방성 자기 저항(Anisotropic MagnetoResistive, AMR) 기술을 활용하여 정밀한 축 감도와 선형성을 가지고 있으며, 수 밀리 가우스에서 8가우스에 이르는 지구 자기장의 방향과 크기를 모두 측정하도록 설계되었다.

지구 자기장의 성분은 지구 표면과 평행하며, 나침반 방향을 결정하는 데 사용된다. 언제나 변하지 않는 북쪽 북극성 방향인 진북과 나침반의 N극이 가리키는 방향인 자북은 다르다. 지구의 다른 위치에서 자북과 진북은 최대 ±25°까지 차이가 있을 수 있으며, 이것을 경사각(declination angle)이라고 한다. 나침반이 진북이 아닌 자북을 가리키고 있으므로 진방위각을 구하려면 HMC5883L IC에서 계산한 방위각에 경사각을 더해야 한다. 그리고 지자기 센서 모듈을 사용할 때 문제가 되는 것은 X 축과 Y 축에 대한 작은 각도 편차로 오차가 발생하는 부분인데 MPU-6050 6축 자이로 가속도 센서 모듈이나 ADXL345 3축 가속도 센서 모듈을 사용하여 지자기 센서 모듈의 기울기와 롤 각도를 확인하여 해결할 수 있다.

[그림 9-43] 지자기 센서 모듈 연결 회로

지자기 센서 모듈은 I^2C 통신을 통해 데이터를 처리한다. 지자기 센서 모듈과 프로세싱 IDE를 이용하여 나침반 시뮬레이션을 만드는 예제이다. 스마트폰에 나침반 앱을 설치한 뒤에 방향이 일치하는지 확인해 보고 보정이 필요할 경우 직접 해결해 보자.

① 3축 디지털 나침반 HMC5883L IC용 hmc5883l 라이브러리를 설치한다. [그림 9-44]처럼 구글에서 'hmc5883l' 키워드로 검색하여 ZIP 압축 파일을 다운로드한다.

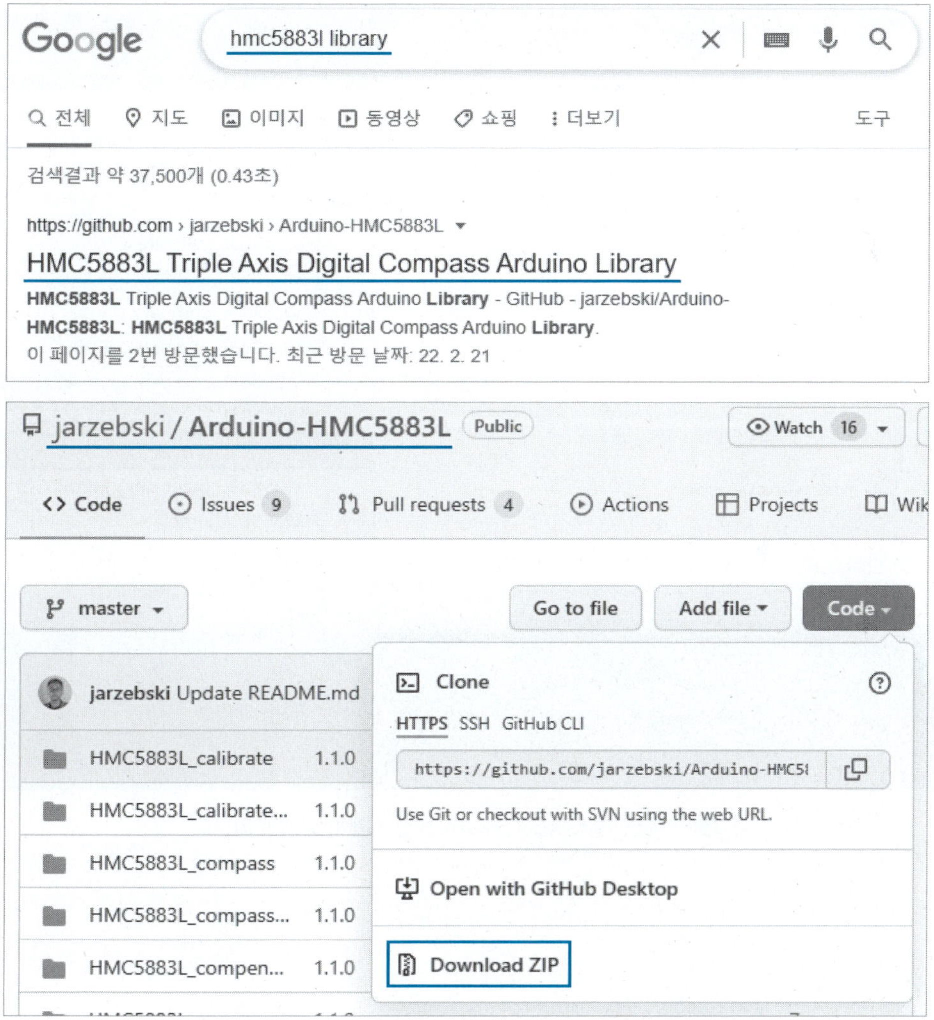

[그림 9-44] Arduino HMC-5883L 라이브러리 다운로드

② 내려받은 ZIP 압축 파일을 아두이노 IDE 라이브러리에 추가한다. [파일]–[예제]–[Arduino–HMC5883L–master]에서 HMC5883L_processing 예제를 열어 아두이노 보드에 업로드한다. 라이브러리를 추가한 뒤에 아두이노 IDE에서 해당 예제가 보이지 않으면 아두이노 IDE를 재실행하면 된다. 이후 프로세싱과 시리얼 통신을 해야 하므로 만약 시리얼 모니터 창이 실행되어 있다면 모두 닫는다.

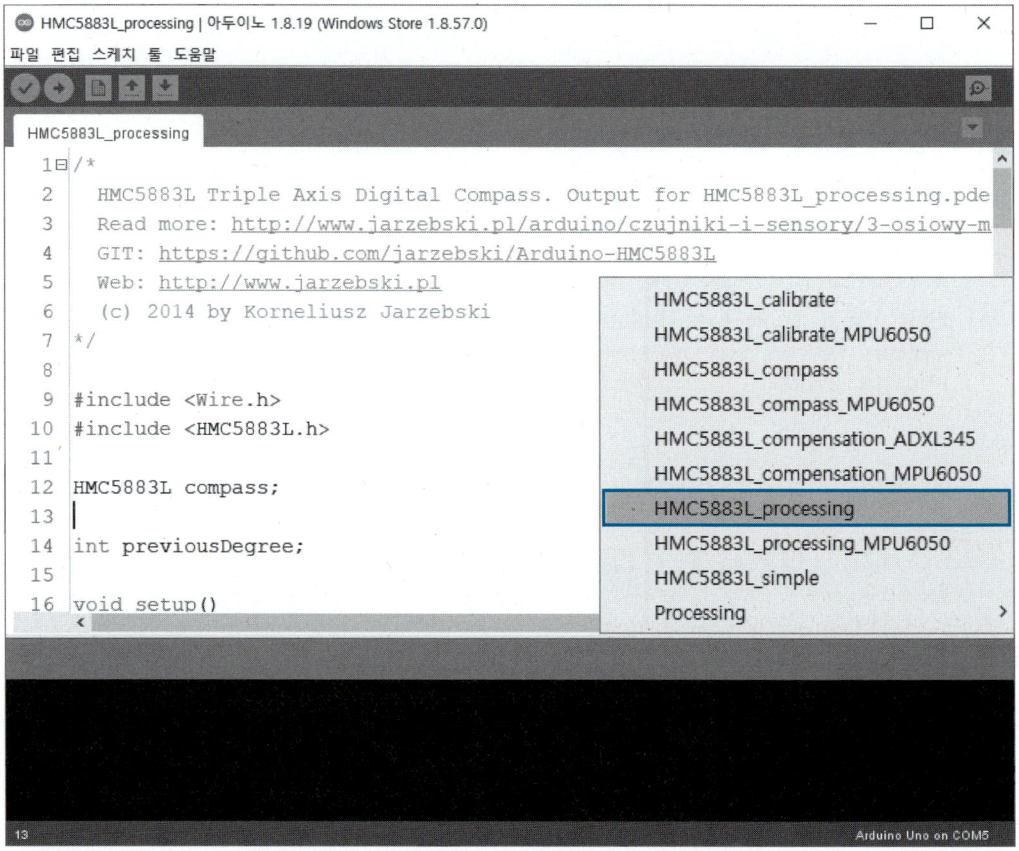

[그림 9–45] HMC5883L_processing 스케치 실행과 업로드

③ https://processing.org/download 경로로 이동하여 운영체제에 맞는 버전으로 프로세싱 IDE를 다운로드한다. 압축 파일 형태로 다운로드 되는데 적절한 위치에 압축을 풀고 processing.exe 파일을 실행한다. 만약 프로세싱 IDE를 실행할 때 PC 보호 경고 창이 뜨면 추가 정보를 눌러 실행하면 된다.

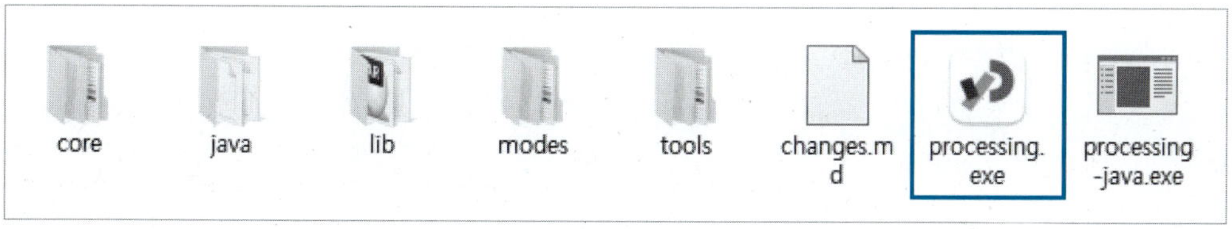

[그림 9-46] 프로세싱 실행

④ [메뉴]-[열기]를 실행한 후 Arduino-HMC5883L-master 라이브러리 폴더 내의 HMC5883L_processing 폴더에 위치한 HMC5883L_processing.pde 파일을 선택한다. HMC5883L_processing.pde 파일을 폴더에서 직접 실행해도 된다. 파일의 전체 경로는 C:₩Users₩사용자 계정₩문서₩Arduino₩libraries₩Arduino-HMC5883L-master₩Processing₩HMC5883L_processing이다.

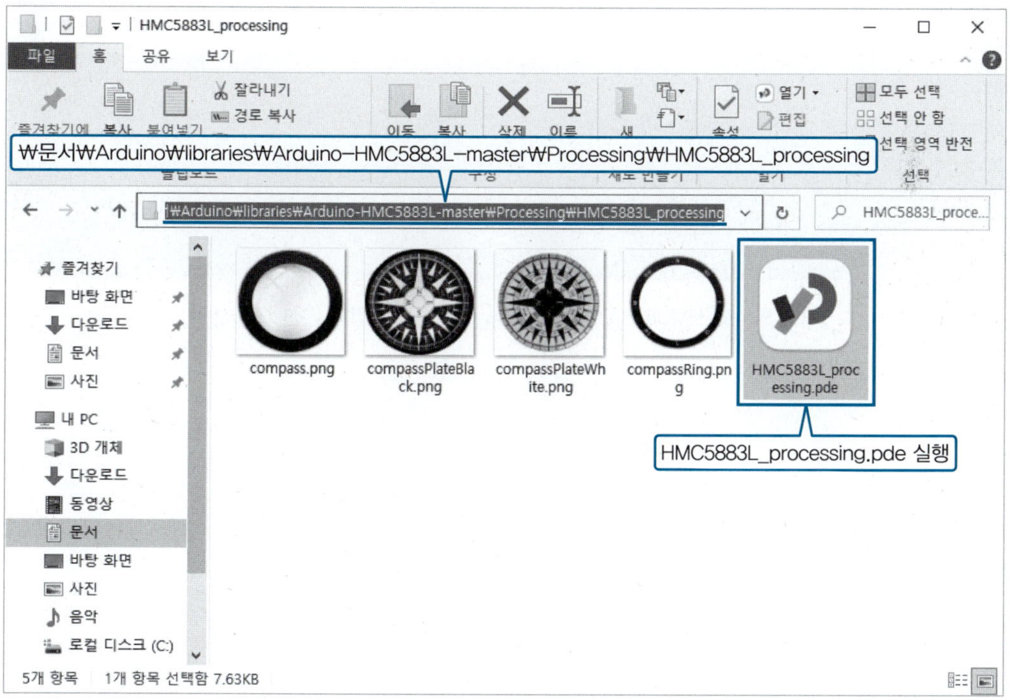

[그림 9-47] HMC5883L_processing.pde 예제 실행

⑤ HMC5883L_processing 예제의 49번 라인 myPort = new Serial(this, Serial.list()[0], 9600); 코드를 myPort = new Serial(this, "COM5", 9600);과 같이 아두이노 보드가 연결된 시리얼 통신 포트로 수정한다. 아두이노 IDE의 [툴] 메뉴에서 포트를 확인하면 된다.

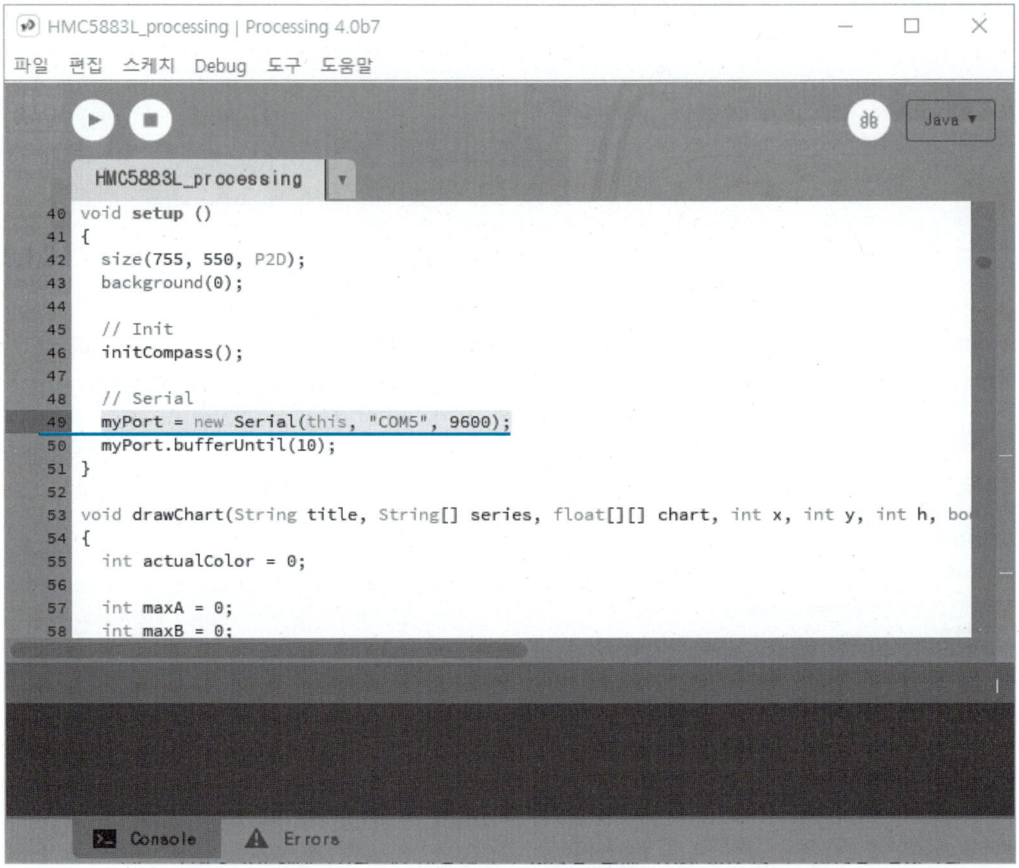

[그림 9-48] HMC5883L_processing 예제에서 시리얼 통신 포트 변경

⑥ 소스 코드 일부 수정 후, 프로세싱 IDE 상단의 실행 버튼을 누르거나 [스케치]-[실행하기] 또는 Ctrl+R을 눌러 시뮬레이션을 실행한다. 지자기 센서 모듈을 가능한 평평한 장소에 놓고 천천히 돌려 나침반 방향이 맞는지 확인한다.

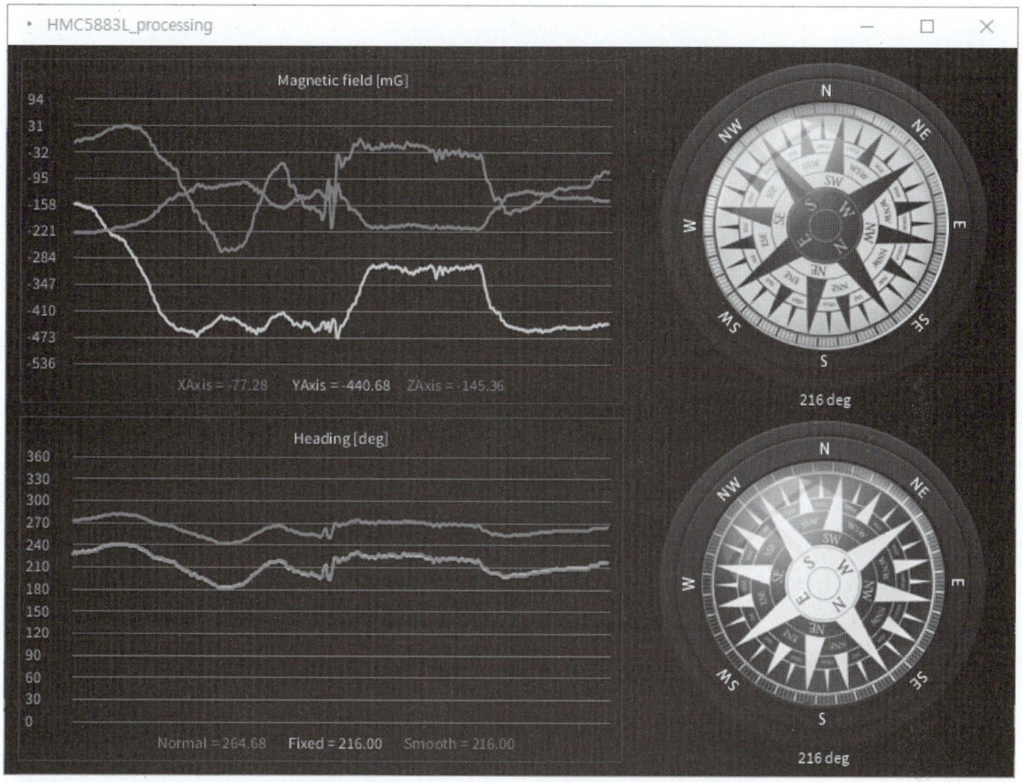

[그림 9-49] 지자기 센서 모듈을 이용한 나침반

CHAPTER 10
화학 센서

contents

10 화학 센서

10.1 화학 센서 개요

화학 센서는 특정 화학 물질의 종류, 농도, 성질 등을 감지하여 화학 에너지를 측정 가능한 전기 에너지로 변환하는 센서로 가스 센서, 이온 센서, 습도 센서, 바이오 센서와 같이 분석 대상에 따라 다양한 범주로 분류할 수 있다. 감지 대상을 크게 가스 성분과 용액 성분으로 분류할 수 있고 가스 성분은 가스 센서와 습도 센서로, 용액 성분은 다시 이온 센서와 바이오 센서로 구분할 수 있다. 그리고 동작 원리에 따라 분석물질의 분자와 전극 사이의 전기화학 효과를 이용하는 방법, 센서 표면의 특수한 변형에 의한 흡착으로 분석물질의 변화를 이용하는 방법, 분석물질과 수용체 사이의 상호작용으로 인한 광학 특성의 변화를 이용하는 방법, 분석물질이 흡착되는 동안 자기적 특성의 변화를 이용하는 방법, 분석물질과 수용체 표면 사이의 특정 화학 반응 또는 흡착 과정에 의해 발생하는 열 효과를 이용하는 방법 등이 있다.

[그림 10-1]처럼 대부분 화학 센서의 수용체(receptor) 또는 감지층은 분석물질에 대한 화학

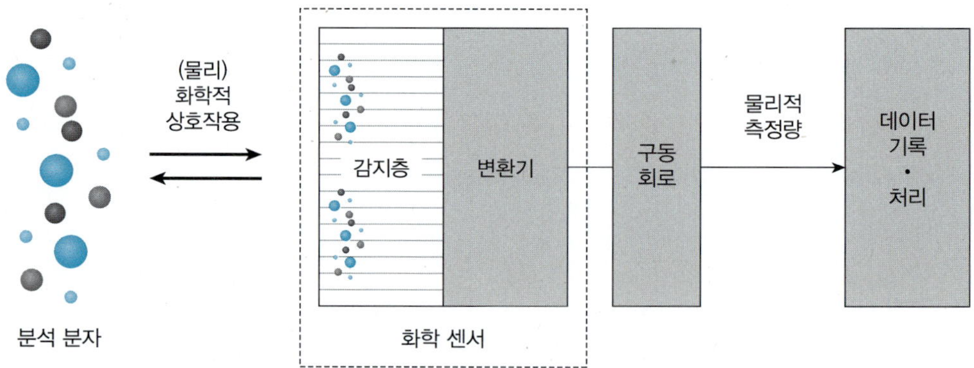

[그림 10-1] 화학 센서의 처리 구조

적 화합물의 상호작용으로 얻은 정보를 측정하고 기록 및 처리할 수 있는 전기적 신호로 변환하여 가스 성분 분석과 모니터링, 전자 코, 환경, 산업 공정, 운송, 식품, 의료, 군사 및 안전방재, 보안 등 여러 분야에 응용할 수 있다.

앞서 언급한 바와 같이 센서 분야는 마이크로 기술의 급속한 발전 과정과 함께 성장하였으며, 이러한 기술은 화학 센서의 설계에 큰 영향을 미쳤고, 다른 분석 화학 분야에서 볼 수 없는 센서의 특성을 가지게 되었다. 일반적으로 화학 센서는 표본과 직접 접촉하는 불활성 담체(inert carrier)의 표면에 있는 얇은 층인 수용체가 있다. 화학 센서의 종류에 따라 전기 접점, 신호 처리 장치 및 기타 다양한 유형의 장치가 있어 간단한 규칙으로 모두 설명할 수 없다. 표본 인식에 가장 중요한 변환기는 여러 가지 방법으로 제조할 수 있다. 후막 기술에서 다른 층들은 담체의 표면에 스크린 인쇄되며, 얇은 층은 증기 증착(vapour deposition), 스퍼터링(sputtering) 또는 화학 기상 증착(Chemical Vapour Deposition, CVD)에 의해 생성된다. 이런 후막 및 박막 기술의 조합은 화학 센서에서도 찾을 수 있다. 다층 센서의 예로는 다결정(polycrystalline) 반도체 가스 센서로, 민감한 산화 주석(tin dioxide, SnO_2) 또는 이산화타이타늄(titanium dioxide, TiO_2) 층은 백금 또는 산화루테늄(ruthenium dioxide, RuO_2)으로 구성된 히터(heater)로 설계된 전도층의 표면에 스퍼터링에 의해 확산하거나 생성된다. 미세한 산화물 입자의 페이스트(paste)가 세라믹 기판에 증착되는 가스 센서 유형도 마찬가지이며, 같은 재료와 같은 순서의 레이어는 박막뿐만 아니라 후막 기술로도 제작할 수 있다.

가스 센서의 핵심 성능 지표는 감도, 선택성(selectivity), 안정성, 응답 및 복구 속도를 포함하며, 주로 감지 재료, 구조, 동작 원리 등의 특성에 의해 결정된다. 일반적으로 가스 센서는 동작 원리에 따라 크게 반도체, 전기화학(electrochemical), 접촉 연소(contact combustion), 광화학(photochemical), 고분자(polymer) 방식으로 분류된다.

반도체 가스 센서는 금속 산화물 또는 금속 반도체 산화물 재료로 만들어진 소자로 활성 감지 층의 저항은 감지할 가스와의 접촉으로 인해 변경되는 원리를 이용한다. 전기화학식 가스 센서는 고체 전해질을 기반으로 하며, 갈바니 전지(galvanic cell), 제어된 전위 전기분해(controlled potential electrolysis), 전기량 측정(coulometric), 이온 선택성 전극(ion selective electrode) 방식으로 분류할 수 있다. 갈바니 전지 가스 센서는 전지 내에서 일어나는 자발적 반응을 이용하여 전기를 만들어 내는 화학전지를 갈바니 전지라 하며, 전류의 변화를 측정하여 대상 가스 조성을 분석한다. 제어된 전위 전기분해 가스 센서는 전해 전류를 측정하여 목표 가스를 감지하며, 일산화탄소(carbon monoxide, CO), 산화질소(nitric oxide, NO), 이산화질소(nitrogen dioxide, NO_2), 이산화황(sulfur dioxide, SO_2) 외에도 혈액 내 산소도 감지할 수 있다. 특정 전압을 외부에서 인가해야 한다. 전기량 측정 가스 센서는 가스와 전해질 사이의 상호작용으로 생성된 전류를 측정하여 대상 분석물질을 감지한다. 이온 선택성 전극 가스 센서는 높은 감도와 우수한 선택성으로 이온 전류를 측정하여 가스를 감지한다. 접촉 연소식 가스 센서는 촉매 연소 센서와 직접 접촉하는 센서를 포함하며, 가연성 가스의 산화 연소가 직접 또는 통전 상태(energized state)의 촉매를 사용하여 백금 저항선 코일과 같은 연소 가스 민감 물질이 가열되었을 때 저항값이 변하는 원리를 사용한다. 접촉 연소로 생기는 반응열은 완전 연소가 일어나는 범위에서 가연성 가스의 농도에 비례하므로 저항 변화를 평가하여 가스 농도를 추출할 수 있다. 이런 센서를 열전도도 센서(thermal conductivity sensor)라고도 하며, 석유화학 공장, 조선소, 광산 터널, 주방, 욕실 등에서 가연성 가스를 감지하는 데 널리 사용된다. 광학 가스 센서에는 적외선 흡수(infrared absorption) 센서, 스펙트럼 흡수(spectrum absorptive) 센서, 형광(fluorescence) 센서, 섬유 센서가 있으며, 대표적인 적외선 흡수 센서는 다양한 가스 흡착으로부터 흡수된 적외선을 측정·분석하여 가스를 감지하는 데 사용된다. 광학 가스 센서는 우수한 방진 및 오염 방지 능력, 자동 보정 및 지속적이고 더 긴 동적 모니터링 가능성과 같은 우수한 장점이 많이 있다. 고분자 가스에 민감한 물질은 조작의 용이성, 간단한 공정, 상온에서 좋은 선택성, 저렴한 가격, 미세 구조 또는 표면탄성파 장치와의 결합 용이성으로 인해 미량의 유독 가스를 감지하는 데 중요한 역할을 한다.

구조를 생성하는 기술은 수백만 개의 트랜지스터가 단일 실리콘 칩에 위치하고, 2차원 또는 3차원의 마이크로 전자 구조로 구현할 수 있다. 실리콘 웨이퍼의 박막을 사용하여 극한의 분해능을 얻을 수 있고 복잡한 3차원 구조를 구현할 수 있다. 이것은 화학 센서 외의 다른 센서뿐 아니라 마이크로 역학(micromechanics) 및 미세 유체 공학(microfluidics)과 같은 기술 분야의 기본이 된다. 화학 센서는 이런 장치에 통합될 수 있어 소형 실험실(lab on a chip)처럼 활용할 수 있다. 액체 크로마토그래피(liquid chromatography)와 같은 고도로 복잡한 기기도 소형화되고 있다.

국내의 경우 대기 오염에 많은 영향을 받고 있어 환경 문제에 관한 관심이 나날이 증가하고 있다. 점점 더 중요해지고 있는 환경에 대한 보호와 모니터링은 화학 센서의 주요 응용 분야로 잘 알려져 있으며, 그중에서 가스 센서가 가장 중추적인 역할을 한다. 이 장에서 모든 화학 센서를 다루지 못하므로 가스 센서의 대표적인 몇 가지 방식을 살펴보고 생물학적 첨단 기술이 포함된 바이오 센서를 설명한다.

10.2 가스 센서

우리가 호흡하는 공기는 대략 78 %의 질소(nitrogen, N_2), 21 %의 산소(oxygen, O_2), 0.9 %의 아르곤(argon, Ar), 0.03 %의 이산화탄소(carbon dioxide, CO_2) 및 0.07 %의 기타 가스로 구성되어 있다. 대기 오염의 주요 원인은 납, 미세먼지(Particulate Matter, PM), 일산화탄소(CO), 질소 산화물(NO_X), 오존(ozone, O_3), 이산화황(SO_2)과 같은 오염 물질이 원인이다. 일산화탄소는 연소 중에 방출되는 무색무취의 가스로 실외에서는 대기 오염의 원인이 되며, [그림 10-2]의 일산화탄소의 흡입 시간과 혈액 헤모글로빈으로 흡수되는 정도 사이의 관계 그래프로 알 수 있듯 실내에서 다량으로 흡입하면 두통, 메스꺼움, 현기증, 호흡 곤란이 나타나며, 사망에 이를 수 있는 매우 위험한 가스이다. 인간의 건강과 환경 모두에 영향을 미치고 천식과 산성비를 유발하는 이산화질소는 발전소와 운송 차량 등에서 연소하는 연료에서 생성된다. 이산화황은 주로 화석 연료 연소의 산물이며, 색깔이 없고 자극적인 냄새가 나는 유독성 가스이다. 온실 효과(greenhouse effect)는 지구 표면 가까이에 열이 갇히는 것을 의미하며, 대기 중 수증기, 이산화탄소, 메탄(methane, CH_4), 아산화질소(nitrous oxide, N_2O)와 같은 높은 수준의 온실가스 배출로 인해 발생한다. 다량의 이산화탄소는 화석 연료의 연소, 고형폐기물, 시멘트 생산과 같은 화학 반응을 통해 대기 중으로 배출된다. 메탄은 도시의 고형폐기물 매립지, 가축 농장, 석탄, 천연가스 및 광석을 생산하는 과정 등에서 배출된다. 이렇듯 급성 독성(acutely toxic), 가연성(flammable), 산화성(oxidizing), 부식성(corrosive), 발화성(pyropheric) 및 위험한 반응성 가스는 인간에게 유해하다. 급성 독성 가스로는 일산

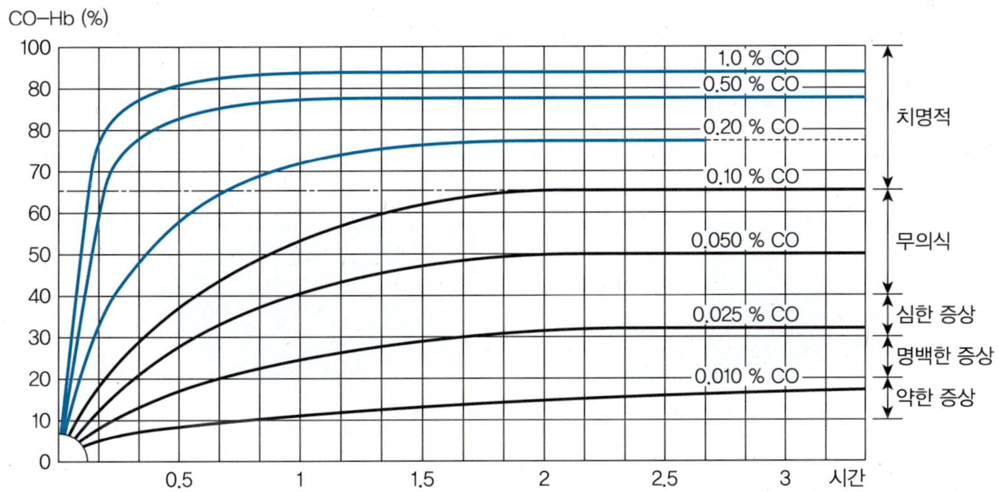

[그림 10-2] 일산화탄소의 흡입 시간과 혈액 헤모글로빈 흡수 사이의 관계

화탄소, 염소(chlorine, Cl), 이산화질소 및 포스겐(phosgene, $COCl_2$)이 있다. 가연성 가스(flammable gas)에는 연료 가연성 수소, 아세틸렌(acetylene, C_2H_2), 암모니아(ammonia, NH_3), 프로판(propane, C_3H_8), 프로필렌(propylene, C_3H_6) 및 메탄이 포함된다.

가스 센서는 낮은 농도의 가연성, 폭발성 또는 독성 가스를 감지하고 환경 오염을 모니터링하는 데 널리 사용된다. 일상 대부분이 외부 환경에 노출되어 있으므로 환경, 의약, 산업 가공, 농업의 가스, 습도 모니터링도 매우 중요하고 관심도 매우 높다. 수소는 가장 가벼운 무색, 무미, 무취의 기체로 인간의 감각으로는 감지할 수 없고, 가연성 및 인화성이 높은 가스이다. 공기 중의 산소와 반응하여 폭발성 혼합물을 형성하며, 수소 자동차 및 항공 우주 분야에서 연료나 추진제로 사용된다. 수소에 대한 모니터링은 환경 오염 감지 또는 특정 질병의 징후와 같은 일상적인 것에서부터 원자력 발전소 내부의 화재 또는 원자로 안전의 조기 징후에 이르기까지 다양한 영역에서 중요하다. 수소의 존재 감지 및 농도 정량화는 반도체 제조 및 발전소에서 임박한 변압기 고장을 밝히는 데 필요하다. 유사한 예는 고압의 유기화학물질인 휘발성 유기화합물(Volatile Organic Compounds, VOCs)이다. 벤젠(benzene, C_6H_6), 포름알데히드(formaldehyde, CH_2O), 톨루엔(toluene, C_7H_8), 자일렌(xylene, C_8H_{10}), 에틸렌(ethylene, C_2H_4), 스타이렌(styrene, C_8H_8), 아세트알데히드(acetaldehyde, C_2H_4O) 등 종류도 다양하고 어디에나 존재하며 일부는 인간의 건강에 영향을 끼칠 수 있지만, 다른 일부는 광화학 반응으로 오존을 발생시켜 대기 환경에 심각한 영향을 주기도 한다. 일반적으로 해로운 휘발성 유기 화합물은 급성 독성이 없지만, 집 내부에서 생성되면 새집증후군(Sick Building Syndrome, SBS)을 유발할 수 있고, 벤젠과 같은 물질은 발암성 물질로 인체에 매우 유해하다. 휘발성 유기 화합물은 인체 내부에서도 발견될 수 있다. 특히 호흡에는 수천 개의 휘발성 유기 화합물이 포함되어 있는데, 체내 또는 식이요법, 처방약, 환경 노출과 같은 외부 요인으로 발생할 수 있다. [그림 10-3]은 ScioSense 사의 톨루엔, 수소, 에탄올, 이산화질소, 오존을 포함한 광범위한 가스와 휘발성 유기 화합물을 감지하는 멀티 가스 센서이다.

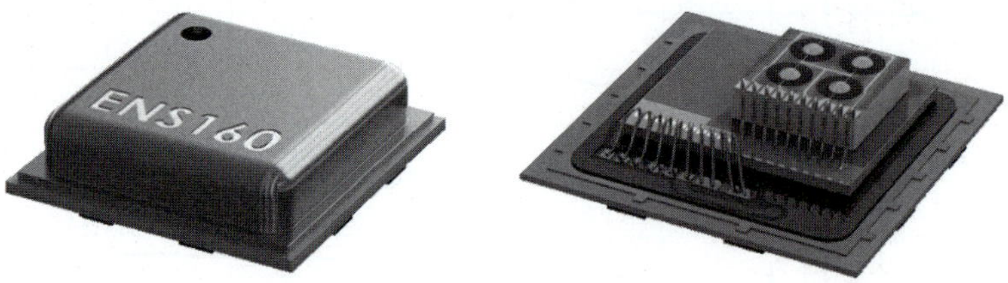

[그림 10-3] 멀티 가스 센서

산업현장 및 일반 가정에서도 점점 관심을 가지고 모니터링해야 하는 유해 가스가 많은 만큼 특정 가스 몇 가지를 감지하는 것은 비효율적이다. 따라서 서로 다른 가스에 대한 다중 응답 메커니즘, 다변량 변환기 및 데이터 분석 기능을 모두 갖추고, 높은 감도, 빠른 응답 및 복구, 좋은 선택성을 가진 가스 센서가 필요하다. 다변량 변환기는 다양한 종류의 가스를 인식하고 독립적인 출력을 제공할 수 있어야 한다. 다변량 분석 방법에는 주성분 분석(Principal Component Analysis, PCA), 판별 분석(Discrimination Analysis, DA), 인공 신경망(Artificial Neural Networks, ANN) 등이 적용될 수 있다.

10.2.1 반도체 가스 센서

반도체 가스 센서는 빠른 응답 속도, 작은 크기, 높은 안정성 및 저렴한 가격으로 많이 사용되고 있다. 금속 산화물로도 더 잘 알려진 반도체 산화물은 가장 일반적으로 사용되는 감지 물질이다. 하지만, 반도체 산화물 재료를 사용하는 가스 센서는 동작 온도가 150℃ ~ 450℃ 범위에 있어서 히터가 필요하고, 표적 가스 이외의 다른 가스에도 반응하는 낮은 선택성과 교차 선택성을 가지고 있고, 감지 한계인 낮은 가스 농도에 대한 낮은 감도 성능을 가지고 있다.

[그림 10-4] 형태의 최초 상용 센서에는 산화주석을 사용했는데 가정에서 위험한 수준의 폭발성 가스를 감지하여 화재를 예방하기 위해 널리 사용되었고 이것은 가스 센서가 여러 분야에 광범위하게 적용되는 시발점이 되었다. 상업적으로 생산된 금속 산화물 가스 센서는 튜브형 센서를 시작으로 스크린 인쇄 센서를 거쳐 저전력에, 소형화되고, 더 향상된 선택성과 높은 감도를 가진 다층 센서 어레이와 인공지능 기술이 적용된 MEMS 가스 센서까지 이어졌다.

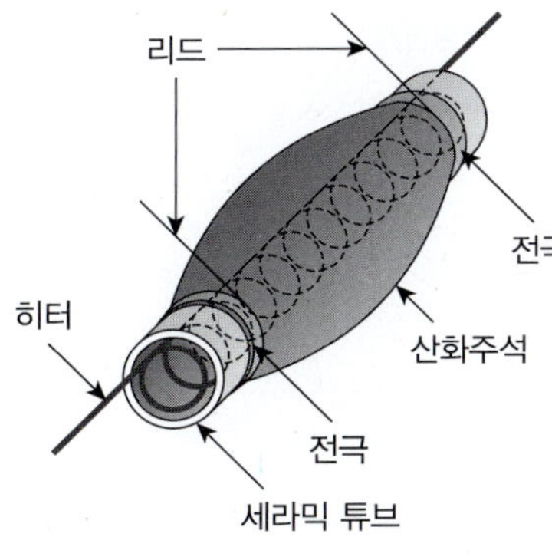

(a) 다구치 센서 구조

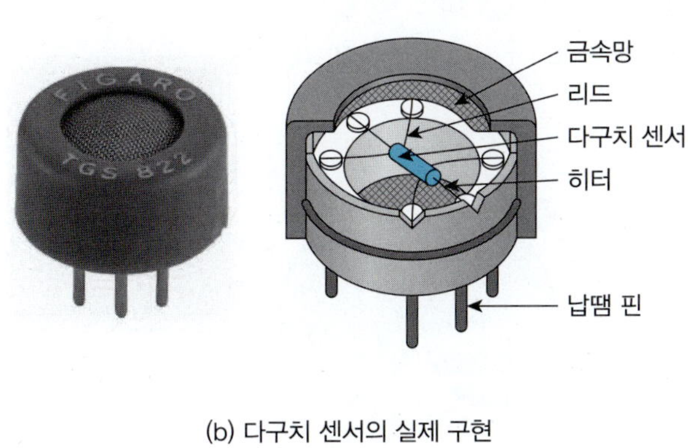

(b) 다구치 센서의 실제 구현

[그림 10-4] 다구치 센서의 구조와 실제 구현

금속 산화물 반도체 물질로는 산화주석, 산화아연, 이산화타이타늄, 적철광(hematite, Fe_2O_3) 및 산화텅스텐(tungsten oxide, WO_3)과 같은 n형 반도체 산화물과 산화구리(copper oxide, CuO), 산화니켈(nickel oxide, NiO), 산화크롬(chromium oxide, Cr_2O_3) 또는 산화코발트(cobalt oxide, Co_3O_4)와 같은 p형 반도체 산화물이 있다. 페로브스카이트(perovskite)와 같은 복합산화물과 페라이트(ferrite) 및 주석산염(stannate)과 같은 입방정 첨정석(spinel)도 연구되었다. 금속 산화물 반도체 물질은 감지 특성을 개선하는 데 중점을 두고 있으며, 폴리아닐린(polyaniline, PANI), 폴리피롤(polypyrrole)과 같은 전도성 고분자(conductive polymer), 탄소 나노 튜브(Carbon NanoTube, CNT), 그래핀 등의 소재도 반도체 재료에 포함된다. 금속 산화물 반도체를 가스 감지 재료로 사용하는 것은 앞서 언급된 장점 외에 가연성 및 유독성 가스를 포함한 다양한 가스를 감지하는 데 효과적이기 때문이다. 하지만 높은 전력 소비, 기준 저항 드리프트, 높은 동작 온도는 금속 산화물 반도체의 한계점이라 할 수 있다.

고체 상태 합성법 또는 고에너지 볼 밀링(ball milling)법과 같은 간단한 기술은 가스 감지를 위한 금속 산화물 합성에 여전히 사용되며, 수열(hydrothermal) 및 용매열(solvothermal) 합

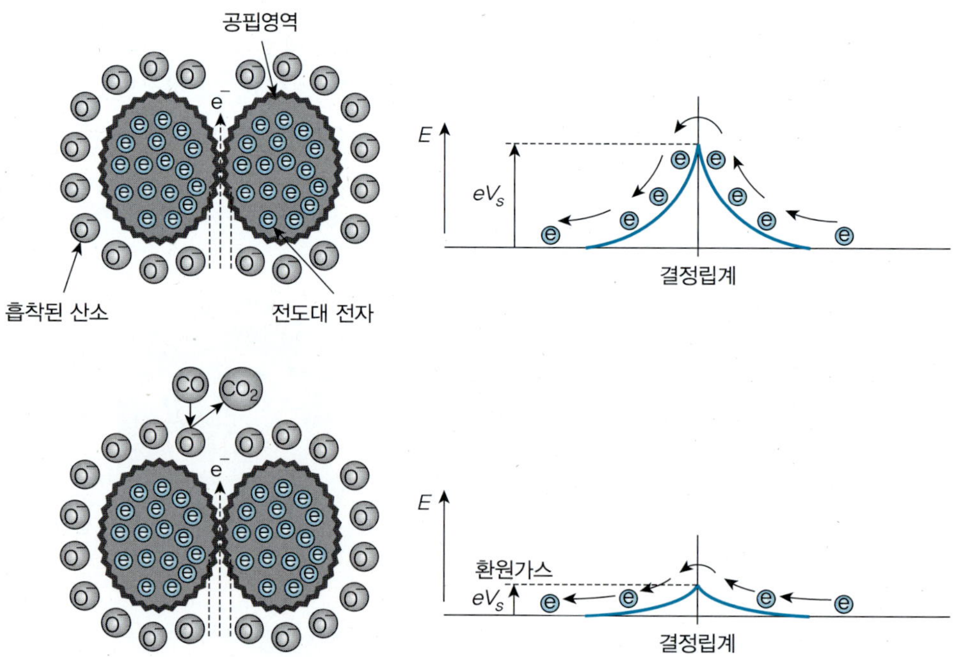

[그림 10-5] n형 금속 산화물 반도체의 가스 감지 원리

성법, 졸-겔(sol-gel) 합성법 또는 전기방사(electrospinning)와 같은 용액 기반 합성 방법은 다양한 스펙트럼의 나노 구조나 헤테로 구조(heterostructure)를 생성할 수 있다. 박막 형태의 가스 감지용 금속 산화물은 일반적으로 열 증발, 스퍼터링 및 화학 기상 증착 기술을 사용하여 합성된다.

n형 금속 산화물 반도체 기반 센서의 표적 가스에 대한 반응은 [그림 10-5]와 같이 금속 산화물 표면에서 가스의 산화 및 환원 반응에 따른 전기 전도도의 변화를 이용한다. 산화물의 전자적 구조, 화학적 조성, 결정 구조, 결정 방향, 입자 크기 등의 조절로 특성 설계가 가능하고, 산화물의 특정 결정상에 따라서 특정 가스에 대한 선택성을 갖게 할 수 있다.

산화물 반도체 표면의 반도체 입자는 공기 중에서 고온으로 가열되면 자유전자를 포획하여 입자 표면에 산소가 흡착되고 표면에는 자유전자가 부족한 공핍영역이 형성된다. 이렇게 형성된 공핍영역은 사용된 반도체 입자의 반경에 따라 달라진다. 반도체 센서에 음이온 흡착성을 가진 산화성 가스 분자가 흡착되면 흡착된 가스의 농도 변화에 따라 결정립계(grain boundary)에서 전위 장벽을 형성하여 전기 저항값을 증가시킨다. 가스 센서가 탄화수소, 일산화탄소, 에탄올 등과 같은 양이온 흡착성을 가진 환원성 가스를 포함하는 대기에 노출되면 가스 분자는 표면에 흡착되어 있던 산소와 반응하거나 과산화수소(hydrogen peroxide, H_2O_2), 초과산화물(superoxide), 수산화 라디칼(hydroxy radical, ·OH) 등의 활성 산소종(Reactive Oxygen Species, ROS)과 반응한다. 표면 산소종과의 반응은 온도와 감지 물질의 반응성에 따라 달라지고, 이런 반응과 상호작용은 전위 장벽을 감소시켜 전자가 더 쉽게 흐르게 되어 표적 가스의 농도에 따라 저항을 감소시킨다. 산화성 가스에 대해서 저항이 증가하고 환원성 가스에 대해서는 저항이 감소하므로 전기 저항과 주어진 가스 농도 사이의 관계를 다음과 같이 나타낼 수 있다.

$$R_s = kC^{-\alpha} \tag{10.1}$$

여기서 R_s는 센서의 전기 저항, k는 주어진 필름 구성에 대한 상수, C는 가스 농도, α는 해당 물질에 대한 R_s 곡선의 특성 기울기이다.

가스 센서의 성능은 센서 장치와 재료의 설계에 크게 영향을 받는다. 반도체 산화물 재료를 사용하는 가스 센서는 히터가 필요하며, 가장 일반적인 구성에서 전극은 기판의 상단에 인쇄되는 반면 히터는 기판의 하단에 인쇄된다. 전극과 히터는 금, 백금 또는 팔라듐-은 페이스트를 사용하여 인쇄되고, 기판은 일반적으로 실리콘이나 이산화규소 또는 알루미나(alumina,

Al_2O_3)를 사용한다. 이런 유형의 가스 센서는 두꺼운 기판을 가열하기 때문에 많은 에너지를 소비한다. 하지만 이런 단점은 서로 맞물린 전극 구조를 지원하는 CMOS 호환 MEMS 제조 공정으로 감소시킬 수 있다. MEMS 기술은 저전력 소모, 고감도, 소형화 및 웨이퍼 기반 제조를 가능하게 하고 생산 비용을 줄이고, 쉽게 재현하고 확장할 수 있다. 반도체 재료는 실리콘이나 알루미나와 같은 방식으로 두꺼운 박막 형태로 MEMS 기판에 증착된다. 스크린 및 잉크젯 인쇄 또는 드롭 캐스팅(drop-casting)은 일반적으로 후막 증착에 사용되는 반면 스퍼터링은 박막 생성에 가장 많이 사용된다. 균일하고 신뢰할 수 있는 금속 산화물 가스 센서를 생산하기 위해 표면 미세 가공이 적용되며, 초저전력 나노와이어 히터를 달성하기 위해 나노 가공 기술이 적용된다.

10.2.2 전기화학 가스 센서

전기화학 가스 센서는 산화 및 환원 반응으로 동작하는 전기화학 전지로 금속이나 반도체 같은 전극 표면에 접촉한 가스에 의해 이온이 액체 또는 고체 전해질을 따라서 화학 평형을 위해 이동하게 되고 이때 발생하는 전위차를 이용하여 대상 가스의 농도를 측정한다. 즉 감지 대상의 가스 분자는 감지 전극에서 산화 반응을 일으켜 이온과 전자를 생성하고, 이온은 전해질을 통해 상대 전극으로 이동하며, 전자는 외부 회로를 통해 상대 전극으로 이동하여 환원된다. 전기화학 반응을 통해 외부 회로에 흐르는 전기 신호는 가스 농도에 비례하여 증가하므로 전륫값으로 가스 농도를 계산할 수 있다.

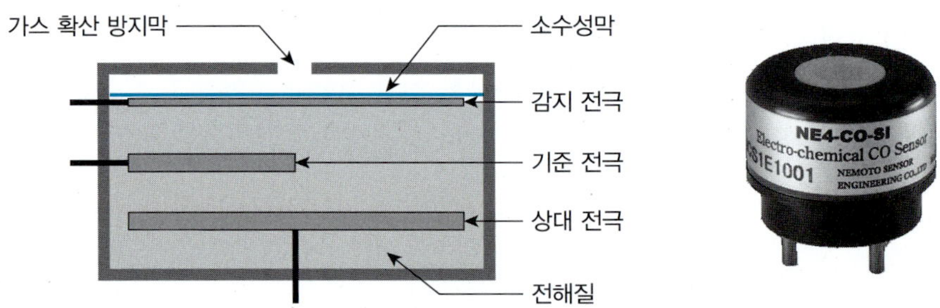

[그림 10-6] 전기화학 가스 센서 구조

전기화학 가스 센서의 일반적인 모델은 [그림 10-6]과 같이 감지 전극이라고도 하는 작업 전극(working electrode), 기준 전극, 상대 전극으로 구성되어 환원과 산화 원리에 따라 동작한다. 액체 전해질을 사용하는 경우 전극은 습윤 필터로 알려진 친수성 막으로 분리되어 있으며, 인접한 전극 사이에서 전극을 운반할 수 있어 이온이 전극 사이로 이동할 수 있다. 작업 전극은 가스 센서의 표적 가스와 상호 작용하는 방식에 따라 환원 또는 산화가 일어나는 전극이다. 작업 전극 표면의 모든 반응에 대해 균형 극인 상대 전극은 감지된 가스와 작업 전극 사이의 반응 결과로 전위 변화의 균형을 맞추려고 하며, 전류를 측정하는 전기화학 가스 센서의 주요 판독 값이다. 메커니즘이 유지되기 위해서는 기준 전극을 사용하여 작업 전극의 전위는 기본적으로 고정되어야 한다. 소수성막(hydrophobic membrane)은 일반적으로 가스가 시스템에 들어가는 관문의 역할과 가스에서 물을 분리하며, 작업 전극의 표면에 도달하는 가

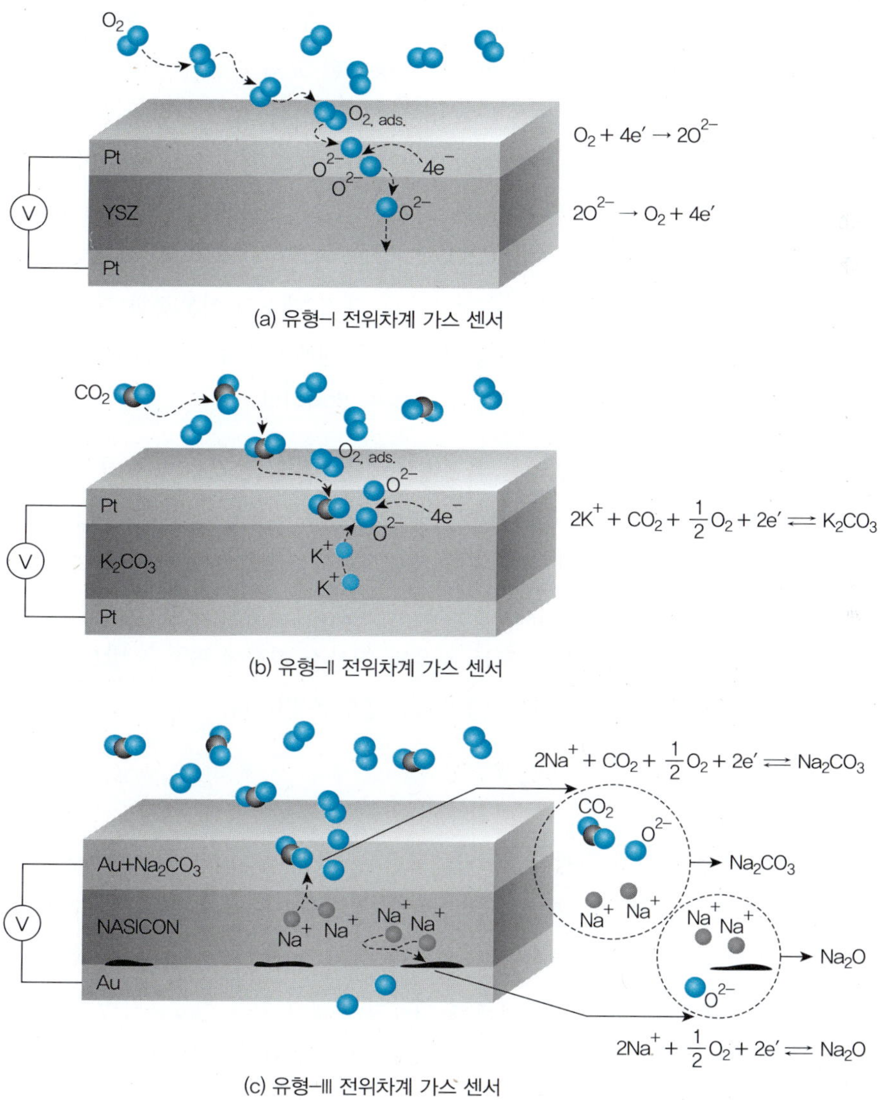

[그림 10-7] 고체 전해질 전기화학 가스 센서의 세 가지 유형

스의 양을 조절한다. 전극에서 전자를 주거나 받는 물질인 전기활성종(electroactive species)의 확산이 제한되었을 때 측정되는 전류 I는 다음과 같다.

$$I = nFDC \tag{10.2}$$

여기서 n은 전달된 전자의 수, F는 페러데이 상수, D는 물질 전달 계수, C는 가스 농도이다. 이온 전달 매체인 전해질은 감지 기능의 향상과 안전한 유지 관리를 위해 액체 전해질 대신 고체 전해질 사용이 권장되며, 잘 알려진 고체 전해질 재료는 이트리아 안정화 지르코니아(Yttria Stabilized Zirconia, YSZ)이며, 최초로 실용화된 고체 전해질 센서는 안정화 지르코니아를 사용한 산소 센서이다. 고체 전해질을 이용한 전기화학 가스 센서는 일반적으로 전위차계 또는 전류계 모드를 사용하며, 전위차계 가스 센서는 전극 반응 및 고체 전해질 내의 이동 이온을 기반으로 [그림 10-7]과 같이 크게 세 가지 유형으로 다시 분류된다. 유형-Ⅰ은 고체 전해질의 전도성 이온과 표적 가스의 이온종이 같은 유형의 센서이고, 유형-Ⅱ는 고체 전해질이 이온 전도와 표적 가스를 동시에 수행하지만, 표적 가스의 이온종과 전도하는 이온종이 서로 다른 유형의 센서이다. 그리고 유형-Ⅲ는 고체 전해질에 보조상(auxiliary phase)을 첨가하여 보조상 물질이 표적 가스를 감지하는 유형의 센서이다.

전기화학 가스 센서는 일반적으로 열악한 환경에서도 안정적인 동작을 보장하고 대상 가스에 대해 우수한 선택성을 가지고 있다. 소형화가 가능하고 낮은 전력을 소비하며, 가스 농도에 대한 전류의 선형 출력을 얻을 수 있다. 전기화학 가스 센서의 감도, 정확도 및 선형성은 센서의 크기와 무관하며, 오히려 감도는 전극의 반응 부위 수와 가스 유입구의 크기에 영향을 받는다. 반면 전기화학 가스 센서의 반응 속도는 저온과 저산소 환경에 영향을 받으며, 센서 드리프트를 유발하는 알칼리성 금속과 실리콘 증기에도 영향을 받는다.

10.2.3 접촉 연소 가스 센서

접촉 연소 가스 센서는 초기에 탄광의 가스를 모니터링하는데 사용되었으며, 가연성 가스가 산소와 반응하면 반응열 또는 연소열을 이용하는 원리로 일반적으로 탄화수소 가스의 연소반응을 촉진하는 역할을 하는 귀금속 촉매를 사용하여 가스 접촉 시 발생하는 연소열로 인하여 상승한 소자의 온도와 소자 내부에 장착된 백금선 코일의 전기 저항값의 변화를 측정하여 존재하는 가스의 농도를 감지한다. 반응열이 발생할 때 백금선의 저항값은 다음과 같이 증가한다.

$$R_{Pt}(T) = \rho T \frac{S}{L} \tag{10.3}$$

여기서 ρT 는 백금의 온도 저항 계수($3.927 \times 10^{-3} K^{-1}$), S는 단면적, L은 길이이다. 가스 분자는 정상적인 점화 온도보다 훨씬 낮은 온도에서 센서의 촉매표면에서 산화된다. 모든 전기 전도성 물질은 온도 변화에 따라 전도도가 변경되는데 이것을 온도 저항 계수(temperature resistance)라고 한다. 백금은 다른 금속에 비해 온도 저항 계수가 크고, 동작해야 하는 온도 범위인 500℃ ~ 1,000℃ 사이에서 선형적이다. 센서의 신호는 선형이므로 가스 판독 값의 농도가 전기 신호에 정비례한다. 이것은 가스 센서의 정확도를 높이고 전자 회로를 단순화한다. 그리고 백금은 물리적으로 강하고 작은 센서 비드로 처리될 수 있는 우수한 기계적 성질과 우수한 화학적 특성을 가지며, 부식에 강하고 물리적 특성을 바꾸지 않고 고온에서 장기간에 걸쳐 신뢰할 수 있는 안정적인 신호를 생성할 수 있다.

가연성 가스 혼합물은 점화 온도에 도달할 때까지 타지 않는데 특정 화학 매체가 있는 경우 가스가 더 낮은 온도에서 타거나 발화하기 시작한다. 이 현상을 촉매 연소(catalytic combustion)라고 한다. 대부분의 금속 산화물과 그 화합물은 촉매 특성이 있다. 예를 들어, 다양한 금속 산화물로 구성된 화산암(volcanic rock)은 종종 벽난로 재료로 사용하는

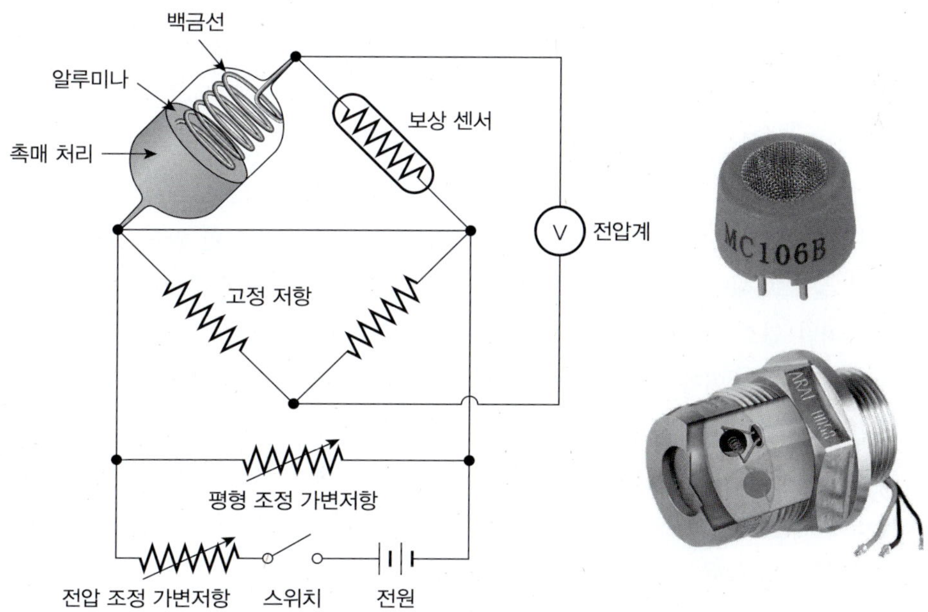

[그림 10-8] 접촉 연소 가스 센서의 구조와 회로

데 장식적 효과뿐만 아니라 더 깨끗하고 효율적인 연소 과정을 돕는다. 백금, 팔라듐 및 토륨(thorium, Th) 화합물도 연소를 위한 우수한 촉매이다. 이것은 자동차 배기 시스템이 백금 화합물로 처리되어 촉매 변환기라고 불리는 이유이다. 접촉 연소 가스 센서는 이런 촉매 원리를 이용하여 만들어지므로 촉매 가스 센서(catalytic gas sensor)라고도 한다.

휘트스톤 브리지는 일반적으로 많은 측정 회로 구성에 사용되며, [그림 10-8]처럼 접촉 연소 가스 센서의 출력을 측정하는 데 사용된다. 평형 조정 가변저항으로 휘트스톤 브리지 회로의 평형 상태를 만든다. 활성 센서 표면에서 가스가 연소하면 연소열로 인해 온도가 상승하여 센서의 저항이 변경되고 오프셋 전압이 신호로 측정된다. 기준 센서라고도 하는 보상(compensation) 센서는 측정된 신호의 정확성을 높이기 위해 가연성 가스에 노출되는 동안 일정한 저항을 유지하는 것이 중요하다. 보상 센서는 촉매 화학물질이 제거된 것을 제외하고는 활성 센서와 같은 방식으로 구성될 수 있다. 칼륨과 같은 화학물질로 추가 처리하여 보상 센서가 가스와 반응하는 것을 방지할 수 있다.

접촉 연소 가스 센서의 동작에 영향을 미치는 몇 가지 요인이 있다. 첫 번째는 촉매 피독(catalyst poisoning) 현상으로 기계의 첨가제로 사용되는 규소나 규소 화합물이 포함된 윤활유 또는 오일류와 가스, 염소 및 중금속과 함께 자주 방출되는 유황 화합물 같은 화학물질은 센서의 감도를 낮추거나 아예 동작하지 않게 만들 수 있다. 두 번째는 소화기에 사용되는 할로겐 화합물과 냉매에 사용되는 프레온과 같은 화학물질로 촉매 센서를 억제하여 일시적으로 기능을 상실하게 한다. 세 번째로 과도한 농도의 가스, 과도한 열 및 센서 표면에서 발생하는 다양한 산화 과정에 노출되면 결국 열화되어 센서의 영점 및 스팬 설정을 변경한다. 네 번째는 일반적으로 다른 가스의 판독 값을 얻기 위해 메탄, 에탄올, 아세톤 등을 이용하여 판독 값에 적절한 보정 계수를 제공하는데 보정 계수는 센서마다 다를 수 있으며, 같은 센서라도 사용 기간에 따라 변경될 수 있다. 따라서 특정 가스에 대한 정확한 판독 값을 얻는 가장 좋은 방법은 실제로 해당 가스에 대해 직접 보정하는 것이다. 마지막으로 가연성 혼합물에 연소가 일어나려면 연소 삼각형(combustion triangle)이라 하는 가연성 혼합물, 산소, 점화원(ignition source)이 있어야 한다. 압력, 온도, 점화원 온도와 습도 같은 환경 조건은 가연성 혼합물 농도에 영향을 미치고 둘 이상의 화학물질이 관련되어 있으면 혼합물의 연소 범위를 계산하고 결정하는 것이 불가능하다. 메탄에 대해 보정된 촉매 센서는 탄소 함량이 높은 탄화수소에 노출되면 더 낮은 판독 값을 생성하는 반면, 적외선 기기는 탄소 함량이 높은 가스에 노출되면 훨씬 더 높은 판독 값을 생성한다.

10.2.4 광화학 가스 센서

광화학 가스 센서는 기체 분자의 빛 흡수를 측정하여 기체의 농도를 계측하는 흡수 분광법(absorption spectroscopy)을 기반으로 하며, 화학물질이 자외선 또는 적외선의 파장에 따라 흡수 스펙트럼이 다르게 나타나는 성질 또는 전파 주파수 특성을 이용한다. 이에 광화학 가스 센서는 비분산 적외선(NonDispersive Infrared, NDIR) 방식과 광음향 분광(PhotoAcoustic Spectroscopy, PAS) 방식으로 구분한다.

비분산 적외선은 적외선이 광원에서 방출될 때 광원과 검출기 사이의 물질에 의해 분산되거나 산란하지 않는 의미가 있으며, 실제는 광도파관을 통과하는 파장이 사전에 필터링되지 않고 검출기 앞쪽의 광학 필터가 표적 가스 분자가 흡수할 수 있는 파장을 제외한 모든 빛을 제거하기 때문에 비분산이라고 한다. 비분산 적외선 가스 센서는 포집, 흡착 등의 방식으로 표적 가스와 직접 접촉하지 않아도 되는 비접촉 가스 센서의 대표적인 방식으로 많은 종류의 가스 분자가 2 μm ~ 20 μm 사이의 적외선 스펙트럼에서 겹치지 않는 좁은 대역을 갖는 특징적인 진동, 회전, 흡수하는 특성을 이용하여 가스의 농도를 검출한다.

비분산 적외선 가스 센서는 일반적으로 [그림 10-9]와 같이 적외선 광원, 가스와 빛이 이동하는 광도파관, 광학 필터와 검출기로 구성된다. 단일 광원의 이중 파장 유형의 가스 센서는 각 검출기 앞에 두 개의 광학 필터가 있으며, 표적 가스에 의해 흡수된 적외선은 표적 가스의 감지를 위해 특정 대역폭을 가진 능동 필터를 통과하고, 표적 가스와 상호 작용하지 않는 적외

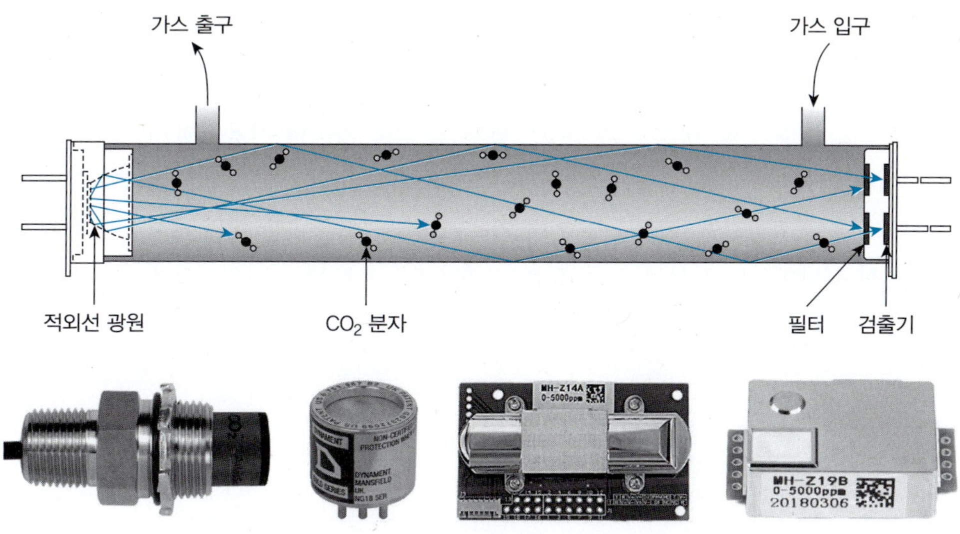

[그림 10-9] 다양한 종류의 비분산 적외선 가스 센서와 기본 원리

선은 참조 필터를 통과한다. 이 두 대역폭에서 투과한 광도의 차이는 가스 농도로 변환된다. 입사 에너지에 대한 투과된 복사 에너지의 비율인 투과율은 표적 가스 농도에 따라 달라진다.

적외선 흡수성 가스가 셀에 들어가는 경우 흡수 검출기의 적외선 강도는 베르-람베르트 법칙(Beer-Lambert law)에 따라 감소한다.

$$I = I_0 \exp(-kLC) \tag{10.4}$$

여기서 I_0는 광원에서 방출되는 광 에너지(W/cm^2), k는 특정 가스 및 필터 조합에 대한 적외선 흡수 계수, L은 램프와 검출기 사이의 등가 광학 경로의 길이, C는 가스의 농도이다. 따라서 가스 센서의 감도는 적외선 세기가 강하고 광학 경로의 길이가 길수록 증가하는 것을 알 수 있다.

적외선 발광체와 검출기는 각각 광학식과 열식 두 가지 유형으로 분류할 수 있으며, 광학식 발광체는 가스 분자가 흡수하는 적외선 영역의 파장을 가진 LED와 포토다이오드 광검출기가 있으며, 열식 발광체로는 가시광선 영역부터 근적외선 및 중적외선 영역까지 넓은 파장의 빛을 방출하는 텅스텐 필라멘트 램프와 MEMS 히터가 있다. 그리고 열식 검출기로 서모파일이나 초전 센서를 사용할 수 있다.

비분산 적외선 가스 센서는 기본적으로 접촉 연소 가스 센서의 취약점 및 제한 사항을 보완하면서 더 많은 장점을 가진다. 피독에 취약하지 않으며, 고농도 가스에 노출되어도 타지 않으며, 수명이 길고 저렴하며, 저산소 환경에서도 가스를 감지할 수 있다. 다만 비분산 적외선 가스 센서는 수소가 적외선을 흡수하지 않으므로 수소를 감지할 수 없다. 수소는 가연성 가스로 일반적으로 석유 정제, 금속 처리, 비료 생산 및 식품 가공에 사용되며, 많은 채광, 석유 추출 및 처리 환경이나 인체에 노출되었을 때 잠재적으로 위험한 가스이다. 그리고 메탄을 감지하는 데 매우 정확하지만, 탄화수소 기반 가스가 여러 개 존재할 때는 제대로 동작하지 않는다. 이러한 상황에서는 잘못된 판독 값을 제공할 수 있다. 많은 산업현장에서 수소와 탄화수소를 감지하는 것은 안전한 작업 환경을 유지하는 데 매우 중요하다.

10.3 바이오 센서

바이오 센서(biosensor)는 생물학적 메커니즘에 의해 다른 물질을 선택적으로 인식할 수 있는 생물학적 활성 물질에 의해 구현되는 수용체 기능을 특징으로 한다. 이 생물학적 인식(biological recognition) 대부분은 분자가 크기로 식별된다는 것을 의미하는 자물쇠와 열쇠(lock and key) 원리를 기반으로 한다.

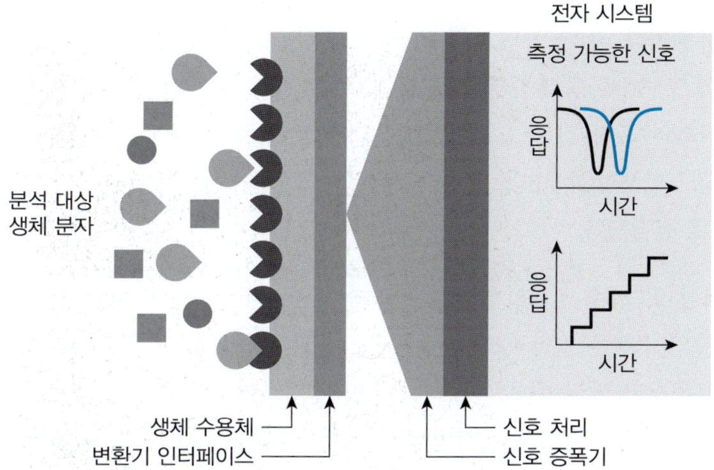

[그림 10-10] 일반적인 바이오 센서 시스템

바이오 센서의 생리활성물질(bioactive substance)은 수백만 개의 다른 매질 중에서 하나의 특정 물질을 확실하게 식별할 수 있는 우수한 선택성을 가지고 있다. 바이오 센서는 생체촉매(biocatalytic) 또는 생체친화성(bioaffinity) 센서로 동작한다. 생체촉매 센서에서 느린 반응을 촉매하는 효소(enzyme)는 전극 표면에 고정되어 선택적 촉매로 작용한다. 적절한 조건에서 반응 속도는 기질 농도(substrate concentration)에 대한 정량적 척도이다. 샘플이 반응물 중 하나인 경우, 즉 샘플 자체가 기질이라면 이를 기반으로 화학 센서를 생성할 수 있다. 전류계 바이오 센서를 적용하면 반응 속도를 전기분해 전류로 측정할 수 있다. 다른 접근법은 전위차계 바이오 센서와 같이 촉매 반응의 반응 생성물을 선택적으로 표시하는 것이다. 생체친화성 센서의 구성 중에는 일반적으로 샘플 분자와 매우 안정적인 복합체가 형성되어 센서 표면에 강하게 결합한다. 항원항체반응(antigen-antibody reaction)과 같은 복잡한 형성으로 전극의 많은 성질이 변하기 때문에 간접적으로 측정할 수 있다.

수용체로 작용하도록 설계된 생리활성물질은 전극 표면에 고정되어야 한다. 생체촉매 센서를 구현해야 하는지 생체친화도 센서를 구현해야 하는지에 따라 약간의 차이가 있으며, 전위차계 및 전류계 센서도 요구 사항이 다르다. 원칙적으로 전위차계 센서를 사용하면 더 높은 임피던스가 허용되는 반면 전류계 센서는 우수한 전기 전도도가 필요하다.

흡착제는 전극 표면에 생체 활성 분자를 고정하는 가장 간단한 방법이다. 일반적으로 흡착된 분자는 약한 힘으로 결합하여 센서의 내구성이 떨어진다. 흡착은 효소, 항체 및 핵산을 고정하는 데 유용하다. 전극 표면과 용액 사이의 간단한 접촉은 추가 시약을 추가하지 않고도 흡착층을 생성하기에 충분하다. 이것은 특히 탄소가 함유된 표면에 적절하나 어떤 경우에는 탄소 표면과의 흡착 결합이 비활성화될 정도로 효소 기능에 영향을 미칠 수 있고 변성(denaturation)도 발생할 수 있다. 분자 대부분은 약하게 결합하여 있으며, 일부는 나중에 점진적인 탈착으로 손실된다.

효소, 항체, 핵산 및 기타 생리활성물질은 고체 표면에서 공유 결합(covalent bond)할 수 있다. 이러한 종류의 고정은 일반적으로 많은 흡착층과 유사하게 전극 표면에 직접 위치하는 단층을 생성하여 흡착과 달리 매우 안정적인 결합이 이루어지며, 화학적으로 결합한 분자가 있는 전극은 견고하고 내구성이 있다. 일반적으로 활성 분자는 카복실기(carboxylic), 아미노산(amino acid), 히드록시기(hydroxy), 티올기(thiol), 페놀기(phenolic)와 같은 화학적 활성화 단계인 친핵기(nucleophilic group) 후에 표면에 부착된다. 효소를 공유 결합하는 매우 효율적인 방법은 S-아데노실메티오닌(S-Adenosyl Methionine, SAM)에서 파생되었고, SAM을 기반으로 한 효소 전극은 일반적으로 강력하다.

효소나 항체처럼 단백질이고 완전한 생물학적 세포 또는 미생물이 포함된 물질 및 물체는 탄소 페이스트의 성분과 양립할 수 있을 정도로 소수성(hydrophobic)을 가지고 있어서 탄소 페이스트 또는 전도성 유기 염에 삽입하는 것은 많은 생리활성물질에 유용한 고정 방법이다. 탄소 페이스트는 흑연(graphite), 분광 탄소(spectral carbon), 유리질 탄소(glassy carbon) 입자와 같은 분말을 액체 파라핀 또는 실리콘 오일과 같은 수 불용성(water insoluble) 유기 결합제와 혼합하여 제조된다. 페이스트는 끝부분에 금속 접점이 있는 튜브로 눌러지는데 동물의 작은 기관도 이런 식으로 고정될 수 있다. 탄소 페이스트의 전기화학적 기능은 흡착 필름으로 덮인 조밀한 탄소 전극의 기능과 유사하고, 입자를 금속화하여 보다 선택적인 기능을 얻을 수 있다.

폴리머 또는 하이드로겔(hydrogel)에 포함되는 것은 생물학적 활성 물질 또는 미생물

(microorganism)을 고정하는 데 자주 사용된다. 폴리머층은 단단한 표면에 쉽게 코팅되고 표면에 달라붙는 큰 분자, 세포, 미생물을 포함할 수도 있다. 낮은 전기 전도성에 대한 단점을 극복하기 위해 전도성 입자를 추가할 수 있다. 폴리머층은 일반적으로 물을 흡수하는 능력이 낮다. 이런 면에서는 최대 98%의 물을 함유할 수 있는 하이드로겔이 효소를 고정하는 데 적합하다. 바이오 센서에서 사용되는 아비딘-비오틴(avidin-biotin) 반응은 교대로 배열된 아비딘과 비오틴 분자와 서로 겹쳐 있는 여러 분자 단층을 연결하는 데 사용할 수 있으며, 아비딘-비오틴 복합체의 안정성은 매우 높다.

센서 검출 원리에 따라 감열 바이오 센서, FET 바이오 센서, 압전 바이오 센서, 광학 바이오 센서, 음향 채널 바이오 센서, 효소 전극 바이오 센서, 매개체 바이오 센서 등으로 나눌 수 있고, 민감한 물질 간의 상호작용 유형에 따라 친화성(affinity) 유형과 물질대사(metabolism) 유형 두 가지로 나눌 수 있다. 이 장에서 다룰 전기화학적 바이오 센서는 효소 센서, 면역 센서(immunosensor), 핵산 센서(nucleic acid sensor)로 구분한다.

10.3.1 효소 센서

전위차계 효소 전극은 최초의 바이오 센서였다. 이온 선택성 전극(Ion-Selective Electrode, ISE)은 특정 물질의 반응을 위한 생체촉매 역할을 하는 효소층으로 코팅되었다. 반응 생성물은 이후에 이온 선택성 전극에 의해 검출되었다. 이후 이온 선택성 전계 효과 트랜지스터(Ion-Selective Feld Effect Transistor, ISFET)로 기능이 이전되었고 항원-항체 반응을 기반으로 하는 면역학적 센서는 금속 산화막 반도체 전계효과 트랜지스터(Metal Oxide Semiconductor Field Effect Transistor, MOSFET) 위에 구축된 경우 면역학적으로 변형된 FET(IMmunological FET, IMFET)라 한다. 그러나 면역학적 반응은 전위차계 이외의 다른 변환기와 조합하여 훨씬 더 효율적으로 사용될 수 있다.

전위차계 바이오 센서의 예로 포도당 센서가 있다. 다양하고 새로운 방식의 포도당 센서가 개발되는 것은 당뇨병 환자의 혈당 조절을 위해 다루기 쉬운 분석 절차가 필요하기 때문이다. 〈표 10-1〉의 센서 중 하나는 최종적으로 반응 생성물로 불소를 방출하는 효소 쌍을 이용한다. 불소(fluoride)는 불소에 민감한 란탄 단결정 전극(lanthanum single-crystal electrode)에 의해 효율적으로 감지된다. 효소 반응의 다른 두드러진 산물은 pH에 민감한 유리 전극으로 감지할 수 있는 하이드로늄 이온(hydronium ion, H_3O^+)과 귀금속 또는 탄소 입자를 포함하는 레독스 전극(redox electrode)으로 감지할 수 있는 과산화수소이다.

전극 표면에서 반응 생성물에 고정된 농도의 형성은 전위차계 효소 센서의 적절한 기능을 위한 전제 조건이다. 정지 상태에서 반응 생성물의 최대 농도는 전극 표면에 위치한다. 효소층은 시료 조성이 변경된 후에도 최적의 상태에 다시 도달할 수 있도록 설계해야 한다. 전류계(amperometric) 바이오 센서는 전위차계 센서보다 응답 시간이 훨씬 짧은 것이 특징이다. 효소 반응의 우수한 선택성은 산화 효소와 탈수소 효소(dehydrogenase) 같은 전자 교환을 촉매하는 효소와 함께 가장 잘 활용될 수 있다.

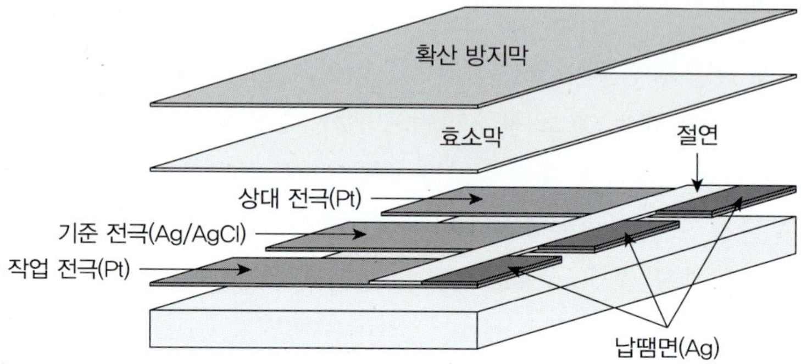

[그림 10-11] 후막 기술의 전류계 센서

[그림 10-11]은 후막 기술의 효소 센서의 예를 보여주는 것으로 포도당 센서 유형 중 하나이다. 세라믹 또는 폴리머 보드에 스크린 인쇄하여 만든 구조로 은과 염화은(silver chloride) 입자를 포함하는 층이 기준 전극 역할을 하고 막의 염화 이온과 평형 상태에서 일정한 기준 전위를 제공한다. 다른 레이어는 귀금속, 유리질 탄소 입자, 산화루테늄(ruthenium dioxide, RuO_2)과 같은 입자를 포함하며, 각각 작업 전극과 상대 전극 역할을 한다. 산화루테늄은 많은 산화환원 반응에 촉매 활성이 있어서 산화 환원 전극에 유용하게 사용된다. 포도당산화효소(glucose oxidase) 용액은 인쇄된 전극 구조에 직접 적용될 수 있고 글루타르알데히드(glutaraldehyde)와의 가교결합(cross-linking)에 의해 안정화된다. 표면은 일반적으로 확산 투과성 고분자 막으로 코팅된다.

효소 센서와 관련된 특정 문제는 효소가 건조한 상태에서는 한동안 보관할 수 있지만, 매우 안정적이지 않기 때문에 제한된 유통 기한을 가지고 있다는 것이다. 일회용 센서는 가습될 때 활성화되지만, 사용 직후 활성을 잃는다.

10.3.2 면역 센서

면역 센서는 생물학적 수용체의 우수한 선택성을 활용하는 대안적 방법이다. 살아있는 유기체는 존재하는 거의 모든 물질을 처리할 수 있는 항체를 생성할 수 있다. 결과적으로 거의 모든 물질이 항원의 역할을 할 수 있다. 면역 센서에서 항체는 샘플을 구성하는 항원과 안정한 복합체를 선택적으로 형성하는 시약으로 간주한다. 분리 및 세척 후 항원은 전극 표면에 고정된다. 이러한 방식으로 수천 또는 수백만 개의 서로 다른 물질 중에서 단일 샘플을 결합할 수 있는 프로브가 준비된다.

면역 센서는 생체친화성 센서이다. 항원과 항체는 안정적인 복합체를 형성하지만, 반응물의 분해나 추가 반응 생성물의 형성은 없으므로 전류계 면역 센서의 분석 정보는 생체촉매 센서처럼 직접 얻을 수 없다. 측정 신호를 얻는 일반적인 방법은 측정할 샘플의 화학적 변형이다.

면역 센서로 전기화학적 신호를 얻는 다른 방법은 항원–항체 복합체의 형성으로 항체층의 다른 전기적 특성이 변한다는 것을 기반으로 한다. 복잡한 형성은 전위차 측정법과 같은 전위 이동의 관점에서 측정할 수 있는 센서 표면의 전하 분포를 변경하고, 컨덕턴스 변동은 임피던스 측정법으로 평가할 수 있다.

항체 분자의 가장 일반적인 유형이 Y자형이기 때문에 분자는 센서 표면에서 특정 방향을 취해야 한다. 항체는 다른 항체의 발에 특이적으로 결합하는 단백질 G에 의해 변형된다. 이 단백질은 미리 전극 표면에 쉽게 고정될 수 있어 자기 조립 단층(Self Assembled Monolayer, SAM) 형태로 항체 분자를 결합하는 것이 매우 유용하다. 항체는 상당한 공간 요구 사항이 있는 부피가 큰 분자이므로 이기능성 분자(bifunctional molecule)로 부분적으로만 구성된 단층을 형성하는 방법을 사용하기도 한다. 이기능성 분자는 먼저 한쪽 끝에 표면 결합을 위한 그룹을 갖고 다른 쪽 끝에서 항체 단백질과 연결하기 위한 그룹을 운반하는 분자를 의미한다. 다른 방법은 단순 흡착에 의한 고정도 사용되고, 금 표면에 쉽게 결합하는 성질을 이용하여 자유 말단에 티올기를 갖는 링커에 의한 항체 분자 자체의 변형을 이용하는 것이다.

전위차 면역 센서는 얇은 반도체 이산화타이타늄 필름 기반이었다가 이후 공유 결합한 항체를 포함하는 활성화된 고분자 막으로 구성되었다. 항원과의 복합체 형성은 용액 내 항원 함량의 척도인 잠재적인 이동을 일으켰다. 이러한 전기화학적 면역 센서는 임피던스 측정으로 신호를 얻은 경우에만 의미가 있는 것으로 판명되었으며, 최초의 사례는 소변의 메스암페타민(methamphetamine) 측정을 위한 센서였다. 항체 항–메스암페타민을 두 개의 인접한 백금 전극에 고정하고 글루타르알데히드로 처리하여 가교결합시켰으며, 시료 용액과 접촉하면 전극 사이의 항체층의 전도도가 항원 결합으로 인해 감소했다.

항원의 특정 부위를 나타내는 펩타이드 합성(peptide synthesis) 층은 금 표면에서 링커 또는 스페이서를 통해 결합하였다. 그 결과 자기 조립 단층 기반의 임피던스 바이오 센서가 실현되었다. 신호는 가역적 산화 환원 시스템의 페로시안화칼륨(ferrocyanide)이 있는 상태에서 기록된 임피던스 스펙트럼의 평가로 얻어졌다. 산화환원 반응은 항원이 항체와 결합할 때 차단되며, 구제역(Foot-and-Mouth Disease, FMD) 바이러스 검출에 적용되었다.

10.3.3 핵산 센서

핵산 분자는 염기성 구아닌의 산화로 인해 전기화학적으로 활성이며, 많은 이물질을 결합할 수 있는 리간드(ligand)로 작용할 수 있다. 핵산과 관련하여 가장 중요한 센서는 혼성화(hybridization) 센서로 특정 DNA(DeoxyriboNucleic Acid) 유형에 대한 솔루션을 검색하고 개별 생물학적 종, 개인 그룹 또는 단일 개체를 식별할 수 있으며, 특정 형태의 유전자 지문(genetic fingerprint)을 구현할 수 있다.

t-RNA(transfer RiboNucleic Acid) 및 DNA의 전기화학적 결정을 위한 전통적인 방법은 일반적으로 전압전류 스트립핑 분석(voltammetric stripping analysis)을 기반으로 한다. 핵산은 정해진 시간 동안 일정한 전위를 가한 교반된 용액의 탄소 전극에 흡착된 후 증착된 물질을 산화시킨다. 산화 단계 동안 흐르는 전류는 분석 신호의 소스로 사용한다. 지루한 시료 전처리 단계와 수많은 시약이 필요하다.

탄소 표면에서 DNA의 흡착 결합은 상대적으로 강하다. 생성된 단층의 분자는 중금속 및 기타 물질에 대한 리간드 역할을 하며, 흡착 증착 후 전압전류법에 따라 결정될 수 있다.

DNA 진단에 대한 일반적인 관심은 인간 게놈(human genome)에 대한 지식의 급속한 발전으로 인해 증가했다. 마이크로 기술의 발전으로 핵산 조작 기술을 광범위하게 적용하게 되는 계기가 되었고, 다형성(polymorphism)과 유전적 돌연변이를 인식하는 방법 등으로 응용되거나 DNA를 기반으로 한 특정 개인을 식별하는 데 사용한다. 일반적으로 진단 과정은 원래 DNA 샘플이 미량으로만 존재하기 때문에 충분한 양의 핵산 물질을 생성하는 것으로 시작되었다. 살아있는 유기체 외부에서 핵산 분자의 효소 복제를 가능하게 하는 중합효소 연쇄 반응(Polymerase Chain Reaction, PCR)을 통해 소량의 DNA를 기하급수적으로 증폭할 수 있다. 결합 부위를 충분히 검출하거나 관심 있는 개체를 식별하기 위해서는 분자의 작은 부분만 필요하고, 생산된 물질에는 관심 유전자 서열이 존재해야 한다.

핵산은 단백질 분자에 사용되는 것과 같은 방법, 즉 흡착, 가교, 겔 또는 중합체에 포함되어, S-아데노실메티오닌 형성을 통한 공유 화학 결합, 그리고 아비딘-비오틴 복합체 형성으로 고정될 수 있다. 핵산을 포함하는 S-아데노실메티오닌은 포토리소그래피(photolithography)에 의해 패턴이 생성된 실리콘에 사용되어 왔다. 유리 또는 나일론 표면에 DNA 또는 올리고뉴클레오티드(oligonucleotide)를 고정화하는 것은 수많은 단일 프로브를 결합하는 DNA 칩의 기초이다.

dsDNA 또는 해당 올리고뉴클레오티드의 고정화를 위한 특징적인 절차는 금 표면에 S-아데노실메티오닌을 준비하고, 1-에틸-3-(3-디메틸아미노프로필)카르보디이미드 염산염(1-Ethyl-3-(3-DimethylAminopropyl) Carbodiimide, EDAC)이 있는 상태에서 DNA와 반응하도록 한다.

혼성화 검출 수단은 고정화된 단일 가닥이 연구된 상보적 상대와 혼성체를 형성하는 정도를 인식하는 것이다. 혼성화 검출을 위한 전기화학적 방법은 리포터 분자에 의한 혼성화 검출, 합성 폴리뉴클레오타이드(polynucleotide)를 사용한 혼성화의 지시자 없는 촉매 검출, dsDNA 축을 따르는 전하 이동에 의한 혼성화 검출 등의 방법이 있다.

10.4 화학 센서 실습

10.4.1 MQ-x 가스 센서와 측정 방법

실습에 사용할 가스 센서 시리즈는 5 V 전원, 그라운드, 디지털 신호 출력 및 아날로그 출력 핀으로 구성되어 있다. 하우징 부분 외에 핀 구성은 대부분 같으므로 모듈명과 일치하는 데이트시트를 반드시 참고하도록 한다.

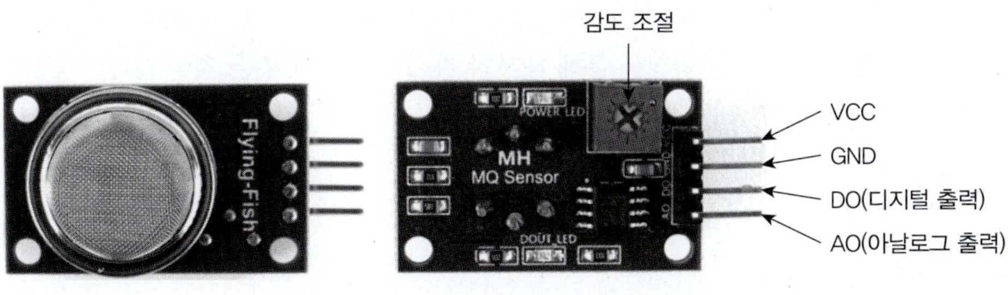

[그림 10-12] MQ 가스 센서 모듈의 핀 정보

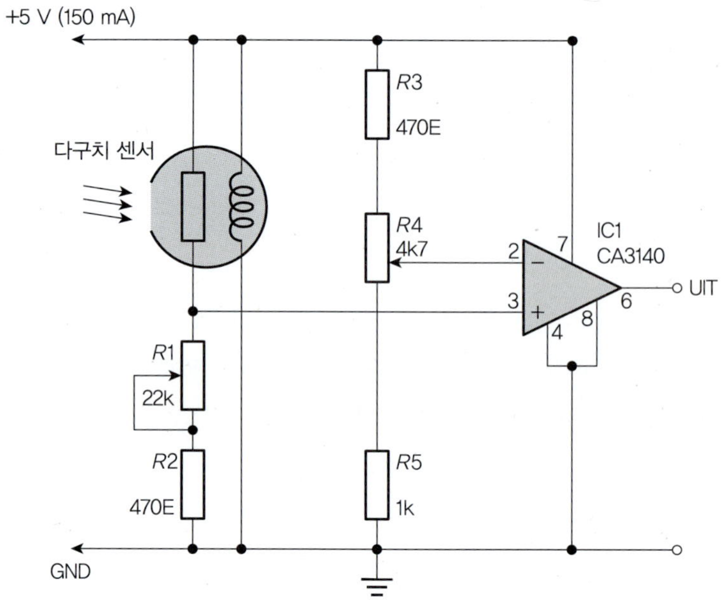

[그림 10-13] 단일 필라멘트 다구치 센서의 기본 회로

[그림 10-13]은 단선식 다구치 센서의 기본 회로도이다. 센서 소자는 극성이 없으며, 저항과 직렬로 연결한다. 접합부의 전압은 대기 오염의 척도이며, 이 전압은 비교기에 연결된 연산 증폭기의 기준 전압과 비교한다. 필라멘트에 공급하는 전압은 교류, 직류 모두 사용할 수 있고, 두 개의 전위차계를 사용하여 센서의 감도를 조절할 수 있다. 단일 필라멘트 센서는 연속 동작용이므로 필라멘트의 공급 전원을 계속 유지해야 하며, 센서의 저항은 온도에 크게 의존하기 때문에 필라멘트의 공급 전압은 일정해야 한다. 따라서 안정화된 DC 전압을 일반적으로 사용한다. 다구치 센서를 사용하기 전에는 24시간 이상 전원을 공급하여 센서 내부에 있는 수증기를 증발시키고 혹시 존재할 가능성이 있는 가스도 제거해 준다. 그리고 오랫동안 센서를 사용하지 않았을 때도 같은 방식을 통해 내부의 가스를 제거해 주는 것이 좋다.

(a) Figaro 사의 가스 센서

(b) Hanwei 사의 가스 센서

(c) Hanwei 사의 다양한 센서 모듈

[그림 10-14] 다양한 가스 센서 모듈

[그림 10-14] (a)와 같이 TGSxxx이라는 코드를 가지는 Figaro 사의 다구치 가스 센서는 대부분 단일 필라멘트로 동작한다. 단일 필라멘트 센서는 주로 Figaro 사에서 설계 및 생산하여 다양한 응용 키트 등을 출시했으며, 국내에서 쉽게 구할 수 있는 MQ 가스 센서는 중국의 Hanwei 사에서 Figaro 사의 센서를 복제하여 만든 제품으로 (b)와 같이 MQ-x 형태의 모델명을 가지며, (c)와 같이 모듈 형태로 주로 판매되고 있다. 모듈 유형은 다른 모듈 센서류와 마찬가지로 측정된 가스 농도에 비례하는 DC 전압을 제공하여 쉽고 저렴하게 사용할 수 있다.

MQ 가스 센서에는 감지하는 가스 종류에 따라 다양한 유형이 있으며, 〈표 10-1〉의 감지 가스 종류에 표기된 가스에 센서의 민감도가 높다는 의미가 있다.

〈표 10-1〉 MQ 가스 센서의 유형

가스 센서 유형	감지 가스 종류	측정 범위
MQ-2	LPG, 프로판, 수소	300 ~ 10,000 ppm
MQ-3	알코올	0.05 ~ 10 mg/l
MQ-4	메탄, 천연가스	200 ~ 10,000 ppm
MQ-5	LPG, 천연가스, 도시가스	200 ~ 10,000 ppm
MQ-6	부탄, 프로판, LPG	300 ~ 10,000 ppm
MQ-7	일산화탄소	10 ~ 10,000 ppm
MQ-8	수소	100 ~ 10,000 ppm
MQ-9	일산화탄소, 메탄, LPG	[일산화탄소] 20 ~ 2,000 ppm [메탄, LPG] 500 ~ 10,000 ppm
MQ-135	암모니아, 황화물, 벤젠	10 ~ 1,000 ppm

한 개의 센서 모듈에 대한 사용 방법을 이해하면 대부분의 가스 센서를 사용할 수 있으므로 대표적으로 MQ-4 가스 센서를 이용하여 LPG의 농도를 측정하는 방법을 알아본다.

가스 센서에는 내장 저항 외에도 부하 저항이 있어야 하며, 부하 저항은 가스 센서의 감도와

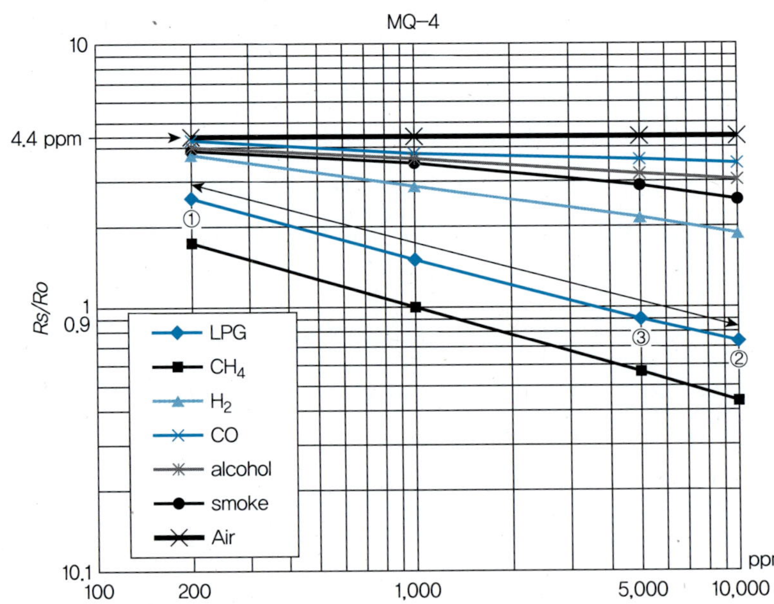

[그림 10-15] MQ-4 감도 특성 그래프

정확도를 조절한다. 부하 저항의 범위는 2 kΩ ~ 47 kΩ이고, 값이 클수록 센서는 더 민감해진다. 부하 저항값은 측정하고자 하는 가스의 농도에 따라 달라지며, 고농도의 가스를 측정할 때 부하 저항값이 높으면 부정확한 값이 측정될 수 있다. 가스 센서 내부에는 히터를 위한 내장 저항이 있으며, 히터는 가스 센서가 동작하기 좋은 온도를 유지한다.

가스 센서의 저항 변화로 농도를 계산하는 방법은 [그림 10-15]의 MQ-4 감도 특성 그래프를 이용한다. 감도 특성은 가스 센서의 저항비(*RS*/*R*0)에 따라 가스 농도를 백만분율(parts per million, ppm)로 나타낸 것으로 *RS*는 가스 농도에 따라 변하는 가스 센서의 저항값이며, *R*0는 다른 가스가 없고 깨끗한 공기 중에서 측정한 가스 센서의 저항값이다.

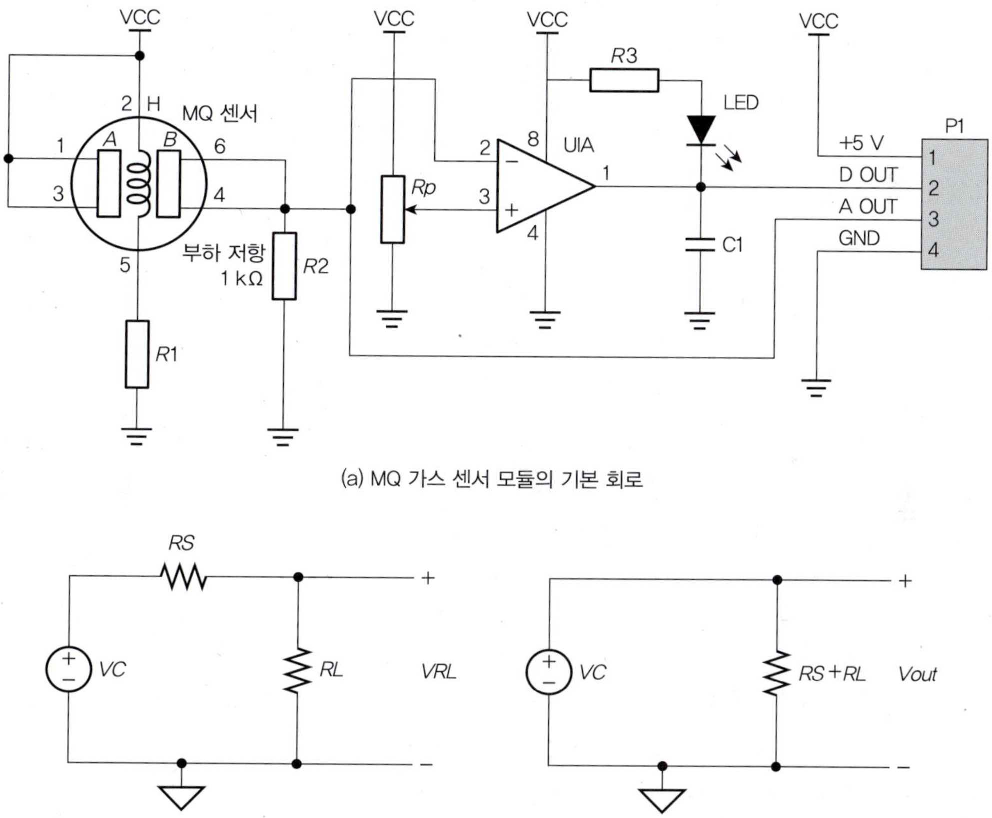

(a) MQ 가스 센서 모듈의 기본 회로

(b) 단순화된 가스 센서 회로

(c) RS와 RL을 결합한 회로

[그림 10-16] MQ 가스 센서 회로도

[그림 10-16] (a)는 MQ 센서 모듈의 기본 회로이다. MQ 센서와 부하 저항이 직렬로 연결되어 있고 두 저항 사이로 출력을 내보내고 있다. 이 예제에서는 1 kΩ을 사용하고 있지만, 부하

저항값이 달라질 수 있으므로 실습하기 전에 데이터시트 등을 통해 확인할 필요가 있다.

가스 센서의 저항값 *RS*는 옴의 법칙을 이용하여 유도할 수 있다. [그림 10-16] 가스 센서 회로도의 (b)와 같이 가스 센서의 저항 *RS*와 부하 저항 *RL*은 직렬로 연결되어 있으므로 (c)와 같이 두 저항을 결합할 수 있다. 회로에 흐르는 전류 *I*는 다음과 같이 나타낼 수 있다.

$$I = \frac{VC}{(RS + RL)} \tag{10.5}$$

여기서 *VC*는 회로의 공급 전압이다. 전류 *I*와 옴의 법칙에서 전압 *V*는 전류 *I*와 저항 *R*의 곱으로 나타낼 수 있으므로 [그림 10-16] (b)에서 회로의 출력 전압 *VRL*은 다음과 같이 나타낼 수 있다.

$$VRL = \frac{VC}{(RS + RL)} \times RL \tag{10.6}$$

위 수식을 가스 센서의 저항값 *RS*에 대한 식으로 정리하면 다음과 같이 나타낼 수 있다.

$$RS = \frac{(VC \times RL)}{VRL} - RL \tag{10.7}$$

*R*0의 값은 [그림 10-15] MQ-4 감도 특성 그래프에서 가스가 포함되지 않은 깨끗한 공기(Air)일 때의 *RS*/*R*0의 값이 4.4 ppm으로 값이 일정하게 유지된다는 것을 알 수 있고 *R*0의 값은 깨끗한 공기에서 *RS*를 구하면 알 수 있다.

[그림 10-15]의 MQ-4 감도 특성 그래프를 분석하면 다음과 같은 사항을 알 수 있다. 먼저 해당 그래프의 스케일은 log-log로 선형 스케일에서 저항비(resistance ratio)에 대한 가스 농도가 지수적임을 나타낸다. 두 번째는 해당 가스 센서의 측정 범위는 최소 200 ppm에서 최대 10,000 ppm이다. 마지막은 저항 비와 가스 농도의 관계는 선형처럼 보이지만, 실제로는 그렇지 않다는 것이다. 하지만 농도를 구하기 위해 우리는 감도 특성 그래프의 선이 선형인 것처럼 취급하여 저항비와 농도를 선형적으로 표현할 수 있는 하나의 공식을 사용할 수 있다. 공식을 이용하면 그래프의 경계 바깥쪽에 있는 모든 저항 비에 대한 가스 농도를 구할 수 있다. 우리가 사용할 공식은 직선의 방정식으로 로그-로그 스케일에 대한 방정식이기도 하다. 직선의 방정식은 다음 수식과 같이 나타낼 수 있다.

$$y = mx + b \tag{10.8}$$

위 수식은 로그 스케일 그래프에서 직선의 방정식을 나타낸 것으로 x, y 변수에 로그를 적용하면 다음과 같다.

$$\log(y) = m \times \log(x) + b \tag{10.9}$$

여기서 y는 $\frac{RS}{R0}$, x는 ppm, m은 기울기, b는 y축 절편이다. 먼저 기울기 m을 구하기 위해서는 그래프에서 LPG 농도에 해당하는 두 점을 선택해야 한다. 이 예제에서는 [그림 10-15]에 표기한 ①과 ② 지점을 이용한다. ①은 $P_1(200, 2.6)$, ②는 $P_2(10,000, 0.75)$이다. 이 두 점을 이용하여 기울기 m을 구하는 공식은 다음과 같다.

$$m = \frac{\log(y_2) - \log(y_1)}{\log(x_2) - \log(x_1)} \tag{10.10}$$

위 수식은 다음과 같이 정리할 수 있다.

$$m = \frac{\log\left(\frac{y_2}{y_1}\right)}{\log\left(\frac{x_2}{x_1}\right)} \tag{10.11}$$

위 수식에 두 점의 좌표를 대입하여 기울기를 구하면 다음과 같다.

$$m = \frac{\log\left(\frac{0.75}{2.6}\right)}{\log\left(\frac{10,000}{200}\right)} \approx -0.318 \tag{10.12}$$

이제 기울기 m을 구했으므로 y축 절편을 구할 수 있다. [그림 10-15]에 표기한 ③ 지점의 좌표 $P_3(5,000, 0.9)$를 이용한다.

$$\begin{aligned} &\log(y) = m \times \log(x) + b \\ &b = \log(y) - m \times \log(x) \\ &b = \log(0.9) - (-0.318) \times \log(5,000) \\ &b = 1.13 \end{aligned} \tag{10.13}$$

기울기 m과 y축 절편 b를 구했으므로 다음 수식에 대입하여 직선의 방정식을 구할 수 있고, x의 역 로그를 찾으면 $RS/R0$에 대한 ppm 값을 구할 수 있다.

$$\log(x) = \frac{\log(y) - b}{m}$$
$$x = 10^{\frac{\log(y) - b}{m}} \tag{10.14}$$
$$x = 10^{\frac{\log(y) - 1.13}{-0.318}}$$

위 수식에서 y 값은 $RS/R0$의 값이다. 다른 센서도 각 데이터시트를 참고하여 이런 방식으로 필요한 값을 계산하면 된다. MQ-4 가스 센서 모듈을 통해 $R0$ 값을 도출하는 예제를 실습해 보자.

[그림 10-17] MQ-4 가스 센서 모듈 연결 회로

```
const int sensorPin = A0;             // 센서 AO 핀을 보드의 A0 핀에 연결
const float rationInAir = 4.4;        // 깨끗한 공기일 때 저항비(RS/R0)
const int vIn = 5;                    // MQ-4 모듈의 입력 전압
const float RL = 1;                   // MQ-4 모듈의 부하 저항값 1 kΩ


void setup()
```

```
{
   Serial.begin(9600);                          // 시리얼 통신 속도 9,600 bps로 설정
}

void loop()
{
   Serial.println("Get R0 in fresh air");
   int sensorValue = analogRead(sensorPin);     // ADC로부터 값을 읽어서 sensorValue 변수에 저장
   float vOut = (5 / 1024.0) * sensorValue;     // ADC 값을 전압값으로 변환
   float RS = (vIn * RL) / vOut - RL;           // 센서의 저항값을 구함
   float R0 = RS / rationInAir;                 // RS와 rationInAir를 이용하여 R0를 계산

   Serial.print("R0: ");
   Serial.print(R0);
   Serial.println("ohm");

   delay(1000);                                 // 1초 간격으로 R0 값을 구함
}
```

[그림 10-18] 깨끗한 공기 중에서 R0 값 출력 화면

☞ [그림 10-15]의 MQ-4 감도 특성 그래프에서 $\frac{RS}{R0}$는 rationInAir와 같으므로 $\frac{RS}{R0} = \text{rationInAir}$ 에서 $R0$에 대해 정리하면 $R0 = \frac{RS}{\text{rationInAir}}$가 되므로 RS와 rationInAir의 값을 알고 있다면 $R0$의 값을 구할 수 있다. 이렇게 구한 $R0$ 값은 다음 실습에서 사용하므로 기록해둔다.

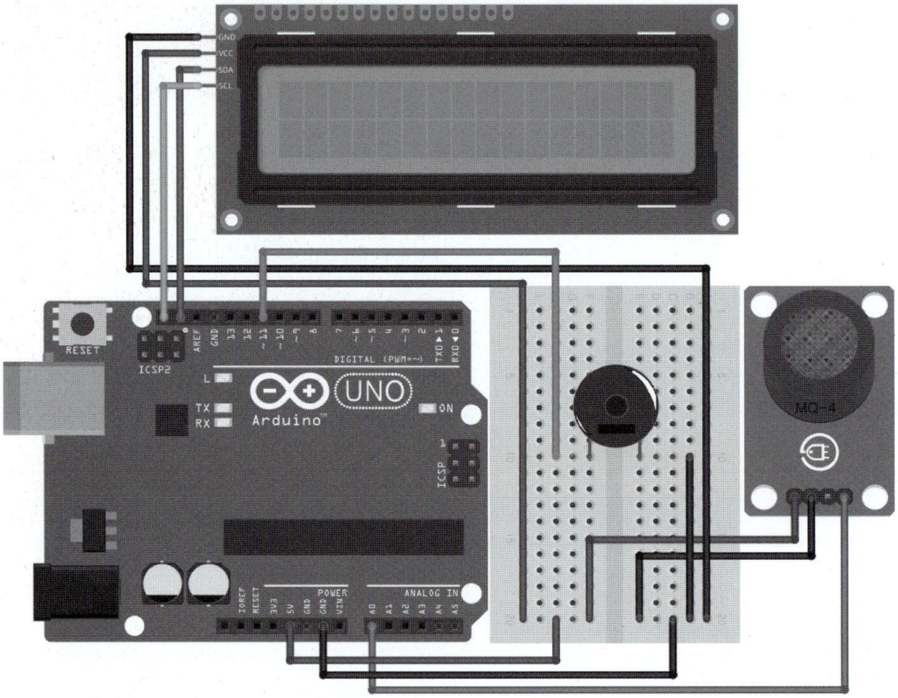

UNO 보드	I^2C C-LCD 모듈
GND	GND
5 V	VCC
SDA(A4)	SDA
SCL(A5)	SCL

UNO 보드	버저
11	+
GND	−

UNO 보드	MQ-4
5 V	VCC
GND	GND
A0	AO

[그림 10-19] MQ-4 가스 센서 모듈, 버저, C-LCD 모듈 연결 회로

[그림 10-19]는 MQ-4 가스 센서 모듈을 이용하여 간단한 가스 유출 경보기를 만들어 보는 응용 예제 회로이다. MQ 가스 센서 모듈의 데이터시트는 24시간 이상 예열을 권장하고 있고 일부에서는 3일 정도 예열을 권장하기도 한다. 시간적인 여유가 있으면 예열 시간을 지켜 결괏값을 출력해보고 예열 시간을 지키지 않았을 때의 결괏값과 비교·관찰도 해보기 바란다.

```
#include <LiquidCrystal_I2C.h>                    // I²C C-LCD 모듈 라이브러리 사용

const int sensorPin = A0;                         // 센서 AO 핀을 보드의 A0 핀에 연결
const int buzzerPin = 11;                         // 버저 ⊕극 보드의 11번 핀에 연결
const int vIn = 5;                                // MQ-4 모듈의 입력 전압
const float RL = 1;                               // MQ-4 모듈의 부하 저항값
const float R0 = 1.06;                            // 계산된 R0값 설정
const float m = -0.318;                           // ppm 방정식의 기울기
const float b = 1.13;                             // ppm 방정식의 y축 절편

LiquidCrystal_I2C lcdMonitor(0x27, 16, 2);        // I²C C-LCD 모듈 객체 선언

// 사용자 정의 문자 '농' 데이터 배열로 초기화
byte custom_Nong[] = { B10000, B11111, B00100, B11111, B00000, B01110, B10001, B01110 };
// 사용자 정의 문자 '도' 데이터 배열로 초기화
byte custom_Do[] = { B11111, B10000, B10000, B11111, B00000, B00100, B00100, B11111 };

void setup()
{
  lcdMonitor.begin();
  lcdMonitor.backlight();

  lcdMonitor.createChar(0, custom_Nong);          // '농' 메모리 0에 저장
  lcdMonitor.createChar(1, custom_Do);            // '도' 메모리 1에 저장

  int heatingTime = 20;                           // 20초 카운팅을 위한 변수
  unsigned long prevMillis = millis();            // 카운트다운 시작 시간 저장

  while(1)
  {
    if(millis() - prevMillis >= 1000)             // 1초가 지나면,
    {
      heatingTime--;                              // 1초 간격으로 1씩 뺌. 20초 카운터
```

```
        if(heatingTime <= 0)                    // 예열이 끝나면 무한 반복문 탈출
        {
          break;
        }

        lcdMonitor.clear();                     // 화면 지우기
        lcdMonitor.setCursor(0, 0);             // 커서 위치 설정
        lcdMonitor.print("Heating... ");
        lcdMonitor.print(heatingTime);          // 남은 예열 시간 출력
        lcdMonitor.print("sec");

        prevMillis = millis();                  // 이 코드 실행 시점의 시간으로 초기화
      }
    }
  }

  void loop()
  {
    int sensorValue = analogRead(sensorPin);    // ADC로부터 값을 읽어서 sensorValue 변수에 저장
    float vOut = (5 / 1024.0) * sensorValue;
    float RS = (vIn * RL) / vOut - RL;
    float y = RS / R0;
    float GASppm = pow(10, (log10(y) - b) / m);

    lcdMonitor.clear();
    lcdMonitor.setCursor(0, 0);
    lcdMonitor.print("GAS");
    lcdMonitor.write(0);                        // '농' 표시
    lcdMonitor.write(1);                        // '도' 표시
    lcdMonitor.print(":");
    lcdMonitor.print(GASppm);                   // 계산된 가스 농도 출력
    lcdMonitor.print(" ppm");

    if(GASppm <= 2000)                          // 임의 기준 설정
    {
      lcdMonitor.setCursor(5, 1);
      lcdMonitor.print("safety");
    }
```

```
    else
    {
        lcdMonitor.setCursor(5, 1);
        lcdMonitor.print("danger");
        tone(buzzerPin, 500, 500);              // 500 Hz의 음을 0.5초 동안 출력
    }

    delay(1000);
}
```

라이브러리를 사용하면 MQ–x 가스 센서를 좀 더 쉽게 사용할 수 있다. [그림 10–20]과 같이 아두이노 IDE의 라이브러리 매니저에서 'MQUnifiedsensor'를 검색하고 라이브러리를 설치한다.

MQUnifiedsensor 라이브러리는 MQ–2, MQ–3, MQ–4, MQ–5, MQ–6, MQ–7, MQ–8, MQ–9, MQ–131, MQ–135, MQ–303A, MQ–309A 센서값을 쉽게 도출할 수 있도록 도와주는 통합 라이브러리이다. 쉽게 구할 수 있는 MQ–3, MQ–4, MQ–5, MQ–6, MQ–7, MQ–8, MQ–9, MQ–135 센서를 라이브러리를 적용하여 결과를 출력해 본다. 각 센서가 가장 민감하게 반응하는 가스 종류는 〈표 10–1〉을 참고한다.

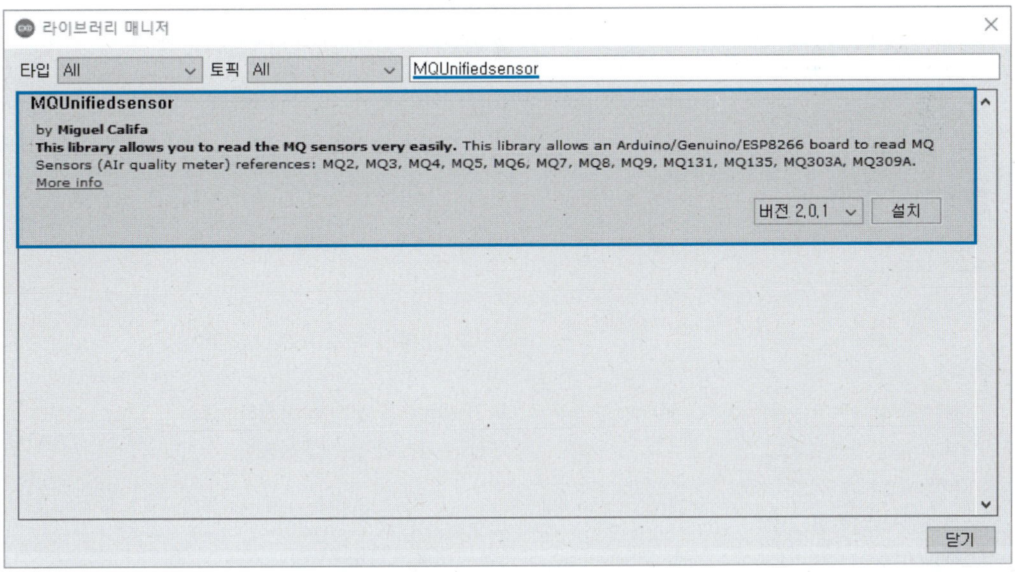

[그림 10–20] MQUnifiedsensor 라이브러리 설치

사용할 MQ-x 가스 센서 모듈의 전원과 그라운드를 연결하고 아날로그 출력(AO) 핀을 아두이노의 아날로그 핀(A0 ~ A5)과 연결한다. MQUnifiedsensor 라이브러리를 설치한 뒤 [파일]-[예제]-[MQUnifiedsensor]에서 제공되는 해당 가스 센서의 기본 예제를 열어 부하 저항값과 몇 가지 정보를 해당 센서에 맞게 수정한다. 부하 저항값의 단위는 kΩ이다. 라이브러리에서는 가스 농도를 측정하기 위해 지수 회귀 모델을 사용하고 있으며, 센서마다 측정하고자 하는 가스 종류에 따라 상숫값이 다르므로 예제에서 제공되는 주석 내용을 잘 확인하고 상숫값을 적용한다.

앞서 MQ-4 가스 센서 실습을 라이브러리 없이 사용했는데 라이브러리를 사용하여 메탄가스 농도를 측정해 본다.

10.4.2 MQ-4 가스 센서

```
#include <MQUnifiedsensor.h>                    // MQUnifiedsensor 라이브러리 사용

const char * boradName = "Arduino Uno";         // 사용하는 보드 정보
const int MQSensorPin = A0;                     // 센서 AO 핀을 보드의 A0 핀에 연결
const char * MQSensorType = "MQ-4";             // MQ-4 센서 사용
const int voltageResolution = 5;                // 입력 전압
const int ADCresolution = 10;                   // ADC 분해능
const float rationOfFreshAir = 4.4;             // 깨끗한 공기일 때 저항비(RS/R0)

// MQ-4 센서 객체 생성
MQUnifiedsensor MQsensor(boradName, voltageResolution, ADCresolution, MQSensorPin,
MQSensorType);

void setup()
{
   Serial.begin(9600);                          // 시리얼 통신 속도 9,600 bps로 설정

   MQsensor.setRegressionMethod(1);             // 가스 농도를 구하는 방정식 설정
   MQsensor.setA(1012.7);                       // 해당 가스의 상숫값 설정
   MQsensor.setB(-2.786);
   MQsensor.setRL(1);                           // 부하 저항값 설정
   MQsensor.init();

   Serial.print("Calibrating please wait.");
```

```
  float R0 = 0;

  for(int i = 1; i <= 10; i++)
  {
    MQsensor.update();                            // 센서 정보 업데이트
    R0 += MQsensor.calibrate(rationOfFreshAir);
    Serial.print(".");
  }

  MQsensor.setR0(R0 / 10);                      // 10회 읽은 R0 값의 평균
  Serial.println("  Finish!.");

  if(isinf(R0) || R0 == 0)                      // R0가 무한대이거나 0이면,
  {
    Serial.println("Please check your wiring and circuit. And Reset the System.");
    while(1);                                   // 무한 루프로 진행 멈춤
  }
}

void loop()
{
  MQsensor.update();                            // 센서값 업데이트
  float CH4ppm = MQsensor.readSensor();         // 가스 농도를 읽어 변수에 저장

  Serial.print("CH4: ");
  Serial.print(CH4ppm);
  Serial.println(" ppm");

  delay(1000);
}
```

◇ 코드 추가 설명

```
MQUnifiedsensor MQsensor (boradName, voltageResolution, ADCresolution, MQSensorPin,
MQSensorType);
```

객체를 생성할 때 사용하는 아두이노 보드, 입력 전압, ADC 분해능, MQ-x 가스 센서에 연결된 ADC 핀, MQ-x 가스 센서 정보를 일치시킨다.

```
MQsensor.setRegressionMethod(1);
MQsensor.setA(1012.7);
MQsensor.setB(-2.786);
MQsensor.setRL(1);
```

지수 회귀 방식으로 가스 농도를 측정하고 있으며, setA(), setB() 함수를 통해 관련 상숫값을 처리한다. setRL() 함수를 통해 센서 모듈의 부하 저항을 설정하는데 기본으로 설정된 부하 저항값이 10 kΩ이므로 센서 모듈의 부하 저항값이 10 kΩ이라면 이 함수는 호출하지 않아도 된다.

회로를 그대로 둔 상태에서 필요한 가스 센서 종류만 바꿔서 소스 코드를 업로드하고, 측정 동작은 하는지, 제대로 해당 가스 측정을 하는 것이 맞는지 등을 직접 확인해 본다.

10.4.3 MQ-3 가스 센서

```
#include <MQUnifiedsensor.h>                    // MQUnifiedsensor 라이브러리 사용

const char * boradName = "Arduino Uno";         // 사용하는 보드 정보
const int MQSensorPin = A0;                     // 센서 AO 핀을 보드의 A0 핀에 연결
const char * MQSensorType = "MQ-3";             // MQ-3 센서 사용
const int voltageResolution = 5;                // 입력 전압
const int ADCresolution = 10;                   // ADC 분해능
const float rationOfFreshAir = 60;              // 깨끗한 공기일 때 저항비(RS/R0)

// MQ-3 센서 객체 생성
MQUnifiedsensor MQsensor(boradName, voltageResolution, ADCresolution, MQSensorPin,
MQSensorType);

void setup()
{
   Serial.begin(9600);

   MQsensor.setRegressionMethod(1);
```

```
  MQsensor.setA(0.3934);                          // 해당 가스의 상숫값 설정
  MQsensor.setB(-1.504);
  MQsensor.setRL(1);                              // 부하 저항값 설정
  MQsensor.init();

  Serial.print("Calibrating please wait.");
  float R0 = 0;

  for(int i = 1; i <= 10; i++)
  {
    MQsensor.update();
    R0 += MQsensor.calibrate(rationOfFreshAir);
    Serial.print(".");
  }

  MQsensor.setR0(R0 / 10);
  Serial.println("  Finish!.");

  if(isinf(R0) || R0 == 0)
  {
    Serial.println("Please check your wiring and circuit. And Reset the System.");
    while(1);
  }
}

void loop()
{
  MQsensor.update();
  float AlcoholPPM = MQsensor.readSensor();       // 농도를 읽어 변수에 저장

  Serial.print("Alcohol: ");
  Serial.print(AlcoholPPM);
  Serial.println(" ppm");

  delay(1000);
}
```

10.4.4 MQ-5 가스 센서

```
#include <MQUnifiedsensor.h>                    // MQUnifiedsensor 라이브러리 사용

const char * boradName = "Arduino Uno";         // 사용하는 보드 정보
const int MQSensorPin = A0;                     // 센서 AO 핀을 보드의 A0 핀에 연결
const char * MQSensorType = "MQ-5";             // MQ-5 센서 사용
const int voltageResolution = 5;                // 입력 전압
const int ADCresolution = 10;                   // ADC 분해능
const float rationOfFreshAir = 6.5;             // 깨끗한 공기일 때 저항비(RS/R0)

// MQ-5 센서 객체 생성
MQUnifiedsensor MQsensor(boradName, voltageResolution, ADCresolution, MQSensorPin,
MQSensorType);

void setup()
{
  Serial.begin(9600);

  MQsensor.setRegressionMethod(1);
  MQsensor.setA(80.897);                        // 해당 가스의 상숫값 설정
  MQsensor.setB(-2.431);
  MQsensor.setRL(1);                            // 부하 저항값 설정
  MQsensor.init();

  Serial.print("Calibrating please wait.");
  float R0 = 0;

  for(int i = 1; i <= 10; i++)
  {
    MQsensor.update();
    R0 += MQsensor.calibrate(rationOfFreshAir);
    Serial.print(".");
  }

  MQsensor.setR0(R0 / 10);
  Serial.println("  Finish!.");

  if (isinf(R0) || R0 == 0)
```

```
    {
      Serial.println("Please check your wiring and circuit. And Reset the System.");
      while(1);
    }
}

void loop()
{
   MQsensor.update();
   float LPGppm = MQsensor.readSensor();              // 농도를 읽어 변수에 저장

   Serial.print("LPG: ");
   Serial.print(LPGppm);
   Serial.println(" ppm");

   delay(1000);
}
```

10.4.5 MQ-6 가스 센서

```
#include <MQUnifiedsensor.h>                          // MQUnifiedsensor 라이브러리 사용

const char * boradName = "Arduino Uno";              // 사용하는 보드 정보
const int MQSensorPin = A0;                          // 센서 출력 핀과 우노 A0 번핀 연결
const char * MQSensorType = "MQ-6";                  // MQ-6 센서 사용
const int voltageResolution = 5;                     // 입력 전압
const int ADCresolution = 10;                        // ADC 분해능
const float rationOfFreshAir = 10;                   // 깨끗한 공기일 때 저항비(RS/R0)

// MQ-6 센서 객체 생성
MQUnifiedsensor MQsensor(boradName, voltageResolution, ADCresolution, MQSensorPin,
MQSensorType);

void setup()
{
   Serial.begin(9600);
```

```
  MQsensor.setRegressionMethod(1);
  MQsensor.setA(1009.2);                          // 해당 가스의 상숫값 설정
  MQsensor.setB(-2.35);
  MQsensor.setRL(1);
  MQsensor.init();

  Serial.print("Calibrating please wait.");
  float R0 = 0;

  for(int i = 1; i <= 10; i++)
  {
    MQsensor.update();
    R0 += MQsensor.calibrate(rationOfFreshAir);
    Serial.print(".");
  }

  MQsensor.setR0(R0 / 10);
  Serial.println("  Finish!.");

  if(isinf(R0) || R0 == 0)
  {
    Serial.println("Please check your wiring and circuit. And Reset the System.");
    while(1);
  }
}

void loop()
{
  MQsensor.update();
  float LPGppm = MQsensor.readSensor();           // 농도를 읽어 변수에 저장

  Serial.print("LPGppm: ");
  Serial.print(LPGppm);
  Serial.println(" ppm");

  delay(1000);
}
```

10.4.6 MQ-7 가스 센서

```
#include <MQUnifiedsensor.h>                          // MQUnifiedsensor 라이브러리 사용

const char * boradName = "Arduino Uno";               // 사용하는 보드 정보
const int MQSensorPin = A0;                           // 센서 AO 핀을 보드의 A0 핀에 연결
const char * MQSensorType = "MQ-7";                   // MQ-7 센서 사용
const int voltageResolution = 5;                      // 입력 전압
const int ADCresolution = 10;                         // ADC 분해능
const float rationOfFreshAir = 27.5;                  // 깨끗한 공기일 때 저항비(RS/R0)

// MQ-7 센서 객체 생성
MQUnifiedsensor MQsensor(boradName, voltageResolution, ADCresolution, MQSensorPin,
MQSensorType);

void setup()
{
  Serial.begin(9600);

  MQsensor.setRegressionMethod(1);
  MQsensor.setA(99.042);                              // 해당 가스의 상숫값 설정
  MQsensor.setB(-1.518);
  MQsensor.setRL(1);
  MQsensor.init();

  Serial.print("Calibrating please wait.");
  float R0 = 0;

  for(int i = 1; i <= 10; i++)
  {
    MQsensor.update();
    R0 += MQsensor.calibrate(rationOfFreshAir);
    Serial.print(".");
  }

  MQsensor.setR0(R0 / 10);
  Serial.println("  Finish!.");

  if(isinf(R0) || R0 == 0)
```

```
  {
    Serial.println("Please check your wiring and circuit. And Reset the System.");
    while(1);
  }
}

void loop()
{
  MQsensor.update();                          // 센서값 업데이트
  float COppm = MQsensor.readSensor();        // 농도를 읽어 변수에 저장

  Serial.print("COppm: ");
  Serial.print(COppm);
  Serial.println(" ppm");

  delay(1000);
}
```

10.4.7 MQ-8 가스 센서

```
#include <MQUnifiedsensor.h>                   // MQUnifiedsensor 라이브러리 사용

const char * boradName = "Arduino Uno";        // 사용하는 보드 정보
const int MQSensorPin = A0;                    // 센서 AO 핀을 보드의 A0 핀에 연결
const char * MQSensorType = "MQ-8";            // MQ-8 센서 사용
const int voltageResolution = 5;               // 입력 전압
const int ADCresolution = 10;                  // ADC 분해능
const float rationOfFreshAir = 70;             // 깨끗한 공기일 때 저항비(RS/R0)

// MQ-8 센서 객체 생성
MQUnifiedsensor MQsensor(boradName, voltageResolution, ADCresolution, MQSensorPin,
MQSensorType);

void setup()
{
  Serial.begin(9600);
```

```
    MQsensor.setRegressionMethod(1);
    MQsensor.setA(976.97);                          // 해당 가스의 상숫값 설정
    MQsensor.setB(-0.688);
    MQsensor.setRL(1);
    MQsensor.init();

    Serial.print("Calibrating please wait.");
    float R0 = 0;

    for(int i = 1; i <= 10; i++)
    {
        MQsensor.update();
        R0 += MQsensor.calibrate(rationOfFreshAir);
        Serial.print(".");
    }

    MQsensor.setR0(R0 / 10);
    Serial.println("  Finish!.");

    if(isinf(R0) || R0 == 0)
    {
        Serial.println("Please check your wiring and circuit. And Reset the System.");
        while(1);
    }
}

void loop()
{
    MQsensor.update();
    float HydrogenPPM = MQsensor.readSensor();      // 농도를 읽어 변수에 저장

    Serial.print("hydrogen: ");
    Serial.print(HydrogenPPM);
    Serial.println(" ppm");

    delay(1000);
}
```

10.4.8 MQ-9 가스 센서

```
#include <MQUnifiedsensor.h>                       // MQUnifiedsensor 라이브러리 사용

const char * boradName = "Arduino Uno";            // 사용하는 보드 정보
const int MQSensorPin = A0;                        // 센서 AO 핀을 보드의 A0 핀에 연결
const char * MQSensorType = "MQ-9";                // MQ-9 센서 사용
const int voltageResolution = 5;                   // 입력 전압
const int ADCresolution = 10;                      // ADC 분해능
const float rationOfFreshAir = 9.6;                // 깨끗한 공기일 때 저항비(RS/R0)

// MQ-9 센서 객체 생성
MQUnifiedsensor MQsensor(boradName, voltageResolution, ADCresolution, MQSensorPin,
MQSensorType);

void setup()
{
   Serial.begin(9600);

   MQsensor.setRegressionMethod(1);
   MQsensor.setA(599.65);                          // 해당 가스의 상숫값 설정
   MQsensor.setB(-2.244);
   MQsensor.setRL(1);
   MQsensor.init();

   Serial.print("Calibrating please wait.");
   float R0 = 0;

   for(int i = 1; i <= 10; i++)
   {
      MQsensor.update();
      R0 += MQsensor.calibrate(rationOfFreshAir);
      Serial.print(".");
   }

   MQsensor.setR0(R0 / 10);
   Serial.println("  Finish!.");

   if(isinf(R0) || R0 == 0)
```

```
    {
      Serial.println("Please check your wiring and circuit. And Reset the System.");
      while(1);
    }
}

void loop()
{
    MQsensor.update();
    float COppm = MQsensor.readSensor();              // 농도를 읽어 변수에 저장

    Serial.print("CO: ");
    Serial.print(COppm);
    Serial.println(" ppm");

    delay(1000);
}
```

10.4.9 MQ-135 가스 센서

```
#include <MQUnifiedsensor.h>                          // MQUnifiedsensor 라이브러리 사용

const char * boradName = "Arduino Uno";               // 사용하는 보드 정보
const int MQSensorPin = A0;                           // 센서 AO 핀을 보드의 A0 핀에 연결
const char * MQSensorType = "MQ-135";                 // MQ-135 센서 사용
const int voltageResolution = 5;                      // 입력 전압
const int ADCresolution = 10;                         // ADC 분해능
const float rationOfFreshAir = 3.6;                   // 깨끗한 공기일 때 저항비(RS/R0)

// MQ-135 센서 객체 생성
MQUnifiedsensor MQsensor(boradName, voltageResolution, ADCresolution, MQSensorPin,
MQSensorType);

void setup()
{
    Serial.begin(9600);
```

```
  MQsensor.setRegressionMethod(1);
  MQsensor.setA(102.2);                                 // 해당 가스의 상숫값 설정
  MQsensor.setB(-2.473);
  MQsensor.setRL(1);
  MQsensor.init();

  Serial.print("Calibrating please wait.");
  float R0 = 0;

  for(int i = 1; i <= 10; i++)
  {
    MQsensor.update();
    R0 += MQsensor.calibrate(rationOfFreshAir);
    Serial.print(".");
  }

  MQsensor.setR0(R0 / 10);
  Serial.println("  Finish!.");

  if(isinf(R0) || R0 == 0)
  {
    Serial.println("Please check your wiring and circuit. And Reset the System.");
    while(1);
  }
}

void loop()
{
  MQsensor.update();
  float NH4ppm = MQsensor.readSensor();                 // 농도를 읽어 변수에 저장

  Serial.print("Ammonia: ");
  Serial.print(NH4ppm);
  Serial.println(" ppm");

  delay(1000);
}
```

10.4.10 비분산 적외선 이산화탄소 센서 모듈(MH-Z19x)

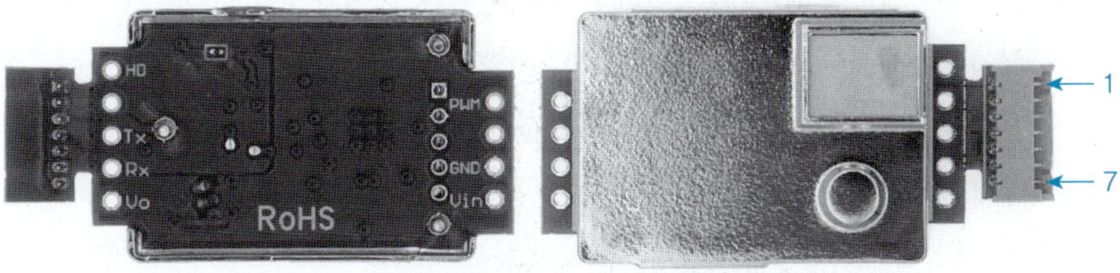

핀 번호	MH-Z19B	설명
1	Vo	아날로그 출력
2	–	없음
3	GND	그라운드
4	Vin	4.5 V ~ 5.5 V 전원 공급
5	Rx	시리얼 통신 수신
6	Tx	시리얼 통신 송신
7	–	없음

[그림 10-21] MH-Z19B 비분산 적외선 이산화탄소 센서 모듈과 핀 정보

MH-Z19x 비분산 적외선(Non Dispersive Infra Red, NDIR) 이산화탄소 센서 모듈은 광 공동(optical cavity)과 적외선 LED, 적외선 검출기로 구성되어 공기 중의 이산화탄소의 존재를 감지한다. 비분산 적외선 방식은 가스 분자가 특정 파장의 적외선을 흡수하는 특성을 이용하여 가스의 적외선 흡수도를 측정하여 농도로 환산하는 방식이다. 센서 모듈은 우수한 선택성, 긴 수명, 내장된 온도 보상과 같은 특성이 있으며, 시리얼 통신, DAC(Digital to Analog Converter), PWM 출력이 동시에 가능하다.

이산화탄소 농도 측정 범위와 정확도가 조금씩 다르지만, MH-Z19, MH-Z19B, MH-Z19C, MH-Z19D, MH-Z19E로 MH-Z19x 형태의 모델이 있으며, MH-Z19와 호환되는 MH-Z1311A 저전력 비분산 적외선 이산화탄소 센서도 있으니 필요할 경우 데이터시트나 정보를 찾아보기 바란다. MH-Z19x 시리즈 중 MH-Z19B 센서 모듈과 MH-Z19C 센서 모듈의 정보가 많으므로 두 모듈 중에 구하기 쉬운 것을 선택하면 된다. 실습은 MH-Z19B 센서 모듈을 기준으로 하므로 MH-Z19B 센서 모듈을 중심으로 설명한다.

MH-Z19B 센서 모듈의 동작 전압은 4.5 V ~ 5.5 V, ±(50 ppm + 측정값의 3 %) 정확도로 0 ppm ~ 2,000 ppm과 0 ppm ~ 5,000 ppm의 측정 범위를 가진다. 센서 모듈은 보정되

어 출고되므로 사용자가 수동으로 보정할 필요는 없지만, 온도, 습도, 대기압, 보관 환경, 센서 자체의 노후화 등 센서와 관련된 환경 조건의 변화로 측정값이 달라질 수 있으므로 대부분 유사한 유형의 센서 모듈이 마찬가지지만, 정기적으로 보정해 주는 것이 좋다. 수동으로 보정할 때는 이산화탄소 농도가 400 ppm인 깨끗하고 안정적인 환경에서 최소 20분 정도 동작시켜 주고 정해진 소프트웨어 교정 수행 명령을 보내 보정하면 된다. 그리고 센서 모듈의 ABC라는 자동 보정 기능을 사용하는 방법이 있는데 ABC 모드를 활성화하면 센서 모듈은 24시간 동안 가장 낮은 측정값이 400 ppm이라 가정한다. 하루에 한 번 이상은 환기되는 장소에 있다는 것을 가정하므로 일반적으로 환기가 잘 안 되는 장소에 센서 모듈이 설치된 경우 ABC 자동 보정 기능은 비활성화하는 것이 좋다. 영점 및 스팬 보정과 관련된 소프트웨어 명령 정보는 데이터시트에서 확인할 수 있다.

(a) 핀 별도 (b) 터미널 형 (c) 핀 형

[그림 10-22] 터미널 타입과 핀 타입

MH-Z19x 모듈은 [그림 10-22]처럼 터미널 타입과 핀 타입이 있는데 아두이노 보드에 연결하여 실습하는 경우 핀 타입을 구매하는 것이 편하다. 터미널 타입은 센서 모듈과 함께 제공되는 하네스 케이블을 아두이노 보드에 직접 연결하기 어렵다. 일반적으로 MH-Z19B 모듈에서 1번(Vo), 3번(GND), 4번(Vin), 5번(Rx), 6번(Tx) 핀만 사용하므로 네 개 또는 다섯 개의 핀에 점퍼 케이블이나 핀 헤더를 납땜하거나 하네스 케이블에 점퍼 케이블을 추가한 뒤에 연결하도록 한다. 센서 모듈에는 영점 조절용 HD 핀과 PWM 핀이 있지만 사용하지 않는다.

아두이노 IDE의 라이브러리 매니저에서 'MH-Z19' 라이브러리를 설치한다. MH-Z19B 모듈을 이용하여 주변의 이산화탄소 농도와 온도를 측정해 보고 실생활에 활용할 수 있는 이산화탄소 모니터링 시스템을 구상하여 만들어 보자.

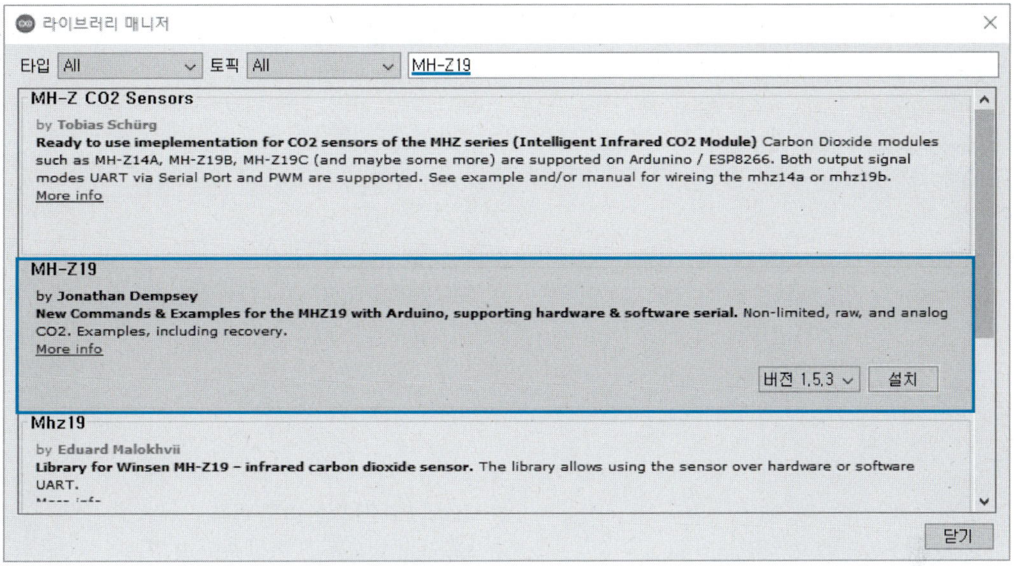

[그림 10-23] MH-Z19 라이브러리 설치

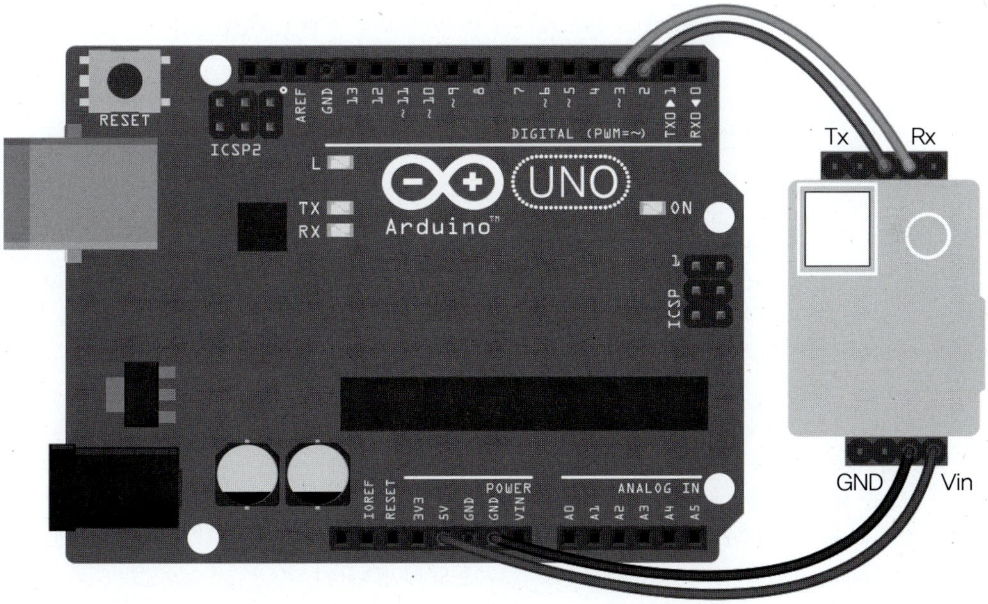

[그림 10-24] 비분산 적외선 이산화탄소 센서 모듈 연결 회로

```
#include <MHZ19.h>                              // MH-Z19 라이브러리 사용
#include <SoftwareSerial.h>                     // SoftwareSerial 라이브러리 사용

#define  RX_PIN  2                              // 센서의 Rx 핀을 보드의 3번 핀에 연결
#define  TX_PIN  3                              // 센서의 Tx 핀을 보드의 2번 핀에 연결

MHZ19 myMHZ19;                                  // MH-Z19 모듈 객체 생성
SoftwareSerial mySerial(RX_PIN, TX_PIN);        // 소프트웨어 시리얼 통신 객체 생성

unsigned long prevTime = 0;

void setup()
{
   Serial.begin(9600);                          // 보드와 PC 간 통신 속도 설정
   mySerial.begin(9600);                        // 보드와 센서 모듈 간 통신 속도 설정
   myMHZ19.begin(mySerial);                     // 소프트웨어 시리얼 통신 객체 참조
   myMHZ19.autoCalibration();                   // 자동 보정 실행
}

void loop()
{
   if(millis() - prevTime >= 2000)              // 2초가 되면(2초 간격으로 측정),
   {
      int CO2;                                  // CO2 변수 선언
      CO2 = myMHZ19.getCO2();                   // 이산화탄소 농도를 받아 변수에 저장

      Serial.print("CO2: ");
      Serial.print(CO2);                        // 이산화탄소 농도 표시
      Serial.print(" ppm\t");                   // 탭 추가

      signed char TEMP;                         // 온도 변수 선언
      TEMP = myMHZ19.getTemperature();          // 온도 데이터를 받아 변수에 저장
      Serial.print("Celsius: ");
      Serial.print(TEMP);                       // 온도 데이터 표시
      Serial.println(" C");

      prevTime = millis();                      // 현재 코드 수행 시점의 시간 저장
   }
}
```

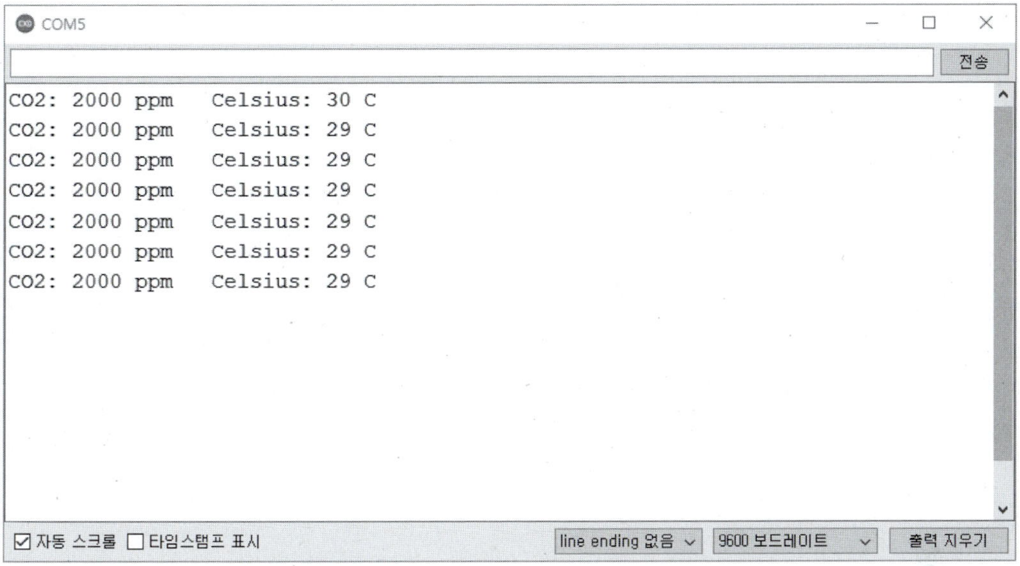

[그림 10-25] 이산화탄소 농도와 섭씨온도 출력

☞ 센서 모듈의 Rx 핀과 Tx 핀을 아두이노 보드에 연결할 때 Rx–Tx, Tx–Rx와 같이 교차하도록 연결해야 한다.

☞ 센서 모듈을 연결한 뒤 3분 정도의 예열 시간이 필요하고, 영점 및 스팬 보정은 좀 더 많은 시간이 필요하다. MH–Z19 라이브러리에서 제공되는 기본 예제에서 보정 스케치를 적용한 뒤에 사용하는 것도 괜찮다.

☞ 시리얼 통신으로 센서값이 출력되지 않으면 MH–Z19 라이브러리에서 제공되는 Analog 예제를 실행해 본다. Analog 스케치를 실행하기 전 센서 모듈의 1번 Vo 핀(갈색선)을 아두이노 보드의 ADC 핀(A0 ~ A5) 중 하나에 연결한다. Analog 예제는 라이브러리를 사용하지 않고 측정된 ADC 값을 이산화탄소 농도로 변환하는 방정식을 사용한다.

CHAPTER 11

기타 센서 실습

contents

11 기타 센서 실습

11.1 적외선 수신 센서 모듈(KY-022)과 적외선 송신 리모컨

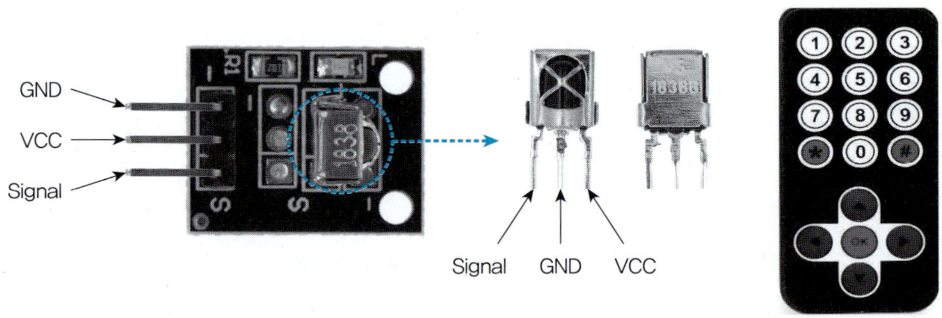

[그림 11-1] 적외선 수신 센서 모듈과 적외선 송신 리모컨

적외선 수신 모듈 KY-022는 반송 주파수가 38 kHz인 적외선 신호를 수신하고 디지털 신호를 출력하고 적외선을 감지하면 모듈 내의 LED가 켜진다. 적외선 수신 모듈의 VS1838이라는 적외선 수신 센서는 2.7 V ~ 5.5 V 범위의 전원이고, 수신 거리 최대 15 m이며, 수신 각도는 ±35° 정도이다.

적외선은 열을 가진 모든 것에서 방출되므로 우리 주변에 적외선 잡음은 어디에나 존재한다. 이런 적외선 잡음으로부터 적외선 송신 신호가 간섭받는 것을 방지하기 위해 신호 변조 기술을 사용한다. 적외선 송·수신 센서 모듈의 일반적인 동작 원리는 다음과 같다. [그림 11-2]와 같이 엔코더는 이진 신호를 변조된 전기 신호로 변환하여 적외선 송신 LED로 전달하고 적외선 송신 LED는 전기 신호를 적외선 광신호로 변환한다. 적외선 수신 다이오드를 통해 적외선 광신호를 복조한 후 마이크로컨트롤러에서 수신된 이진 데이터를 이용하여 제어 동작을 만든다.

변조된 적외선 신호는 반송 주파수로 고주파수에서 켜지고 꺼지는 일련의 적외선 광 펄스이다. 일반적으로 송신기에서 사용되는 반송 주파수는 38 kHz이며, 주변의 적외선 잡음과 구별되는 주파수이다.

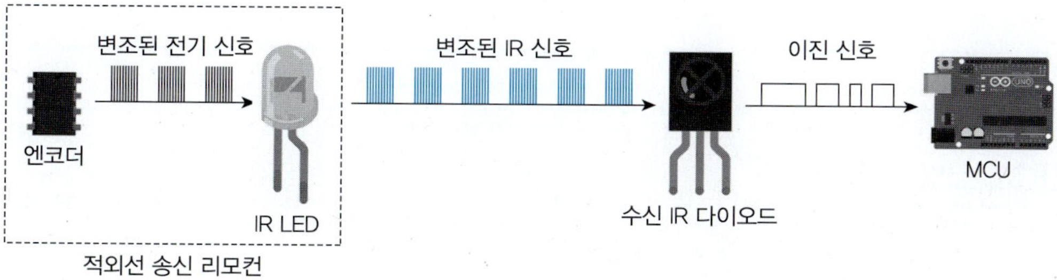

[그림 11-2] 적외선 신호 변조 후 복조 과정

변조된 적외선 신호가 이진 신호로 변환되는 패턴은 적외선 전송 프로토콜에 의해 정의되며, 적외선 프로토콜은 다양한 종류가 있다. 일반적인 NEC 프로토콜을 기준으로 수신기가 변조된 적외선 신호를 이진 신호로 변환하는 방법을 보면, [그림 11-3]과 같이 이진 데이터 '1'은 562.5 μs의 HIGH 펄스로 시작하여 1,687.5 μs의 LOW 펄스로 끝나는 신호이고, 이진 데이터 '0'은 562.5 μs의 HIGH 펄스와 562.5 μs의 LOW 펄스로 끝나는 신호이다.

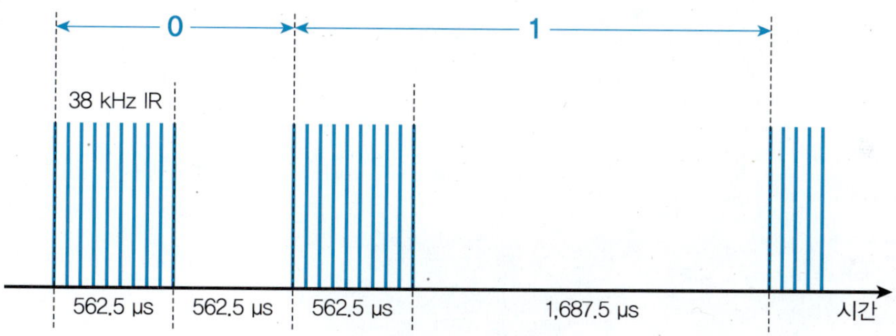

[그림 11-3] NEC 프로토콜

적외선 송·수신 신호를 오실로스코프와 같은 측정 장치로 확인해 보면 주파수를 확인할 수 있고, 송수신 신호를 데이터 형태로 출력해 보면 고유의 16진수 코드를 확인할 수 있다. 적외선 송신 리모컨의 경우 보통은 제조사에서 고유의 키 코드 정보를 데이터시트로 제공한다.

적외선 송신 리모컨에서 특정 키가 눌러졌을 때 아두이노 보드에 연결된 두 개의 LED가 제어되는 간단한 실습으로 일상에서 흔히 사용하는 리모컨의 동작 원리를 이해한다. 먼저 아두이노 IDE의 라이브러리 매니저에서 [그림 11-4]와 같이 'IRremote' 라이브러리를 설치한다.

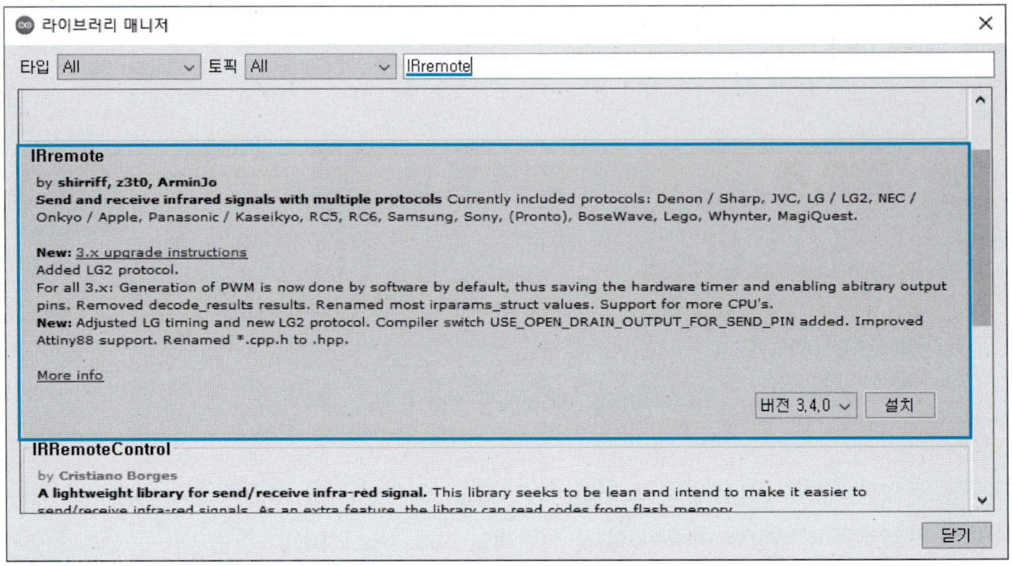

[그림 11-4] IRremote 라이브러리 설치

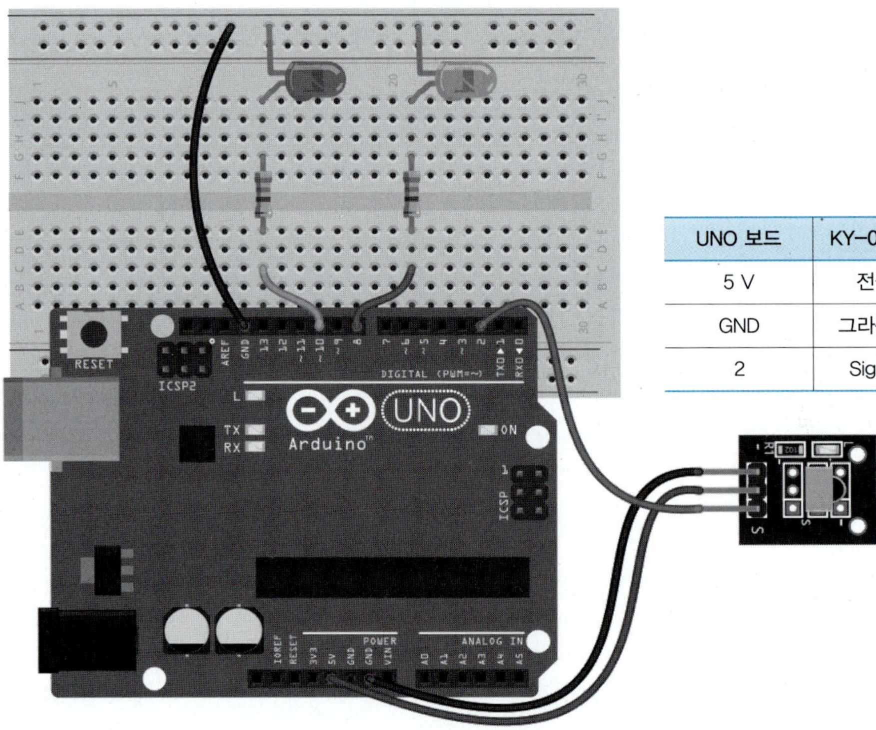

UNO 보드	KY-022 모듈
5 V	전원(+)
GND	그라운드(-)
2	Signal(S)

[그림 11-5] 적외선 송 · 수신 모듈을 이용한 LED 제어 회로

```
#include <IRremote.h>                       // IRremote 라이브러리 포함

const int sensorPin = 2;                    // IR 수신 모듈의 Signal 핀을 보드의 2번 핀에 연결
const int redLedPin = 10;                   // RED LED의 +극 보드의 10번 핀에 연결
const int greenLedPin = 8;                  // GREEN LED의 +극 보드의 8번 핀에 연결

IRrecv irrecv(sensorPin);                   // irrecv 객체 생성
decode_results results;                     // IR 수신 결괏값을 저장하는 객체 생성

void setup()
{
  Serial.begin(9600);

  pinMode(redLedPin, OUTPUT);               // 10번 핀을 출력 모드로 설정
  pinMode(greenLedPin, OUTPUT);             // 8번 핀을 출력 모드로 설정

  irrecv.enableIRIn();                      // IR 리시버 동작 활성화
}

void loop()
{
  // decode(&results) 함수는 수신된 IR을 decode_result 클래스 형태로 result 객체에 저장
  // decode_result 클래스 멤버에는 사용 프로토콜, 수신된 데이터, 수신된 데이터의 비트 수 등 정의
  if(irrecv.decode(&results))               // 수신된 데이터를 변수에 저장하고,
  {
    switch(results.value)                   // 수신된 IR 데이터에 따라 분기
    {
      case 0xFF18E7:                        // 리모컨의 '5' 키를 눌렀을 때
        Serial.println("Green LED ON");
        digitalWrite(greenLedPin, HIGH);
        delay(2000);
        Serial.println("Green LED OFF");
        digitalWrite(greenLedPin, LOW);
        break;
      case 0xFF38C7:                        // 리모컨의 '8' 키를 눌렀을 때
        Serial.println("Red LED ON");
        digitalWrite(redLedPin, HIGH);
        delay(2000);
        Serial.println("Red LED OFF");
```

```
            digitalWrite(redLedPin, LOW);
            break;
          default:                                // '5'와 '8' 키 이외의 키를 눌렀을 때
            break;                                // 아무 동작 없음
        }

        irrecv.resume();                          // 다음 신호를 받을 수 있도록 준비
      }
    }
```

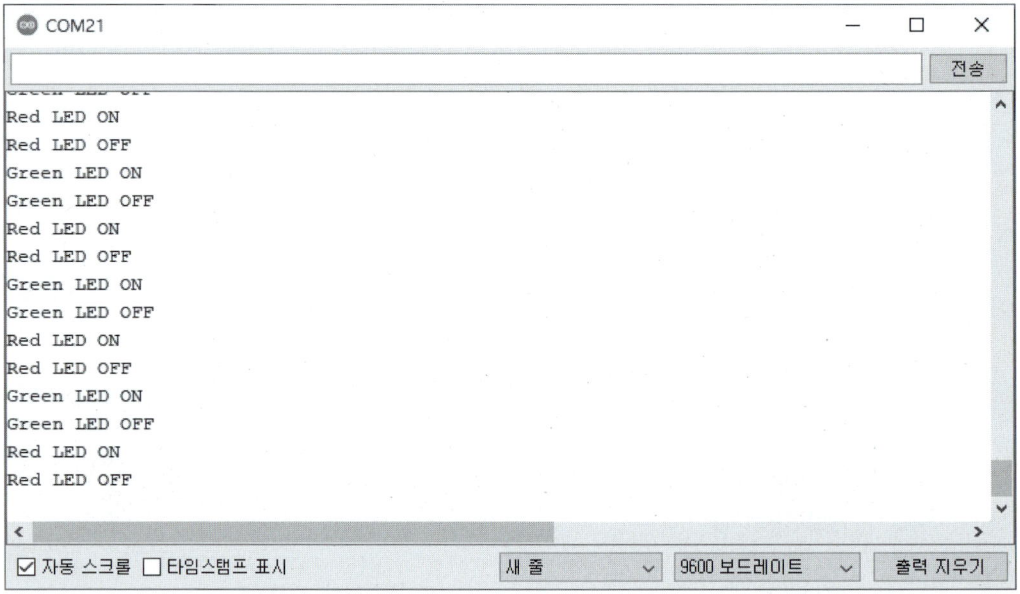

[그림 11-6] 시리얼 모니터 창에서 LED 제어 결과 확인

☞ 적외선 송신 리모컨의 고유 키값이 다를 수 있으니 데이터시트나 인터넷을 통해 확인하거나 키값만 출력하여 확인한다.

☞ 적외선 송신 리모컨의 모든 키를 눌렀을 때 동작을 만들어 본다.

11.2 토양 수분 센서

[그림 11-7] 몇 가지 유형의 토양 수분 센서 모듈

토양 수분 센서 모듈은 토양의 체적 수분 함량을 측정하는 용도로 사용한다. [그림 11-7]처럼 프로브 모양에 따라 다양한 모듈이 있지만, 동작 원리는 대부분 유사하다. 토양 속에 프로브를 꽂아놓고 수분량에 따라 변하는 전도성을 이용한다. 일반적으로 프로브와 모듈 사이 연결 부분은 극성 없이 연결하며, 2 V ~ 5 V 사이의 전원, 그라운드, 아날로그 출력, 디지털 출력 형태의 핀 구성으로 되어 있다.

토양 속의 수분량을 아날로그 출력값으로 확인해 보는 예제를 응용하면 작은 화분이나 온실 같은 곳에서 토양 속의 정해진 수분량에 따라 자동으로 급수하는 시스템을 만들어 볼 수 있다.

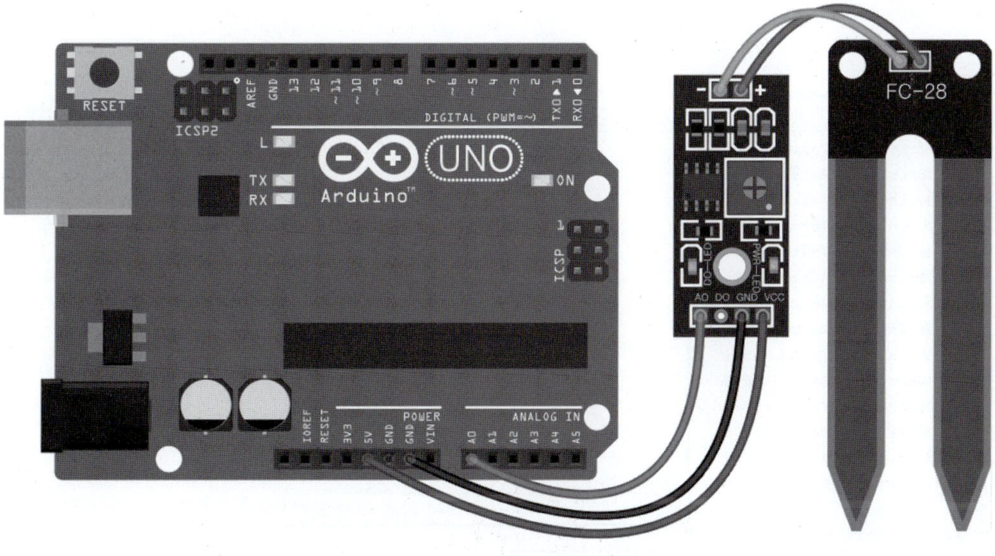

[그림 11-8] 토양 수분 센서 모듈 연결 회로

```
const int soilMoistureSensorPin = A0;           // 센서의 AO핀을 보드의 A0핀에 연결

void setup()
{
  Serial.begin(9600);                           // 시리얼 통신 속도 9,600 bps로 설정
}

void loop()
{
  // ADC로부터 값을 읽어서 soilMoistureSensorValue 변수에 저장
  int soilMoistureSensorValue = analogRead(soilMoistureSensorPin);
  // ADC로 측정한 수분량을 map 함수를 사용하여 백분율로 변경
  int soilMoistureSensorPer = map(soilMoistureSensorValue, 250, 1023, 100, 0);

  Serial.print("Soil Moisture Value: ");
  Serial.println(soilMoistureSensorValue);      // ADC 측정값 출력
  Serial.print("Soil Moisture Rate: ");
  Serial.print(soilMoistureSensorPer);          // 토양 수분량을 백분율로 출력
  Serial.println(" %");

  delay(1000);
}
```

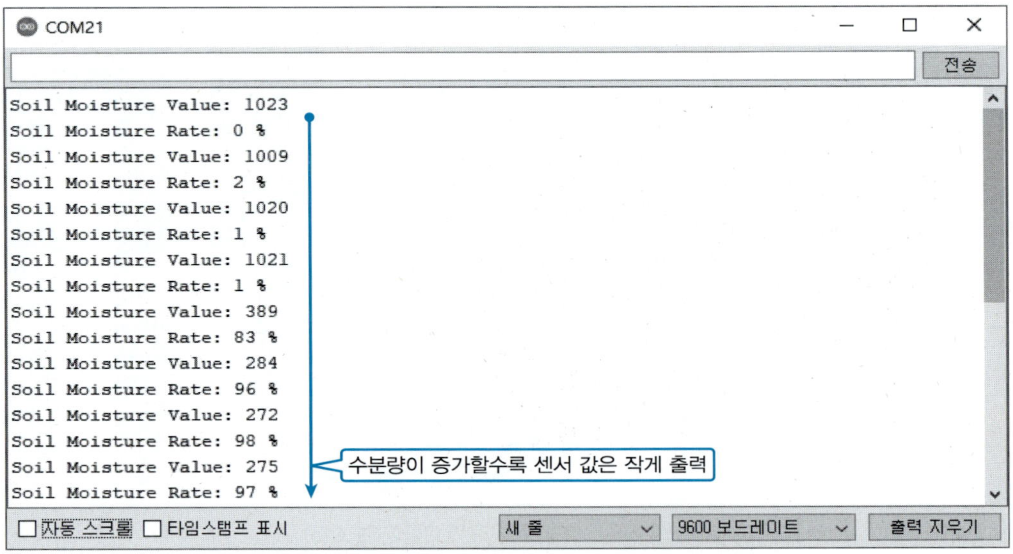

[그림 11-9] 토양 수분 센서의 프로브를 서서히 물에 담갔을 때 출력 결과

☞ 토양 수분 센서 실습을 위해 흙을 일부러 준비하지 말고 종이컵에 물을 담아 테스트하거나, 화장지에 물을 적셔서 실습하면 된다. 실제 실습 환경에 따라 출력 결괏값이 달라질 수 있으므로 출력 데이터를 먼저 관찰한 뒤에 다양하게 응용하는 것이 좋다.

◇ 코드 추가 설명

```
int soilMoistureSensorPer = map(soilMoistureSensorValue, 250, 1023, 100, 0);
```

map() 함수의 문법 구조는 map(value, fromLow, fromHigh, toLow, toHigh)이고, 함수 원형은 다음과 같다.

```
long map(long x, long in_min, long in_max, long out_min, long out_max)
{
  return (x - in_min) * (out_max - out_min) / (in_max - in_min) + out_min;
}
```

map() 함수는 수의 범위를 재설정하는데 value는 매핑할 값이고, fromLow는 toLow로 fromHigh는 toHigh로 바뀌며, 그 사이의 값은 비례 배분한 값으로 바뀐다. 따라서 코드에서 250은 수분량이 최대일 때 출력되는 데이터를 먼저 확인한 뒤 입력된 값이고, 그 값이 수분량 100 %라는 의미가 되도록 한 것이다. 이 예제에서는 사용하지 않았지만, map() 함수는 값의 범위를 제한하는 constrain() 함수와 함께 사용하기도 한다.

11.3 기울기 스위치 센서 모듈(KY-020)

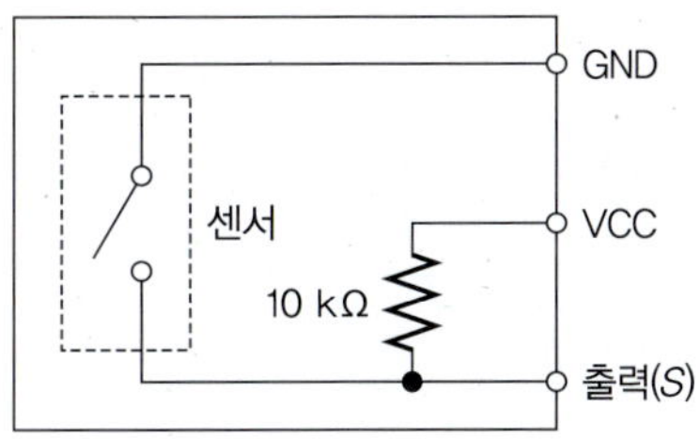

[그림 11-10] KY-020 기울기 스위치 센서 모듈과 회로

KY-020 기울기 스위치 센서 모듈은 기울기를 감지하는 센서이다. 유전체로 만들어진 플라스

크 내부에 두 개의 전극과 금속 공이 들어 있어 센서 모듈이 전극이 있는 방향으로 기울어지면 볼이 굴러가 두 개의 전극을 접점시키는 원리로 동작하며, 스위치의 역할과 같다. 센서 모듈의 출력 핀과 전원 사이에 10 kΩ 풀업 저항이 연결되어 있으므로 대기 상태 즉, 유휴 상태일 때는 모듈의 출력 핀으로 HIGH 신호를 출력하고, 기울어지면 LOW 신호를 출력한다. 센서 모듈의 동작 전압은 3.3 V ~ 5 V이다.

기울기 스위치 센서 모듈을 접점이 있는 방향으로 기울이면 LED를 켜고 시리얼 모니터 창에 문자열을 출력하는 예제이다. 통제된 공간에 대한 접근을 차단하는 덮개나 문 등에 설치하는 애플리케이션을 구상해 본다.

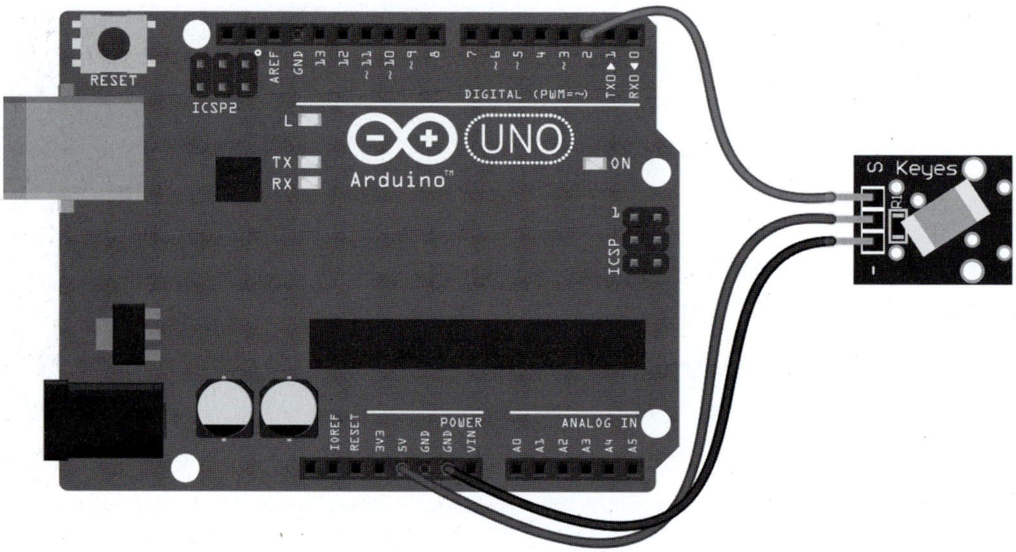

[그림 11-11] 기울기 스위치 센서 모듈 연결 회로

```
const int sensorPin = 2;                    // 센서의 S핀을 보드의 2번 핀에 연결
const int ledPin = 13;                      // 13번 핀의 빌트인 LED 사용

void setup()
{
   Serial.begin(9600);                      // 시리얼 통신 속도 9,600 bps로 설정

   pinMode(sensorPin, INPUT);               // 2번 핀을 입력 모드로 설정
   pinMode(ledPin, OUTPUT);                 // 13번 핀을 출력 모드로 설정
```

```
}

void loop()
{
  // 센서 모듈의 S 핀으로부터 센서값을 읽어 sensorValue 변수에 저장
  int sensorValue = digitalRead(sensorPin);

  if(sensorValue == LOW)                      // 센서 모듈이 기울어지면,
  {
    Serial.println("Tilted");
    digitalWrite(ledPin, HIGH);               // LED on
  }
  else                                        // 센서 모듈이 기울어지지 않으면,
  {
    Serial.println("Not Tilted");
    digitalWrite(ledPin, LOW);                // LED off
  }

  delay(1000);
}
```

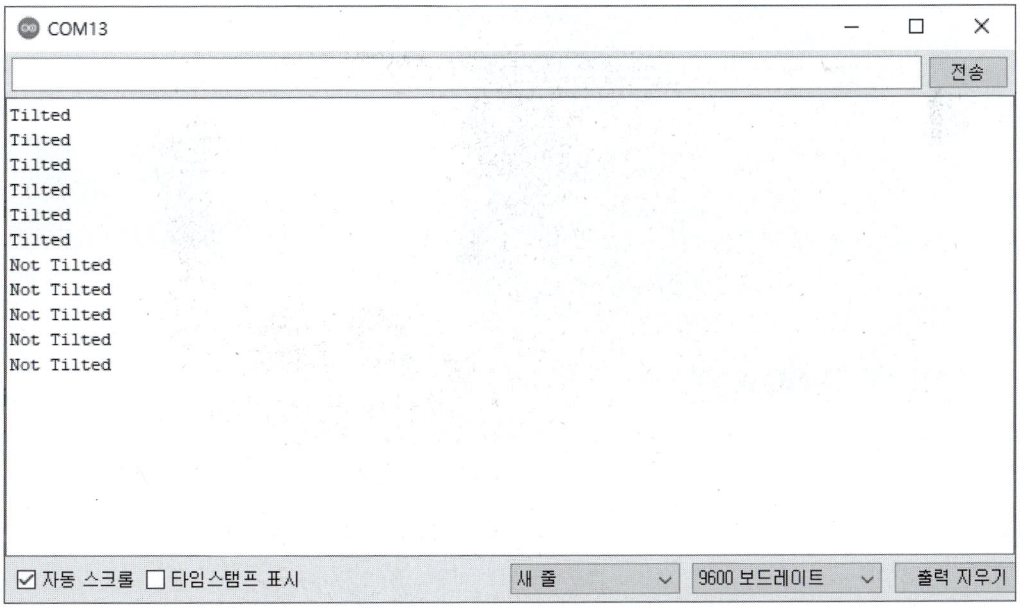

[그림 11-12] KY-020 모듈의 기울기 감지

11.4 진동 센서 모듈(SW-420)

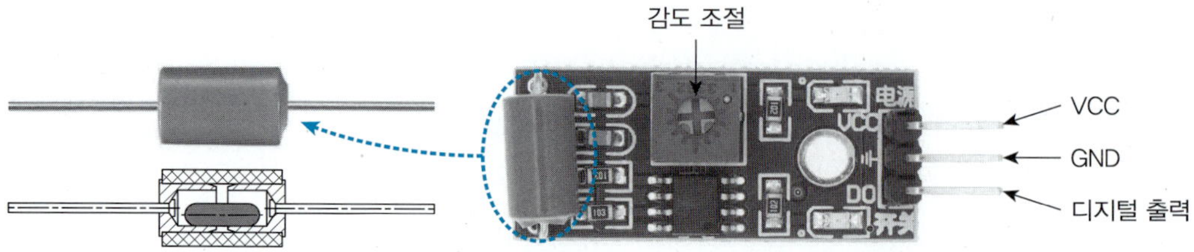

[그림 11-13] SW-420 진동 센서 내부 구조와 모듈 핀 정보

SW-420 진동 센서 모듈은 3.3 V ~ 5 V 전원을 사용하며, LM393 비교기를 통해 임계값 이상의 진동을 감지하여 디지털 출력을 제공한다. [그림 11-13]의 SW-420 센서는 고감도 무지향성 진동 센서로 다양한 각도에서 진동과 기울기를 감지할 수 있고, 센서 모듈의 가변저항으로 감도를 조절할 수 있다. 진동이 없을 때 센서 모듈의 출력 핀으로 LOW 신호를 출력하고 녹색 LED가 켜지며 진동이 감지되면 HIGH 신호를 출력하고 녹색 LED는 꺼진다.

진동 센서가 진동을 감지하면 LED를 켜고 시리얼 모니터 창에 메시지를 출력하는 예제이다. 진동과 충격 감지 외에 지진 감지기나 도난 경보기 등에 응용할 수 있다.

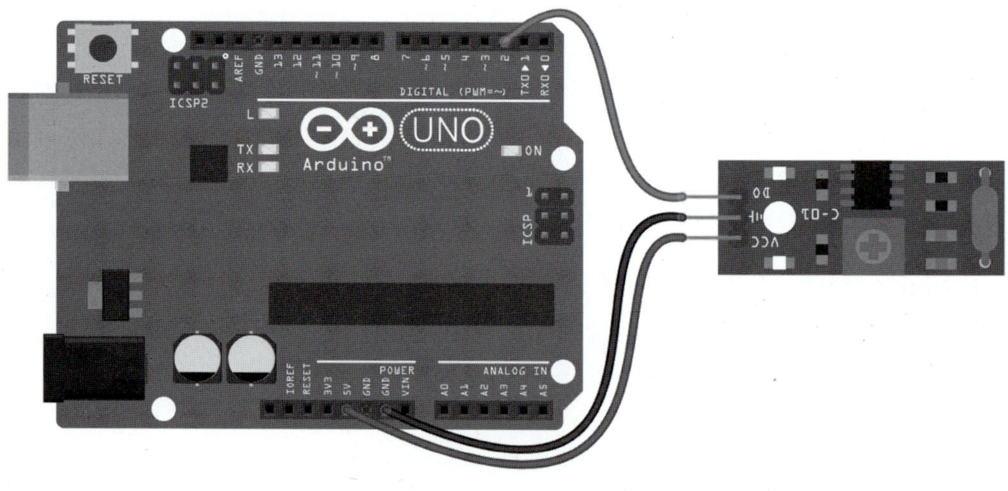

[그림 11-14] 진동 센서 모듈 연결 회로

```
const int sensorPin = 2;                    // 센서 DO 핀을 보드의 2번 핀에 연결
const int ledPin = 13;                      // 13번 핀의 빌트인 LED 사용

void setup()
{
  Serial.begin(9600);                       // 시리얼 통신 속도 9,600 bps로 설정
  pinMode(sensorPin, INPUT);                // 2번 핀을 입력 모드로 설정
  pinMode(ledPin, OUTPUT);                  // 13번 핀을 출력 모드로 설정
}

void loop()
{
  // 센서 모듈의 DO 핀으로부터 센서값을 읽어 sensorValue 변수에 저장
  int sensorValue = digitalRead(sensorPin);

  if(sensorValue == HIGH)                   // 진동이 감지되면,
  {
    Serial.println("Vibration Detected.");
    digitalWrite(ledPin, HIGH);             // LED on
  }
  else                                      // 진동이 감지되지 않으면,
  {
    Serial.println("Vibration Not Detected.");
    digitalWrite(ledPin, LOW);              // LED off
  }

  delay(500);
}
```

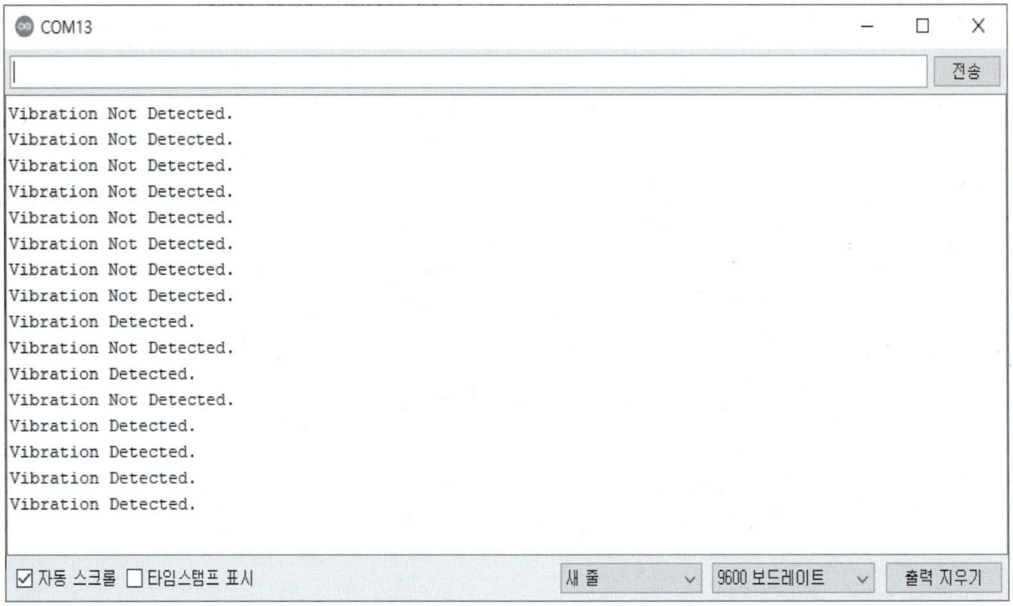

[그림 11-15] 진동 감지 결과

11.5 수은 기울기 스위치 모듈(KY-017)

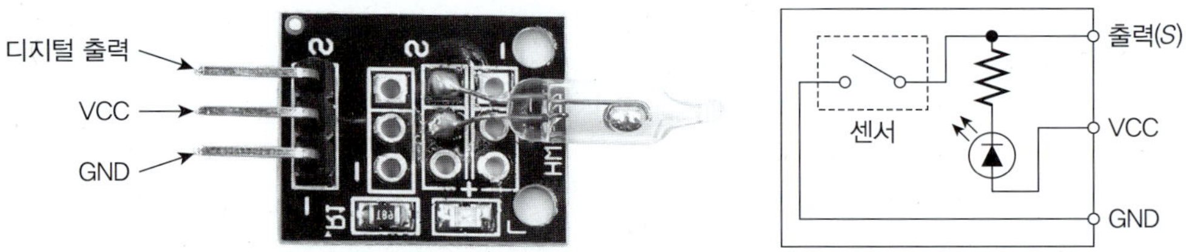

[그림 11-16] KY-017 수은 기울기 스위치 모듈과 회로

KY-017 수은 기울기 스위치 모듈은 기울기 스위치의 일종으로 작은 진공 유리관 속에 전도율이 좋은 수은이 들어 있어 수은 방울의 움직임에 따라 전극이 접점되었다 떨어지는 원리로 동작한다. 인체와 환경에 유독한 수은을 굳이 사용하는 이유는 기계식 스위치와 달리 내구성이 좋고 기름, 증기, 먼지, 부식성 가스 등이 있는 가혹한 환경에 유리하기 때문이다. 3.3 V ~ 5 V의 전원을 공급하며, 기울어지지 않았을 때 수은이 두 개의 전극을 연결하여 LOW 신호를 출력하고 모듈의 LED는 켜진 상태를 유지한다. 반면 모듈이 기울어지면 전극 사이의 접점이 끊어지고 HIGH 신호를 출력한다.

수은 기울기 스위치로 기울기를 감지하여 시리얼 모니터 창으로 메시지를 출력하고 빌트인 LED를 켜고 끄는 예제이다. 실수로 유리관이 파손되지 않도록 주의하고 만약 수은이 유출되면 직접 손대지 않도록 특히 주의한다.

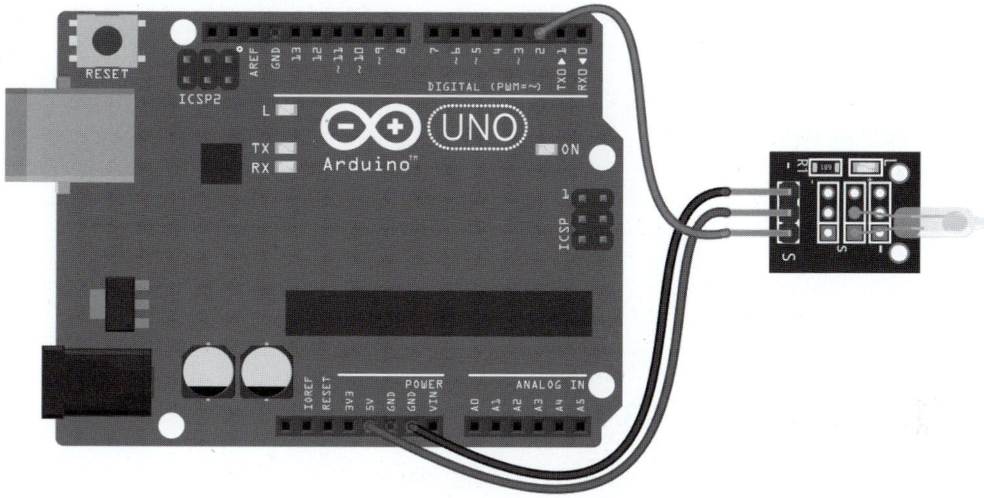

[그림 11-17] 수은 기울기 스위치 모듈 연결 회로

```
const int sensorPin = 2;                    // 센서 S 핀을 보드의 2번 핀에 연결
const int ledPin = 13;                      // 13번 핀의 빌트인 LED 사용

void setup()
{
  Serial.begin(9600);                       // 시리얼 통신 속도 9,600 bps로 설정

  pinMode(sensorPin, INPUT);                // 2번 핀을 입력 모드로 설정
  pinMode(ledPin, OUTPUT);                  // 13번 핀을 출력 모드로 설정
}

void loop()
{
  // 센서 모듈의 S 핀으로부터 센서값을 읽어 sensorValue 변수에 저장
  int sensorValue = digitalRead(sensorPin);

  if(sensorValue == HIGH)                   // 기울기가 감지되면,
```

```
    {
      Serial.println("Tilted");
      digitalWrite(ledPin, HIGH);                    // LED on
    }
    else                                             // 기울기가 감지되지 않으면,
    {
      Serial.println("Not Tilted");
      digitalWrite(ledPin, LOW);                     // LED off
    }

    delay(1000);
}
```

11.6 마이크 센서 모듈(KY-037)

[그림 11-18] KY-037 마이크 센서 모듈과 핀 정보

KY-037 마이크 센서 모듈은 민감한 정전용량 마이크와 LM393, 3296W-104 전위차계, 증폭기 회로 등으로 구성되어 있으며, 주변 소리를 감지하여 디지털 신호와 아날로그 신호를 출력한다. 모듈의 전압은 3.3 V ~ 5 V를 공급하며, 주파수 응답 범위는 50 Hz ~ 20 kHz이고, 48 dB ~ 66 dB 사이의 감도를 가지고 있다. 아날로그 출력은 수신음의 세기에 따라 값이 변하고, 디지털 출력은 수신음의 세기가 특정 임계값에 도달하면 활성화되며, 감도는 전위차계를 통해 조절할 수 있다.

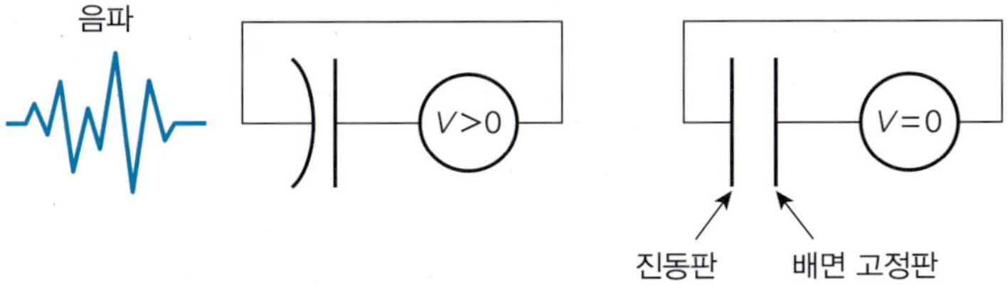

[그림 11-19] 콘덴서 마이크의 기본 원리

마이크 센서 모듈의 콘덴서 마이크는 [그림 11-19]와 같이 진동판이라 하는 다이어프램과 후면의 고정판(back plate)으로 구성되어 있다. 각 전극에는 일정한 용량의 전하가 축적되는데 음파에 의해 진동판이 움직이면 정전용량의 변화가 발생하면서 소리 에너지가 전기 에너지로 변환되는 원리이다.

KY-037 모듈과 KY-038 모듈은 정전용량 마이크의 크기와 약간의 감도 차이 외에는 완벽하게 같은 모듈이므로 설명하지 않았지만 같은 방식으로 사용하면 된다.

마이크 센서 모듈로 박수 소리를 감지하여 LED를 켜고 끄는 예제이다. 특정 소리 감지를 이용하여 보안이나 소리에 반응하는 스위치 등의 애플리케이션 개발 용도로 활용할 수 있다.

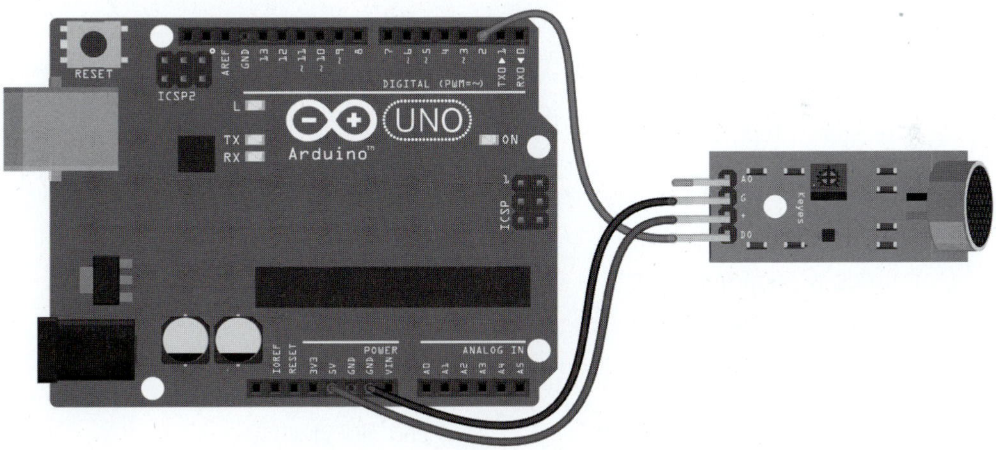

[그림 11-20] 마이크 센서 모듈 연결 회로

```
const int sensorDPin = 2;                    // 센서 DO 핀을 보드의 2번 핀에 연결
const int ledPin = 13;                       // 13번 핀의 빌트인 LED 사용
int ledState;                                // LED 상태 값 저장 변수

void setup()
{
  Serial.begin(9600);                        // 시리얼 통신 속도 9,600 bps로 설정

  pinMode(sensorDPin, INPUT);                // 2번 핀을 입력 모드로 설정
  pinMode(ledPin, OUTPUT);                   // 13번 핀을 출력 모드로 설정
}

void loop()
{
  // 센서 모듈의 DO 핀으로부터 센서값을 읽어 sensorValue 변수에 저장
  int sensorValue = digitalRead(sensorDPin);

  if(sensorValue == HIGH)                    // 박수 소리가 감지되면,
  {
    delay(100);
    if(ledState == HIGH)                     // ledState 변숫값이 HIGH일 때,
    {
      Serial.println("LED OFF");
      ledState = LOW;
    }
    else
    {
      Serial.println("LED ON");
      ledState = HIGH;
    }

    digitalWrite(ledPin, ledState);          // LED 상태 업데이트
  }
}
```

[그림 11-21] 박수 소리를 감지할 때마다 LED 토글 동작

11.7 금속 터치 센서 모듈(KY-036)

[그림 11-22] KY-036 금속 터치 센서 모듈과 핀 정보

KY-036 금속 터치 센서 모듈은 MPSA10(KSP13) NPN 달링턴(darlington) 트랜지스터, LM393, 3296W-104 전위차계 등으로 구성되어 있으며, 아날로그 신호와 디지털 신호를 출력한다. KY-036 모듈에서 전도체를 인식하는 부분으로 사용되는 트랜지스터의 베이스(B) 리드에 손가락으로 터치하면 인체에 존재하는 미세한 전류가 흘러 증폭되는 원리이다.

자기 홀 센서 모듈과 매우 유사한 형태의 모듈이므로 혼동하지 않도록 한다. 금속 터치 센서 모듈은 이미터(E)와 컬렉터(C) 두 개의 리드만 모듈에 납땜되어 있고 가운데 베이스 리드는 외부로 노출되어 있다. 모듈의 전압은 3.3 V ~ 5 V를 공급하며, 가변 저항으로 감도 조절을 할 수 있다.

[그림 11-23] 금속 터치 센서 모듈 연결 회로

금속 터치 센서 모듈이 신체에 접촉하면 버저와 LED로 경고하는 예제이다. 위험한 자동 가공 장치가 동작할 때 인체의 접촉이 있으면 강제로 장치의 동작을 정지시키는 작업에 응용할 수 있으며, 정전용량 터치 센서처럼 터치해서 가전제품을 제어할 수 있는 애플리케이션에 적용할 수 있다.

```
const int sensorPin = 2;              // 센서 DO 핀을 보드의 2번 핀에 연결
const int sensorADCPin = A0;          // 센서 AO 핀을 보드의 A0 핀에 연결
const int buzzerPin = 11;             // 버저 ⊕극을 보드의 11번 핀에 연결
const int ledPin = 13;                // 13번 핀의 빌트인 LED 사용

void setup()
{
  Serial.begin(9600);                 // 시리얼 통신 속도 9,600 bps로 설정
  pinMode(sensorPin, INPUT);          // 2번 핀을 입력 모드로 설정
  pinMode(ledPin, OUTPUT);            // 13번 핀을 출력 모드로 설정
}

void loop()
{
```

```
    // 센서 모듈의 DO, AO 핀으로부터 센서값을 읽어 sensorValue와 sensorADC 변수에 저장
    int sensorValue = digitalRead(sensorPin);
    int sensorADC = analogRead(sensorADCPin);

    Serial.print("Analog value: ");
    Serial.print(sensorADC);
    Serial.print("\t");
    Serial.print("Digital value: ");
    Serial.println(sensorValue);

    if(sensorValue == HIGH)              // 베이스 리드를 만지면,
    {
      digitalWrite(ledPin, HIGH);        // LED on
      tone(buzzerPin, 2000, 500);        // 2,000 Hz의 주파수를 0.5초 출력
    }
    else                                 // 베이스 리드를 만지지 않으면,
    {
      digitalWrite(ledPin, LOW);         // LED off
      noTone(buzzerPin);                 // 버저 off
    }
    delay(200);
}
```

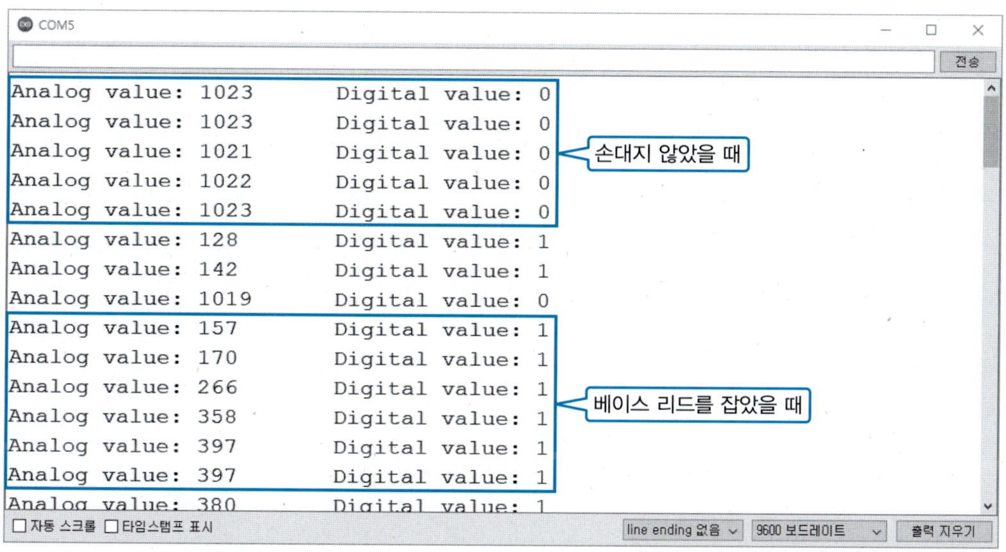

[그림 11-24] 금속 터치 센서를 만질 때와 만지지 않았을 때 출력값

☞ 금속 터치 센서 모듈의 베이스 리드 부분을 짧게 터치만 했을 때 신체 접촉이 있다는 것을 알리는 센서 모듈의 LED가 켜지지만 [그림 11-24]와 같이 아날로그 신호와 디지털 신호 출력은 민감하게 반응하지 않는다. 물론 중국산 센서 모듈의 특성상 센서마다 감도는 다를 수 있고 전위차계를 이용하여 감도를 조절할 수 있다. 특정 접촉에 민감하게 반응하도록 제어하려면 ADC 출력값을 이용하는 것이 유리할 수 있다.

☞ 베이스 리드에 아무런 접촉이 없을 때는 아날로그 출력은 1,023에 가까운 값을 출력하고 디지털 출력은 0이며, 신체 접촉이 발생하면 아날로그 출력은 0에 가까운 값을 출력하고 디지털 출력은 1이다.

11.8 정전식 터치 센서 모듈(TTP223B)

[그림 11-25] TTP223B 정전식 터치 센서 모듈

TTP223B 정전식 터치 센서 모듈은 TTP223 IC를 기반으로 구성되어 있으며, 동작 전압은 2.2 V ~ 5.5 V이고 미사용 시 저전력 상태를 유지한다. 터치를 감지하는 패드 부분에 손가락을 갖다 대면 HIGH를 출력하고 12초 동안 터치가 없으면 다시 저전력 상태로 전환한다.

TTP223B 정전식 터치 센서 모듈은 일반적인 기계식 스위치를 대체할 수 있고 [그림 11-25] 외에도 다양한 유형이 있지만, 사용방법은 대부분 유사하다. 터치 센서를 누를 때마다 빌트인 LED를 켜고 끄는 토글 동작을 만드는 간단한 예제이다.

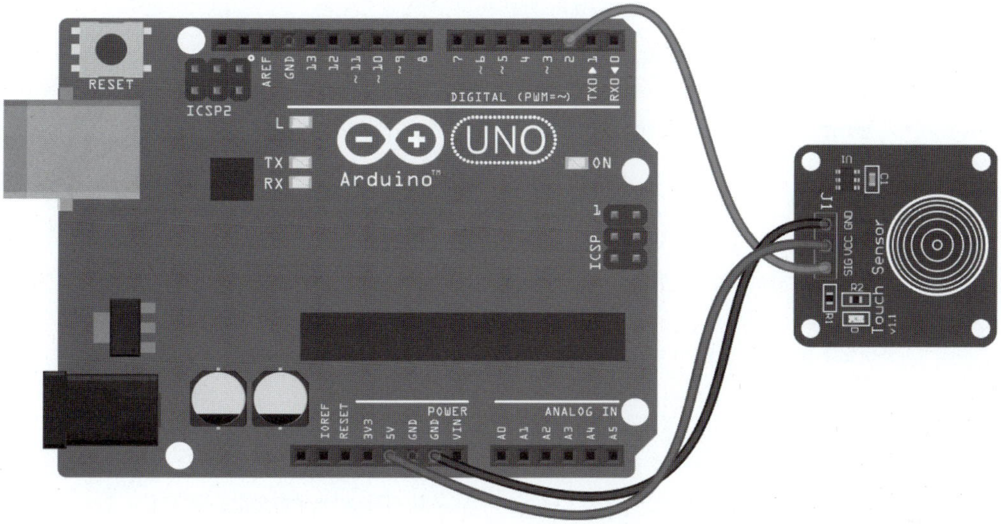

[그림 11-26] TTP223B 정전식 터치 센서 모듈 연결 회로

```
const int touchSensorPin = 2;                    // 센서 SIG 핀을 보드의 2번 핀에 연결
const int ledPin = 13;                           // 13번 핀의 빌트인 LED 사용
boolean currentState = LOW;                      // 터치 센서의 현재 상태 변수 초기화
boolean lastState = LOW;                         // 터치 센서의 마지막 상태 변수 초기화
boolean ledState = LOW;                          // LED 상태 변수 초기화

void setup()
{
  Serial.begin(9600);                            // 시리얼 통신 속도 9,600 bps로 설정
  pinMode(touchSensorPin, INPUT);                // 2번 핀을 입력 모드로 설정
  pinMode(ledPin, OUTPUT);                       // 13번 핀을 출력 모드로 설정
}

void loop()
{
  currentState = digitalRead(touchSensor);       // 터치 센서값을 읽어 변수에 저장
  // 터치 센서의 현재 상태 변수가 HIGH와 같고, 터치 센서의 마지막 상태 변수가 LOW이면,
  if(currentState == HIGH && lastState == LOW)
  {
    delay(5);
    if(ledState == HIGH)                         // LED 상태 변수가 HIGH일 때,
```

```
    {
        digitalWrite(ledPin, LOW);              // LED off
        ledState = LOW;                         // LED 상태 변수에 LOW 저장
        Serial.println("Turn LED off");         // 시리얼 모니터 창에 문자열 출력
    }
    else                                        // LED 상태 변수가 LOW일 때,
    {
        digitalWrite(ledPin, HIGH);             // LED on
        ledState = HIGH;                        // LED 상태 변수에 HIGH 저장
        Serial.println("Turn LED on");          // 시리얼 모니터 창에 문자열 출력
    }
  }
  lastState = currentState;                     // 터치 센서의 현재 상태 값을
}                                               // 마지막 상태의 변숫값으로 저장
```

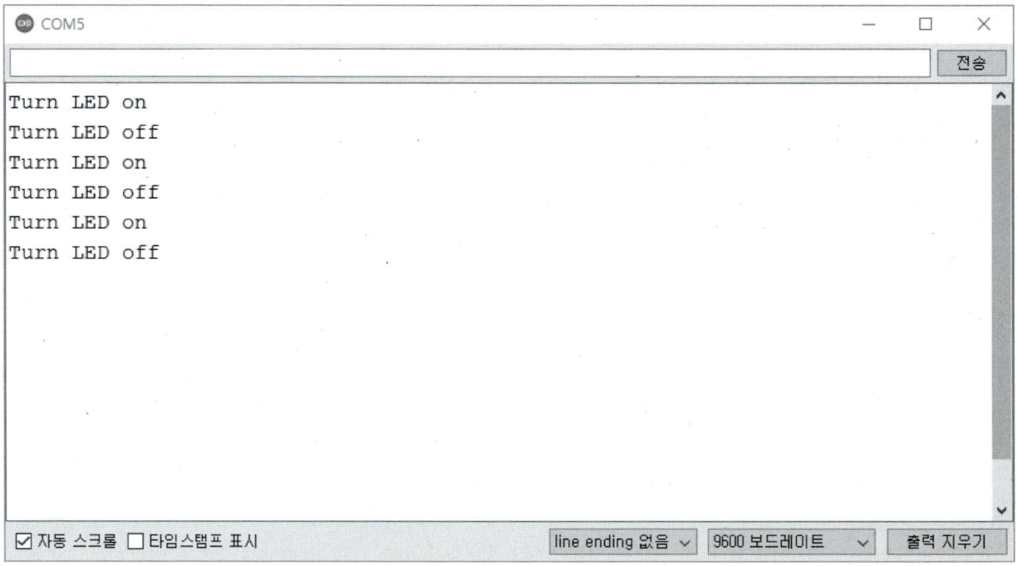

[그림 11-27] 시리얼 모니터 출력과 같은 빌트인 LED 동작 확인

☞ 터치 센서 모듈에 전원이 공급되면 약 0.5초 정도의 안정 시간이 필요하다. 최초 프로그램이 시작되면 currentState, lastState, ledState 변수 모두 LOW에서 시작된다. 터치 센서를 만지면 현재 상태는 HIGH가 되었다가 떼면 LOW가 된다. 터치 센서를 만질 때마다 LED 상태 변수의 HIGH, LOW에 따라 LED를 켜고 끄는 방식이다.

11.9 4×4 정전식 터치 키패드 모듈(TTP229)

TTP229는 터치 키패드 제어를 위한 정전용량 감지 칩으로 터치 센서용 레귤레이터가 내장되어 있어 다양한 조건에서 안정적인 감지가 가능하다. 단일 및 다중 키 옵션을 지원하고 8개 또는 16개의 터치 버튼을 처리할 수 있다. 단일키 옵션은 터치 버튼을 여러 번 또는 빠르게 눌러도 같은 값이 출력되고 멀티키 옵션은 터치 버튼을 빠르게 여러 번 누르면 다른 값이 출력된다. 터치 모듈에 8개의 터치 버튼 입력을 처리하는 출력이 있으며, SCL과 SDO의 두 개 핀으로 8개 또는 16개의 터치 버튼 동작을 처리할 수 있다.

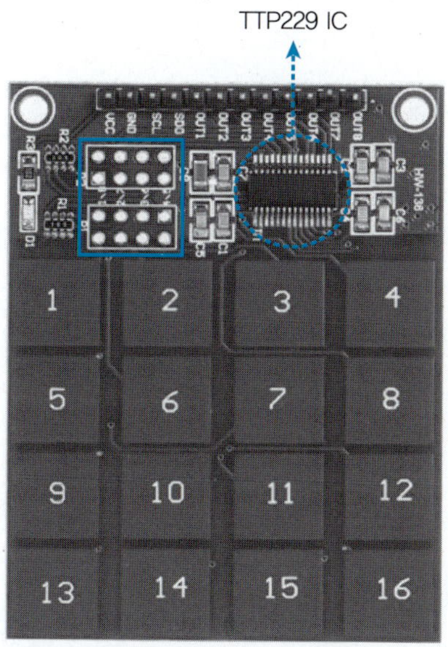

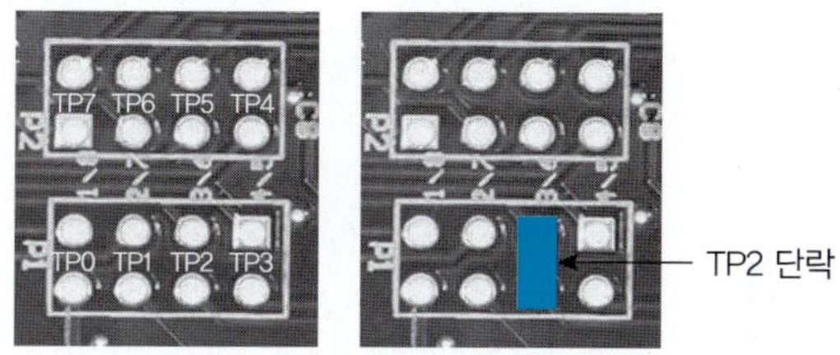

핀	설명
VCC	전원 공급(2.4 V ~ 5 V)
GND	그라운드
SCL	직렬 클록 입력
SDO	직렬 데이터 출력
OUT1 ~ OUT8	1 ~ 8 신호 출력

[그림 11-28] 4×4 정전식 터치 키패드 모듈의 옵션 설정과 핀 정보

TTP229 정전식 터치 키패드 모듈과 유사한 모듈로 TTP226 4×2 정전식 터치 키패드 모듈과 TTP224 4×1 정전식 터치 키패드 모듈이 있다. 터치 모듈은 2.4 V ~ 5.5 V의 전압이 필요하며, 부하 없이 동작 전류가 20 μA에 불과하고 출력 포트 싱크 전류가 8 mA(3 V일 때)에 불과하므로 모든 마이크로컨트롤러의 디지털 입·출력 핀과 직접 연결할 수 있다.

전원이 켜진 후 터치 모듈은 0.5초의 안정적인 시간이 필요하며, 최대 사용 대기 시간은 80초 정도이다. 8 Hz 샘플링과 64 Hz의 두 가지 샘플링 속도를 사용할 수 있고, 필요할 경우 외부에서 1 pF ~ 50 pF의 커패시턴스로 감도를 조정할 수 있으며, 최대 4초가 소요되는 자동 재보정 기능을 사용할 수 있다. 터치 모듈의 TP0 ~ TP7을 VSS 시스템 접지 또는 PCB 접지에 연결하거나 연결하지 않음으로써 다양한 옵션을 활성화할 수 있는데 VSS에 연결하는 방법은 해당 옵션 핀을 납땜 등을 통해서 단락시키는 것이다. 〈표 11-2〉는 TTP229 IC의 옵션을 변경하는 일부 방법을 보여준다. 더 상세한 정보는 데이터시트를 참고하도록 한다.

〈표 11-2〉 TTP229 옵션 설정

<table>
<tr><th>옵션 핀</th><th colspan="2">옵션 상태</th><th>특징</th><th>비고</th></tr>
<tr><td rowspan="2">TP2</td><td colspan="2">1</td><td>8개 입력키 모드</td><td>기본값</td></tr>
<tr><td colspan="2">0</td><td>16개 입력키 모드</td><td>단락</td></tr>
<tr><td rowspan="3">TP3
TP4</td><td>TP3</td><td>TP4</td><td rowspan="2">16개 입력키 모두 단일 키 모드</td><td rowspan="2">기본값</td></tr>
<tr><td>1</td><td>1</td></tr>
<tr><td>0</td><td>0</td><td>16개 입력키 모두 멀티 키 모드</td><td>단락</td></tr>
</table>

다음은 4×4 정전식 터치 키패드 모듈을 이용하여 16개의 터치 버튼 입력을 받아 보는 예제이다. 4×4 정전식 터치 키패드 모듈은 기본적으로 8개 입력키 모드로 되어 있으므로 [그림 11-28]과 같이 TP2를 단락시켜 16개 입력키 모드로 변경하도록 한다. TTP229 라이브러리가 있으며, 필요할 경우 라이브러리를 설치하고 제공되는 기본 예제를 이용하는 것도 괜찮다.

[그림 11-29] 4×4 정전식 터치 키패드 모듈 연결 회로

```
const int sclPin = 10;                    // TTP229의 SCL핀을 보드의 10번 핀에 연결
const int sdoPin = 11;                    // TTP229의 SDO핀을 보드의 11번 핀에 연결

void setup()
{
  Serial.begin(9600);                     // 시리얼 통신 속도 9,600 bps로 설정
  pinMode(sclPin, OUTPUT);                // 10번 핀을 출력 모드로 설정
  pinMode(sdoPin, INPUT);                 // 11번 핀을 입력 모드로 설정
}

void loop()
{
  int key = ReadKeypad();                 // ReadKeypad 함수를 호출하여 눌린 키값 저장

  if(key != 0)                            // 0이 아닌 값이면,
  {
    Serial.print("Pressed Key Number: ");
    Serial.println(key);                  // 눌린 터치 버튼 번호 출력
  }

  delay(500);
}

byte ReadKeypad(void)
{
  byte pressedKey = 0;                    // 눌린 키값을 저장하는 변수 초기화

  for(int cnt = 1; cnt <= 16; cnt++)      // 16번의 클록 신호를 발생
  {
    digitalWrite(sclPin, LOW);            // LOW로 클록 신호 시작

    if(digitalRead(sdoPin) == LOW)        // SDO 핀의 디지털 값을 읽어서 LOW이면,
    {                                     // cnt번 째의 해당 터치 버튼을 누른 것
      pressedKey = cnt;                   // pressedKey 변수에 해당 키값을 저장
    }

    digitalWrite(sclPin, HIGH);           // 한 주기 클록 신호 끝
  }
```

```
    return pressedKey;                    // 눌린 터치 버튼의 번호 반환
}
```

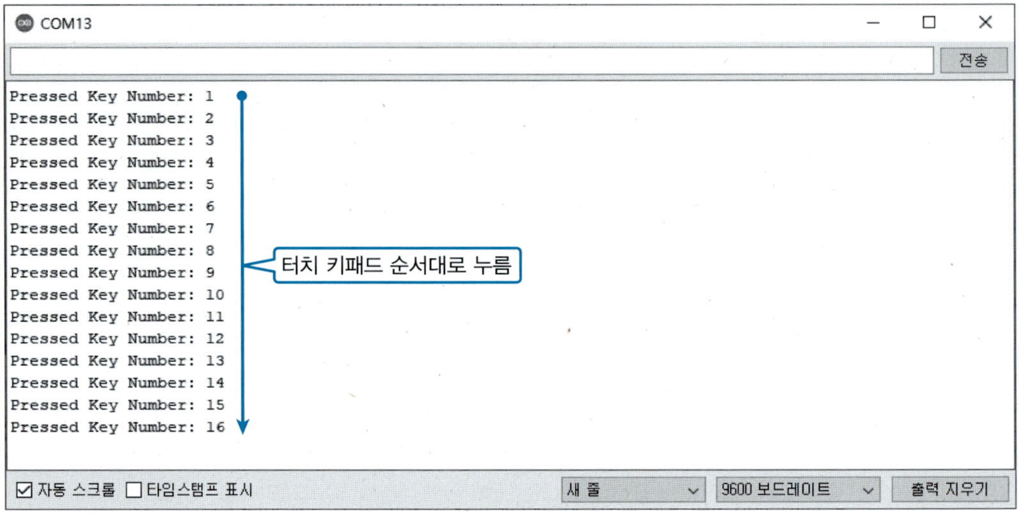

[그림 11-30] 터치 키패드 동작

☞ 16개의 터치 버튼 입력마다 다양한 제어 동작을 만들 수 있다. 어떤 터치 버튼이 눌러졌는지를 확인하여 그 키값이 들어오면 어떤 동작을 하겠다는 것을 추가하면 되므로 터치 버튼 입력에 다양한 제어 동작을 만들어 보기 바란다.

CHAPTER 12

IoT 온 · 습도 모니터링 시스템 프로젝트

contents

12 IoT 온 · 습도 모니터링 시스템 프로젝트

12.1 프로젝트 개요

어떤 프로젝트를 완성할 것인지를 먼저 보여주고 각 부분을 나눠서 설명한 뒤에 최종 프로젝트 동작을 완성할 수 있도록 설명한다. 최종 프로젝트는 [그림 12-1]과 같은 구성으로 온도와 습도 정보를 실시간으로 모니터링하는 시스템이며, 온·습도 데이터 수집 및 전송 부분, 데이터 관리 서버 부분, 온·습도 모니터링 및 관리 부분으로 나눠 설명하고 각 부분에서 필수적인 내용은 간단한 실습으로 익힐 수 있도록 하였다.

12.1.1 온 · 습도 데이터 수집 및 전송

온·습도 데이터 수집 및 전송 부분은 아두이노 우노에서 설정된 측정 주기마다 DHT11 온·습도 센서 모듈로 주변 환경에 대한 데이터를 측정하여 C-LCD 모듈에 온·습도 값을 표시한다. 만약 측정값이 임의로 설정한 제한 값 범위를 넘기면 버저와 LED를 동작시켜 사용자에게 온·습도 값이 제한 값을 넘겼다는 경고를 한다. 그리고 웹 브라우저에서 요청된 데이터 측정 주기와 온·습도 설정값을 서버 역할을 하는 ESP32 보드로부터 받아 아두이노 보드의 EEPROM에 저장하여 사용자가 제한한 설정에 맞게 동작하도록 한다.

12.1.2 데이터 관리 서버

ESP32 개발 보드가 데이터 관리 서버 역할을 하는 부분으로 아두이노 보드로부터 받은 온·습도 데이터를 SQLite나 Firebase와 같은 데이터베이스에 저장하고, 무선 공유기에 연결하여 웹 브라우저를 통해 사용자가 원하는 데이터를 전송하거나 아두이노 보드로 설정 명령 등을 전달한다. 데이터베이스는 SQLite나 Firebase 두 가지 방법을 모두 사용할 수 있도록 관련된 기본적인 실습과 최종 프로젝트에 적용할 수 있는 모든 파일을 제공하지만, 두 가지 데이터베

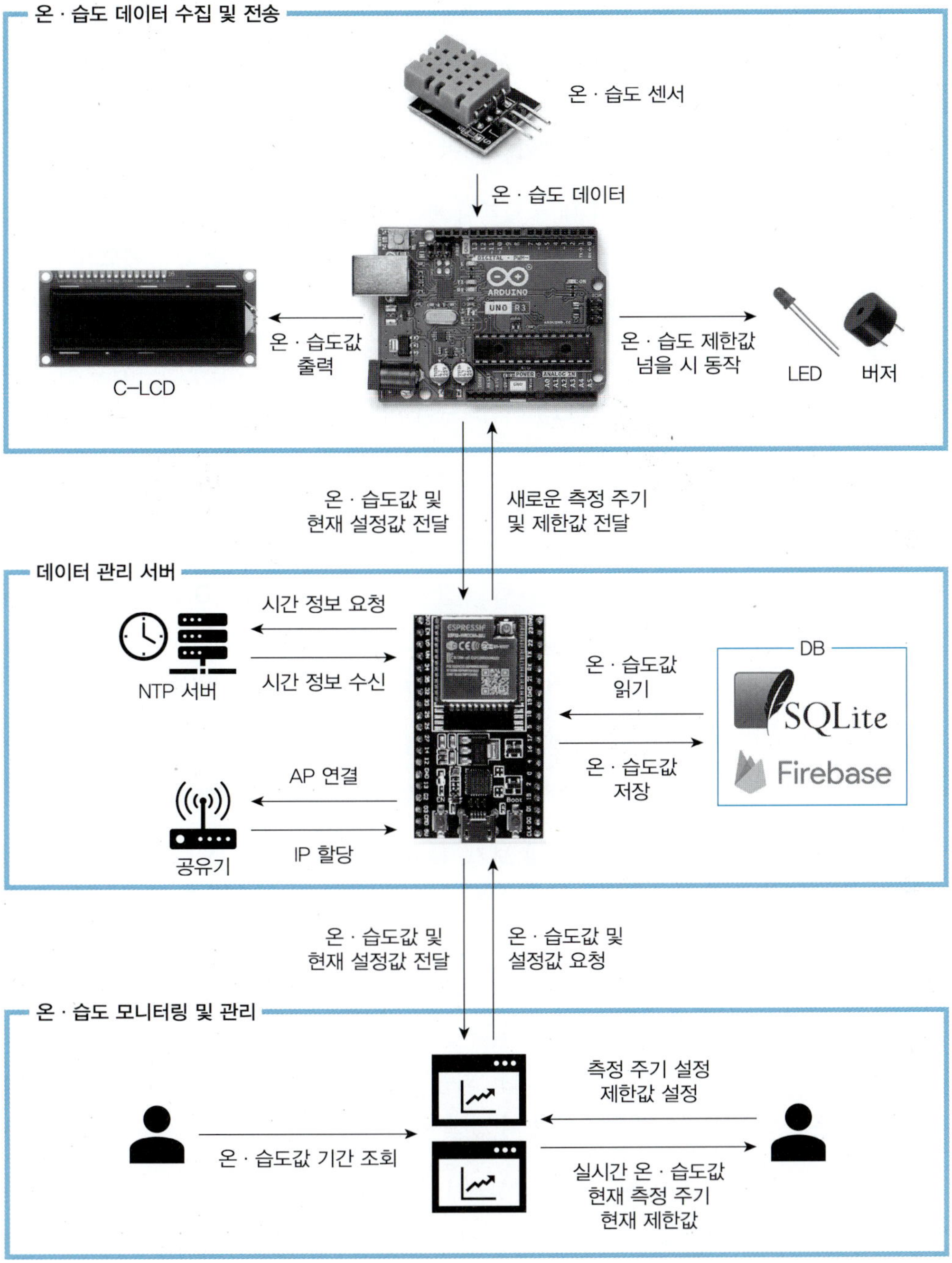

[그림 12-1] IoT 온 · 습도 모니터링 시스템 구조도

이스 중에 사용하기 쉬운 것을 선택하면 된다. SQLite는 서버가 아닌 클라이언트 응용 프로그램에 넣어 사용하는 가벼운 데이터베이스로 ESP32 보드의 내부 플래시 메모리 공간을 사용하여 데이터를 저장할 수 있고, Firebase는 모바일 및 웹 애플리케이션 개발을 위한 구글의 모바일 플랫폼으로 클라우드 데이터베이스 서비스 형태로 데이터를 관리할 수 있다.

SQLite를 사용하면 ESP32 보드의 내부 플래시 메모리에 데이터를 저장하는 것이기에 데이터를 지속해서 저장해야 하는 프로젝트에서 저장 용량에 대한 제한과 플래시 메모리의 쓰기 동작에 따른 메모리 수명 제한이 따른다.

서버에서 처리되는 데이터를 저장할 때 정확한 시간 정보로 저장하기 위해 네트워크 타임 프로토콜(Network Time Protocol, NTP) 서버로부터 시간 정보를 받아오도록 한다.

12.1.3 온 · 습도 모니터링 및 관리

사용자가 웹 브라우저를 통해 ESP32 데이터 관리 서버에 접속하여 실시간 온·습도 값을 모니터링하거나 이전에 저장된 특정 기간의 온·습도 값을 조회한다. 그리고 DHT11 센서 모듈의 온·습도 데이터 측정 주기와 온·습도 제한 값을 설정할 수 있다. 웹 브라우저를 통해 전달된 데이터 측정 주기와 온·습도 설정값은 최종적으로 아두이노 보드의 EEPROM에 저장된다.

웹 페이지에서 필요한 기능들을 구현하기 위해 HTML, Javascript, CSS 등에 대한 기본 개념을 알아야 하며, Javascript 라이브러리 JQuery와 CSS 라이브러리 Bootstrap이 포함된다.

최종 프로젝트 구현에 필요한 ESP32 개발 보드, SQLite와 Firebase, NTP 서버와 웹 페이지 구현 등의 기술적인 요소들을 간단한 실습으로 기본적인 내용을 이해한 뒤 최종 프로젝트를 스스로 구현해 보도록 하여 IoT 응용 시스템을 계획하고 만들 때 개발자가 어떤 부분들을 알아야 하고 접근해야 하는지 알려 주고자 하였다. 실제 산업현장 또는 생활 속에서 특정 센서를 포함하고 응용해야 완성되는 시스템이 대부분이기 때문에 프로젝트를 따라 하면서 이해하고 스스로 응용하는 것이 중요하다. 그리고 최종 프로젝트의 기술적인 한계점과 수정해야 하는 부분들은 스스로 보완하고 학습하여 더 발전시켜 나가길 바란다.

최종 프로젝트 구현에 관한 내용은 미리 작성되어 제공되는 소스 코드 중 반드시 알아야 하는 부분을 해석해 주는 방식으로 설명하며, 각 부분에서 언급하는 기본적인 요소에 관한 내용은 반드시 잘 이해하도록 한다. 최종 프로젝트를 진행하기 전에 다음 [그림 12-2]의 깃허브 링크에서 전체 파일을 내려받는다.

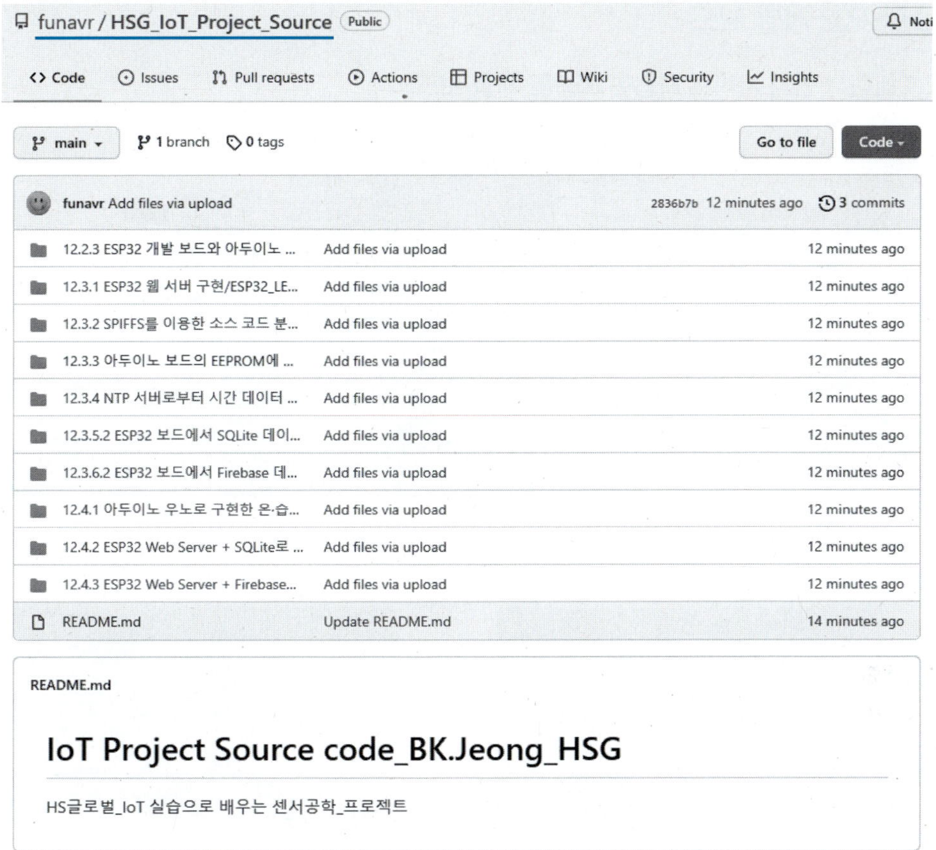

[그림 12-2] 깃허브에 공유된 최종 프로젝트 파일

- 최종 프로젝트 파일 공유: https://github.com/funavr/HSG_IoT_Project_Source

최종 프로젝트에 사용되는 모든 소스 코드를 직접 작성할 수 있으면 가장 좋다. 하지만 시간과 노력이 필요하므로 먼저 제공되는 소스 코드 내용을 어느 정도 이해하고 원하는 부분을 수정하고 보완할 수 있는 정도면 된다.

12.2 ESP32 개발 보드

12.2.1 데이터 관리 서버로 사용한 ESP32 개발 보드

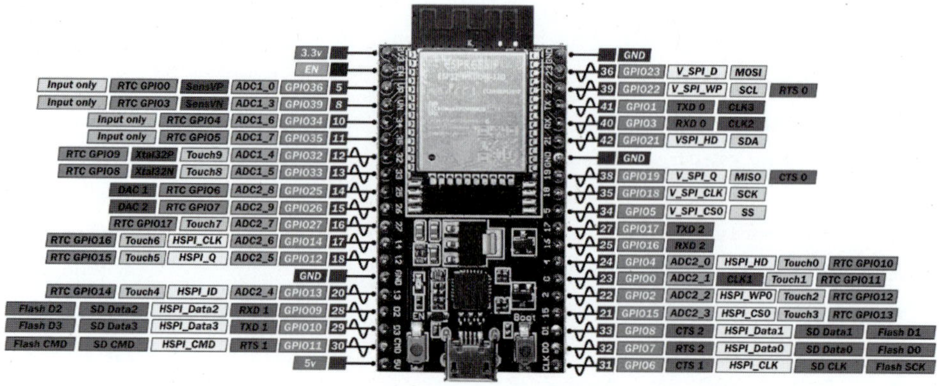

(a) ESP32 - DevKitC-V4 핀아웃

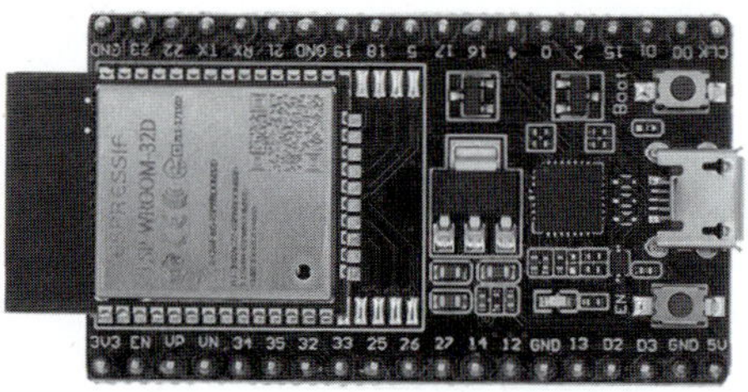

(b) ESP32-WROOM-32D

(c) ESP32-WROOM-32U

[그림 12-3] 두 가지 ESP32 개발 보드와 핀아웃

프로젝트에서 데이터 관리 서버 용도로 사용하는 Espressif Systems 사의 Xtensa 듀얼코어 32bit LX6 마이크로프로세서가 장착된 ESP32-DevKitC-V4는 [그림 12-3]의 (b)와 (c) 같이 안테나 형태에 따라 ESP32-WROOM-32D 보드와 ESP32-WROOM-32U 보드 유형이 있으며, 또 다른 형태의 개발 보드도 여러 종류가 있다. ESP32 보드를 단독으로 사용하여 IoT 시스템 개발이 가능하며, 개발에 필요한 기능이 다양하게 포함되어 있어 쉽게 응용 시스템 구현이 가능하도록 만들어졌다. ESP32-WROOM-32 보드는 보안 및 전원 관리 지원, 520 KiB SRAM, BLE v4.2, 12bit ADC, 2 × 8bit DAC, 10 × 터치 센서, 4 × SPI, 2 × I^2C, 2 × I^2S, 3 × UART(시리얼 통신), 이더넷, CAN 버스 2.0 등을 지원한다.

안테나 유형 차이 외에는 같으므로 두 개 중 한 개를 준비하면 되며, 본 프로젝트에서는

ESP32-WROOM-32U 개발 보드를 사용한다. 보드의 와이파이 기능을 사용할 때 최대 160 mA ~ 260 mA의 전류를 더 소모하므로 PC의 USB 전원으로 연결하여 사용할 때는 전원 부족으로 리셋을 반복할 수 있어 서버로 동작시킬 때에는 ESP32 용 외부 전원을 연결하여 사용하는 것을 권장한다. ESP32 개발 보드에 전원을 공급하는 방법은 세 가지가 있는데 첫 번째는 USB 포트를 통하는 방법이며, 레귤레이터(regulator)를 통해 전압이 조정된다. 두 번째는 ESP32 개발 보드의 5 V 핀에 5 V ~ 12 V 사이의 전원을 공급하는 것이다. 마지막으로는 3.3 V 핀에 3.3 V 전원을 공급하는 것인데 이 방법으로 전원을 공급할 때는 과전압으로부터 모듈을 보호할 수 없으므로 정확히 3.3 V의 전원을 공급해야 한다. 만약 잘못된 전압을 3.3 V 핀으로 공급하면 보드가 파손될 수 있으므로 주의한다. 추가하여 ESP32 개발 보드를 사용할 때 전원 공급 외에도 코드 업로드와 시리얼 통신 모니터링을 위해서 USB를 연결해놓게 되는데 이때 3.3 V 핀과 5 V 전원 핀에 전원을 추가로 연결하면 ESP32 개발 보드가 파손될 수 있으므로 주의한다.

12.2.2 ESP32 보드 개발환경 구축

일반적으로 아두이노 우노 보드를 사용하고 아두이노 IDE에서 아두이노 우노 보드로 기본 설정되어 있어 관심을 두지 않는 경우가 많지만, 연결된 개발 보드를 자동으로 인식하지 않거나 여러 가지 보드를 번갈아 사용할 때, 아두이노 IDE에서 기본적으로 지원되지 않는 보드를 사용할 때 등 아두이노 IDE에서 현재 사용하는 보드를 별도로 설정해 줘야 할 때가 있다.

아두이노 IDE의 [툴]-[보드] 목록에서 기본적으로 제공되는 보드를 선택만으로도 보드 변경을 쉽게 할 수 있지만, 목록에 없을 때 아두이노 IDE에서 [툴]-[보드]-[보드 매니저...] 메뉴에서 검색으로 추가한 뒤 선택하면 된다. ESP32 개발 보드와 같이 보드 매니저에서 검색되지 않는 그 외의 보드는 아두이노 IDE의 보드 매니저 URLs 기능으로 추가할 수 있다.

① 아두이노 IDE를 실행한 후 [파일]-[환경설정]-[추가적인 보드 매니저 URLs]에서 개발 보드 제조사가 제공하는 URL을 추가한다. 만약 복수로 추가해야 하는 경우 콤마로 각 URL을 구분한다. [그림 12-4]와 같이 아래의 링크를 추가한다.

• https://dl.espressif.com/dl/package_esp32_index.json

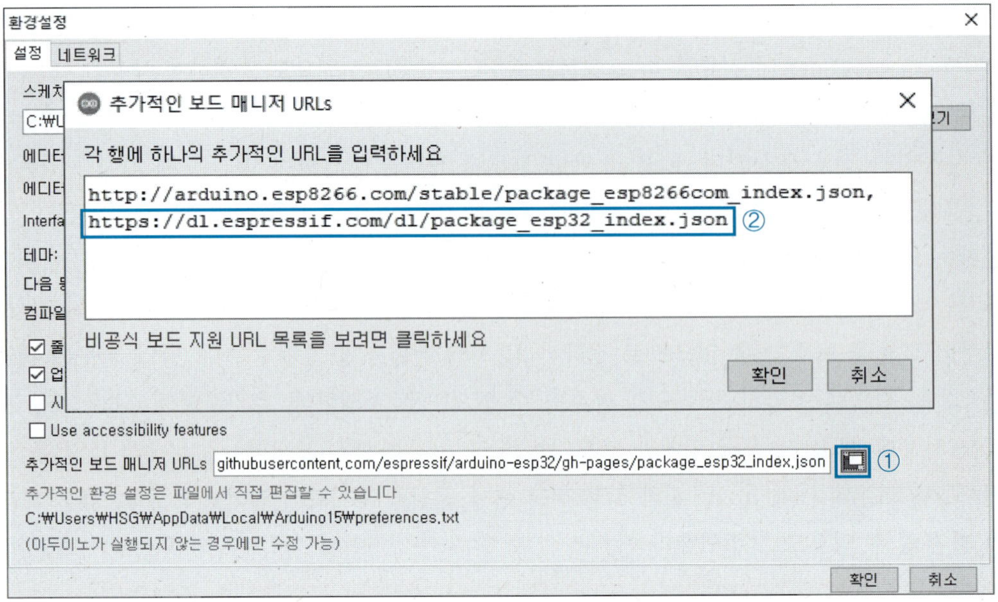

[그림 12-4] 추가적인 보드 매니저 URLs에서 제조사가 제공하는 URL 추가

② [툴]–[보드]–[보드 매니저...]에서 'esp32'를 검색한 뒤 ESP32 보드 패키지를 설치한다.

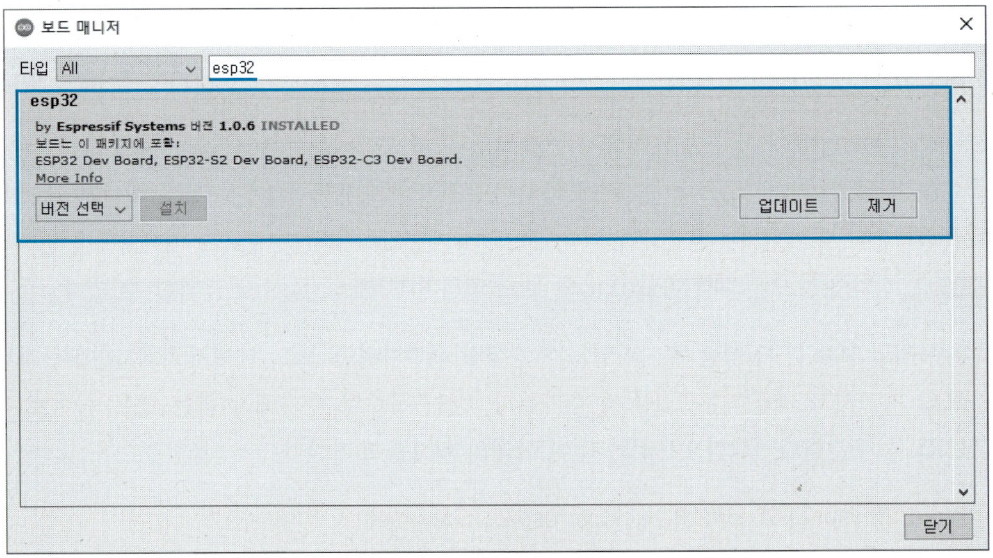

[그림 12-5] 보드 매니저에서 ESP32 보드 패키지 설치

③ ESP32 보드 패키지 다운이 완료되면 아두이노 IDE를 재시작한 후 [그림 12-6]과 같이 [툴]-[보드]에서 추가된 'ESP Dev Module'을 선택하여 보드를 변경한다. 이때 포트도 마찬가지로 ESP32 보드의 COMx 포트인지도 확인해야 한다.

특정 개발 보드가 USB를 통해 PC와 연결되면 장치 관리자의 포트(COM & LPT)에서 각 장치와 연결된 COMx 포트를 확인할 수 있다. 이때 장치의 COMx 포트가 확인되지 않으면 장치 드라이버 설치가 안 된 것이니 이 경우 웹에서 정보를 찾아 해결하도록 한다.

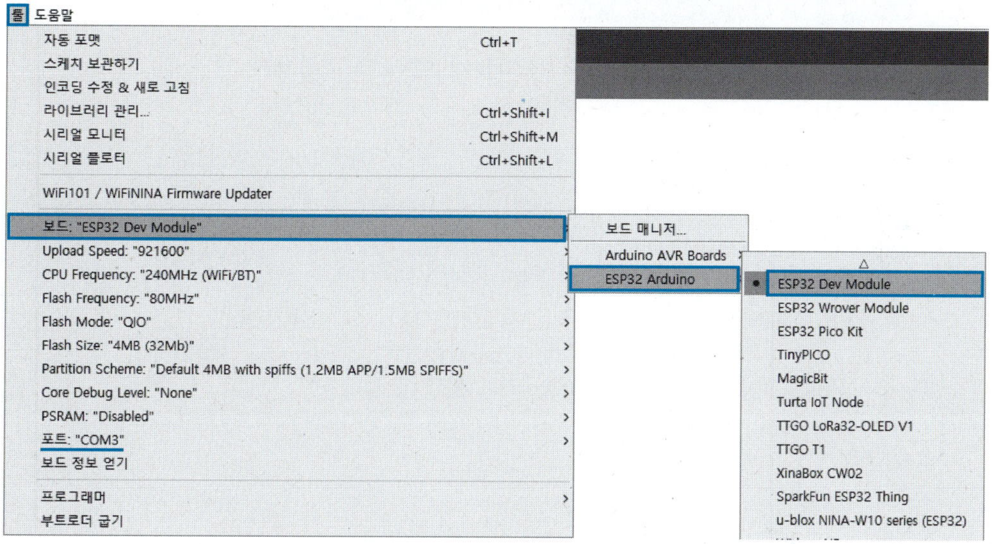

[그림 12-6] ESP32 개발 보드 선택

④ 와이파이 연결까지 확인하기 위해서 아두이노 보드에서 사용했던 것처럼 기본 예제를 업로드하여 와이파이 연결까지 확인한다.

[파일]-[예제]-[WiFi]에서 WiFiScan 예제를 실행하고 업로드한다. 업로드를 완료한 뒤 시리얼 모니터 창을 실행하면 [그림 12-8]과 같이 ESP32 보드가 실습 환경 주변에서 검색되는 무선 공유기를 찾아 목록 형태로 보여준다.

개선된 ESP32 개발 보드는 아두이노 보드처럼 업로드 명령만으로 소스 코드를 컴파일하고 업로드까지 진행하는데 업로드 시 에러가 발생하는 경우가 종종 있다. 업로드 시 에러가 발생하면 컴파일된 파일을 업로드할 때 ESP32 보드의 Boot 버튼을 타이밍에 맞춰 한 번 눌러 주거나 업로드가 완료될 때까지 누르고 있어야 한다. 소스 코드 업로드 완료 후에는 EN(RST) 버튼을 눌러 보드 리셋을 해줘야 한다.

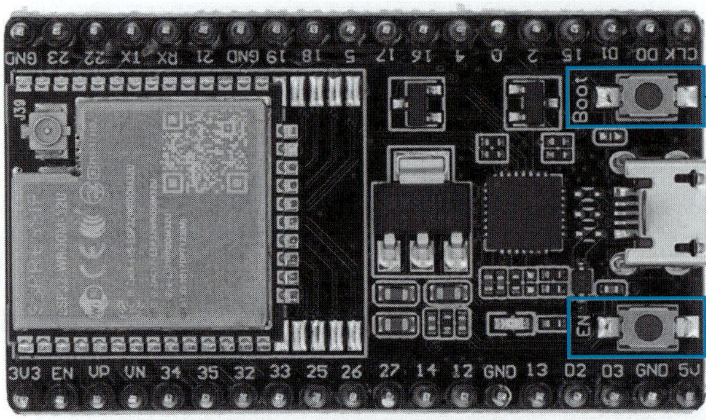

[그림 12-7] ESP32 보드의 Boot 버튼과 EN(RST) 버튼

```
#include "WiFi.h"

void setup()
{
   Serial.begin(115200);              // 시리얼 통신 115,200 bps로 설정(기본값)

   WiFi.mode(WIFI_STA);               // station 모드 설정(기본값)
   WiFi.disconnect();
   delay(100);

   Serial.println("Setup done");
}

void loop()
{
   Serial.println("scan start");

   // WiFi.scanNetworks 함수로 발견된 무선 공유기 수를 n 변수에 저장
   int n = WiFi.scanNetworks();
   Serial.println("scan done");

   if(n == 0)
   {
      Serial.println("no networks found");
   }
   else
   {
      Serial.print(n);
```

```
        Serial.println(" networks found");

        for (int i = 0; i < n; ++i)
        {
            // 스캔된 무선 공유기의 SSID와 RSSI 출력
            Serial.print(i + 1);
            Serial.print(": ");
            Serial.print(WiFi.SSID(i));
            Serial.print(" (");
            Serial.print(WiFi.RSSI(i));
            Serial.print(")");
            Serial.println((WiFi.encryptionType(i) == WIFI_AUTH_OPEN) ? " " : "*");
            delay(10);
        }
    }
    Serial.println("");
    delay(5000);
}
```

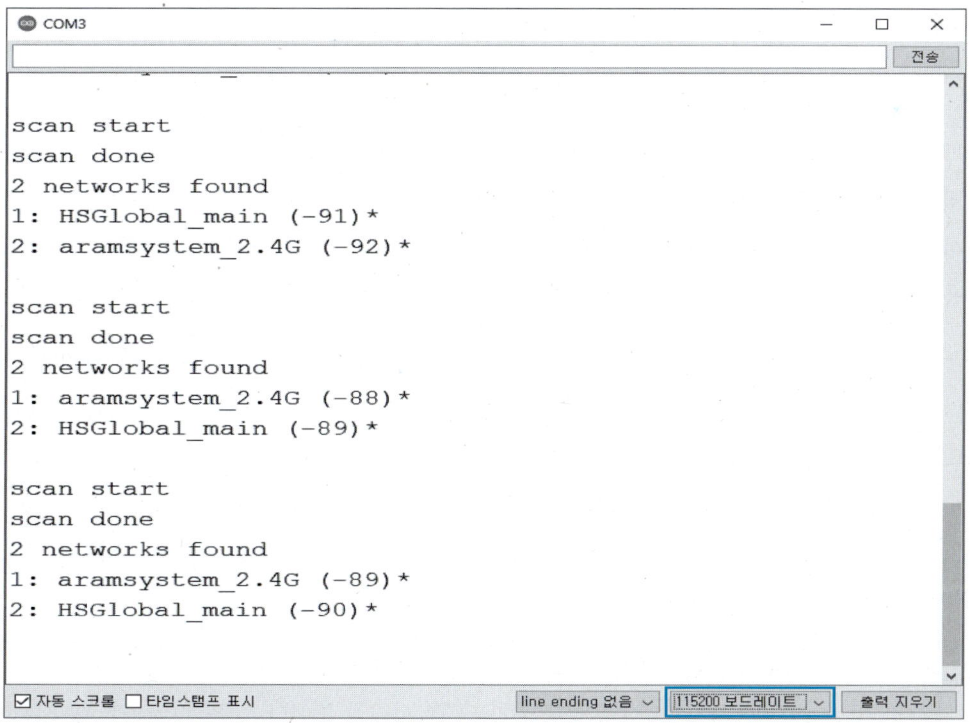

[그림 12-8] 주변의 무선 공유기 검색 결과

☞ ESP32 보드에 소스 코드를 업로드할 때 아두이노 보드가 연결된 USB 포트와 ESP32 보드가 연결된 USB 포트가 다르므로 두 개의 아두이노 IDE 창을 열어서 각각 보드와 포트 설정을 확인해야 한다.

☞ ESP32 보드는 시리얼 통신 속도가 기본 115,200 bps로 설정되어 있다. 당연히 상대 장치인 PC와 통신할 때는 통신 속도를 반드시 맞춰야 한다. WiFiScan 예제 코드에서 통신 속도를 맞추든지 [그림 12-8]의 하단처럼 시리얼 통신 대상 장치인 PC 쪽에서 통신 속도를 맞추어야 한다.

12.2.3 ESP32 개발 보드와 아두이노 보드 간 시리얼 통신

아두이노 보드에서 수집한 온·습도 데이터는 시리얼 통신을 통해 ESP32 보드로 전달되고, 웹 페이지에서 전달되는 설정 명령들도 시리얼 통신을 통해서 아두이노 보드로 전달된다.

아두이노 보드의 전송(Tx)과 ESP32 보드의 수신(Rx) 간 시리얼 통신 시 두 보드의 전압이 5 V와 3.3 V로 다르므로 전압 레벨을 맞추는 것이 필요하고, [그림 12-9]와 같이 1 kΩ : 2 kΩ 또는 10 kΩ : 20 kΩ과 같이 비율이 1 : 2인 전압 분배 회로를 추가한다. 반대로 아두이노 보드의 수신(Rx)과 ESP32 보드의 전송(Tx) 간에는 단락 전류를 제한하기 위해 수 Ω 저항기를 연결할 수 있으나 프로젝트 회로에는 반영하지 않았다.

ESP32 보드는 세 개의 UART 통신 채널(UART0, UART1, UART2)이 있다. UART0는 코드 업로드와 디버그 포트 용도로 중첩 사용되고, UART1은 내부 플래시 메모리 연결에 할당되어 있다. 물론 하드웨어 시리얼 라이브러리를 사용하여 핀을 변경할 수 있지만, 프로젝트에서는 시리얼 통신 채널 하나만 사용하면 되므로 UART2의 GPIO17(Tx), GPIO16(Rx)을 사용한다.

아두이노 우노 보드는 하드웨어 시리얼 통신 채널이 한 개이며, 코드 업로드 시 하드웨어 시리얼 핀이 사용되므로 충돌과 관련된 에러를 처음부터 회피하기 위해서 소프트웨어 시리얼 라이브러리를 사용하였고, 프로젝트에서는 8번, 9번 핀을 할당하여 사용한다. 따라서 [그림 12-9]와 같이 EPS32 보드의 UART2 GPIO17(Tx), GPIO16(Rx) 두 개 핀을 아두이노 우노 보드의 8번(Rx), 9번(Tx) 핀과 연결하고, 아두이노 보드의 9번(Tx) 핀과 ESP32 보드의 GPIO16(Rx) 핀 사이에 1:2 비율의 저항기를 연결해 준다.

두 보드 간의 시리얼 통신을 채팅 형태로 구현해 보는 예제로 아두이노 보드와 ESP32 보드에 각각의 소스 코드를 컴파일한 뒤 업로드하고, 각 시리얼 모니터 창을 띄워놓고 송·수신이 정상적으로 되는지 확인한다.

UNO 보드	ESP32 보드
GND	GND
9(4.7 kΩ : 10 kΩ)	16
8	17

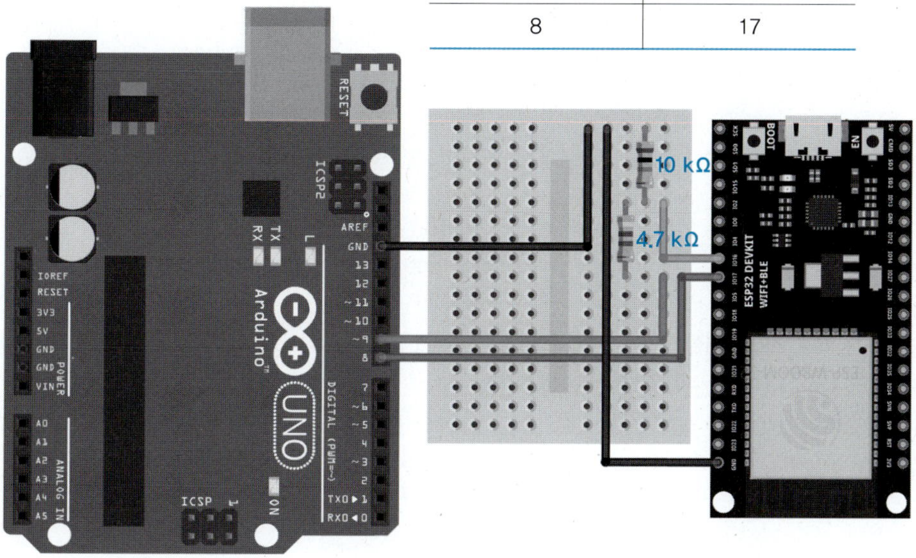

[그림 12-9] 아두이노 우노 보드와 ESP32 보드 간 시리얼 통신 회로 연결

```
// 아두이노 보드에 업로드해야 하는 코드

#include <SoftwareSerial.h>                // 소프트웨어 시리얼 라이브러리 사용

#define RX   8                             // Rx 8번 핀
#define TX   9                             // Tx 9번 핀

SoftwareSerial serialToEsp32(RX, TX);      // 소프트웨어 시리얼 객체 생성

void setup()
{
  Serial.begin(9600);                      // 아두이노 보드와 PC 간 통신 속도 설정
  serialToEsp32.begin(9600);               // 아두이노와 ESP32 보드 간 통신 속도 설정

  Serial.println("Start serial communication with ESP32\n");
}
```

```
void loop()
{
  if(serialToEsp32.available())           // ESP32 보드로부터 데이터가 수신되면,
  {
    // 시리얼 버퍼에 저장된 '\n'까지의 문자열을 Rxdata 변수에 저장
    String Rxdata = serialToEsp32.readStringUntil('\n');
    Serial.print("ESP32: ");
    Serial.println(Rxdata);               // ESP32 보드에서 보낸 문자열 출력
  }

  if(Serial.available())                  // PC로부터 데이터가 수신되면,
  {
    // 시리얼 버퍼에 저장된 '\n'까지의 문자열을 Txdata 변수에 저장
    String Txdata = Serial.readStringUntil('\n');
    Serial.print("Arduino: ");
    Serial.println(Txdata);               // ESP32 보드로 전송할 문자열 출력
    serialToEsp32.println(Txdata);        // ESP32 보드로 저장된 문자열 전송
  }
}
```

```
// ESP32 보드에 업로드해야 하는 코드

void setup()
{
  Serial.begin(115200);                   // ESP32 보드와 PC 간 통신 속도 설정
  Serial2.begin(9600);                    // ESP32 UART2와 아두이노 간 통신 속도 설정

  Serial.println("Start serial communication with Arduino\n");
}

void loop()
{
  if(Serial2.available())                 // 아두이노 보드로부터 데이터가 수신되면,
  {
    // 시리얼 버퍼에 저장된 '\n'까지의 문자열을 Rxdata 변수에 저장
    String Rxdata = Serial2.readStringUntil('\n');
```

```
        Serial.print("Arduino: ");
        Serial.println(Rxdata);              // 아두이노 보드에서 보낸 문자열 출력
    }

    if(Serial.available())                   // PC로부터 데이터가 수신되면,
    {
        // 시리얼 버퍼에 저장된 '\n'까지의 문자열을 Rxdata 변수에 저장
        String Txdata = Serial.readStringUntil('\n');
        Serial.print("ESP32: ");
        Serial.println(Txdata);              // 아두이노 보드로 전송할 문자열 출력
        Serial2.println(Txdata);             // 아두이노 보드로 저장된 문자열 전송
    }
}
```

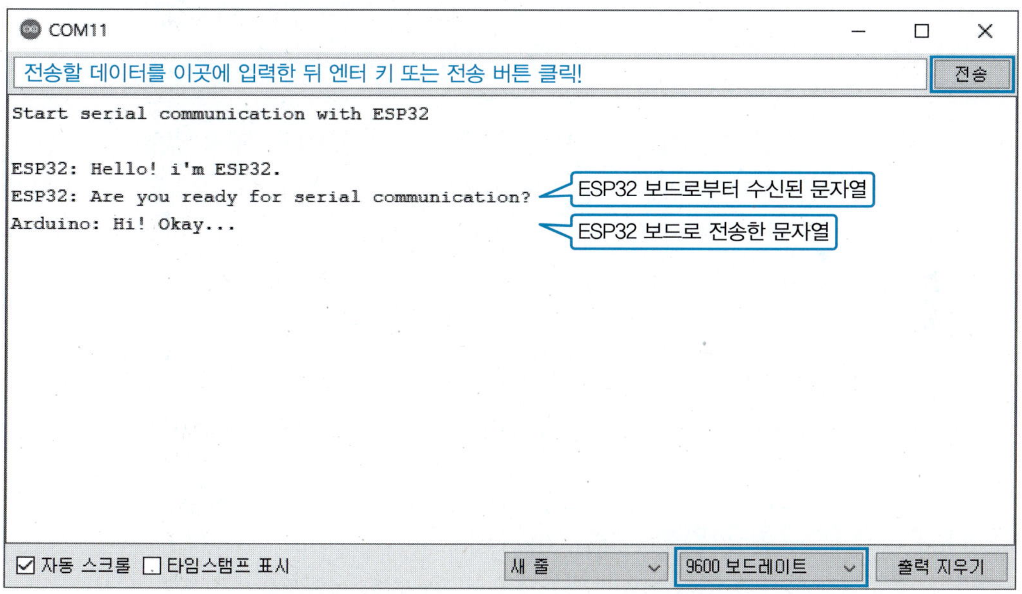

[그림 12-10] 아두이노 보드의 시리얼 모니터 창에서의 통신 결과

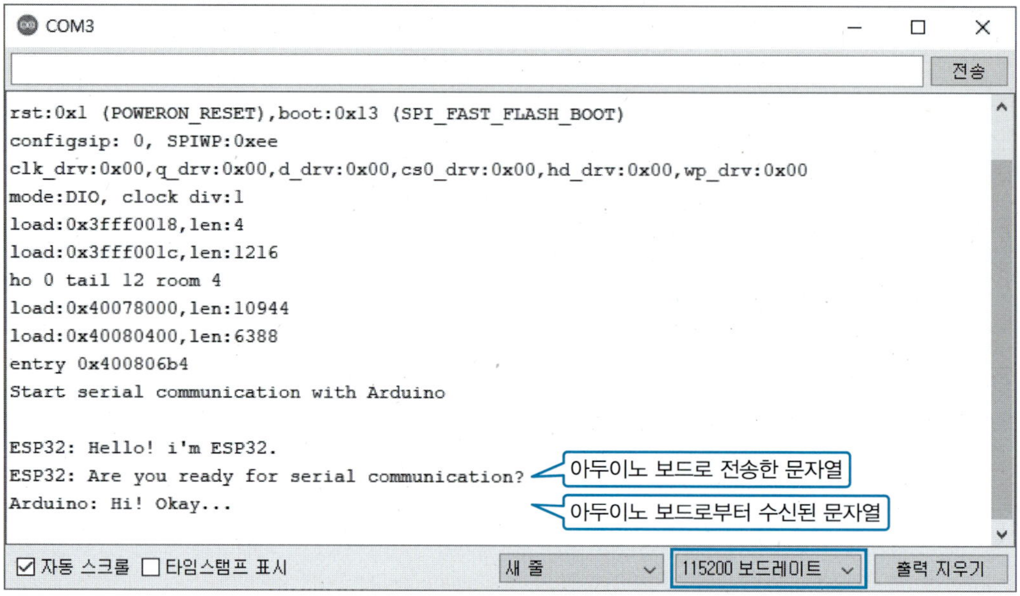

[그림 12-11] ESP32 보드의 시리얼 모니터 창에서 통신 결과

☞ 기본적으로 시리얼 통신은 1:1 통신이므로 중첩해서 시리얼 모니터 창을 실행하지 못한다. 이 예제처럼 두 개의 아두이노 IDE를 띄워놓고 두 개 보드에서 각각 시리얼 모니터 창을 띄우는 것이므로 혼동하지 않도록 하고, 시리얼 통신의 가장 기본적인 개념인 두 장치 간의 통신 속도가 일치해야 한다는 점도 유의한다.

☞ 아두이노 보드와 ESP32 보드는 입력 장치가 없으므로 PC에서 보낼 데이터를 수신 받은 뒤에 상대 장치로 전송하는 것이다. 따라서 PC에서 실행되는 각 시리얼 모니터 창에서 상대 장치로 전송할 데이터를 입력한 뒤 엔터 키 또는 전송 버튼으로 동작을 처리하고 있다.

12.3 IoT 시스템 구현을 위한 기초

와이파이를 연동하는 개발에 많이 사용하던 ESP8266 와이파이 모듈의 여러 가지 단점과 한계점이 ESP32 보드에서 많이 개선되었고, ESP32 보드가 기능적으로도 IoT 프로젝트에 필요한 여러 가지 기능들이 포함되어 있어 최적화하여 사용한다면 좋은 프로젝트 도구로 사용할 수 있다.

웹 서버의 주요 기능 중 하나는 사용자의 모바일 장치나 웹 브라우저에서 요청하는 데이터를 처리하여 응답하는 것이다. 간단한 내용의 웹 페이지라면 보드에 업로드할 소스 코드 내에 웹 페이지 구현 코드를 포함해서 작성하기도 하지만, 웹 페이지에서 표현해야 하는 내용이 많아지면 코드 및 파일 관리와 디버깅의 어려움이 따르고 개발의 편의성도 떨어진다. 따라서 관련된 문서들을 효율적으로 관리하고 개발 편의성을 높이기 위해 ESP32 보드를 서버로 사용하는 최종 프로젝트에서는 ESP32 보드의 SPIFFS(Serial Peripheral Interface Flash File System)를 사용하여 ESP32 보드에 업로드할 소스 코드와 웹 페이지 문서를 분리하도록 하였다. SPIFFS는 SPI 버스에 연결된 플래시 메모리를 가진 마이크로컨트롤러를 위해 만들어진 작은 파일 시스템으로 USB 메모리를 사용하듯이 파일을 읽고, 쓰고, 삭제할 수 있다.

12.3.1 ESP32 보드 웹 서버 구현

ESP32 보드로 웹 서버를 구현할 때 미리 알고 있어야 하는 한계점은 데이터베이스에 저장된

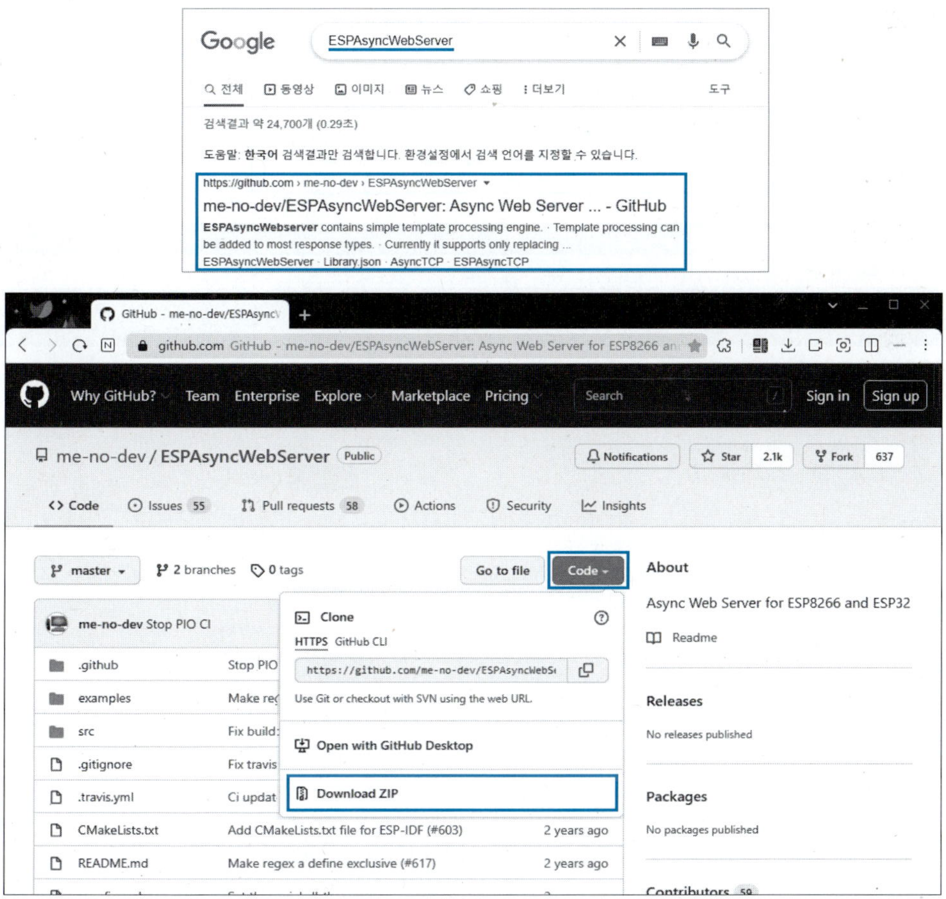

[그림 12-12] ESPAsyncWebServer 라이브러리 다운로드

온·습도 데이터를 한꺼번에 ESP32 보드에서 처리해야 할 때 메모리 오버플로우 에러가 발생할 수 있다. 이런 문제를 해결하기 위해서는 웹 서버 호스팅이나 로컬 서버 등으로 서버를 구성해야 하는데 이 부분까지 확대되면 이 책의 취지에서 벗어나므로 한계점을 인지하고 개선해야 하는 순간에 스스로 관련된 기술들을 탐구하기 바란다.

ESP32 보드를 웹 서버로 만들기 위해 비동기 HTTP 웹 서버를 구성할 수 있는 ESPAsyncWebServer 라이브러리와 비동기 TCP 라이브러리 AsyncTCP를 추가해야 한다. 이 라이브러리들은 아두이노 IDE의 라이브러리 매니저에서 검색되지 않으므로 웹이나 깃허브 등에서 'ESPAsyncWebServer'와 'AsyncTCP'를 검색하여 아두이노 IDE 라이브러리 폴더에 추가해 준다.

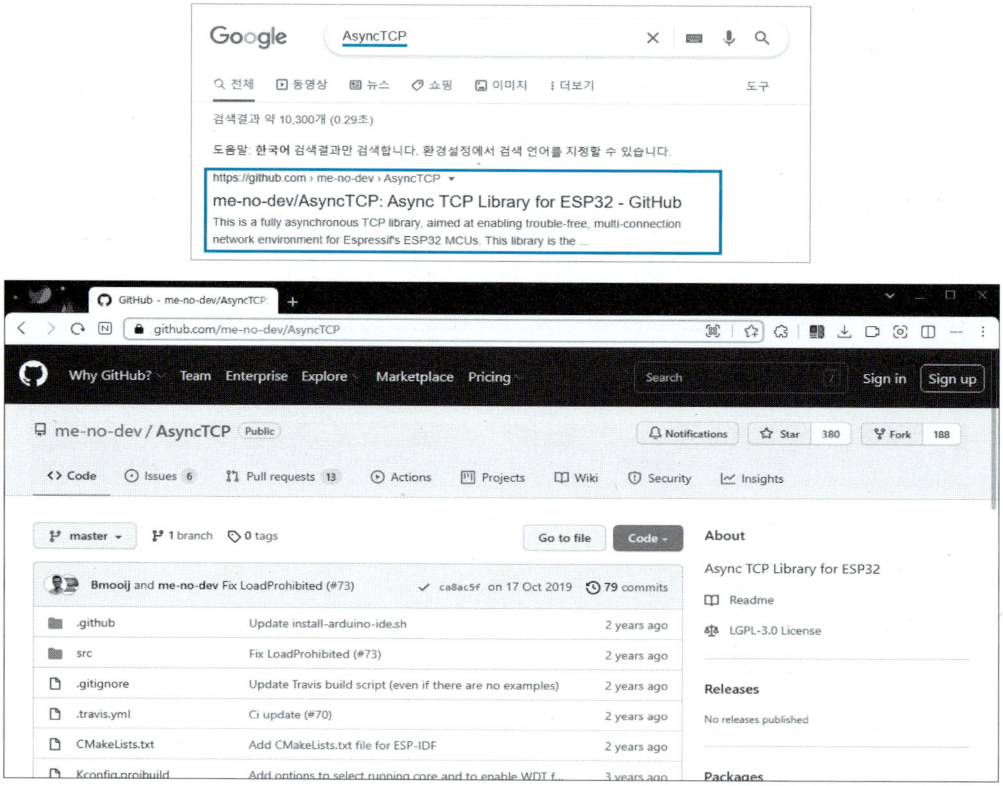

[그림 12-13] AsyncTCP 라이브러리 다운로드

ESPAsyncWebServer 라이브러리는 비동기 HTTP 및 웹 소켓 서버를 구현하여 동시에 두 개 이상의 연결을 처리할 수 있으며, ESPAsyncWebServer 라이브러리 기반의 AsyncTCP

라이브러리는 다중 네트워크 환경을 구현하는 데 필요하다.

ESP32 보드에 연결된 LED를 모바일이나 웹 브라우저에서 제어하는 실습으로 서버와 클라이언트에 대한 기본적인 개념을 이해한다. [그림 12-14]와 같이 LED의 긴 리드 (+)극을 ESP32 보드의 18번 핀에 연결하고 짧은 (-)극을 그라운드에 연결한다.

ESP32 보드 웹 서버 구현

- ESP32_LED_Control_Web_Server: 폴더
  - └ ESP32_LED_Control_Web_Server.ino: ESP32 보드 업로드용 소스 파일

① ESP32_LED_Control_Web_Server 폴더에 있는 스케치 파일을 연다.

② 소스 코드의 라인 8과 9에 무선 공유기의 SSID와 비밀번호를 확인하고 입력한다.

③ ESP32 보드를 PC와 연결하고 소스 코드를 업로드한다.

④ 업로드 완료 후, 아두이노 IDE 시리얼 모니터 창을 열고 [그림 12-15]와 같이 시리얼 모니터에 뜬 IP 주소를 웹 브라우저의 주소창에 입력하여 LED 제어 웹 서버 페이지를 연다.

⑤ 만약 시리얼 모니터에 아무런 메시지가 출력되지 않는다면 ESP32 보드의 EN 버튼을 눌러 초기화하거나, 시리얼 모니터 창 하단의 보 레이트가 115,200 bps로 설정되어 있는지 확인한다.

⑥ 웹 브라우저에서 버튼을 눌렀을 때 ESP32 보드에 연결된 LED가 제어되는 것을 확인한다.

[그림 12-14] ESP32 보드에 LED 연결 회로

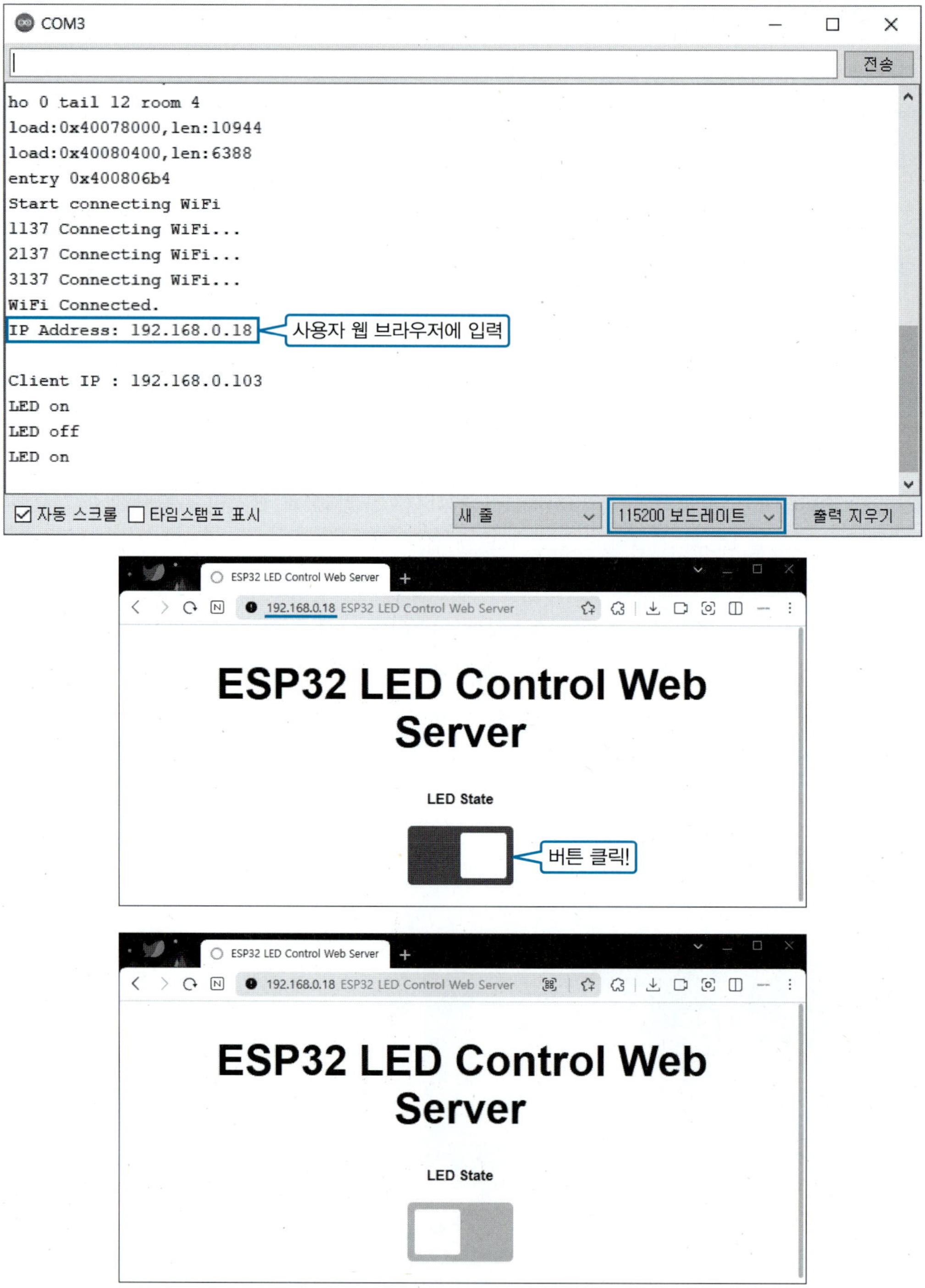

[그림 12-15] 사용자 웹 브라우저에서 ESP32 보드에 연결된 LED 제어

◇ 코드 추가 설명

■ ESP32_LED_Control_Web_Server.ino 파일의 11 라인 ~ 44 라인

```
const char indexHtml[] PROGMEM = R"rawliteral(
......
)rawliteral";
```

소스 코드 내의 모든 변수와 함수는 실행 단계에서 메모리에 저장되는데 HTML 소스 코드는 문자열 형태로 메모리에 저장된다. 아두이노 IDE의 PROGRAM 매크로를 사용하여 HTML 소스를 플래시 메모리에 저장하고, HTML 소스 코드에서 큰따옴표("")와 작은따옴표(")는 C++에서 문자열을 선언할 때 사용하는 것으로 이것을 웹 페이지에 그대로 표현할 문자로 사용할 때는 다음 문자가 특수 문자임을 알리는 백슬래시(₩)를 추가해야 한다. 하지만 C++ 11부터는 문자열 리터럴 문법을 지원하므로 R"rawliteral(와)rawliteral" 사이에서는 백슬래시를 포함하지 않고 이스케이프 문자를 사용할 수 있다.

■ ESP32_LED_Control_Web_Server.ino 파일의 105 라인

```
request -> send_P(200, "text/html", indexHtml, LEDStateDisplay);
```

send_P 함수의 첫 번째 인자는 response code로 클라이언트가 GET 요청을 보내면 서버가 200과 데이터를 보내 응답한다. 두 번째 인자는 content type으로 클라이언트에게 보낼 자료의 타입을 정의한다. 세 번째 인자는 content로 클라이언트에게 보낼 데이터이다. 마지막 인자는 콜백 함수이다. send_P 함수는 템플릿 처리를 지원하며, HTML 소스 코드에서 %로 감싼 %LED_STATE_PLACE_HOLDER%를 추출하여 LEDStateDisplay 함수에서 실제 값을 전달한 후 템플릿 처리된 문서를 사용자에게 보낸다.

12.3.2 SPIFFS를 이용한 소스 코드 분리

ESP32 보드에 업로드되는 소스 코드에 포함되는 HTML 소스 코드의 양이 적으면 별다른 문제가 되지 않지만, HTML 소스 코드가 커질수록 가독성이 떨어지고 코드 내용이 변경될 때마다 전체 소스 코드를 컴파한 뒤에 업로드해야 하기에 매우 불편하다. 따라서 ESP32 보드의 SPIFFS 기능을 사용하여 HTML 문서나 사진, 오디오, 동영상 파일과 같은 멀티미디어 파일을 분리해서 관리하면 디버깅과 개발 편의성을 높일 수 있다. ESP32의 SPIFFS를 사

용하기 위해서는 별도의 플러그인이 필요한데 아두이노 IDE에서 다음 과정을 통해 플러그인을 설치할 수 있다.

> **SPIFFS를 이용한 소스 코드 분리**
>
> • ESP32_LED_Control_Web_Server_with_SPIFFS: 폴더
>   └ ESP32_LED_Control_Web_Server_with_SPIFFS.ino: ESP32 보드 업로드용 소스 파일
>   └ data: ESP32 보드의 SPIFFS로 업로드할 파일이 포함된 폴더
>   └ index.html: 파일

① SPIFFS 플러그인을 설치하기 위해 'arduino esp32fs plugin'을 검색하여 me-no-dev/arduino-esp32fs-plugin 깃허브 링크로 접근한다. ESP32FS-1.0.zip 파일을 내려받은 후 압축을 풀어준다. 압축 파일명과 버전은 언제든지 변경될 수 있다.

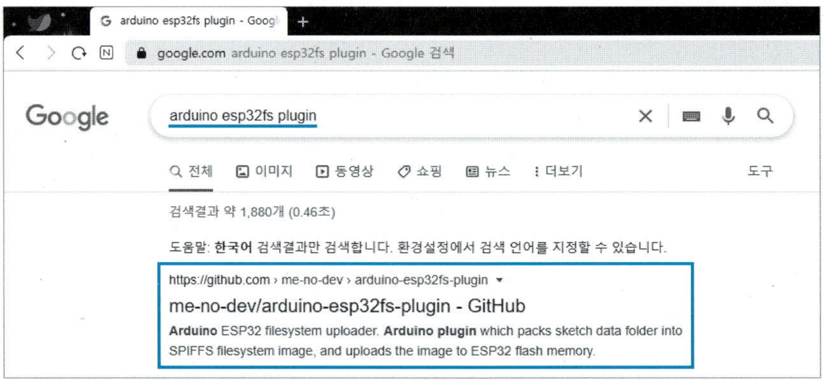

(a) SPIFFS 플러그인 구글 검색 화면

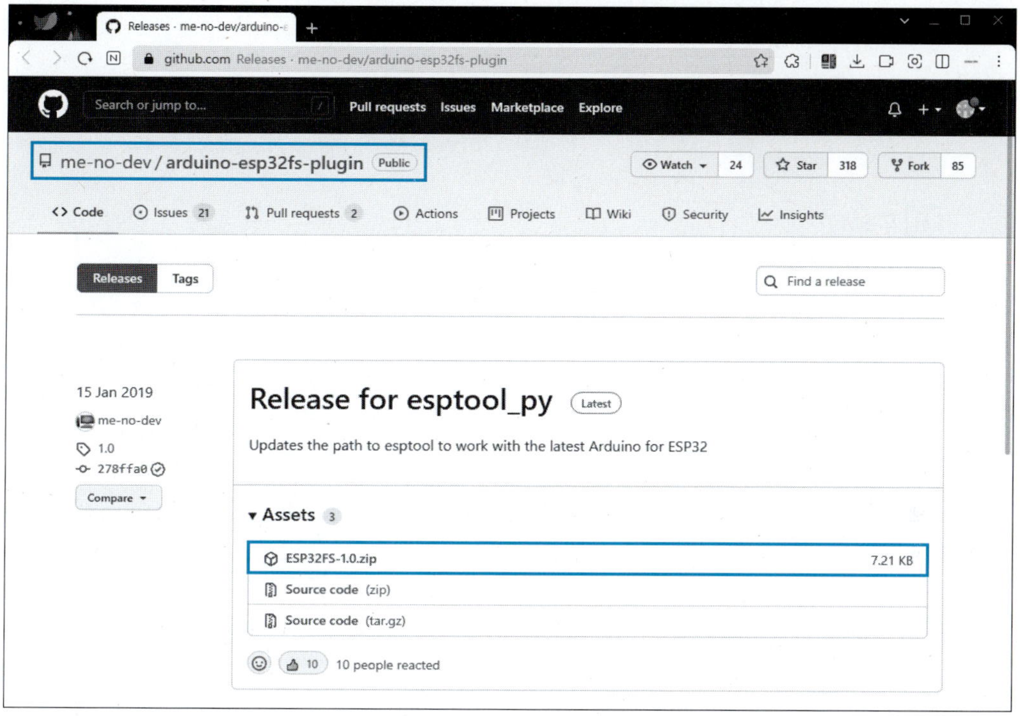

(b) SPIFFS 플러그인 압축 파일

[그림 12-16] SPIFFS 플러그인 압축 파일 다운로드

② ESP32FS\tool 폴더에 esp32fs.jar 파일이 포함되어 있다. ESP32FS 폴더를 아두이노 IDE가 설치된 경로의 Arduino\tools 폴더 또는 문서\Arduino 폴더에 tools 폴더를 생성한 뒤 ESP32FS 폴더를 갖다 놓는다. 그리고 아두이노 IDE를 재시작한다.

아두이노 IDE의 툴 메뉴에서 [ESP32 Sketch Data Upload] 항목이 보이지 않으면 ESP32FS 폴더의 위치가 맞는지, 파일이 있는지 확인하거나, 관리자 권한으로 아두이노 IDE를 재실행하여 다시 ESP32FS 폴더 위치를 재확인한다.

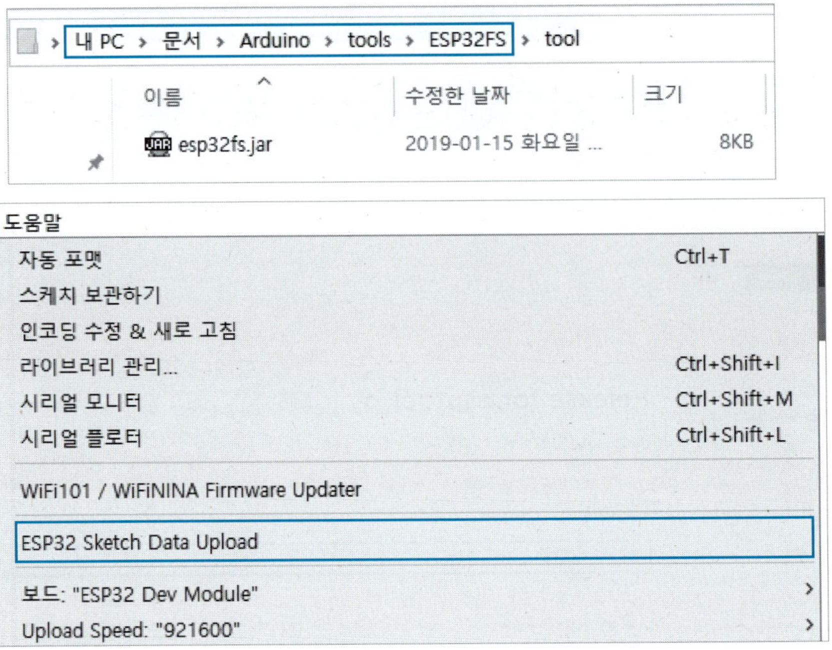

[그림 12-17] 플러그인 폴더 위치와 아두이노 IDE에서 플러그인 추가 확인

③ SPIFFS 플러그인은 현재 작업 중인 스케치 파일이 있는 폴더 내의 data 폴더에 있는 파일들을 업로드한다. HTML 파일을 ESP32 보드에 업로드할 소스 코드와 분리하기 위해 [스케치]-[스케치 파일 보이기]를 실행하여 현재의 스케치 폴더에 data 폴더를 생성한다. [스케치 파일 보이기]를 실행하기 전에 현재 작업 중인 스케치 파일을 저장하거나, 열기로 불러온 스케치에서 [스케치 폴더 보이기]를 실행하면 된다.

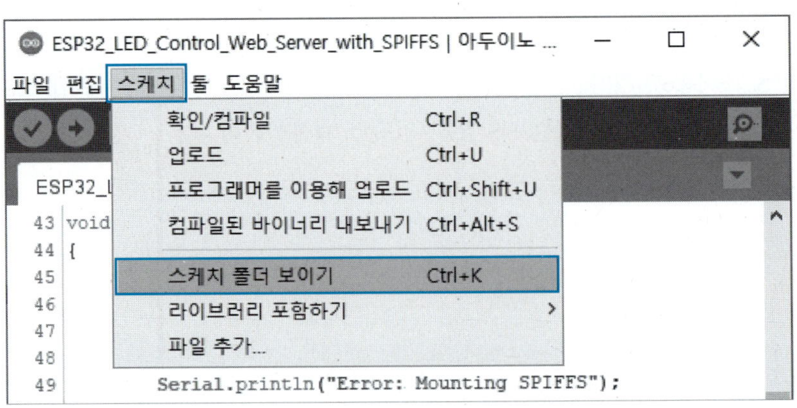

[그림 12-18] 스케치 폴더 보이기

④ ESP32_LED_Control_Web_Server.ino 파일에서 〈!DOCTYPE HTML〉 〈html〉에서부터 〈/html〉까지의 내용을 파일에서 잘라내기를 하여 메모장에 붙여 넣고 index.html로 저장한다. html 파일을 저장할 때 파일 형식은 모든 파일, 인코딩은 UTF-8로 설정한다. 제공된 ESP32_LED_Control_Web_Server_with_SPIFFS 폴더 내의 data 폴더에 이미 index.html 파일이 분리되어 있으니 어떤 내용을 분리해야 하는지 이해하도록 한다.

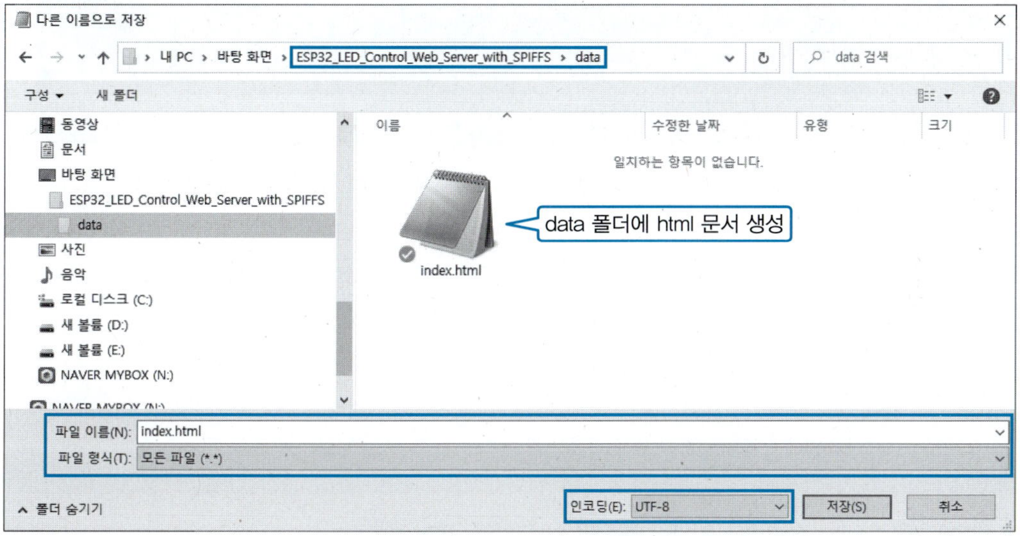

[그림 12-19] data 폴더에 HTML 문서 추가

⑤ data 폴더 안에 분리 관리할 html을 생성한 뒤, 아두이노 IDE에서 data 폴더 내의 html 파일을 SPIFFS 플러그인으로 업로드한다. ESP32 보드를 연결하고 시리얼 모니터 창을 모두 닫은 후 [툴]-[ESP32 Sketch Data Upload]를 실행한다.
업로드 후 EN(RTS) 버튼을 눌러 ESP32 보드를 리셋한다. ESP32의 내부 플래시 메모리에 있던 이전 파일들은 모두 삭제되므로 신중하게 작업하도록 한다.

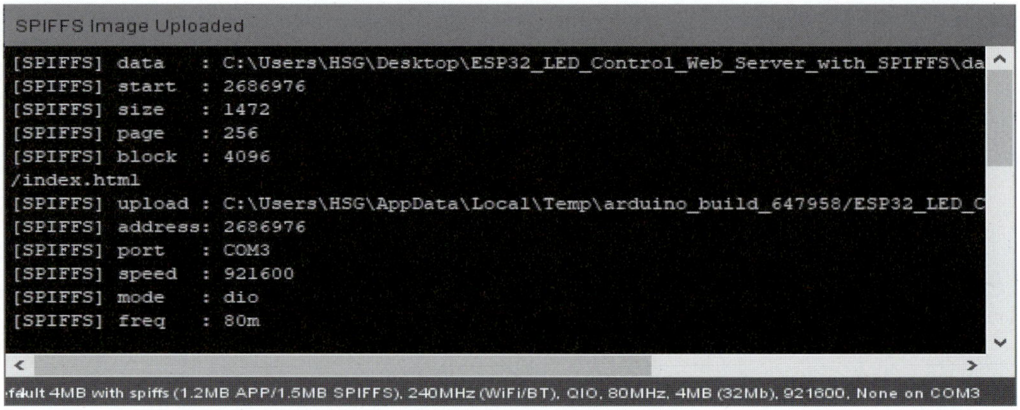

[그림 12-20] SPIFFS로 파일 업로드 완료 시 출력창을 통해 확인할 수 있는 메시지

⑥ ESP32_LED_Control_Web_Server_with_SPIFFS.ino 소스 코드를 ESP32 보드에 업로드한다. SPIFFS를 사용하여 html을 별도로 저장하였다. 실행 결과는 [그림 12-15]의 LED 제어와 같다.

◇ 코드 추가 설명

■ ESP32_LED_Control_Web_Server_with_SPIFFS.ino 파일의 7 라인, 19 라인

```
#include <SPIFFS.h>
......
String indexHtml;
```

String은 문자열 클래스의 인스턴스를 생성하는 것으로 SPIFFS에 저장된 html 파일 내용이 문자열 객체로 저장된다.

■ ESP32_LED_Control_Web_Server_with_SPIFFS.ino 파일의 94 라인

```
request -> send_P(200, "text/html", indexHtml.c_str(), LEDStateDisplay);
```

indexHtml.c_str()은 SPIFFS에 저장된 문자열 버퍼의 시작 주솟값을 반환한다. 즉, index.html의 첫 번째 문자부터 제일 마지막 null 종료 문자까지 전달하기 위해 사용한 것이다.

12.3.3 아두이노 보드의 EEPROM에 데이터 저장하기

아두이노 우노 보드의 ATmega328P 마이크로컨트롤러는 내부에 1 KB 용량의 EEPROM을 가지고 있다. 따라서 0 ~ 1,023까지의 메모리 주소를 사용할 수 있으며, 각 주소에 1바이트 크기의 데이터를 저장할 수 있다. 더 큰 용량을 가진 EEPROM을 사용해야 할 때는 별도의 EEPROM 칩 또는 모듈을 아두이노 보드에 연결하여 메모리를 확장할 수 있다. EEPROM은 마이크로컨트롤러에 전원 공급이 되지 않더라도 저장된 데이터가 지워지지 않는 비휘발성 메모리 공간으로 프로젝트에서 지워지지 않아야 하는 작은 크기의 데이터를 저장할 때 매우 유용하다. EEPROM은 표준 라이브러리를 사용한다.

아두이노 보드의 EEPROM에 데이터 저장하기

- eeprom_reset: 폴더
  └ eeprom_reset.ino: EEPROM 초기화 실습 스케치 파일
- eeprom_readwrite_byte: 폴더
  └ eeprom_readwrite_byte.ino: EEPROM 읽기/쓰기 실습 스케치 파일
- eeprom_powerOnCounter: 폴더
  └ eeprom_powerOnCounter.ino: EEPROM 활용 실습 스케치 파일

미리 제공된 스케치 예제를 열거나 아두이노 IDE에서 제공하는 EEPROM 기본 예제를 이용해서 EEPROM 사용 방법을 이해한다. EEPROM 실습 시 아두이노 우노 보드만 PC와 연결되어 있으면 된다. 우선 EEPROM에 저장된 데이터를 초기화하는 실습을 위해 eeprom_reset.ino 소스 코드를 열어 아두이노 우노 보드에 업로드한다.

```
// eeprom_reset.ino

#include <EEPROM.h>                          // EEPROM 표준 라이브러리 포함

void setup()
{
  Serial.begin(9600);

  Serial.println("EEPROM RESET");

  unsigned long sumOfMemory = 0;

  for(int i = 0; i < EEPROM.length(); i++)   // EEPROM의 크기만큼 반복
  {
    sumOfMemory += EEPROM.read(i);           // EEPROM의 값을 읽어 누적 저장
  }

  Serial.println("Before RESET Sum of Memory: ");
  Serial.println(sumOfMemory);

  for(int i = 0; i < EEPROM.length(); i++)   // EEPROM의 크기만큼 반복
  {
    EEPROM.write(i, 0);                      // EEPROM 주소에 0을 씀. 초기화
  }

  sumOfMemory = 0;                           // sumOfMemory 변숫값 0으로 초기화

  Serial.println("After RESET");
  for(int i = 0; i < EEPROM.length(); i++)   // EEPROM의 크기만큼 반복
  {
    sumOfMemory += EEPROM.read(i);           // EEPROM의 값을 읽어 누적 저장
  }

  Serial.println("After RESET Sum of Memory: ");
  Serial.println(sumOfMemory);
}

void loop()
{

}
```

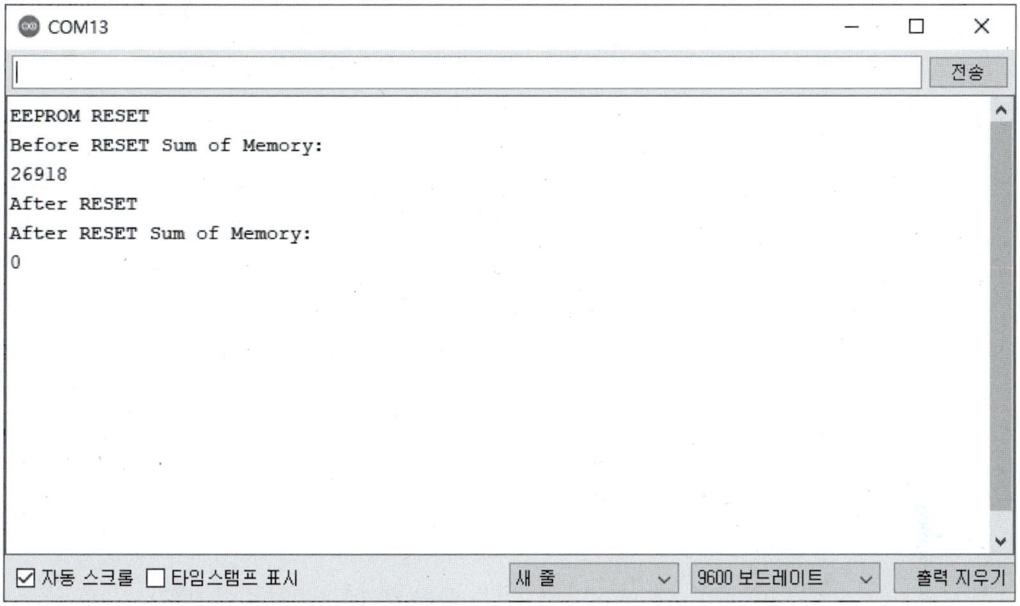

[그림 12-21] EEPROM 초기화

☞ 초기화를 하기 전 EEPROM 전체 주소에 저장된 값의 총합이 0보다 큰 값이므로 이전에 EEPROM에 저장된 데이터가 있음을 알 수 있다. EEPROM 주소에 저장된 데이터를 초기화하는 것이 아니라 EEPROM의 모든 주소에 0을 입력하여 초기화한다.

EEPROM에 저장된 값을 읽고 쓰는 실습을 하기 위해 eeprom_readwrite_byte.ino 소스 코드를 열어 아두이노 우노 보드에 업로드한다.

```
// eeprom_readwrite_byte.ino

#include <EEPROM.h>                    // EEPROM 라이브러리 포함

void setup()
{
  Serial.begin(9600);

  int twoByte = 2022;                  // twoByte 변수 2022로 초기화

  Serial.print("twoByte value: ");
```

```
    Serial.println(twoByte);                  // twoByte 변숫값 출력
    Serial.print("Size of twoByte: ");
    Serial.println(sizeof(twoByte));          // twoByte 변수의 크기 출력

    EEPROM.write(0, twoByte);                 // 하위 1바이트를 0 주소에 쓰고
    EEPROM.write(1, twoByte >> 8);            // 상위 1바이트를 오른쪽으로 시프트한 뒤 씀

    int readTwoByte;

    readTwoByte = EEPROM.read(0);             // 하위 1바이트를 먼저 읽고
    readTwoByte |= EEPROM.read(1) << 8;       // 상위 1바이트를 왼쪽으로 시프트한 뒤 저장

    Serial.print("Reading two bytes data: ");
    Serial.println(readTwoByte);              // 메모리에 쓴 값 다시 읽어 출력

    long fourByte = 20220101;                 // fourByte 변수에 4바이트 값 초기화

    Serial.print("fourByte value: ");
    Serial.println(fourByte);                 // fourByte 변숫값 출력
    Serial.print("Size of fourByte: ");
    Serial.println(sizeof(fourByte));         // fourByte 변수의 크기 출력

    EEPROM.put(10, fourByte);                 // 주소 10부터 4바이트 값 쓰기

    long readFourByte;

    EEPROM.get(10, readFourByte);             // 10번지 주소부터 4바이트 값 읽어 저장

    Serial.print("Reading four bytes data: ");
    Serial.println(readFourByte);             // readFourByte 변숫값 출력
}

void loop()
{

}
```

[그림 12-22] EEPROM에 데이터 쓰고 읽기

☞ EEPROM 라이브러리에서 자주 사용하는 함수는 read(). write(), update(), get(), put()이 있다. 더 간단한 예제가 많이 있으니 아두이노 재단 홈페이지에서 EEPROM 표준 라이브러리를 참고한다.

아두이노 보드의 전원이 켜진 횟수 또는 리셋된 횟수를 EEPROM의 임의 주소에 저장하여 출력하는 예제로 eeprom_powerOnCounter.ino 소스 코드를 열어 아두이노 우노에 업로드한다.

```
// eeprom_powerOnCounter.ino

#include <EEPROM.h>                    // EEPROM 라이브러리 포함

const int powerOnCntAddr = 5;          // 리셋 횟수를 저장해 둘 EEPROM 주소 지정

void setup()
{
  Serial.begin(9600);
```

```
    // 주소 5에 저장된 값을 읽어 powerOnCnt 변수에 저장
    int powerOnCnt = EEPROM.read(powerOnCntAddr);

    Serial.println("System Start");
    Serial.print("Power ON Count: ");
    Serial.println(powerOnCnt);            // powerOnCnt 변숫값 출력

    // powerOnCnt 변숫값에 1씩 더한 값을 주소 5에 씀
    EEPROM.write(powerOnCntAddr, powerOnCnt + 1);
}

void loop()
{

}
```

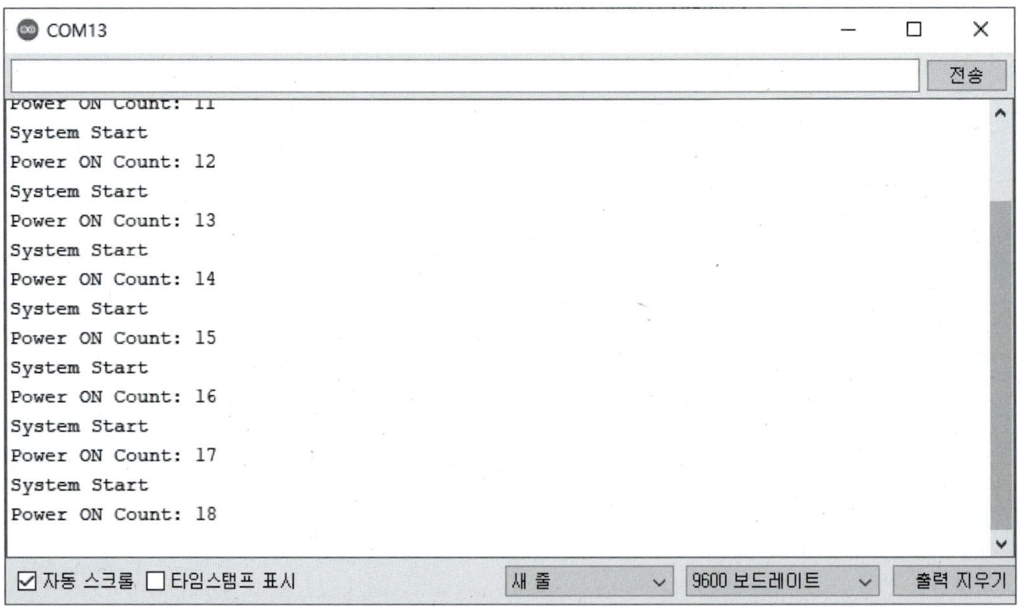

[그림 12-23] 아두이노 보드 리셋 횟수 출력

☞ 아두이노 우노 보드의 초기화 버튼을 누를 때마다 setup() 함수가 호출되므로 Power On Count 값이 1씩 더해지는 것을 확인할 수 있다.

12.3.4 NTP 서버로부터 시간 데이터 읽기

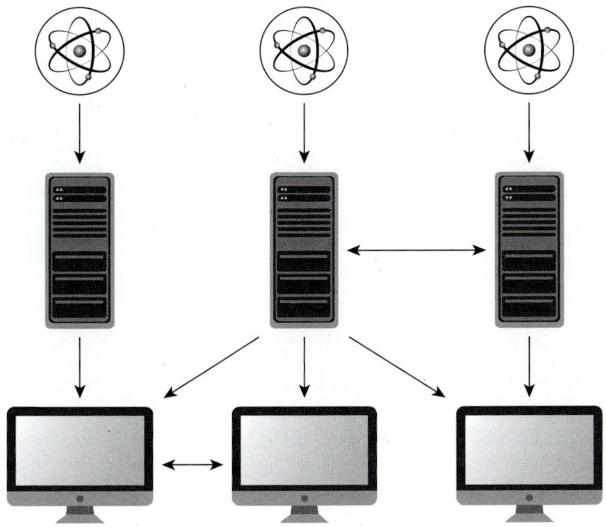

[그림 12-24] NTP 계층 구조

NTP는 높은 내결함성(fault tolerant)과 확장성을 가지도록 설계되어 WAN(Wide Area Network) 내에서는 약 50 ms, LAN(Local Area Network)에서는 약 5 ms 미만의 정밀도로 네트워크 내 장비들의 시간을 동기화하는 데 사용되는 프로토콜이다. NTP는 OSI(Open System Interconnection) 7계층 중 애플리케이션 계층의 프로토콜로 [그림 12-24]와 같이 계층적인 구조를 가지며, 각각의 계층은 상위 계층으로부터 시간을 동기화한다. 계층 0은 원자시계, GPS 시계, 전파시계와 같이 시간을 매우 정밀하게 측정할 수 있는 장비들로 구성되어 있으며, 계층 1은 물리적으로 계층 0에 직접 연결되어 기준 시간을 얻는 1차 타임 서버이며, 계층 2는 계층 1 서버에 직접 시간 정보를 요청하는 시스템으로 되어 있다. NTP 서버는 전 세계적으로 존재하며, 공용으로 사용할 수 있도록 공개된 경우가 많아 인터넷 검색을 통해 쉽게 찾을 수 있다. 최종 프로젝트에서 사용하는 NTP 서버의 주소는 pool.ntp.org이다.

ESP32 보드로 NTP 시간 정보를 가져올 때는 ESP32 보드가 외부 인터넷망과 연결된 상태에서 UDP(User Datagram Protocol) 통신 프로토콜을 사용하여 NTP 서버의 123번 포트로 시간 정보를 요청하는 패킷을 보낸다. NTP 서버는 ESP32 보드가 보낸 요청 패킷을 받고 UNIX 타임스탬프, 정확도, 지연, 시간대 등의 정보를 타임스탬프 패킷에 담아서 전송한다. ESP32 보드는 타임스탬프를 받아 현재 시각 및 날짜 정보를 ESP32 보드의 내부 시스템에 동기화한다. NTP 서버에서 보내온 타임스탬프 패킷을 해석하여 올바른 시간 정보를 얻기

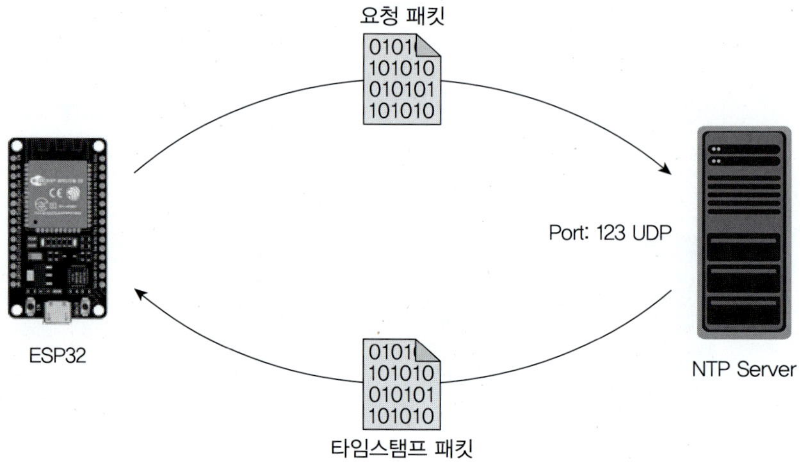

[그림 12-25] ESP32 보드로 NTP 시간 정보를 가져오는 원리

위해서는 현재 위치의 세계협정시(Universal Time Coordinated, UTC) 오프셋과 서머타임 보정 시간이 필요하다. 세계협정시 오프셋은 세계협정시 기준으로부터 시간 차이를 나타내며, 우리나라는 9시간 빠르므로 오프셋은 +9시간이 된다. 서머타임 보정 시간은 하절기에 표준시를 1시간 앞당기는 제도로 우리나라는 시행하지 않으므로 0으로 설정한다.

ESP32 보드에서 NTP 서버의 시간을 동기화하여 출력하는 실습이다. ntpESP32.ino 소스 코드 파일을 열어 무선 공유기의 SSID와 비밀번호를 입력한 뒤 ESP32 보드에 업로드한다.

NTP 서버로부터 시간 데이터 읽기

- ntpESP32: 폴더
  - └ ntpESP32.ino: ESP32 보드 업로드 소스 파일

```
#include <WiFi.h>                               // WiFi 라이브러리 포함
#include <time.h>                               // time 라이브러리 포함

const char* ssid = "__";                        // 무선 공유기 SSID 확인 후 입력
const char* password = "__";                    // 무선 공유기 비밀번호 확인 후 입력

const char* ntpServer = "pool.ntp.org";         // NTP 서버 주소
```

```
// 세계협정시 오프셋을 초 단위로 환산한 것으로 우리나라는 세계협정시보다 9시간 빠름
const long gmtOffSetSec = 32400;

// 서머타임 보정 시간으로 우리나라는 시행하지 않으므로 0으로 설정
const int dayLightOffsetSec = 0;

void printCurrentTime()                         // 현재 시간을 출력하는 함수
{
   struct tm timeinfo;                          // 시간 정보를 저장하는 구조체 변수 선언
   if(!getLocalTime(&timeinfo))                 // 시스템 내부 시간 정보를 가져오지 못하면
   {
      Serial.println("Failed to get time info");   // 에러 메시지 출력
      return;                                   // 함수 종료
   }
   // 시간 정보를 "년 월 일, 요일 시:분:초" 형식으로 출력
   Serial.println(&timeinfo, "%Y %B %d, %A %H:%M:%S");
}

void setup()
{
   Serial.begin(115200);

   Serial.print("Connecting to ");
   Serial.println(ssid);

   WiFi.begin(ssid, password);                  // 무선 공유기 연결

   // 무선 공유기와의 연결 상태가 WL_CONNECTED일 때까지 반복
   while(WiFi.status() != WL_CONNECTED)
   {
      delay(500);                               // 재시도 대기 시간
      Serial.print(".");
   }

   Serial.println("WiFi Connected.");
   // NTP 서버와 ESP32 보드의 내부 시간 동기화
   configTime(gmtOffSetSec, dayLightOffsetSec, ntpServer);
}
```

```
void loop()
{
  printCurrentTime();
  delay(1000);
}
```

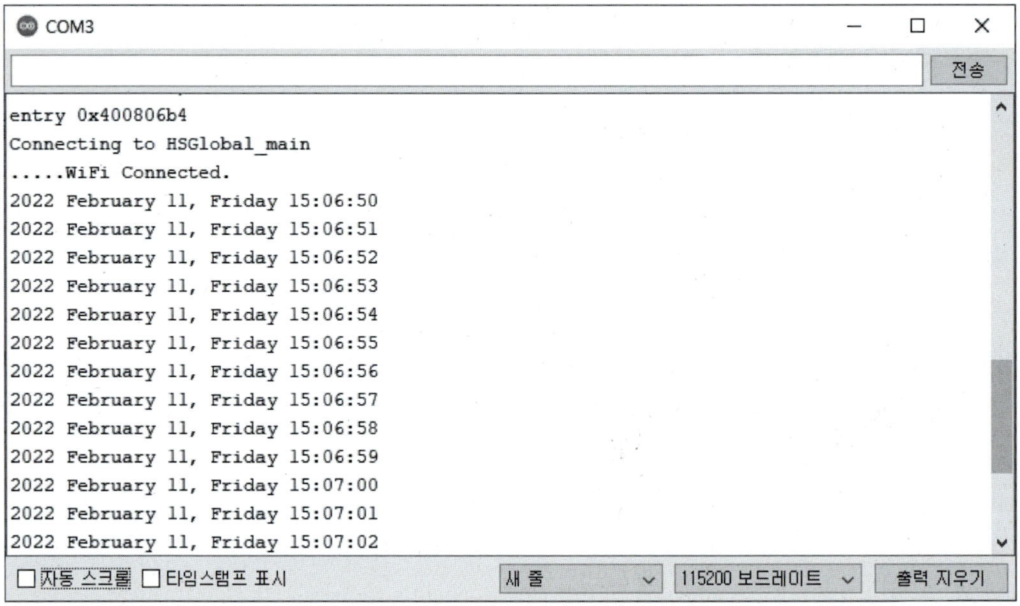

[그림 12-26] NTP 동기화 후 시간 정보 출력

◇ 코드 추가 설명

- **ntpESP32.ino 파일의 45 라인**

```
configTime(gmtOffSetSec, dayLightOffsetSec, ntpServer);
```

configTime() 함수는 표준시와 현지의 시간 차이, 서머타임 보정 시간, NTP 서버 주소를 입력받아 ESP32 보드 내부 RTC(Real-Time Clock)의 시간을 동기화한다.

12.3.5 SQLite를 이용한 파일 기반 데이터베이스 구성

SQLite는 임베디드 SQL 지원 데이터베이스에 특화되어 있다. 별도의 서버 프로세스 없이 단일 파일에 직접 읽기와 쓰기 동작을 수행하며, 테이블, 트리거, 인덱스 정보가 모두 하나의 파일에 저장된다. SQLite의 파일은 플랫폼 독립적으로 사용할 수 있어 응용 프로그램에서도 많이 쓰고 있으며, 작은 사이즈의 라이브러리로 메모리가 부족한 환경에서도 높은 성능을 제공한다. SQLite 테이블을 쉽게 구성할 수 있는 GUI 도구인 DB Browser for SQLite를 이용하면 SQL 명령어를 사용하지 않고도 ESP32 보드에 올릴 데이터베이스 파일을 쉽게 만들 수 있다.

ESP32 보드에서 SQLite를 사용하기 위해서 SPIFFS에 데이터베이스 파일을 저장한다.

① 아두이노 IDE의 라이브러리 매니저에서 'sqlite3' 키워드로 ESP32 보드용 SQLite 라이브러리를 검색하여 'Sqlite3Esp32' 라이브러리를 설치한다.

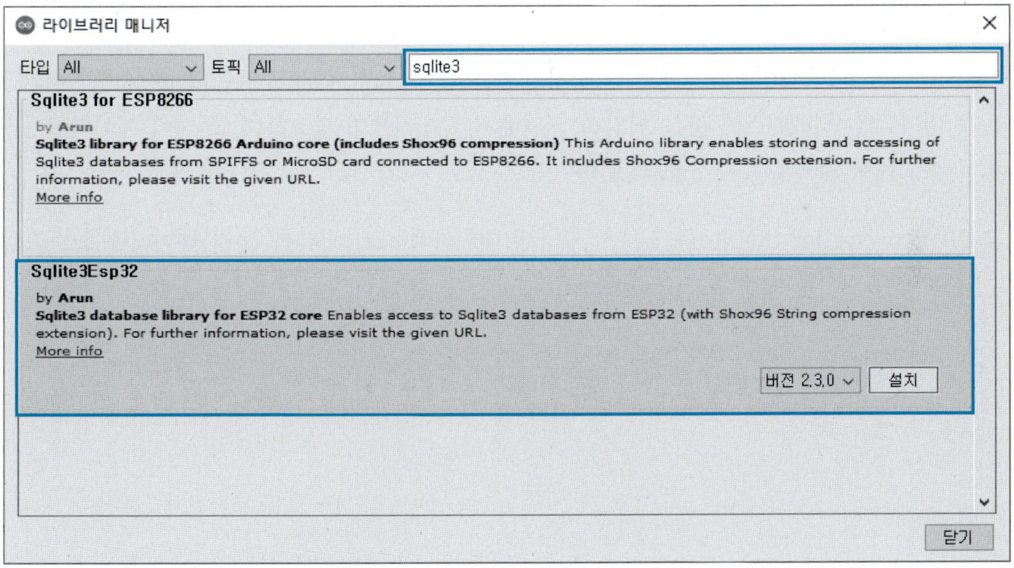

[그림 12-27] Sqlite3Esp32 라이브러리 설치

② 구글에서 'DB Browser for SQLite'를 검색하여 DB Browser for SQLite의 공식 홈페이지(https://sqlitebrowser.org)에 접근한다. 상단의 다운로드 페이지로 접근하여 DB Browser for SQLite를 운영체제에 맞춰 다운로드한 뒤에 설치한다. 프로젝트에서는 윈도 버전을 기준으로 설명한다.

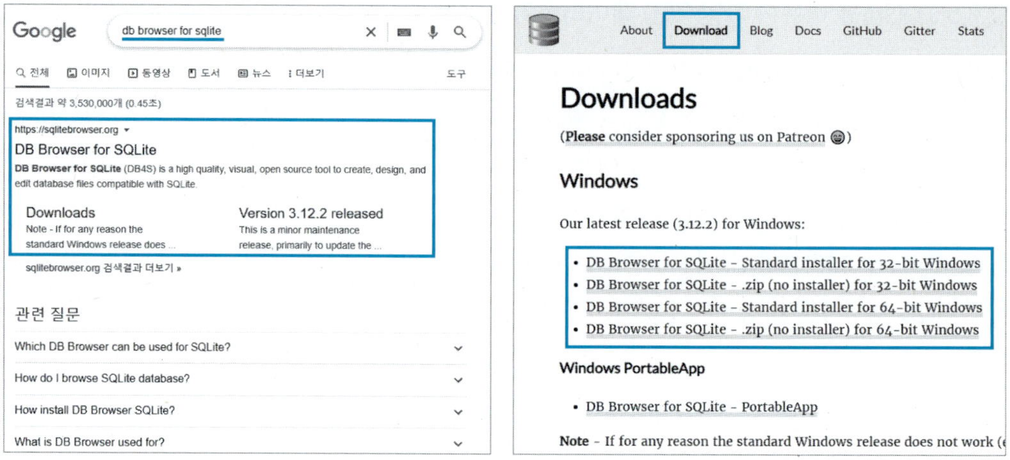

(a) DB Browser for sqlite 구글 검색 화면 (b) DB Browser for sqlite 다운로드 화면

[그림 12-28] DB Browser for SQLite 설치하기

12.3.5.1 DB Browser for SQLite로 데이터베이스 만들기

DB Browser for SQLite를 이용하면 SQL 명령어를 사용하지 않고 데이터베이스를 쉽게 만들 수 있다. 데이터베이스에 값을 저장하기 위해서는 테이블이 필요하며, 하나의 데이터베이스에는 여러 개의 테이블을 생성할 수 있다.

① DB Browser for SQLite를 실행한 후 [새 데이터베이스] 메뉴를 눌러 데이터베이스 파일을 저장할 위치를 설정하고 practice 이름으로 저장한다.

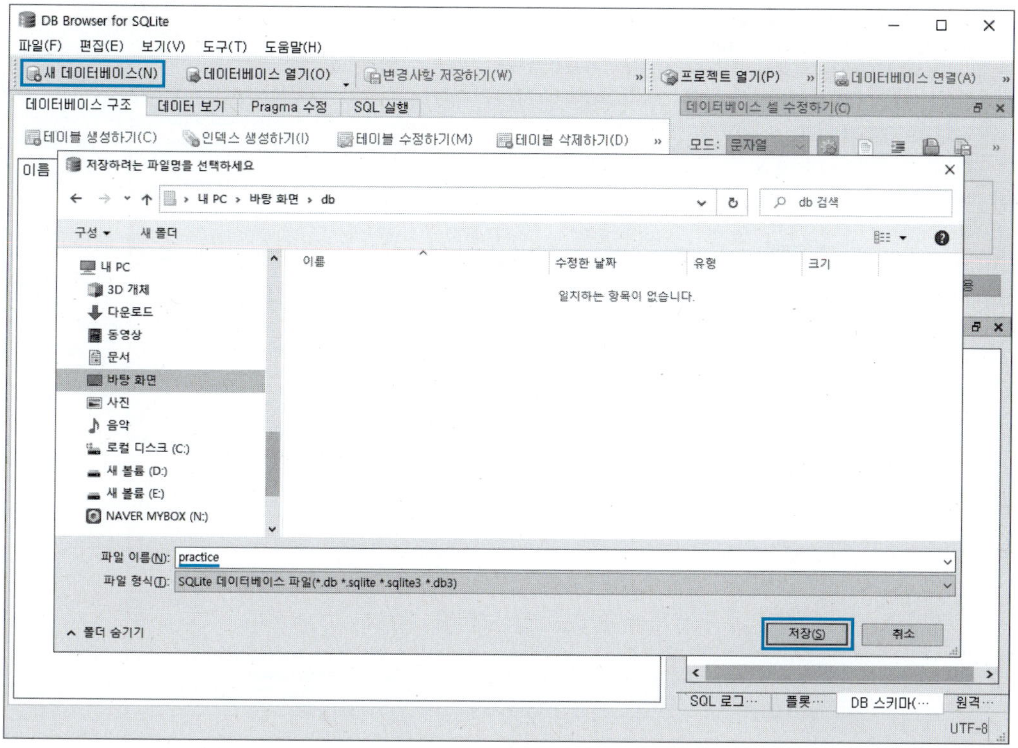

[그림 12-29] 데이터베이스 저장 위치 설정

② [테이블 생성하기] 메뉴를 눌러 값을 저장할 테이블을 생성한다. 테이블 이름을 test로 설정하고, 필드 추가 버튼을 눌러 정수형 아이디를 저장하는 id 필드와 이름을 저장하는 name 필드를 생성한 뒤, 타입을 각각 INTEGER와 TEXT로 설정한다. 필드 설정이 완료되면 확인 버튼을 누른다.

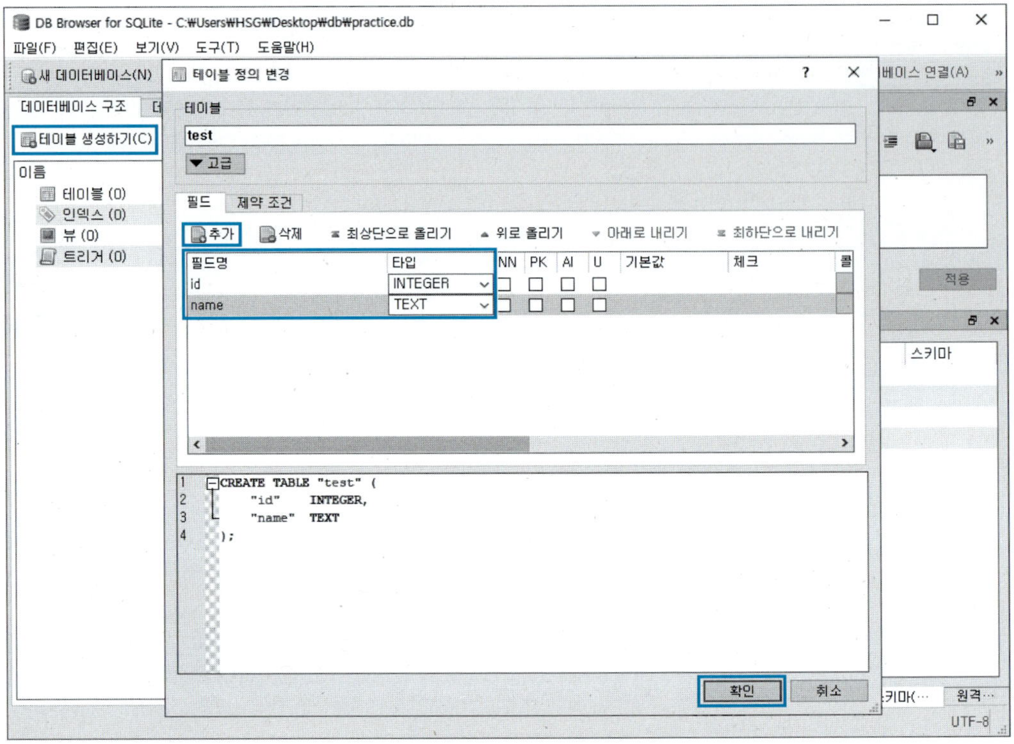

[그림 12-30] 테이블 생성

③ 변경사항 저장하기를 눌러 데이터베이스를 저장한다.

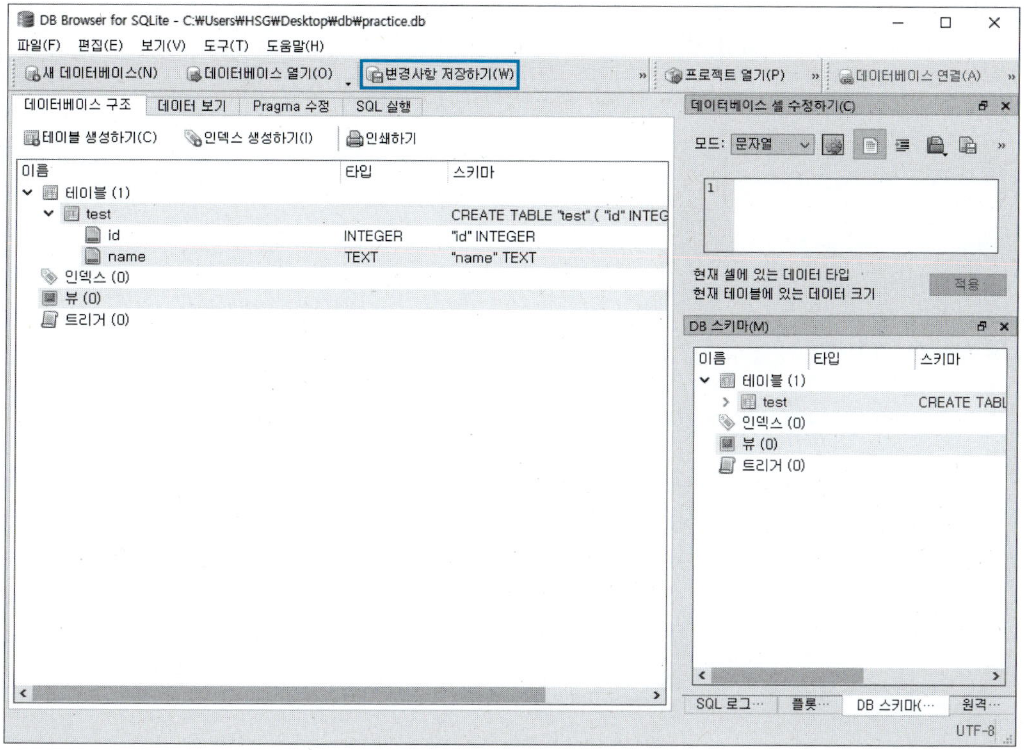

[그림 12-31] 데이터베이스 저장하기

12.3.5.2 ESP32 보드에서 SQLite 데이터베이스 읽고 · 쓰기

새로 생성한 데이터베이스 파일을 ESP32 보드의 SPIFFS에 업로드한다. 현재 작업 중인 소스 파일이 위치한 폴더의 data 폴더에 SPIFFS에 업로드할 데이터베이스 파일을 갖다 놓고 [툴]-[ESP32 Sketch Data Upload]를 실행하면 SPIFFS에 업로드된다. SPIFFS에 업로드할 파일을 스스로 생성하고 업로드할 수 있어야 한다. 이해되지 않을 시 제공된 소스 코드를 참고하도록 한다.

SPIFFS에 데이터베이스를 업로드한 뒤에 ESP32 보드에 ESP32_SQLite_practice.ino 스케치를 업로드한 뒤 시리얼 모니터 창을 띄워 출력 결과를 확인한다.

ESP32 보드에서 SQLite 데이터베이스 읽고 · 쓰기

- ESP32_SQLite_practice: 폴더
  - └ ESP32_SQLite_practice.ino: ESP32 보드 업로드 소스 파일
  - └ data: ESP32 보드의 SPIFFS로 업로드할 파일이 포함된 폴더

ㄴ practice.db: 실습용 SQLite 데이터베이스 파일

```
// ESP32_SQLite_practice.ino

#include <sqlite3.h>                              // SQLite3 DB 라이브러리 포함
#include <SPI.h>                                  // SPI 통신 표준 라이브러리 포함
#include <FS.h>                                   // 파일 시스템 라이브러리 포함
#include <SPIFFS.h>                               // SPIFFS 라이브러리 포함

const char* data = "CallBack function called";    // 콜백 함수 호출 문장 저장

// 콜백 함수 메시지, 데이터 갯수, 데이터 항목, 데이터 항목의 분류명
static int CallBack(void *data, int argc, char **argv, char **azColName)
{
   Serial.printf("%s: ", (const char*)data);
   for(int i = 0; i < argc; i++)
   {
      Serial.printf("%s = %s\n", azColName[i], argv[i] ? argv[i] : "NULL");
   }
   Serial.printf("\n");

   return 0;
}

int DBOpen(const char *filename, sqlite3 **db)    // 데이터베이스 파일을 여는 함수
{
   int rc = sqlite3_open(filename, db);

   if(rc)                                         // 결과가 0이 아니면, DB 오픈 실패
   {
      Serial.printf("Can't open database: %s\n", sqlite3_errmsg(*db));
      return rc;
   }
   else                                           // 결과가 0이면, DB 오픈 성공
   {
      Serial.printf("Opened database successfully\n");
   }

   return rc;
}
```

```
char *zErrMsg;                                       // 오류 메시지 문자열 저장 포인터

int DBExec(sqlite3 *db, const char *sql)             // SQL 명령문 실행 함수
{
   Serial.println(sql);

   long startCmdTime = micros();                     // 명령 실행 시간 기록
   int rc = sqlite3_exec(db, sql, CallBack, (void*)data, &zErrMsg);

   if(rc != SQLITE_OK)                               // 오류이면,
   {
      Serial.printf("SQL error: %s\n", zErrMsg);
      sqlite3_free(zErrMsg);
   }
   else
   {
      Serial.printf("Operation done successfully\n");
   }

   Serial.print("Time taken:");
   Serial.println(micros() - startCmdTime);          // 명령문 실행 시간 계산 후 출력

   return rc;
}

void setup()
{
   Serial.begin(115200);
   sqlite3 *practiceDB;                              // 데이터베이스 객체 포인터

   if(!SPIFFS.begin(true))                           // SPIFFS 초기화 또는 시작 안 되면,
   {
      Serial.println("ESP32 System Error: Can not use SPIFFS");
      return;                                        // 종료
   }

   File root = SPIFFS.open("/");                     // SPIFFS 열어 root에 저장

   if(!root)                                         // 파일 객체가 null이면,
   {
      Serial.println("ESP32 System Error: Can not use File");
```

```
    return;                                         // 종료
  }

  root.close();                                     // 파일 객체 닫기

  File dbFile = SPIFFS.open("/practice.db");        // SPIFFS practice.db 파일 오픈

  if(!dbFile)                                       // practice.db 파일을 열 수 없으면,
  {
    Serial.println("SQLite Error: Can not Open sqlite db file");
    return;                                         // 종료
  }

  // practice.db 파일을 열 수 있음을 확인하고 파일을 닫음
  dbFile.close();

  sqlite3_initialize();                             // SQLite 라이브러리 초기화

  if(DBOpen("/spiffs/practice.db", &practiceDB))
  {                                                 // 파일 열기에 실패하면,
    Serial.println("SQLite Can not Open DB");
    return;                                         // 종료
  }

  int rc;

  // 테이블에 id가 1이고, name이 'Lucy'인 개체 추가
  rc = DBExec(practiceDB, "INSERT INTO test VALUES (1, 'Lucy');");

  if(rc != SQLITE_OK)                               // 오류가 없음이 아니라면, 즉 오류이면,
  {
    sqlite3_close(practiceDB);
    return;                                         // 종료
  }

  // 테이블에 id가 2이고, name이 'Mary'인 개체 추가
  rc = DBExec(practiceDB, "INSERT INTO test VALUES (2, 'Mary');");

  if(rc != SQLITE_OK)
```

```
    {
      sqlite3_close(practiceDB);
      return;
    }

    rc = DBExec(practiceDB, "SELECT * FROM test");

    if(rc != SQLITE_OK)
    {
      sqlite3_close(practiceDB);
      return;
    }
}

void loop()
{

}
```

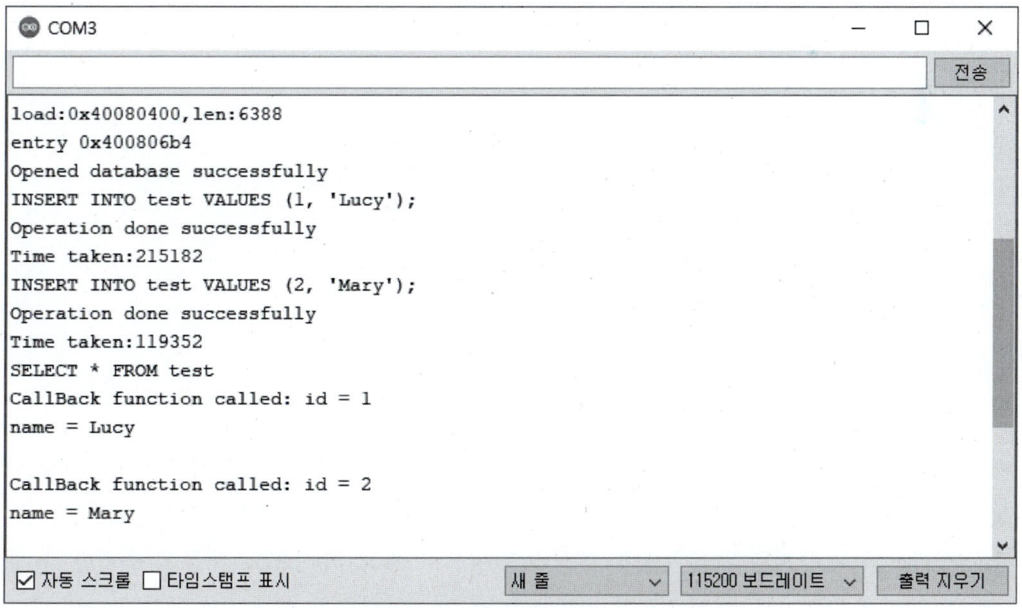

[그림 12-32] SQLite 데이터베이스 쓰고 읽기 실행

◇ 코드 추가 설명

■ ESP32_SQLite_practice.ino 파일의 6 라인 ~ 19 라인

```
const char* data = "CallBack function called";

static int CallBack(void *data, int argc, char **argv, char **azColName)
{
......
}
```

CallBack() 함수는 사용자가 정의한 것으로 콜백 함수 메시지, 데이터 갯수, 데이터 항목, 데이터 항목의 분류명 매개 변수를 가진다. sqlite3_exec() 함수가 실행되면서 CallBack() 함수가 호출되며, CallBack() 함수의 첫 번째 매개 변수는 sqlite3_exec() 함수의 네 번째 매개 변수를 void 포인터로 전달받는다.

■ ESP32_SQLite_practice.ino 파일의 38 라인 ~ 61 라인

```
char *zErrMsg;
......
   int rc = sqlite3_exec(db, sql, CallBack, (void*)data, &zErrMsg);

   if(rc != SQLITE_OK)
   {
      Serial.printf("SQL error: %s\n", zErrMsg);
      sqlite3_free(zErrMsg);
   }
......
   return rc;
}
```

sqlite3_exec() 함수는 데이터베이스 객체, SQL 쿼리문, 콜백 함수, 콜백 함수의 첫 번째 매개 변수, 에러 메시지 포인터 주솟값을 받아 SQL 쿼리문 실행 결과를 반환한다. 에러 메시지를 저장하고 있는 문자열 배열은 동적 메모리 할당으로 생성되었으므로 내용을 출력한 후 메모리 누수(memory leak)를 방지하기 위해 sqlite3_free() 함수를 실행하여 동적 할당된 메모리를 해제한다.

12.3.6 Firebase 데이터베이스 구성

파이어베이스는 모바일 및 웹 애플리케이션 개발 플랫폼으로 데이터베이스 외에도 사용자 인증, 스토리지 등의 백엔드 기능을 클라우드 서비스 형태로 제공하기 때문에 서버리스(serverless) 애플리케이션 개발이 가능하다. 파이어베이스는 문서 형식의 빠르고 간편한 NoSQL 기반의 데이터베이스를 도입하여 다른 데이터베이스와 다르게 실시간으로 데이터를 전송해 주는 방식의 RTSP(Real Time Stream Protocol) 데이터베이스를 지원하고 있다. 따라서 소켓 기반 서버를 만들어서 통신하는 것보다 코드 양이 크게 줄게 되어 코드 몇 줄로도 원하는 구성을 만들 수 있다.

앞서 언급한 바와 같이 프로젝트 진행 시, SQLite와 파이어베이스 중에서 선택할 수 있도록 파이어베이스를 이용해서 같은 형태의 데이터베이스 실습을 해본다.

12.3.6.1 Firebase 설정

① Firebase를 사용하기 위해서는 구글 계정이 필요하다. 구글 계정으로 로그인한 뒤 Firebase 홈페이지(https://firebase.google.com)에 접속한다. 메인 페이지의 '시작하기' 버튼을 누르거나, 우측 상단의 '콘솔로 이동' 메뉴를 누른다.

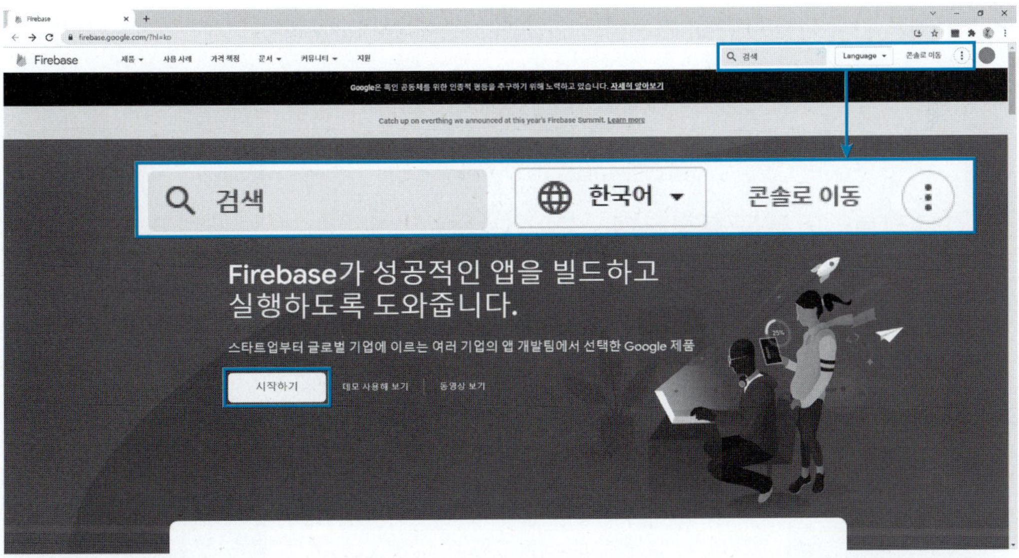

[그림 12-33] Firebase 홈페이지

② '프로젝트 만들기' 버튼을 눌러 프로젝트를 생성한다.

[그림 12-34] 프로젝트 생성

③ 프로젝트 만들기(1/3 단계): 프로젝트 이름과 약관에 동의 체크한 뒤 '계속' 버튼 클릭!

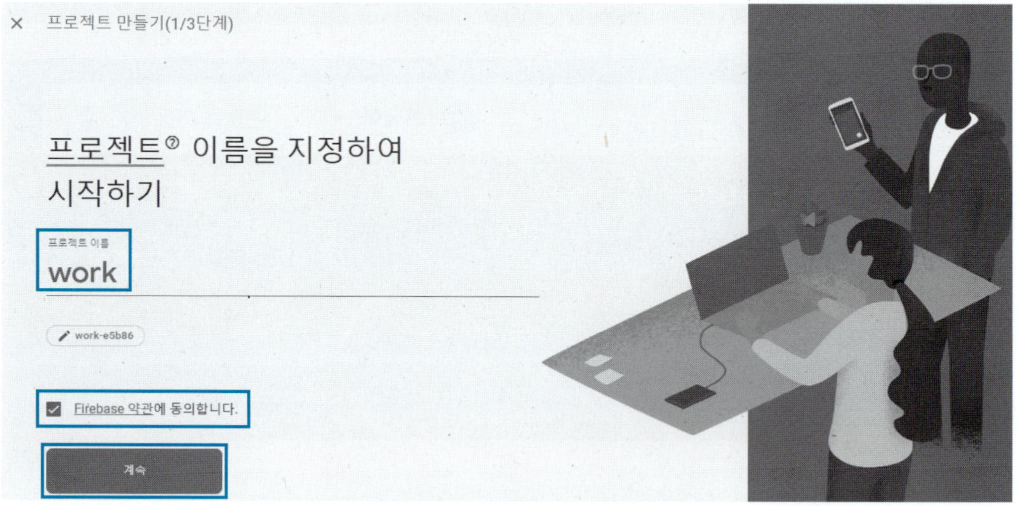

[그림 12-35] 프로젝트 이름 설정

④ 프로젝트 만들기(2/3 단계): 파이어베이스 프로젝트를 위한 구글 애널리틱스 사용 설정 부분을 비활성화한 뒤 프로젝트 만들기 버튼을 클릭한다. 애널리틱스는 앱 사용과 관련된 다양한 통계 정보를 제공하는 기능이다.

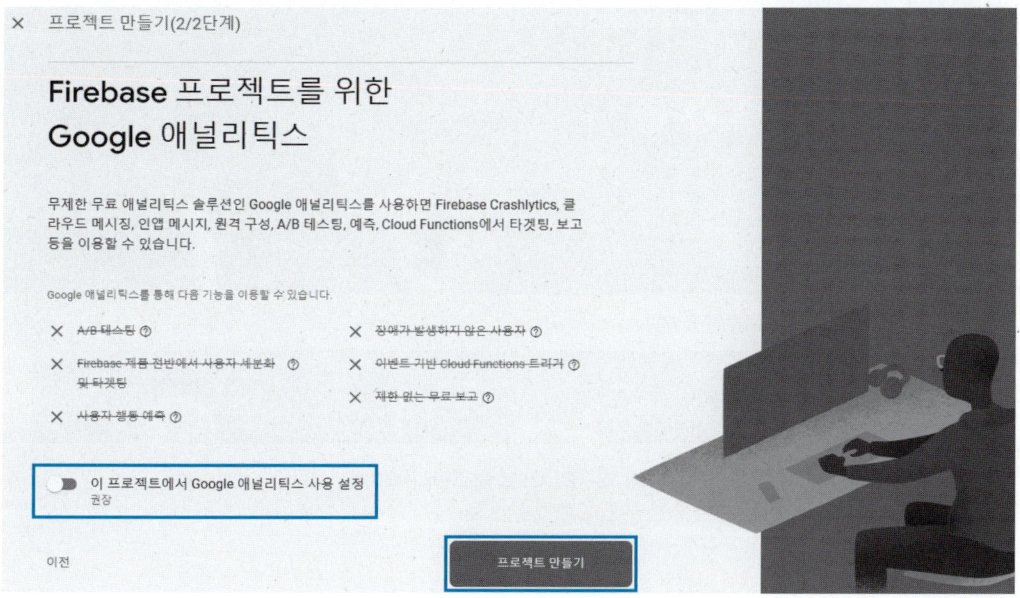

[그림 12-36] 구글 애널리틱스 기능 비활성화

⑤ 프로젝트 생성이 완료되면 프로젝트 이름과 '새 프로젝트가 준비되었습니다.'라는 메시지를 보여준다. '계속' 버튼을 눌러 프로젝트 관리 페이지로 이동한다.

파이어베이스는 데이터베이스에 접근하기 위한 비밀번호, 전화번호, 익명, 구글, 페이스북, 트위터, 깃허브 등을 통한 인증 시스템을 지원한다.

왼쪽 메뉴에서 [빌드]-[Authentication] 항목을 선택한다.

[그림 12-37] 프로젝트 관리 페이지

⑥ '시작하기' 버튼 클릭!

[그림 12-38] 인증 설정 시작

⑦ ESP32 보드에서 데이터베이스에 접근할 때 인증 수단을 설정하는 페이지로 '익명'을 선택한 뒤에 '사용 설정'으로 활성화하고 저장한다.

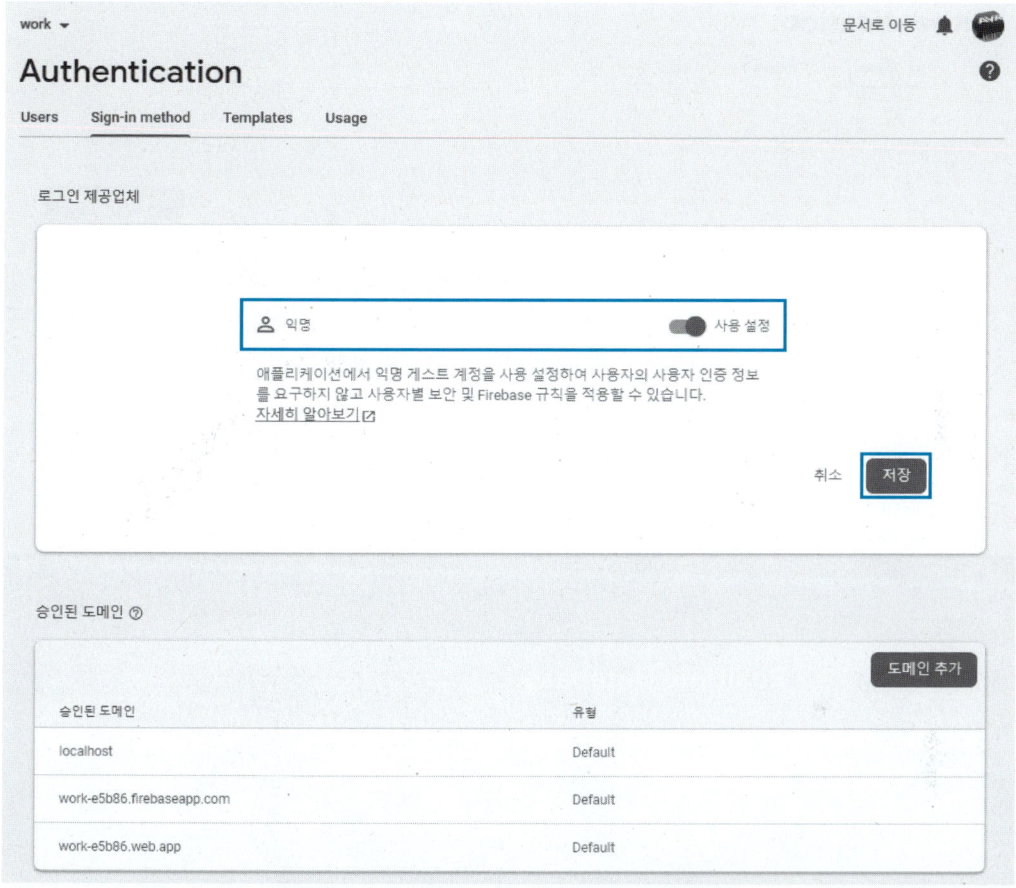

[그림 12-39] 익명 게스트 계정 사용 설정

⑧ 인증 설정이 정상적으로 완료되었는지 확인한다.

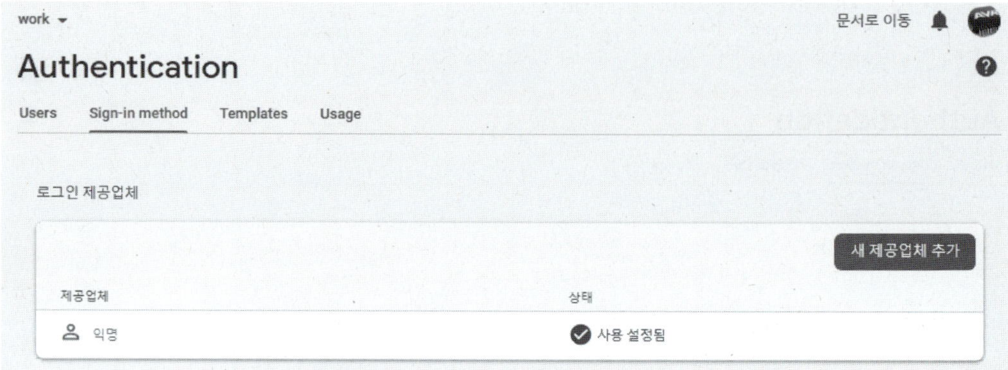

[그림 12-40] 익명 접근 허용 여부 확인

⑨ 데이터베이스를 만들기 위해 [빌드]-[Realtime Database] 항목을 선택한 뒤, '데이터베이스 만들기' 버튼 클릭!

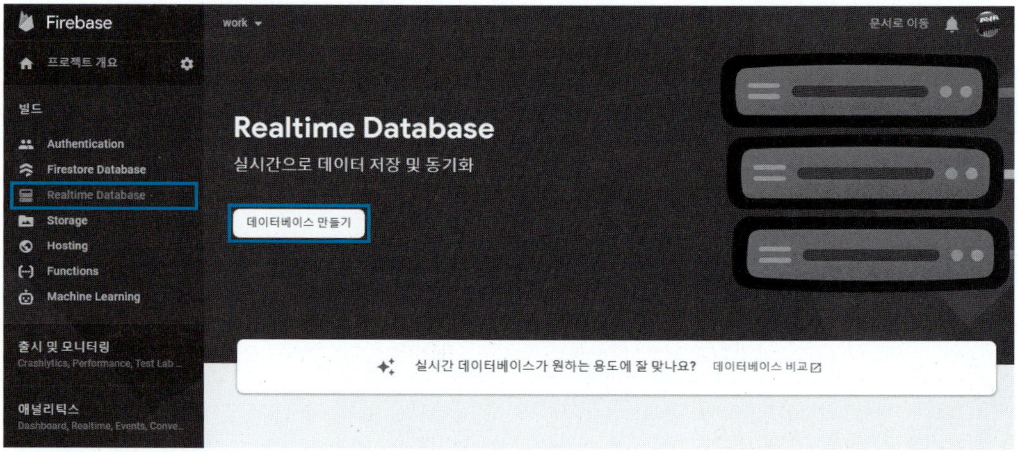

[그림 12-41] 데이터베이스 만들기

⑩ 데이터베이스 서버를 선택한다. 현재 실시간 데이터베이스 서버는 미국, 벨기에, 싱가포르가 있다. 이 중에 한국과 상대적으로 가까운 싱가포르 서버를 선택하고 '다음' 버튼을 누른다. 한국에는 데이터베이스 서버가 없으므로 서버의 응답 속도가 느릴 때가 있다는 것이 단점으로 지적된다.

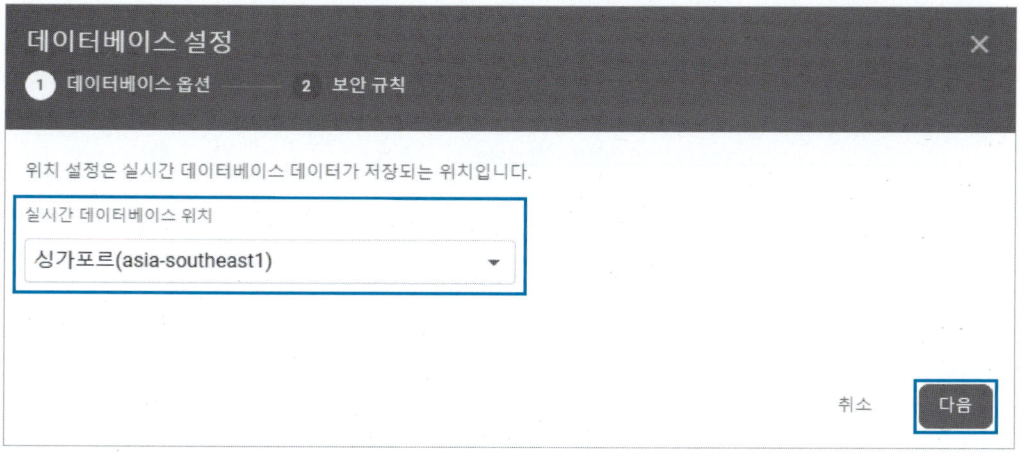

[그림 12-42] 데이터베이스 서버 선택

⑪ 데이터베이스의 보안 규칙은 '잠금 모드로 시작'과 '테스트 모드에서 시작' 두 가지 옵션이 있다. 실습이므로 '테스트 모드에서 시작'으로 설정하고 '사용 설정' 버튼을 눌러 데이터베이스 설정을 마무리한다.

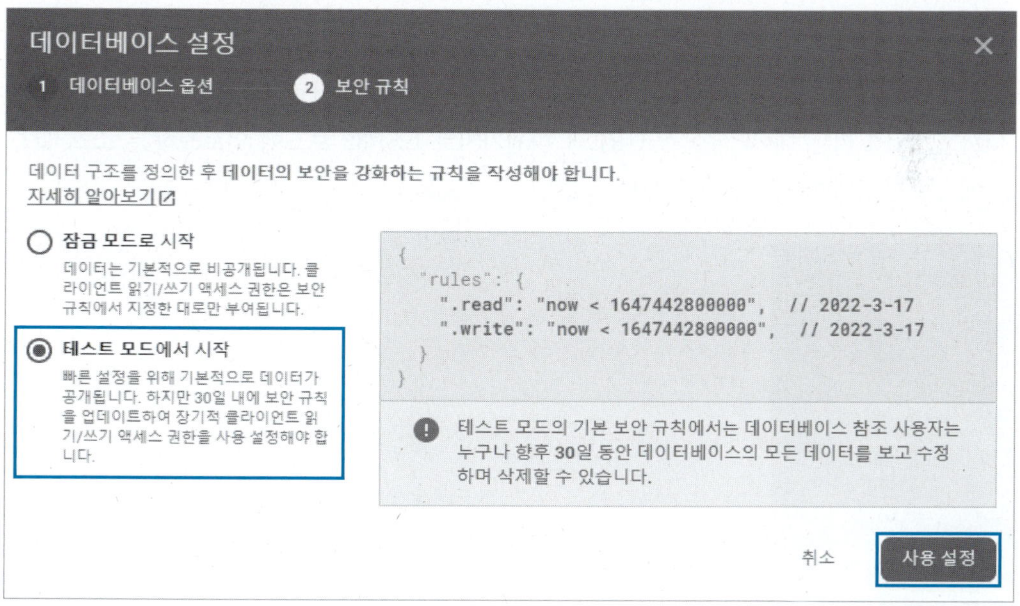

[그림 12-43] 데이터베이스 보안 규칙 설정

⑫ 실시간 데이터베이스에 접근하기 위한 URL 경로를 확인할 수 있다. ESP32 보드에서 사용해야 하므로 메모장 같은 문서 툴을 이용하여 저장해 둔다.

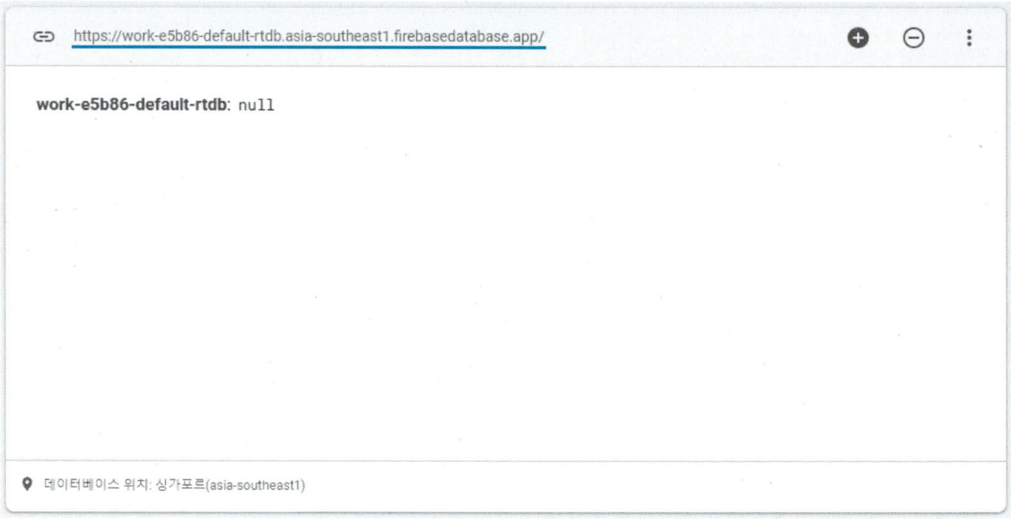

[그림 12-44] 데이터베이스 생성

⑬ ESP32 보드에서 데이터베이스에 접근하기 위해 웹 API 키도 확인해야 한다.
왼쪽 상단의 톱니바퀴 버튼을 눌러 [프로젝트 설정] 메뉴로 이동한다. 내 프로젝트 항목에서 웹 API 키는 데이터베이스 URL과 마찬가지로 ESP32 보드에 업로드하는 소스 코드에 필요한 정보이므로 저장해 둔다.

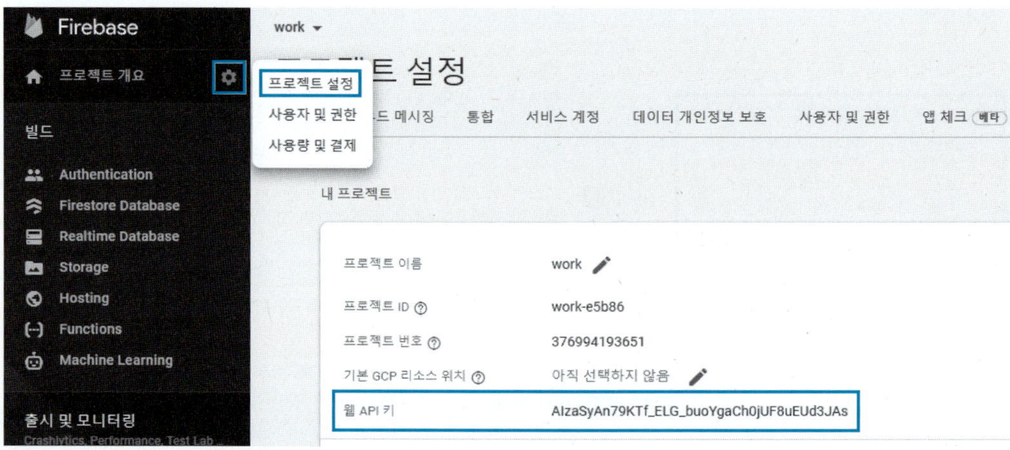

[그림 12-45] 프로젝트 설정 페이지에서 웹 API 키 확인

12.3.6.2 ESP32 보드에서 Firebase 데이터베이스 읽고 · 쓰기

> **ESP32 보드에서 Firebase 데이터베이스 읽고 · 쓰기**
> • ESP32_Firebase_Practice: 폴더
> └ ESP32_Firebase_Practice.ino: ESP32 보드 업로드 소스 파일

① Firebase 데이터베이스 설정 과정을 참고하여 실시간 데이터베이스를 만들고, 웹 API 키와 데이터베이스 URL 정보를 확인한다.

② ESP32 보드에서 Firebase를 사용하기 위해서 Firebase 클라이언트 라이브러리가 필요하다. 아두이노 IDE의 라이브러리 매니저에서 'Firebase ESP Client'를 검색하여 'Firebase Arduino Client Livrary for ESP8266 and ESP32' 라이브러리를 설치한다.

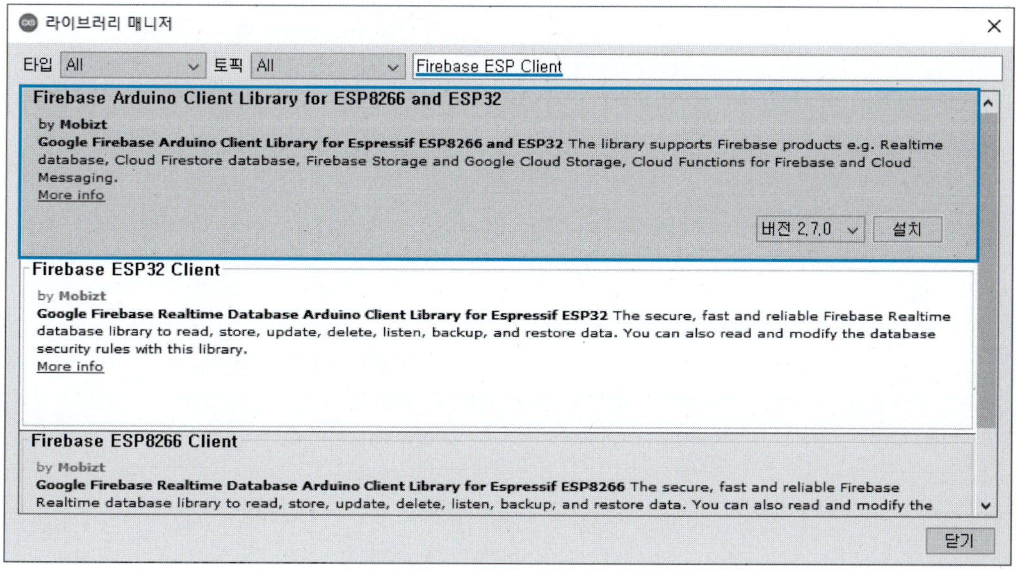

[그림 12-46] Firebase 클라이언트 라이브러리 설치

③ ESP32_Firebase_Practice.ino 소스 코드의 6 라인과 7 라인에 각각 웹 API 키와 데이터베이스 URL 정보를 입력하고, 13 라인과 14 라인에 무선 공유기의 SSID와 비밀번호를 입력한 뒤, ESP32_Firebase_Practice.ino 스케치를 ESP32 보드에 업로드한다.

```
// ESP32_Firebase_Practice.ino

#include <WiFi.h>                                   // 인터넷 연결 라이브러리 포함
#include <Firebase_ESP_Client.h>                    // Firebase 라이브러리 포함
#include <addons/TokenHelper.h>                     // 토큰 생성 프로세스 정보 제공
#include <addons/RTDBHelper.h>                      // RTDB 페이로드 정보 및 기타 기능

#define  API_KEY   "_"                              // 본인의 웹 API Key 입력
#define  DATABASE_URL   "_"                         // 본인의 URL 입력

FirebaseData fbdo;                                  // Firebase 데이터 객체 생성
FirebaseAuth auth;                                  // Firebase 인증 데이터 객체 생성
FirebaseConfig config;                              // Firebase 구성 데이터 객체 생성

const char* ssid = "_";                             // 본인의 무선 공유기 SSID 입력
const char* password = "_";                         // 본인의 무선 공유기 패스워드 입력

void setup()
{
  Serial.begin(9600);

  WiFi.begin(ssid, password);                       // 무선 공유기 연결 시작

  if(WiFi.waitForConnectResult() != WL_CONNECTED)
  {                                                 // 무선 공유기 연결 실패 시,
    Serial.println("WiFi Error: wWiFi Connection Failed!");
    return;                                         // 실패 메시지 출력 후 종료
  }
  else                                              // 무선 공유기 연결되면,
  {
    Serial.print("IP Address: ");
    Serial.println(WiFi.localIP());                 // ESP32 보드에 할당된 IP 주소 출력
  }

  config.api_key = API_KEY;                         // Firebase API 키 저장
  config.database_url = DATABASE_URL;               // Firebase 데이터베이스 주소 저장

  if(Firebase.signUp(&config, &auth, "", ""))       // Firebase 사용자 로그인
```

```
{
  Serial.println("firebase log in success.");
}
else
{
  Serial.print("Fail to log in: ");
  Serial.println(config.signer.signupError.message.c_str());
}

// 장시간 접속을 위한 토큰 생성 함수 설정
config.token_status_callback = tokenStatusCallback;

Firebase.begin(&config, &auth);                   // Firebase 인증과 구성으로 초기화
Firebase.reconnectWiFi(true);                     // 무선 공유기 재접속 시도 설정

if(Firebase.ready())                              // Firebase 준비 완료 시,
{
  String insertURL = String("node");              // 문자열이 설정될 노드의 경로

  // 데이터베이스 실행 결과
  bool resultInsert = Firebase.RTDB.setString(&fbdo, insertURL.c_str(), "hello world");
  if(resultInsert)
  {
    Serial.println("Success to insert test");
  }
  else
  {
    Serial.print("Fail to insert test: ");
    Serial.println(fbdo.errorReason());           // 에러 이유 출력
  }

  Serial.println("READ DB");

  if(Firebase.RTDB.getString(&fbdo, "node"))
  {                                               // 해당 경로의 데이터 읽기
    String result = fbdo.stringData();            // 문자열로 읽고 저장
    Serial.println(result);
  }
```

```
      else
      {
        Serial.print("Fail to get test: ");
        Serial.println(fbdo.errorReason());
      }
    }
    else
    {
      Serial.println("Firebase is not Ready.");
    }
}

void loop()
{

}
```

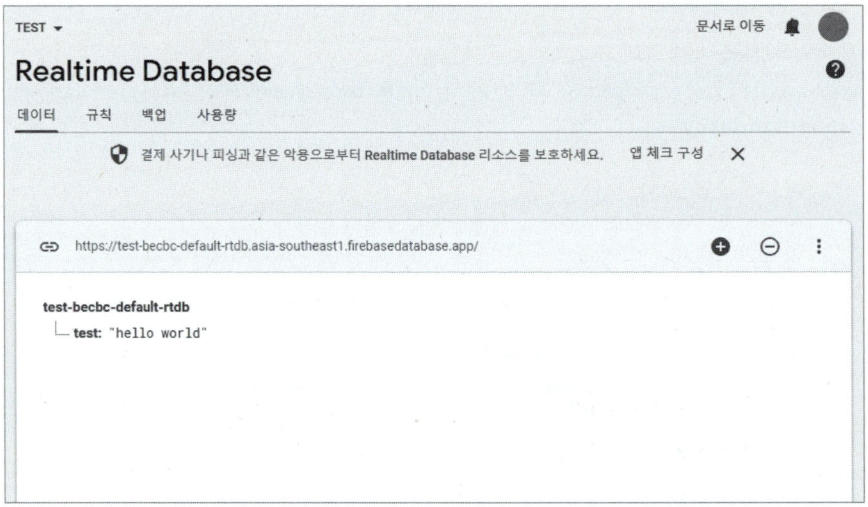

(a) Firebase 데이터베이스 저장

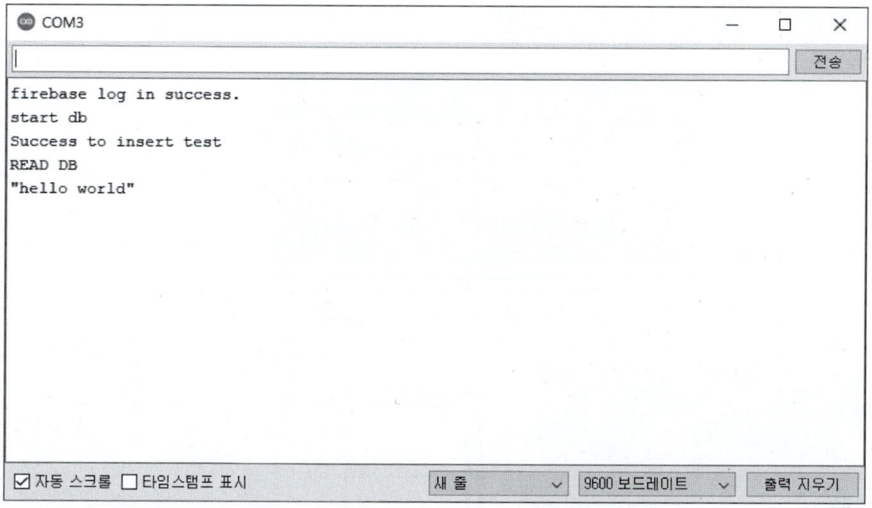

(b) 시리얼 모니터로 출력

[그림 12-47] Firebase 데이터베이스 저장과 출력

◇ 코드 추가 설명

■ ESP32_Firebase_Practice.ino 파일의 47 라인

```
config.token_status_callback = tokenStatusCallback;
```

tokenStatusCallback은 addons/TokenHelper.h 라이브러리에 정의된 함수로 로그인 상태를 유지하기 위한 토큰을 생성해 주는 함수이다. 로그인에 성공하면 인증 정보가 auth 객체에 저장된다.

■ ESP32_Firebase_Practice.ino 파일의 54 라인 ~ 57 라인

```
String insertURL = String("node");
bool resultInsert = Firebase.RTDB.setString(&fbdo, insertURL.c_str(), "hello world");
```

Firebase 데이터베이스는 데이터를 테이블 형태로 저장하지 않고 제이슨(JavaScript Object Notation, JSON) 객체로 저장한다. setString() 함수는 FirebaseData 객체, 문자열 데이터가 설정될 노드의 경로, 문자열을 매개변수로 받는다. 문자열 데이터가 설정될 노드의 경로 'node'와 'hello world' 문자열이 저장된다.

12.4 IoT 온 · 습도 모니터링 시스템

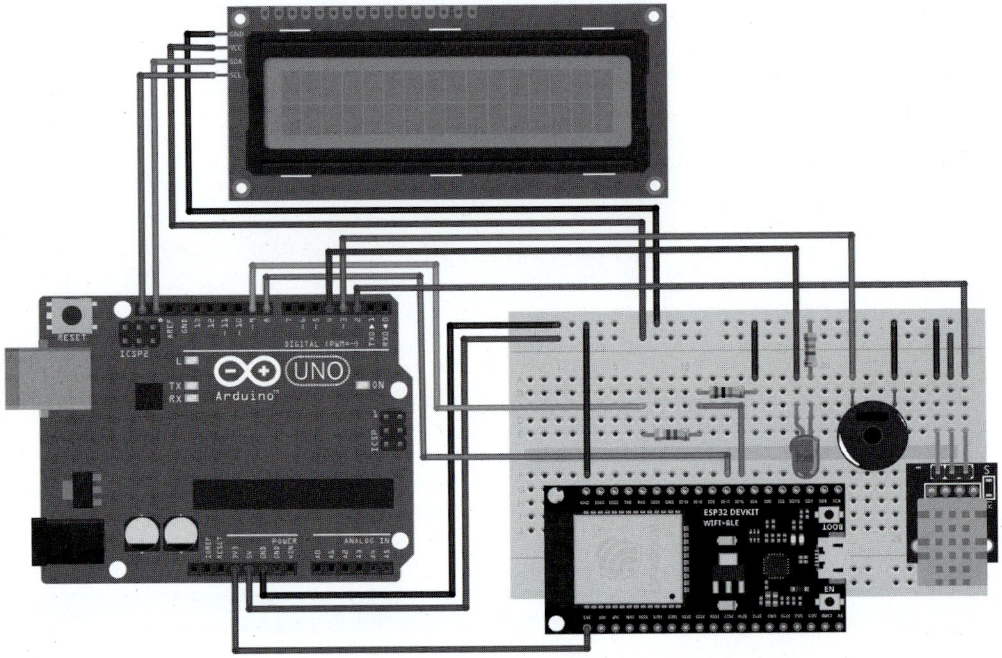

I^2C C-LCD	UNO 보드
SDA	SDA
SCL	SCL
VCC	5 V
GND	GND

ESP32 보드	UNO 보드
IO 17(Tx)	8
IO 16(Rx)	9
3.3 V	3.3 V
GND	GND

DHT 11 모듈	UNO 보드
Signal(S)	2
VCC(+)	5 V
GND(−)	GND

버저	UNO 보드
(+)극	3
GND	GND

LED	UNO 보드
긴 리드	4
짧은 리드	GND

[그림 12-48] IoT 온 · 습도 모니터링 시스템 회로 연결

[그림 12-48] 회로는 최종 프로젝트 회로이며, 필수적인 부품이 아니라면 변경해도 되며, 연결 핀도 상황에 따라 변경해도 괜찮다. 공급 전원을 신경 써서 연결하고 아두이노 우노 보드와 ESP32 보드 사이에 시리얼 통신 회로를 연결할 때 전압분배 저항기가 올바르게 연결되어

있는지를 확인한다. ESP32 보드는 전원을 잘못 연결하거나 중첩해서 전원부를 사용하면 망가질 수 있으니 주의한다.

아두이노 우노 보드에서 처리하는 코드와 ESP32 보드에서 처리하는 코드가 다르므로 소스 코드 업로드 시 구분해서 각각 업로드하도록 하고, 두 보드를 PC에 연결한 상태에서 개발할 때 아두이노 IDE 작업창 두 개를 띄워놓고 작업하면 된다. 데이터베이스를 SQLite와 Firebase를 선택해서 구성할 수 있는데 두 개의 최종 프로젝트 예제가 각각 제공되기 때문에 선택하면 되지만, 데이터베이스 사용 방법이나 소스 코드가 달라지므로 경험적 측면에서 가능하면 두 개의 예제를 모두 구현해 보도록 한다.

12.4.1 아두이노 우노로 구현한 온 · 습도 데이터 수집 및 전송

ESP32 IoT 모니터링 시스템에서 아두이노 우노는 DHT11 센서를 이용하여 사용자가 설정한 주기마다 온·습도 값을 읽고, 그 값은 시리얼 통신으로 ESP32에 전달하고, 사용자가 설정한 제한 값과 비교하여 제한 값보다 크면 버저와 LED를 동작시킨다. 주기 값과 제한 값은 사용자가 웹에서 따로 설정할 수 있으며, 그 값은 아두이노 우노의 EEPROM에 저장된다. 실습을 수행하기 위해서는 [그림 12-2]의 소스 코드가 필요하다.

> **아두이노 보드의 온 · 습도 데이터 수집 및 전송**
> - IoTProject_Arduino.ino: 아누이노 우노 보드 업로드 소스 파일

① IoTProject_Arduino.ino 스케치를 실행하고 아두이노 우노 보드에 업로드한다.

② 시리얼 모니터 창을 열어 [그림 12-49]와 같이 초기화가 정상적으로 이루어지고 EEPROM에 저장한 값이 출력되는지 확인한다. 웹으로부터 전송된 온·습도 값 측정 주기, 제한 값에 대한 명령을 아두이노 우노 보드의 EEPROM에 저장한다. 그리고 아두이노 우노 보드에서 측정된 온·습도 값이 ESP32 보드로 전송되고 ESP32 보드는 온·습도 값을 수신 받아 데이터베이스에 저장한다.

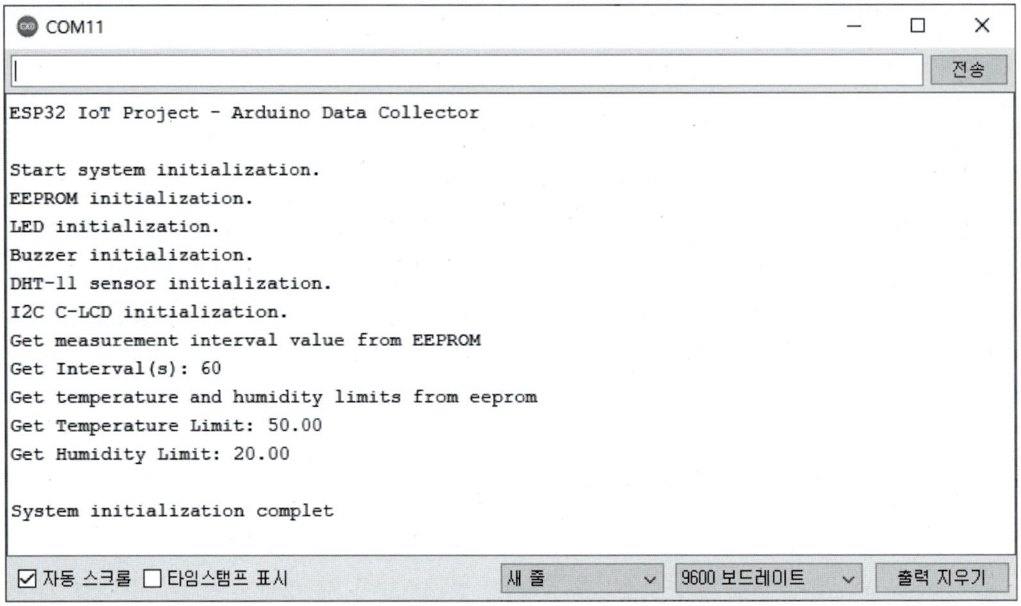

[그림 12-49] IoTProject_Arduino 예제 출력 결과

◇ 코드 추가 설명

■ IoTProject_Arduino.ino 파일의 322 라인 ~ 332 라인

```
serialToEsp32.write(0xF0);

serialToEsp32.write((int)humidity >> 24);
serialToEsp32.write((int)humidity >> 16);
serialToEsp32.write((int)humidity >> 8);
serialToEsp32.write((int)humidity);

serialToEsp32.write((int)temperature >> 24);
serialToEsp32.write((int)temperature >> 16);
serialToEsp32.write((int)temperature >> 8);
serialToEsp32.write((int)temperature);
```

측정된 온·습도 값을 시리얼 통신으로 1바이트씩 ESP32 보드로 보내는 부분으로 온·습도 데이터의 전송을 알리는 코드 0xF0를 먼저 전송한 뒤에 자료형이 float형인 온도와 습도 값을 int형으로 자료형을 변환한 뒤 상위 바이트부터 하위 바이트까지 총 4바이트를 연속으로 전송한다.

12.4.2 ESP32 Web Server + SQLite로 구현한 데이터 관리 서버

> **ESP32 Web Server + SQLite로 구현한 데이터 관리 서버**
>
> • IoTProject_ESP32_SQLite: 폴더
>   └ IoTProject_ESP32_SQLite.ino: ESP32 보드 업로드 소스 파일
>   └ data: ESP32 보드의 SPIFFS로 업로드할 파일이 포함된 폴더
>   └ index.html: 웹 페이지 파일
>   └ project.db: 온·습도 값 저장을 위한 SQLite 데이터베이스 파일

data 폴더 내의 index.html 파일은 사용자가 측정된 온·습도 값을 원격지에서 웹 브라우저를 통해 모니터링하고 관리하기 위한 내용으로 작성되어 있다. index.html 파일은 ESP32 Web Server + SQLite로 구현한 데이터 관리 서버 폴더와 ESP32 Web Server + Firebase로 구현한 데이터 관리 서버 폴더에 같은 파일이 포함되어 있다. 사용하는 데이터베이스와 관련된 부분은 차이가 있으나 전체적으로 같은 내용이다.

① ESP32 보드에서 사용할 데이터베이스 테이블은 [그림 12-50]처럼 생성한다. 데이터베이스에는 습도를 저장하는 humidity 엔티티(entity)와 온도를 저장하는 temperature 엔티티가 있다. 본인이 직접 만들어 구성하는 것이 좋지만, data 폴더에 있는 project.db 파일을 그대로 사용해도 무방하다. 직접 생성한 데이터베이스 파일을 사용할 때는 데이터베이스 파일명을 project.db로 일치시킨다. 만약 다른 이름으로 생성한 데이터베이스 파일을 사용하려면 ESP32 보드로 업로드할 IoTProject_ESP32_SQLite.ino 파일의 323 라인과 335 라인의 데이터베이스 이름 코드 부분을 수정한다.

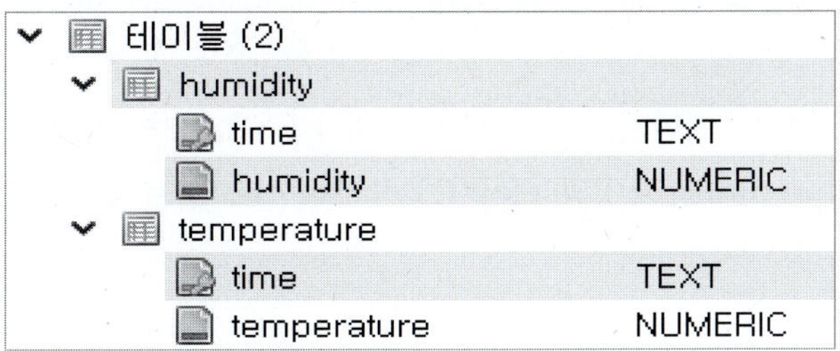

[그림 12-50] 프로젝트에 사용되는 데이터베이스 테이블 구조

② [툴]-[ESP32 Sketch Data Upload] 메뉴를 눌러 데이터베이스 파일과 index.html 파일

을 ESP32 보드의 SPIFFS에 업로드한다.

③ IoTProject_ESP32_SQLite.ino 파일에서 본인의 무선 공유기 SSID와 비밀번호를 설정하고 소스 코드를 업로드한다.

④ ESP32 보드와 아두이노 우노 보드 사이에 시리얼 통신으로 온·습도 데이터를 송·수신하는 상태이므로 [그림 12-51]과 같이 SQLite 데이터베이스 파일에 온·습도가 저장되는 것을 확인할 수 있다. 시리얼 모니터 창에서 가장 먼저 파일 목록이 출력되는데 이것은 실제 SPIFFS에 저장된 파일을 보여주는 것이다. 파일 중에서 project.db-journal은 SQLite 라이브러리에서 생성한 파일이다.

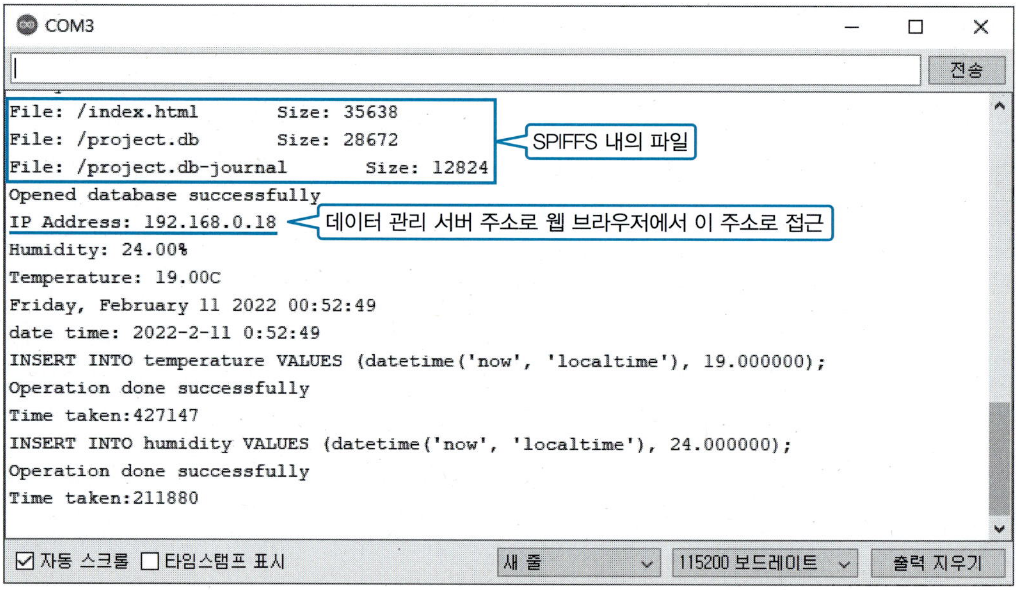

[그림 12-51] 온 · 습도 값을 SQLite 데이터베이스에 저장

⑤ 클라이언트의 웹 브라우저에서 데이터 관리 서버인 ESP32 보드의 IP 주소를 입력하여 접근하면 데이터 관리 서버는 요청된 페이지를 클라이언트 웹 브라우저로 전송한다.

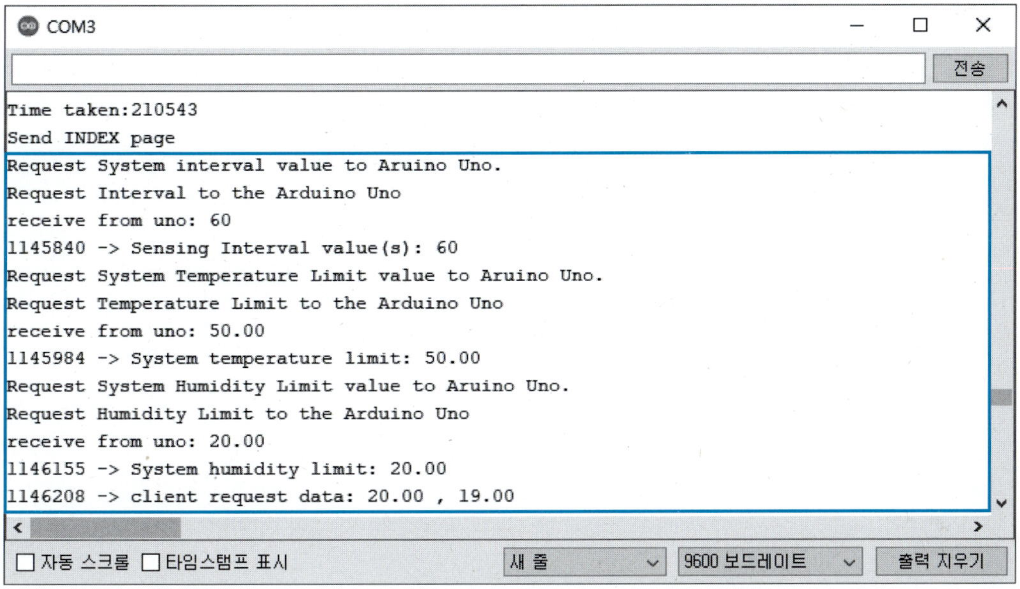

[그림 12-52] 클라이언트가 서버로 요청한 데이터 정보

☞ ESP32 보드에서 시리얼 모니터 창이 실행되어 있는 상태에서 클라이언트의 웹 브라우저로 ESP32 보드, 즉 데이터 관리 서버로 접근하면 최초 온·습도 값의 측정 주기, 아두이노 우노 보드에 설정된 온도의 제한값, 아두이노 우노 보드에 설정된 습도의 제한값, 온·습도 측정값을 확인할 수 있다.

☞ 클라이언트가 웹 브라우저에서 온·습도 값의 측정 주기, 아두이노 우노 보드에 설정된 온도의 제한값, 아두이노 우노 보드에 설정된 습도의 제한값을 설정할 수 있고 요청된 정보는 최종적으로 아두이노 우노 보드의 EEPROM에 저장되어 반영된다.

◇ 코드 추가 설명

■ IoTProject_ESP32_SQLite.ino 파일의 49~, 86~, 535~ 라인

```
static int CallBackGetLog(void *data, int argc, char **argv, char ** azColName)
{
   Serial.print("argc: ");
   Serial.println(argc);

   for(int i = 0; i < argc; i++)
```

```
  {
    if(i == 0)
    {
      getLogResult += String(argv[i] ? argv[i] : "0") + "=";
    }
    else
    {
      getLogResult += String(argv[i] ? argv[i] : "0") + "/";
    }
  }
  return 0;
}
......
int DBExec(sqlite3 *db, const char *sql, int (*callback)(void *, int, char **, char **))
{
......
  int rc = sqlite3_exec(db, sql, callback, (void*)data, &szErrMsg);
......
}
......
server.on("/temperature", HTTP_POST, [](AsyncWebServerRequest * request)
{
......
  int rc = DBExec(projectDB, logQuery.c_str(), CallBackGetLog);
......
});
```

클라이언트에서 기간 내 온·습도 데이터를 요청(580 라인 또는 626 라인)하면 시작과 종료 기간을 추출해서 〈표 12-1〉처럼 SELECT 명령을 만들고, 616 라인 또는 662 라인의 DBExec() 함수가 실행된다. DBExec() 함수에서 SELECT 명령을 실행하기 위해 sqlite3_exec() 함수를 호출하고, sqlite3_exec() 함수는 사용자가 정의한 콜백 함수인 CallBackGetLog() 함수를 호출한다. 데이터베이스에 시간 정보와 온·습도 데이터가 각각 〈표 12-1〉과 같은 형태로 저장되어 있는데, 조회 기간 내의 데이터를 웹 브라우저에서 사용할 수 있는 형태로 보내기 위해 온도 또는 습도 데이터를 "[시간]=[온도 또는 습도 데이터]/"의 형태로 만들어 준다. 이것은 자바스크립트로 처리하기 위해서 '='와 '/' 구분자를 붙여서 저장한 것으로 결과적으로 웹 브라우저에서 그래프나 CSV 파일로 처리할 수 있도록 한 것이다.

〈표 12-1〉 SQL 명령과 지정된 기간의 데이터 조회 결과의 예

```
SELECT * FROM temperature WHERE time BETWEEN '2021-12-01 00:00:00' AND '2021-12-01 1:00:00';
```

time	temperature
2021-12-01 00:10:00	24
2021-12-01 00:20:00	21
2021-12-01 00:30:00	23
2021-12-01 00:40:00	22
2021-12-01 01:00:00	20

■ IoTProject_ESP32_SQLite.ino 파일의 733 라인 ~ 743 라인

```
char queryInsertTemperature[128];
char queryInsertHumidity[128];

memset(queryInsertTemperature, 0, 128);
memset(queryInsertHumidity, 0, 128);

sprintf
(
  queryInsertTemperature,
  "INSERT INTO temperature VALUES (datetime('now', 'localtime'), %f);",
  temperature
);
sprintf
(
  queryInsertHumidity,
  "INSERT INTO humidity VALUES (datetime('now', 'localtime'), %f);",
  humidity
);

int rcTemperature = DBExec(projectDB, queryInsertTemperature, callback);
int rcHumidity = DBExec(projectDB, queryInsertHumidity, callback);
```

아두이노 우노 보드에서 시리얼 통신으로 전송되는 온·습도 값을 ESP32 보드의 데이터베이스에 저장하기 위해서 SQL INSERT 명령어를 사용한다. 128바이트 크기의 문자 배열을 만

들고 memset() 함수로 배열을 초기화한다. memset() 함수는 연속적인 메모리를 초기화하는 C 표준 함수로 시작 주소, 쓸 값, 데이터 크기를 매개 변수로 받는다.

sprintf() 함수는 print() 함수와 유사하지만, 인자들을 특정한 규칙에 맞게 변환해서 출력하는 기능이 있다. datetime('now', 'localtime') 인자는 ESP32 보드의 RTC에서 처리되는 현재의 시간을 처리하고, 실수형의 온도 또는 습도 값이 반영되어 queryInsertTemperature와 queryInsertHumidity 배열에 각각 저장된다. 최종적으로 온·습도 값을 데이터베이스에 저장하기 위한 INSERT 명령을 만들기 위해 sprintf() 함수를 사용한 것이다. sprntf() 함수의 인자는 한 줄로 표현되어 있지만, 코드 설명을 위해서 줄을 나눈 것이다.

sprntf() 함수로 생성된 INSERT 명령은 DBExec() 함수를 통해 처리되어 최종적으로 데이터베이스에 시간 정보와 온·습도 값이 저장된다.

12.4.3 ESP32 Web Server + Firebase로 구현한 데이터 관리 서버

ESP32 Web Server + Firebase로 구현한 데이터 관리 서버

- IoTProject_ESP32_firebase: 폴더
  - └ IoTProject_ESP32_firebase.ino: ESP32 보드 업로드 소스 파일
  - └ data: ESP32 보드의 SPIFFS로 업로드할 파일이 포함된 폴더
    - └ index.html: 웹 페이지 파일

파이어베이스를 이용하여 데이터 관리 서버를 구현하는 부분으로 앞선 실습과 크게 달라진 것은 없다. 다만 사용하는 데이터베이스가 변경되었으므로 관련된 소스 코드 부분이 수정되어야 한다. 파이어베이스를 사용하면 온·습도 값을 저장하는 데이터베이스가 ESP32 보드 내부에 저장되는 것이 아니라 클라우드 데이터베이스에 저장되므로 ESP32 보드가 인터넷에 연결되어 있으면 된다.

① Firebase를 이용하여 새 프로젝트를 생성하고 데이터베이스를 생성한다. 웹 API 키와 데이터베이스 URL을 알고 있어야 한다.

② IoTProject_ESP32_firebase.ino 스케치 파일을 열어 Firebase 데이터베이스에 접근하기 위해 17 라인과 19 라인에 웹 API 키와 데이터베이스 URL을 입력한 뒤 업로드한다.

③ [그림 12-53]과 같이 ESP32 보드의 시리얼 모니터 창을 통해 파이어베이스 데이터베이스

에 접근했음을 확인할 수 있다. 인증에 실패하면 [그림 12-54]와 같은 에러 메시지를 통해 원인을 찾아야 하는데 가장 먼저 ESP32 보드에 업로드된 소스 코드에 웹 API 키와 데이터베이스 URL이 정상적으로 입력되어 있는지 확인한다.

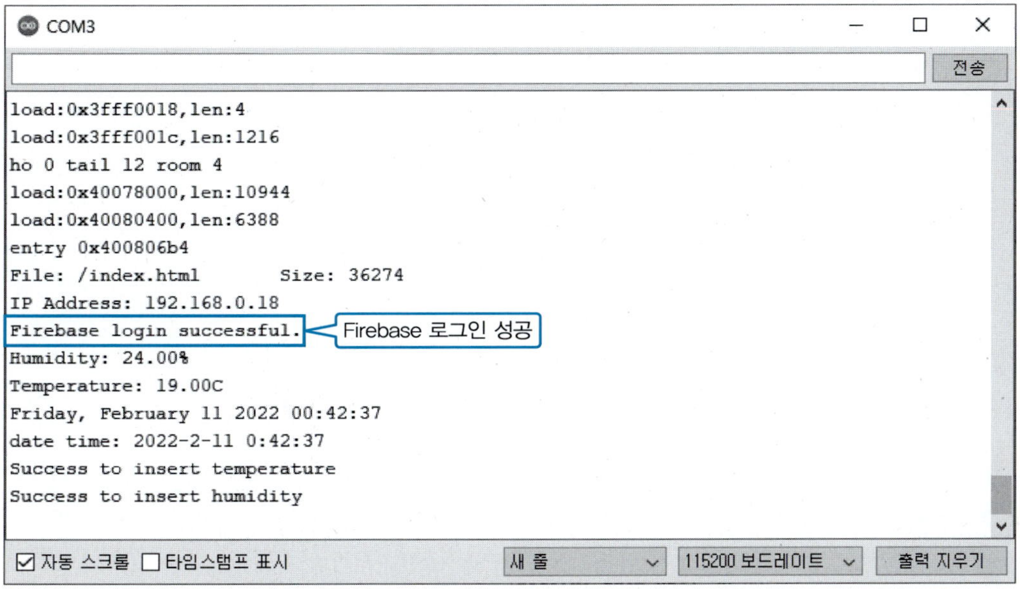

[그림 12-53] 파이어베이스 인증 성공

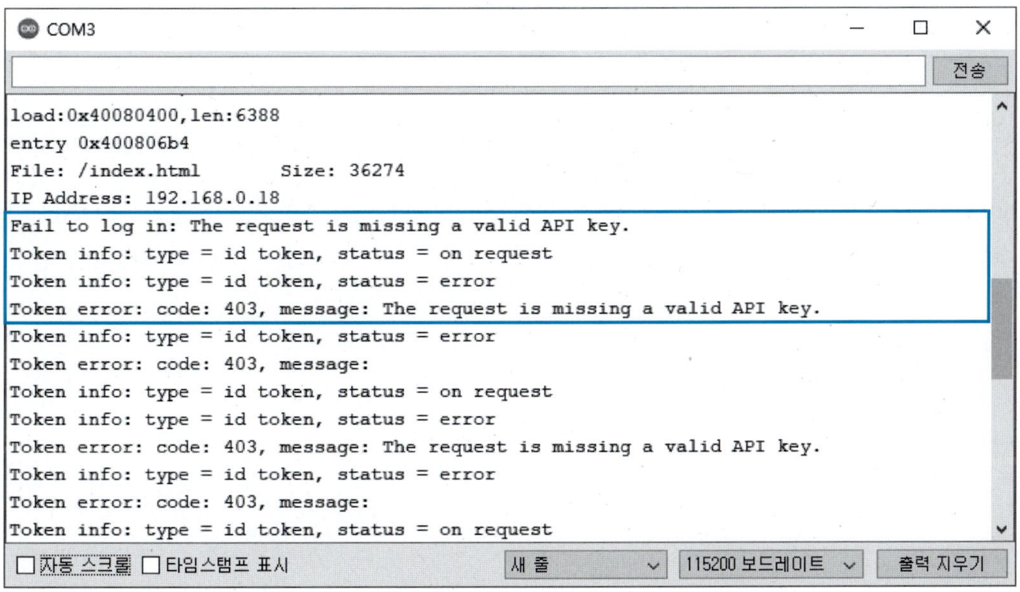

[그림 12-54] 파이어베이스 인증 실패 시 에러 메시지 출력

◇ 코드 추가 설명

■ IoTProject_ESP32_firebase.ino 파일의 542~, 588~ 라인

```
if(Firebase.ready())
{
   if(Firebase.RTDB.getJSON(&fbdo, "/temperature"))
   {
      result = fbdo.jsonString();
      Serial.println(result);

      request->send(200, "text/plain", result);
   }
......
}
......
if(Firebase.ready())
{
   if(Firebase.RTDB.getJSON(&fbdo, "/humidity"))
   {
      result = fbdo.jsonString();
      Serial.println(result);

      request->send(200, "text/plain", result);
   }
......
}
```

humidity와 temperature 값을 읽어오기 위해 getJSON() 함수를 호출한다. getJSON() 함수를 통해 노드 이름을 지정하면 해당 노드의 하위 노드 데이터를 JSON 형태로 반환한다. request 객체의 send() 멤버 함수는 웹 브라우저가 요청한 데이터를 전송하는 함수로 HTTP 응답 코드, 데이터 타입, 데이터 값을 인자로 처리한다.

■ IoTProject_ESP32_firebase.ino 파일의 665 라인 ~ 691 라인

```
if(Firebase.ready())
{
   String temperatureInsertQuery = String("/temperature/") + dateTime;
   String humidityInsertQuery = String("/humidity/") + dateTime;

   bool resultTemperature = Firebase.RTDB.setFloat(
      &fbdo,
      temperatureInsertQuery.c_str(),
      temperature
   );
......
   bool resultHumidity = Firebase.RTDB.setFloat(
      &fbdo,
      humidityInsertQuery.c_str(),
      humidity
   );
......
}
```

파이어베이스 데이터베이스는 NoSQL 데이터베이스로 관계형 데이터베이스와 달리 데이터를 테이블 형식으로 저장하지 않는다. 이것은 유연한 스키마를 제공하며, 비정형적인 데이터를 저장할 때 강점이 있다.

온·습도 데이터를 temperature와 humidity 노드의 하위에 시간별로 측정된 데이터 값을 저장하도록 구성한다. 생성된 데이터는 Firebase 프로젝트 관리 페이지의 Realtime Database에서 [그림 12-55]와 같이 확인할 수 있다.

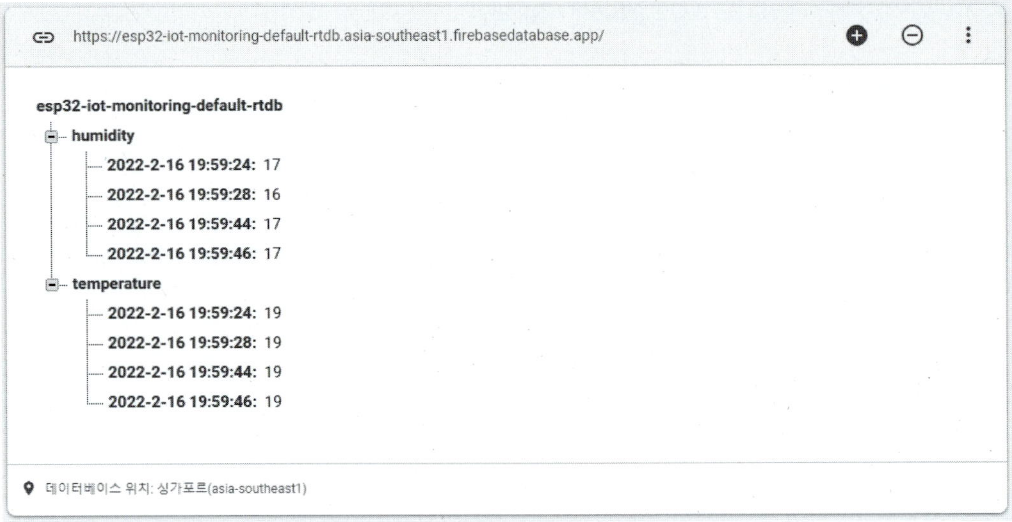

[그림 12-55] Realtime Database에서 저장된 데이터 확인

12.4.4 웹을 통한 온 · 습도 모니터링 및 관리

웹 페이지 구현에 사용되는 index.html 파일은 독립적으로 존재하지 않고 데이터 관리 서버에 종속적으로 존재한다. index.html 파일은 클라이언트가 웹 브라우저로 데이터 관리 서버인 ESP32 보드에 접속했을 때 보여주는 페이지로 실시간 모니터링에 필요한 요소와 저장된 데이터를 조회하는 데 필요한 요소를 포함하고 있다.

① 아두이노 우노 보드와 ESP32 보드에 각각의 소스 코드를 업로드한다.

② 웹 브라우저에서 ESP32 데이터 관리 서버로 접근하여 여러 가지 구성요소들을 실행시켜 보고 제대로 동작하는지 확인한다. 아두이노 우노 보드, ESP32 보드가 연동되어 데이터를 주고받고 그 상황을 웹 브라우저를 통해 사용자가 확인하고 제어할 수 있다.

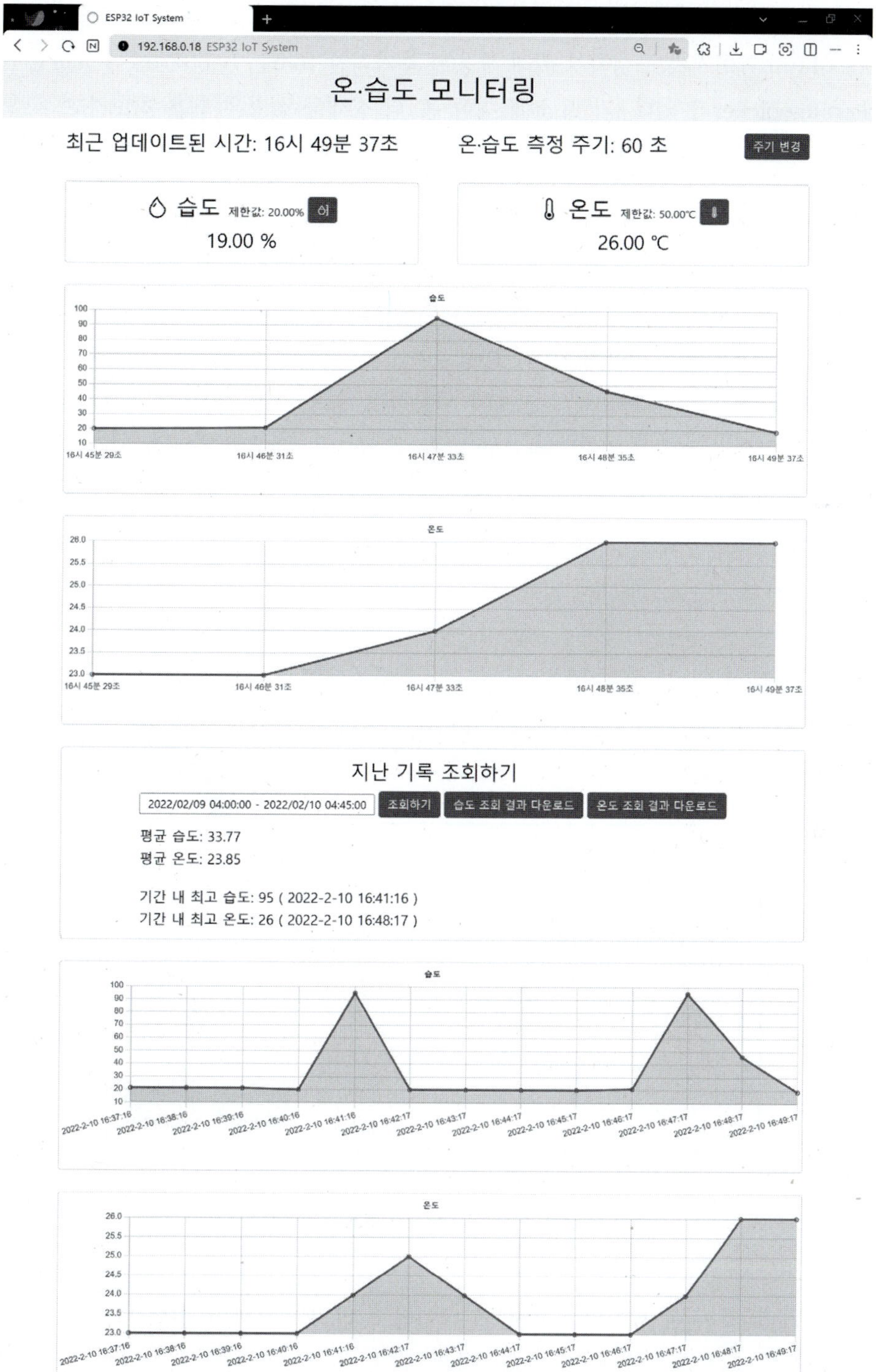

[그림 12-56] 웹 페이지를 통한 온 · 습도 모니터링과 관리

웹 페이지에서 ESP32 데이터 관리 서버로 접근했을 때 [그림 12-56]과 같은 모습을 볼 수 있다. index.html 페이지를 구성하기 위해 사용된 추가적인 요소는 bootstrap, JQuery, chart.js, daterangepicker가 있다. 각 요소에 대한 좀 더 상세한 설명은 웹을 참고하고 이 외에도 수많은 라이브러리가 있으니 원하는 것을 찾아 학습하고 변경해 보는 것도 괜찮다.

- **bootstrap**: bootstrap은 빠르고 간편한 HTML UI 제작을 위해 사용하며, 타이틀 바, 버튼, 다이얼 로그 창, 입력 폼 등 웹 페이지 제작에 필요한 다양한 UI 요소들을 지원한다.
- **JQuery**: JQuery는 자바스크립트 라이브러리로 HTML의 특정 요소들을 선택하여 속성 변경과 이벤트 정의를 간편하게 할 수 있다.
- **chart.js**: chart.js는 그래프를 그리는 데 사용하며, HTML5 기반으로 canvas 태그를 사용하므로 별도의 플러그인 없이 그래프를 그릴 수 있으며, 다양한 기능을 지원한다.
- **daterangepicker**: 날짜 선택을 위한 컴포넌트를 지원한다.

12.4.4.1 웹 페이지 구성요소에 대한 설명

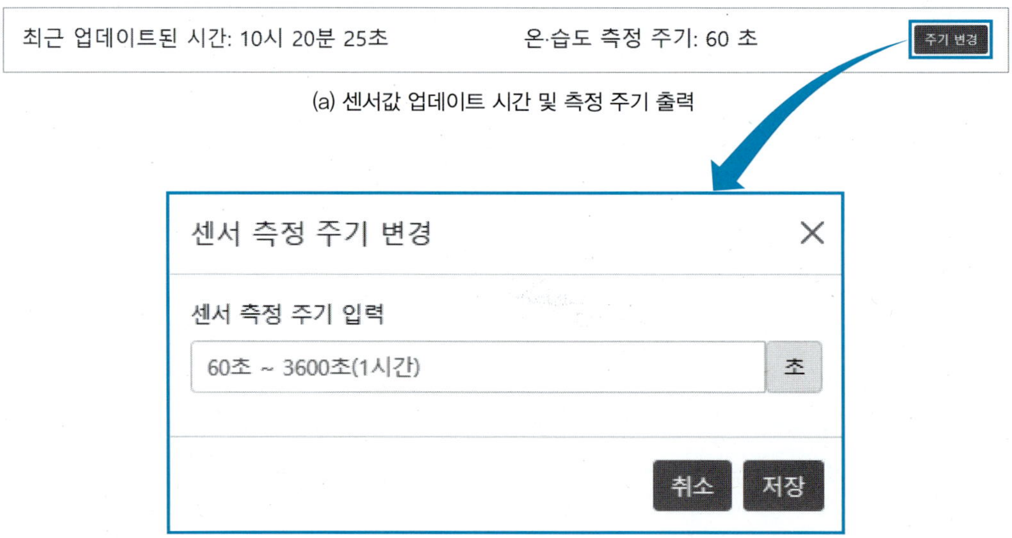

(a) 센서값 업데이트 시간 및 측정 주기 출력

(b) 센서 측정 주기 설정 화면

[그림 12-57] 업데이트 시간과 측정 주기 설정 부분

[그림 12-57] (a)의 왼쪽 데이터는 ESP32 데이터 관리 서버로부터 센서값을 요청한 시간을 출력한 것이고, 오른쪽은 온·습도를 측정하는 주기, 즉 시간을 출력한 것이다. 측정 주기를

변경할 수 있는 버튼을 누르면 (b)와 같은 창이 뜨며, 1분에서 1시간 사이의 값을 초 단위로 설정할 수 있다.

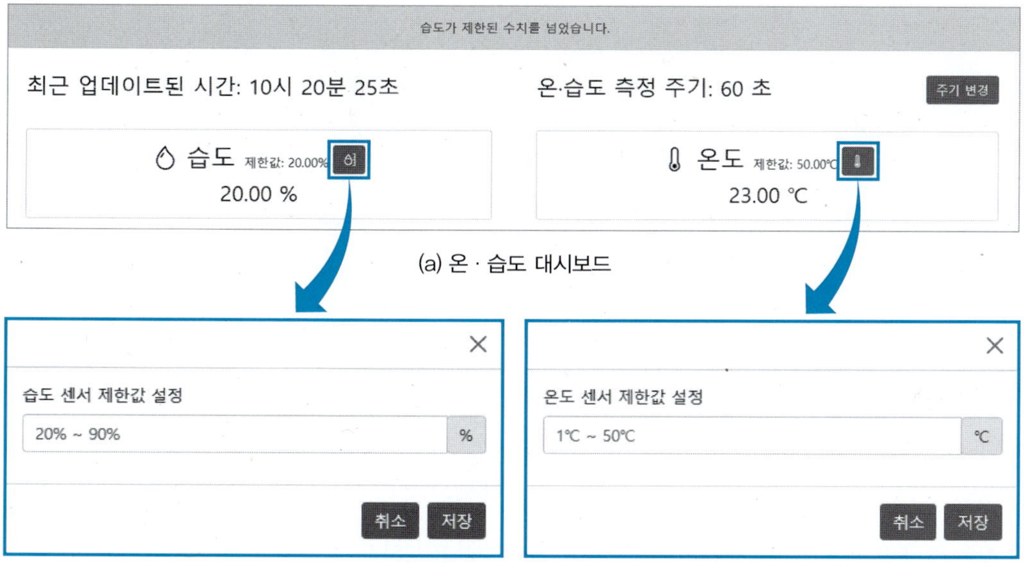

(a) 온 · 습도 대시보드

(b) 습도 제한값 설정 화면

(c) 온도 제한값 설정 화면

[그림 12-58] 온 · 습도 대시보드 및 제한 값 설정 화면

[그림 12-58] (a)는 습도와 온도 값을 출력하는 부분이다. 설정된 제한값도 같이 출력되며, 측정되는 센서 값이 설정된 제한값보다 클 때 상단에 경고 메시지가 출력된다. 경고 메시지는 온도와 습도 각각 제한값을 넘기거나 온·습도 모두 제한값을 넘길 수 있으므로 각 상황에 맞춰 출력하게 되어 있다. 제한값을 정하기 위해 제한 값 표시 옆의 아이콘 모양의 버튼을 누르면 (b)와 (c) 같은 제한값을 설정하는 창이 뜨며, 사용자가 원하는 새로운 제한값으로 설정할 수 있다. 실습에 사용하는 DHT11 온·습도 센서의 습도 측정 범위는 20 % ~ 90 %이고 온도의 측정 범위는 0℃ ~ 50℃이므로 제한값은 이 범위를 벗어나지 않도록 프로그램 되어 있다.

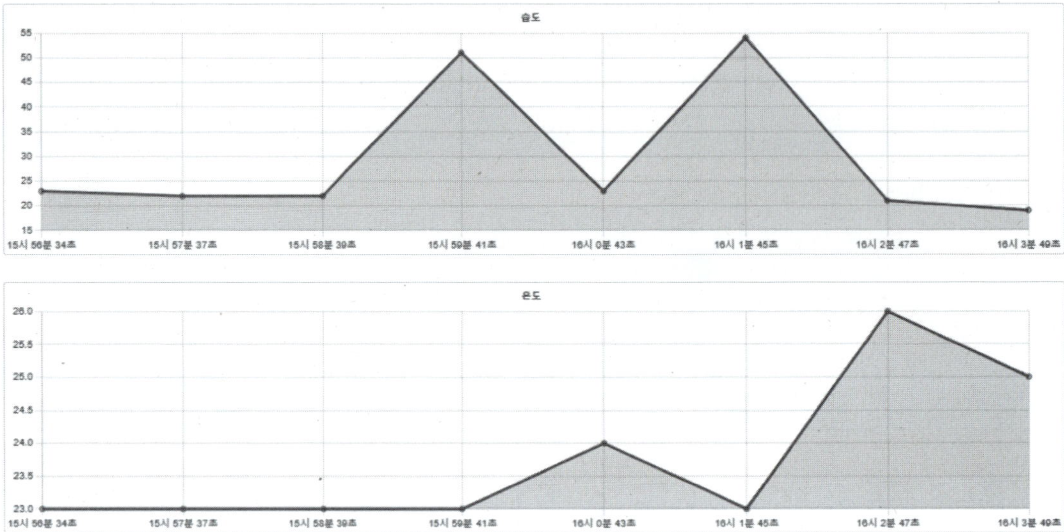

[그림 12-59] 온 · 습도 그래프 출력

[그림 12-59]는 온·습도 측정값을 실시간 그래프로 표시하는 부분으로 한꺼번에 50개의 데이터를 표시할 수 있으며, 50개를 초과할 경우 가장 먼저 들어온 값이 사라지며 새로운 값이 처리된다.

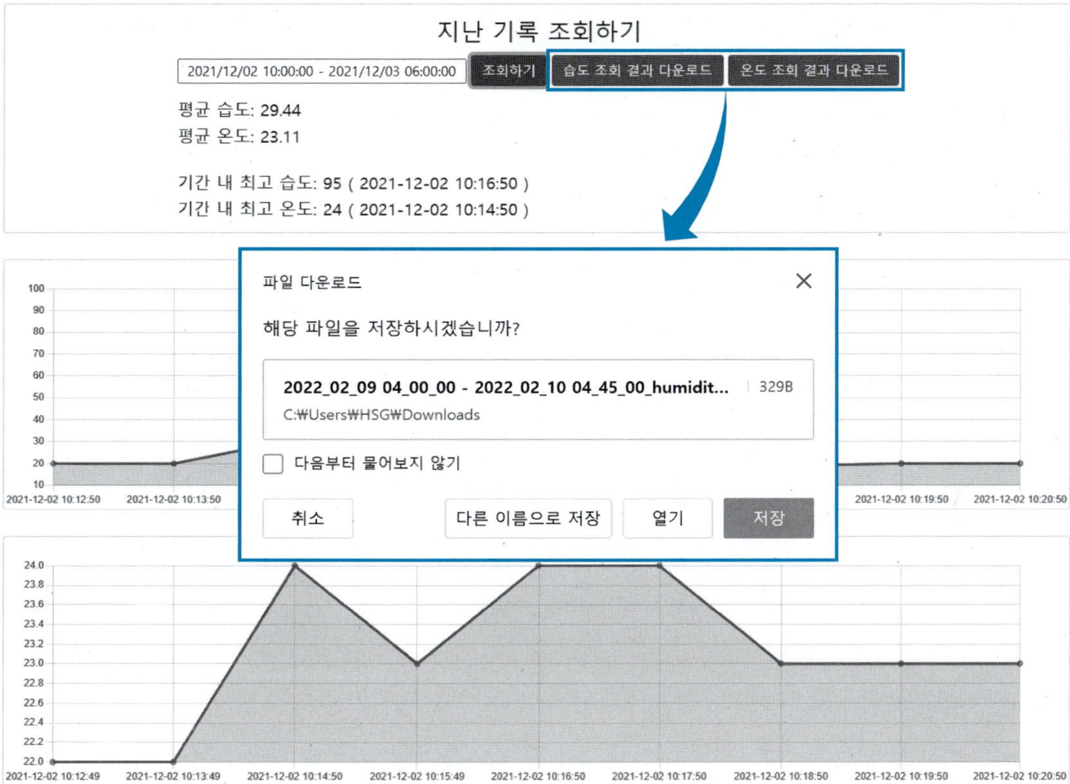

[그림 12-60] 이전 온 · 습도 값 조회하기와 조회 결과 다운로드

[그림 12-60]은 특정 기간에 대한 온·습도 측정값을 조회하는 부분으로 사용자가 원하는 기간을 입력하면 해당 기간 내의 평균 온·습도 값, 기간 내의 최고 온·습도 값, 그래프를 출력한다. 조회 결과 다운로드 버튼을 눌러 해당 기간의 온·습도 값을 CSV 엑셀 파일로 저장할 수 있다. 저장된 CSV 파일을 메모장으로 열어 보면, [그림 12-61]과 같은 형태로 저장되는 것을 확인할 수 있다.

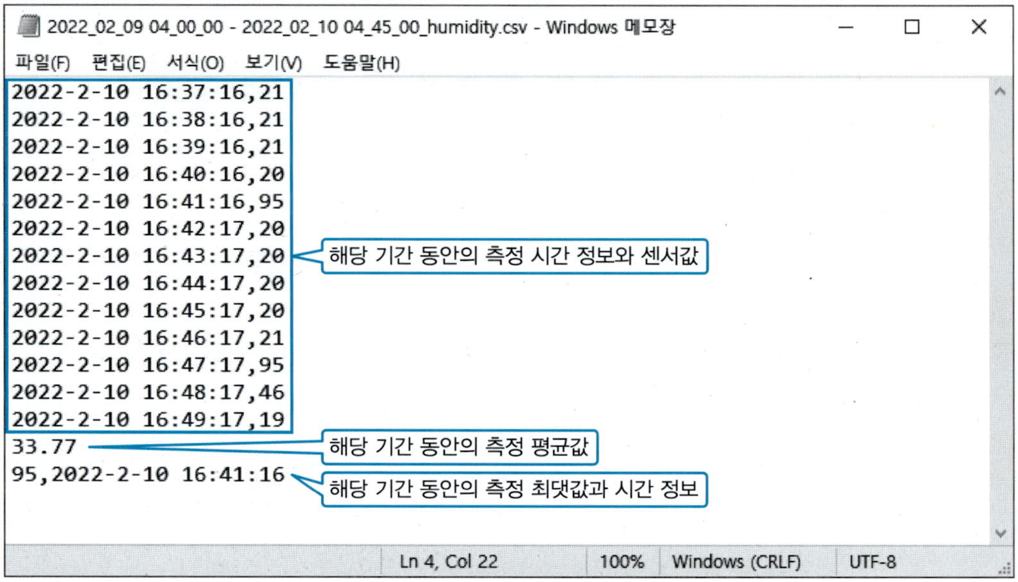

[그림 12-61] 습도 조회 결과 CSV 파일

12.4.4.2 index.html 웹 페이지 코드에 대한 설명

index.html의 전체 내용을 설명하는 데에는 한계가 있으므로 부족하다고 생각하는 부분은 웹을 참고해서 보완하도록 한다. SQLite 폴더와 firebase 폴더에 각각 index.html 파일이 존재하며, 일부 다른 부분만 확인하도록 한다.

■ IoTProject_ESP32_SQLite 폴더 ▸ data 폴더 ▸ index.html 파일의 9 라인 ~ 24 라인

```
<!-- include JQuery js-->
<script src="https://code.jquery.com/jquery-3.6.0.min.js"
 integrity="sha256-/xUj+3OJU5yExlq6GSYGSHk7tPXikynS7ogEvDej/m4=" crossorigin="anonymous"></script>
<!-- include chart js -->
<script src="https://cdn.jsdelivr.net/npm/chart.js"></script>
<!-- bootstrap css -->
<link href="https://cdn.jsdelivr.net/npm/bootstrap@5.1.3/dist/css/bootstrap.min.css"rel="stylesheet"
 integrity="sha384-1BmE4kWBq78iYhFldvKuhfTAU6auU8tT94WrHftjDbrCEXSU1oBoqyl2QvZ6jIW3"crossorigin="anonymous">
<!-- bootstrap icon css -->
<link rel="stylesheet" href="https://cdn.jsdelivr.net/npm/bootstrap-icons@1.7.1/font/bootstrap-icons.css">
<!-- daterangepicker -->
<script type="text/javascript" src="https://cdn.jsdelivr.net/momentjs/latest/moment.min.js"></script>
```

```
<script type="text/javascript" src="https://cdn.jsdelivr.net/npm/daterangepicker/daterangepicker.min.js"></script>
<link rel="stylesheet" type="text/css" href="https://cdn.jsdelivr.net/npm/daterangepicker/daterangepicker.css" />
```

index.html에서 사용하는 외부 라이브러리를 내려 받는 부분이다. 네 가지 라이브러리를 사용하기 위해서는 인터넷에 연결되어야 한다.

■ IoTProject_ESP32_SQLite 폴더 ► data 폴더 ► index.html 파일의 555 라인 ~ 585 라인

```
var log_temperature_chart = new Chart($("#temperature_log_chart"),
{
   type: "line",
   data: {
      labels: log_temperature_time,
      datasets: [
      {
         label: "온도",
         data: log_temperature_value,
......
});
```

그래프 객체를 선언할 때는 그래프를 그릴 곳과 옵션이 필요하다. 그래프를 그릴 곳은 JQuery의 선택자를 이용하여 해당 컴포넌트를 가져오고, 옵션에는 그래프에 그려질 x, y축의 데이터를 넘겨준다. x축의 데이터는 시간이고, y축의 데이터는 온·습도 값이 된다. 그래프에 갱신되어야 하는 시간 데이터와 온·습도 값은 GetDataAjax() 함수를 통해서 배열에 추가된다.

■ IoTProject_ESP32_SQLite 폴더 ► data 폴더 ► index.html 파일의 737 라인 ~ 745 라인

```
function GetDataAjax() {
   $(function () {
      $.ajax({
         type: 'GET',
         url: '/data',
         success: function (data) {
            var humidity = data.split(',')[0];
```

```
            var temperature = data.split(',')[1];
            var updated_time = getUpdatedTime();
......
        })
    });
}
```

/data URL로 GET Request를 보내면 데이터 관리 서버는 현재의 온·습도 값을 "34,24"와 같이 데이터를 콤마로 구분하여 문자열로 전달한다. split() 함수를 실행하여 "34,24"를 습도 값 34와 온도 값 24로 분리하여 배열로 반환한다. 현재의 온·습도 값을 받았을 때 그래프에 표시할 시간 정보는 getUpdatedTime() 함수를 실행하여 얻을 수 있다.

■ IoTProject_ESP32_SQLite 폴더 ▸ data 폴더 ▸ index.html 파일의 737 라인 ~ 775 라인

```
function GetDataAjax() {
    $(function () {
        $.ajax({
            type: 'GET',
            url: '/data',
            success: function (data) {
......
                if(humidity_data.length > 50) {
                    humidity_data.shift();
                }
......
                humidity_chart.update();
                temperature_chart.update();
        })
    });
}
```

그래프로 표시되는 온·습도 값은 최대 50개이며, 그 이상의 값이 들어오면 가장 오래된 데이터를 제거하고 새로운 데이터를 추가한다. 온·습도 값을 그래프에 추가하기 위해서는 chart 객체가 사용하고 있는 데이터 배열에 해당 값들을 추가한 후 update() 함수를 실행한다.

■ IoTProject_ESP32_SQLite 폴더 ► data 폴더 ► index.html 파일의 787 라인 ~ 833 라인

```
$(function () {
 $.ajax({
  type: "GET",
  url: "/interval",
  success: function (data) {
   data = Number(data);

   $('#interval_time').text(data);
   if(interval_handle) {
    cleartInterval(interval_handle);
   }
......
});
```

$(function () { ... }) 구문은 해당 페이지가 로드된 후 가장 먼저 실행되는 부분으로 요청된 페이지의 초깃값으로 보여줄 내용을 데이터 관리 서버로 요청한다.

$.ajax()는 JQuery에서 제공하는 비동기 http 통신 함수로 매개 변수로 http 통신 타입, URL, 성공 시 콜백 함수의 인자를 받는다. /interval로 GET 요청을 보내 성공 시 주기 값을 전달받아 등록된 콜백 함수가 호출된다. 콜백 함수는 function (data) {...} 부분인데 이것은 익명 함수를 선언하는 방법으로 함수명 없이 함수를 구현하는 것으로 자바스크립트에서 주로 이벤트 함수나 콜백 함수를 정의할 때 많이 사용된다. /interval GET 요청이 성공하면 주기 값을 받을 수 있고 이때 받는 주기 값은 문자열로 들어오므로 Number() 객체 생성자로 타입을 변경한다.

$('#interval_time').text() 구문은 HTML 요소를 선택하는 부분과 선택한 요소의 메소드를 호출하는 부분으로 나눌 수 있다. HTML 요소를 선택하는 부분은 $('#interval_time')으로 실행하며, #이 붙으면 interval_time이라는 ID를 가진 HTML 요소를 선택한다. 이것은 JQuery의 HTML 요소 선택자 기능이며, ID 값은 중첩해서 사용할 수 없다. text() 메소드는 HTML 요소의 문자열 속성을 변경하는 역할을 한다. interval_time이라는 ID를 가지는 요소의 문자열을 data 값으로 변경한다. 나머지 온도와 습도도 같은 과정으로 처리한다.

■ IoTProject_ESP32_SQLite 폴더 ► data 폴더 ► index.html 파일의 943 라인

```
data = data.split('/');
```

특정 기간의 데이터를 요청했을 때 데이터 관리 서버가 보낸 데이터는 [시간]=[센서값]/[시간]=[센서값]/[시간]=[센서값]/… 형식으로 시간과 센서값이 '/'로 구분되어 있다. 이 데이터는 문자열로 받으므로 자바스크립트의 문자열 객체의 split() 함수를 실행하여 각각의 [시간]=[센서값] 데이터를 배열 형식으로 저장한다.

■ IoTProject_ESP32_SQLite 폴더 ► data 폴더 ► index.html 파일의 947 라인 ~ 969 라인

```
for(let i = 0; i < data.length; i++) {
   if(!data[i]) {
      continue;
   }

   let p_time = data[i].split('=')[0];
   let p_humi = data[i].split('=')[1];
......
   log_humidity_time.push(data[i].split('=')[0]);
   log_humidity_value.push(Number(data[i].split('=')[1]));
}
......
log_humidity_chart.data.labels = log_humidity_time;
log_humidity_chart.data.datasets[0].data = log_humidity_value;
......
log_humidity_chart.update();
......
```

data 배열에 들어 있는 값들은 시간과 습도 값이 '='로 구분되어 있고 문자열로 존재하므로 문자열 객체의 split() 함수를 이용하여 '='을 구분자로 사용하여 시간과 습도 값을 분리한다. data 배열을 순회하면서 시간과 습도 값을 추출하고 그래프의 시간 배열과 습도 배열에 값을 추가한다. 데이터가 준비되면 그래프 객체의 update() 함수를 실행하여 그래프를 그린다. 온도 데이터도 이와 같은 방식으로 처리한다.

■ IoTProject_ESP32_firebase 폴더 ► data 폴더 ► index.html 파일의 954 라인 ~ 955 라인

```
data = JSON.parse(data);
dateArr = Object.keys(data);
```

SQLite 데이터베이스를 사용할 때와 Firebase 데이터베이스를 사용할 때 다른 부분이다. Firebase 데이터베이스로 사용하는 데이터 관리 서버가 보낸 데이터는 JSON 객체의 배열을 문자열로 변환하여 보낸다. 따라서 해당 데이터를 사용하기 전에 JSON.parse() 함수를 이용하여 JSON 문자열을 JSON 객체로 변환한다. 시간 정보와 센서값 데이터는 {"2022-2-10 16:40:16": 20}과 같이 키가 시간이고 값이 습도인 JSON 객체에 저장되어 있으므로 조회 기간의 시간 정보를 얻기 위해서 Object.keys() 함수를 이용하여 JSON 객체의 키값을 배열로 반환한다.

■ IoTProject_ESP32_firebase 폴더 ► data 폴더 ► index.html 파일의 960 라인 ~ 979 라인

```
for (let i = 0; i < dateArr.length; i++) {
......
   let p_time = dateArr[i];
   let p_humi = data[dateArr[i]];
......
   log_humidity_time.push(p_time);
   log_humidity_value.push(Number(p_humi));
}
```

이 부분도 SQLite 데이터베이스를 사용할 때와 Firebase 데이터베이스를 사용할 때 다른 부분이다. dataArr 배열은 데이터 관리 서버가 보내준 조회 결과의 시간 정보가 담긴 배열로 반복문에서 dataArr 배열에서 시간 값을 가져오고, data 배열에서는 시간을 키값으로 하는 JSON 객체의 값인 습도 값을 가져온다. 가져온 데이터를 그래프에 추가하기 위해 시간은 log_humidity_time 배열에 추가하고, 해당 시간의 습도 값은 log_humidity_value 배열에 추가한다.

■ IoTProject_ESP32_SQLite 폴더 ► data 폴더 ► index.html 파일의 944 라인 ~ 1,009 라인

```
csv_data_humidity = 'data:text/csv;charset=utf-8,';
......
for(let i = 0; i < data.length; i++) {
......
   let p_time = data[i].split('=')[0];
   let p_humi = data[i].split('=')[1];

   csv_data_humidity += p_time + ',' + p_humi + '\r\n';
......
}
......
csv_data_humidity += avg_humidity.toFixed(2) + '\r\n';
csv_data_humidity += max_humidity + ',' + log_humidity_time[j] + '\r\n';

var encodedUri_humi = encodeURI(csv_data_humidity);
......
$("#log_down_btn_1").show();
$("#log_down_btn_1").prop('href', encodedUri_humi);
$("#log_down_btn_1").prop("download", range + "_humidity.csv");
```

습도 값 조회 결과를 CSV 파일을 생성하기 위해 CSV 파일 URL을 생성해야 한다. 조회된 결과 데이터를 저장하기 위해 먼저 시작 부분은 data:text/csv;charset=utf-8,로 시작하며, 반복문에서 p_time과 p_humi를 콤마로 구분된 문자열로 만든 후, \r\n을 추가해 줄을 바꾸는 작업을 조회된 데이터가 모두 처리될 때까지 반복한다.

CSV 파일을 다운로드할 수 있는 버튼을 JQuery를 이용하여 활성화하고, encodeURI() 함수로 인코딩된 파일 다운로드 경로 속성을 추가한다. 마지막 줄은 다운로드할 파일명의 기본 형태를 설정한다. 온도 값 조회 결과를 CSV 파일로 생성하는 방식도 이와 같다.

12.4.5 원격지에서 ESP32 데이터 관리 서버에 접속

유·무선 공유기를 통해 최종 프로젝트를 완성하고 ESP32 보드가 웹 서버 역할을 잘 수행하는 부분까지 확인했다면 한 가지 더 해결해야 하는 것이 있다. 회사, 연구실, 집 등에서 인터넷망에 접근하기 위해서는 공인 IP가 필요한데 일반적으로는 인터넷 서비스를 제공하는 ISP(Internet Service Provider) 업체에 비용을 내고 제공되는 단말기를 통해서 IP를 부여

받아 인터넷에 접속하게 된다. 대부분 ISP 업체가 제공한 단말기를 통해 유·무선 공유기를 연결하거나 처음부터 유·무선 공유기를 사용하므로 공인 IP, 사설 IP, 가상 사설망(Virtual Private Network, VPN) 등의 개념들을 비중 있게 생각하지 않는 경우가 많다.

인터넷에 접속하기 위해 유·무선 공유기는 반드시 공인 IP가 필요하다. 그리고 유·무선 공유기는 공유기에 연결되는 모든 기기를 사설 네트워크로 구축하는 역할을 가지고 있고, 내부 네트워크로 연결된 모든 기기는 192.168.x.x 형태의 IP 주소를 가진다. 그래서 앞선 실습에서 ESP32 보드의 IP를 확인했을 때 192.168로 시작되는 IP 주소를 할당받은 것이다. 지금까지 내부 네트워크에서 ESP32 데이터 관리 서버에 접근하였지만, 문제는 아무 장소에서나 ESP32 서버에 접근할 수 있도록 해야 하는데 회사 바깥 공간으로 나가 스마트폰이나 모바일 장치로 192.168로 시작하는 ESP32 서버 주소를 입력해도 웹 페이지 정보를 불러오지 못한다. 외부에서 자유롭게 서버에 접근하여 온·습도를 모니터링하고 관리할 수 있어야 사물인터넷 프로젝트가 완성된다.

외부 네트워크를 통해서 ESP32 데이터 관리 서버에 자유롭게 접근하기 위해서는 무선 공유기의 공인 IP와 로컬 네트워크 사이를 연결해 주는 포트 포워딩(port forwarding)을 설정하면 외부 네트워크에서도 로컬 네트워크의 데이터 관리 서버에 접근할 수 있다. 하지만 일반적인 상황에서는 ISP 업체, 즉 통신사에서 제공하는 공인 IP가 유동적으로 변경되는 동적 IP를 부여받는데 공인 IP가 바뀐다면 매번 새롭게 변경된 공인 IP를 확인해야 하기에 번거로울 수 있다. 이런 경우에 DDNS(Dynamic Domain Name System)를 이용하면 도메인 주소만

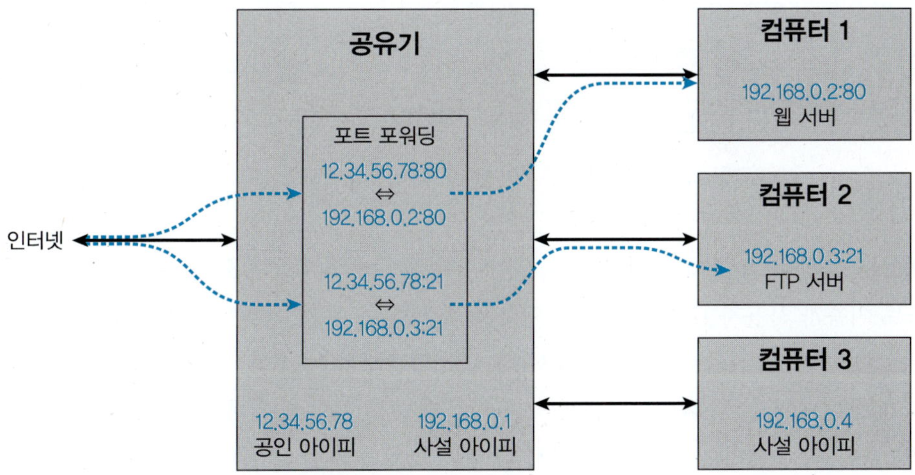

[그림 12-62] 포트 포워딩의 개념

으로도 변경된 공인 IP로 포트 포워딩을 할 수 있다. 포트 포워딩 설정은 사용하는 공유기 별로 설정하는 방법이 다르므로 공유기 제조사의 홈페이지나 사용 설명서 등을 참고해야 한다.

잘 알려진 아이피타임(ipTIME) 사의 공유기를 사용하여 DDNS 설정과 포트 포워딩을 설정하고 스마트폰의 와이파이 연결을 해제하고 모바일 데이터 접속으로 데이터 관리 서버에 접속하는 과정을 통해 외부망에서 ESP32 데이터 관리 서버에 접속해 본다.

DDNS는 사용자가 지정한 도메인 네임과 변경되는 IP 주소와 연동하여 외부망에서는 IP 변경 여부와 관계없이 도메인 네임만으로 데이터 관리 서버에 접근할 수 있게 한다. DDNS 서비스는 DDNS 서비스 업체에 가입하여 유·무료로 이용할 수도 있지만, ipTIME 사의 공유기처럼 업체에서 제공하는 무료 DDNS 서비스를 이용할 수도 있다.

① ipTIME 사 공유기의 관리자 페이지로 접속한 후 [고급 설정] ▶ [NAT/라우터 관리] ▶ [포트 포워드 설정] 창으로 이동한 후 [그림 12-63]과 같이 포트 포워드를 설정한다. 내부 IP 주소는 공유기의 [고급 설정] ▶ [네트워크 관리]의 [내부 네트워크 정보] 페이지에서 ESP32 보드가 할당받은 IP 주소를 확인할 수 있다. 물론 ESP32 보드에서 시리얼 모니터 창을 통해서도 확인할 수 있다. 외부 포트와 내부 포트는 같게 또는 다르게 설정할 수 있다. [그림 12-63]처럼 외부 포트와 내부 포트를 설정하면 외부 포트 공인 IP:8081로 어떤 요청이 들어오면 내부 포트 192.168.0.18:80으로 전달해 달라는 의미이다. HTTP의 기본 포트는 80이다.

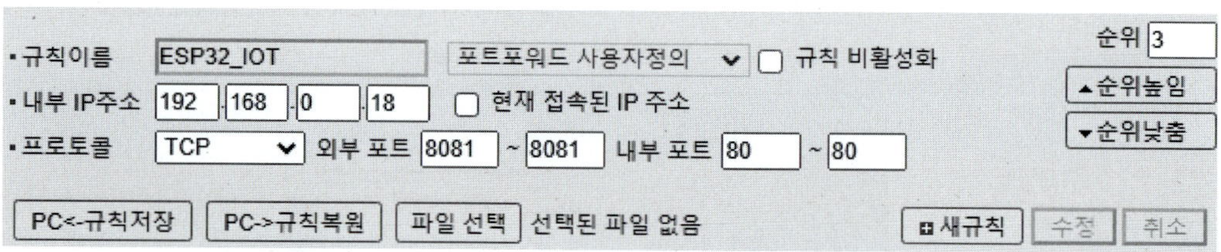

[그림 12-63] 무선 공유기의 관리자 페이지에서 포트 포워드 설정

② DDNS 설정을 위해 메뉴의 [고급 설정] ▶ [특수기능] ▶ [DDNS 설정]으로 이동한 후 호스트 이름과 사용자 ID에 이메일을 입력한 후 DDNS 등록 버튼을 누른다.
무료 DDNS 서비스는 한 공유기에서 하나만 설정할 수 있으며, 설정이 완료되면 접속 상태 메시지에 '정상 등록'이 표시된다. 만약 문제가 있다면 에러 메시지를 출력하는데 에러 메시지에 대한 설명은 웹 검색을 통해 다양한 사례와 해결 방법을 쉽게 확인할 수 있으므로 참고하여 해결하도록 한다.

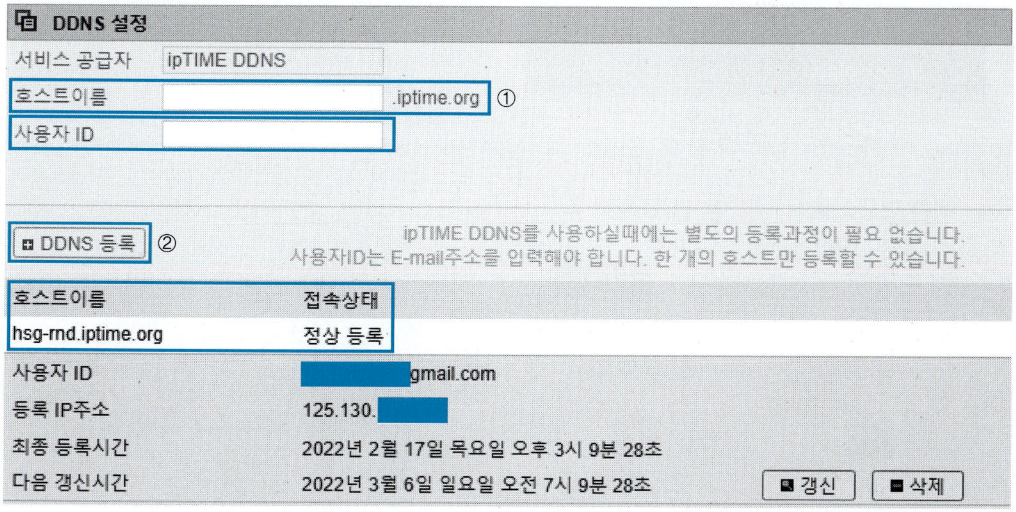

[그림 12-64] ipTIME 공유기에서 지원하는 DDNS 서비스 설정

③ DDNS 등록 후에는 IP 주소로 웹 서버에 접근하지 않고 설정한 (호스트 이름):(외부 포트) 즉, hsg-rnd.iptime.org:8081 형식으로 접근할 수 있다. [그림 12-65]처럼 웹 브라우저의 주소창에 설정한 DDNS를 입력한 뒤 외부망에서 로컬 네트워크의 ESP32 데이터 관리 서버에 접속해 본다. 멀리 떨어진 장소로 이동하지 않고 ESP32 서버로 접근할 수 있음을 확인하기 위해 스마트폰의 Wi-Fi 기능을 해제한 상태에서 모바일 데이터로 접속해 보면 된다. ESP32 보드와 아두이노 보드에 전원이 공급되고 있으면 원격지에서도 ESP32 서버에 자유롭게 접근할 수 있다.

[그림 12-65] 외부망에서 ESP32 데이터 관리 서버 접근

APPENDIX
부록

contents

실습에 사용한 센서

- 구입 문의: 에이치에스글로벌(주) / hsg@hsgbiz.com

No	센서명	이미지	비고
1	XKC-Y25-PNP	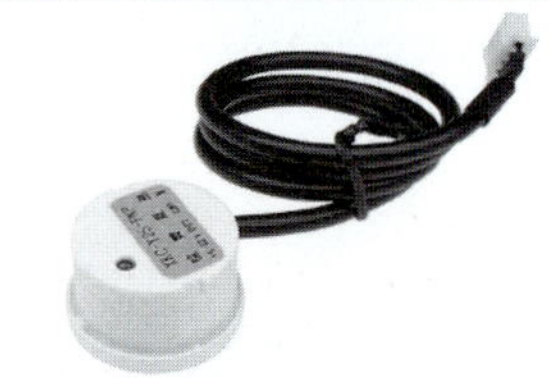	• 비접촉식 레벨 센서 • 유형 다양하며, 선택 가능 • XKC-Y25-NPN • XKC-Y25-V • XKC-Y25-RS485
2	도전율식 레벨 센서		• 도전율식 레벨 센서 • 빗물 감지 및 수위 센서 • 유형 다양하며, 선택 가능
3	플로트 스위치	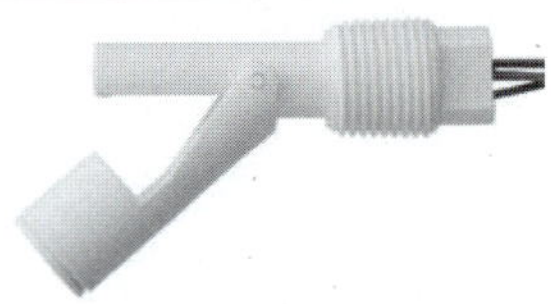	• 플로트 스위치 • 수직형과 수평형 • 유형 다양하며, 선택 가능
4	YF-S201	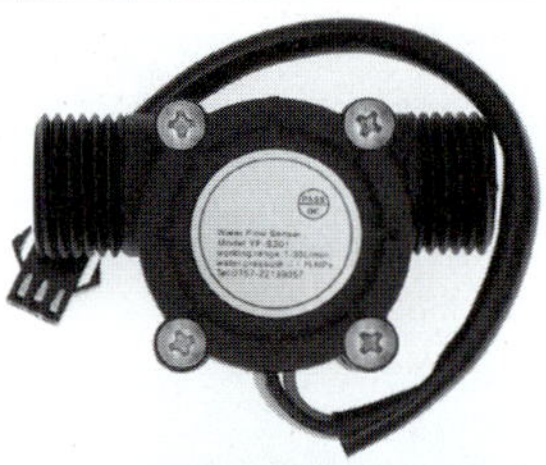	• 유량 센서 • FS300A 선택 가능
5	KY-026	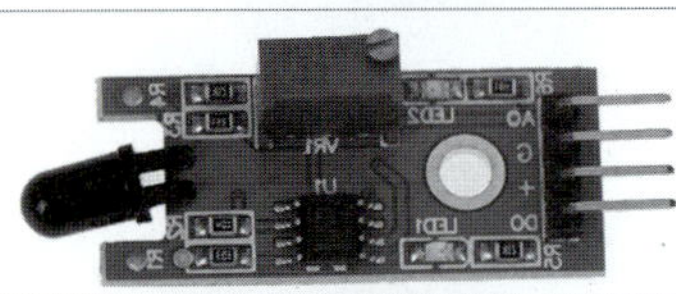	• 적외선 불꽃 감지 센서
6	KY-018	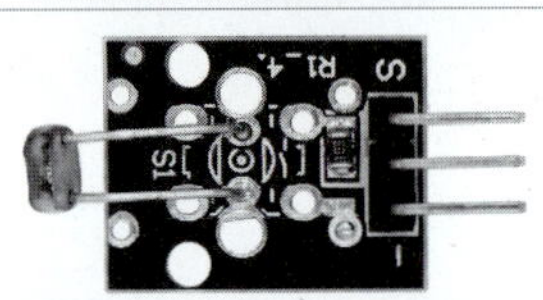	• 포토레지스터 • LM393 비교기가 포함된 모듈 선택 가능
7	포토인터럽터	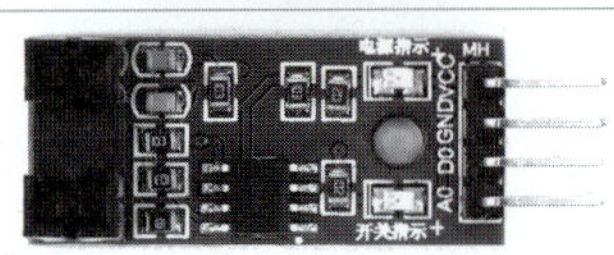	• 포토인터럽터 • 유형 다양하며, 선택 가능 • 코드 휠 포함된 제품 선택

8	ML8511	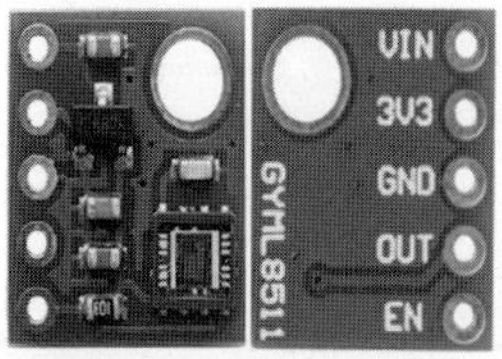	• 자외선 센서 • GY-8511 • GYML8511
9	KY-033		• 적외선 라인 트래킹 센서 • 유형 다양하며, 선택 가능
10	KY-032		• 적외선 장애물 감지 센서 • 유형 다양하며, 선택 가능
11	TCS3200		• 컬러 센서 • GY-31 • GY-33 • TCS230 • TCS34725
12	PPD42NJ(S)	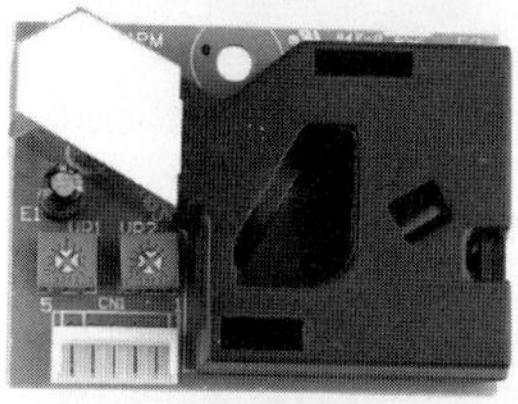	• 미세먼지 센서 • DSM501A
13	GP2Y1010AU0F	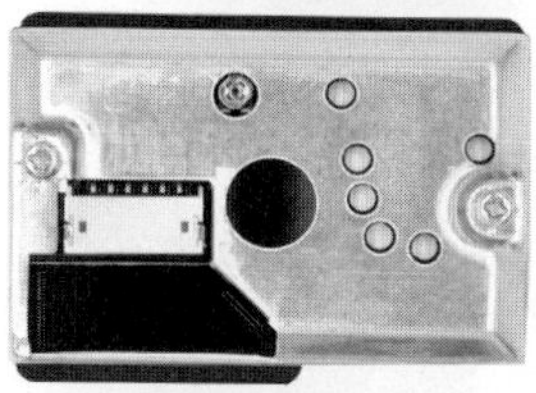	• 미세먼지 센서 • GP2Y1014AU0F
14	PM-D4		• 미세먼지 센서 • PM-G3 • PM-E5
15	MAX30102	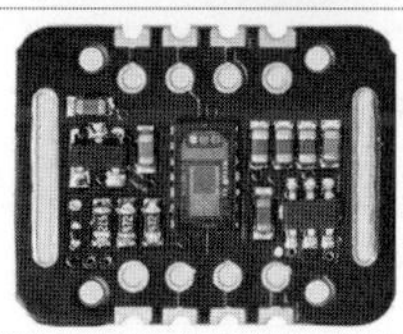	• 혈중 산소포화도 및 심박수 측정 센서 • MAX30100 • MAX30105

16	APDS-9960		• 제스처 센서 • APDS-9900 • APDS-9930 • GY-PAJ7620U2
17	TMP36		• 온도 센서 • TMP35 • TMP37 • LM35
18	DHT11	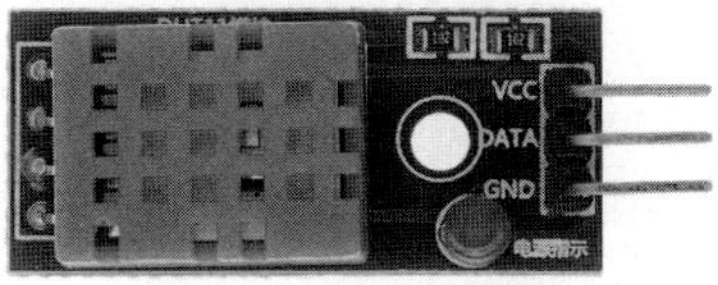	• 온 · 습도 센서 • DHT22 • AM2302
19	HC-SR501	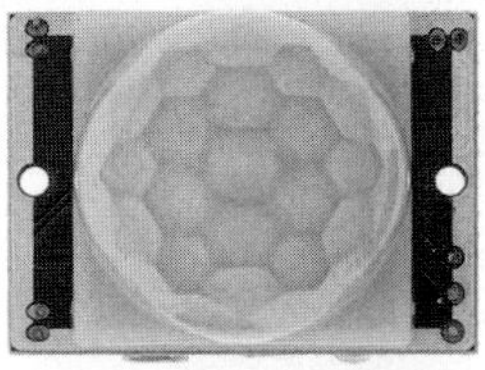	• 적외선 동작 감지 센서 • HC-SR301 • HC-SR505 • HC-SR602
20	GY-906-BAA	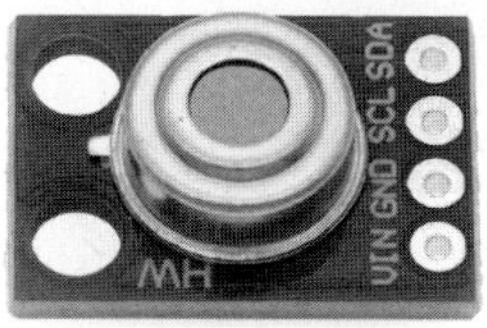	• 비접촉 적외선 온도 센서 • GY-906-BCC • GY-906-DCI
21	KY-013	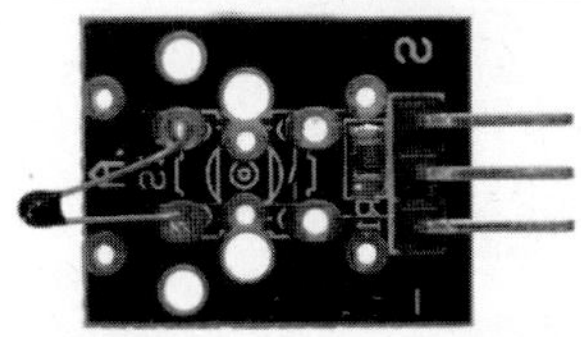	• NTC 서미스터
22	DS18B20		• 방수 디지털 온도 센서 • 모듈 타입 선택
23	MAX6675	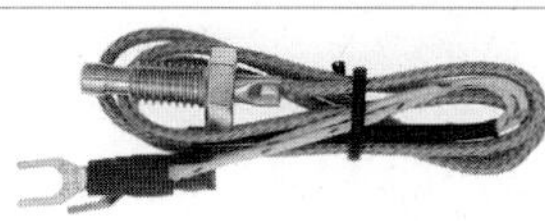	• K형 열전대 • 모듈 타입 선택

24	E18-D80NK		• 적외선 거리 감지 센서
25	HC-SR04		• 초음파 센서 • HC-SR05 • HY-SRF05 • US-100
26	RCWL-0516	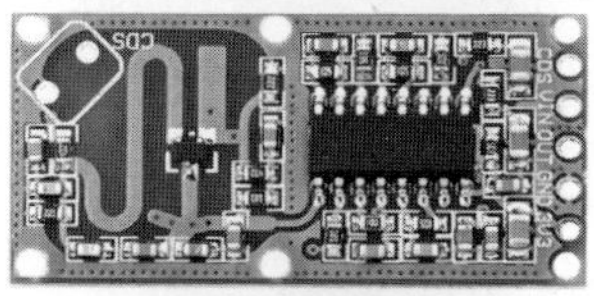	• 마이크로파 레이더 모션 감지 • HW-MS03
27	VL6180X		• ToF 거리 센서 • VL6180 • TOF050F • TOF050C
28	TOF10120		• ToF 거리 센서
29	GY-US42V2		• 초음파 센서
30	GP2Y0A21YK0F	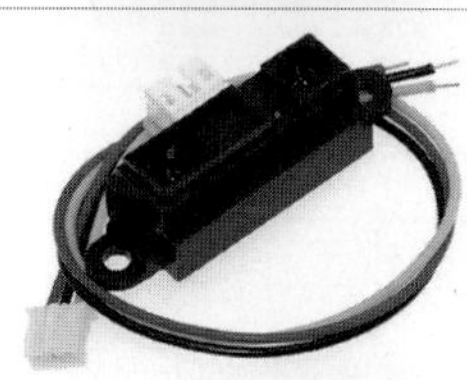	• 적외선 거리 센서 • GP2Y0A02YK0F • 유형 다양하며, 선택 가능
31	TFmini Plus	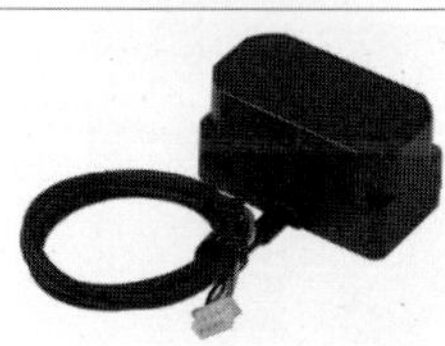	• 라이다 센서 • TFmini • TFmini-S • TF-Luna

32	GY19782	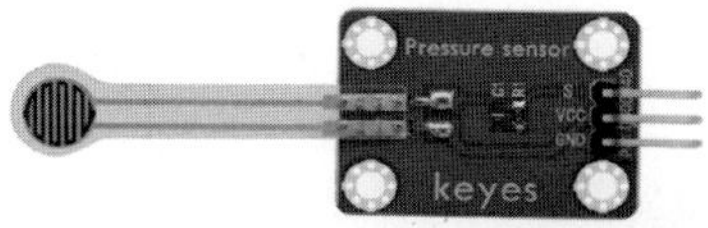	• FSR 압력 센서 • 유형 다양하며, 선택 가능
33	HX711 로드셀	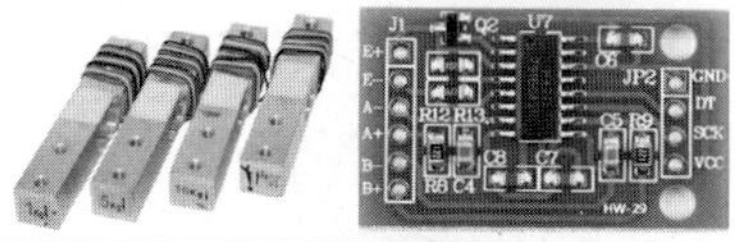	• HX711 로드셀 • 로드셀 선택 가능
34	KY–031		• 노크 센서
35	KY–002	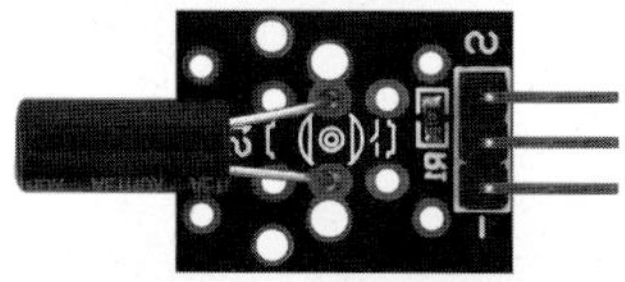	• 충격 센서 • SW–18015P • SW–18020P
36	GY–521	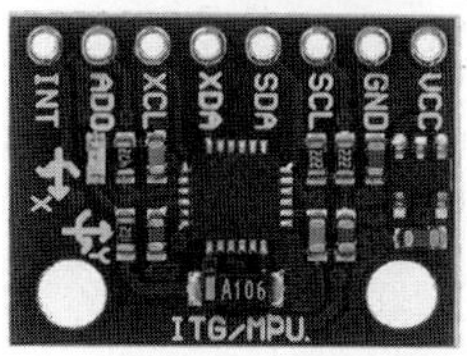	• 6축 자이로 가속도 센서 • MPU–6050
37	KY–025	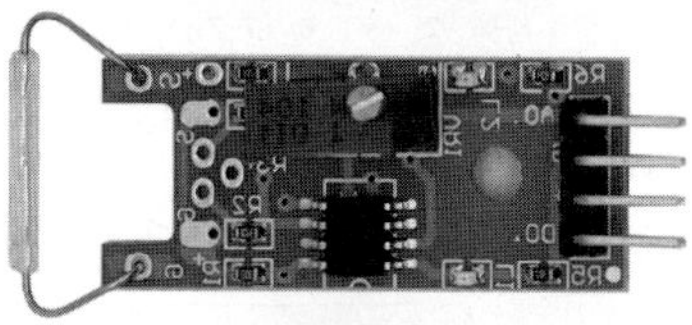	• 자기 리드 스위치 • KY–021
38	KY–024		• 자기 홀 센서 • KY–003 • KY–035
39	전압 센서	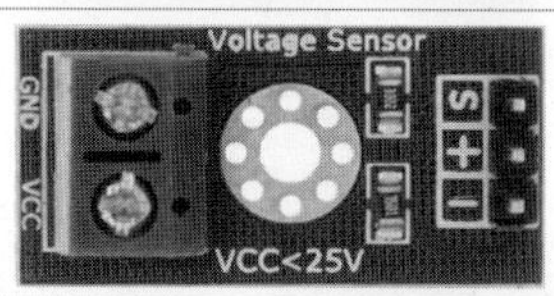	• 전압 센서 • 유형 다양하며, 선택 가능
40	ACS712	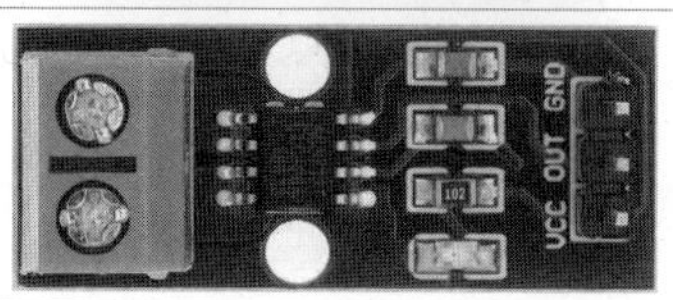	• 전류 센서 • 유형 다양하며, 선택 가능

41	GY-271	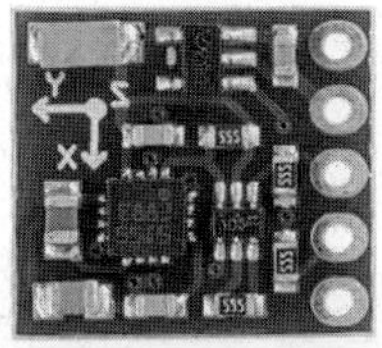	• 지자기 센서 • GY-273 • GY-282
42	MQ-x 시리즈		• 가스 센서 • MQ-2, MQ-3, MQ-4, MQ-5, MQ-6, MQ-7, MQ-8, MQ-9, MQ-135
43	MH-Z19x 시리즈		• 적외선 이산화탄소 센서 • MH-Z1311A
44	KY-022	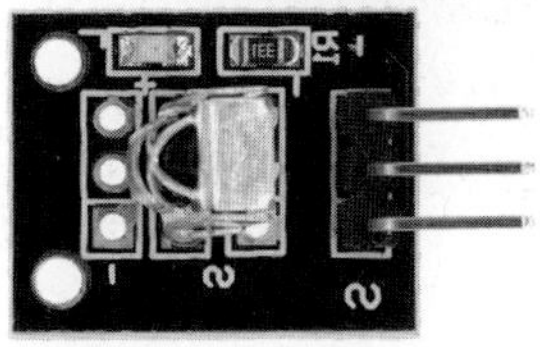	• 적외선 수신기 • 적외선 송신 리모컨 선택
45	토양 수분 센서		• 토양 수분 센서 • 유형 다양하며, 선택 가능
46	KY-020		• 기울기 스위치
47	SW-420	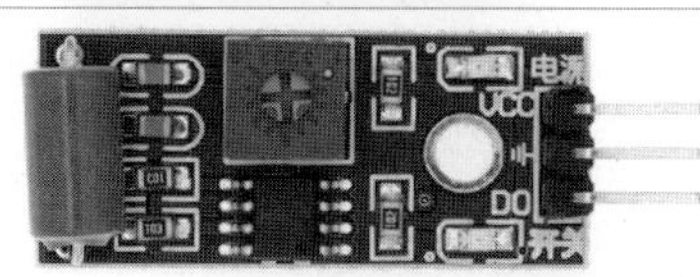	• 진동 센서
48	KY-017	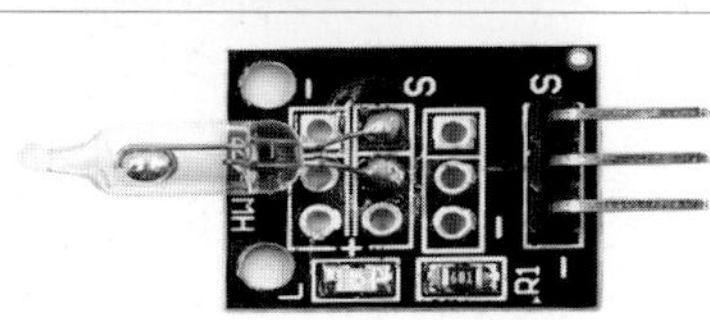	• 수은 기울기 스위치 • KY-027

49	KY–037		• 마이크 센서 • KY–038
50	KY–036		• 금속 터치 센서
51	TTP223B	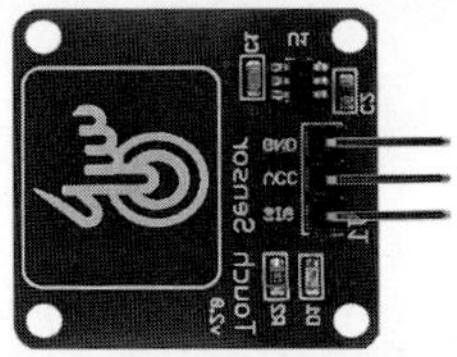	• 정전식 터치 센서 • 유형 다양하며, 선택 가능
52	TTP229		• 정전식 터치 키패드 • 유형 다양하며, 선택 가능 • TTP224 • TTP226

| 찾아보기 |

ㄴ

ㄷ

ㄹ

ㅁ

ㅂ

ㅅ

ㅇ

ㅈ

ㅊ

ㅎ